普通高等教育"十二五"规划教材

工科数学精品丛书

高等数学(下)

王志宏　柳翠华　主编

科学出版社

北　京

内容简介

本书依据《工科类本科数学基础课程教学基本要求》编写而成. 全书分上、下两册，共11章，下册内容包括多元函数微分法及其应用、重积分、曲线积分与曲面积分、无穷级数、微分方程. 本书吸收了国内外优秀教材的优点，调整了教学内容，适应分层分级教学，各章均有相应的数学实验，注重培养学生的数学素养和实践创新能力.

本书可作为本科院校高等数学课程教材或教学参考书.

图书在版编目(CIP)数据

高等数学. 下/王志宏，柳翠华主编. —北京：科学出版社，2016

(工科数学精品丛书)

普通高等教育"十二五"规划教材

ISBN 978-7-03-049019-3

Ⅰ. ①高…　Ⅱ. ①王…　②柳…　Ⅲ. 高等数学－高等学校－教材　Ⅳ. ①O13

中国版本图书馆 CIP 数据核字(2016)第 141135 号

责任编辑：高　嵘　孙寓明 / 责任校对：王　晶

责任印制：彭　超 / 封面设计：蓝　正

科学出版社 出版

北京东黄城根北街 16 号

邮政编码：100717

http://www.sciencep.com

武汉市新华印刷有限责任公司印刷

科学出版社发行　各地新华书店经销

*

开本：B5(720×1000)

2016 年 5 月第　一　版　印张：23 1/4

2016 年 5 月第一次印刷　字数：459 000

定价：49.80 元

(如有印装质量问题，我社负责调换)

前言 Preface

高等数学是理工科高等院校的一门重要的基础课，与初等数学相比，高等数学的理论更加抽象，逻辑推理更加严密．初学者往往对高等数学的概念和理论感到抽象难懂，解决问题缺少思路和方法．具有良好的数学素质是学生可持续发展的基础，它不仅为学习后续课程和进一步扩大数学知识面奠定必要的基础，而且对培养学生抽象思维、逻辑推理能力，综合利用所学知识分析问题解决问题的能力，自主学习能力和创新能力都具有非常重要的作用．一套好的高等数学教材，作为教学内容和教学方法的知识载体，对培养学生良好的数学素质有着举足轻重的作用．我们依据《工科类本科数学基础课程教学基本要求》，以提高学生的数学素质、掌握数学的思想方法与培养数学应用创新能力为目的，参考了大量的国内外优秀教材，充分吸收了编者们多年来教学实践经验与教学改革成果，编写了这套教材．

在教材编写过程中，我们按照精品课程的要求，体现创新教学理念，以利于激发学生自主学习，提高学生的综合素质和培养学生的创新能力；对教学内容进行了适当的调整，以适应分层分级教学模式；试图在保证理论高度不降低的前提下，适当运用实例和图形，以便易教易学；以单元的方式介绍数学实验，帮助学生了解掌握数学和数学的应用；适时介绍有关数学史料，以体现人文精神．总之，编者将长期的教学实践经验渗透到教材中，力求达到便于施教授课的目的．书中带“*”号的内容可视学生的能力及专业要求由教师决定是否讲授．

本教材分上、下两册，上册由张忠诚、杨雪帆主编，孙霞林、王志宏、李小刚任副主编；下册由王志宏、柳翠华主编，杨建华、伍建华任副主编．具体分工为，第 1 章由张忠诚编写；第 2 章、第 3 章由柳翠华编写；第 4 章、第 5 章由熊德之编写；第

6章由杨雪帆编写;第7章、第10章由孙霞林编写;第8章由王志宏编写;第9章由杨建华编写;第11章由伍建华编写;各章的数学实验由李小刚编写;喻五一、曾华、刘为凯、宁小青、费滕、熊晓龙、刘雁鸣、阮正顺、余荣等为本书资料整理做了大量工作.最后由主编负责统稿、定稿.

由于编者水平有限,书中有不足之处,希望得到广大专家、同行和读者的批评指正.

编　　者

2016年5月

目录 Contents

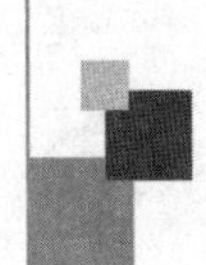

第7章 多元函数微分法及其应用

上册中所讨论的函数都只有一个自变量,这种函数称为一元函数.一元函数所能描述的只是客观现实中很少一部分事物的变化规律,而更多的情形,需要考虑多个因素影响下的变化规律.反映到数学上,就是一个变量依赖于多个变量的情形.本章将把一元函数的概念推广到多个自变量的情形,即多元函数的情形,并在一元函数微分学的基础上,讨论多元函数的微分法及其应用.从一元函数到二元函数,需要许多新的思想方法;而从二元函数到二元以上的函数,新的思想方法并不多,只是形式和计算上复杂一些.因此,本章以讨论二元函数为主,对二元以上的多元函数可类推.

7.1 多元函数的基本概念

7.1.1 平面点集

一元函数的定义域是实数轴 $\mathbf{R}^1$ 上的点集,而二元函数的定义域是坐标平面 $\mathbf{R}^2$ 上的点集.为了将一元函数微积分推广到多元函数的情形,下面分别将 $\mathbf{R}^1$ 中的点集、两点间的距离、区间和邻域等概念推广到坐标平面 $\mathbf{R}^2$ 中,然后引入 n 维空间,以便推广到一般的 $\mathbf{R}^n$ 中,同时,还要引进一些其他概念.

1. 平面点集

由平面解析几何知,建立平面直角坐标系后,平面上的一点 P 与有序二元实数组 (x, y) 之间就建立了一一对应关系.这种建立了坐标系的平面称为坐标平面.二元有序实数组 (x, y) 的全体,即 $\mathbf{R}^2=\mathbf{R}\times\mathbf{R}=\{(x, y)\mid x, y\in\mathbf{R}\}$ 就表示坐标平面.

坐标平面上具有某种性质 P 的点的集合,称为平面点集,记为

$$E=\{(x, y)\mid (x, y)\text{ 具有性质 } P\}.$$

例如,$C=\{(x, y)\mid x^2+y^2<R^2\}$ 表示以原点为中心,R 为半径的圆内所有点所

构成的平面点集.

下面,在坐标平面上引进几个重要概念.

1) 邻域

设 $P_0(x_0, y_0)$为 xOy 面上的一点,$\delta>0$ 为常数,称

$$U(P_0, \delta)=\{(x, y) \mid \sqrt{(x-x_0)^2+(y-y_0)^2}<\delta\}=\{P \mid |PP_0|<\delta\}$$

为点 P_0 的 **δ 邻域**,简称**邻域**(图 7-1(a)),也就是说,邻域是以点 $P_0(x_0, y_0)$为中心,以 $\delta>0$ 为半径的圆内点 $P(x, y)$的全体;在 $U(P_0, \delta)$中去掉点 P_0,记为

$$\mathring{U}(P_0, \delta)=\{(x, y) \mid 0<\sqrt{(x-x_0)^2+(y-y_0)^2}<\delta\}$$
$$=\{P \mid 0<|PP_0|<\delta\},$$

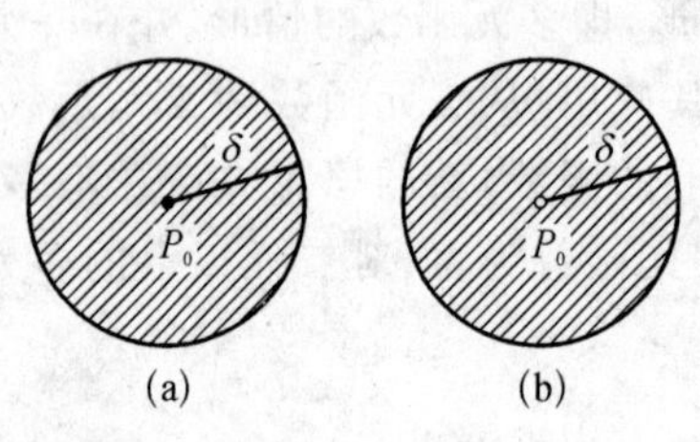

图 7-1

并称为点 P_0 的 **δ 去心邻域**,简称为**去心邻域**(图 7-1(b)).在不需要明确指出邻域的半径 δ 时,邻域简记为 $U(P_0)$及$\mathring{U}(P_0)$.

2) 内点、外点、边界点

内点:若 $\exists\delta>0$,有$U(P, \delta)\subset E$,则称点 P 是 E 的**内点**(图 7-2).

外点:若点 $P \overline{\in} E$,且存在点 P 的邻域 $U(P, \delta)$,使 $U(P, \delta)\cap E=\varnothing$,则称点 P 是 E 的**外点**(图 7-3).

边界点:若 $\forall\delta>0$,邻域$U(P, \delta)$内既有点属于 E,又有点不属于 E,则称点 P 是 E 的**边界点**(图 7-4).而 E 的边界点的全体,称为 E 的**边界**.

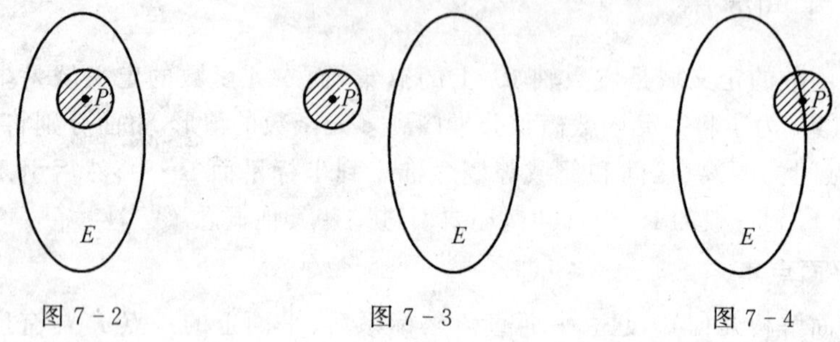

图 7-2　　图 7-3　　图 7-4

3) 有界集、无界集

若 $\exists r>0$,有 $E\subset U(O, r)$,则称 E 是**有界集**,其中 O 是坐标原点.反之,称 E 是**无界集**.

4) 聚点

设 E 是一个平面点集,若点 P 的任意邻域都含有 E 的无穷多个点,则称点 P 为 E 的**聚点**.

可以证明，点 P 是点集 E 的聚点 $\Leftrightarrow \forall \delta > 0$，$\mathring{U}(P, \delta) \cap E \neq \varnothing$.

例如，给出平面点集：

$$E = \{(x, y) \mid x^2 + y^2 < 1\},$$

$$F = \{(x, y) \mid x^2 + y^2 \geqslant 1\},$$

$$G = \{(x, y) \mid 1 \leqslant x^2 + y^2 \leqslant 2\}.$$

易看到，E，F，G 内的任何点都是各自的内点，即一个点集的内点必属于它(外点必不属于它)；E，F 的边界是点集 $\{(x, y) \mid x^2 + y^2 = 1\}$，而 G 的边界是

$$\{(x, y) \mid x^2 + y^2 = 1\} \cup \{(x, y) \mid x^2 + y^2 = 2\};$$

显然，E 的边界点不属于 E，而 F，G 的边界点属于 F，G，即一个点集的边界点可能属于它，也可能不属于它；E，G 是有界集，而 F 是无界集；E，F，G 的一切内点和边界点都是各自的聚点. 由此可知，点集的聚点可以属于它，也可以不属于它.

5) 区域

开集：若平面点集 E 中任一点都是 E 的内点，则称点集 E 为**开集**.

连通集：若平面点集 E 内的任何两点都可用折线联结起来，且该折线上的点都属于 E，则称 E 是**连通集**.

开区域：连通的开集称为**开区域**，简称**区域**.

闭区域：区域 E 连同它的边界组成的点集称为**闭区域**.

例如，$E = \{(x, y) \mid x^2 + y^2 < 1\}$ 是区域，而 $F = \{(x, y) \mid 1 \leqslant x^2 + y^2 \leqslant 2\}$ 是闭区域.

*2. n 维空间

平面和空间的二元、三元有序实数组 (x, y) 和 (x, y, z) 的全体构成的集合分别记为 $\mathbf{R}^2$ 和 $\mathbf{R}^3$，n 元有序实数组 $(x_1, x_2, \cdots, x_n)$，$n \in \mathbf{N}^+$ 的全体构成的集合记为

$$\mathbf{R}^n = \mathbf{R} \times \mathbf{R} \times \cdots \times \mathbf{R} = \{(x_1, x_2, \cdots, x_n) \mid x_i \in \mathbf{R},\ i = 1, 2, \cdots, n\}.$$

平面和空间中的点或向量与有序实数组一一对应. 类似地，$\mathbf{R}^n$ 中的元素 $\boldsymbol{x} = (x_1, x_2, \cdots, x_n)$ 称为 $\mathbf{R}^n$ 中的一个点或一个 n 维向量，其中 x_i 称为点 $\boldsymbol{x}$ 的第 i 个坐标或 n 维向量 $\boldsymbol{x}$ 的第 i 个分量. 当 $x_i = 0\ (i = 1, 2, \cdots, n)$ 时，$\boldsymbol{x}$ 称为 $\mathbf{R}^n$ 中的零元，且称为 $\mathbf{R}^n$ 中的坐标原点或 n 维零向量. 如果在 $\mathbf{R}^n$ 中定义线性运算，即设 $\boldsymbol{x} = (x_1, x_2, \cdots, x_n)$，$\boldsymbol{y} = (y_1, y_2, \cdots, y_n)$ 为 $\mathbf{R}^n$ 中任意两个元素，$\lambda \in \mathbf{R}$，规定

$$\boldsymbol{x} + \boldsymbol{y} = (x_1 + y_1, x_2 + y_2, \cdots, x_n + y_n), \quad \lambda\boldsymbol{x} = (\lambda x_1, \lambda x_2, \cdots, \lambda x_n),$$

这样定义了线性运算的集合 $\mathbf{R}^n$ 称为 n 维空间.

$\mathbf{R}^n$ 中任意两点 $P(x_1, x_2, \cdots, x_n)$ 与 $Q(y_1, y_2, \cdots, y_n)$ 之间的距离定义为

$|PQ| = \sqrt{\sum_{i=1}^{n}(x_i - y_i)^2}$. 仿照平面上的邻域概念，还可定义 $\mathbf{R}^n$ 中点 $P(x_1, x_2, \cdots, x_n)$ 的 δ 邻域的概念,记为

$$U(P, \delta) = \{Q \mid |PQ| < \delta, Q \in \mathbf{R}^n\}.$$

有了 $\mathbf{R}^n$ 中的邻域的概念,便可以定义 $\mathbf{R}^n$ 中内点、边界点、聚点,从而定义 $\mathbf{R}^n$ 中的区域、闭区域及有界区域等一系列概念. 在 n 维空间 $\mathbf{R}^n$ 中定义了距离以后,就可以定义 $\mathbf{R}^n$ 中变元的极限. 设

$$\boldsymbol{x} = (x_1, x_2, \cdots, x_n), \quad \boldsymbol{a} = (a_1, a_2, \cdots, a_n) \in \mathbf{R}^n,$$

如果 $\boldsymbol{x}$ 与 $\boldsymbol{a}$ 的距离 $\|\boldsymbol{x} - \boldsymbol{a}\| \to 0$,则称变元 $\boldsymbol{x}$ 在 $\mathbf{R}^n$ 中趋于固定元 $\boldsymbol{a}$. 记为 $\boldsymbol{x} \to \boldsymbol{a}$. 显然

$$\boldsymbol{x} \to \boldsymbol{a} \Leftrightarrow x_1 \to a_1, x_2 \to a_2, \cdots, x_n \to a_n.$$

7.1.2 多元函数概念

矩形的面积 S 与它的长 x,宽 y 有如下关系：$S = xy\ (x > 0, y > 0)$;一个商场的某种商品的销售额 W 与商品的单价 P 和销售量 Q 有如下关系：$W = PQ$. 一个量由多个量决定的现象不胜枚举,现将它们归于下面的定义：

定义 1 设 D 是 $\mathbf{R}^2$ 的一个非空子集,称映射 $f: D \to \mathbf{R}$ 为定义在 D 上的**二元函数**,通常记为 $z = f(x, y), (x, y) \in D$ 或 $z = f(P), P \in D$,其中点集 D 称为该函数的**定义域**, x, y 称为**自变量**,并称

$$f(D) = \{z \mid z = f(x, y), (x, y) \in D\}$$

为函数的**值域**,其中 $z = f(x, y)$ 称为 f 在点(x, y) 的**函数值**.

定义 1 中的函数习惯上记为 $z = f(x, y), (x, y) \in D$, $z = f(x, y)$ 也常记为 $z = \varphi(x, y)$, $z = z(x, y)$ 等.

类似地,可定义三元函数 $u = f(x, y, z), (x, y, z) \in D$. 不过,这时的 D 是空间 $\mathbf{R}^3$ 中的点集.

一般地,把定义 1 中的平面点集 D 换成 n 维空间 $\mathbf{R}^n$ 内的点集 D,映射 $f: D \to \mathbf{R}$ 就称为定义在 D 上的 n 元函数，通常记为 $u = f(x_1, x_2, \cdots, x_n)$, $(x_1, x_2, \cdots, x_n) \in D$,或简记为 $u = f(\boldsymbol{x})$, $\boldsymbol{x} = (x_1, x_2, \cdots, x_n) \in D$,也可记为 $u = f(P)$, $P(x_1, x_2, \cdots, x_n) \in D$. 若令 $n = 2$ 或 $n = 3$ 便得二元或三元函数. 二元及二元以上的函数统称为**多元函数**.

一般地,若用算式表达二元函数为 $z = f(x, y)$,那么使这个算式有意义的点(x, y)所构成的点集称为二元函数的自然定义域,因而,这类函数的定义域不再特别标出.

例如，函数 $z=\dfrac{\sqrt{x-y^2}}{\ln(1-x^2-y^2)}$，$x, y$ 应满足 $\begin{cases}x-y^2\geqslant 0,\\1-x^2-y^2>0,\\1-x^2-y^2\neq 1,\end{cases}$ 其定义域为

$$D=\{(x, y) \mid x\geqslant y^2, x^2+y^2<1, x\neq 0, y\neq 0\},$$

如图 7-5 所示.

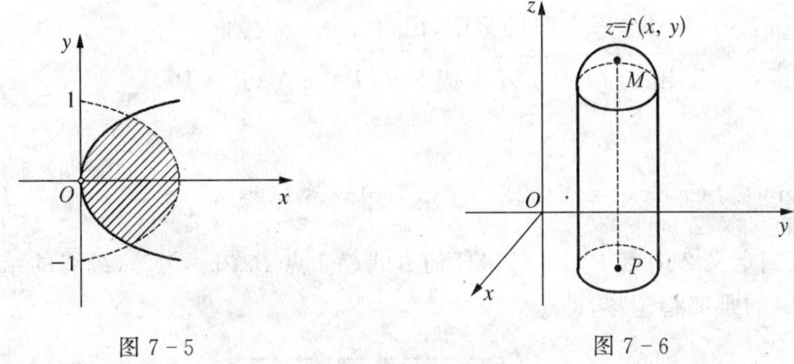

图 7-5　　　　图 7-6

值得注意的是，若对于 D 中任意一点 (x, y)，有两个或两个以上的 z 与点 (x, y) 对应，称 $z=f(x, y)$ 为多值函数，例如，$x^2+y^2+z^2=R^2$，$\dfrac{x^2}{a^2}+\dfrac{y^2}{b^2}+\dfrac{z^2}{c^2}=1$ 均确定了多值函数 $z=f(x, y)$，常把它拆成单值函数来讨论，例如，$x^2+y^2+z^2=a^2$ 拆成 $z=\sqrt{a^2-x^2-y^2}$ 与 $z=-\sqrt{a^2-x^2-y^2}$，它们在 $\mathbf{R}^3$ 中分别表示以原点为中心，a 为半径的上半球面与下半球面，它们在 xOy 面的投影区域均为 $D=\{(x, y) \mid x^2+y^2\leqslant a^2\}$，这也是两个单值函数的定义域. 以后，对于二、三元函数，如无特别声明，总假定所讨论的函数是单值的.

设二元函数 $z=f(x, y)$ 的定义域为 D，$\forall P(x, y)\in D$，对应的函数值 $z=f(x, y)$. 于是，在空间就确定了一点 $M(x, y, z)$，当 (x, y) 遍取 D 上的一切点时，便得到一个空间点集：$\{(x, y, z) \mid z=f(x, y), (x, y)\in D\}$. 这个点集称为二元函数 $z=f(x, y)$ 的图形(图 7-6). 该二元函数的图形是一张曲面，这张曲面在 xOy 面上的投影就是函数 $f(x, y)$ 的定义域 D.

例如，由空间解析几何知，线性函数 $z=ax+by+c$ 的图形是一张平面，而函数 $z=\sqrt{x^2+y^2}$ 的图形是上半锥面，$z=\sqrt{1-\dfrac{x^2}{a^2}-\dfrac{y^2}{b^2}}$ 的图形是上半椭球面，其中上半锥面和上半椭球面在 xOy 面上的投影就是它们的定义域.

如果存在 $M>0$，使 $|f(x, y)|\leqslant M$，$(x, y)\in D$，称二元函数 $f(x, y)$ 在 D 上**有界**.

7.1.3 多元函数的极限

为方便起见,仅就二元函数的情形,讨论函数的极限问题.

定义 2 设二元函数 $f(P)=f(x, y)$ 的定义域为 D,点 $P_0(x_0, y_0)$ 是 D 的聚点,如果对于 $P(x, y)\in D\cap \mathring{U}(P_0, \delta)$ $(\delta>0)$,且当点 $P(x, y)$ 以**任何方式**趋于点 $P_0(x_0, y_0)$ 时,函数 $f(P)$ 无限接近于某常数 A,则称常数 A 为二元函数 $f(P)$ 当 $(x, y)\to(x_0, y_0)$ 时的**极限**,记为

$$\lim_{P\to P_0} f(P)=A \quad 或 \quad f(P)\to A\ (P\to P_0),$$

也记为

$$\lim_{(x, y)\to(x_0, y_0)} f(x, y)=A \quad 或 \quad f(x, y)\to A\ ((x, y)\to(x_0, y_0)). \tag{7.1.1}$$

注意到定义 2 中点 $P(x, y)$以任何方式趋于点 $P_0(x_0, y_0)$,最终的结果是点 P 与点 P_0 的距离趋于零,即

$$|PP_0|=\sqrt{(x-x_0)^2+(y-y_0)^2}\to 0.$$

在形式上,式(7.1.1)与一元函数极限 $\lim\limits_{x\to x_0} f(x)=A$ 类似,但它们有以下本质的差别:

$x\to x_0$ 是 x 沿横轴从 x_0 两侧趋于 x_0,即趋近的方式只有两种,当然这种趋近的方式可以用连续的方式进行,也可以用任何点列的方式进行(图 7-7(a));但在平面上,$P\to P_0$ 是位于$\mathring{U}(P_0)\cap D$内的任何点P,从任何方向趋于 P_0,而且趋近的方式是沿任何曲线或点列趋近 P_0(图 7-7(b)).这样一来,势必使二元函数的极限问题比一元函数复杂得多.

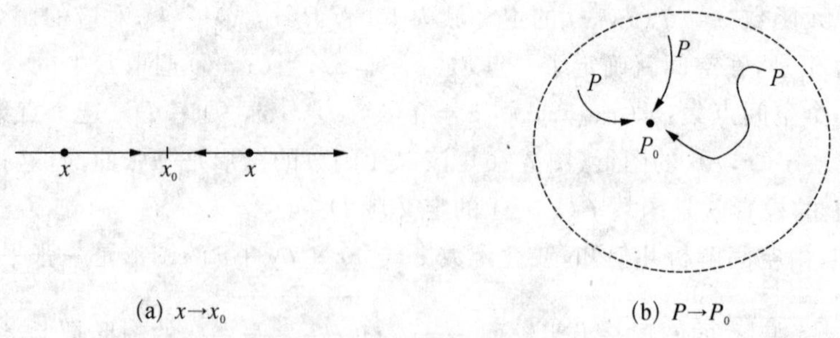

(a) $x\to x_0$　　(b) $P\to P_0$

图 7-7

据二元函数极限的定义,当点 $P(x, y)$沿着任意两个不同的方向或曲线趋于点$P_0(x_0, y_0)$时,所对应的函数 $f(P)$趋于不同的两个结果,这时就可断言,当 $P(x, y)\to P_0(x_0, y_0)$时,二元函数 $f(P)$的极限不存在.

例 1　讨论 $f(x, y)=\frac{xy}{x^2+y^2}$ 在点(0, 0)的极限问题.

解　取点(x, y)沿斜率为k的直线趋近点(0, 0)，即点(x, y)沿直线$y=kx$趋于点(0, 0)，如图 7-8 所示，从而

$$\lim_{\substack{(x, y)\to(0, 0)\\ y=kx}} f(x, y)=\lim_{x\to 0}\frac{kx^2}{x^2+k^2x^2}=\frac{k}{1+k^2}. \tag{7.1.2}$$

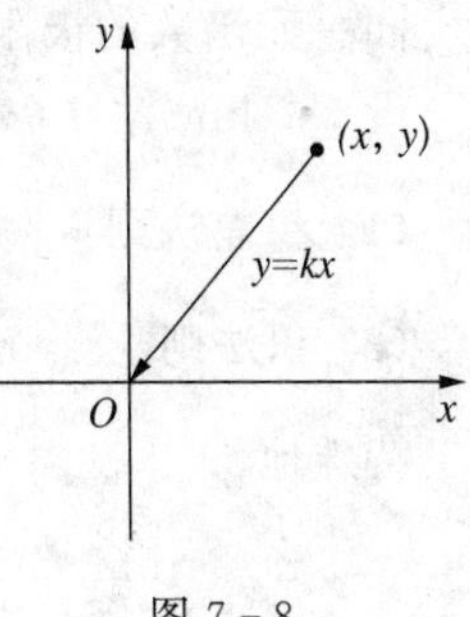

图 7-8

显然当k不同时，上式右端的结果不同，从而$\lim\limits_{(x, y)\to(0, 0)} f(x, y)$不存在.

由式(7.1.2)知，点(x, y)沿x轴(即$k=0$)趋于点(0, 0)同沿y轴(即$k=\infty$)趋于点(0, 0)的结果是一致的. 事实上

$$\lim_{\substack{(x, y)\to(0, 0)\\ y=0}} f(x, y)=0, \qquad \lim_{\substack{(x, y)\to(0, 0)\\ x=0}} f(x, y)=0.$$

看来，尽管当$(x, y)\to(x_0, y_0)$时，函数$f(x, y)$的极限不存在，但选择特殊的趋近路径可能有特殊的结果. 常见的特殊路径有两种：

先从点(x, y)沿水平直线(即将y固定)，趋于点(x_0, y)，再从点(x_0, y)沿直线$x=x_0$趋于点(x_0, y_0)，即

$$(x, y)\xrightarrow{x\to x_0}(x_0, y)\xrightarrow{y\to y_0}(x_0, y_0)$$

(图 7-9(a)). 将这种极限记为

$$\lim_{y\to y_0}\lim_{x\to x_0} f(x, y). \tag{7.1.3}$$

同样还有

$$\lim_{x\to x_0}\lim_{y\to y_0} f(x, y) \tag{7.1.4}$$

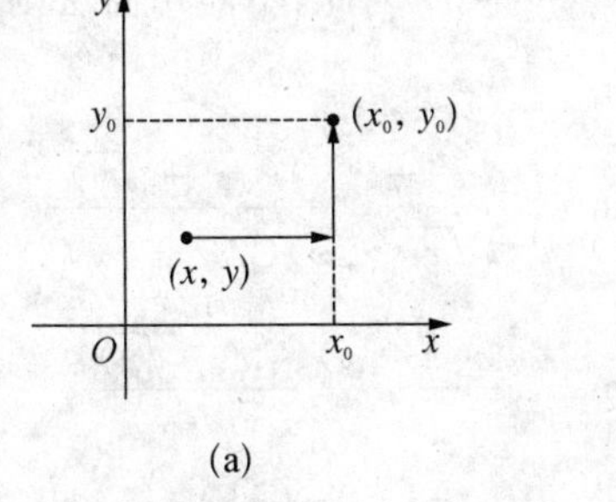

(a)

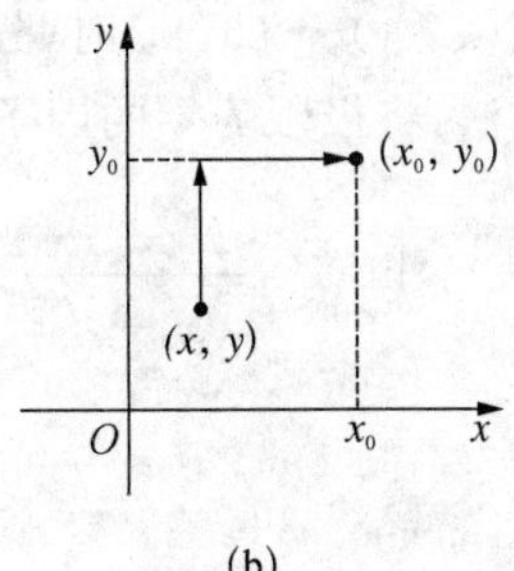

(b)

图 7-9

(图 7-9(b)). 当三种极限 $\lim\limits_{(x,y)\to(x_0,y_0)} f(x,y)$, $\lim\limits_{x\to x_0}\lim\limits_{y\to y_0} f(x,y)$, $\lim\limits_{y\to y_0}\lim\limits_{x\to x_0} f(x,y)$ 都存在时,它们的极限值相等,但仅知其中一个极限存在,不能推出另外两个极限存在.

为区别起见,把 $\lim\limits_{(x,y)\to(0,0)} f(x,y)=A$ 称为二重极限,而式(7.1.3)和式(7.1.4)的极限称为累次极限.

同一元函数的极限运算一样,二元函数的极限有以下的四则运算法则:

设 $\lim\limits_{(x,y)\to(x_0,y_0)} f(x,y)=A$, $\lim\limits_{(x,y)\to(x_0,y_0)} g(x,y)=B$, 则有

(1) **和差法则**: $\lim\limits_{(x,y)\to(x_0,y_0)} [f(x,y)\pm g(x,y)]=A\pm B$.

(2) **积法则**: $\lim\limits_{(x,y)\to(x_0,y_0)} [f(x,y)g(x,y)]=AB$.

特殊地,

$$\lim_{(x,y)\to(x_0,y_0)} [kf(x,y)]=k\cdot \lim_{(x,y)\to(x_0,y_0)} f(x,y)=kA.$$

(3) **商法则**: $\lim\limits_{(x,y)\to(x_0,y_0)} \dfrac{f(x,y)}{g(x,y)}=\dfrac{A}{B}\ (B\neq 0)$.

例 2 求下列极限:

(1) $\lim\limits_{(x,y)\to(0,1)} \dfrac{x-xy-4}{x^2y+xy-y^3}$; (2) $\lim\limits_{(x,y)\to(0,2)} \dfrac{\sin xy}{x}$.

解 (1)
$$\text{原式}=\frac{0-0\times 1-4}{0^2\times 1+0\times 1-1^3}=4.$$

(2)
$$\begin{aligned}\text{原式}&=\lim_{(x,y)\to(0,2)} \frac{\sin xy}{xy}\cdot y\\&=\lim_{(x,y)\to(0,2)} \frac{\sin xy}{xy}\cdot \lim_{(x,y)\to(0,2)} y\\&=1\times 2=2.\end{aligned}$$

例 3 求 $\lim\limits_{(x,y)\to(0,0)} \dfrac{x^2-xy}{\sqrt{x}-\sqrt{y}}$.

解 当$(x,y)\to(0,0)$时,分母 $\sqrt{x}-\sqrt{y}\to 0$, 因此,不能用商法则,希望用恒等变形的方法,将极限为零的因子去掉.

$$\begin{aligned}\lim_{(x,y)\to(0,0)} \frac{x^2-xy}{\sqrt{x}-\sqrt{y}}&=\lim_{(x,y)\to(0,0)} \frac{(x^2-xy)(\sqrt{x}+\sqrt{y})}{(\sqrt{x}-\sqrt{y})(\sqrt{x}+\sqrt{y})}\\&=\lim_{(x,y)\to(0,0)} \frac{x(x-y)(\sqrt{x}+\sqrt{y})}{x-y}\\&=\lim_{(x,y)\to(0,0)} x(\sqrt{x}+\sqrt{y})=0.\end{aligned}$$

定义 2 是对二元函数极限的描述性定义.

下面用“$\varepsilon-\delta$”语言来描述极限的概念.

定义 3　设函数 $f(x, y)$的定义域为 D,点 $P_0(x_0, y_0)$为 D 的聚点,A 为常数, $\forall \varepsilon>0$,若 $\exists \delta>0$,使当 $P(x, y) \in D \cap \mathring{U}(P_0, \delta)$ 时,都有 $|f(x, y)-A|<\varepsilon$,则称 A 为函数 $f(x, y)$ 当$(x, y) \to (x_0, y_0)$ 时的**极限**,记为

$$\lim_{(x, y) \to (x_0, y_0)} f(x, y)=A \quad \text{或} \quad f(x, y) \to A\ ((x, y) \to (x_0, y_0)),$$

也可记为

$$\lim_{P \to P_0} f(P)=A \quad \text{或} \quad f(P) \to A\ (P \to P_0).$$

类似地,可以定义 n 元函数的极限.

例 4　设 $f(x, y)=(x^2+y^2)\sin\dfrac{1}{x^2+y^2}$,求证 $\lim\limits_{(x, y) \to (0, 0)} f(x, y)=0$.

证　这里函数 $f(x, y)$的定义域为 $D=\mathbf{R}^2 \backslash \{(0, 0)\}$,点 $O(0, 0)$ 为 D 的聚点. 因为

$$|f(x, y)-0|=\left|(x^2+y^2)\sin\frac{1}{x^2+y^2}-0\right| \leqslant x^2+y^2,$$

可见, $\forall \varepsilon>0$,取 $\delta=\sqrt{\varepsilon}$,则当 $0<\sqrt{(x-0)^2+(y-0)^2}<\delta$,即 $P(x, y) \in D \cap \mathring{U}(O, \delta)$ 时,总有 $|f(x, y)-0|<\varepsilon$ 成立,所以 $\lim\limits_{(x, y) \to (0, 0)} f(x, y)=0$.

利用极限的四则运算法则也可得同样的结果:

$$\begin{aligned}
&\lim_{(x, y) \to (0, 0)} (x^2+y^2)\sin\frac{1}{x^2+y^2}\\
=&\lim_{(x, y) \to (0, 0)} x^2\sin\frac{1}{x^2+y^2}+\lim_{(x, y) \to (0, 0)} y^2\sin\frac{1}{x^2+y^2}\\
=&\ 0+0=0.
\end{aligned}$$

这里利用了与一元函数极限类似的运算法则:“无穷小量与有界量的乘积仍为无穷小量”. 本题若令 $u=x^2+y^2$,则当$(x, y) \to (0, 0)$ 时,$u \to 0$,于是

$$\lim_{(x, y) \to (0,0)} (x^2+y^2)\sin\frac{1}{x^2+y^2}=\lim_{u \to 0} u\sin\frac{1}{u}=0.$$

显然,这种代换的结果是把二元函数极限问题化成了一元函数极限问题.

7.1.4　多元函数的连续性

由二元函数极限的概念,不难说明二元函数连续性.

定义 4 设二元函数 $f(P)=f(x,y)$ 的定义域为 D,点 $P_0(x_0,y_0)$ 为 D 的聚点,且 $P_0\in D$,如果 $\lim\limits_{(x,y)\to(x_0,y_0)} f(x,y)=f(x_0,y_0)$,则称函数 $f(x,y)$ 在点 $P_0(x_0,y_0)$ 处**连续**.

如果函数 $f(x,y)$ 在 D 的每一点都连续,那么就称函数 $f(x,y)$ **在 D 上连续**,或者称 $f(x,y)$ 是 D 上的连续函数.

以上关于二元函数的连续性概念,可相应地推广到 n 元函数 $f(P)$ 上去.

例 5 设 $f(x,y)=\begin{cases}\dfrac{xy}{\sqrt{x^2+y^2}}, & (x,y)\neq(0,0),\\ 0, & (x,y)=(0,0).\end{cases}$ 证明:$f(x,y)$ 在点 $(0,0)$ 处连续.

证 $\forall\varepsilon>0$,取 $\delta=\sqrt{2}\varepsilon$,当 $0<|x|<\delta$, $0<|y|<\delta$ 时,有

$$\left|\frac{xy}{\sqrt{x^2+y^2}}-0\right|\leqslant\frac{|xy|}{\sqrt{2|xy|}}=\frac{\sqrt{|x||y|}}{\sqrt{2}}<\varepsilon,$$

因而

$$\lim_{(x,y)\to(0,0)}\frac{xy}{\sqrt{x^2+y^2}}=0=f(0,0),$$

故 $f(x,y)$ 在点 $(0,0)$ 处连续.

定义 5 设函数 $f(x,y)$ 的定义域为 D,点 $P_0(x_0,y_0)$ 是 D 的聚点,如果 $f(x,y)$ 在点 $P_0(x_0,y_0)$ 不连续,则称点 $P_0(x_0,y_0)$ 为函数 $f(x,y)$ 的**间断点**.

例如,

$$f(x,y)=\begin{cases}\dfrac{xy}{x^2+y^2}, & x^2+y^2\neq0,\\ 0, & x^2+y^2=0,\end{cases}$$

点 $O(0,0)$ 是函数定义域 $D=\mathbf{R}^2$ 的聚点,在前面已讨论函数 $f(x,y)$ 在点 $O(0,0)$ 处极限不存在,故点 $O(0,0)$ 为函数 $f(x,y)$ 的一个间断点.

又如,$f(x,y)=\dfrac{1}{x^2+y^2}$,点 $(0,0)$ 是它的间断点.

再如,$f(x,y)=\dfrac{1}{x^2+y^2-1}$, $x^2+y^2=1$ 是它的间断线.

依照上面的定义,还可定义 n 元函数的间断点.

与一元函数类似,利用多元函数的极限运算法则可以证明,多元连续函数的和、差、积、商(在分母不为零处)仍是连续函数,多元连续函数的复合函数亦是连续函数.

与一元初等函数类似,一个多元初等函数是指能用一个算式表示的多元函数,

这个算式是由常数及具有不同自变量的一元基本初等函数经过有限次的四则运算和复合运算而得到的. 例如，$\dfrac{x+x^2-y^2}{1+y^2}$，$\sin(x^2+y^2+z)$，e^{xy^2} 等都是多元初等函数.

根据连续函数的和、差、积、商的连续性以及连续函数的复合函数的连续性，再利用基本初等函数的连续性，进一步可得出如下结论：**一切多元初等函数在其定义区域内是连续的.** 所谓定义区域是指包含在定义域内的区域或闭区域.

由多元初等函数的连续性，如果要求它在点 P_0 处的极限，而该点又在此函数的定义区域内，则极限值就是函数在该点的函数值，即 $\lim\limits_{P\to P_0} f(P)=f(P_0)$.

例 6　求 $\lim\limits_{(x,y)\to(1,2)} \dfrac{x+y}{xy}$.

解　函数 $f(x,y)=\dfrac{x+y}{xy}$ 是初等函数，其定义域为

$$D=\{(x,y)\mid x\neq 0,\ y\neq 0\},$$

$P_0(1,2)$ 为 D 的内点，故存在点 P_0 的某一邻域 $U(P_0)\subset D$，而任何邻域都是区域，所以 $U(P_0)$ 是 $f(x,y)$ 的一个定义区域，因此

$$\lim_{(x,y)\to(1,2)} \frac{x+y}{xy}=f(1,2)=\frac{3}{2}.$$

一般地，求 $\lim\limits_{P\to P_0} f(P)$ 时，若 $f(P)$ 是初等函数，且 P_0 是 $f(P)$ 的定义域的内点，则 $f(P)$ 在点 P_0 处连续，于是 $\lim\limits_{P\to P_0} f(P)=f(P_0)$.

例 7　求 $\lim\limits_{(x,y)\to(0,0)} \dfrac{x^2+y^2}{1-\sqrt{1+x^2+y^2}}$.

解

$$\begin{aligned}\lim_{(x,y)\to(0,0)} \frac{x^2+y^2}{1-\sqrt{1+x^2+y^2}} &= \lim_{(x,y)\to(0,0)} \frac{(x^2+y^2)(1+\sqrt{1+x^2+y^2})}{1-(\sqrt{1+x^2+y^2})^2} \\ &= \lim_{(x,y)\to(0,0)} [-(1+\sqrt{1+x^2+y^2})]=-2.\end{aligned}$$

最后，给出有界闭区域上多元连续函数的几个性质，它们与有界闭区间上一元连续函数的性质相对应.

性质 1（有界性与最大值、最小值定理）　有界闭区域 D 上的多元连续函数必定在 D 上有界，且能取得它的最大值和最小值.

该性质是说，若 $f(P)$ 在有界闭区域 D 上连续，则必定存在常数 $M>0$，使得对

一切 $P\in D$,有 $|f(P)|\leqslant M$;且存在 $P_1, P_2\in D$,使得

$$f(P_1)=\max\{f(P)\mid P\in D\},\quad f(P_2)=\min\{f(P)\mid P\in D\}.$$

性质 2(介值定理) 有界闭区域 D 上的多元连续函数必取得介于最大值和最小值之间的任何值.

***性质 3(一致连续性定理)** 有界闭区域 D 上的多元连续函数必定在 D 上一致连续.

该性质是说,若 $f(P)$ 在有界闭区域 D 上连续,则对于任意给定的正数 ε,总存在正数 δ,使得对于 D 上的任意两点 P_1, P_2,只要当 $|P_1P_2|<\delta$ 时,都有 $|f(P_1)-f(P_2)|<\varepsilon$ 成立.

习　题　7.1

1. 判定下列平面点集中哪些是开集、闭集、区域、有界集、无界集,并分别指出它们的边界.

(1) $\{(x, y)\mid x\neq 0, y\neq 0\}$;

(2) $\{(x, y)\mid 1<x^2+y^2\leqslant 4\}$;

(3) $\{(x, y)\mid y>x^2\}$;

(4) $\{(x, y)\mid x^2+(y-1)^2\geqslant 1\}\cap\{(x, y)\mid x^2+(y-2)^2\leqslant 4\}$.

2. 已知函数 $f(x, y)=\dfrac{4xy}{x^2+y^2}$,求 $f\left(xy, \dfrac{x}{y}\right)$ 及 $f(tx, ty)$.

3. 设 $F(x, y)=\dfrac{1}{x}f(x-y)$, $F(1, y)=y^2-2y$,求 $f(x)$.

4. 设 $f(x, y)=\dfrac{x^2-y^2}{2xy}$,试求 $f\left(\dfrac{1}{x}, \dfrac{1}{y}\right)$ 和 $f[x, f(x, y)]$.

5. 求下列各函数的定义域:

(1) $z=\sqrt{x-\sqrt{y}}$;

(2) $z=\ln(y-x)+\dfrac{\sqrt{x}}{\sqrt{1-x^2-y^2}}$;

(3) $z=\arcsin\dfrac{x^2+y^2}{4}+\arccos\dfrac{1}{x^2+y^2}$;

(4) $z=\dfrac{\sqrt{4x-y^2}}{\ln(1-x^2-y^2)}$;

(5) $u=\sqrt{R^2-x^2-y^2-z^2}+\dfrac{1}{\sqrt{x^2+y^2+z^2-r^2}}\ (R>r>0)$.

6. 求下列各极限:

(1) $\displaystyle\lim_{(x, y)\to(0, 0)}\frac{e^{xy}-1}{\cos^2 x+\sin^2 y}$;　　(2) $\displaystyle\lim_{(x, y)\to(0, 0)}(\sqrt[3]{x}+y)\sin\frac{1}{x}\cos\frac{1}{y}$;

(3) $\lim\limits_{(x,y)\to(0,0)}(1+x^2y^2)^{\frac{1}{x^2+y^2}}$；　　(4) $\lim\limits_{(x,y)\to(0,0)}\dfrac{1-\cos(x^2+y^2)}{(x^2+y^2)e^{x^2y^2}}$；

(5) $\lim\limits_{(x,y)\to(0,0)}\dfrac{2-\sqrt{xy+4}}{xy}$.

*7. 证明下列极限不存在：

(1) $\lim\limits_{(x,y)\to(0,0)}\dfrac{x+y}{x-y}$；　　(2) $\lim\limits_{(x,y)\to(0,0)}\dfrac{x^2y^2}{x^2y^2+(x-y)^2}$.

*8. 证明：$\lim\limits_{(x,y)\to(0,0)}\dfrac{xy}{\sqrt{x^2+y^2}}=0$.

9. 求函数 $z=\dfrac{1}{\sin\pi x}+\dfrac{1}{\sin\pi y}$ 的间断点.

*10. 研究函数 $f(x,y)=\begin{cases}\sqrt{1-x^2-y^2}, & x^2+y^2\leqslant 1,\\ 0, & x^2+y^2>1\end{cases}$ 的连续性.

7.2 偏导数

7.2.1 偏导数的概念

在上册中通过函数的增量与自变量的增量比的极限，引出了导数的概念，这个比值的极限刻画了函数对于自变量的变化率. 对于多元函数，由于自变量的个数不止一个，因而，因变量与自变量的关系比一元函数更为复杂，但可考虑多元函数对于某一个自变量的变化率，亦即，只有一个自变量发生变化，而其余自变量都保持不变. 以二元函数 $z=f(x,y)$ 为例，让自变量 x 变化，而自变量 y 固定(视为常数)，这时，它就是 x 的一元函数，该函数对 x 的导数就称为二元函数 $z=f(x,y)$ 对于 x 的偏导数.

定义 1　设函数 $z=f(x,y)$ 在点 (x_0,y_0) 的某一邻域内有定义，当 y 固定在 y_0 而 x 在 x_0 处有增量 Δx 时，相应地，函数有增量 $f(x_0+\Delta x,y_0)-f(x_0,y_0)$. 如果 $\lim\limits_{\Delta x\to 0}\dfrac{f(x_0+\Delta x,y_0)-f(x_0,y_0)}{\Delta x}$ 存在，则称此极限为函数 $z=f(x,y)$ 在点 (x_0,y_0) 处对 x 的**偏导数**，记为 $\left.\dfrac{\partial z}{\partial x}\right|_{\substack{x=x_0\\y=y_0}}$，$\left.\dfrac{\partial f}{\partial x}\right|_{\substack{x=x_0\\y=y_0}}$，$\left.z_x\right|_{\substack{x=x_0\\y=y_0}}$ 或 $f_x(x_0,y_0)$ ①，即

① 偏导数记号 z_x，f_x 亦可记为 z'_x，f'_x，后面的高阶偏导数的记号也有类似的情形.

$$f_x(x_0, y_0) = \lim_{\Delta x \to 0} \frac{f(x_0+\Delta x, y_0) - f(x_0, y_0)}{\Delta x}. \tag{7.2.1}$$

类似地，函数 $z = f(x, y)$ 在点 (x_0, y_0) 处对 y 的偏导数定义为

$$f_y(x_0, y_0) = \lim_{\Delta y \to 0} \frac{f(x_0, y_0+\Delta y) - f(x_0, y_0)}{\Delta y}. \tag{7.2.2}$$

$f_y(x_0, y_0)$ 亦可记为 $\left.\frac{\partial z}{\partial y}\right|_{\substack{x=x_0\\y=y_0}}, \left.\frac{\partial f}{\partial y}\right|_{\substack{x=x_0\\y=y_0}}, \left.z_y\right|_{\substack{x=x_0\\y=y_0}}$.

如果 $z = f(x, y)$ 在区域 D 内每一点 (x, y) 处对 x 的偏导数都存在，那么这个偏导数就是 x, y 的函数，称它为函数 $z = f(x, y)$ 对自变量 x 的**偏导函数**，记为 $\frac{\partial z}{\partial x}, \frac{\partial f}{\partial x}, z_x, f_x(x, y)$，此时，

$$f_x(x, y) = \lim_{\Delta x \to 0} \frac{f(x+\Delta x, y) - f(x, y)}{\Delta x}.$$

类似地，可以定义函数 $z = f(x, y)$ 对自变量 y 的偏导函数

$$f_y(x, y) = \lim_{\Delta y \to 0} \frac{f(x, y+\Delta y) - f(x, y)}{\Delta y},$$

且 $f_y(x, y)$ 亦可记为 $\frac{\partial z}{\partial y}, \frac{\partial f}{\partial y}, z_y$.

由偏导函数的概念可知，$f_x(x_0, y_0)$ 其实就是偏导函数 $f_x(x, y)$ 在点 (x_0, y_0) 处的函数值；$f_y(x_0, y_0)$ 就是偏导函数 $f_y(x, y)$ 在点 (x_0, y_0) 处的函数值. 以后在不至于混淆的情况下，偏导函数也简称为偏导数.

偏导数的概念还可推广到二元以上的函数. 例如，三元函数 $u = f(x, y, z)$ 在点 (x, y, z) 处对 x 的偏导数定义为

$$f_x(x, y, z) = \lim_{\Delta x \to 0} \frac{f(x+\Delta x, y, z) - f(x, y, z)}{\Delta x},$$

其中，(x, y, z) 是函数 $u = f(x, y, z)$ 的定义域的内点.

从偏导数的定义可以看出，计算多元函数的偏导数并不需要新的方法. 例如，求二元函数 $z = f(x, y)$ 对 x 的偏导数时，把 y 视为常数，而对 x 求导数. 若令 $f(x, y) = F(x)$，则 $f_x(x, y) = F'(x)$，于是求 $f_x(x, y)$ 只需把一元函数求导公式及求导法则用来求 $F(x)$ 的导数即可. 类似地，求 $f_y(x, y)$ 只需把 x 视为常数，对函数 $f(x, y)$ 关于 y 求导数.

求三元或三元以上的函数的偏导数也只需把其余变量视为常数而对某一变量按一元函数的求导法求导数即可.

例 1 设 $f(x, y)=\frac{y^2}{x+1}$,求 $f_x(3, 2)$ 和 $f_y(3, 2)$.

解 **方法一** 令 $F(x)=f(x, 2)$,则 $f_x(3, 2)$ 等于 $F(x)$ 在点 $x=3$ 处的导数,由于 $F(x)=f(x, 2)=\frac{4}{x+1}$,而 $F'(x)=-\frac{4}{(x+1)^2}$,所以

$$f_x(3, 2)=F'(3)=-\frac{1}{4}.$$

类似地,令 $G(y)=f(3, y)$,则 $f_y(3, 2)$ 等于 $G(y)$ 在点 $y=2$ 处的导数,而 $G'(y)=\frac{y}{2}$,所以 $f_y(3, 2)=G'(2)=1$.

方法二 先求 $f(x, y)=\frac{y^2}{x+1}$ 对 x, y 的偏导函数,再求偏导函数在点 $(3, 2)$ 处的函数值.

求 $f_x(x, y)$时,把 y 视为常数,对 x 求导得

$$f_x(x, y)=y^2\left[-\frac{1}{(x+1)^2}\right]=-\frac{y^2}{(x+1)^2}.$$

求 $f_y(x, y)$时,把 x 视为常数,对 y 求导得

$$f_y(x, y)=\frac{2y}{x+1}.$$

将点$(3, 2)$代入上面的结果,就得

$$f_x(3, 2)=-\frac{2^2}{(3+1)^2}=-\frac{1}{4}, \qquad f_y(3, 2)=\frac{2\times 2}{3+1}=1.$$

例 2 求 $z=(3xy+2x)^5$ 的偏导数.

解
$$\frac{\partial z}{\partial x}=5(3xy+2x)^4\cdot\frac{\partial}{\partial x}(3xy+2x)=5(3xy+2x)^4(3y+2),$$

$$\frac{\partial z}{\partial y}=5(3xy+2x)^4\cdot\frac{\partial}{\partial y}(3xy+2x)=15x(3xy+2x)^4.$$

例 3 设 $z=x^y(x>0, x\neq 1)$,求证:$\frac{x}{y}\frac{\partial z}{\partial x}+\frac{1}{\ln x}\frac{\partial z}{\partial y}=2z$.

证 因为 $\frac{\partial z}{\partial x}=yx^{y-1}$, $\frac{\partial z}{\partial y}=x^y\ln x$, 所以

$$\frac{x}{y}\frac{\partial z}{\partial x}+\frac{1}{\ln x}\frac{\partial z}{\partial y}=\frac{x}{y}yx^{y-1}+\frac{1}{\ln x}x^y\ln x=x^y+x^y=2z.$$

例 4 求函数 $u=\ln(x^2+y^2+z^2)$ 的偏导数.

解 把 y, z 视为常数,对 x 求导,得

$$\frac{\partial u}{\partial x}=\frac{2x}{x^2+y^2+z^2},$$

由于所给函数关于自变量对称①,所以

$$\frac{\partial u}{\partial y}=\frac{2y}{x^2+y^2+z^2},\quad \frac{\partial u}{\partial z}=\frac{2z}{x^2+y^2+z^2}.$$

例 5 已知理想气体的状态方程 $pV=RT$ (R 为常量),求证:

$$\frac{\partial p}{\partial V}\cdot\frac{\partial V}{\partial T}\cdot\frac{\partial T}{\partial p}=-1.$$

证 因为

$$p=\frac{RT}{V}\Rightarrow\frac{\partial p}{\partial V}=-\frac{RT}{V^2},$$

$$V=\frac{RT}{p}\Rightarrow\frac{\partial V}{\partial T}=\frac{R}{p},$$

$$T=\frac{pV}{R}\Rightarrow\frac{\partial T}{\partial p}=\frac{V}{R},$$

所以

$$\frac{\partial p}{\partial V}\cdot\frac{\partial V}{\partial T}\cdot\frac{\partial T}{\partial p}=-\frac{RT}{V^2}\cdot\frac{R}{p}\cdot\frac{V}{R}=-\frac{RT}{pV}=-1.$$

在这里还要强调,应将偏导数的记号看成一个整体性的符号,而不能将其看成商的形式,这与一元函数的导数 $\frac{\mathrm{d}y}{\mathrm{d}x}$ 可看成函数微分 $\mathrm{d}y$ 与自变量微分 $\mathrm{d}x$ 之商是有区别的.

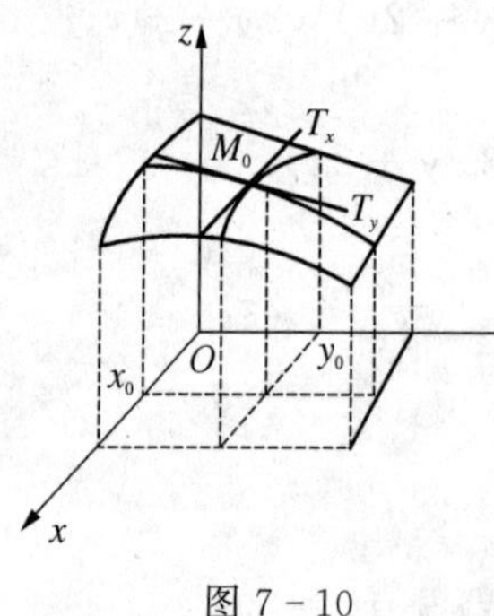

图 7-10

7.2.2 偏导数的几何意义

二元函数 $z=f(x,y)$ 在点 (x_0,y_0) 处的偏导数有下述几何意义. 如图 7-10 所示,设 $M_0(x_0,y_0,f(x_0,y_0))$ 为曲面 $z=f(x,y)$ 上一点,过点 M_0 作平面 $y=y_0$,此平面与曲面相交得一曲线,曲线的方程为 $\begin{cases}z=f(x,y),\\ y=y_0.\end{cases}$ 因为 $f_x(x_0,y_0)=\frac{\mathrm{d}}{\mathrm{d}x}f(x,y_0)\Big|_{x=x_0}$,

① 这就是说,当函数表达式中任意两个自变量对调后,仍表示原来的函数.

故由一元函数导数的几何意义知：$f_x(x_0, y_0)$ 表示曲线 $\begin{cases} z = f(x, y), \\ y = y_0 \end{cases}$ 在点 M_0 处的切线 T_x 对 x 轴的斜率；同样，$f_y(x_0, y_0)$ 表示曲线 $\begin{cases} z = f(x, y), \\ x = x_0 \end{cases}$ 在点 M_0 处的切线 T_y 对 y 轴的斜率.

"可导必定连续"是一元函数中的一条熟知的性质，但对多元函数来讲，类似性质并不成立，即可偏导未必连续. 例如，二元函数 $z = f(x, y)$ 在点 $M_0(x_0, y_0)$ 处的偏导数 $f_x(x_0, y_0)$，$f_y(x_0, y_0)$ 仅仅是函数沿两个特殊方向（平行于 x 轴，y 轴）的变化率；而函数 $z = f(x, y)$ 在点 M_0 连续，则要求点 $P(x, y)$ 沿任何方式趋于点 $M_0(x_0, y_0)$ 时，函数值 $f(x, y)$ 都趋于 $f(x_0, y_0)$，它反映的是函数 $z = f(x, y)$ 在点 $M_0(x_0, y_0)$ 处的一种"全面"的性态. 因此，二元函数在某点的偏导数与函数在该点的连续性之间并没有联系.

例 6　讨论函数

$$z = f(x, y) = \begin{cases} \dfrac{xy}{x^2 + y^2}, & x^2 + y^2 \neq 0, \\ 0, & x^2 + y^2 = 0 \end{cases}$$

在点 $(0, 0)$ 处的偏导数与连续性.

解　因为

$$f_x(0, 0) = \lim_{\Delta x \to 0} \frac{f(0 + \Delta x, 0) - f(0, 0)}{\Delta x} = \lim_{\Delta x \to 0} \frac{0 - 0}{\Delta x} = 0,$$

又由函数关于自变量 x，y 是对称的，故 $f_y(0, 0) = 0$.

在 7.1 节中，已证明该函数在点 $(0, 0)$ 处不连续，此例表明，二元函数在一点不连续，但在该点的偏导数却是存在的.

例 7　讨论函数 $z = f(x, y) = \sqrt{x^2 + y^2}$ 在点 $(0, 0)$ 处的偏导数与连续性.

解　因为

$$\lim_{(x, y) \to (0, 0)} f(x, y) = \lim_{(x, y) \to (0, 0)} \sqrt{x^2 + y^2} = 0 = f(0, 0),$$

故函数在原点连续. 但

$$f_x(0, 0) = \lim_{\Delta x \to 0} \frac{f(0 + \Delta x, 0) - f(0, 0)}{\Delta x} = \lim_{x \to 0} \frac{|x|}{x}$$

不存在. 由对称性，$f_y(0, 0)$ 亦不存在. 此例表明，二元函数在一点连续，但在该点的偏导数不一定存在.

7.2.3 高阶偏导数

设函数 $z = f(x, y)$ 在区域 D 内具有偏导数 $\frac{\partial z}{\partial x} = f_x(x, y)$，$\frac{\partial z}{\partial y} = f_y(x, y)$，那么在 D 内 $f_x(x, y)$，$f_y(x, y)$ 都是 x，y 的函数. 如果这两个函数的偏导数也存在,则称它们是函数 $z = f(x, y)$ 的二阶偏导数. 按照对变量求导次序的不同,有下列四个二阶偏导数:

$$\frac{\partial}{\partial x}\left(\frac{\partial z}{\partial x}\right) = \frac{\partial^2 z}{\partial x^2} = f_{xx}(x, y), \qquad \frac{\partial}{\partial y}\left(\frac{\partial z}{\partial x}\right) = \frac{\partial^2 z}{\partial x \partial y} = f_{xy}(x, y),$$

$$\frac{\partial}{\partial x}\left(\frac{\partial z}{\partial y}\right) = \frac{\partial^2 z}{\partial y \partial x} = f_{yx}(x, y), \qquad \frac{\partial}{\partial y}\left(\frac{\partial z}{\partial y}\right) = \frac{\partial^2 z}{\partial y^2} = f_{yy}(x, y).$$

其中 $f_{xy}(x, y)$，$f_{yx}(x, y)$ 称为二阶混合偏导数. 仿此还可得三阶、四阶……以及 n 阶偏导数. 二阶及二阶以上的偏导数统称为**高阶偏导数**.

例 8 设 $u = x^4 + y^4 - 4x^3y^2 - 1$,求函数的所有二阶偏导数及 $\frac{\partial^3 u}{\partial x^3}$.

解

$$\frac{\partial u}{\partial x} = 4x^3 - 12x^2y^2, \qquad \frac{\partial u}{\partial y} = 4y^3 - 8x^3y,$$

$$\frac{\partial^2 u}{\partial x^2} = 12x^2 - 24xy^2, \qquad \frac{\partial^2 u}{\partial y^2} = 12y^2 - 8x^3,$$

$$\frac{\partial^2 u}{\partial x \partial y} = -24x^2y, \qquad \frac{\partial^2 u}{\partial y \partial x} = -24x^2y,$$

$$\frac{\partial^3 u}{\partial x^3} = 24x - 24y^2.$$

上例中的两个二阶混合偏导 $\frac{\partial^2 u}{\partial x \partial y}$ 和 $\frac{\partial^2 u}{\partial y \partial x}$ 恰好相等,就是说,这个函数的二阶混合偏导数与自变量 x，y 的求偏导顺序无关. 那么,是否对所有的二元函数,只要二阶混合偏导数存在,都有 $\frac{\partial^2 u}{\partial x \partial y} = \frac{\partial^2 u}{\partial y \partial x}$ 呢? 下面的例题说明,并不是这样的.

***例 9** 设 $f(x, y) = \begin{cases} xy\dfrac{x^2 - y^2}{x^2 + y^2}, & x^2 + y^2 \neq 0, \\ 0, & x^2 + y^2 = 0, \end{cases}$ 证明: $f_{xy}(0, 0) \neq f_{yx}(0, 0)$.

证 由于

$$f_x(x, y) = \begin{cases} y\left[\dfrac{x^2 - y^2}{x^2 + y^2} + \dfrac{4x^2y^2}{(x^2 + y^2)^2}\right], & x^2 + y^2 \neq 0, \\ 0, & x^2 + y^2 = 0, \end{cases}$$

$$f_y(x, y) = \begin{cases} x\left[\dfrac{x^2 - y^2}{x^2 + y^2} - \dfrac{4x^2y^2}{(x^2 + y^2)^2}\right], & x^2 + y^2 \neq 0, \\ 0, & x^2 + y^2 = 0, \end{cases}$$

其中

$$f_x(0, 0) = \lim_{\Delta x \to 0} \frac{f(0 + \Delta x, 0) - f(0, 0)}{\Delta x} = \lim_{\Delta x \to 0} \frac{0 - 0}{\Delta x} = 0.$$

同理 $f_y(0, 0) = 0$. 因此

$$f_{xy}(0, 0) = \lim_{\Delta y \to 0} \frac{f_x(0, 0 + \Delta y) - f_x(0, 0)}{\Delta y} = \lim_{\Delta y \to 0} \frac{-\Delta y}{\Delta y} = -1,$$

$$f_{yx}(0, 0) = \lim_{\Delta x \to 0} \frac{f_y(0 + \Delta x, 0) - f_y(0, 0)}{\Delta x} = \lim_{\Delta x \to 0} \frac{\Delta x}{\Delta x} = 1.$$

即 $f_{xy}(0, 0) \neq f_{yx}(0, 0)$. 那么,在什么条件下才能保证两个二阶混合偏导数相等呢?下面给出一个相等的充分条件.

定理 1　若函数 $z = f(x, y)$ 的两个二阶混合偏导数 $\dfrac{\partial^2 z}{\partial x \partial y}$ 及 $\dfrac{\partial^2 z}{\partial y \partial x}$ 在区域 D 内连续,那么在该区域内这两个二阶混合偏导数必相等.

上面的定理说明,对于二元函数,两个二阶混合偏导数在连续的条件下与求导次序无关. 定理的证明从略.

对于二元以上的函数,高阶混合偏导数在偏导数连续的条件下也与求导的次序无关.

例 10　证明:函数 $u = \dfrac{1}{r}$ 满足方程 $\dfrac{\partial^2 u}{\partial x^2} + \dfrac{\partial^2 u}{\partial y^2} + \dfrac{\partial^2 u}{\partial z^2} = 0$, 其中 $r = \sqrt{x^2 + y^2 + z^2}$.

证

$$\frac{\partial u}{\partial x} = -\frac{1}{r^2}\frac{\partial r}{\partial x} = -\frac{1}{r^2}\frac{x}{r} = -\frac{x}{r^3},$$

$$\frac{\partial^2 u}{\partial x^2} = -\frac{1}{r^3} + \frac{3x}{r^4}\frac{\partial r}{\partial x} = -\frac{1}{r^3} + \frac{3x^2}{r^5}.$$

由于函数 u 关于自变量对称,所以

$$\frac{\partial^2 u}{\partial y^2} = -\frac{1}{r^3} + \frac{3y^2}{r^5}, \qquad \frac{\partial^2 u}{\partial z^2} = -\frac{1}{r^3} + \frac{3z^2}{r^5},$$

因此

$$\frac{\partial^2 u}{\partial x^2}+\frac{\partial^2 u}{\partial y^2}+\frac{\partial^2 u}{\partial z^2}=-\frac{3}{r^3}+\frac{3(x^2+y^2+z^2)}{r^5}$$

$$=-\frac{3}{r^3}+\frac{3r^2}{r^5}=0.$$

习 题 7.2

1. 求下列函数的偏导数：

(1) $z=x^3y-y^3x$；　(2) $s=\dfrac{u^2+v^2}{uv}$；

(3) $z=e^{2x}\cos y$；　(4) $z=e^x\ln\sqrt{x^2+y^2}$；

(5) $z=(1+xy)^y$；　(6) $u=x^{y^z}$；

(7) $u=\arctan(x-y)^z$；　(8) $u=x^2\arctan\dfrac{y}{x}+y^2\arctan\dfrac{x}{y}$；

(9) $z=\ln\sin(x-2y)$；　(10) $u=\left(\dfrac{1}{3}\right)^{-x^2y}$.

2. 设 $z=\sin\dfrac{x}{y}\cos\dfrac{y}{x}$，求 $\left.\dfrac{\partial z}{\partial x}\right|_{(2,\pi)}$，$\left.\dfrac{\partial z}{\partial y}\right|_{(2,\pi)}$.

3. 设 $f(x,y)=x+(y-1)\arcsin\sqrt{\dfrac{x}{y}}$，求 $f_x(x,1)$.

4. 求曲线 $\begin{cases}z=\sqrt{1+x^2+y^2},\\x=1\end{cases}$ 在点 $(1,1,\sqrt{3})$ 处的切线与 y 轴的倾角.

5. 求下列函数的二阶偏导数 $\dfrac{\partial^2 z}{\partial x^2}$，$\dfrac{\partial^2 z}{\partial y^2}$，$\dfrac{\partial^2 z}{\partial x\partial y}$：

(1) $z=\arctan\dfrac{x+y}{1-xy}$；　(2) $z=y^x$.

6. 设 $z=x\ln(xy)$，求 $\dfrac{\partial^3 z}{\partial x^2\partial y}$ 及 $\dfrac{\partial^3 z}{\partial x\partial y^2}$.

7. 设 $z=e^x(\cos y+x\sin y)$，验证 $\dfrac{\partial^2 z}{\partial x\partial y}=\dfrac{\partial^2 z}{\partial y\partial x}$.

8. 验证 $u=\sqrt{x^2+y^2+z^2}$ 满足 $\dfrac{\partial^2 u}{\partial x^2}+\dfrac{\partial^2 u}{\partial y^2}+\dfrac{\partial^2 u}{\partial z^2}=\dfrac{2}{u}$.

9. 验证 $z=\ln(e^x+e^y)$ 满足 $\dfrac{\partial^2 z}{\partial x^2}\dfrac{\partial^2 z}{\partial y^2}-\left(\dfrac{\partial^2 z}{\partial x\partial y}\right)^2=0$.

10. 设函数 $f(x,y)$ 在点 (a,b) 处对 x 的偏导数存在，试求极限

$$\lim_{x\to 0}\frac{f(a+2x,b)-f(a-x,b)}{x}.$$

*11. 求函数 $f(x, y)=\begin{cases} xy\dfrac{x^2-y^2}{x^2+y^2}, & x^2+y^2\neq 0, \\ 0, & x^2+y^2=0 \end{cases}$ 的一阶和二阶偏导数.

*12. 设 $f(x, y)=|x-y|\varphi(x, y)$,其中 $\varphi(x, y)$ 在点 $(0, 0)$ 的邻域内连续,试问 $\varphi(x, y)$ 满足什么条件可使 $f_x(0, 0)$, $f_y(0, 0)$ 存在?

7.3 全 微 分

7.3.1 全微分的概念

二元函数的全微分是一元函数微分的推广. 一元函数 $y=f(x)$ 在点 $x=x_0$ 处可微是指:当自变量在点 x_0 处的改变量为 Δx 时,函数的改变量 Δy 可表示为

$$\Delta y=f(x_0+\Delta x)-f(x_0)=A\Delta x+o(\Delta x),$$

其中 A 与 Δx 无关,$o(\Delta x)$ 是 Δx 的高阶无穷小量,且当 $f'(x_0)$ 存在时,$A=f'(x_0)$. 而

$$f(x+\Delta x)-f(x)=f'(x)\Delta x+o(\Delta x),$$

即

$$f(x+\Delta x)-f(x)\approx f'(x)\Delta x.$$

对于二元函数,类似地有

$$f(x+\Delta x, y)-f(x, y)\approx f_x(x, y)\Delta x,$$

$$f(x, y+\Delta y)-f(x, y)\approx f_y(x, y)\Delta y.$$

上面两式左端分别称为二元函数对 x 和对 y 的**偏增量**,而右端分别称为二元函数对 x 和对 y 的**偏微分**.

在实际问题中,有时需要研究多元函数中各个自变量都取得增量时因变量所获得的增量,即所谓全增量问题. 下面以二元函数为例给出全增量的定义.

定义 1 设二元函数 $z=f(x, y)$ 在点 $P(x, y)$ 的某邻域内有定义,$P'(x+\Delta x, y+\Delta y)$ 为该邻域内的任意一点,则称两点的函数值之差 $f(x+\Delta x, y+\Delta y)-f(x, y)$ 为函数在点 P 对应于自变量增量 Δx, Δy 的**全增量**,记为 Δz,即

$$\Delta z=f(x+\Delta x, y+\Delta y)-f(x, y). \tag{7.3.1}$$

一般说来,计算全增量 Δz 比较复杂,与一元函数的情形一样,我们希望用自变量的增量 Δx, Δy 的线性函数来近似代替函数的全增量,从而引入如下定义:

定义 2 若二元函数 $z=f(x,y)$ 在点 (x,y) 处的全增量

$$\Delta z=f(x+\Delta x,y+\Delta y)-f(x,y)$$

可表示为

$$\Delta z=A\Delta x+B\Delta y+o(\rho),\tag{7.3.2}$$

其中 A,B 不依赖于 $\Delta x,\Delta y$，而仅与 x,y 有关，$\rho=\sqrt{(\Delta x)^2+(\Delta y)^2}$，则称函数 $z=f(x,y)$ 在点 (x,y) 可微分，而 $A\Delta x+B\Delta y$ 称为函数 $z=f(x,y)$ 在点 (x,y) 的**全微分**，记为 $\mathrm{d}z$，即 $\mathrm{d}z=A\Delta x+B\Delta y$.

如果函数在区域 D 内各点处都可微分，那么称函数在 D 内可微分.

定理 1 若二元函数 $z=f(x,y)$ 在点 (x,y) 处可微分，那么函数在该点必定连续.

证 因 $z=f(x,y)$ 在点 (x,y) 可微，则

$$\Delta z=A\Delta x+B\Delta y+o(\rho),$$

其中 $\rho=\sqrt{(\Delta x)^2+(\Delta y)^2}$，显然当 $\Delta x\to 0,\Delta y\to 0$ 时有 $\rho\to 0$，于是

$$\lim_{(\Delta x,\Delta y)\to(0,0)}\Delta z=\lim_{(\Delta x,\Delta y)\to(0,0)}(A\Delta x+B\Delta y)+\lim_{(\Delta x,\Delta y)\to(0,0)}o(\rho)=0,$$

从而

$$\lim_{(\Delta x,\Delta y)\to(0,0)}f(x+\Delta x,y+\Delta y)=\lim_{(\Delta x,\Delta y)\to(0,0)}[f(x,y)+\Delta z]=f(x,y),$$

因此函数 $z=f(x,y)$ 在点 (x,y) 处连续.

下面我们来讨论函数 $z=f(x,y)$ 可微分的条件.

定理 2(可微的必要条件) 若函数 $z=f(x,y)$ 在点 (x,y) 处可微分，则该函数在点 (x,y) 处的偏导数 $\frac{\partial z}{\partial x},\frac{\partial z}{\partial y}$ 必定存在，且函数 $z=f(x,y)$ 在点 (x,y) 处的全微分为

$$\mathrm{d}z=\frac{\partial z}{\partial x}\Delta x+\frac{\partial z}{\partial y}\Delta y.\tag{7.3.3}$$

证 因为函数 $z=f(x,y)$ 在点 (x,y) 处可微，则式(7.3.2)总成立. 特别地，当 $\Delta y=0$ 时，$\rho=|\Delta x|$，式(7.3.2)亦成立，所以式(7.3.2)成为

$$f(x+\Delta x,y)-f(x,y)=A\Delta x+o(|\Delta x|),$$

上式同除以 Δx，再令 $\Delta x\to 0$ 而取极限，就得

$$\lim_{\Delta x\to 0}\frac{f(x+\Delta x,y)-f(x,y)}{\Delta x}=A+\lim_{\Delta x\to 0}\frac{o(|\Delta x|)}{\Delta x}=A,$$

上式表明 $\frac{\partial z}{\partial x}=A$，同理可证 $\frac{\partial z}{\partial y}=B$，于是有式(7.3.3)成立，证毕.

注意到定理 2,若函数 $z=f(x,y)$ 在点 (x,y) 处可微,则相应的全微分一定是式(7.3.3)的形式.

我们知道,一元函数在某点的导数存在是微分存在的充分必要条件.但对于多元函数而言,当函数各偏导数都存在时,虽然能写出形式 $\dfrac{\partial z}{\partial x}\Delta x+\dfrac{\partial z}{\partial y}\Delta y$,但仍不能就此断定函数在该点可微分.由式(7.3.2)可知,当 $\Delta z-\left(\dfrac{\partial z}{\partial x}\Delta x+\dfrac{\partial z}{\partial y}\Delta y\right)=o(\rho)$ 时,才能说函数在该点可微.

例 1 证明函数 $z=\sqrt{|xy|}$ 在点(0, 0)处不可微.

证 因

$$\left.\frac{\partial z}{\partial x}\right|_{\substack{x=0\\y=0}}=\lim_{\Delta x\to 0}\frac{\sqrt{|\Delta x\cdot 0|}-0}{\Delta x}=0,$$

$$\left.\frac{\partial z}{\partial y}\right|_{\substack{x=0\\y=0}}=\lim_{\Delta y\to 0}\frac{\sqrt{|0\cdot\Delta y|}-0}{\Delta y}=0,$$

又

$$\Delta z=f(0+\Delta x,0+\Delta y)-f(0,0)=\sqrt{|\Delta x\Delta y|},$$

而

$$\Delta z-\left(\left.\frac{\partial z}{\partial x}\right|_{\substack{x=0\\y=0}}\Delta x+\left.\frac{\partial z}{\partial y}\right|_{\substack{x=0\\y=0}}\Delta y\right)=\sqrt{|\Delta x\Delta y|}.$$

如果考虑 $P'(\Delta x,\Delta y)$ 沿着直线 $y=x$ 趋于点(0, 0),则

$$\frac{\sqrt{|\Delta x\Delta y|}}{\rho}=\frac{\sqrt{|\Delta x\Delta y|}}{\sqrt{(\Delta x)^2+(\Delta y)^2}}=\frac{\sqrt{(\Delta x)^2}}{\sqrt{2(\Delta x)^2}}=\frac{1}{\sqrt{2}}.$$

这说明 $\sqrt{|\Delta x\Delta y|}$ 并不是 ρ 的高阶无穷小,故 $z=\sqrt{|xy|}$ 在点(0, 0)处不可微.

那么,函数 $z=f(x,y)$ 满足什么条件才可微呢?

定理 3(可微的充分条件) 若函数 $z=f(x,y)$ 的偏导数 $\dfrac{\partial z}{\partial x}$, $\dfrac{\partial z}{\partial y}$ 在点 (x,y) 处连续,则函数在该点可微分.

证 因为只限于讨论在某一区域内有定义的函数(对于偏导数也如此),所以假定偏导数在点 $P(x,y)$ 处连续,就含有偏导数在该点的某一邻域内必然存在的意思(以后凡说到偏导数在某一点连续均应如此理解).现设点 $(x+\Delta x,y+\Delta y)$ 为该邻域内任一点,考察函数的全增量

$$\begin{aligned}\Delta z&=f(x+\Delta x,y+\Delta y)-f(x,y)\\&=[f(x+\Delta x,y+\Delta y)-f(x,y+\Delta y)]+[f(x,y+\Delta y)-f(x,y)],\end{aligned}$$

在第一个括号内的表达式,由于 $y+\Delta y$ 不变,因而可以看成是 x 的一元函数 $f(x, y+\Delta y)$ 的增量,由微分学中值定理得

$$f(x+\Delta x, y+\Delta y)-f(x, y+\Delta y)=f_x(\xi, y+\Delta y)\Delta x,$$

其中 ξ 在 x 与 $x+\Delta x$ 之间.

同理,后一括号内的表达式可以写成以下形式:

$$f(x, y+\Delta y)-f(x, y)=f_y(x, \eta)\Delta y,$$

其中 η 在 y 与 $y+\Delta y$ 之间.

又由 $f_x(x, y)$, $f_y(x, y)$ 在点 (x, y) 处的连续性,有

$$f_x(\xi, y+\Delta y)=f_x(x, y)+\varepsilon_1, \quad f_y(x, \eta)=f_y(x, y)+\varepsilon_2,$$

其中 $\lim\limits_{\rho\to 0}\varepsilon_1=0$, $\lim\limits_{\rho\to 0}\varepsilon_2=0$, 于是得

$$\Delta z=f_x(x, y)\Delta x+f_y(x, y)\Delta y+\varepsilon_1\Delta x+\varepsilon_2\Delta y, \tag{7.3.4}$$

而

$$\lim_{\rho\to 0}\frac{\varepsilon_1\Delta x+\varepsilon_2\Delta y}{\rho}=\lim_{\rho\to 0}\left(\varepsilon_1\frac{\Delta x}{\rho}+\varepsilon_2\frac{\Delta y}{\rho}\right).$$

因

$$\left|\frac{\Delta x}{\rho}\right|\leqslant\frac{\sqrt{(\Delta x)^2+(\Delta y)^2}}{\sqrt{(\Delta x)^2+(\Delta y)^2}}=1,$$

同理 $\left|\dfrac{\Delta y}{\rho}\right|\leqslant 1$, 即 $\dfrac{\Delta x}{\rho}$ 与 $\dfrac{\Delta y}{\rho}$ 均为有界量,故 $\lim\limits_{\rho\to 0}\dfrac{\varepsilon_1\Delta x+\varepsilon_2\Delta y}{\rho}=0$, 即由式(7.3.4)知

$$\Delta z-[f_x(x, y)\Delta x+f_y(x, y)\Delta y]=o(\rho),$$

这就是说函数 $z=f(x, y)$ 在点 $P(x, y)$ 处可微.

以上关于二元函数的全微分的定义及可微分的必要条件和充分条件,可以完全类似地推广到三元以上的多元函数.

这里还必须要注意:二元函数 $z=f(x, y)$ 在点 (x, y) 的邻域内存在偏导数,且这些偏导数在该邻域内连续只是函数 $f(x, y)$ 在点 (x, y) 可微的充分条件,而非必要条件. 请考虑下例.

*例 2　设

$$f(x, y)=\begin{cases}(x^2+y^2)\sin\dfrac{1}{x^2+y^2}, & x^2+y^2\neq 0,\\ 0, & x^2+y^2=0.\end{cases}$$

证明：$f(x, y)$在点(0, 0)处存在偏导数，且 $f_x(x, y)$，$f_y(x, y)$在点(0, 0)处不连续，但 $f(x, y)$在点(0, 0)处可微.

证　先证 $f(x, y)$在点(0, 0)处存在偏导数，但偏导数在点(0, 0)处不连续. 因

$$f_x(0, 0) = \lim_{\Delta x \to 0} \frac{(\Delta x)^2 \sin \frac{1}{(\Delta x)^2}}{\Delta x} = 0,$$

$$f_y(0, 0) = \lim_{\Delta y \to 0} \frac{(\Delta y)^2 \sin \frac{1}{(\Delta y)^2}}{\Delta y} = 0.$$

当$(x, y) \neq (0, 0)$时，

$$f_x(x, y) = 2x \sin \frac{1}{x^2 + y^2} - \frac{2x}{x^2 + y^2} \cos \frac{1}{x^2 + y^2},$$

$$f_y(x, y) = 2y \sin \frac{1}{x^2 + y^2} - \frac{2y}{x^2 + y^2} \cos \frac{1}{x^2 + y^2}.$$

令 $y = x$，则

$$f_x(x, y) = 2x \sin \frac{1}{2x^2} - \frac{1}{x} \cos \frac{1}{2x^2} \not\to 0 \quad (x \to 0).$$

因此 $f_x(x, y)$在点(0, 0)处不连续. 同理可知 $f_y(x, y)$在点(0, 0)处也不连续.

其次证明 $f(x, y)$在点(0, 0)处可微. 因为

$$\frac{\Delta z - [f_x(0, 0)\Delta x + f_y(0, 0)\Delta y]}{\rho}$$

$$= \frac{\Delta z}{\rho} = \frac{[(\Delta x)^2 + (\Delta y)^2] \sin \frac{1}{(\Delta x)^2 + (\Delta y)^2}}{\sqrt{(\Delta x)^2 + (\Delta y)^2}}$$

$$\to 0 \quad \left(\sqrt{(\Delta x)^2 + (\Delta y)^2} \to 0 \right).$$

故 $f(x, y)$在点(0, 0)处可微.

根据前面的讨论，可以得到多元函数可微、偏导数存在、偏导数连续和函数连续之间的关系为

若令 $z=f(x,y)=x$，则 $\frac{\partial z}{\partial x}=1$，$\frac{\partial z}{\partial y}=0$，因而 $dz=dx=\Delta x$. 同样，若 $z=f(x,y)=y$，则有 $dz=dy=\Delta y$. 于是二元函数 $z=f(x,y)$ 的全微分存在时，可以把它写成

$$dz=\frac{\partial z}{\partial x}dx+\frac{\partial z}{\partial y}dy.$$

通常把二元函数的全微分等于它的两个偏微分之和这件事称为二元函数的微分符合**叠加原理**.

叠加原理也适用于二元以上的函数的情形. 例如，如果三元函数 $u=f(x,y,z)$ 可微分，那么它的全微分就等于它的三个偏微分之和，即

$$du=\frac{\partial u}{\partial x}dx+\frac{\partial u}{\partial y}dy+\frac{\partial u}{\partial z}dz.$$

例 3 求函数 $z=x^2y+\frac{y}{x}$ 在点(1, 1)的全微分.

解 $\frac{\partial z}{\partial x}=2xy-\frac{y}{x^2}$，$\left.\frac{\partial z}{\partial x}\right|_{\substack{x=1\\y=1}}=1$，　$\frac{\partial z}{\partial y}=x^2+\frac{1}{x}$，$\left.\frac{\partial z}{\partial y}\right|_{\substack{x=1\\y=1}}=2$，

因此

$$\left.dz\right|_{\substack{x=1\\y=1}}=dx+2dy.$$

例 4 求函数 $u=\left(\frac{y}{x}\right)^{\frac{1}{z}}$ 的全微分.

解

$$\frac{\partial u}{\partial x}=\frac{1}{z}\left(\frac{y}{x}\right)^{\frac{1}{z}-1}\left(-\frac{y}{x^2}\right)=-\frac{y}{x^2z}\left(\frac{y}{x}\right)^{\frac{1}{z}-1},$$

$$\frac{\partial u}{\partial y}=\frac{1}{z}\left(\frac{y}{x}\right)^{\frac{1}{z}-1}\frac{1}{x}=\frac{1}{xz}\left(\frac{y}{x}\right)^{\frac{1}{z}-1},$$

$$\frac{\partial u}{\partial z}=\left(\frac{y}{x}\right)^{\frac{1}{z}}\left(-\frac{1}{z^2}\right)\ln\frac{y}{x}=-\frac{1}{z^2}\ln\frac{y}{x}\left(\frac{y}{x}\right)^{\frac{1}{z}},$$

所以

$$du=\left(\frac{y}{x}\right)^{\frac{1}{z}}\left(-\frac{1}{xz}dx+\frac{1}{yz}dy-\frac{1}{z^2}\ln\frac{y}{x}dz\right).$$

*7.3.2 全微分在近似计算中的应用

由二元函数的全微分的概念及全微分存在的充分条件可知，当二元函数 $z=f(x,y)$ 在某点 $P(x,y)$ 的两个偏导数 $f_x(x,y)$，$f_y(x,y)$ 连续，且 $|\Delta x|$，$|\Delta y|$ 都较小时，有近似等式

$$\Delta z \approx \mathrm{d}z = f_x(x, y)\Delta x + f_y(x, y)\Delta y, \tag{7.3.5}$$

上式亦可写成

$$f(x+\Delta x, y+\Delta y) \approx f(x, y) + f_x(x, y)\Delta x + f_y(x, y)\Delta y. \tag{7.3.6}$$

式(7.3.6)表明,若 $f(x, y)$, $f_x(x, y)$, $f_y(x, y)$ 易算, $|\Delta x|$, $|\Delta y|$ 较小,那么可用式(7.3.6)来近似计算 $f(x+\Delta x, y+\Delta y)$. 另外,用式(7.3.6)进行近似计算时,首先要选择函数 $f(x, y)$,其次要选定 x, y 及 Δx, Δy,最后代入公式计算. 与一元函数的情形相类似,还可利用式(7.3.5), (7.3.6)作误差估计.

例 5 求 $\sqrt[3]{2.02^2+1.99^2}$ 的近似值.

解 设函数 $z=f(x, y)=\sqrt[3]{x^2+y^2}$,要计算 $f(x, y)$ 在点(2.02, 1.99)处的值,因 $f(2, 2)=\sqrt[3]{2^2+2^2}=2$,取 $x=2$, $y=2$, $\Delta x=0.02$, $\Delta y=-0.01$,代入式(7.3.6),得

$$f(2.02, 1.99) \approx f(2, 2) + f_x(2, 2)\Delta x + f_y(2, 2)\Delta y$$

而

$$f_x(2, 2)\Delta x = \left.\frac{2x}{3\sqrt[3]{(x^2+y^2)^2}}\right|_{\substack{x=2\\y=2}} \cdot \Delta x = \frac{2}{3}\times\frac{2}{\sqrt[3]{8^2}}\times 0.02 = \frac{0.02}{3},$$

$$f_y(2, 2)\Delta y = \left.\frac{2y}{3\sqrt[3]{(x^2+y^2)^2}}\right|_{\substack{x=2\\y=2}} \cdot \Delta y = \frac{2}{3}\times\frac{2}{\sqrt[3]{8^2}}\times(-0.01) = -\frac{0.01}{3},$$

因此

$$f(2.02, 1.99) = \sqrt[3]{2.02^2+1.99^2} \approx 2 + \frac{0.02}{3} - \frac{0.01}{3} \approx 2.0033.$$

例 6 扇形的中心角 $\alpha=60°$,半径 $R=20\,\mathrm{m}$,如果将中心角增加 $1°$,为了使扇形面积不变,应该把扇形半径 R 减少多少?

解 由扇形面积 $S=\frac{1}{2}R^2\alpha$,得 $R=\sqrt{\frac{2S}{\alpha}}$. 由题设

$$\alpha=\frac{\pi}{3}, \quad S=\frac{1}{2}\cdot(20)^2\cdot\frac{\pi}{3}=\frac{200}{3}\pi, \quad \Delta\alpha=\frac{\pi}{180}, \quad \Delta S=0.$$

则由式(7.3.5)有

$$\Delta R \approx \frac{\partial R}{\partial S}\Delta S + \frac{\partial R}{\partial \alpha}\Delta\alpha = -\sqrt{\frac{S}{2\alpha^3}}\Delta\alpha,$$

故所求 R 的减少量约为

$$\sqrt{\frac{\frac{200}{3}\pi}{2\left(\frac{\pi}{3}\right)^3}}\cdot\frac{\pi}{180}=\frac{1}{6}\approx 0.167\ (\mathrm{m}).$$

例 7 利用单摆摆动测定重力加速度 g 的公式是 $g=\frac{4\pi^2 l}{T^2}$,观测得单摆摆长 l 与振动周期 T 分别为 $l=100\pm 0.1\ \mathrm{cm}$, $T=2\pm 0.004\ \mathrm{s}$,则由于测定 l 与 T 的误差而引起 g 的绝对误差和相对误差①各为多少?

解 若把测量 l 与 T 时所产生的误差当成 $|\Delta l|$ 与 $|\Delta T|$,则利用上述计算公式所产生的误差就是二元函数 $g=\frac{4\pi^2 l}{T^2}$ 的全增量的绝对值 $|\Delta g|$. 由于 $|\Delta l|$, $|\Delta T|$ 均很小,因此可以用 $\mathrm{d}g$ 来近似代替 Δg,这样就得到 g 的误差为

$$\begin{aligned}|\Delta g|\approx|\mathrm{d}g|&=\left|\frac{\partial g}{\partial l}\Delta l+\frac{\partial g}{\partial T}\Delta T\right|\leqslant\left|\frac{\partial g}{\partial l}\right|\delta_l+\left|\frac{\partial g}{\partial T}\right|\delta_T\\&=4\pi^2\left(\frac{1}{T^2}\delta_l+\frac{2l}{T^3}\delta_T\right),\end{aligned}$$

其中 δ_l 与 δ_T 为 l 与 T 的绝对误差. 将 $l=100$, $T=2$, $\delta_l=0.1$, $\delta_T=0.004$ 代入上式,得 g 的绝对误差约为

$$\delta_g=4\pi^2\left(\frac{0.1}{2^2}+\frac{2\times 100}{2^3}\times 0.004\right)=0.5\pi^2\approx 4.93\ (\mathrm{cm/s^2}),$$

从而 g 的相对误差约为

$$\frac{\delta_g}{g}=\frac{0.5\pi^2}{\frac{4\pi^2\times 100}{2^2}}=0.5\%.$$

对一般的二元函数 $z=f(x,y)$,若自变量 x, y 的绝对误差分别为 δ_x, δ_y,即 $|\Delta x|\leqslant\delta_x$, $|\Delta y|\leqslant\delta_y$,则 z 的误差为

$$\begin{aligned}|\Delta z|\approx|\mathrm{d}z|&=\left|\frac{\partial z}{\partial x}\Delta x+\frac{\partial z}{\partial y}\Delta y\right|\leqslant\left|\frac{\partial z}{\partial x}\right||\Delta x|+\left|\frac{\partial z}{\partial y}\right||\Delta y|\\&\leqslant\left|\frac{\partial z}{\partial x}\right|\delta_x+\left|\frac{\partial z}{\partial y}\right|\delta_y,\end{aligned}$$

从而得到 z 的绝对误差约为

① 这里的绝对误差和相对误差各指相应的误差限.

$$\delta_z = \left|\frac{\partial z}{\partial x}\right|\delta_x + \left|\frac{\partial z}{\partial y}\right|\delta_y, \tag{7.3.7}$$

z 的相对误差约为

$$\frac{\delta_z}{|z|} = \left|\frac{\frac{\partial z}{\partial x}}{z}\right|\delta_x + \left|\frac{\frac{\partial z}{\partial y}}{z}\right|\delta_y. \tag{7.3.8}$$

习　题　7.3

1. 求下列函数的全微分：

(1) $z = \ln(x + \ln y)$；　　(2) $z = \arctan\dfrac{y}{x} + \ln\sqrt{x^2 + y^2}$；

(3) $u = \dfrac{y}{\sqrt{x^2 + y^2 + z^2}}$；　　(4) $u = x^{yz}$.

2. 求函数 $z = x\mathrm{e}^{-y}$ 在点(1, 0) 的全微分.

3. 设 $f(x, y, z) = \sqrt[z]{\dfrac{x}{y}}$,求 $\mathrm{d}f(1, 1, 1)$.

4. 求函数 $z = \dfrac{y}{x}$ 当 $x = 2$，$y = 1$，$\Delta x = 0.1$，$\Delta y = -0.2$ 时的全增量和全微分.

5. 求函数 $z = x^2 - xy + y^2$ 当 $x = 1$，$y = -2$，$\Delta x = 0.01$，$\Delta y = -0.02$ 时的全增量和全微分.

6. 函数 $f(x, y) = |x| + \sin(xy)$ 在点(0, 0)处是否可微？为什么？

7. 设 $F(x, y) = \dfrac{1}{2}\displaystyle\int_0^{x^2+y^2} f(t)\mathrm{d}t$,其中 f 为连续函数,求 $\mathrm{d}F(1, 2)$.

8. 设 $f(x, y) = \begin{cases} xy\sin\dfrac{1}{\sqrt{x^2 + y^2}}, & (x, y) \neq (0, 0), \\ 0, & (x, y) = (0, 0), \end{cases}$ 求证：

(1) $f_x(0, 0)$，$f_y(0, 0)$存在；

(2) $f_x(x, y)$，$f_y(x, y)$在点(0, 0)处都不连续；

(3) $f(x, y)$在点(0, 0)处可微.

并回答：偏导数连续是可微的什么条件？

***9.** 利用全微分计算下列各式的近似值：

(1) $\sqrt{\dfrac{0.93}{1.02}}$；　　(2) $4.07\ln 0.97$.

***10.** 已知边长 $x = 6$ m，$y = 8$ m 的矩形,如果 x 边增加 5 cm 而 y 边减少 10 cm,则这个矩形的对角线的近似变化怎样？

***11.** 扇形中心角 $\alpha = 60°$,半径 $R = 20$ m,如果将中心角增加 $1°$,为了使扇形面积保持不变,

应把扇形半径减少多少(近似值)?

*12. 测得一块三角形土地的两边边长分别为 63 ± 0.1 m 和 78 ± 0.1 m,这两边的夹角为 $60^\circ\pm1^\circ$,试求三角形面积的近似值,并求其绝对误差和相对误差.

*13. 利用全微分证明:乘积的相对误差等于各因子的相对误差之和;商的相对误差等于被除数及除数的相对误差之和.

7.4 多元复合函数的求导法则

7.4.1 多元复合函数的微分法

在一元函数微分法中,复合函数的求导法则起着重要的作用,现在要把一元函数中复合函数的微分法推广到多元复合函数中.

下面按照多元复合函数不同的复合情形,分三种情况讨论.

1. 复合函数的中间变量均为一元函数的情形

定理1 如果函数 $u=\varphi(t)$ 及 $v=\psi(t)$ 都在点 t 可导,函数 $z=f(u,v)$ 在对应点 (u,v) 具有连续偏导数,则复合函数 $z=f[\varphi(t),\psi(t)]$ 在点 t 可导,且有

$$\frac{\mathrm{d}z}{\mathrm{d}t}=\frac{\partial z}{\partial u}\frac{\mathrm{d}u}{\mathrm{d}t}+\frac{\partial z}{\partial v}\frac{\mathrm{d}v}{\mathrm{d}t}. \tag{7.4.1}$$

证 设 t 获得增量 Δt,此时,$u=\varphi(t)$,$v=\psi(t)$ 的对应增量为 Δu,Δv. 由此,函数 $z=f(u,v)$ 相应地获得增量 Δz. 按假定,函数 $z=f(u,v)$ 在点 (u,v) 具有连续偏导数,于是由式(7.3.4)有

$$\Delta z=\frac{\partial z}{\partial u}\Delta u+\frac{\partial z}{\partial v}\Delta v+\varepsilon_1\Delta u+\varepsilon_2\Delta v,$$

这里,当 $\Delta u\to0$,$\Delta v\to0$ 时,$\varepsilon_1\to0$,$\varepsilon_2\to0$. 将上式两边各除以 Δt,得

$$\frac{\Delta z}{\Delta t}=\frac{\partial z}{\partial u}\frac{\Delta u}{\Delta t}+\frac{\partial z}{\partial v}\frac{\Delta v}{\Delta t}+\varepsilon_1\frac{\Delta u}{\Delta t}+\varepsilon_2\frac{\Delta v}{\Delta t}.$$

因为当 $\Delta t\to0$ 时,$\Delta u\to0$,$\Delta v\to0$,$\frac{\Delta u}{\Delta t}\to\frac{\mathrm{d}u}{\mathrm{d}t}$,$\frac{\Delta v}{\Delta t}\to\frac{\mathrm{d}v}{\mathrm{d}t}$,所以

$$\lim_{\Delta t\to0}\frac{\Delta z}{\Delta t}=\frac{\partial z}{\partial u}\frac{\mathrm{d}u}{\mathrm{d}t}+\frac{\partial z}{\partial v}\frac{\mathrm{d}v}{\mathrm{d}t}.$$

这就证明了复合函数 $z=f[\varphi(t),\psi(t)]$ 在点 t 可导,且导数可用式(7.4.1)计算,证毕.

用同样的方法,可把定理7.4.1推广到复合函数的中间变量多于两个的情形.

设 $z=f(u,v,w)$, $u=\varphi(t)$, $v=\psi(t)$, $w=\omega(t)$ 复合所得的复合函数为 $z=f[\varphi(t),\psi(t),\omega(t)]$,则在与定理1相类似的条件下,上面的函数在某点 t 可导,且导数可用下列公式计算:

$$\frac{\mathrm{d}z}{\mathrm{d}t}=\frac{\partial z}{\partial u}\frac{\mathrm{d}u}{\mathrm{d}t}+\frac{\partial z}{\partial v}\frac{\mathrm{d}v}{\mathrm{d}t}+\frac{\partial z}{\partial w}\frac{\mathrm{d}w}{\mathrm{d}t}. \tag{7.4.2}$$

式(7.4.1)和式(7.4.2)中的导数 $\frac{\mathrm{d}z}{\mathrm{d}t}$ 称为全导数.

例1　设 $z=\mathrm{e}^{2u-3v}$,其中 $u=x^2$, $v=\cos x$,求 $\frac{\mathrm{d}z}{\mathrm{d}x}$.

解　利用式(7.4.1),得

$$\frac{\mathrm{d}z}{\mathrm{d}x}=\frac{\partial z}{\partial u}\frac{\mathrm{d}u}{\mathrm{d}x}+\frac{\partial z}{\partial v}\frac{\mathrm{d}v}{\mathrm{d}x},$$

因

$$\frac{\partial z}{\partial u}=2\mathrm{e}^{2u-3v},\quad \frac{\partial z}{\partial v}=-3\mathrm{e}^{2u-3v},\quad \frac{\mathrm{d}u}{\mathrm{d}x}=2x,\quad \frac{\mathrm{d}v}{\mathrm{d}x}=-\sin x,$$

所以

$$\frac{\mathrm{d}z}{\mathrm{d}x}=\mathrm{e}^{2u-3v}(4x+3\sin x)=\mathrm{e}^{2x^2-3\cos x}(4x+3\sin x).$$

例2　设 $u=\mathrm{e}^{2x}(y+z)$, $y=\sin x$, $z=2\cos x$,求 $\frac{\mathrm{d}u}{\mathrm{d}x}$.

先分析函数与各变量间的关系,并用树形图来表示(图7-11),函数 $u=\mathrm{e}^{2x}(y+z)=f(x,y,z)=f[x,\psi(x),\omega(x)]$. 其中 $\psi(x)=y=\sin x$, $\omega(x)=z=2\cos x$,图7-11可描述函数 u 与其中间变量 x, y, z 及自变量 x 的关系.

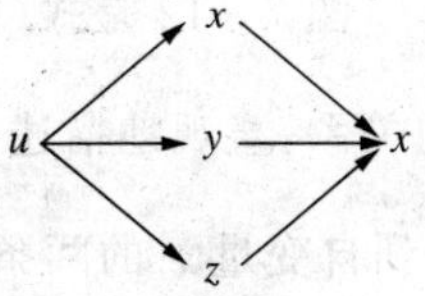

图7-11

解
$$\begin{aligned}\frac{\mathrm{d}u}{\mathrm{d}x}&=\frac{\partial u}{\partial x}+\frac{\partial u}{\partial y}\frac{\mathrm{d}y}{\mathrm{d}x}+\frac{\partial u}{\partial z}\frac{\mathrm{d}z}{\mathrm{d}x}\\&=2\mathrm{e}^{2x}(y+z)+\mathrm{e}^{2x}\cos x+\mathrm{e}^{2x}(-2\sin x)\\&=\mathrm{e}^{2x}\left(2y+2z+\frac{z}{2}-2y\right)=\frac{5}{2}z\mathrm{e}^{2x}=5\mathrm{e}^{2x}\cos x.\end{aligned}$$

注意到本题中 $\frac{\partial u}{\partial x}$, $\frac{\partial u}{\partial y}$, $\frac{\partial u}{\partial z}$ 是函数 u 对各中间变量求偏导,然后各项乘以各中间变量对自变量 x 的导数.结合树形图,可简单说,**连线相乘,分线相加.**

2. 复合函数的中间变量均为多元函数的情形

定理 2 如果函数 $u=\varphi(x, y)$ 及 $v=\psi(x, y)$ 都在点 (x, y) 具有对 x 及对 y 的偏导数,函数 $z=f(u, v)$ 在对应点 (u, v) 具有连续偏导数,则复合函数 $z=f[\varphi(x, y), \psi(x, y)]$ 在点 (x, y) 的两个偏导数存在,且有

$$\frac{\partial z}{\partial x}=\frac{\partial z}{\partial u}\frac{\partial u}{\partial x}+\frac{\partial z}{\partial v}\frac{\partial v}{\partial x}, \tag{7.4.3}$$

$$\frac{\partial z}{\partial y}=\frac{\partial z}{\partial u}\frac{\partial u}{\partial y}+\frac{\partial z}{\partial v}\frac{\partial v}{\partial y}. \tag{7.4.4}$$

事实上,当求 $z=f[\varphi(x, y), \psi(x, y)]$ 关于 x 的偏导数时,即求 $\frac{\partial z}{\partial x}$ 时,需将 y 看成常量,于是 $u=\varphi(x, y)$, $v=\varphi(x, y)$ 仍可看成一元函数,再利用定理 1 将式(7.4.1)中的 d 改为 ∂, t 换成 x,便可得到式(7.4.3),同理可得式(7.4.4).

类似地,设 $u=\varphi(x, y)$, $v=\psi(x, y)$ 及 $w=\omega(x, y)$ 都在点 (x, y) 具有对 x 及对 y 的偏导数,函数 $z=f(u, v, w)$ 在对应点 (u, v, w) 具有连续偏导数,则复合函数 $z=f[\varphi(x, y), \psi(x, y), \omega(x, y)]$ 在点 (x, y) 的两个偏导数都存在,且可用下列公式计算:

$$\frac{\partial z}{\partial x}=\frac{\partial z}{\partial u}\frac{\partial u}{\partial x}+\frac{\partial z}{\partial v}\frac{\partial v}{\partial x}+\frac{\partial z}{\partial w}\frac{\partial w}{\partial x}, \tag{7.4.5}$$

$$\frac{\partial z}{\partial y}=\frac{\partial z}{\partial u}\frac{\partial u}{\partial y}+\frac{\partial z}{\partial v}\frac{\partial v}{\partial y}+\frac{\partial z}{\partial w}\frac{\partial w}{\partial y}. \tag{7.4.6}$$

图 7-12 是式(7.4.3)和式(7.4.4)相应的树形图.其形状如链子,它把变量间的关系,直观地描述出来.例如,对式(7.4.3)中求 $\frac{\partial z}{\partial x}$,可这样理解和记忆:先找出 z 到自变量 x 的两条路线,即 $z\to u\to x$ 和 $z\to v\to x$,在路线 $z\to u\to x$ 上,先求函数 z 对中间变量 u 的偏导 $\frac{\partial z}{\partial u}$ 及中间变量 u 对自变量 x 的偏导 $\frac{\partial u}{\partial x}$,然后将两个偏导相乘,即得 $\frac{\partial z}{\partial u}\frac{\partial u}{\partial x}$;类似地,对路线 $z\to v\to x$,可得 $\frac{\partial z}{\partial v}\frac{\partial v}{\partial x}$.最后,把两条路线上所得的乘积相加,可得到式(7.4.3),其他各式可类似解释,这样的求偏导数的法则常称为链式法则.

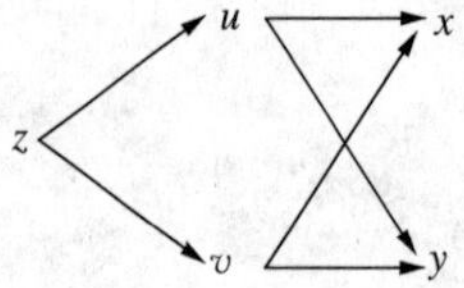

图 7-12

例 3 设 $z=u^2\ln v$, $u=\frac{x}{y}$, $v=3x-2y$,求 $\frac{\partial z}{\partial x}$, $\frac{\partial z}{\partial y}$.

解
$$\frac{\partial z}{\partial x}=\frac{\partial z}{\partial u}\frac{\partial u}{\partial x}+\frac{\partial z}{\partial v}\frac{\partial v}{\partial x}=2u\ln v\cdot\frac{1}{y}+\frac{u^2}{v}\cdot 3$$
$$=\frac{2x}{y^2}\ln(3x-2y)+\frac{3x^2}{(3x-2y)y^2},$$
$$\frac{\partial z}{\partial y}=\frac{\partial z}{\partial u}\frac{\partial u}{\partial y}+\frac{\partial z}{\partial v}\frac{\partial v}{\partial y}=2u\ln v\left(-\frac{x}{y^2}\right)+\frac{u^2}{v}(-2)$$
$$=-\frac{2x^2}{y^3}\ln(3x-2y)-\frac{2x^2}{(3x-2y)y^2}.$$

例 4　设 $w=f(x+y+z,\ xyz)$，f 具有二阶连续偏导数，求$\frac{\partial w}{\partial x}$及$\frac{\partial^2 w}{\partial x\partial z}$.

解　设 $u=x+y+z,\ v=xyz$，则 $w=f(u,\ v)$. 为表达简便起见，引入以下记号：

$$f'_1=\frac{\partial f(u,\ v)}{\partial u},\qquad f''_{12}=\frac{\partial^2 f(u,\ v)}{\partial u\partial v},$$

注意到记号中下标 1 表示对第一个变量 u 求偏导数，下标 2 表示对第二个变量 v 求偏导数. 同理有 $f'_2,\ f''_{11},\ f''_{22}$ 等. 因所给函数由 $w=f(u,\ v)$ 及 $u=x+y+z$，$v=xyz$ 复合而成，根据复合函数求导法则，有

$$\frac{\partial w}{\partial x}=\frac{\partial f}{\partial u}\frac{\partial u}{\partial x}+\frac{\partial f}{\partial v}\frac{\partial v}{\partial x}=f'_1+yzf'_2,$$

$$\frac{\partial^2 w}{\partial x\partial z}=\frac{\partial}{\partial z}(f'_1+yzf'_2)=\frac{\partial f'_1}{\partial z}+yf'_2+yz\frac{\partial f'_2}{\partial z}.$$

而求$\frac{\partial f'_1}{\partial z}$，$\frac{\partial f'_2}{\partial z}$时，应注意 f'_1及 f'_2仍是复合函数，根据复合函数求导法则，有

$$\frac{\partial f'_1}{\partial z}=\frac{\partial f'_1}{\partial u}\frac{\partial u}{\partial z}+\frac{\partial f'_1}{\partial v}\frac{\partial v}{\partial z}=f''_{11}+xyf''_{12},$$

$$\frac{\partial f'_2}{\partial z}=\frac{\partial f'_2}{\partial u}\frac{\partial u}{\partial z}+\frac{\partial f'_2}{\partial v}\frac{\partial v}{\partial z}=f''_{21}+xyf''_{22}.$$

于是
$$\frac{\partial^2 w}{\partial x\partial z}=f''_{11}+xyf''_{12}+yf'_2+yzf''_{21}+xy^2zf''_{22}$$
$$=f''_{11}+y(x+z)f''_{12}+xy^2zf''_{22}+yf'_2.$$

由定理 2 还可得到一些复合函数的复合关系. 例如，$u=\varphi(x,\ y,\ z)$，$v=\psi(x,\ y,\ z)$，$w=f(u,\ v)$ 复合，得复合函数 $w=f[\varphi(x,\ y,\ z),\ \psi(x,\ y,\ z)]$，相应地有求导公式

$$\frac{\partial w}{\partial x}=\frac{\partial w}{\partial u}\frac{\partial u}{\partial x}+\frac{\partial w}{\partial v}\frac{\partial v}{\partial x}, \tag{7.4.7}$$

$$\frac{\partial w}{\partial y}=\frac{\partial w}{\partial u}\frac{\partial u}{\partial y}+\frac{\partial w}{\partial v}\frac{\partial v}{\partial y}, \tag{7.4.8}$$

$$\frac{\partial w}{\partial z}=\frac{\partial w}{\partial u}\frac{\partial u}{\partial z}+\frac{\partial w}{\partial v}\frac{\partial v}{\partial z}. \tag{7.4.9}$$

又例如,中间变量只有一个,即 $z=f(u)$, $u=\varphi(x, y)$,则复合函数 $z=f[\varphi(x, y)]$ 的两个偏导数为

$$\frac{\partial z}{\partial x}=\frac{\mathrm{d}z}{\mathrm{d}u}\frac{\partial u}{\partial x}, \tag{7.4.10}$$

$$\frac{\partial z}{\partial y}=\frac{\mathrm{d}z}{\mathrm{d}u}\frac{\partial u}{\partial y}. \tag{7.4.11}$$

例 5 设 $w=f(x+xy+xyz)$,求 $\frac{\partial w}{\partial x}$, $\frac{\partial w}{\partial y}$, $\frac{\partial w}{\partial z}$.

解 令 $u=x+xy+xyz$,则 $w=f(u)$.

$$\frac{\partial u}{\partial x}=1+y+yz,\qquad \frac{\partial u}{\partial y}=x+xz,\qquad \frac{\partial u}{\partial z}=xy.$$

再由式(7.4.10)、(7.4.11),得

$$\frac{\partial w}{\partial x}=\frac{\mathrm{d}w}{\mathrm{d}u}\frac{\partial u}{\partial x}=(1+y+yz)f',$$

$$\frac{\partial w}{\partial y}=\frac{\mathrm{d}w}{\mathrm{d}u}\frac{\partial u}{\partial y}=(x+xz)f',$$

$$\frac{\partial w}{\partial z}=\frac{\mathrm{d}w}{\mathrm{d}u}\frac{\partial u}{\partial z}=xyf'.$$

3. 复合函数的中间变量既有一元函数,又有多元函数的情形

定理 3 如果函数 $u=\varphi(x, y)$ 在点 (x, y) 具有对 x 及 y 的偏导数,函数 $v=\psi(y)$ 在点 y 可导,函数 $z=f(u, v)$ 在对应点 (u, v) 具有连续偏导数,则复合函数 $z=f[\varphi(x, y), \psi(y)]$ 在点 (x, y) 的两个偏导数存在,且有

$$\frac{\partial z}{\partial x}=\frac{\partial z}{\partial u}\frac{\partial u}{\partial x}, \tag{7.4.12}$$

$$\frac{\partial z}{\partial y}=\frac{\partial z}{\partial u}\frac{\partial u}{\partial y}+\frac{\partial z}{\partial v}\frac{\mathrm{d}v}{\mathrm{d}y}. \tag{7.4.13}$$

该定理实际上是定理2的一种特殊情形.在定理2中令 v 与 x 无关,就得 $\frac{\partial v}{\partial x}=0$;在 v 对 y 求导时,由于 v 是 y 的一元函数,故 $\frac{\partial v}{\partial y}$ 换成了 $\frac{\mathrm{d}v}{\mathrm{d}y}$,于是就分别得到式(7.4.12)、(7.4.13).

在情形3中,还有这种情形:复合函数的某些中间变量本身又是复合函数的自变量.例如,设 $z=f(u,x,y)$ 具有连续偏导数,而 $u=\varphi(x,y)$ 具有偏导数,则复合函数 $z=f[\varphi(x,y),x,y]$ 可看成情形3中当 $v=x$, $w=y$ 的特殊情形,因此 $\frac{\partial v}{\partial x}=1$, $\frac{\partial w}{\partial x}=0$, $\frac{\partial v}{\partial y}=0$, $\frac{\partial w}{\partial y}=1$,从而复合函数 $z=f[\varphi(x,y),x,y]$ 具有对自变量 x 及 y 的偏导数,且由式(7.4.5)、(7.4.6),得

$$\frac{\partial z}{\partial x}=\frac{\partial f}{\partial u}\frac{\partial u}{\partial x}+\frac{\partial f}{\partial x},\qquad \frac{\partial z}{\partial y}=\frac{\partial f}{\partial u}\frac{\partial u}{\partial y}+\frac{\partial f}{\partial y}.$$

注　这里 $\frac{\partial z}{\partial x}$ 与 $\frac{\partial f}{\partial x}$ 是不同的,$\frac{\partial z}{\partial x}$ 是把复合函数 $z=f[\varphi(x,y),x,y]$ 中的 y 看成不变而对 x 的偏导数,$\frac{\partial f}{\partial x}$ 是把 $f(u,x,y)$ 中的 u 及 y 看成不变而对 x 的偏导数.$\frac{\partial z}{\partial y}$ 与 $\frac{\partial f}{\partial y}$ 也有类似的区别.

例6　设 $u=f(x,y,z)=\mathrm{e}^{2x+3y+4z}$, $y=z^2\cos x$,求 $\frac{\partial u}{\partial x}$ 和 $\frac{\partial u}{\partial z}$.

解

$$\begin{aligned}\frac{\partial u}{\partial x}&=\frac{\partial f}{\partial x}+\frac{\partial f}{\partial y}\frac{\partial y}{\partial x}=2\mathrm{e}^{2x+3y+4z}+3\mathrm{e}^{2x+3y+4z}(-z^2\sin x)\\&=(2-3z^2\sin x)\mathrm{e}^{2x+3y+4z},\\ \frac{\partial u}{\partial z}&=\frac{\partial f}{\partial y}\frac{\partial y}{\partial z}+\frac{\partial f}{\partial z}=3\mathrm{e}^{2x+3y+4z}\cdot 2z\cos x+4\mathrm{e}^{2x+3y+4z}\\&=2(3z\cos x+2)\mathrm{e}^{2x+3y+4z}.\end{aligned}$$

例7　试利用线性变换

$$\begin{cases}u=x+ay,\\ v=x+by\end{cases}\quad (a,b\text{ 为待定常数}),$$

将方程 $\frac{\partial^2 z}{\partial x^2}+4\frac{\partial^2 z}{\partial x\partial y}+3\frac{\partial^2 z}{\partial y^2}=0$ 化为对新自变量 u,v 的方程 $\frac{\partial^2 z}{\partial u\partial v}=0$.

解　由 $u=x+ay$, $v=x+by$,得

$$\frac{\partial z}{\partial x}=\frac{\partial z}{\partial u}\cdot 1+\frac{\partial z}{\partial v}\cdot 1,$$

$$\frac{\partial z}{\partial y}=\frac{\partial z}{\partial u}\cdot a+\frac{\partial z}{\partial v}\cdot b=a\frac{\partial z}{\partial u}+b\frac{\partial z}{\partial v},$$

$$\frac{\partial^2 z}{\partial x^2}=\frac{\partial^2 z}{\partial u^2}+2\frac{\partial^2 z}{\partial u\partial v}+\frac{\partial^2 z}{\partial v^2},$$

$$\frac{\partial^2 z}{\partial x\partial y}=a\frac{\partial^2 z}{\partial u^2}+(a+b)\frac{\partial^2 z}{\partial u\partial v}+b\frac{\partial^2 z}{\partial v^2},$$

$$\frac{\partial^2 z}{\partial y^2}=a^2\frac{\partial^2 z}{\partial u^2}+2ab\frac{\partial^2 z}{\partial u\partial v}+b^2\frac{\partial^2 z}{\partial v^2}.$$

故

$$\frac{\partial^2 z}{\partial x^2}+4\frac{\partial^2 z}{\partial x\partial y}+3\frac{\partial^2 z}{\partial y^2}=(1+4a+3a^2)\frac{\partial^2 z}{\partial u^2}+(2+4a+4b+6ab)\frac{\partial^2 z}{\partial u\partial v}+(1+4b+3b^2)\frac{\partial^2 z}{\partial v^2}.$$

令$\begin{cases}1+4a+3a^2=0,\\1+4b+3b^2=0,\end{cases}$解得$\begin{cases}a=-1\text{ 或 }a=-\dfrac{1}{3},\\b=-1\text{ 或 }b=-\dfrac{1}{3}.\end{cases}$为了使 $2+4a+4b+6ab\neq 0$,取 $\begin{cases}a=-1,\\b=-\dfrac{1}{3}\end{cases}$或$\begin{cases}a=-\dfrac{1}{3},\\b=-1.\end{cases}$故利用线性变换$\begin{cases}u=x-y,\\v=x-\dfrac{1}{3}y\end{cases}$或$\begin{cases}u=x-\dfrac{1}{3}y,\\v=x-y\end{cases}$可将原方程化为$\dfrac{\partial^2 z}{\partial u\partial v}=0$.

7.4.2 全微分形式不变性

设 $z=f(u,v)$ 具有连续偏导,则函数必可微,且 $\mathrm{d}z=\dfrac{\partial z}{\partial u}\mathrm{d}u+\dfrac{\partial z}{\partial v}\mathrm{d}v$.

如果设 $u=\varphi(x,y)$, $v=\psi(x,y)$,且这两个函数也具有连续偏导数,则复合函数 $z=f[\varphi(x,y),\psi(x,y)]$ 的全微分为 $\mathrm{d}z=\dfrac{\partial z}{\partial x}\mathrm{d}x+\dfrac{\partial z}{\partial y}\mathrm{d}y$. 其中$\dfrac{\partial z}{\partial x}$, $\dfrac{\partial z}{\partial y}$可由链式法则得到,代入 $\mathrm{d}z$ 中得

$$\begin{aligned}\mathrm{d}z&=\left(\frac{\partial z}{\partial u}\frac{\partial u}{\partial x}+\frac{\partial z}{\partial v}\frac{\partial v}{\partial x}\right)\mathrm{d}x+\left(\frac{\partial z}{\partial u}\frac{\partial u}{\partial y}+\frac{\partial z}{\partial v}\frac{\partial v}{\partial y}\right)\mathrm{d}y\\&=\frac{\partial z}{\partial u}\left(\frac{\partial u}{\partial x}\mathrm{d}x+\frac{\partial u}{\partial y}\mathrm{d}y\right)+\frac{\partial z}{\partial v}\left(\frac{\partial v}{\partial x}\mathrm{d}x+\frac{\partial v}{\partial y}\mathrm{d}y\right)\\&=\frac{\partial z}{\partial u}\mathrm{d}u+\frac{\partial z}{\partial v}\mathrm{d}v.\end{aligned}$$

由以上讨论可知,无论 z 是自变量 u, v 的函数或中间变量 u, v 的函数,它的全微分形式是一样的,这一性质称为**全微分形式不变性**.

关于全微分的运算法则,可以证明,它与一元函数微分法则相同,即

$$\mathrm{d}(u \pm v) = \mathrm{d}u \pm \mathrm{d}v, \tag{7.4.14}$$

$$\mathrm{d}(uv) = v\mathrm{d}u + u\mathrm{d}v, \tag{7.4.15}$$

$$\mathrm{d}\left(\frac{u}{v}\right) = \frac{v\mathrm{d}u - u\mathrm{d}v}{v^2} \quad (v \neq 0). \tag{7.4.16}$$

利用全微分形式的不变性和微分运算公式,可使求全微分或偏导数的运算变得灵活.

例 8 求 $z = \dfrac{xy}{x^2 + y^2}$ 的全微分.

解 令 $u = xy$, $v = x^2 + y^2$,则 $z = \dfrac{u}{v}$,由式(7.4.16)及全微分形式不变性,得

$$\begin{aligned}
\mathrm{d}z &= \frac{v\mathrm{d}u - u\mathrm{d}v}{v^2} = \frac{(x^2 + y^2)\mathrm{d}(xy) - xy\,\mathrm{d}(x^2 + y^2)}{(x^2 + y^2)^2} \\
&= \frac{(x^2 + y^2)(y\mathrm{d}x + x\mathrm{d}y) - xy(2x\mathrm{d}x + 2y\mathrm{d}y)}{(x^2 + y^2)^2} \\
&= \frac{y^3 - x^2 y}{(x^2 + y^2)^2}\mathrm{d}x + \frac{x^2 - xy^2}{(x^2 + y^2)^2}\mathrm{d}y,
\end{aligned}$$

同时,还可得

$$\frac{\partial z}{\partial x} = \frac{y^3 - x^2 y}{(x^2 + y^2)^2}, \qquad \frac{\partial z}{\partial y} = \frac{x^2 - xy^2}{(x^2 + y^2)^2}.$$

习题 7.4

1. 设 $z = \dfrac{u^2}{v}$,而 $u = x - 2y$, $v = y + 2x$,求 $\dfrac{\partial z}{\partial x}$, $\dfrac{\partial z}{\partial y}$.

2. 设 $z = u^2 v - uv^2$,而 $u = x\cos y$, $v = x\sin y$,求 $\dfrac{\partial z}{\partial x}$, $\dfrac{\partial z}{\partial y}$.

3. 设 $z = \arcsin(x - y)$,而 $x = 3t$, $y = 4t^3$,求 $\dfrac{\mathrm{d}z}{\mathrm{d}t}$.

4. 设 $u = \mathrm{e}^{2x+3y}\cos 4z$,而 $x = \ln t$, $y = \ln(t^2 + 1)$, $z = t$,求 $\dfrac{\mathrm{d}u}{\mathrm{d}t}$.

5. 设 $z = \dfrac{1}{2}\ln\dfrac{x + y}{x - y}$, $x = \sec t$, $y = 2\sin t$,求 $\left.\dfrac{\mathrm{d}z}{\mathrm{d}t}\right|_{t=\pi}$.

6. 设 $z=\arctan(xy)$，而 $y=e^x$，求 $\frac{dz}{dx}$.

7. 设 $z=x^2-y^2+t$，而 $x=\sin t,\ y=\cos t$，求 $\frac{dz}{dt}$.

8. 求下列函数的一阶偏导数(其中 f 具有一阶连续偏导数).

(1) $z=f(3u+2v,\ 4u-2v)$；　　(2) $u=f\left(\frac{x}{y},\ \frac{y}{z}\right)$；

(3) $u=f(x^2+y^2-z^2)$；　　(4) $u=f(x,\ xy,\ xyz)$.

9. 设 $z=x^2yf(x^2-y^2,\ xy)$，求 $\frac{\partial z}{\partial x},\ \frac{\partial z}{\partial y}$.

10. 设 $z=\frac{y}{f(x^2-y^2)}$，其中 $f(u)$ 为可导函数，验证 $\frac{1}{x}\frac{\partial z}{\partial x}+\frac{1}{y}\frac{\partial z}{\partial y}=\frac{z}{y^2}$.

11. 求下列函数的二阶偏导数(其中 f 具有二阶连续偏导数).

(1) $z=f(xy^2,\ x^2y)$；　　(2) $u=f(x,\ xe^y,\ xye^z)$.

12. 设函数 f,g 有连续导数，$u=yf\left(\frac{x}{y}\right)+xg\left(\frac{y}{x}\right)$，验证 $x\frac{\partial^2 u}{\partial x^2}+y\frac{\partial^2 u}{\partial x\partial y}=0$.

13. 设 $u=f[xy+\varphi(x^2+y^2)]$，其中 f,φ 具有连续偏导，求 $\frac{\partial u}{\partial x},\ \frac{\partial u}{\partial y},\ \frac{\partial^2 u}{\partial x^2},\ \frac{\partial^2 u}{\partial x\partial y}$.

14. 设 $z=e^{\sin(xy)}$，求 dz.

15. 设 $u=f(x,\ y)$ 的所有二阶偏导数连续，而 $x=\frac{s-\sqrt{3}t}{2},\ y=\frac{\sqrt{3}s+t}{2}$，试证：$\frac{\partial^2 u}{\partial x^2}+\frac{\partial^2 u}{\partial y^2}=\frac{\partial^2 u}{\partial s^2}+\frac{\partial^2 u}{\partial t^2}$.

16. 设函数 $z=f(x,\ y)$ 在点 $(1,\ 1)$ 处可微，且 $f(1,\ 1)=1,\ f_x(1,\ 1)=2,\ f_y(1,\ 1)=3,\ \varphi(x)=f[x,\ f(x,\ x)]$. 求 $\left.\frac{d}{dx}\varphi^3(x)\right|_{x=1}$.

7.5 隐函数的求导公式

7.5.1 一个方程的情形

在一元函数微分学中，已经提出了隐函数的概念，并且指出了不经过显化直接由方程

$$F(x,\ y)=0 \tag{7.5.1}$$

求它所确定的隐函数的导数的方法. 现在来介绍隐函数存在定理，并根据多元复合函数的求导法来导出隐函数的导数公式.

定理 1(隐函数存在定理一)　设函数 $F(x, y)$ 在点 $P_0(x_0, y_0)$ 的某一邻域内具有连续偏导数,且 $F(x_0, y_0) = 0$, $F_y(x_0, y_0) \neq 0$,则方程 $F(x, y) = 0$ 在点 (x_0, y_0) 的某一邻域内恒能唯一确定一个连续且具有连续导数的函数 $y = f(x)$,它满足条件 $y_0 = f(x_0)$,并有

$$\frac{\mathrm{d}y}{\mathrm{d}x} = -\frac{F_x}{F_y}. \tag{7.5.2}$$

式(7.5.2)就是隐函数的求导公式.

下面仅就式(7.5.2)作如下推导:

把式(7.5.1)所确定的隐函数 $y = f(x)$ 代入式(7.5.1),得恒等式 $F[x, f(x)] \equiv 0$,其左端可以看成是 x 的一个复合函数.由于恒等式两端求导后仍然恒等,即得 $\frac{\partial F}{\partial x} + \frac{\partial F}{\partial y}\frac{\mathrm{d}y}{\mathrm{d}x} = 0$,又由于 F_y 连续,且 $F_y(x_0, y_0) \neq 0$,所以存在点 (x_0, y_0) 的一个邻域,在这个邻域内 $F_y \neq 0$,于是有 $\frac{\mathrm{d}y}{\mathrm{d}x} = -\frac{F_x}{F_y}$.

如果 $F(x, y)$ 的二阶偏导数也都连续,再将式(7.5.2)两端对 x 求导,得

$$\begin{aligned}
\frac{\mathrm{d}^2 y}{\mathrm{d}x^2} &= \frac{\partial}{\partial x}\left(-\frac{F_x}{F_y}\right) + \frac{\partial}{\partial y}\left(-\frac{F_x}{F_y}\right)\frac{\mathrm{d}y}{\mathrm{d}x} \\
&= -\frac{F_{xx}F_y - F_{yx}F_x}{F_y^2} - \frac{F_{xy}F_y - F_{yy}F_x}{F_y^2}\left(-\frac{F_x}{F_y}\right) \\
&= -\frac{F_{xx}F_y^2 - 2F_{xy}F_xF_y + F_{yy}F_x^2}{F_y^3}.
\end{aligned}$$

例 1　验证方程 $xy - \mathrm{e}^x + \mathrm{e}^y = 0$ 在点 $O(0, 0)$ 的某邻域内,唯一确定了一个有连续导数,且当 $x = 0$ 时,$y = 0$ 的隐函数 $y = f(x)$,并求 $\left.\frac{\mathrm{d}y}{\mathrm{d}x}\right|_{x=0}$ 及 $\left.\frac{\mathrm{d}^2 y}{\mathrm{d}x^2}\right|_{x=0}$.

解　设 $F(x, y) = xy - \mathrm{e}^x + \mathrm{e}^y$,则 $F_x = y - \mathrm{e}^x$, $F_y = x + \mathrm{e}^y$,且 $F(0, 0) = 0$, $F_y(0, 0) = 1 \neq 0$, $F(x, y)$ 满足定理 1 的条件,所以,方程 $xy - \mathrm{e}^x + \mathrm{e}^y = 0$ 在点 $O(0, 0)$ 的某邻域内唯一确定了一个有连续导数,且当 $x = 0$ 时 $y = 0$ 的隐函数 $y = f(x)$.

由式(7.5.2),有

$$\frac{\mathrm{d}y}{\mathrm{d}x} = -\frac{F_x}{F_y} = \frac{\mathrm{e}^x - y}{\mathrm{e}^y + x}, \qquad \left.\frac{\mathrm{d}y}{\mathrm{d}x}\right|_{x=0} = 1,$$

$$\frac{\mathrm{d}^2y}{\mathrm{d}x^2}=\frac{\left(\mathrm{e}^x-\frac{\mathrm{d}y}{\mathrm{d}x}\right)(\mathrm{e}^y+x)-(\mathrm{e}^x-y)\left(\mathrm{e}^y\frac{\mathrm{d}y}{\mathrm{d}x}+1\right)}{(\mathrm{e}^y+x)^2},$$

代入 $\left.\frac{\mathrm{d}y}{\mathrm{d}x}\right|_{x=0}=1$,得 $\left.\frac{\mathrm{d}^2y}{\mathrm{d}x^2}\right|_{x=0}=-2$.

隐函数存在定理一可推广到多元函数.既然一个二元方程(7.5.1)可以确定一个一元隐函数,那么一个三元方程

$$F(x,\ y,\ z)=0 \tag{7.5.3}$$

就有可能确定一个二元隐函数.

与定理1一样,同样可以由三元函数 $F(x,\ y,\ z)$ 的性质来断定由方程 $F(x,\ y,\ z)=0$ 所确定的二元函数 $z=f(x,\ y)$ 的存在,以及这个函数的性质,这就是下面的定理.

定理 2(隐函数存在定理二) 设函数 $F(x,\ y,\ z)$ 在点 $P_0(x_0,\ y_0,\ z_0)$ 的某一邻域内具有连续偏导数,且 $F(x_0,\ y_0,\ z_0)=0$,$F_z(x_0,\ y_0,\ z_0)\neq 0$,则方程 $F(x,\ y,\ z)=0$ 在点 $P_0(x_0,\ y_0,\ z_0)$ 的某一邻域内恒能唯一确定一个具有连续偏导数的函数 $z=f(x,\ y)$,它满足条件 $z_0=f(x_0,\ y_0)$,并且有

$$\frac{\partial z}{\partial x}=-\frac{F_x}{F_z},\quad \frac{\partial z}{\partial y}=-\frac{F_y}{F_z}. \tag{7.5.4}$$

下面仅就式(7.5.4)作如下推导:

由于 $F[x,\ y,\ f(x,\ y)]\equiv 0$,将该式两端分别对 x,y 求导,并应用复合函数求导法则,得

$$F_x+F_z\frac{\partial z}{\partial x}=0,\quad F_y+F_z\frac{\partial z}{\partial y}=0.$$

又因 F_z 连续,且 $F_z(x_0,\ y_0,\ z_0)\neq 0$,所以存在点 $(x_0,\ y_0,\ z_0)$ 的一个邻域,在这个邻域内 $F_z\neq 0$,于是得

$$\frac{\partial z}{\partial x}=-\frac{F_x}{F_z},\quad \frac{\partial z}{\partial y}=-\frac{F_y}{F_z}.$$

例 2 求由方程 $xy+yz+zx=1$ 所确定的函数 $z(x,\ y)$ 的偏导数 $\frac{\partial^2 z}{\partial x\partial y}$.

解 方法一(公式法) 令 $F(x,\ y,\ z)=xy+yz+zx-1$,则

$$F_x=y+z,\quad F_y=x+z,\quad F_z=y+x.$$

从而

$$\frac{\partial z}{\partial x}=-\frac{y+z}{y+x},\quad \frac{\partial z}{\partial y}=-\frac{x+z}{y+x}.$$

$$\frac{\partial^2 z}{\partial x\partial y}=\frac{\partial}{\partial y}\left(-\frac{y+z}{y+x}\right)=-\frac{(y+x)\left(1+\frac{\partial z}{\partial y}\right)-(y+z)}{(y+x)^2}$$

$$=-\frac{(y+x)\left(1-\frac{x+z}{y+x}\right)-(y+z)}{(y+x)^2}=\frac{2z}{(x+y)^2}.$$

方法二(直接求导法)　在方程 $xy+yz+zx=1$ 两边分别对 x, y 求偏导数，将 z 视为 x, y 的函数，得

$$y+y\frac{\partial z}{\partial x}+z+x\frac{\partial z}{\partial x}=0,\quad x+z+y\frac{\partial z}{\partial y}+x\frac{\partial z}{\partial y}=0,$$

解之得

$$\frac{\partial z}{\partial x}=-\frac{y+z}{y+x},\quad \frac{\partial z}{\partial y}=-\frac{x+z}{y+x}.$$

再在对 x 求偏导所得的方程两边对 y 求偏导数$\left(\text{这里 } z \text{ 和} \frac{\partial z}{\partial x} \text{仍然要视为 } x,\ y \text{ 的函数}\right)$，得

$$1+\frac{\partial z}{\partial x}+(y+x)\frac{\partial^2 z}{\partial x\partial y}+\frac{\partial z}{\partial y}=0.$$

将$\frac{\partial z}{\partial x}$及$\frac{\partial z}{\partial y}$代入，并解出$\frac{\partial^2 z}{\partial x\partial y}$，得

$$\frac{\partial^2 z}{\partial x\partial y}=-\frac{1-\frac{y+z}{y+x}-\frac{x+z}{y+x}}{y+x}=\frac{2z}{(x+y)^2}.$$

7.5.2　方程组的情形

下面将隐函数存在定理作另一方面的推广，不仅增加方程中变量的个数，而且增加方程的个数. 例如，方程组

$$\begin{cases}F(x,\ y,\ u,\ v)=0,\\ G(x,\ y,\ u,\ v)=0\end{cases}\tag{7.5.5}$$

的 4 个变量中，一般只能有 2 个独立变化. 例如，先从方程组中消去变量 v，可得由三个变量所构成的函数方程 $H(x,\ y,\ u)=0$，而三元函数方程可确定一个二元隐

函数 $u=u(x, y)$，将它代入方程组的其中一个方程中，可得另一个三元方程，如 $F[x, y, u(x, y), v]=0$. 于是，也可将变量 v 表示成 x, y 的隐函数 $v=v(x, y)$. 这样，可以由函数 F, G 的性质来断定由方程组(7.5.5)所确定的两个二元函数的存在以及它们的性质.

定理 3（隐函数存在定理三） 设 $F(x, y, u, v)$, $G(x, y, u, v)$ 在点 $P_0(x_0, y_0, u_0, v_0)$ 的某一邻域内具有对各个变量的连续偏导数，又

$$F(x_0, y_0, u_0, v_0)=0, \quad G(x_0, y_0, u_0, v_0)=0,$$

且偏导数所组成的函数行列式（或称雅可比式）

$$J=\frac{\partial(F, G)}{\partial(u, v)}=\begin{vmatrix} \dfrac{\partial F}{\partial u} & \dfrac{\partial F}{\partial v} \\ \dfrac{\partial G}{\partial u} & \dfrac{\partial G}{\partial v} \end{vmatrix}$$

在点 $P_0(x_0, y_0, u_0, v_0)$ 不等于零，则方程组 $F(x, y, u, v)=0$, $G(x, y, u, v)=0$ 在点 $P_0(x_0, y_0, u_0, v_0)$ 的某一邻域内恒能唯一确定一组连续且有连续偏导数的函数 $u=u(x, y)$, $v=v(x, y)$，它们满足条件 $u_0=u(x_0, y_0)$, $v_0=v(x_0, y_0)$，并有

$$\frac{\partial u}{\partial x}=-\frac{1}{J}\frac{\partial(F, G)}{\partial(x, v)}=-\frac{\begin{vmatrix} F_x & F_v \\ G_x & G_v \end{vmatrix}}{\begin{vmatrix} F_u & F_v \\ G_u & G_v \end{vmatrix}},$$

$$\frac{\partial v}{\partial x}=-\frac{1}{J}\frac{\partial(F, G)}{\partial(u, x)}=-\frac{\begin{vmatrix} F_u & F_x \\ G_u & G_x \end{vmatrix}}{\begin{vmatrix} F_u & F_v \\ G_u & G_v \end{vmatrix}},$$

$$\frac{\partial u}{\partial y}=-\frac{1}{J}\frac{\partial(F, G)}{\partial(y, v)}=-\frac{\begin{vmatrix} F_y & F_v \\ G_y & G_v \end{vmatrix}}{\begin{vmatrix} F_u & F_v \\ G_u & G_v \end{vmatrix}},$$

$$\frac{\partial v}{\partial y}=-\frac{1}{J}\frac{\partial(F, G)}{\partial(u, y)}=-\frac{\begin{vmatrix} F_u & F_y \\ G_u & G_y \end{vmatrix}}{\begin{vmatrix} F_u & F_v \\ G_u & G_v \end{vmatrix}}. \tag{7.5.6}$$

下面仅就式(7.5.6)作如下推导：

由于 $F[x,y,u(x,y),v(x,y)]\equiv 0$, $G[x,y,u(x,y),v(x,y)]\equiv 0$, 将恒等式两边分别对 x 求导，并应用复合函数求导法则，得

$$\begin{cases} F_x+F_u\dfrac{\partial u}{\partial x}+F_v\dfrac{\partial v}{\partial x}=0, \\ G_x+G_u\dfrac{\partial u}{\partial x}+G_v\dfrac{\partial v}{\partial x}=0. \end{cases}$$

这里关于 $\dfrac{\partial u}{\partial x}$, $\dfrac{\partial v}{\partial x}$ 的线性方程组，由假设可知，在点 $P(x_0,y_0,u_0,v_0)$ 的一个邻域内，系数行列式 $J=\begin{vmatrix} F_u & F_v \\ G_u & G_v \end{vmatrix}\neq 0$，从而可解出 $\dfrac{\partial u}{\partial x}$, $\dfrac{\partial v}{\partial x}$，得

$$\frac{\partial u}{\partial x}=-\frac{1}{J}\frac{\partial(F,G)}{\partial(x,v)},\quad \frac{\partial v}{\partial x}=-\frac{1}{J}\frac{\partial(F,G)}{\partial(u,x)},$$

同理可得

$$\frac{\partial u}{\partial y}=-\frac{1}{J}\frac{\partial(F,G)}{\partial(y,v)},\quad \frac{\partial v}{\partial y}=-\frac{1}{J}\frac{\partial(F,G)}{\partial(u,y)}.$$

例 3　设 $x=r\cos\theta$, $y=r\sin\theta$. 求 $\dfrac{\partial r}{\partial x}$, $\dfrac{\partial \theta}{\partial x}$, $\dfrac{\partial r}{\partial y}$, $\dfrac{\partial \theta}{\partial y}$.

解　这里方程组 $\begin{cases} x=r\cos\theta, \\ y=r\sin\theta \end{cases}$ 确定了函数组 $\begin{cases} r=r(x,y), \\ \theta=\theta(x,y). \end{cases}$ 在方程组的各方程两边对 x 求偏导数，得

$$\begin{cases} 1=\dfrac{\partial r}{\partial x}\cos\theta-r\sin\theta\dfrac{\partial \theta}{\partial x}, \\ 0=\dfrac{\partial r}{\partial x}\sin\theta+r\cos\theta\dfrac{\partial \theta}{\partial x}, \end{cases}$$

即

$$\begin{cases} \cos\theta\dfrac{\partial r}{\partial x}-r\sin\theta\dfrac{\partial \theta}{\partial x}=1, \\ \sin\theta\dfrac{\partial r}{\partial x}+r\cos\theta\dfrac{\partial \theta}{\partial x}=0. \end{cases}$$

在 $J=\begin{vmatrix} \cos\theta & -r\sin\theta \\ \sin\theta & r\cos\theta \end{vmatrix}=r\neq 0$ 的条件下，

$$\frac{\partial r}{\partial x}=\frac{\begin{vmatrix}1 & -r\sin\theta\\ 0 & r\cos\theta\end{vmatrix}}{\begin{vmatrix}\cos\theta & -r\sin\theta\\ \sin\theta & r\cos\theta\end{vmatrix}}=\cos\theta,\quad \frac{\partial\theta}{\partial x}=\frac{\begin{vmatrix}\cos\theta & 1\\ \sin\theta & 0\end{vmatrix}}{\begin{vmatrix}\cos\theta & -r\sin\theta\\ \sin\theta & r\cos\theta\end{vmatrix}}=-\frac{\sin\theta}{r}.$$

将所给方程的两边都对 y 求偏导,用同样的方法在 $J=r\neq 0$ 的条件下,可求得$\frac{\partial r}{\partial y}=\sin\theta,\ \frac{\partial\theta}{\partial y}=\frac{\cos\theta}{r}$.

下面再介绍本题的另一种解法,利用一阶微分形式不变性,对各方程两边微分得

$$\begin{cases}\mathrm{d}x=\cos\theta\mathrm{d}r-r\sin\theta\mathrm{d}\theta,\\ \mathrm{d}y=\sin\theta\mathrm{d}r+r\cos\theta\mathrm{d}\theta.\end{cases}$$

将这个关于 $\mathrm{d}r,\ \mathrm{d}\theta$ 的线性方程组解出,得

$$\begin{cases}\mathrm{d}r=\cos\theta\mathrm{d}x+\sin\theta\mathrm{d}y,\\ \mathrm{d}\theta=-\dfrac{\sin\theta}{r}\mathrm{d}x+\dfrac{\cos\theta}{r}\mathrm{d}y.\end{cases}$$

又已知 $\mathrm{d}r=\frac{\partial r}{\partial x}\mathrm{d}x+\frac{\partial r}{\partial y}\mathrm{d}y,\ \mathrm{d}\theta=\frac{\partial\theta}{\partial x}\mathrm{d}x+\frac{\partial\theta}{\partial y}\mathrm{d}y$, 故有

$$\frac{\partial r}{\partial x}=\cos\theta,\quad \frac{\partial r}{\partial y}=\sin\theta,\quad \frac{\partial\theta}{\partial x}=-\frac{\sin\theta}{r},\quad \frac{\partial\theta}{\partial y}=\frac{\cos\theta}{r}.$$

在这一节中,既有隐函数求偏导问题,也有复合函数的求偏导问题,下面再举一例.

例 4 设 $u=u(x,y,z)$ 由方程 $w(u^2-x^2,u^2-y^2,u^2-z^2)=0$ 确定,其中函数 w 可微,试证$\frac{u_x}{x}+\frac{u_y}{y}+\frac{u_z}{z}=\frac{1}{u}$.

证 方法一 由隐函数求导公式,易得

$$u_x=-\frac{w_x}{w_u},\quad u_y=-\frac{w_y}{w_u},\quad u_z=-\frac{w_z}{w_u}.$$

令$\begin{cases}t=u^2-x^2,\\ v=u^2-y^2,\\ r=u^2-z^2,\end{cases}$函数 $w(u^2-x^2,u^2-y^2,u^2-z^2)$ 分别对 x,y,z,u 求偏导,得

$$w_x=w_tt_x=-2xw_t,\quad w_y=w_vv_y=-2yw_v,\quad w_z=w_rr_z=-2zw_r,$$

$$w_u=w_tt_u+w_vv_u+w_rr_u=2u(w_t+w_v+w_r).$$

故

$$u_x = \frac{xw_t}{u(w_t + w_v + w_r)},$$

$$u_y = \frac{yw_v}{u(w_t + w_v + w_r)},$$

$$u_z = \frac{zw_r}{u(w_t + w_v + w_r)}.$$

代入所证方程,得

$$左边 = \frac{xw_t}{xu(w_t + w_v + w_r)} + \frac{yw_v}{yu(w_t + w_v + w_r)} + \frac{zw_r}{zu(w_t + w_v + w_r)}$$

$$= \frac{1}{u} = 右边.$$

方法二　在方程 $w(u^2 - x^2, u^2 - y^2, u^2 - z^2) = 0$ 两边对 x 求偏导,得

$$w_t(2uu_x - 2x) + w_v(2uu_x) + w_r(2uu_x) = 0,$$

解之得

$$u_x = \frac{xw_t}{u(w_t + w_v + w_r)}.$$

同理,对 y, z 求偏导易解出 u_y, u_z,代入验证同方法一.

习　题　7.5

1. 设 $\ln \sqrt{x^2 + y^2} = \arctan \frac{y}{x}$,求$\frac{\mathrm{d}y}{\mathrm{d}x}$.

2. 设 $\sin y + \mathrm{e}^x - xy^2 = 0$,求$\frac{\mathrm{d}y}{\mathrm{d}x}$.

3. 设 $xy + z = \mathrm{e}^{x+z}$,求$\frac{\partial z}{\partial x}$, $\frac{\partial z}{\partial y}$.

4. 设 $\frac{x}{z} = \ln \frac{z}{y}$,求$\frac{\partial z}{\partial x}$ 及$\frac{\partial z}{\partial y}$.

5. 设 $z = z(x, y)$ 是由方程 $ax + by + cz = \varphi(x^2 + y^2 + z^2)$ 所确定的隐函数,求证:$(cy - bz)\frac{\partial z}{\partial x} + (az - cx)\frac{\partial z}{\partial y} = bx - ay$.

6. 设 $y = y(x)$ 是由方程 $y = x\mathrm{e}^y + 1$ 所确定的隐函数,求 $y''(0)$.

7. 设函数 $z = z(x, y)$ 由方程 $F\left(x + \frac{z}{y}, y + \frac{z}{x}\right) = 0$ 所确定,其中 F 为可微函数,证明:

$x\frac{\partial z}{\partial x}+y\frac{\partial z}{\partial y}=z-xy.$

8. 设 $\varphi(u, v)$ 具有连续偏导数,证明由方程 $\varphi(cx-az, cy-bz)=0$ 所确定的函数 $z=f(x, y)$ 满足 $a\frac{\partial z}{\partial x}+b\frac{\partial z}{\partial y}=c.$

9. 求由方程 $xy+yz+zx=1$ 所确定的函数 $z(x, y)$ 的偏导 $\frac{\partial^2 z}{\partial y\partial x}.$

10. 设 $e^z-xyz=0$,求 $\frac{\partial^2 z}{\partial x^2}.$

11. 设方程组 $\begin{cases}x^2+y^2+z^2=3x,\\2x-3y+5z=4,\end{cases}$ 确定 y 与 z 是 x 的函数,求 $\frac{dy}{dx}$, $\frac{dz}{dx}.$

12. 设方程组 $\begin{cases}x=e^u+u\sin v,\\y=e^u-u\cos v,\end{cases}$ 确定隐函数 $u=u(x, y)$, $v=v(x, y)$,求 $\frac{\partial u}{\partial x}$, $\frac{\partial u}{\partial y}$, $\frac{\partial v}{\partial x}$, $\frac{\partial v}{\partial y}.$

13. 设 $x=e^u\cos v$, $y=e^u\sin v$, $z=uv$,求 $\frac{\partial z}{\partial x}$ 和 $\frac{\partial z}{\partial y}.$

14. 设 $F(x, x+y, x+y+z)=0$ 确定隐函数 $z=f(x, y)$,F 具有二阶连续偏导数,试求 $\frac{\partial z}{\partial x}$, $\frac{\partial z}{\partial y}$, $\frac{\partial^2 z}{\partial y^2}.$

15. 设 $u=f(x, y, z)$ 具有连续偏导数,而其中的 $y=y(x)$, $z=z(x)$ 是由方程 $e^{xy}-y=0$ 和方程 $e^z-xz=0$ 所确定的函数,求 $\frac{du}{dx}.$

16. 设 $\begin{cases}u=f(xu, v+y),\\v=g(u-x, v^2y),\end{cases}$ 其中 f, g 具有一阶连续偏导数,求 $\frac{\partial u}{\partial x}$, $\frac{\partial v}{\partial x}.$

7.6 多元函数微分学的几何应用

7.6.1 空间曲线的切线与法平面

1. 曲线由参数方程给出的情形

一条曲线可以看成一个质点在空间运动的轨迹.取定一个直角坐标系,设质点在时刻 t 位于点 $M(\varphi(t), \psi(t), \omega(t))$ 处,也就是说,它在任一时刻的坐标可用

$$\begin{cases}x=\varphi(t),\\y=\psi(t), \quad (\alpha\leqslant t\leqslant\beta)\\z=\omega(t)\end{cases} \tag{7.6.1}$$

表示. 随着 t 的连续变动，相应的点 (x, y, z) 就在空间画出一条曲线，这个表达式(7.6.1)称为空间曲线的参数方程.

设曲线 Γ 的参数方程为式(7.6.1)，在 Γ 上取对应于 $t=t_0$ 的点 $M_0(x_0, y_0, z_0)$ 及对应于 $t=t_0+\Delta t$ 的点 $M(x_0+\Delta x, y_0+\Delta y, z_0+\Delta z)$，则过 M_0 和 M 的割线的方程为

$$\frac{x-x_0}{\Delta x}=\frac{y-y_0}{\Delta y}=\frac{z-z_0}{\Delta z}.$$

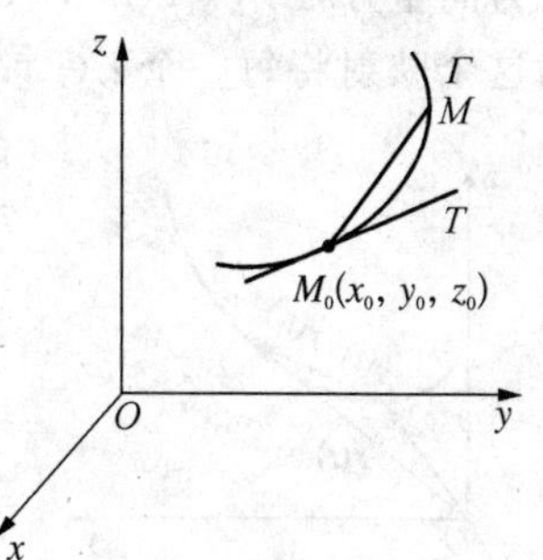

图 7-13

如图 7-13 所示，当 M 沿着 Γ 趋于 M_0 时，割线 M_0M 的极限位置 M_0T 就是曲线 Γ 在点 M_0 处的切线，用 Δt 除上式各分母，得

$$\frac{x-x_0}{\frac{\Delta x}{\Delta t}}=\frac{y-y_0}{\frac{\Delta y}{\Delta t}}=\frac{z-z_0}{\frac{\Delta z}{\Delta t}}.$$

令 $M\to M_0$（此时 $\Delta t\to 0$），通过上式取极限，即得曲线在点 M_0 处的切线方程为

$$\frac{x-x_0}{\varphi'(t_0)}=\frac{y-y_0}{\psi'(t_0)}=\frac{z-z_0}{\omega'(t_0)}. \tag{7.6.2}$$

这里设 $\varphi'(t_0)$, $\psi'(t_0)$, $\omega'(t_0)$ 不全为零，如果有个别的为零，则应按空间解析几何中有关直线的对称式方程的说明来理解.

切线的方向向量称为曲线的**切向量**，向量 $\boldsymbol{T}=(\varphi'(t_0), \psi'(t_0), \omega'(t_0))$ 就是曲线 Γ 在点 M_0 处的一个切向量，它的指向与参数 t 增大时点 M 移动的走向一致.

通过点 M_0 而与切线垂直的平面称为曲线 Γ 在点 M_0 处的法平面，它是通过点 $M_0(x_0, y_0, z_0)$ 而以 $\boldsymbol{T}$ 为法向量的平面，因此该法平面的方程为

$$\varphi'(t_0)(x-x_0)+\psi'(t_0)(y-y_0)+\omega'(t_0)(z-z_0)=0. \tag{7.6.3}$$

例 1　求螺旋线 $x=a\cos t$, $y=a\sin t$, $z=bt$ 在点 $M(a, 0, 0)$ 处的切线方程和法平面方程.

解　切线的方向向量 $\boldsymbol{T}=(x_t, y_t, z_t)=(-a\sin t, a\cos t, b)$，而点 $M(a, 0, 0)$ 对应的参数 $t=0$，所以 $\boldsymbol{T}=(0, a, b)$，于是，切线方程为 $\frac{x-a}{0}=\frac{y-0}{a}=\frac{z-0}{b}$，即 $\begin{cases} x-a=0, \\ \frac{y}{a}=\frac{z}{b}; \end{cases}$ 法平面方程为 $0\cdot(x-a)+a(y-0)+b(z-0)=0$，即 $ay+bz=0$.

***曲线的向量方程及向量值函数的导数**　曲线 Γ 的参数方程(7.6.1)可写成向量形式,若记 $\boldsymbol{r}=x\boldsymbol{i}+y\boldsymbol{j}+z\boldsymbol{k}$, $\boldsymbol{r}(t)=\varphi(t)\boldsymbol{i}+\psi(t)\boldsymbol{j}+\omega(t)\boldsymbol{k}$,则方程(7.6.1)成为向量方程 $\boldsymbol{r}=\boldsymbol{r}(t)$ $(t\in[\alpha,\beta])$,该方程确定了一个从$[\alpha,\beta]\to\mathbf{R}^3$ 的映射. 因为这个映射将每一个 $t\in[\alpha,\beta]$ 映射为一个向量 $\boldsymbol{r}(t)$,故称此映射为向量值函数.

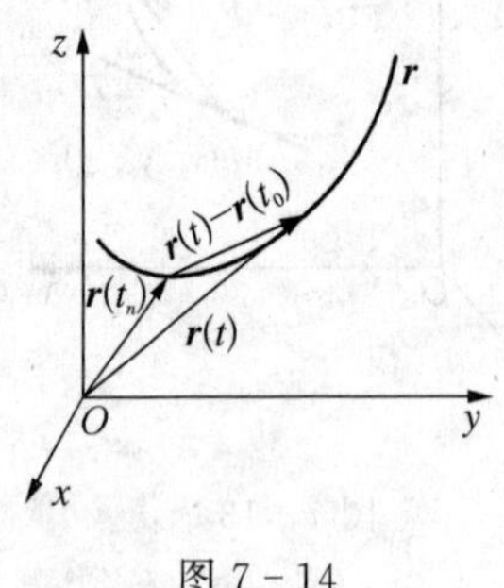

图 7-14

在几何上,$\boldsymbol{r}(t)$ 是 $\mathbf{R}^3$ 中点$(\varphi(t),\psi(t),\omega(t))$的向径(图 7-14),空间曲线 Γ 是向径 $\boldsymbol{r}(t)$的终点的轨迹,故称 $\boldsymbol{\Gamma}$ 为向量值函数 $\boldsymbol{r}(t)$的矢端曲线.

设 $\boldsymbol{r}(t)$在 t_0 的某邻域内有定义,如果

$$\lim_{t\to t_0}|\boldsymbol{r}(t)-\boldsymbol{r}(t_0)|=0,$$

则称 $\boldsymbol{r}(t)$ 在 t_0 连续; 又若存在常向量 $\boldsymbol{T}=(a,b,c)$,使得

$$\lim_{t\to t_0}\left|\frac{\boldsymbol{r}(t)-\boldsymbol{r}(t_0)}{t-t_0}-\boldsymbol{T}\right|=0,$$

则称 $\boldsymbol{r}(t)$在 t_0 可导,并称 $\boldsymbol{T}$ 为 $\boldsymbol{r}(t)$在 t_0 的导数(或导矢量),记为 $\boldsymbol{r}'(t_0)$,即 $\boldsymbol{r}'(t_0)=\boldsymbol{T}$.

可以证明以下结论:

向量值函数 $\boldsymbol{r}(t)$在 t_0 连续$\Leftrightarrow\boldsymbol{r}(t)$的三个分量函数 $\varphi(t)$, $\psi(t)$, $\omega(t)$都在 t_0 连续;$\boldsymbol{r}(t)$在 t_0 可导$\Leftrightarrow\boldsymbol{r}(t)$的三个分量函数 $\varphi(t)$, $\psi(t)$, $\omega(t)$都在 t_0 可导,且此时其导数为

$$\boldsymbol{r}'(t_0)=\varphi'(t_0)\boldsymbol{i}+\psi'(t_0)\boldsymbol{j}+\omega'(t_0)\boldsymbol{k}.$$

采用向量形式后,上面讨论的关于空间曲线的切线、切向量的结果可以表达为: 若向量值函数 $\boldsymbol{r}(t)$在 t_0 可导,且 $\boldsymbol{r}'(t_0)\neq 0$,则 $\boldsymbol{r}(t)$的矢端曲线 Γ 在 $\boldsymbol{r}(t_0)$的终点处存在切线,$\boldsymbol{r}'(t_0)$就是切线的方向向量,它的指向与参数 t 增大时点 M 移动的走向一致.

2. 曲线由特殊参数方程给出的情形

如果空间曲线 Γ 的方程为 $\begin{cases}y=\varphi(x),\\ z=\psi(x),\end{cases}$ 取 x 为参数,它就可以表示为参数方程的形式 $\begin{cases}x=x,\\ y=\varphi(x),\\ z=\psi(x).\end{cases}$ 若 $\varphi(x)$, $\psi(x)$ 都在点 $x=x_0$处可导,则曲线 Γ 在点 $M_0(x_0,y_0,z_0)$ 处的切线方程为

$$\frac{x-x_0}{1}=\frac{y-y_0}{\varphi'(x_0)}=\frac{z-z_0}{\psi'(x_0)}.\tag{7.6.4}$$

切向量 $\boldsymbol{T}=(1,\varphi'(x_0),\psi'(x_0))$，而在点 $M_0(x_0,y_0,z_0)$ 处的法平面的方程为

$$(x-x_0)+\varphi'(x_0)(y-y_0)+\psi'(x_0)(z-z_0)=0. \tag{7.6.5}$$

3. 曲线由一般方程给出的情形

如果曲线 Γ 的方程为

$$\begin{cases}F(x,y,z)=0,\\G(x,y,z)=0.\end{cases} \tag{7.6.6}$$

$M_0(x_0,y_0,z_0)$ 是曲线 Γ 上的一点，又设 F,G 有对各个变量的连续偏导数，且 $\left.\dfrac{\partial(F,G)}{\partial(y,z)}\right|_{(x_0,y_0,z_0)}\neq 0$，这时方程组(7.6.6)在点 $M_0(x_0,y_0,z_0)$ 的某一邻域内确定了一组函数 $y=\varphi(x)$，$z=\psi(x)$. 也就是说，曲线的方程可用 $\begin{cases}y=\varphi(x),\\z=\psi(x)\end{cases}$ 来表示，而这正好是 2 中的情形. 要求 Γ 在点 M_0 处的切向量 $\boldsymbol{T}$，只要求 $\varphi'(x_0)$ 和 $\psi'(x_0)$ 即可. 为此在恒等式

$$F[x,\varphi(x),\psi(x)]\equiv 0 \quad 和 \quad G[x,\varphi(x),\psi(x)]\equiv 0$$

两边分别对 x 求全导数，得

$$\begin{cases}F_x+F_y\dfrac{\mathrm{d}y}{\mathrm{d}x}+F_z\dfrac{\mathrm{d}z}{\mathrm{d}x}=0,\\[2ex]G_x+G_y\dfrac{\mathrm{d}y}{\mathrm{d}x}+G_z\dfrac{\mathrm{d}z}{\mathrm{d}x}=0,\end{cases}$$

整理为

$$\begin{cases}F_y\dfrac{\mathrm{d}y}{\mathrm{d}x}+F_z\dfrac{\mathrm{d}z}{\mathrm{d}x}=-F_x,\\[2ex]G_y\dfrac{\mathrm{d}y}{\mathrm{d}x}+G_z\dfrac{\mathrm{d}z}{\mathrm{d}x}=-G_x.\end{cases}$$

由假设知，在点 M_0 的某个邻域内 $J=\dfrac{\partial(F,G)}{\partial(y,z)}\neq 0$，可解方程组得

$$\frac{\mathrm{d}y}{\mathrm{d}x}=\varphi'(x)=\frac{\partial(F,G)}{\partial(z,x)}\Bigg/\frac{\partial(F,G)}{\partial(y,z)},$$

$$\frac{\mathrm{d}z}{\mathrm{d}x}=\psi'(x)=\frac{\partial(F,G)}{\partial(x,y)}\Bigg/\frac{\partial(F,G)}{\partial(y,z)}.$$

于是得曲线 Γ 在点 M_0 处的一个切向量

$$\boldsymbol{T}=(1,\varphi'(x_0),\psi'(x_0))=(1,\varphi'(x),\psi'(x))_{M_0}.$$

将 $\boldsymbol{T}$ 乘以 $\dfrac{\partial(F,G)}{\partial(y,z)}(M_0)=\begin{vmatrix}F_y & F_z\\ G_y & G_z\end{vmatrix}_0$（表示行列式在点 $M_0(x_0,y_0,z_0)$ 的值），得

$$\boldsymbol{T}_1=\frac{\partial(F,G)}{\partial(y,z)}(M_0)\boldsymbol{T}=\left(\frac{\partial(F,G)}{\partial(y,z)}(M_0),\ \frac{\partial(F,G)}{\partial(z,x)}(M_0),\ \frac{\partial(F,G)}{\partial(x,y)}(M_0)\right)$$

仍然是 Γ 在点 M_0 处的一个切向量. 于是曲线 Γ 在点 $M_0(x_0,y_0,z_0)$ 处的切线方程为

$$\frac{x-x_0}{\dfrac{\partial(F,G)}{\partial(y,z)}(M_0)}=\frac{y-y_0}{\dfrac{\partial(F,G)}{\partial(z,x)}(M_0)}=\frac{z-z_0}{\dfrac{\partial(F,G)}{\partial(x,y)}(M_0)}. \tag{7.6.7}$$

曲线 Γ 在点 $M_0(x_0,y_0,z_0)$ 处的法平面的方程为

$$\frac{\partial(F,G)}{\partial(y,z)}(M_0)(x-x_0)+\frac{\partial(F,G)}{\partial(z,x)}(M_0)(y-y_0)+\frac{\partial(F,G)}{\partial(x,y)}(M_0)(z-z_0)=0. \tag{7.6.8}$$

如果 $\dfrac{\partial(F,G)}{\partial(y,z)}(M_0)=0$，而 $\dfrac{\partial(F,G)}{\partial(z,x)}(M_0)$，$\dfrac{\partial(F,G)}{\partial(x,y)}(M_0)$ 中至少有一个不等于零，则可得同样的结果.

例2 求两圆柱面 $x^2+y^2=10$ 和 $x^2+z^2=10$ 所截出的曲线在点 $M_0(3,1,1)$ 处的切线方程和法平面方程.

解 将所给方程的两边对 x 求导，得

$$\begin{cases}2x+2y\dfrac{\mathrm{d}y}{\mathrm{d}x}=0,\\[2mm] 2x+2z\dfrac{\mathrm{d}z}{\mathrm{d}x}=0.\end{cases}$$

解方程组，得

$$\left.\frac{\mathrm{d}y}{\mathrm{d}x}\right|_{M_0}=\left(-\frac{x}{y}\right)_{M_0}=-3,\qquad \left.\frac{\mathrm{d}z}{\mathrm{d}x}\right|_{M_0}=\left(-\frac{x}{z}\right)_{M_0}=-3.$$

从而 $\boldsymbol{T}=(1,-3,-3)$，故切线方程为

$$\frac{x-3}{1}=\frac{y-1}{-3}=\frac{z-1}{-3}.$$

法平面方程为

$$(x-3)-3(y-1)-3(z-1)=0.$$

即

$$x-3y-3z+3=0.$$

*注　若记切向量 $\boldsymbol{T}_1=\begin{vmatrix}\boldsymbol{i} & \boldsymbol{j} & \boldsymbol{k}\\ F_x & F_y & F_z\\ G_x & G_y & G_z\end{vmatrix}_{M_0}$，其中 $F(x, y, z)=x^2+y^2-10$，$G(x, y, z)=x^2+z^2-10$，则 $F_x|_{M_0}=6$，$F_y|_{M_0}=2$，$F_z|_{M_0}=0$，$G_x|_{M_0}=6$，$G_y|_{M_0}=0$，$G_z|_{M_0}=2$，所以

$$\boldsymbol{T}_1=\begin{vmatrix}\boldsymbol{i} & \boldsymbol{j} & \boldsymbol{k}\\ 6 & 2 & 0\\ 6 & 0 & 2\end{vmatrix}=4(1, -3, -3),$$

取(1，-3，-3)作切向量即可.

7.6.2　曲面的切平面与法线

1. 曲面方程为隐式 $F(x, y, z)=0$ 的情形

设曲面 Σ 的方程为

$$F(x, y, z)=0, \tag{7.6.9}$$

又设 $M_0(x_0, y_0, z_0)$ 为曲面 Σ 上的一点，函数 $F(x, y, z)$ 的偏导数在点 M_0 处连续且不同时为零. 在曲面 Σ 上，通过点 M_0 任意引一条曲线 Γ（图 7-15），并设曲线 Γ 的参数方程为

$$x=\varphi(t),\quad y=\psi(t),\quad z=\omega(t)\quad (\alpha\leqslant t\leqslant\beta).$$

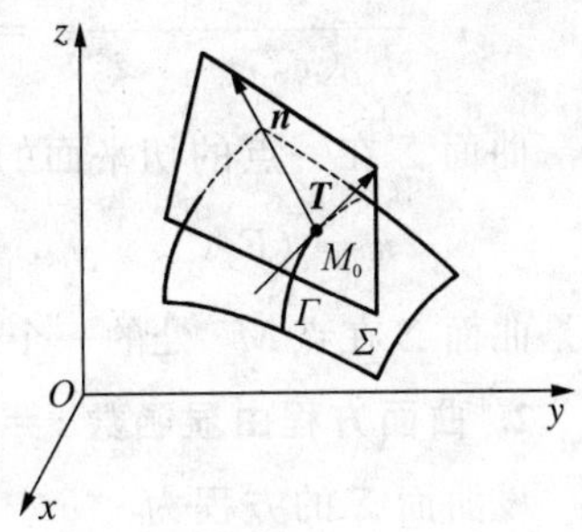

图 7-15

参数 $t=t_0$ 对应于曲线上的点 $M_0(x_0, y_0, z_0)$，且 $\varphi'(t_0)$，$\psi'(t_0)$，$\omega'(t_0)$ 不全为零，则曲线 Γ 在点 M_0 处的切线方程为

$$\frac{x-x_0}{\varphi'(t_0)}=\frac{y-y_0}{\psi'(t_0)}=\frac{z-z_0}{\omega'(t_0)}.$$

以下要证明这样一个事实：曲面 Σ 上经过点 M_0 且具有切线的任何曲线，它们在点 M_0 处的切线均位于同一平面.

事实上，因为曲线 Γ 完全位于曲面 Σ 上，所以有恒等式

$$F[\varphi(t), \psi(t), \omega(t)]\equiv 0.$$

又由假设，$F(x, y, z)$ 在点 M_0 处有连续偏导数，且 $\varphi'(t_0)$，$\psi'(t_0)$，$\omega'(t_0)$ 存在，

所以恒等式左边的复合函数在 $t=t_0$ 时全导数存在,于是有

$$\frac{\mathrm{d}}{\mathrm{d}t}F[\varphi(t),\ \psi(t),\ \omega(t)]_{t=t_0}=0,$$

即

$$F_x(x_0,\ y_0,\ z_0)\varphi'(t_0)+F_y(x_0,\ y_0,\ z_0)\psi'(t_0)+F_z(x_0,\ y_0,\ z_0)\omega'(t_0)=0. \tag{7.6.10}$$

引入向量

$$\boldsymbol{n}=(F_x(x_0,\ y_0,\ z_0),\ F_y(x_0,\ y_0,\ z_0),\ F_z(x_0,\ y_0,\ z_0)),$$
$$\boldsymbol{T}=(\varphi'(t_0),\ \psi'(t_0),\ \omega'(t_0)),$$

则式(7.6.10)表明 $\boldsymbol{n}\perp\boldsymbol{T}$. 因为 Γ 是过点 M_0,且在 Σ 上的任意一条曲线,它们在点 M_0 的切线均垂直于同一非零向量 $\boldsymbol{n}$,所以曲面 Σ 上过点 M_0 的一切曲线在点 M_0 的切线都位于同一平面上. 这个平面也就称为曲面 Σ 在点 M_0 的**切平面**,其方程为

$$F_x(x_0,\ y_0,\ z_0)(x-x_0)+F_y(x_0,\ y_0,\ z_0)(y-y_0)+F_z(x_0,\ y_0,\ z_0)(z-z_0)=0. \tag{7.6.11}$$

过点 $M_0(x_0,\ y_0,\ z_0)$ 而垂直于切平面(7.6.11)的直线,称为曲面 Σ 在点 M_0 的**法线**,其方程为

$$\frac{x-x_0}{F_x(x_0,\ y_0,\ z_0)}=\frac{y-y_0}{F_y(x_0,\ y_0,\ z_0)}=\frac{z-z_0}{F_z(x_0,\ y_0,\ z_0)}. \tag{7.6.12}$$

曲面 Σ 在一点的切平面的法线向量,称为 Σ 在该点的**法向量**. 所以,向量

$$\boldsymbol{n}=(F_x(x_0,\ y_0,\ z_0),\ F_y(x_0,\ y_0,\ z_0),\ F_z(x_0,\ y_0,\ z_0))$$

便是曲面 Σ 在点 M_0 处的一个法向量.

2. 曲面方程由显函数 $z=f(x,\ y)$ 给出的情形

设曲面 Σ 的方程为

$$z=f(x,\ y). \tag{7.6.13}$$

令 $F(x,\ y,\ z)=f(x,\ y)-z=0$,则 $F_x=f_x$, $F_y=f_y$, $F_z=-1$. 于是,当函数 $f(x,\ y)$ 的偏导数 $f_x(x,\ y)$, $f_y(x,\ y)$ 在点$(x_0,\ y_0)$ 连续时,曲面(7.6.13)在点 $M_0(x,\ y_0,\ z_0)$ 处的法向量为

$$\boldsymbol{n}=(f_x(x_0,\ y_0),\ f_y(x_0,\ y_0),\ -1),$$

切平面方程为

$$f_x(x_0,\ y_0)(x-x_0)+f_y(x_0,\ y_0)(y-y_0)-(z-z_0)=0,$$

或

$$z-z_0=f_x(x_0,\ y_0)(x-x_0)+f_y(x_0,\ y_0)(y-y_0),\qquad(7.6.14)$$

而法线方程为

$$\frac{x-x_0}{f_x(x_0,\ y_0)}=\frac{y-y_0}{f_y(x_0,\ y_0)}=\frac{z-z_0}{-1}.\qquad(7.6.15)$$

由式(7.6.14)可以看出,它的右端恰好是函数 $z=f(x,\ y)$ 在点(x_0,y_0)处的全微分,而左端是切平面上点的竖坐标的增量. 因此,函数 $z=f(x,\ y)$ 在点$(x_0,\ y_0)$处的全微分,几何上表示曲面 $z=f(x,\ y)$ 在点 $M_0(x_0,\ y_0,\ z_0)$ 处的切平面上点的竖坐标的增量.

特别地,当 $f_x(x_0,\ y_0)=f_y(x_0,\ y_0)=0$ 时,曲面在点 $M_0(x_0,\ y_0,\ z_0)$ 处的切平面方程为 $z-z_0=0$,该切平面平行于 xOy 坐标面,也就是说,曲面在点 $M_0(x_0,\ y_0,\ z_0)$ 处具有水平的切平面.

另外,曲面 Σ 在点 M_0 处的法向量有两个,即

$$\boldsymbol{n}_1=(-f_x(x_0,\ y_0),\ -f_y(x_0,\ y_0),\ 1)$$

和

$$\boldsymbol{n}_2=(f_x(x_0,\ y_0),\ f_y(x_0,\ y_0),\ -1).$$

若设 $\alpha,\ \beta,\ \gamma$ 为 Σ 的法向量的方向角,并设法向量方向向上,即图 7-16 中的 $\boldsymbol{n}_1$,此时应有

$$\cos\alpha=\frac{-f_x}{\sqrt{f_x^2+f_y^2+1}},$$

$$\cos\beta=\frac{-f_y}{\sqrt{f_x^2+f_y^2+1}},$$

$$\cos\gamma=\frac{1}{\sqrt{f_x^2+f_y^2+1}}.$$

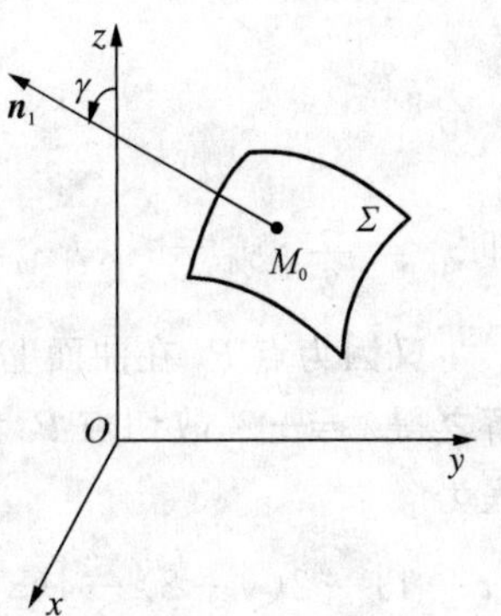

图 7-16

显然 $\cos\gamma>0$,法向量 $\boldsymbol{n}_1$ 与 z 轴正向的夹角为锐角,指向朝上. 另一法向量 $\boldsymbol{n}_2$ 的指向朝下.

例 3　求球面 $x^2+y^2+z^2=14$ 在点$(1,\ 2,\ 3)$处的切平面及法线方程.

解　令 $F(x,\ y,\ z)=x^2+y^2+z^2-14$,则 $\boldsymbol{n}=(F_x,\ F_y,\ F_z)=(2x,\ 2y,\ 2z)$, $\boldsymbol{n}\big|_{(1,\ 2,3)}=(2,\ 4,\ 6)$,所以在点$(1,\ 2,\ 3)$处,球面的切平面方程为

$$2(x-1)+4(y-2)+6(z-3)=0,$$

即

$$x+2y+3z-14=0.$$

法线方程为

$$\frac{x-1}{1}=\frac{y-2}{2}=\frac{z-3}{3},$$

即

$$\frac{x}{1}=\frac{y}{2}=\frac{z}{3}.$$

由此可见,法线经过原点(即球心).

例 4 求曲面 $x^2+y^2+4z^2=9$ 的切平面方程,使该切平面与平面 Π: $x-2y-4z=0$ 平行.

分析 所求的切平面要求与已知平面 Π 平行,所以可取已知平面 Π 的法向量 $\boldsymbol{n}=(1,-2,-4)$ 为所求切平面的法向量,那么,下面只需求出曲面上的切点的坐标即可.

解 设切点为 $P_0(x_0, y_0, z_0)$,令 $F(x, y, z)=x^2+y^2+4z^2-9$,则切平面的法向量

$$\boldsymbol{n}_1=(F_x, F_y, F_z)\big|_{P_0}=(2x, 2y, 8z)\big|_{P_0}=(2x_0, 2y_0, 8z_0),$$

又 $\boldsymbol{n}_1 /\!/ \boldsymbol{n}$,所以

$$\frac{2x_0}{1}=\frac{2y_0}{-2}=\frac{8z_0}{-4}=\lambda,$$

即 $x_0=\dfrac{\lambda}{2}$, $y_0=-\lambda$, $z_0=-\dfrac{\lambda}{2}$.

又因为点 P_0 在曲面上,于是 x_0, y_0, z_0 应满足曲面的方程,即 $x_0^2+y_0^2+4z_0^2=9$,解之得 $\lambda=\pm 2$,故切点 P_0 的坐标为 $(1,-2,-1)$ 或 $(-1,2,1)$,所以切平面的方程为

$$(x-1)-2(y+2)-4(z+1)=0 \quad 或 \quad (x+1)-2(y-2)-4(z-1)=0,$$

即

$$x-2y-4z-9=0 \quad 或 \quad x-2y-4z+9=0.$$

习 题 7.6

1. 求曲线 $x=\dfrac{t}{1+t}$, $y=\dfrac{1+t}{t}$, $z=t^2$ 在对应于 $t=1$ 的点处的切线及法平面方程.

2. 求曲线 $x=a\cos^2 t$, $y=b\sin t\cos t$, $z=c\sin t$ 在 $t=\dfrac{\pi}{4}$ 处的切线及法平面方程(a, b, c 是不为零的常数).

3. 求空间曲线 $\begin{cases} x^2+y^2+z^2=6, \\ x+y+z=0 \end{cases}$ 在点$(1,-2,1)$处的切线及法平面方程.

4. 求空间曲线Γ: $x=\dfrac{1}{4}t^4$, $y=\dfrac{1}{3}t^3$, $z=\dfrac{1}{2}t^2$ 的平行于平面Π: $x+3y+2z=0$的切线方程.

5. 求曲线 $y^2=2mx$, $z^2=m-x$ 在点(x_0, y_0, z_0)处的切线及法平面方程.

6. 求曲线 $\begin{cases} xyz=1, \\ y^2=x \end{cases}$ 在点$(1, 1, 1)$处的切线的方向余弦.

7. 在曲面$z=xy$上求一点,使这点处的法线垂直于平面Π: $x+3y+z+9=0$,并写出该法线方程.

8. 求椭球面 $2x^2+3y^2+z^2=9$ 上平行于平面Π: $2x-3y+2z+1=0$的切平面方程.

9. 求曲面 $e^z-z+xy=3$ 在点$(2,1,0)$处的切平面及法线方程.

10. 求旋转椭球面 $3x^2+y^2+z^2=16$ 上点$(-1,-2,3)$处的切平面与xOy面的夹角的余弦.

11. 试证:曲面 $\sqrt{x}+\sqrt{y}+\sqrt{2}=\sqrt{a}$ $(a>0)$ 上任何点处的切平面在各坐标轴上的截距之和等于a.

7.7 方向导数与梯度

多元函数的偏导数反映的是函数沿坐标轴方向的变化率,本节将讨论函数沿任意方向的变化率,并且还将引进**梯度**向量,它将刻画函数在一点的附近是如何变化的.

7.7.1 方向导数

考察二元函数$z=f(x, y)$,假设函数$z=f(x, y)$在点$P_0(x_0, y_0)$的某邻域$U(P_0)$内有定义,l是从点P_0引出的一条射线,$P(x_0+\Delta x, y_0+\Delta y)$是$l$上的任意一点,且$P\in U(P_0)$(图7-17),点$P$与$P_0$的距离$|PP_0|$记为$\rho$,则$\rho=\sqrt{(\Delta x)^2+(\Delta y)^2}$. 比值

$$\frac{f(x_0+\Delta x, y_0+\Delta y)-f(x_0, y_0)}{\rho} \tag{7.7.1}$$

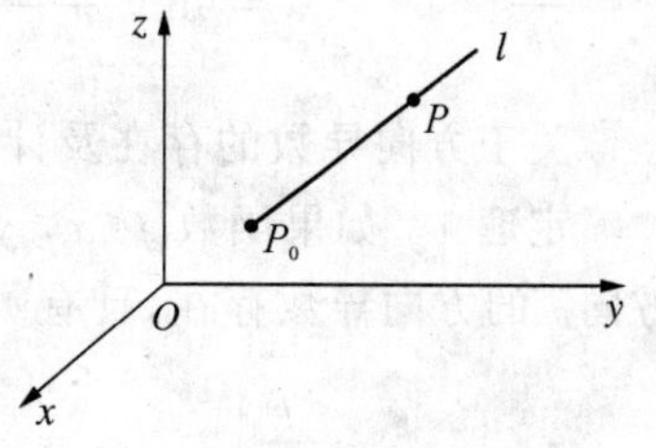

图7-17

表示函数$z=f(x, y)$在点P_0处沿l方向的平均变化率. 如果当点P沿着射线l趋于点P_0(即

$\rho \to 0$) 时,式(7.7.1)的极限存在,则称这个极限值为函数 $z=f(x,y)$ 在点 P_0 处沿方向 l 的方向导数,记为

$$\left.\frac{\partial f}{\partial l}\right|_{(x_0,y_0)}=\lim_{\rho\to 0}\frac{f(x_0+\Delta x,y_0+\Delta y)-f(x_0,y_0)}{\rho}. \tag{7.7.2}$$

从方向导数的定义可知,方向导数 $\left.\frac{\partial f}{\partial l}\right|_{(x_0,y_0)}$ 就是函数 $f(x,y)$ 在点 $P_0(x_0,y_0)$ 处沿方向 l 的变化率. 若函数 $f(x,y)$ 在点 $P_0(x_0,y_0)$ 的偏导数存在, l 的方向为 $\boldsymbol{e}_l=\boldsymbol{i}=(1,0)$,则

$$\begin{aligned}\left.\frac{\partial f}{\partial l}\right|_{(x_0,y_0)}&=\lim_{|\Delta x|\to 0}\frac{f(x_0+\Delta x,y_0)-f(x_0,y_0)}{|\Delta x|}\\&=\lim_{\Delta x\to 0^+}\frac{f(x_0+\Delta x,y_0)-f(x_0,y_0)}{\Delta x}\\&=f_x(x_0,y_0).\end{aligned}$$

又若 l 的方向为 $\boldsymbol{e}_l=\boldsymbol{j}=(0,1)$,则

$$\begin{aligned}\left.\frac{\partial f}{\partial l}\right|_{(x_0,y_0)}&=\lim_{|\Delta y|\to 0}\frac{f(x_0,y_0+\Delta y)-f(x_0,y_0)}{|\Delta y|}\\&=\lim_{\Delta y\to 0^+}\frac{f(x_0,y_0+\Delta y)-f(x_0,y_0)}{\Delta y}\\&=f_y(x_0,y_0).\end{aligned}$$

但反之,若 $\boldsymbol{e}_l=\boldsymbol{i}$, $\left.\frac{\partial f}{\partial l}\right|_{(x_0,y_0)}$ 存在,则 $f_x(x_0,y_0)$ 未必存在. 例如, $z=\sqrt{x^2+y^2}$ 在点(0, 0)处沿方向 $\boldsymbol{i}$ 的方向导数 $\left.\frac{\partial z}{\partial l}\right|_{(0,0)}=1$,而偏导数 $\left.\frac{\partial z}{\partial x}\right|_{(0,0)}$ 不存在.

对于三元函数 $u=f(x,y,z)$,类似可定义它在点 $P_0(x_0,y_0,z_0)$ 处沿方向 l 的方向导数

$$\left.\frac{\partial u}{\partial l}\right|_{(x_0,y_0,z_0)}=\lim_{\rho\to 0}\frac{f(x_0+\Delta x,y_0+\Delta y,z_0+\Delta z)-f(x_0,y_0,z_0)}{\rho}.$$

关于方向导数的存在及计算,有以下定理:

定理 1 如果函数 $f(x,y)$ 在点 $P_0(x_0,y_0)$ 可微分,那么函数在该点沿任一方向 l 的方向导数存在,且有

$$\left.\frac{\partial f}{\partial l}\right|_{(x_0,y_0)}=f_x(x_0,y_0)\cos\alpha+f_y(x_0,y_0)\cos\beta,$$

其中 $\cos\alpha$，$\cos\beta$ 是方向 l 的方向余弦.

证　由于 $z=f(x,y)$ 在点 $P_0(x_0,y_0)$ 可微，故

$$\begin{aligned}\Delta z&=f(x_0+\Delta x,y_0+\Delta y)-f(x_0,y_0)\\&=f_x(x_0,y_0)\Delta x+f_y(x_0,y_0)\Delta y+o(\rho).\end{aligned}$$

上式两边各除以 ρ，得

$$\begin{aligned}\frac{\Delta z}{\rho}&=f_x(x_0,y_0)\frac{\Delta x}{\rho}+f_y(x_0,y_0)\frac{\Delta y}{\rho}+\frac{o(\rho)}{\rho}\\&=f_x(x_0,y_0)\cos\alpha+f_y(x_0,y_0)\cos\beta+\frac{o(\rho)}{\rho}.\end{aligned}$$

令 $\rho\to0$ 取极限，便有

$$\left.\frac{\partial z}{\partial l}\right|_{(x_0,y_0)}=\lim_{\rho\to0}\frac{\Delta z}{\rho}=f_x(x_0,y_0)\cos\alpha+f_y(x_0,y_0)\cos\beta.\quad(7.7.3)$$

同样可以证明：如果函数 $f(x,y,z)$ 在点 (x_0,y_0,z_0) 可微分，那么函数在该点沿着方向 $\boldsymbol{e}_l=(\cos\alpha,\cos\beta,\cos\gamma)$ 的方向导数为

$$\left.\frac{\partial f}{\partial l}\right|_{(x_0,y_0,z_0)}=f_x(x_0,y_0,z_0)\cos\alpha+f_y(x_0,y_0,z_0)\cos\beta+f_z(x_0,y_0,z_0)\cos\gamma.\quad(7.7.4)$$

例1　求函数 $z=x\mathrm{e}^{xy}$ 在点 $P_0(1,1)$ 处沿从点 $P_0(1,1)$ 到点 $Q(2,2)$ 的方向的方向导数.

解　这里方向 l，即向量 $\overrightarrow{P_0Q}=(1,1)$ 的方向，而与 l 同方向的单位向量为 $\boldsymbol{e}_l=\left(\frac{1}{\sqrt{2}},\frac{1}{\sqrt{2}}\right)$.

由于所给函数可微，且

$$\left.\frac{\partial z}{\partial x}\right|_{(1,1)}=(\mathrm{e}^{xy}+xy\mathrm{e}^{xy})\big|_{(1,1)}=2\mathrm{e},$$

$$\left.\frac{\partial z}{\partial y}\right|_{(1,1)}=x^2\mathrm{e}^{xy}\big|_{(1,1)}=\mathrm{e},$$

所以

$$\left.\frac{\partial z}{\partial l}\right|_{(1,1)}=2\mathrm{e}\frac{1}{\sqrt{2}}+\mathrm{e}\frac{1}{\sqrt{2}}=\frac{3\sqrt{2}}{2}\mathrm{e}.$$

例2　求 $f(x,y,z)=xy+yz+zx$ 在点 $(1,1,2)$ 沿方向 l 的方向导数，其中 l 的方向角分别为 $60°$，$45°$，$60°$.

解 与 l 同方向的单位向量

$$e_l = (\cos 60°, \cos 45°, \cos 60°) = \left(\frac{1}{2}, \frac{\sqrt{2}}{2}, \frac{1}{2}\right),$$

因为函数可微分,且

$$f_x(1, 1, 2) = (y+z)\big|_{(1, 1, 2)} = 3,$$

$$f_y(1, 1, 2) = (x+z)\big|_{(1, 1, 2)} = 3,$$

$$f_z(1, 1, 2) = (y+x)\big|_{(1, 1, 2)} = 2,$$

由式(7.7.4),得

$$\left.\frac{\partial f}{\partial l}\right|_{(1, 1, 2)} = 3 \cdot \frac{1}{2} + 3 \cdot \frac{\sqrt{2}}{2} + 2 \cdot \frac{1}{2} = \frac{1}{2}(5 + 3\sqrt{2}).$$

注 式(7.7.3)、(7.7.4)给出了可微函数求方向导数的公式,对不可微的函数,这两个公式不能用,而需要用方向导数的定义去求.

7.7.2 梯度

方向导数反映了函数在点 P_0 沿某方向 l 的变化率,那么,在给定的点 P_0,函数沿哪个方向的导数最大或说变化率最大呢? 下面来求变化率最大的方向.

在二元函数的情形,设函数 $f(x, y)$ 在平面区域 D 内具有一阶连续偏导数,则对于每一点 $P_0(x_0, y_0) \in D$,都可定出一个向量 $f_x(x_0, y_0)\boldsymbol{i} + f_y(x_0, y_0)\boldsymbol{j}$,这向量称为函数 $f(x, y)$ 在点 $P_0(x_0, y_0)$ 的**梯度**,记为 $\mathbf{grad}\, f(x_0, y_0)$ 或 $\nabla f(x_0, y_0)$,即

$$\mathbf{grad}\, f(x_0, y_0) = \nabla f(x_0, y_0) = f_x(x_0, y_0)\boldsymbol{i} + f_y(x_0, y_0)\boldsymbol{j},$$

其中 $\nabla = \frac{\partial}{\partial x}\boldsymbol{i} + \frac{\partial}{\partial y}\boldsymbol{j}$ 称为(二维的)向量微分算子或 Nabla 算子,

$$\nabla f = \frac{\partial f}{\partial x}\boldsymbol{i} + \frac{\partial f}{\partial y}\boldsymbol{j}.$$

如果函数 $f(x, y)$ 在点 $P_0(x_0, y_0)$ 可微分,$\boldsymbol{e}_l = (\cos\alpha, \cos\beta)$ 是与方向 l 同方向的单位向量,则

$$\begin{aligned}\left.\frac{\partial f}{\partial l}\right|_{(x_0, y_0)} &= f_x(x_0, y_0)\cos\alpha + f_y(x_0, y_0)\cos\beta = \mathbf{grad}\, f(x_0, y_0) \cdot \boldsymbol{e}_l \\ &= |\mathbf{grad}\, f(x_0, y_0)| \cos\theta,\end{aligned}$$

其中 $\theta = (\widehat{\mathbf{grad}\, f(x_0, y_0), \boldsymbol{e}_l})$.

上式表明了函数在一点的梯度与函数在这点的方向导数间的关系. 在上式中，若 $\theta=0$，梯度 $\mathbf{grad} f(x_0, y_0)$ 与 $\boldsymbol{e}_l$ 方向相同，此时，方向导数达到最大值 $|\mathbf{grad} f(x_0, y_0)|$，即沿梯度的方向，函数的方向导数最大，且梯度方向是 $f(x, y)$ 增加最快的方向. 若 $\theta=\pi$，$\boldsymbol{e}_l$ 与梯度 $\mathbf{grad} f(x_0, y_0)$ 方向相反，函数 $f(x, y)$ 减少最快，函数在这个方向的方向导数达到最小值，即

$$\left.\frac{\partial f}{\partial l}\right|_{(x_0, y_0)}=-|\mathbf{grad} f(x_0, y_0)|.$$

若 $\theta=\dfrac{\pi}{2}$，$\boldsymbol{e}_l$ 与梯度 $\mathbf{grad} f(x_0, y_0)$ 的方向正交，函数的变化率为零，即

$$\left.\frac{\partial f}{\partial l}\right|_{(x_0, y_0)}=|\mathbf{grad} f(x_0, y_0)|\cos\theta=0.$$

二元函数 $z=f(x, y)$ 在几何上表示一个曲面，这曲面被平面 $z=c$（c 是常数）所截得的曲线 L 的方程为 $\begin{cases} z=f(x, y), \\ z=c, \end{cases}$ 这条曲线 L 在 xOy 面上的投影是一条平面曲线 L^*（图 7-18），它在 xOy 平面直角坐标系中的方程为 $f(x, y)=c$，对于曲线 L^* 上的一切点，已给函数的函数值都是 c，故称平面曲线 L^* 为函数 $z=f(x, y)$ 的**等值线**（或**等高线**）.

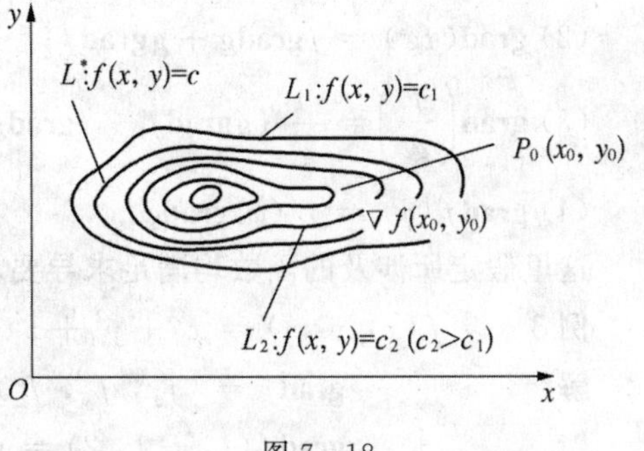

图 7-18

等值线 $f(x, y)=c$ 上任一点 $P_0(x_0, y_0)$ 处的一个单位法向量为

$$\begin{aligned} \boldsymbol{n} &= \frac{1}{\sqrt{f_x^2(x_0, y_0)+f_y^2(x_0, y_0)}}\left(f_x(x_0, y_0), f_y(x_0, y_0)\right) \\ &= \frac{\nabla f(x_0, y_0)}{|\nabla f(x_0, y_0)|}, \end{aligned}$$

这说明函数 $f(x, y)$ 在一点 (x_0, y_0) 的梯度 $\nabla f(x_0, y_0)$ 的方向就是等值线 $f(x, y)=c$ 在这点的法线方向 $\boldsymbol{n}$，而梯度的模 $|\nabla f(x_0, y_0)|$ 就是沿这个法线方向的方向导数 $\dfrac{\partial f}{\partial n}$，故 $\nabla f(x_0, y_0)=\dfrac{\partial f}{\partial n}\boldsymbol{n}$.

梯度概念可以类似地推广到三元函数的情形，设 $f(x, y, z)$ 在空间区域 Ω 内具有一阶连续偏导数，则对于每一点 $P_0(x_0, y_0, z_0)\in\Omega$，可定出一个向量

$$f_x(x_0, y_0, z_0)\boldsymbol{i}+f_y(x_0, y_0, z_0)\boldsymbol{j}+f_z(x_0, y_0, z_0)\boldsymbol{k},$$

这向量称为函数 $f(x, y, z)$ 在点 $P_0(x_0, y_0, z_0)$ 的**梯度**,记为 $\mathbf{grad}f(x_0, y_0, z_0)$ 或 $\nabla f(x_0, y_0, z_0)$. 三元函数 $f(x, y, z)$ 在一点的梯度 ∇f 是一个向量,其方向与函数 $f(x, y, z)$ 在这点方向导数取得最大值的方向相同,而模恰为方向导数的最大值.

设函数 $u=f(x, y, z)$ 的等值面方程为 $f(x, y, z)=c$,该等值面的法向量为 $\left(\frac{\partial u}{\partial x}, \frac{\partial u}{\partial y}, \frac{\partial u}{\partial z}\right)=\frac{\partial u}{\partial x}\boldsymbol{i}+\frac{\partial u}{\partial y}\boldsymbol{j}+\frac{\partial u}{\partial z}\boldsymbol{k}$,它恰好是梯度 $\mathbf{grad}u$,可见函数 $u=f(x, y, z)$ 的梯度垂直于等值面,而梯度的模 $|\nabla f(x, y, z)|$ 就是函数沿法线方向的方向导数 $\frac{\partial f}{\partial n}$.

不难证明,梯度有如下性质:

(1) $\mathbf{grad}(f\pm g)=\mathbf{grad}f\pm\mathbf{grad}g$;

(2) $\mathbf{grad}(fg)=f\mathbf{grad}g+g\mathbf{grad}f$;

(3) $\mathbf{grad}\left(\frac{f}{g}\right)=\frac{1}{g^2}(g\mathbf{grad}f-f\mathbf{grad}g)$;

(4) $\mathbf{grad}f(\varphi)=f'(\varphi)\mathbf{grad}\varphi$.

这里假定所涉及的函数均满足求导要求.

例 3 设 $f(x, y, z)=x^2+y^2+z^2-1$,求 $\mathbf{grad}f(1, -1, 2)$.

解
$$\mathbf{grad}f=(f_x, f_y, f_z)=(2x, 2y, 2z),$$
$$\mathbf{grad}f(1, -1, 2)=(2, -2, 4).$$

例 4 设 $f(x, y)=x^2-xy+y^2$, $P_0(-1, 1)$,求:

(1) $f(x, y)$在点 P_0 处增加最快的方向以及 $f(x, y)$沿这个方向的方向导数;

(2) $f(x, y)$在点 P_0 处减少最快的方向以及 $f(x, y)$沿这个方向的方向导数;

(3) $f(x, y)$在点 P_0 处的变化率为零的方向.

解 (1) $f(x, y)$在点 P_0 处沿$\nabla f(-1, 1)$的方向增加最快,

$$\nabla f(-1, 1)=[(2x-y)\boldsymbol{i}+(2y-x)\boldsymbol{j}]\big|_{(-1, 1)}=-3\boldsymbol{i}+3\boldsymbol{j},$$

故所求方向可取为

$$\boldsymbol{n}=\frac{\nabla f(-1, 1)}{|\nabla f(-1, 1)|}=-\frac{1}{\sqrt{2}}\boldsymbol{i}+\frac{1}{\sqrt{2}}\boldsymbol{j},$$

方向导数为

$$\left.\frac{\partial f}{\partial n}\right|_{(-1, 1)}=|\nabla f(-1, 1)|=3\sqrt{2}.$$

(2) $f(x, y)$在点 P_0 处沿$-\nabla f(-1, 1)$的方向减少最快,这方向可取为

$$\boldsymbol{n}_1=-\boldsymbol{n}=\frac{1}{\sqrt{2}}\boldsymbol{i}-\frac{1}{\sqrt{2}}\boldsymbol{j},$$

方向导数为

$$\left.\frac{\partial f}{\partial n_1}\right|_{(-1,1)}=-|\nabla f(-1,1)|=-3\sqrt{2}.$$

(3) $f(x, y)$在点 P_0 处沿垂直于 $\nabla f(-1, 1)$ 的方向变化率为零,这方向是

$$\boldsymbol{n}_2=\frac{1}{\sqrt{2}}\boldsymbol{i}+\frac{1}{\sqrt{2}}\boldsymbol{j}\quad 或\quad \boldsymbol{n}_3=-\frac{1}{\sqrt{2}}\boldsymbol{i}-\frac{1}{\sqrt{2}}\boldsymbol{j}.$$

下面简单地介绍数量场与向量场的概念.

若对空间区域 Ω 内的任一点 M,都有一个确定的数量 $f(M)$,则称在空间区域 Ω 内确定了一个**数量场**(如温度场、密度场等). 一个数量场可用一个数量函数 $f(M)$来确定. 若与点 M 相对应的是一个向量 $\boldsymbol{F}(M)$,则称在空间区域 Ω 内确定了一个**向量场**(如力场、速度场等). 一个向量场可表示为 $\boldsymbol{F}(M)=P(M)\boldsymbol{i}+Q(M)\boldsymbol{j}+R(M)\boldsymbol{k}$,其中 $P(M)$, $Q(M)$, $R(M)$是点 M 的数量函数.

若向量场 $\boldsymbol{F}(M)$是某个数量函数 $f(M)$的梯度,则称 $f(M)$是向量场 $\boldsymbol{F}(M)$的一个**势函数**,并称向量场 $\boldsymbol{F}(M)$为**势场**. 由此可知,由数量函数 $f(M)$产生的梯度场 $\mathbf{grad}\, f(M)$是一个势场,但任意一个向量场并不一定都是势场,因为它不一定是某个数量函数的梯度.

例 5　有位于原点的点电荷 q,在其周围空间的任一点 $M(x, y, z)$所产生的电位场

$$v=\frac{q}{4\pi\varepsilon r},\quad \boldsymbol{r}=x\boldsymbol{i}+y\boldsymbol{j}+z\boldsymbol{k},$$

$r=|\boldsymbol{r}|=\sqrt{x^2+y^2+z^2}$,试求电位场 v 的梯度场.

解　因 $\dfrac{\partial v}{\partial x}=-\dfrac{q}{4\pi\varepsilon r^2}\dfrac{\partial r}{\partial x}$, $\dfrac{\partial r}{\partial x}=\dfrac{x}{\sqrt{x^2+y^2+z^2}}=\dfrac{x}{r}$,故

$$\frac{\partial v}{\partial x}=-\frac{q}{4\pi\varepsilon}\frac{x}{r^3}.$$

同理

$$\frac{\partial v}{\partial y}=-\frac{q}{4\pi\varepsilon}\frac{y}{r^3},\quad \frac{\partial v}{\partial z}=-\frac{q}{4\pi\varepsilon}\frac{z}{r^3},$$

从而

$$\mathbf{grad}\, v=\left(\frac{\partial v}{\partial x},\frac{\partial v}{\partial y},\frac{\partial v}{\partial z}\right)=-\frac{q}{4\pi\varepsilon r^3}(x, y, z)=-\frac{q\boldsymbol{r}}{4\pi\varepsilon r^3}.$$

由于电场强度 $E = \frac{q\boldsymbol{r}}{4\pi\varepsilon r^3}$，从而 $E = -\mathbf{grad}v = \mathbf{grad}(-v)$，所以 $-v$ 为势函数，且势函数 $-v$ 产生的梯度场为电场强度.

习　题　7.7

1. 求函数 $z = x^2 + y^2$ 在点(1, 2) 处沿从点(1, 2) 到点$(2, 2+\sqrt{3})$ 的方向的方向导数.

2. 求函数 $z = \ln(x+y)$ 在抛物线 $y^2 = 4x$ 上点(1, 2) 处，沿着这抛物线在该点处偏向 x 轴正向的切线方向的方向导数.

3. 求函数 $u = xy^2 + z^3 - xyz$ 在点(1, 1, 2) 处沿方向角为 $\alpha = \frac{\pi}{3}$，$\beta = \frac{\pi}{4}$，$r = \frac{\pi}{3}$ 的方向的方向导数.

4. 求函数 $u = xyz$ 在点(5, 1, 2)处沿从点(5, 1, 2)到点(9, 4, 14)的方向的方向导数.

5. 函数 $u = xy^2z$ 在点 $M(1, -1, 2)$ 处沿什么方向的方向导数最大？最小？为零？并分别求出它们.

6. 求数量场 $u = x^2 + 2y^2 + 3z^2 + xy + 3x - 2y - 6z$ 在点 $O(0, 0, 0)$ 与 $A(1, 1, 1)$ 处梯度的大小和方向余弦. 在哪些点梯度为零？

7. 设 $f(x, y, z) = x^2 + y^2 + z^2$.

(1) 求 $f(x, y, z)$ 在曲线 $x = t$，$y = t^2$，$z = t^3$ 上对应 $t = t_0$ 的点处沿曲线在该点切线正方向(即对应于 t 增大的方向) 的方向导数.

(2) 求 $f(x, y, z)$ 在椭球面 $\frac{x^2}{a^2} + \frac{y^2}{b^2} + \frac{z^2}{c^2} = 1$ 上点 $M_0(x_0, y_0, z_0)$ 处沿外法线方向的方向导数.

8. 求二元函数 $u = x^2 - xy + y^2$ 在点$(-1, 1)$处沿方向 $\boldsymbol{e} = \frac{1}{\sqrt{5}}(2, 1)$ 的方向导数及梯度，并指出 u 在该点沿哪个方向减小得最快？沿哪个方向 u 的值不变？

9. 证明：

(1) $\mathbf{grad}(fg) = f\mathbf{grad}g + g\mathbf{grad}f$；

(2) $\mathbf{grad}f(\varphi) = f'(\varphi)\mathbf{grad}\varphi$.

7.8　多元函数的极值及其应用

7.8.1　多元函数的极值与最值

上册中已经讨论过在仅有一个自变量的情况下，如何解决诸如用料最省、跨程最短、收益最大等问题. 但有一些问题,往往受到多个因素的制约,因此有必要讨论多元函数的最值问题. 与一元函数类似,多元函数的最值与极值有密切的联系,下面以二元函数为例,先讨论多元函数的极值问题.

定义 1　设函数 $z=f(x, y)$ 的定义域为 D, $P_0(x_0, y_0)$ 为 D 的内点,若存在点 P_0 的某个邻域 $U(P_0)\subset D$,使得对于该邻域内异于 P_0 的任何点 (x, y),都有 $f(x, y)<f(x_0, y_0)$,则称函数 $f(x, y)$ 在点 (x_0, y_0) 有**极大值** $f(x_0, y_0)$,点 (x_0, y_0) 称为函数 $f(x, y)$ 的**极大值点**;若对于该邻域内异于 P_0 的任何点 (x, y),都有 $f(x, y)>f(x_0, y_0)$,则称函数 $f(x, y)$ 在点 (x_0, y_0) 有**极小值** $f(x_0, y_0)$,点 (x_0, y_0) 称为函数 $f(x, y)$ 的**极小值点**. 极大值、极小值统称为**极值**,极大值点、极小值点统称为**极值点**.

例如,函数 $f(x, y)=2x^2+y^2$ 在点 $(0, 0)$ 处有极小值,因为对于点 $(0, 0)$ 的任一邻域内异于 $(0, 0)$ 的点,有 $f(x, y)>f(0, 0)=0$. 函数 $F(x, y)=\sqrt{1-x^2-y^2}$ 在点 $(0, 0)$ 处有极大值,因为对于点 $(0, 0)$ 的任一邻域内异于 $(0, 0)$ 的点有 $F(x, y)<F(0, 0)=1$. 函数 $h(x, y)=xy$ 在点 $(0, 0)$ 不取极值,因为在点 $(0, 0)$ 的任一邻域内异于 $(0, 0)$ 的点既有使 $h(x, y)$ 为正的点,又有使 $h(x, y)$ 为负的点,而 $h(0, 0)=0$.

以上关于二元函数的极值的概念可推广到 n 元函数. 设 n 元函数 $u=f(P)$ 的定义域为 D, P_0 为 D 的内点,若存在点 P_0 的某个邻域 $U(P_0)\subset D$,使得该邻域内异于 P_0 的任何点 P,都有 $f(P)<f(P_0)$(或 $f(P)>f(P_0)$),则称函数 $f(P)$ 在点 P_0 有极大值(或极小值) $f(P_0)$.

对那些可导的一元函数 $y=f(x)$ 而言,在点 $x=x_0$ 处取得极值的必要条件是 $f'(x_0)=0$. 而对于多元函数,也有类似的结论.

定理 1(必要条件)　设函数 $z=f(x, y)$ 在点 (x_0, y_0) 处具有偏导数,且在点 (x_0, y_0) 处有极值,则有

$$f_x(x_0, y_0)=0,\quad f_y(x_0, y_0)=0.$$

证　设 $z=f(x, y)$ 在点 (x_0, y_0) 处有极大值,依极大值的定义,在点 (x_0, y_0) 的任一邻域内,异于 (x_0, y_0) 的点 (x, y) 都适合不等式 $f(x, y)<f(x_0, y_0)$. 特殊地,在该邻域内取 $y=y_0$,而 $x\neq x_0$ 的点,也有 $f(x, y_0)<f(x_0, y_0)$,这表明一元函数 $f(x, y_0)$ 在点 $x=x_0$ 处取得极大值,因而必有 $f_x(x_0, y_0)=0$. 类似地可证 $f_y(x_0, y_0)=0$.

类似可推得,如果三元函数 $u=f(x, y, z)$ 在点 (x_0, y_0, z_0) 具有偏导数,则它在点 (x_0, y_0, z_0) 具有极值的必要条件为

$$f_x(x_0, y_0, z_0)=0,\quad f_y(x_0, y_0, z_0)=0,\quad f_z(x_0, y_0, z_0)=0.$$

仿照一元函数,凡是能使 $f_x(x, y)=0$, $f_y(x, y)=0$ 同时成立的点 (x_0, y_0)

称为函数 $z=f(x, y)$ 的驻点(或稳定点).由定理1知,具有偏导数的函数的极值点必定是驻点,但函数的驻点不一定是极值点.例如,点$(0, 0)$是函数 $z=xy$ 的驻点,但函数在该点并无极值.又由定理1知,极值点要么是稳定点,要么,函数在该点至少有一个偏导数不存在.例如,锥面 $z=\sqrt{x^2+y^2}$,点$(0, 0)$为它的极小值点,但在该点 $z_x(0, 0)$ 和 $z_y(0, 0)$ 都不存在.

怎样判定一个驻点是否是极值点呢?下面的定理回答了这个问题.

定理2(充分条件) 设函数 $z=f(x, y)$ 在点(x_0, y_0)的某邻域内连续且有一阶及二阶连续偏导数,又 $f_x(x_0, y_0)=0$, $f_y(x_0, y_0)=0$,令

$$f_{xx}(x_0, y_0)=A, \quad f_{xy}(x_0, y_0)=B, \quad f_{yy}(x_0, y_0)=C,$$

则 $f(x, y)$ 在点(x_0, y_0)处是否取得极值的条件如下:

(1) 当 $AC-B^2>0$ 时具有极值,且当 $A<0$ 时有极大值,当 $A>0$ 时有极小值;

(2) 当 $AC-B^2<0$ 时没有极值;

(3) 当 $AC-B^2=0$ 时可能有极值,也可能没有极值,还需另作讨论.

定理的证明要用到二元函数的泰勒公式,这里不证.

下面利用定理1和定理2,把具有二阶连续偏导的函数 $z=f(x, y)$ 求极值的步骤叙述如下:

第一步:解方程组 $f_x(x, y)=0$, $f_y(x, y)=0$,求得驻点.

第二步:对于每一个驻点(x_0, y_0),求出二阶偏导数的值 A, B 和 C.

第三步:定出 $AC-B^2$ 的符号,按定理2的结论判定 $f(x_0, y_0)$是否是极值,是极大值还是极小值.

例1 求函数 $f(x, y)=x^3-y^3+3x^2+3y^2-9x$ 的极值.

解 先解方程组:

$$\begin{cases} f_x(x, y)=3x^2+6x-9=0, \\ f_y(x, y)=-3y^2+6y=0. \end{cases}$$

求得的驻点为$(1, 0)$, $(1, 2)$, $(-3, 0)$, $(-3, 2)$.

再求二阶偏导数:

$$f_{xx}(x, y)=6x+6, \quad f_{xy}(x, y)=0, \quad f_{yy}(x, y)=-6y+6.$$

在点$(1, 0)$处,$AC-B^2=12\times 6>0$,又 $A>0$,所以函数在点$(1, 0)$处有极小值 $f(1, 0)=-5$;在点$(1, 2)$处,$AC-B^2=12\times(-6)<0$,所以 $f(1, 2)$ 不是极值;在点$(-3, 0)$处,$AC-B^2=-12\times 6<0$,所以 $f(-3, 0)$ 不是极值;在点$(-3, 2)$处,$AC-B^2=-12\times(-6)>0$,又 $A<0$,所以函数在点$(-3, 2)$处有极大值 $f(-3, 2)=31$.

讨论函数的极值问题时,如果函数在所讨论的区域内具有偏导数,则由定理1

知,极值只可能在驻点处取得,此时只需对各个驻点利用定理2判断即可;但如果函数在个别点处偏导数不存在,这些点当然不是驻点,但也可能是极值点,需要引起注意.

与一元函数相类似,可以利用多元函数的极值来求函数的最大值和最小值.如果函数 $z=f(x, y)$ 在有界闭区域 D 上连续,则 $f(x, y)$ 在 D 上必定取得最大值和最小值.这种使函数取得最大值或最小值的点既可能在 D 的内部(内点),也可能在 D 的边界上(边界点).

如果函数 $f(x, y)$ 在闭区域 D 上连续,在 D 内可微分且只有有限个驻点,此时,若函数在 D 的内部取得最大值(最小值),则这个最大值(最小值)也是函数的极大值(极小值).因此,只要求出函数 $f(x, y)$ 在 D 内的所有驻点处的函数值及在 D 的边界上的最大值和最小值,并进行相互比较,其中最大的为最大值,最小的为最小值.

值得注意的是,函数 $f(x, y)$ 在 D 的边界上的最值往往相当复杂(通常是据 D 的边界方程,将 $f(x, y)$ 化为定义在某个闭区间上的一元函数,再利用一元函数求最值的方法求出最值).在实际问题中如果根据问题的性质,知道 $f(x, y)$ 在 D 内取得最大值(最小值),而函数在 D 内只有一个驻点,那么,可以肯定该驻点处的函数值就是 $f(x, y)$ 在 D 上的最大值(最小值).

例2　试在 x 轴,y 轴与直线 $x+y=2\pi$ 围成的三角形区域上求函数 $u=\sin x+\sin y-\sin(x+y)$ 的最大值.

解　如图7-19所示,所给区域为

$$D=\{(x, y)\mid x+y\leqslant 2\pi,\ x\geqslant 0,\ y\geqslant 0\},$$

函数 u 在 D 内偏导存在,令

$$\begin{cases}\dfrac{\partial u}{\partial x}=\cos x-\cos(x+y)=0,\\[2mm] \dfrac{\partial u}{\partial y}=\cos y-\cos(x+y)=0,\end{cases}$$

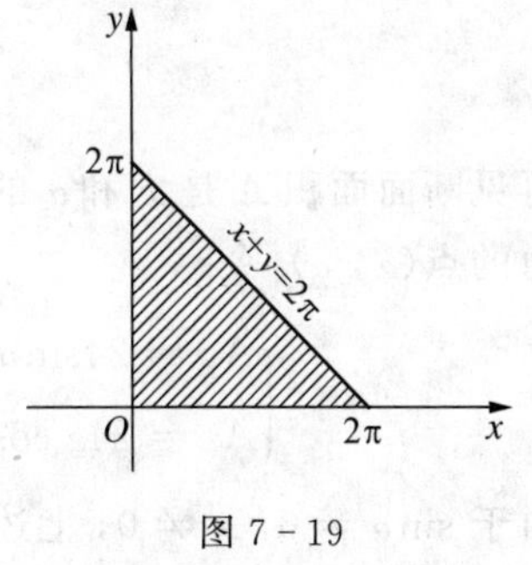

图7-19

则有 $\cos x=\cos y$.当 (x, y) 为 D 内的点时必有 $x=y$,代入上面的方程,得

$$\cos x-\cos 2x=\cos x-2\cos^2 x+1=0,$$

即

$$(2\cos x+1)(1-\cos x)=0.$$

故在 D 内只有唯一的驻点 $\left(\dfrac{2}{3}\pi, \dfrac{2}{3}\pi\right)$.又函数 u 在有界闭区域 D 上连续,故必存在最大值.在边界上,当 $x=0$ 时 $u=0$;当 $y=0$ 时 $u=0$;当 $x+y=2\pi$ 时,$u=$

$\sin x + \sin y = \sin x + \sin(2\pi - x) = 0$. 而 $u\left(\frac{2}{3}\pi, \frac{2}{3}\pi\right) = \frac{3}{2}\sqrt{3}$,故函数的最大值为$\frac{3}{2}\sqrt{3}$,最大值点为$\left(\frac{2}{3}\pi, \frac{2}{3}\pi\right)$.

例 3 有一宽为 24 cm 的长方形铁板,把它两边折起来做成一断面为等腰梯形的水槽. 问怎样折才能使断面的面积最大?

解 设折起来的边长为 x cm,倾角为 α(图 7-20),那么梯形断面的下底长为 $24-2x$,上底长为 $24-2x+2x\cos\alpha$,高为 $x\sin\alpha$,所以断面面积为

$$A = \frac{1}{2}(24-2x+2x\cos\alpha+24-2x)x\sin\alpha,$$

即 $A = 24x\sin\alpha - 2x^2\sin\alpha + x^2\sin\alpha\cos\alpha \quad \left(0 < x < 12,\ 0 < \alpha \leqslant \frac{\pi}{2}\right)$,

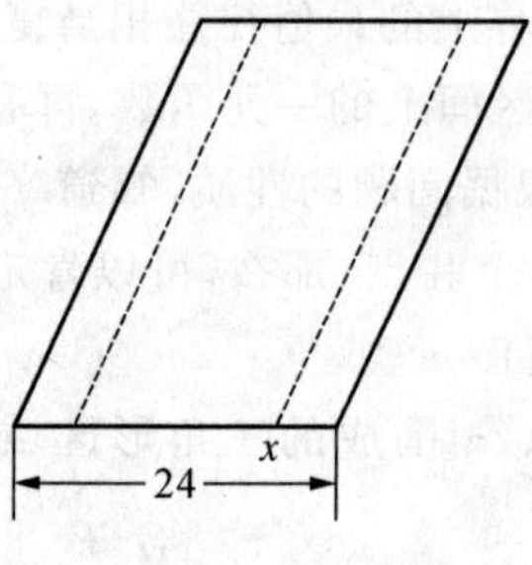

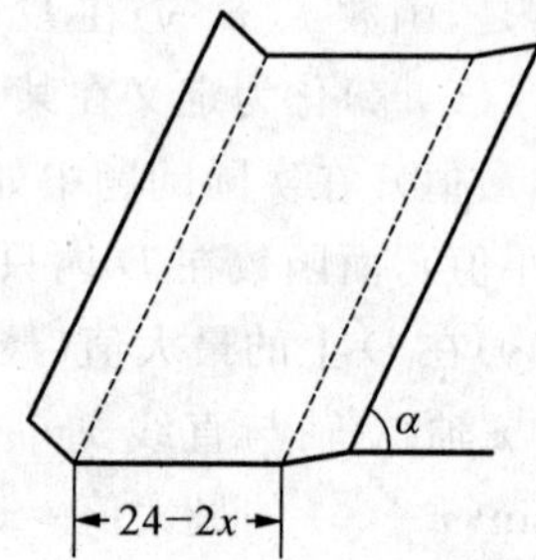

图 7-20

可见断面面积 A 是 x 和 α 的二元函数,这就是目标函数. 下面求使函数取得最大值的点(x, α). 令

$$\begin{cases} A_x = 24\sin\alpha - 4x\sin\alpha + 2x\sin\alpha\cos\alpha = 0, \\ A_\alpha = 24x\cos\alpha - 2x^2\cos\alpha + x^2(\cos^2\alpha - \sin^2\alpha) = 0. \end{cases}$$

由于 $\sin\alpha \neq 0$, $x \neq 0$,上述方程组可化为

$$\begin{cases} 12 - 2x + x\cos\alpha = 0, \\ 24\cos\alpha - 2x\cos\alpha + x(\cos^2\alpha - \sin^2\alpha) = 0. \end{cases}$$

解之得 $\alpha = \frac{\pi}{3} = 60^\circ$, $x = 8(\text{cm})$.

根据题意可知,断面面积的最大值一定存在,并且在

$$D = \left\{(x, y) \mid 0 < x < 12,\ 0 < \alpha \leqslant \frac{\pi}{2}\right\}$$

内取得,当 $\alpha = \frac{\pi}{2}$ 时,其函数值小于点 $(x, \alpha) = (8, 60°)$ 时的函数值,又这个驻点是唯一的,故可断定当 $x = 8$, $\alpha = 60°$ 时,就能使断面的面积最大.

7.8.2　条件极值·拉格朗日乘数法

上面所讨论的极值问题,对于函数的自变量,除了限制在函数的定义域内以外,并无其他条件,这样的极值问题称为无条件极值,但在许多实际问题中,会对函数的自变量给出一些附加条件,这样的极值问题称为条件极值.例如,求体积为 a 而表面积最小的长方体的长、宽、高,可设长、宽、高为 x, y, z,则其表面积 $A = 2(xy + yz + zx)$,这里要限制 $x > 0$, $y > 0$, $z > 0$,还应有条件 $xyz = a$.但是,有时可以把附加条件进行转化,也就是说,把条件极值化为无条件极值.本例可解出 $z = \frac{a}{xy}$,代入到 A 中得 $A = 2\left(xy + \frac{a}{x} + \frac{a}{y}\right)$.问题是,一些复杂的问题很难化为无条件极值,因此,有必要寻找求条件极值的一般方法.

现在来寻求函数

$$z = f(x, y) \tag{7.8.1}$$

在条件

$$\varphi(x, y) = 0 \tag{7.8.2}$$

下取得极值的必要条件.

如果函数(7.8.1)在点(x_0, y_0)取得极值,那么点(x_0, y_0)应满足条件(7.8.2),即 $\varphi(x_0, y_0) = 0$.设在点(x_0, y_0)的某邻域内,函数 $f(x, y)$, $\varphi(x, y)$ 均有连续的一阶偏导数,而 $\varphi_y(x_0, y_0) \neq 0$,由隐函数存在定理可知,方程(7.8.2)确定了一个连续且具有连续导数的函数 $y = \psi(x)$,将其代入式(7.8.1),得

$$z = f[x, \psi(x)], \tag{7.8.3}$$

于是函数(7.8.1)在点(x_0, y_0)取得极值相当于函数(7.8.3)在点 $x = x_0$ 取得极值.由一元可导函数取得极值的必要条件可知

$$\left.\frac{dz}{dx}\right|_{x=x_0} = f_x(x_0, y_0) + f_y(x_0, y_0)\left.\frac{dy}{dx}\right|_{x=x_0} = 0, \tag{7.8.4}$$

而由条件(7.8.2),用隐函数求导公式,有

$$\left.\frac{dy}{dx}\right|_{x=x_0} = -\frac{\varphi_x(x_0, y_0)}{\varphi_y(x_0, y_0)}.$$

再将其代入式(7.8.4),得

$$f_x(x_0, y_0) - f_y(x_0, y_0)\frac{\varphi_x(x_0, y_0)}{\varphi_y(x_0, y_0)} = 0. \tag{7.8.5}$$

(7.8.2)、(7.8.5)两式是函数(7.8.1)在条件(7.8.2)下,在点(x_0, y_0)取得极值的必要条件.设 $\dfrac{f_y(x_0, y_0)}{\varphi_y(x_0, y_0)} = -\lambda$,上述必要条件即为

$$\begin{cases} f_x(x_0, y_0) + \lambda\varphi_x(x_0, y_0) = 0, \\ f_y(x_0, y_0) + \lambda\varphi_y(x_0, y_0) = 0, \\ \varphi(x_0, y_0) = 0. \end{cases} \tag{7.8.6}$$

若引进辅助函数 $L(x, y, \lambda) = f(x, y) + \lambda\varphi(x, y)$,则不难看出,式(7.8.6)中的前两式就是 $L_x(x_0, y_0, \lambda) = 0$, $L_y(x_0, y_0, \lambda) = 0$. 函数 $L(x, y, \lambda)$ 称为**拉格朗日函数**,参数 λ 称为**拉格朗日乘子**.

由以上讨论可得以下结论:

拉格朗日乘数法　要找函数 $z = f(x, y)$ 在附加条件 $\varphi(x, y) = 0$ 下的可能极值点,可以先作拉格朗日函数

$$L(x, y, \lambda) = f(x, y) + \lambda\varphi(x, y),$$

其中 λ 为参数,求其对 x 与 y 的一阶偏导数,并使之为零,然后与方程(7.8.2)联立起来:

$$\begin{cases} f_x(x, y) + \lambda\varphi_x(x, y) = 0, \\ f_y(x, y) + \lambda\varphi_y(x, y) = 0, \\ \varphi(x, y) = 0. \end{cases} \tag{7.8.7}$$

由方程组(7.8.7)解出 x, y, λ,所求的(x, y)即为函数 $f(x, y)$ 在附加条件 $\varphi(x, y) = 0$ 下的可能极值点.

这一方法还可推广到自变量多于两个而条件多于一个的情形.例如,要求函数 $u = f(x, y, z, t)$ 在附加条件

$$\varphi(x, y, z, t) = 0, \qquad \psi(x, y, z, t) = 0 \tag{7.8.8}$$

下的极值,可先作拉格朗日函数

$$L(x, y, z, t, \lambda, \mu) = f(x, y, z, t) + \lambda\varphi(x, y, z, t) + \mu\psi(x, y, z, t),$$

其中,λ, μ 均为参数,求其一阶偏导数,并使之为零,然后与式(7.8.8)中的两个方程联立起来求解,这样得出的(x, y, z, t)就是函数 $f(x, y, z, t)$ 在附加条件(7.8.8)下的可能的极值点.

至于如何确定所求得的点是否是极值点,在实际问题中往往可根据问题本身的性质来判定.

例 4　求函数 $u = xyz$ 在条件

$$\frac{1}{x} + \frac{1}{y} + \frac{1}{z} = \frac{1}{r} \quad (x > 0, y > 0, z > 0, r > 0)$$

下的极小值.

解　作拉格朗日函数

$$L(x, y, z, \lambda) = xyz + \lambda\left(\frac{1}{x} + \frac{1}{y} + \frac{1}{z} - \frac{1}{r}\right),$$

令

$$\begin{cases} L_x = yz - \dfrac{\lambda}{x^2} = 0, \\ L_y = xz - \dfrac{\lambda}{y^2} = 0, \\ L_z = xy - \dfrac{\lambda}{z^2} = 0, \\ \dfrac{1}{x} + \dfrac{1}{y} + \dfrac{1}{z} = \dfrac{1}{r}. \end{cases}$$

由前三式得 $xyz = \dfrac{\lambda}{x} = \dfrac{\lambda}{y} = \dfrac{\lambda}{z}$,因此 $x = y = z$,代入最后一式得 $x = y = z = 3r$,点 $(3r, 3r, 3r)$ 是函数 $u = xyz$ 在条件 $\dfrac{1}{x} + \dfrac{1}{y} + \dfrac{1}{z} = \dfrac{1}{r}$ 下唯一可能的极值点. 现在,只要把条件 $\dfrac{1}{x} + \dfrac{1}{y} + \dfrac{1}{z} = \dfrac{1}{r}$ 所确定的隐函数记为 $z = z(x, y)$,将目标函数看成 $u = xyz(x, y) = F(x, y)$,再利用二元函数极值的充分条件判断,可知点 $(3r, 3r, 3r)$ 是条件极小值点,且极小值为 $f(3r, 3r, 3r) = 27r^3$.

例5　求曲面 S: $\dfrac{x^2}{2} + y^2 + \dfrac{z^2}{4} = 1$ 到平面 Π: $2x + 2y + z + 5 = 0$ 的最短距离.

解　设曲面上任一点为 (x, y, z),S 到平面 Π 的距离 $d = \left|\dfrac{2x + 2y + z + 5}{3}\right|$,则原问题等价于以下条件极值问题:在曲面上求一点 (x, y, z),使得 $9d^2 = (2x + 2y + z + 5)^2$ 最小,此时曲面到平面 Π 的距离最短.

设 $L(x, y, z, \lambda) = (2x + 2y + z + 5)^2 + \lambda\left(\dfrac{x^2}{2} + y^2 + \dfrac{z^2}{4} - 1\right)$,令

$$\begin{cases} L_x = 2(2x + 2y + z + 5) \cdot 2 + \lambda x = 0, \\ L_y = 2(2x + 2y + z + 5) \cdot 2 + 2\lambda y = 0, \\ L_z = 2(2x + 2y + z + 5) + \dfrac{1}{2}\lambda z = 0, \\ \dfrac{x^2}{2} + y^2 + \dfrac{z^2}{4} - 1 = 0. \end{cases}$$

由前三式得 $x=2y=z$，代入最后一式得 $x=\pm 1$，$y=\pm\dfrac{1}{2}$，$z=\pm 1$. 点 $\left(1,\dfrac{1}{2},1\right)$到平面 Π 的距离

$$d_1=\frac{\left|2\times 1+2\times\frac{1}{2}+1\times 1+5\right|}{\sqrt{2^2+2^2+1^2}}=3.$$

而点 $\left(-1,-\dfrac{1}{2},-1\right)$到平面 Π 的距离为$\dfrac{1}{3}$,故曲面上点$\left(-1,-\dfrac{1}{2},-1\right)$到平面 Π 的距离最短,最短距离为$\dfrac{1}{3}$.

下面的问题涉及经济学中一个最优价格的模型.在生产和销售商品过程中,商品销售量、生产成本与销售价格是相互影响的,厂家要选择合理的销售价格才能获得最大利润,这个价格称为最优价格.下面的例题就是讨论怎样确定电视机的最优价格.

例 6 设某电视机厂生产一台电视机的成本为 c,每台电视机的销售价格为 p,销售量为 x.假设该厂的生产处于平衡状态,即电视机的生产量等于销售量.根据市场预测,销售量 x 与销售价格 p 之间有下面的关系:

$$x=M\mathrm{e}^{-ap}\quad (M>0,\ a>0),$$

其中 M 为市场最大需求量,a 是价格系数.同时,生产部门根据对生产环节的分析,对每台电视机的生产成本 c 有如下测算:

$$c=c_0-k\ln x\quad (k>0,\ x>1),$$

其中 c_0 是只生产一台电视机时的成本,k 是规模系数.根据上述条件,应如何确定电视机的售价 p,才能使该厂获得最大利润呢?

解 设厂家获得的利润为 u,每台电视机的售价为 p,每台生产成本为 c,销售量为 x,则有

$$u=(p-c)x,$$

作拉格朗日函数

$$L(x,p,c)=(p-c)x+\lambda(x-M\mathrm{e}^{-ap})+\mu(c-c_0+k\ln x),$$

令

$$\begin{cases} L_x = (p-c) + \lambda + k\dfrac{\mu}{x} = 0, & ① \\ L_p = x + \lambda a M e^{-ap} = 0, & ② \\ L_c = -x + \mu = 0, & ③ \\ x - Me^{-ap} = 0, & ④ \\ c - c_0 + k\ln x = 0. & ⑤ \end{cases}$$

由式④、⑤,得

$$c = c_0 - k(\ln M - ap);$$

由式④及式②,得 $\lambda a = -1$,即 $\lambda a = -1$;再由式 ③,得 $x = \mu$,即$\dfrac{x}{\mu} = 1$.将以上这些结果代入式 ①,得

$$p - c_0 + k(\ln M - ap) - \frac{1}{a} + k = 0,$$

由此得

$$p^* = \frac{c_0 - k\ln M + \dfrac{1}{a} - k}{1 - ak}.$$

由此问题知,其最优价格必定存在,所以 p^* 即为电视机的最优价格.实际中,只要确定了规模系数 k 和价格系数 a,电视机的最优价格问题就解决了.

习　题　7.8

1. 求函数 $z = x - 2y + \ln\sqrt{x^2 + y^2} + 3\arctan\dfrac{y}{x}$ 的极值.

2. 求函数 $f(x, y) = e^{2x}(x + y^2 + 2y)$ 的极值.

3. 求函数 $z = x^3 + y^3 - 3x^2 - 3y^2$ 的极值.

4. 求函数 $z = x^2 + y^2$ 在条件$\dfrac{x}{a} + \dfrac{y}{b} = 1$下的极值.

5. 在曲面 $z^2 - xy = 1$ 上求一点,使它到原点的距离最小.

6. 作一个长方形的箱子,其容积为$\dfrac{9}{2}\mathrm{m}^3$,箱子的盖及侧面的造价为 8 元/m^2,箱底的造价为 1 元/m^2,试求造价最低的箱子的尺寸.

7. 已知三角形的周长为 $2P$,求绕着自己的一边旋转时所构成的体积最大的三角形.

8. 求内接于半径为 a 的球且有最大体积的长方体.

9. 求抛物线 $y = x^2$ 与直线 $x - y - 2 = 0$ 间的距离.

10. 抛物面 $z = x^2 + y^2$ 被平面 $x + y + z = 1$ 截成一椭圆,求原点到该椭圆的最长与最短距

离.

11. 求函数 $z=x^2+y^2-12x+16y$ 在有界闭区域 $x^2+y^2\leqslant 25$ 上的最值.

12. 在曲线 $L: xy=1\ (x>0)$ 上求一点,使 $f(x, y)=x^2+2y^2$ 达到最小值.

13. 求函数 $z=xy(4-x-y)$ 在 $x=1$, $y=0$, $x+y=6$ 所围成的闭区域上的最值.

14. 已知平面上两定点 $A(1, 3)$, $B(4, 2)$,试在椭圆 $\dfrac{x^2}{9}+\dfrac{y^2}{4}=1\ (x\geqslant 0, y\geqslant 0)$ 上求一点 C,使 $\triangle ABC$ 的面积最大.

15. 形状为椭球 $4x^2+y^2+4z^2\leqslant 16$ 的空间探测器进入地球大气层,其表面开始受热,1 小时后在探测器的点 (x, y, z) 处的温度 $T=8x^2+4yz-16z+600$,求探测器表面最热的点.

*7.9 最小二乘法

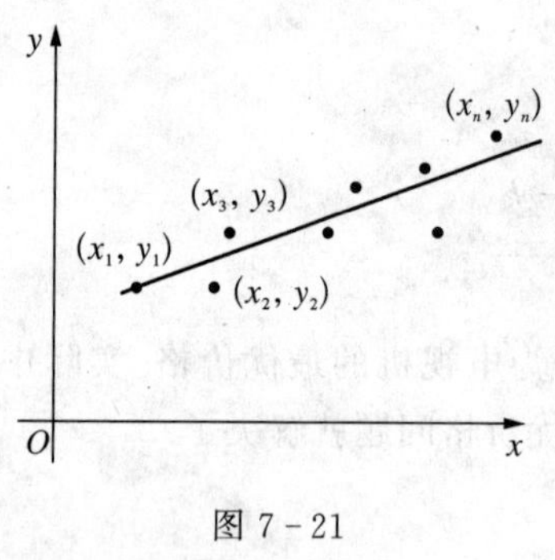

图 7-21

在许多实际问题中,两个变量之间的函数关系是未知的,需要根据这两个变量的一批实验数据来找出这两个变量之间的函数关系的近似表达式,通常将这样的近似表达式称为经验公式.当我们建立了经验公式以后,就可以把生产或实验中积累的某些经验提高到理论上加以分析.现在设 y 是 x 的函数,通过测量得到变量 x 及 y 的一批对应值:(x_1, y_1), (x_2, y_2), $\cdots$, (x_n, y_n),在直角坐标系中描出这些点,它们近似地分布于一条直线附近(图 7-21),则认为 y 与 x 之间的函数关系是线性函数 $y=ax+b$. 现在的问题是如何求出 a, b,使得此线性函数与测量数据 (x_1, y_1), (x_2, y_2), $\cdots$, (x_n, y_n) 的符合程度最好,也就是说 $y_i-(ax_i+b)\ (i=1, 2, \cdots, n)$ 都很小. 能否用偏差之和 $\sum\limits_{i=1}^{n}[y_i-(ax_i+b)]$ 来保证每个偏差都很小呢?不能. 因为偏差有正有负,在求和时,可能相互抵消,但可对偏差取绝对值再求和 $\sum\limits_{i=1}^{n}|y_i-(ax_i+b)|$,从而保证每个偏差很小. 因为绝对值不便于进一步分析讨论,加之任何实数的平方都是正数或零,因此可以考虑选取常数 a, b,使 $M=\sum\limits_{i=1}^{n}[y_i-(ax_i+b)]^2$ 最小,来保证每个偏差的绝对值都很小,这种根据偏差的平方和为最小的条件来选择常数 a, b 的方法称为最小二乘法. 现在问题转化为:求出 a, b,使 $M(a, b)=\sum\limits_{i=1}^{n}[y_i-(ax_i+b)]^2$ 为最小值. 这个问题可根据极值点的必要条件来得到,即 a, b

应满足$\begin{cases} M_a(a,\ b)=0, \\ M_b(a,\ b)=0, \end{cases}$ 亦即

$$\begin{cases} \dfrac{\partial M}{\partial a}=-2\sum_{i=1}^{n}(y_i-ax_i-b)x_i=0, \\ \dfrac{\partial M}{\partial b}=-2\sum_{i=1}^{n}(y_i-ax_i-b)=0, \end{cases}$$

化简,得

$$\begin{cases} \sum_{i=1}^{n}x_i(y_i-ax_i-b)=0, \\ \sum_{i=1}^{n}(y_i-ax_i-b)=0, \end{cases}$$

整理,得

$$\begin{cases} \left(\sum_{i=1}^{n}x_i^2\right)a+\left(\sum_{i=1}^{n}x_i\right)b=\sum_{i=1}^{n}x_iy_i, \\ \left(\sum_{i=1}^{n}x_i\right)a+nb=\sum_{i=1}^{n}y_i. \end{cases} \tag{7.9.1}$$

通过计算$\sum_{i=1}^{n}x_i^2$, $\sum_{i=1}^{n}x_i$, $\sum_{i=1}^{n}x_iy_i$及$\sum_{i=1}^{n}y_i$,代入方程组(7.9.1),即可确定经验公式$y=ax+b$.

例1　为了测量刀具的磨损速度,做这样的实验:经过一定时间(如每隔一小时),测量一次刀具的厚度,得到一组实验数据见表7-1.

表7-1

顺序编号 i	0	1	2	3	4	5	6	7
时间 t_i/h	0	1	2	3	4	5	6	7
刀具厚度 y_i/mm	27.0	26.8	26.5	26.3	26.1	25.7	25.3	24.8

设根据上面的实验数据建立y和t之间的经验公式$y=at+b$,即要找出一个能使上述数据大体适合的函数关系$y=at+b$.

解　通过列表计算表7-2,代入方程组(7.9.1),得到

$$\begin{cases} 140a+28b=717, \\ 28a+8b=208.5, \end{cases}$$

解此方程组,得到$a=-0.3036$, $b=27.125$,于是得到所求的经验公式为

$$y=-0.3036t+27.125, \tag{7.9.2}$$

由式(7.9.2)算出的函数值与实测的 y_i 有一定的偏差,见表 7-3.

表 7-2

	t_i	t_i^2	y_i	y_it_i
	0	0	27.0	0
	1	1	26.8	26.8
	2	4	26.5	53.0
	3	9	26.3	78.9
	4	16	26.1	104.4
	5	25	25.7	128.5
	6	36	25.3	151.8
	7	49	24.8	173.6
$\sum$	28	140	208.5	717.0

表 7-3

t_i	0	1	2	3	4	5	6	7
实测的 y_i/mm	27.0	26.8	26.5	26.3	26.1	25.7	25.3	24.8
算得的 $y(t_i)$/mm	27.125	26.821	26.518	26.214	25.911	25.607	25.303	25.00
偏　差	−0.125	−0.021	−0.018	0.086	0.189	0.093	−0.003	−0.200

偏差的平方和 $M = 0.108\,165$,它的平方根 $\sqrt{M} = 0.329$,把 $\sqrt{M}$ 称为均方误差,它的大小在一定程度上反映了用经验公式来近似表达原来函数关系的近似程度的好坏.

还有一些实际问题,经验公式的类型不是线性函数,但可以设法把它们化为线性函数的类型来讨论.

例 2 在研究某单分子化学反应速度时,得到下列数据(表 7-4):

表 7-4

i	1	2	3	4	5	6	7	8
τ_i	3	6	9	12	15	18	21	24
y_i	57.6	41.9	31.0	22.7	16.6	12.2	8.9	6.5

其中 τ 表示从实验开始算起的时间,y 表示时刻 τ 反应物的量,试根据上述数据定出经验公式.

解 由化学反应速度的理论知:$y = f(\tau)$ 应是指数函数 $y = k\mathrm{e}^{m\tau}$,其中 k 和 m 是待定常数. 对这批数据,先来验证这个结论. 为此,在 $y = k\mathrm{e}^{m\tau}$ 的两边取常用对数,得

$$\lg y = (m\lg \mathrm{e})\tau + \lg k,$$

记 $m\lg e$，即 $0.4343m = a$，$\lg k = b$，则上式可写为 $\lg y = a\tau + b$，于是 $\lg y$ 是 τ 的线性函数. 现在把表中各对数据 (τ_i, y_i) $(i = 1, 2, \cdots, 8)$ 所对应的点描在半对数坐标纸上（半对数坐标纸的横轴上各点处所标明的数字与普通的直角坐标纸相同，而纵轴上各点处所标明的数字是这样的：它的常用对数就是该点到原点的距离）（图 7-22）. 由图 7-22 可知，这些点的连线非常接近于一条直线，这说明 $y = f(\tau)$ 确实可认为是指数函数.

下面来具体定出 k 与 m 的值.

由于 $\lg y = a\tau + b$，仿照方程组 (7.9.1)，得

$$\begin{cases} a\sum_{i=1}^{8}\tau_i^2 + b\sum_{i=1}^{8}\tau_i = \sum_{i=1}^{8}\tau_i \lg y_i, \\ a\sum_{i=1}^{8}\tau_i + 8b = \sum_{i=1}^{8}\lg y_i. \end{cases} \tag{7.9.3}$$

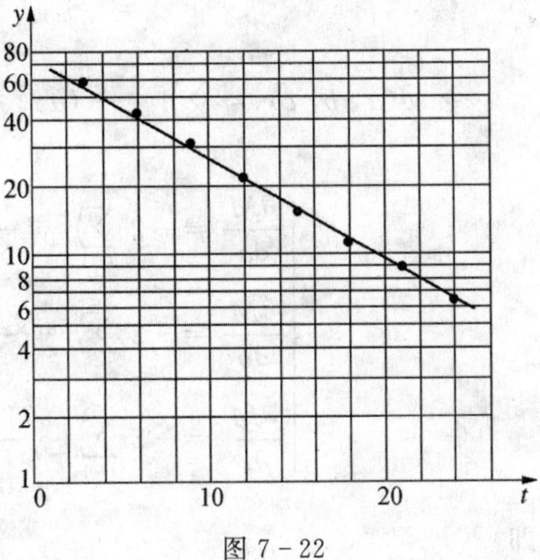

图 7-22

下面通过列表来计算 $\sum_{i=1}^{8}\tau_i$，$\sum_{i=1}^{8}\tau_i^2$，$\sum_{i=1}^{8}\lg y_i$ 及 $\sum_{i=1}^{8}\tau_i \lg y_i$（表 7-5）.

表 7-5

	τ_i	τ_i^2	y_i	$\lg y_i$	$\tau_i \lg y_i$
	3	9	57.6	1.7604	5.2812
	6	36	41.9	1.6222	9.7332
	9	81	31.0	1.4914	13.4226
	12	144	22.7	1.3560	16.2720
	15	225	16.6	1.2201	18.3015
	18	324	12.2	1.0864	19.5552
	21	441	8.9	0.9494	19.9374
	24	576	6.5	0.8129	19.5096
$\sum$	108	1836		10.2988	122.0127

将数据代入方程组 (7.9.3) $\left(其中取 \sum_{i=1}^{8}\lg y_i = 10.3，\sum_{i=1}^{8}\tau_i \lg y_i = 122\right)$，得

$$\begin{cases} 1836a + 108b = 122, \\ 108a + 8b = 10.3, \end{cases}$$

即

$$\begin{cases} a = 0.4343m = -0.045, \\ b = \lg k = 1.8964, \end{cases}$$

所以 $m=-0.1036$，$k=78.78$，所求的经验公式为 $y=78.78\mathrm{e}^{-0.1036x}$.

还有一些实际问题，经验公式的类型是二次函数 $y=ax^2+bx+c$，这时也可用最小二乘法来确定系数 a, b, c. 下面给出其求解公式. 假设测得了一批实验数据 (x_1, y_1), (x_2, y_2), …, (x_n, y_n)，经验公式为 $y=ax^2+bx+c$，试确定 a, b, c.

令 $M(a, b, c)=\sum\limits_{i=1}^{n}[y_i-(ax_i^2+bx_i+c)]^2$，则

$$\begin{cases}\dfrac{\partial M}{\partial a}=-2\sum\limits_{i=1}^{n}[y_i-(ax_i^2+bx_i+c)]x_i^2=0,\\ \dfrac{\partial M}{\partial b}=-2\sum\limits_{i=1}^{n}[y_i-(ax_i+bx_i+c)]x_i=0,\\ \dfrac{\partial M}{\partial c}=-2\sum\limits_{i=1}^{n}[y_i-(ax_i^2+bx_i+c)]=0,\end{cases}$$

即

$$\begin{cases}\sum\limits_{i=1}^{n}x_i^2y_i-\sum\limits_{i=1}^{n}ax_i^4-\sum\limits_{i=1}^{n}bx_i^3-\sum\limits_{i=1}^{n}cx_i^2=0,\\ \sum\limits_{i=1}^{n}x_iy_i-\sum\limits_{i=1}^{n}ax_i^3-\sum\limits_{i=1}^{n}bx_i^2-\sum\limits_{i=1}^{n}cx_i=0,\\ \sum\limits_{i=1}^{n}y_i-\sum\limits_{i=1}^{n}ax_i^2-\sum\limits_{i=1}^{n}bx_i-cn=0.\end{cases}$$

经过化简整理后，得到关于 a, b, c 的联立方程组为

$$\begin{cases}\left(\sum\limits_{i=1}^{n}x_i^4\right)a+\left(\sum\limits_{i=1}^{n}x_i^3\right)b+\left(\sum\limits_{i=1}^{n}x_i^2\right)c=\sum\limits_{i=1}^{n}x_i^2y_i,\\ \left(\sum\limits_{i=1}^{n}x_i^3\right)a+\left(\sum\limits_{i=1}^{n}x_i^2\right)b+\left(\sum\limits_{i=1}^{n}x_i\right)c=\sum\limits_{i=1}^{n}x_iy_i,\\ \left(\sum\limits_{i=1}^{n}x_i^2\right)a+\left(\sum\limits_{i=1}^{n}x_i\right)b+nc=\sum\limits_{i=1}^{n}y_i.\end{cases}$$

解这个三元一次方程组，即可定出 a, b, c，从而得经验公式 $y=ax^2+bx+c$.

习 题 7.9

1. 给出 x 与 y 的一批对应数据见表 7-6.

表 7-6

i	1	2	3	4	5
x_i	0.451	1.120	1.341	1.738	1.871
y_i	3.779	4.089	4.150	4.269	4.350

试用最小二乘法建立 x, y 之间的经验公式 $y=ax+b$.

2. 已知一组实验数据为 (x_1, y_1), (x_2, y_2), …, (x_n, y_n). 现若假定经验公式是 $y=ax^2+bx+c$,试用最小二乘法建立 a, b, c 应满足的三元一次方程组.

总习题7

1. 在"充分"、"必要"和"充分必要"三者中选择一个正确的填入下列空格内.

(1) $f(x, y)$在点(x, y)可微分是 $f(x, y)$在该点连续的________条件,$f(x, y)$在点(x, y)连续是 $f(x, y)$在该点可微分的________条件.

(2) $z=f(x, y)$ 在点(x, y) 的偏导$\frac{\partial z}{\partial x}$, $\frac{\partial z}{\partial y}$存在是$f(x, y)$在该点可微分的________条件;$z=f(x, y)$ 在点(x, y) 可微分是函数在该点的偏导数$\frac{\partial z}{\partial x}$, $\frac{\partial z}{\partial y}$存在的________条件.

(3) $z=f(x, y)$ 的偏导数$\frac{\partial z}{\partial x}$, $\frac{\partial z}{\partial y}$在点$(x, y)$ 存在且连续是 $f(x, y)$ 在该点可微分的________条件.

(4) 函数 $z=f(x, y)$ 的两个二阶混合偏导数$\frac{\partial^2 z}{\partial x\partial y}$及$\frac{\partial^2 z}{\partial y\partial x}$在区域$D$内连续是这两个二阶混合偏导数在$D$内相等的________条件.

2. 函数 $z=\arcsin\frac{y}{x}+\sqrt{\frac{x^2+y^2-x}{2x-x^2-y^2}}$ 的定义域为________.

3. $\lim\limits_{\substack{x\to+\infty\\ y\to+\infty}}\left(\frac{xy}{x^2+y^2}\right)^{x^2}=$________.

4. 设 $z=(1+xy)^y$,则$\left.\frac{\partial z}{\partial x}\right|_{(1,1)}=$________, $\left.\frac{\partial z}{\partial y}\right|_{(1,1)}=$________.

5. 设 $f(x, y)=\int_0^{\sqrt{xy}}\mathrm{e}^{-t^2}\mathrm{d}t(x>0, y>0)$,则 $f_x(1, 1)=$________, $f_y(1,1)=$________, $\mathrm{d}f(1, 1)=$________.

6. 函数 $f(x, y)=\ln(x^2+y^2-1)$ 的连续区域是________.

7. 若函数 $z=2x^2+2y^2+3xy+ax+by+c$ 在点$(-2, 3)$ 处取得极小值-3,则常数 a, b, c 之积 $abc=$________.

8. 设 $f(x)$, $g(y)$都是可微函数,则曲线 $\begin{cases}z=g(y),\\ x=f(z)\end{cases}$ 在点(x_0, y_0, z_0) 处的法平面方

程为________.

9. 若 $f(x, x^2) = x^2 e^{-x}$, $f_x(x, x^2) = -x^2 e^{-x}$, 则 $f_y(x, x^2) =$ ________.

10. 由方程 $f(x-y, y-z, z-x)=0$ 所确定的函数 $z=z(x, y)$ 的全微分 $dz =$ ________.

11. 下列命题中正确的是(　　).

A. $\lim\limits_{x \to x_0} \lim\limits_{y \to y_0} f(x, y)$ 与 $\lim\limits_{(x, y) \to (x_0, y_0)} f(x, y)$ 等价

B. 函数在点 $P(x_0, y_0)$ 连续,则极限 $\lim\limits_{(x, y) \to (x_0, y_0)} f(x, y)$ 必定存在

C. $\left.\dfrac{\partial f}{\partial x}\right|_{P_0}$ 与 $\left.\dfrac{\partial f}{\partial y}\right|_{P_0}$ 都存在,则 $f(x, y)$ 在点 (x_0, y_0) 必连续

D. $\left.\dfrac{\partial f}{\partial x}\right|_{P_0}$ 与 $\left.\dfrac{\partial f}{\partial y}\right|_{P_0}$ 都存在,则 $dz = \left.\dfrac{\partial f}{\partial x}\right|_{P_0} dx + \left.\dfrac{\partial f}{\partial y}\right|_{P_0} dy$

12. 下列哪一个条件成立时能够推出 $f(x, y)$ 在点 (x_0, y_0) 可微,且全微分 $df=0$?(　　)

A. 在点 (x_0, y_0) 的两个偏导数 $f_x = 0$, $f_y = 0$

B. $f(x, y)$ 在点 (x_0, y_0) 的全增量 $\Delta f = \dfrac{\Delta x \Delta y}{\sqrt{(\Delta x)^2 + (\Delta y)^2}}$

C. $f(x, y)$ 在点 (x_0, y_0) 的全增量 $\Delta f = \dfrac{\sin[(\Delta x)^2 + (\Delta y)^2]}{\sqrt{(\Delta x)^2 + (\Delta y)^2}}$

D. $f(x, y)$ 在点 (x_0, y_0) 的全增量 $\Delta f = [(\Delta x)^2 + (\Delta y)^2] \sin \dfrac{1}{(\Delta x)^2 + (\Delta y)^2}$

13. 设函数 $f(x, y)$ 在点 $(0, 0)$ 处的偏导数 $f_x(0, 0) = 3$, $f_y(0, 0) = 1$, 则下列命题成立的是(　　).

A. $df(0, 0) = 3dx + dy$

B. 函数在点 $(0, 0)$ 的某邻域内必有定义

C. 曲线 $\begin{cases} z = f(x, y), \\ y = 0 \end{cases}$ 在点 $(0, 0)$ 的切向量为 $\boldsymbol{i} + 3\boldsymbol{k}$

D. 极限 $\lim\limits_{(x, y) \to (0, 0)} f(x, y)$ 必存在

14. 函数 $f(x, y) = \begin{cases} x^2 + y^2, & xy = 0, \\ 1, & xy \neq 0 \end{cases}$ 在点 $(0, 0)$ 处(　　).

A. 连续且偏导数存在　　B. 连续且偏导数不存在

C. 偏导数存在,但不连续　　D. 不连续且偏导数不存在

15. 设 $f(x, y) = \sqrt{|xy|}$, 则函数在点 $(0, 0)$ 处(　　).

A. 连续,但偏导数不存在　　B. 偏导数存在,但不可微

C. 可微　　D. 偏导数存在且连续

16. 讨论函数 $f(x, y) = \dfrac{x^2 - y^2}{x^2 + y^2}$ 在点 $(0, 0)$ 处的累次极限及二重极限.

17. 求下列函数的一、二阶偏导数:

(1) $u = \ln \sqrt{x^2 + y^2}$;

(2) 设 $u = x^{y^z}$ $(x > 0, y > 0, z > 0)$, 求 u_{xx}, u_{yy}, u_{zz}.

18. 求下列函数的全微分：

(1) $u=\dfrac{x}{\sqrt{x^2+y^2}}$；　　(2) $u=x^{\frac{y}{z}}$.

19. 设 $z=f[x^2+y^2,\ \sin(xy),\ y]$，其中 f 为可微函数，求 $\dfrac{\partial z}{\partial x}$ 及 $\dfrac{\partial z}{\partial y}$.

20. 设 $z=f(u,v,w)$ 具有连续偏导数，而 $u=\eta-\zeta,\ v=\zeta-\xi,\ w=\xi-\eta$，求 $\dfrac{\partial z}{\partial \xi}$，$\dfrac{\partial z}{\partial \eta}$，$\dfrac{\partial z}{\partial \zeta}$.

21. 设 $z=f[x+\varphi(y)]$，其中 f,φ 具有二阶导数，验证：

$$\frac{\partial z}{\partial x}\frac{\partial^2 z}{\partial x\partial y}=\frac{\partial z}{\partial y}\frac{\partial^2 z}{\partial x^2}.$$

22. 证明：当 $\xi=\dfrac{y}{x}$，$\eta=y$ 时，方程 $x^2\dfrac{\partial^2 u}{\partial x^2}+2xy\dfrac{\partial^2 u}{\partial x\partial y}+y^2\dfrac{\partial^2 u}{\partial y^2}=0$ 可化为标准方程 $\dfrac{\partial^2 u}{\partial \eta^2}=0$.

23. 设 $z=z(x,y)$ 是由方程 $z^5-xz^4+yz^3=1$ 确定的隐函数，求 $\left.\dfrac{\partial^2 z}{\partial x\partial y}\right|_{(0,0)}$.

24. 设 $f(x,y)=x^2+(x+3)y+ay^2+y^3$，已知两曲线 $\dfrac{\partial f}{\partial x}=0$，$\dfrac{\partial f}{\partial y}=0$ 相切，求 a.

25. 作自变量替换 $x=\sqrt{vw}$，$y=\sqrt{uw}$，$z=\sqrt{vu}$，把 $f(x,y,z)$ 变成 $F(u,v,w)$，并求证：$xf_x+yf_y+zf_z=uF_u+vF_v+wF_w$.

26. 设 $f(x,y,z)=\mathrm{e}^x yz^2$，其中 $z=z(x,y)$ 是由方程 $x+y+z+xyz=0$ 所确定的隐函数，求 $f_x(0,1,-1)$.

27. 已知方程 $F(x+y,y+z)=1$ 确定了隐函数 $z=z(x,y)$，其中 F 具有连续的二阶偏导数，求 $\dfrac{\partial^2 z}{\partial y\partial x}$.

28. 在曲面 $z=xy$ 上求一点，使该点处的法线垂直于平面 $x+3y+z+9=0$，并写出这法线的方程.

29. 求由方程 $x^2+y^2+z^2-2x+2y-4z-10=0$ 确定的函数 $z=f(x,y)$ 的极值.

30. 设 $\boldsymbol{e}_l=(\cos\theta,\ \sin\theta)$，求函数 $f(x,y)=x^2-xy+y^2$ 在点 $(1,1)$ 沿方向 l 的方向导数，并分别确定角 θ，使这导数有(1) 最大值；(2) 最小值；(3) 等于 0.

31. 证明：曲面 $F(nx-lz,\ ny-mz)=0$ 上任一点的切平面都平行于直线 $\dfrac{x}{l}=\dfrac{y}{m}=\dfrac{z}{n}$.

32. 在第一卦限内作椭球面 $\dfrac{x^2}{a^2}+\dfrac{y^2}{b^2}+\dfrac{y^2}{c^2}=1$ 的切平面，使该切平面与三坐标面所围成的四面体的体积最小，求切平面的切点，并求此最小体积.

33. 求曲线 $\begin{cases} z=x^2+y^2, \\ y=\dfrac{1}{x} \end{cases}$ 上到坐标面 xOy 距离最短的点，并求出最短的距离.

实验 7　多元函数的极限及偏导数的计算

一、实验内容

(1) 多变量函数的极限计算.

(2) 偏导数的计算.

二、实验目的

会用 Matlab 求解多变量函数的极限、偏导数.

三、预备知识

多元函数的极限使用函数 limit()求解,如计算 $\lim\limits_{\substack{x\to x_0\\ y\to y_0}} f(x, y)$,可嵌套使用 limit():

```
L=limit((limit(f,x,x0),y,y0)
```

或

```
L=limit((limit(f,y,y0),x,x0)
```

如 x 趋于另一个变量的函数,则必须用第一个式子.

例 1　计算极限 $\lim\limits_{\substack{x\to 1/\sqrt{y}\\ y\to\infty}} \mathrm{e}^{-1/(x^2y^2)}\ \dfrac{\sin^2 x}{x^2}\left(1+\dfrac{1}{y^2}\right)^{x+a^2y^2}$.

```
syms x y a;
f=exp(-1/(y^2+x^2))*sin(x)^2/x^2*(1+1/y^2)^(x+a^2 *y^2);
L=limit(limit(f,x,1/sqrt(y)),y,inf)
```

结果如下:

```
L=exp(a^2)
```

多元函数的偏导数使用函数 diff()求解.

计算 $\dfrac{\partial^{m+n} f}{\partial^m x\partial^n y}$,可用下列函数求解:

```
f=diff(diff(f,x,m),y,n)
```

或

```
f=diff(diff(f,y,n),x,m)
```

例 2　设 $z = x\ln(xy)$,求 $\dfrac{\partial z}{\partial x}$,$\dfrac{\partial^3 z}{\partial x\partial^2 y}$.

```
syms x,y
z=x*log(x*y);
diff(z,x)
diff(diff(z,x),y,2)
```

结果如下:

```
f1=log(x*y)+1
f2=-1/y^2
```

四、实验题目

求多元函数的极限与偏导数.

(1) $\lim\limits_{\substack{x\to 0\\ y\to 0}} \dfrac{1-\cos(x^2+y^2)}{(x^2+y^2)^2 e^{x^2+y^2}}$.

```
syms x y
f=(1.-cos(x.^2+y.^2))./((x.^2+y.^2).^2.*exp(x.^2+y.^2));
limit(limit(f,x,0),y,0)
```

结果如下：

```
ans=1/2
```

(2) $f(x, y)=\sin\left(\dfrac{x}{1+y}\right)$，求$\dfrac{\partial f}{\partial x}$，$\dfrac{\partial f}{\partial y}$.

```
syms x y z
z=sin(x./(1+y));
fx=diff(z,x)
fy=diff(z,y)
```

结果如下：

```
fx= cos(x/(1+y))/(1+y)
fy =-cos(x/(1+y))*x/(1+y)^2
```

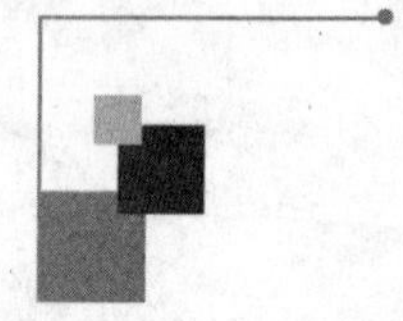

第 8 章

重　积　分

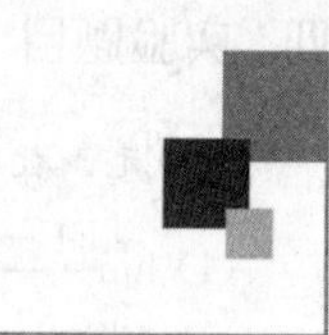

在一元函数积分学中，定积分的定义是将定义在区间$[a, b]$上的一元函数$f(x)$采用划分、近似、求和、取极限等四个步骤，得到某种确定形式的和的极限，这就是定积分$\int_a^b f(x)\mathrm{d}x$. 若将一元函数分别推广成二元函数和三元函数，同时相应地将区间分别推广成平面区域和空间区域，这就得到二重积分和三重积分的概念. 本章将介绍二重积分和三重积分的概念、性质和计算方法，最后再介绍它们的一些典型的应用.

8.1 二 重 积 分

8.1.1 二重积分的概念

引例 1　曲顶柱体的体积

所谓曲顶柱体是指这样的立体，它的底为 xOy 面上的有界闭区域 D，侧面是以 D 的边界曲线为准线、母线垂直于 xOy 面的柱面，顶部是曲面 Σ: $z=f(x, y)$(设 $f(x, y)\geqslant 0$，且在 D 上连续). 下面来讨论如何求出该曲顶柱体的体积 V(图 8-1).

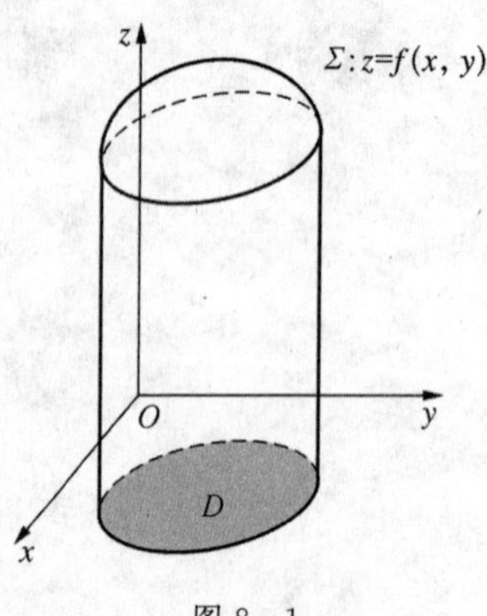

图 8-1

由于顶部是曲面，所以不能用公式

$$体积=底面积\times高$$

来计算 V. 回忆在第 5 章求曲边梯形面积的方法，曲顶柱体相当于曲边梯形，曲顶相当于曲边梯形的曲边，底部区域相当于曲边梯形的底所在的区间，因此可参照求曲边梯形面积的方法求解.

(1) **划分**　用任意的曲线网将 D 分成 n 个小闭区域

$$\Delta\sigma_1,\ \Delta\sigma_2,\ \cdots,\ \Delta\sigma_n,$$

并用 $\Delta\sigma_i$ 表示第 i 个小闭区域以及它的面积,分别以这些小闭区域的边界曲线为准线,作母线平行于 z 轴的柱面,把曲顶柱体分成 n 个小的曲顶柱体 $\Delta V_1,\ \Delta V_2,\ \cdots,\ \Delta V_n$,并用 ΔV_i 表示第 i 个曲顶柱体以及它的体积(图 8-2(a)).

(2) **近似**　在 $\Delta\sigma_i$ 上任取一点$(\xi_i,\ \eta_i)$,用底为 $\Delta\sigma_i$、高为 $f(\xi_i,\ \eta_i)$的平顶柱体体积 $f(\xi_i,\ \eta_i)\Delta\sigma_i$ 来近似代替 ΔV_i 的体积,即

$$\Delta V_i \approx f(\xi_i,\ \eta_i)\Delta\sigma_i \quad (i=1,\ \cdots,\ n),$$

并且当 $\Delta\sigma_i$ 的直径 λ_i 越小时,这种近似程度越高(图 8-2(b)).

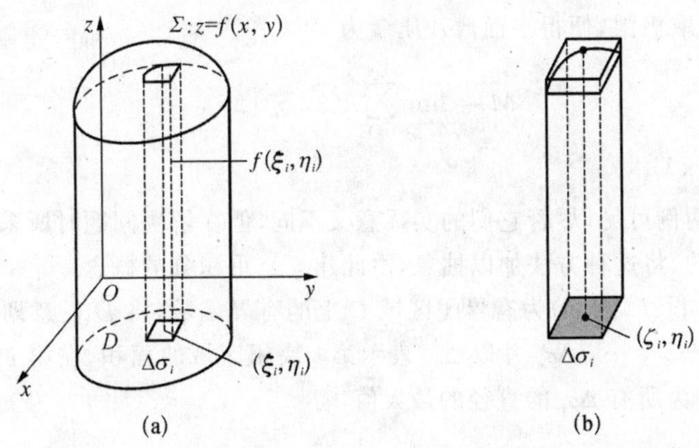

图 8-2

(3) **求和**

$$V=\sum_{i=1}^{n}\Delta V_i \approx \sum_{i=1}^{n} f(\xi_i,\ \eta_i)\Delta\sigma_i.$$

(4) **取极限**　令 $\lambda=\max\limits_{1\leqslant i\leqslant n}\lambda_i$,当 $\lambda\to 0$ 时,若 $\sum\limits_{i=1}^{n} f(\xi_i,\ \eta_i)\Delta\sigma_i \to V$(定值),则认为 V 就是该立体的体积,即

$$V=\lim_{\lambda\to 0}\sum_{i=1}^{n} f(\xi_i,\ \eta_i)\Delta\sigma_i. \tag{8.1.1}$$

引例 2　平面薄片的质量

设平面薄片占有 xOy 面上有界闭区域 D,它在点$(x,\ y)\in D$ 处的面密度为 $\mu(x,\ y)$(设 $\mu(x,\ y)\geqslant 0$ 且在 D 上连续),求该平面薄片的质量 M(图 8-3).

由于面密度 $\mu=\mu(x,\ y)$ 是随$(x,\ y)$ 变化而变化的,所以不能用公式

$$质量=面密度\times 面积$$

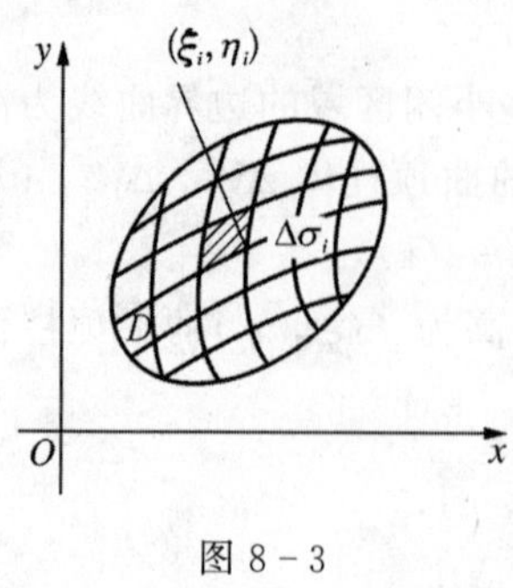

图 8-3

来计算. 同样可以采用求曲顶柱体体积的方法来求薄片的质量 M.

将薄片 D 任意分成 n 个小闭区域,由于 $\mu(x, y)$ 在 D 上连续,只要划分得越细,即第 i 个小闭域 $\Delta\sigma_i$ 的直径 λ_i 越小,这些小闭区域就可以近似看成均匀薄片(每点面密度相同),用 $\Delta\sigma_i$ 上的任一点(ξ_i, η_i)处的面密度近似看成该小块每一点的面密度,则第 i 小块的质量

$$\Delta M_i \approx \mu(\xi_i, \eta_i)\Delta\sigma_i,$$

再通过求和、取极限,便得平面薄片质量为

$$M = \lim_{\lambda\to 0}\sum_{i=1}^{n}\mu(\xi_i, \eta_i)\Delta\sigma_i, \tag{8.1.2}$$

其中 $\lambda = \max\limits_{1\leqslant i\leqslant n}\lambda_i$.

由以上两例可见,尽管它们的实际意义不同,但在解决问题时所采用的数学方法却是相同的,将这种方法加以抽象,由此建立二重积分的概念.

定义 1 设 $f(x, y)$为有界闭区域 D 上的有界函数,将 D 任意划分成 n 个小闭区域 $\Delta\sigma_1, \Delta\sigma_2, \cdots, \Delta\sigma_n$ 并以 $\Delta\sigma_i$ 表示第 i 块闭区域的面积,在第 i 块上任取点(ξ_i, η_i). 令 λ 为所有 $\Delta\sigma_i$ 的直径的最大值,若

$$\lim_{\lambda\to 0}\sum_{i=1}^{n}f(\xi_i, \eta_i)\Delta\sigma_i \tag{8.1.3}$$

存在,则称 **$f(x, y)$在闭区域 D 上可积**,并把上述极限值称为 $f(x, y)$在 D 上的**二重积分**,记为

$$\iint_D f(x, y)\mathrm{d}\sigma,$$

即

$$\iint_D f(x, y)\mathrm{d}\sigma = \lim_{\lambda\to 0}\sum_{i=1}^{n}f(\xi_i, \eta_i)\Delta\sigma_i, \tag{8.1.4}$$

其中,$\sum\limits_{i=1}^{n}f(\xi_i, \eta_i)\Delta\sigma_i$ 称为积分和,$f(x, y)$ 称为被积函数,$\mathrm{d}\sigma$ 称为面积元,$f(x, y)\mathrm{d}\sigma$ 称为被积表达式,D 称为积分区域.

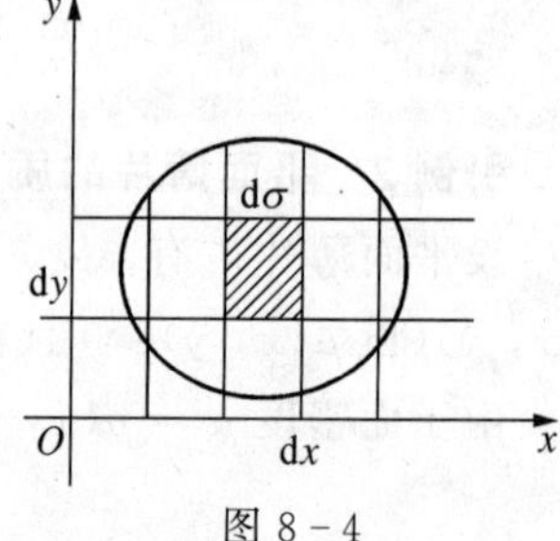

图 8-4

由于 $f(x, y)$在 D 上可积与对 D 的划分无关,若作特殊的划分:用平行于 x 轴和 y 轴的直线网格对 D 进行划分(图 8-4),这样 $\Delta\sigma_i \approx \Delta x_i\Delta y_i$,取 $\mathrm{d}\sigma=$

$\mathrm{d}x\mathrm{d}y$,此时二重积分便成为$\iint\limits_D f(x, y)\mathrm{d}x\mathrm{d}y$,即

$$\iint\limits_D f(x, y)\mathrm{d}\sigma = \iint\limits_D f(x, y)\mathrm{d}x\mathrm{d}y. \tag{8.1.5}$$

下面给出 $f(x, y)$在 D 上可积的充分条件.

定理 1　若 $f(x, y)$在有界闭区域 D 上连续,则 $f(x, y)$在 D 上必可积.

由二重积分的定义可知,以曲面 Σ: $z = f(x, y)$ 为曲顶(这里 $f(x, y) > 0$),以 xOy 面上闭区域 D 为底的曲顶柱体体积

$$V = \iint\limits_D f(x, y)\mathrm{d}\sigma.$$

一般地,二重积分 $\iint\limits_D f(x, y)\mathrm{d}\sigma$的几何意义可以叙述为:它表示以 xOy 面上闭区域 D 为底,以曲面 $z = f(x, y)$ 为顶的曲顶柱体的体积的代数和,其中曲面在 xOy 面上方的部分取正号,下方的部分取负号.

占有平面闭区域 D,面密度为 $\mu(x, y)$的平面薄片的质量

$$M = \iint\limits_D \mu(x, y)\mathrm{d}\sigma.$$

这是二重积分的物理意义.

8.1.2　二重积分的性质

将二重积分与定积分的定义相比较,不难得到二重积分的类似于定积分的性质.

性质 1(线性性质)　设 α, β 为常数,则

$$\iint\limits_D [\alpha f(x, y) + \beta g(x, y)]\mathrm{d}\sigma = \alpha\iint\limits_D f(x, y)\mathrm{d}\sigma + \beta\iint\limits_D g(x, y)\mathrm{d}\sigma.$$

性质 2(对区域的可加性)　设有界闭区域 D 分为两个闭区域 D_1 与 D_2,$f(x, y)$在 D_1 和 D_2 上都可积,则 $f(x, y)$在 D 上可积,且

$$\iint\limits_D f(x, y)\mathrm{d}\sigma = \iint\limits_{D_1} f(x, y)\mathrm{d}\sigma + \iint\limits_{D_2} f(x, y)\mathrm{d}\sigma.$$

性质 3　设 D 为有界闭区域,则

$$\iint\limits_D \mathrm{d}\sigma = \sigma,$$

其中,σ 为 D 的面积.

以上三个性质都可以用二重积分的定义加以证明.

性质 4(比较不等式) 设 $f(x, y)$, $g(x, y)$都在 D 上可积,且 $f(x, y) \leqslant g(x, y)$ ($(x, y) \in D$),则

$$\iint_D f(x, y)\mathrm{d}\sigma \leqslant \iint_D g(x, y)\mathrm{d}\sigma.$$

特别地,由不等式

$$-|f(x, y)| \leqslant f(x, y) \leqslant |f(x, y)|,$$

得

$$-\iint_D |f(x, y)|\mathrm{d}\sigma \leqslant \iint_D f(x, y)\mathrm{d}\sigma \leqslant \iint_D |f(x, y)|\mathrm{d}\sigma.$$

从而有绝对值不等式

$$\left|\iint_D f(x, y)\mathrm{d}\sigma\right| \leqslant \iint_D |f(x, y)|\mathrm{d}\sigma.$$

注 在上述推导中用到了"若 $f(x, y)$在 D 上可积,则$|f(x, y)|$在 D 上可积,反之不成立"这个命题,而证明该命题有一定的难度.

性质 5(估值不等式) 设 M, m 分别是 $f(x, y)$在闭区域 D 上的最大值和最小值,则

$$m\sigma \leqslant \iint_D f(x, y)\mathrm{d}\sigma \leqslant M\sigma,$$

其中,σ 为 D 的面积.

证 因为 $m \leqslant f(x, y) \leqslant M$,由性质 4 和性质 3,得

$$m\sigma = \iint_D m\mathrm{d}\sigma \leqslant \iint_D f(x, y)\mathrm{d}\sigma \leqslant \iint_D M\mathrm{d}\sigma = M\iint_D \mathrm{d}\sigma,$$

即

$$m\sigma \leqslant \iint_D f(x, y)\mathrm{d}\sigma \leqslant M\sigma.$$

性质 6(中值定理) 设 $f(x, y)$在闭区域 D 上连续,则在 D 上至少存在点(ξ, η),使得

$$\iint_D f(x, y)\mathrm{d}\sigma = f(\xi, \eta)\sigma,$$

其中,σ 为 D 的面积.

证 将性质 5 中不等式各除以 σ,有

$$m \leqslant \frac{1}{\sigma}\iint_D f(x, y)\mathrm{d}\sigma \leqslant M.$$

再根据在闭区域上连续函数的介值定理,在 D 上至少存在点(ξ, η)使得

$$f(\xi, \eta)=\frac{1}{\sigma}\iint_D f(x, y)\mathrm{d}\sigma,$$

即

$$\iint_D f(x, y)\mathrm{d}\sigma=f(\xi, \eta)\sigma.$$

注 有时候也把数 $\frac{1}{\sigma}\iint_D f(x, y)\mathrm{d}\sigma$ 称为函数 $f(x, y)$ 在闭区域 D 上的平均值.

8.1.3 平面区域的表示

以后会看到二重积分的计算依赖于积分区域的不等式表示.积分区域是平面上的点的集合,可以通过集合的描述法将它表示出来.

如果 D 夹在两条平行于 y 轴直线之间,且穿过 D 内部又平行于 y 轴的直线与 D 的边界的交点不多于两个,则称此区域为 X-型区域.如图 8-5 所示,区域 D 可表示为

$$D:\begin{cases}a\leqslant x\leqslant b,\\ \varphi_1(x)\leqslant y\leqslant \varphi_2(x).\end{cases}$$

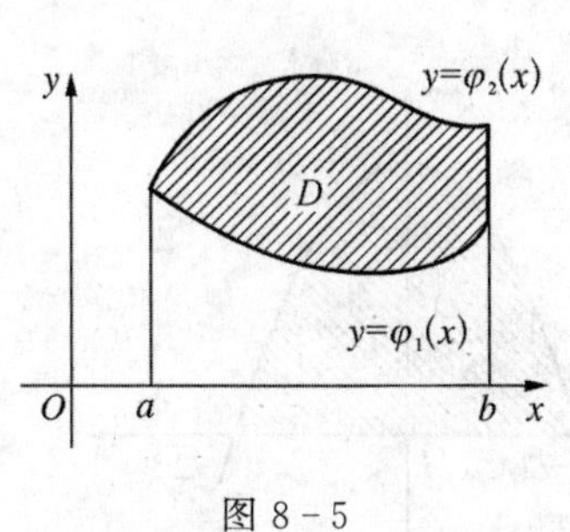

图 8-5

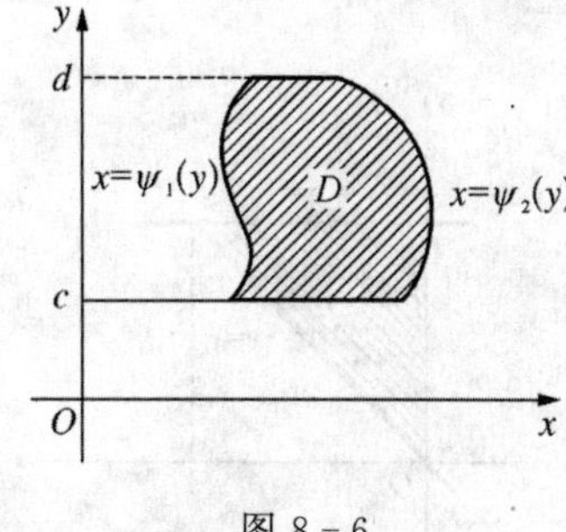

图 8-6

类似地,可以规定 Y-型区域.如图 8-6 所示,区域 D 可表示为

$$D:\begin{cases}c\leqslant y\leqslant d,\\ \psi_1(y)\leqslant x\leqslant \psi_2(y).\end{cases}$$

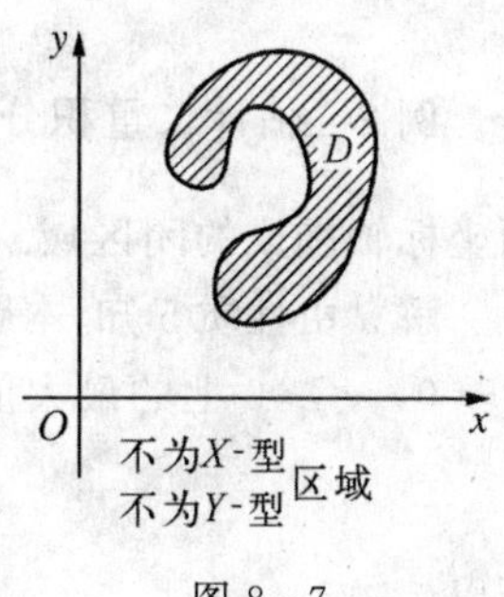

图 8-7

有些积分区域既属于 X-型,又属于 Y-型,这时,可以根据下一节介绍的计算公式选择更适合于计算的那一型;有些积分区域既不属于 X-型,又不属于 Y-型,如图 8-7 所示,这时,可以用若干条线段将 D 分成若干个 X-型或 Y-型的子区域,由二重积分性质 2——

总区域 D 上的二重积分等于各子区域上二重积分的和来计算.

例 1 把下面的区域分别表示成 X-型和 Y-型的区域形式:

(1) D 是由直线 $y=x$, $y=1$ 及 y 轴围成的闭区域;

(2) D 是由抛物线 $y=2-x^2$ 与 x 轴围成的闭区域.

解 (1) 如图 8-8(a)所示,若将 D 视为 X-型,则

$$D:\begin{cases}0\leqslant x\leqslant 1,\\ x\leqslant y\leqslant 1;\end{cases}$$

若将 D 视为 Y-型,则

$$D:\begin{cases}0\leqslant y\leqslant 1,\\ 0\leqslant x\leqslant y.\end{cases}$$

(2) 如图 8-8(b)所示,若将 D 视为 X-型,则

$$D:\begin{cases}-\sqrt{2}\leqslant x\leqslant \sqrt{2},\\ 0\leqslant y\leqslant 2-x^2;\end{cases}$$

若将 D 视为 Y-型,则

$$D:\begin{cases}0\leqslant y\leqslant 2,\\ -\sqrt{2-y}\leqslant x\leqslant \sqrt{2-y}.\end{cases}$$

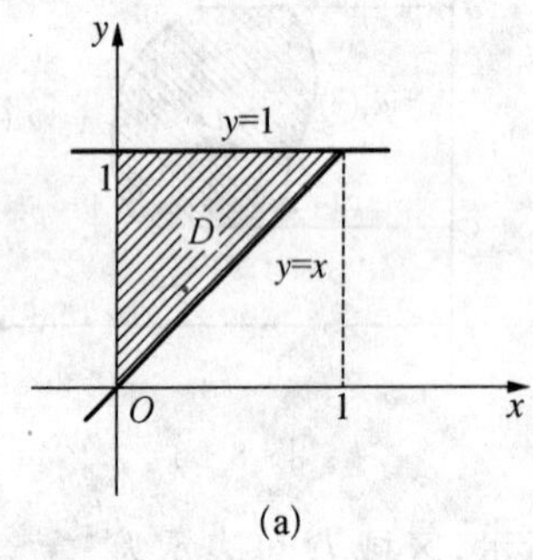

(a)

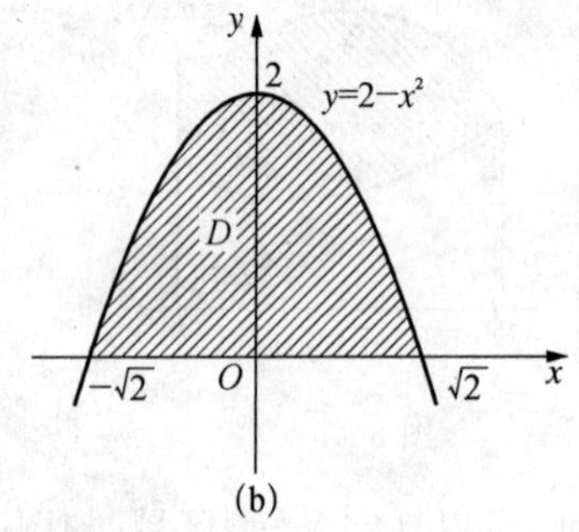

(b)

图 8-8

例 2 估计二重积分 $I=\iint\limits_D(2x^2+y^2+1)\mathrm{d}\sigma$ 的值,其中 D 是由 $x+y=1$ 和两坐标轴围成的闭区域.

解 由性质 5 知,本题关键是求出函数 $z=2x^2+y^2+1$ 在闭区域 D: $x+y\leqslant 1$, $x\geqslant 0$, $y\geqslant 0$ 上的最大值和最小值. 显然

$$1\leqslant 2x^2+y^2+1\leqslant 3,$$

所以

$$1\times\frac{1}{2}\leqslant\iint\limits_{D}(2x^2+y^2+1)\mathrm{d}\sigma\leqslant 3\times\frac{1}{2},$$

即

$$\frac{1}{2}\leqslant I\leqslant\frac{3}{2}.$$

例 3　判断 $\iint\limits_{r\leqslant|x|+|y|\leqslant 1}\ln(x^2+y^2)\mathrm{d}x\mathrm{d}y$ 的符号$(r>0)$.

解　当 $r\leqslant|x|+|y|\leqslant 1$ 时,$0<x^2+y^2\leqslant(|x|+|y|)^2\leqslant 1$,故

$$\ln(x^2+y^2)\leqslant 0.$$

于是

$$\iint\limits_{r\leqslant|x|+|y|\leqslant 1}\ln(x^2+y^2)\mathrm{d}x\mathrm{d}y\leqslant 0.$$

习　题　8.1

1. 设 $I_1=\iint\limits_{D}(x^2+y^2)^2\mathrm{d}\sigma$,其中 $D_1=\{(x,y)\mid 0\leqslant x\leqslant 1,\ 0\leqslant y\leqslant 1-x\}$;$I_2=\iint\limits_{D_2}(x^2+y^2)^2\mathrm{d}\sigma$,其中 $D_2=\{(x,y)\mid |x|+|y|\leqslant 1\}$. 试利用二重积分的几何意义说明 I_1 与 I_2 之间的关系.

2. 利用二重积分定义证明:

(1) $\iint\limits_{D}kf(x,y)\mathrm{d}\sigma=k\iint\limits_{D}f(x,y)\mathrm{d}\sigma$,其中 k 为常数;

(2) $\iint\limits_{D}f(x,y)\mathrm{d}\sigma=\iint\limits_{D_1}f(x,y)\mathrm{d}\sigma+\iint\limits_{D_2}f(x,y)\mathrm{d}\sigma$,其中 $D=D_1\cup D_2$, D_1, D_2 为两个无公共内点的闭区域.

3. 利用二重积分的性质比较下列积分的大小:

(1) $\iint\limits_{D}(x+y)\mathrm{d}\sigma$ 与 $\iint\limits_{D}(x+y)^2\mathrm{d}\sigma$,其中积分区域 D 是由 x 轴、y 轴及直线 $x+y=1$ 所围成;

(2) $\iint\limits_{D}(x+y)^2\mathrm{d}\sigma$ 与 $\iint\limits_{D}(x+y)^3\mathrm{d}\sigma$,其中积分区域 D 是由圆周 $(x-1)^2+(y-1)^2=2$ 所围成;

(3) $\iint\limits_{D}\ln(x+y)\mathrm{d}\sigma$ 与 $\iint\limits_{D}[\ln(x+y)]^2\mathrm{d}\sigma$,其中 $D=\{(x,y)\mid 3\leqslant x\leqslant 5,\ 0\leqslant y\leqslant 1\}$.

4. 利用二重积分的估值不等式估计下列积分的值:

(1) $I=\iint\limits_{D}(x+y+2)\mathrm{d}\sigma$,其中 $D=\{(x,y)\mid 0\leqslant x\leqslant 1,\ 0\leqslant y\leqslant 2\}$;

(2) $I=\iint\limits_{D}(x^2+4y^2+9)\mathrm{d}\sigma$,其中 $D=\{(x,y)\mid x^2+y^2\leqslant 4\}$;

(3) $I=\iint\limits_{D}\frac{d\sigma}{100+\cos^2x+\cos^2y}$，其中 $D=\{(x, y)\mid |x|+|y|\leqslant 10\}$.

5. 填空.

(1) 设 $D_1=\{(x, y)\mid y\geqslant x, y\geqslant\frac{1}{x}, 1\leqslant y\leqslant 2\}$，$D_2=\{(x, y)\mid y\leqslant x, y\geqslant\frac{1}{x}, 1\leqslant x\leqslant 2\}$，$I_1=\iint\limits_{D_1}\frac{x^2}{y^2}d\sigma$，$I_2=\iint\limits_{D_2}\frac{x^2}{y^2}d\sigma$，则 I_1 与 I_2 的大小关系为________.

(2) 利用二重积分的几何意义，得到 $I=\iint\limits_{D}(1-x^2)d\sigma=$________，其中 $D=\{(x, y)\mid -1\leqslant x\leqslant 1, 0\leqslant y\leqslant 2\}$.

(3) 设 $D=\{(x, y)\mid x^2+y^2\leqslant a^2\}$，则 $\iint\limits_{D}\frac{y^3\cos x}{1+x^2+\cos^2y}d\sigma=$________.

(4) 极限值 $\lim\limits_{n\to\infty}\frac{1}{n^2}\sum\limits_{i=1}^{n}\sum\limits_{j=1}^{n}e^{\frac{i^2+j^2}{n^2}}$ 可用二重积分表示为________.

6. 证明：$\iint\limits_{|x|+|y|\leqslant 1}(2\sqrt{|xy|}+x^2+y^2+3|xy|)d\sigma\leqslant\frac{9}{2}$.

8.2 二重积分的计算

利用二重积分的定义来计算二重积分，除对少数特别简单的被积函数和积分区域是可行的外，对一般的函数和区域，这种方法运用起来相当麻烦，有时甚至是行不通的，为此寻找二重积分的计算方法尤为重要. 本节介绍的方法是化二重积分为**累次积分**(即两次定积分)来计算.

8.2.1 利用直角坐标计算二重积分

设积分区域 D 是 X-型区域，用不等式表示为

$$D:\begin{cases}a\leqslant x\leqslant b,\\ \varphi_1(x)\leqslant y\leqslant\varphi_2(x),\end{cases}$$

其中，函数 $\varphi_1(x)$，$\varphi_2(x)$ 在区间 $x\in[a, b]$ 上连续(图 8-9).

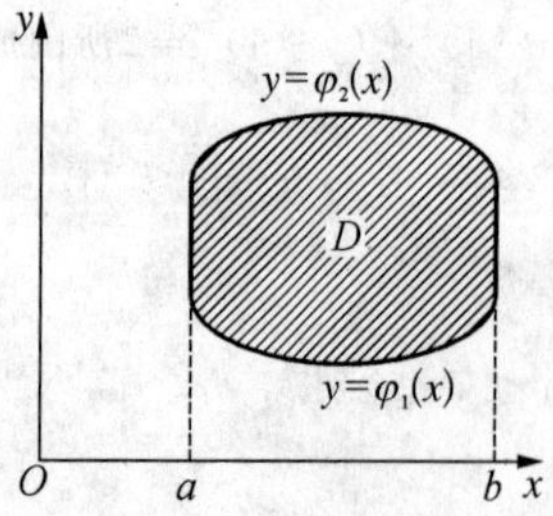

先规定 $f(x, y)\geqslant 0$，由几何意义可知，二重积分 $\iint\limits_{D}f(x, y)d\sigma$ 表示以 D 为底，以 $f(x, y)$ 为曲顶的立体体积(图 8-9)，下面应用第 5 章中学习过的求“平行截面面积为已知函数的立体体积”的方法来计算该立体的体积.

y
$y=\varphi_2(x)$
D
$y=\varphi_1(x)$
O a b x

图 8-9

先求平行截面面积. 把立体看成夹在平面 $x=a$ 和 $x=b$ 之间, $\forall x\in[a,b]$ (x 视为常数), 作平面 $X=x$, 截该曲顶柱体所得的截面是一个以区间 $[\varphi_1(x),\varphi_2(x)]$ 为底、曲线 $z=f(x,y)$ 为曲边的曲边梯形(图 8-10 中阴影部分), 将它投影到 yOz 面上(图 8-11), 易知, 该曲边梯形的面积为

$$A(x)=\int_{\varphi_1(x)}^{\varphi_2(x)}f(x,y)\mathrm{d}y.$$

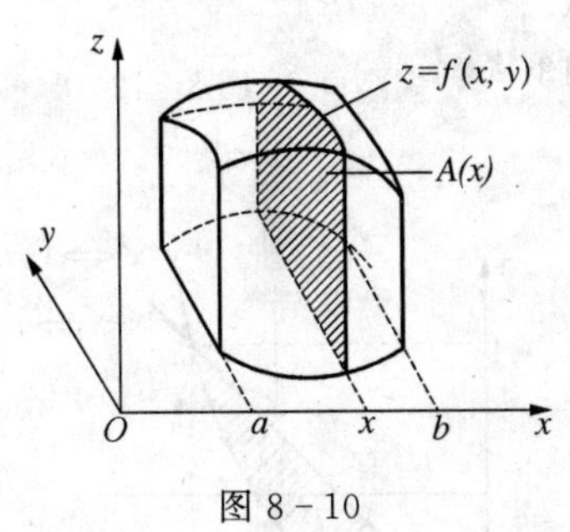

图 8-10

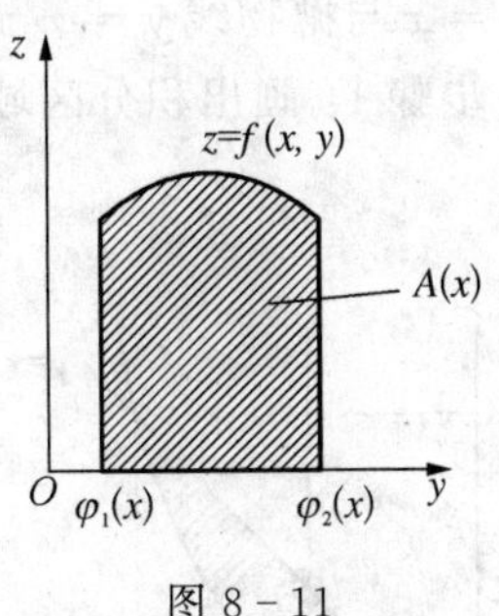

图 8-11

再由平行截面面积为已知函数 $A(x)$ 的立体体积的计算方法, 得该立体体积为

$$V=\int_a^b A(x)\mathrm{d}x=\int_a^b\left[\int_{\varphi_1(x)}^{\varphi_2(x)}f(x,y)\mathrm{d}y\right]\mathrm{d}x,$$

而 $V=\iint\limits_D f(x,y)\mathrm{d}\sigma$, 于是便有

$$\iint\limits_D f(x,y)\mathrm{d}\sigma=\int_a^b\left[\int_{\varphi_1(x)}^{\varphi_2(x)}f(x,y)\mathrm{d}y\right]\mathrm{d}x. \tag{8.2.1}$$

注　(1) 上式右端的积分次序是先对 y、后对 x 的累次积分, 在对 y 积分时, $f(x,y)$ 中的 x 暂时被看成常数, 积出后的结果(应为 x 的函数 $A(x)$)再对 x 计算定积分.

(2) 在不至于混淆的情况下, 通常式(8.2.1)改写为

$$\iint\limits_D f(x,y)\mathrm{d}x\mathrm{d}y=\int_a^b\mathrm{d}x\int_{\varphi_1(x)}^{\varphi_2(x)}f(x,y)\mathrm{d}y. \tag{8.2.2}$$

(3) 取消 $f(x,y)\geqslant 0$ 的规定, 结论依然成立.

同理, 当积分区域 D 为 Y 型, 且用不等式表示为

$$D:\begin{cases}c\leqslant y\leqslant d,\\ \psi_1(y)\leqslant x\leqslant\psi_2(y)\end{cases}$$

(图 8－12),则有

$$\iint_D f(x,\ y)\mathrm{d}x\,\mathrm{d}y=\int_c^d \mathrm{d}y\int_{\psi_1(y)}^{\psi_2(y)} f(x,\ y)\mathrm{d}x. \tag{8.2.3}$$

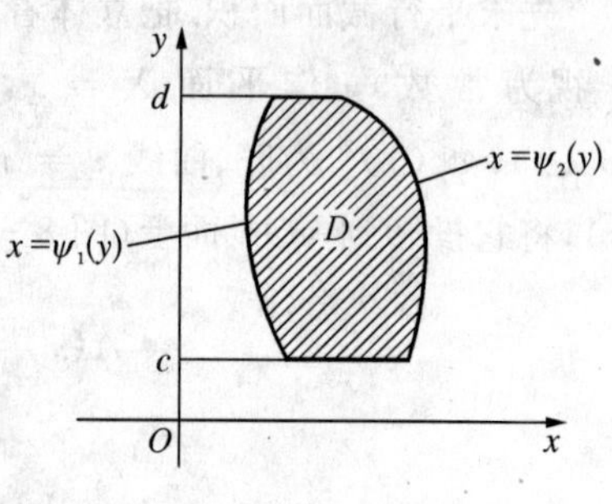

图 8－12

例 1 计算 $I=\iint\limits_D (x^2+2y)\mathrm{d}x\,\mathrm{d}y$,其中 D 为直线 $y=x$ 与抛物线 $y=x^2$ 所围成的区域.

解 步骤 1:画出积分区域 D,如图8－13所示.

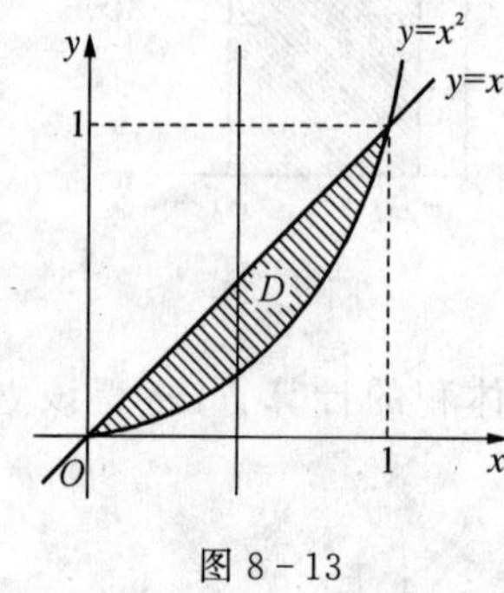

图 8－13

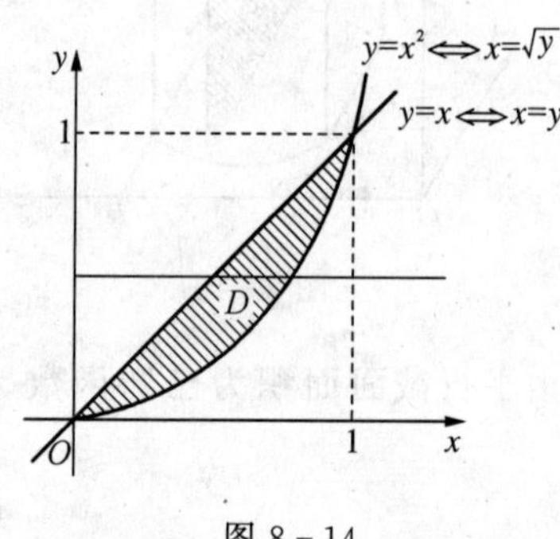

图 8－14

步骤 2:将区域 D 的点 $(x,\ y)$ 用不等式表示:$0\leqslant x\leqslant 1,\ x^2\leqslant y\leqslant x$.

步骤 3:利用式(8.2.2)将二重积分化为累次积分,得

$$I=\iint_D (x^2+2y)\mathrm{d}x\,\mathrm{d}y=\int_0^1 \mathrm{d}x\int_{x^2}^{x}(x^2+2y)\mathrm{d}y=\int_0^1 (x^2y+y^2)\Big|_{x^2}^{x}\mathrm{d}x$$

$$=\int_0^1 (x^3+x^2-2x^4)\mathrm{d}x=\left(\frac{1}{4}x^4+\frac{1}{3}x^3-\frac{2}{5}x^5\right)\Big|_0^1=\frac{11}{60}.$$

其实区域 D 也是 Y-型的,用不等式表示为 $0\leqslant y\leqslant 1,\ y\leqslant x\leqslant\sqrt{y}$,如图 8－14 所示.

可以用式(8.2.3)将二重积分化为累次积分,得

$$I=\int_0^1 \mathrm{d}y\int_y^{\sqrt{y}}(x^2+2y)\mathrm{d}x=\int_0^1\left(\frac{x^3}{3}+2xy\right)\Big|_y^{\sqrt{y}}\mathrm{d}y$$

$$=\int_0^1\left(\frac{7}{3}y^{\frac{3}{2}}-\frac{y^3}{3}-2y^2\right)\mathrm{d}y=\left(\frac{14}{15}y^{\frac{5}{2}}-\frac{1}{12}y^4-\frac{2}{3}y^3\right)\Big|_0^1$$

$$=\frac{11}{60}.$$

例2　计算 $I=\iint\limits_{D}xy\,\mathrm{d}\sigma$,其中 D 是由抛物线 $y^2=x$ 及直线 $y=x-2$ 所围成的闭区域.

解　直线 $y^2=x$ 和直线 $y=x-2$ 的交点为 $(1,-1)$ 和 $(4,2)$. 把 D 看成 Y-型的,D 夹在直线 $y=-1$ 和 $y=2$ 之间,作平行于 x 轴的直线(图 8-15),从左到右入口线为 $x=y^2$,出口线为 $x=y+2$,那么积分区域 D 可表示为

$$-1\leqslant y\leqslant 2,\quad y^2\leqslant x\leqslant y+2,$$

故

$$I=\int_{-1}^{2}\mathrm{d}y\int_{y^2}^{y+2}xy\,\mathrm{d}x=\int_{-1}^{2}\left(\frac{x^2}{2}y\right)\Bigg|_{y^2}^{y+2}\mathrm{d}y=\frac{1}{2}\int_{-1}^{2}\left[y(y+2)^2-y^5\right]\mathrm{d}y$$

$$=\frac{1}{2}\left(\frac{y^4}{4}+\frac{4}{3}y^3+2y^2-\frac{y^6}{6}\right)\Bigg|_{-1}^{2}=\frac{45}{8}.$$

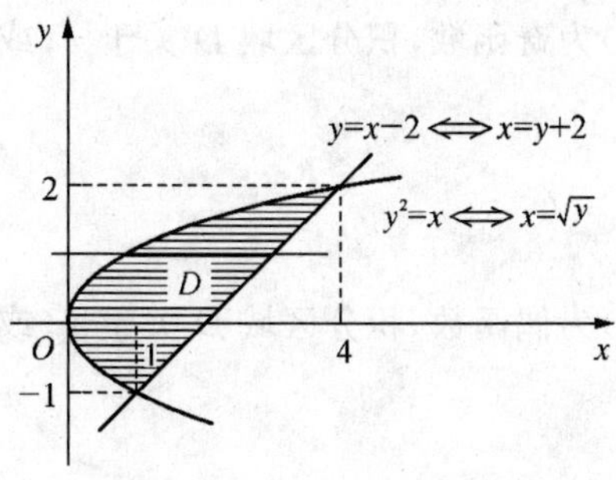

图 8-15

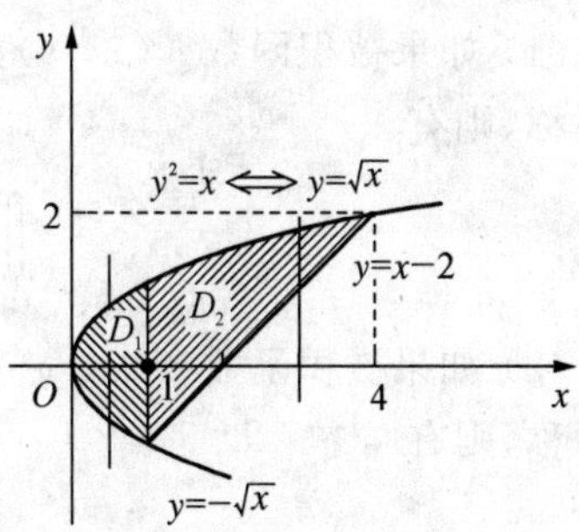

图 8-16

注　该例中的积分区域 D 虽然是 X-型的,但用不等式表示时较为复杂,需用直线 $x=1$ 将 D 分成 D_1 和 D_2 两部分(图 8-16):

$$D_1:0\leqslant x\leqslant 1,-\sqrt{x}\leqslant y\leqslant\sqrt{x};$$

$$D_2:1\leqslant x\leqslant 4,x-2\leqslant y\leqslant\sqrt{x}.$$

根据 8.1.2 节二重积分的性质,有

$$I=\iint\limits_{D_1}xy\,\mathrm{d}\sigma+\iint\limits_{D_2}xy\,\mathrm{d}\sigma=\int_0^1\mathrm{d}x\int_{-\sqrt{x}}^{\sqrt{x}}xy\,\mathrm{d}y+\int_1^4\mathrm{d}x\int_{x-2}^{\sqrt{x}}xy\,\mathrm{d}y=\frac{45}{8}.$$

显然,本题用式(8.2.2)或者说把 D 看成 X-型来计算比较麻烦. 可见,选择适当的二次积分的次序,可以使计算简单.

例3　交换二次积分 $I=\int_{-1}^{1}\mathrm{d}x\int_{0}^{1-x^2}f(x,y)\mathrm{d}y$ 的次序.

解　题中将 D 看成了 X-型,即 D: $-1\leqslant x\leqslant 1$, $0\leqslant y\leqslant 1-x^2$(图 8-17).

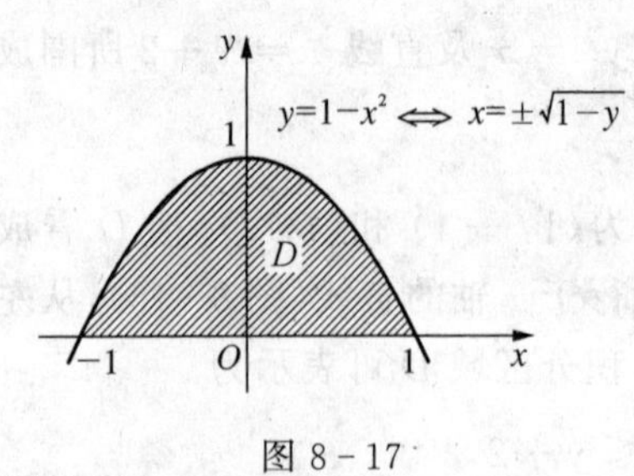

图 8-17

若将 D 看成 Y 型,则 D 可表示为

$$0 \leqslant y \leqslant 1, \quad -\sqrt{1-y} \leqslant x \leqslant \sqrt{1-y}$$

故

$$I = \iint_D f(x, y)\mathrm{d}x\,\mathrm{d}y = \int_0^1 \mathrm{d}y \int_{-\sqrt{1-y}}^{\sqrt{1-y}} f(x, y)\mathrm{d}x.$$

一般地,交换积分次序的步骤是:

(1) 由题中给出的积分限把区域 D 用集合表示,画出图形;

(2) 将区域 D 看成与题中给出的相反"型",并用集合把区域 D 表示出来;

(3) 写出新的二次积分次序.

另外,在计算定积分时,利用对称性可以简化计算. 在二重积分的计算中,也有对称性问题,下面给出相应的结论:

(1) 如果被积函数 $f(x, y)$关于 y(或 x)为奇函数,积分区域 D 关于 x(或 y)轴对称,则有

$$\iint_D f(x, y)\mathrm{d}\sigma = 0;$$

(2) 如果被积函数 $f(x, y)$关于 y(或 x)为偶函数,积分区域 D 关于 x(或 y)轴对称,则有

$$\iint_D f(x, y)\mathrm{d}\sigma = 2\iint_{D_1} f(x, y)\mathrm{d}\sigma;$$

其中,D_1 是 D 的位于 x 轴上方(或 y 轴右方)的部分.

(3) 如果被积函数 $f(x, y)$关于 y 和 x 均为偶函数,积分区域 D 关于 x 轴和 y 轴都对称,则有

$$\iint_D f(x, y)\mathrm{d}\sigma = 4\iint_{D_1} f(x, y)\mathrm{d}\sigma,$$

其中 D_1 表示 D 的位于第一象限的部分.

例 4 计算 $I = \iint\limits_{|x|+|y|\leqslant 1} x^3(y^2 + x\sin y)\mathrm{d}\sigma$.

解
$$I = \iint\limits_{|x|+|y|\leqslant 1} x^3 y^2\mathrm{d}\sigma + \iint\limits_{|x|+|y|\leqslant 1} x^4 \sin y\,\mathrm{d}\sigma.$$

因为区域 D: $|x|+|y| \leqslant 1$ 是关于 x 轴和 y 轴对称的,第一个积分的被积函数 x^3y^2 关于 x 为奇函数,第二个积分的被积函数 $x^4\sin y$ 关于 y 为奇函数,由对称性可知这两个二重积分值均为零,故 $I = 0$.

例 5　求两个底圆半径都等于 R 的直交圆柱面所围成的立体的体积.

解　设这两个圆柱面的方程分别为

$$x^2+y^2=R^2 \quad 和 \quad x^2+z^2=R^2,$$

利用立体关于坐标面的对称性，只需计算出它在第一卦限部分（图 8－18(a)）的体积 V_1，然后再乘以 8 即可.

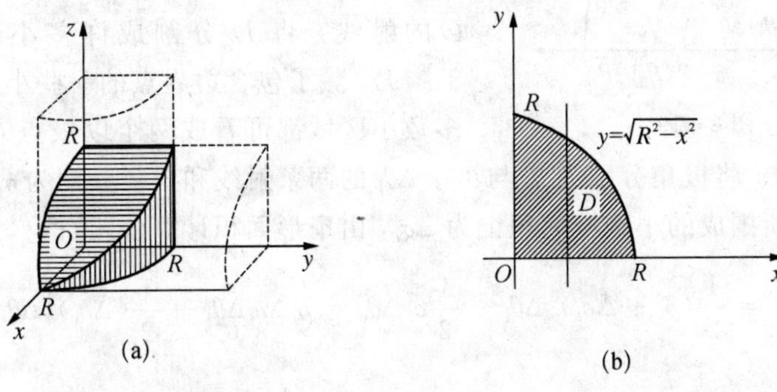

图 8－18

该立体在第一卦限部分可以看成是底为区域 D：$\begin{cases}0\leqslant x\leqslant R,\\ 0\leqslant y\leqslant \sqrt{R^2-x^2}\end{cases}$（图 8－18(b)），曲顶为柱面 $z=\sqrt{R^2-x^2}$ 的曲顶柱体，所以

$$\begin{aligned}V_1&=\iint\limits_D \sqrt{R^2-x^2}\,\mathrm{d}\sigma=\int_0^R \mathrm{d}x\int_0^{\sqrt{R^2-x^2}}\sqrt{R^2-x^2}\,\mathrm{d}y\\&=\int_0^R \sqrt{R^2-x^2}\,y\Big|_0^{\sqrt{R^2-x^2}}\,\mathrm{d}x=\int_0^R (R^2-x^2)\,\mathrm{d}x=\frac{2}{3}R^3.\end{aligned}$$

从而所求立体的体积为 $V=8V_1=\dfrac{16}{3}R^3$.

8.2.2　利用极坐标计算二重积分

如果积分区域 D 的边界曲线用极坐标方程表示比较方便，且被积函数 $f(x,y)$ 用极坐标变量 ρ，θ 表达比较简便时，可以考虑利用极坐标来计算二重积分.

由二重积分的定义

$$\iint\limits_D f(x,y)\,\mathrm{d}\sigma=\lim_{\lambda\to 0}\sum_{i=1}^{n} f(\xi_i,\eta_i)\Delta\sigma_i,$$

那么右端在极坐标系中的形式又是怎样的呢？设函数 $f(x,y)$ 在闭区域 D 上连

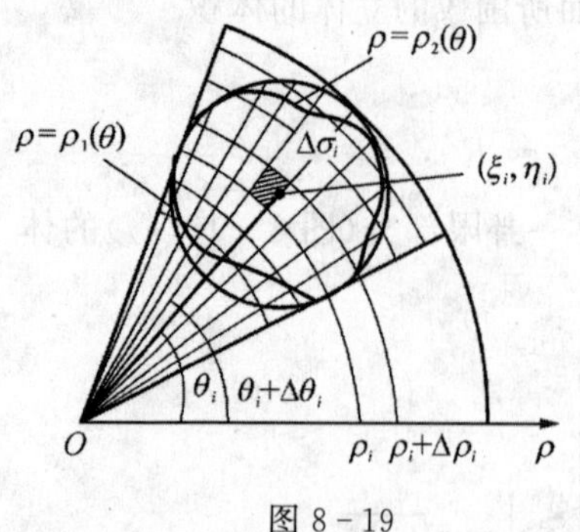

图 8-19

续,而 D 夹在射线 $\theta=\alpha$, $\theta=\beta$ 之间,其边界曲线为 $\rho=\rho_1(\theta)$, $\rho=\rho_2(\theta)$,其中 $\rho_1(\theta)$, $\rho_2(\theta)$ 都在区间 $[\alpha, \beta]$ 上连续,且用从极点 O 出发的射线穿过区域 D 时与其边界的交点不多于两个(这种区域也称为 θ 型区域). 采用如下形式的划分: $\rho=\rho_i$(一族同心圆), $\theta=\theta_i$(一族始于 O 的射线)将 D 分割成许多小闭区域(图 8-19). 除了包含边界点的一些小区域外绝大多数小区域都可看成两个以极点 O 为中心的扇形面积之差. 将极角分别为 θ_i 与 $\theta_i+\Delta\theta_i$ 的两条射线和半径分别为 ρ_i 与 $\rho_i+\Delta\rho_i$ 的两条圆弧所围成的小区域面积记为 $\Delta\sigma_i$,由扇形面积计算公式,得

$$\Delta\sigma_i=\frac{1}{2}(\rho_i+\Delta\rho_i)^2\Delta\theta_i-\frac{1}{2}\rho_i^2\Delta\theta_i=\rho_i\Delta\rho_i\Delta\theta_i+\frac{1}{2}(\Delta\rho_i)^2\Delta\theta_i.$$

当 $\Delta\rho_i\Delta\theta_i$ 充分小时,略去高阶无穷小 $\frac{1}{2}(\Delta\rho_i)^2\Delta\theta_i$,得

$$\Delta\sigma_i\approx\rho_i\Delta\rho_i\Delta\theta_i.$$

取 (ξ_i, η_i) 对应的极坐标为 (ρ_i, θ_i),则 $\xi_i=\rho_i\cos\theta_i$, $\eta_i=\rho_i\sin\theta_i$,于是

$$\sum_{i=1}^{n}f(\xi_i, \eta_i)\Delta\sigma_i\approx\sum_{i=1}^{n}f(\rho_i\cos\theta_i, \rho_i\sin\theta_i)\rho_i\Delta\rho_i\Delta\theta_i.$$

当无限细分时,取极限得

$$\begin{aligned}\iint_D f(x, y)\mathrm{d}\sigma&=\lim_{\lambda\to 0}\sum_{i=1}^{n}f(\rho_i\cos\theta_i, \rho_i\sin\theta_i)\rho_i\Delta\rho_i\Delta\theta_i\\&=\iint_D f(\rho\cos\theta, \rho\sin\theta)\rho\mathrm{d}\rho\mathrm{d}\theta,\end{aligned}$$

其中 λ 为 D 内所有小区域直径的最大值.

由式(8.1.5),易知

$$\iint_D f(x, y)\mathrm{d}\sigma=\iint_D f(x, y)\mathrm{d}x\,\mathrm{d}y=\iint_D f(\rho\cos\theta, \rho\sin\theta)\rho\mathrm{d}\rho\mathrm{d}\theta, \quad (8.2.4)$$

这就是二重积分一般形式、直角坐标系下形式和极坐标系下的形式,其中 $\mathrm{d}x\,\mathrm{d}y$ 和 $\rho\mathrm{d}\rho\mathrm{d}\theta$ 分别为**直角坐标系和极坐标系中的面积元素**.

式(8.2.4)表明,要把二重积分的直角坐标系下形式化为极坐标系下的形式,只要把被积函数中 x, y 分别换成 $\rho\cos\theta$, $\rho\sin\theta$,并把面积元素 $\mathrm{d}x\,\mathrm{d}y$ 换成 $\rho\mathrm{d}\rho\mathrm{d}\theta$ 即可.

极坐标系下的二重积分同样需要化成累次积分来计算.

图 8 - 19 中的积分区域 D 的极坐标可表示为

$$\alpha \leqslant \theta \leqslant \beta, \quad \rho_1(\theta) \leqslant \rho \leqslant \rho_2(\theta),$$

则二重积分可化为先对 ρ 后对 θ 的累次积分，即

$$\iint_D f(\rho\cos\theta, \rho\sin\theta)\rho\mathrm{d}\rho\mathrm{d}\theta = \int_\alpha^\beta \mathrm{d}\theta \int_{\rho_1(\theta)}^{\rho_2(\theta)} f(\rho\cos\theta, \rho\sin\theta)\rho\mathrm{d}\rho. \tag{8.2.5}$$

在计算时同样是先计算对 ρ 的定积分(此时将 θ 看成常数)，再计算对 θ 的定积分. 特别地，

(1) 若极点 O 在区域 D 的边界上(图 8 - 20)，积分区域 D 可表示为 $\alpha \leqslant \theta \leqslant \beta$, $0 \leqslant \rho \leqslant \rho(\theta)$，则式(8.2.5)可表示成

$$\iint_D f(x, y)\mathrm{d}x\mathrm{d}y = \int_\alpha^\beta \mathrm{d}\theta \int_0^{\rho(\theta)} f(\rho\cos\theta, \rho\sin\theta)\rho\mathrm{d}\rho.$$

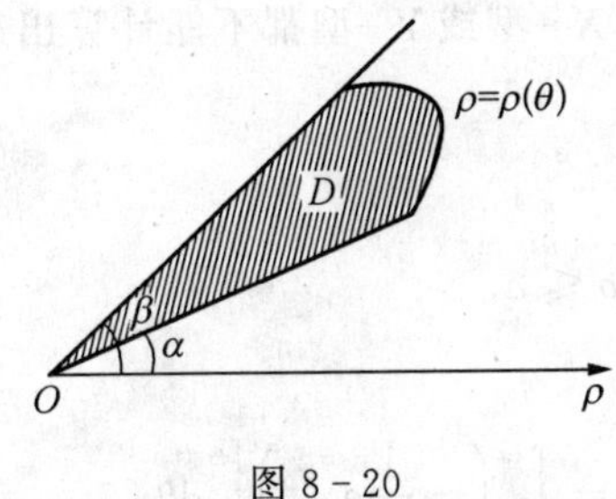

图 8 - 20

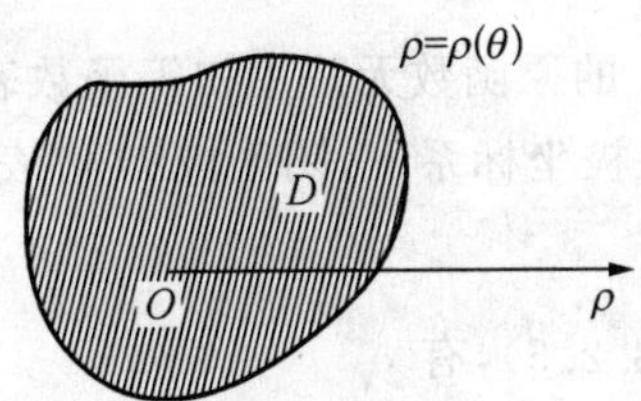

图 8 - 21

(2) 若极点 O 在区域 D 的内部(图 8 - 21)，积分区域 D 可表示为 $0 \leqslant \theta \leqslant 2\pi$, $0 \leqslant \rho \leqslant \rho(\theta)$，则公式(8.2.5)可表示成

$$\iint_D f(x, y)\mathrm{d}x\mathrm{d}y = \int_0^{2\pi} \mathrm{d}\theta \int_0^{\rho(\theta)} f(\rho\cos\theta, \rho\sin\theta)\rho\mathrm{d}\rho.$$

此外，若积分区域 D 可表示为

$$a \leqslant \rho \leqslant b, \quad \theta_1(\rho) \leqslant \theta \leqslant \theta_2(\rho)$$

(图 8 - 22)，则二重积分也可化为

$$\iint_D f(x, y)\mathrm{d}x\mathrm{d}y = \int_a^b \rho\mathrm{d}\rho \int_{\theta_1(\rho)}^{\theta_2(\rho)} f(\rho\cos\theta, \rho\sin\theta)\mathrm{d}\theta. \tag{8.2.6}$$

这是先对 θ 后对 ρ 的二次积分.

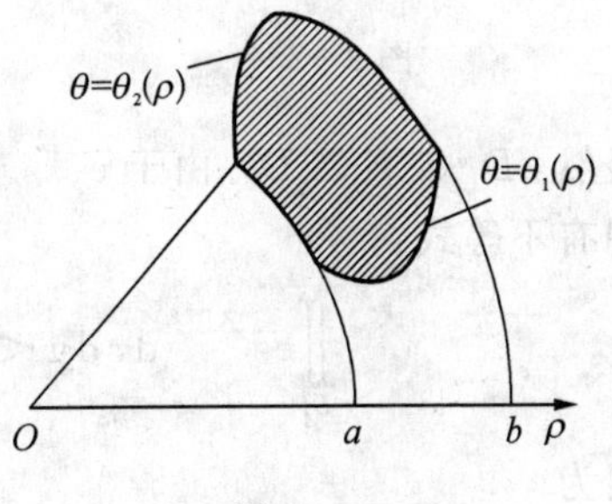

图 8 - 22

由 8.1.2 节二重积分的性质，闭区域 D 的面积 σ 可表示为

$$\sigma = \iint_D \mathrm{d}\sigma,$$

在极坐标系中

$$\sigma = \iint_D \rho \mathrm{d}\rho \mathrm{d}\theta.$$

若闭区域 D 如图 8-20 所示,则

$$\sigma = \frac{1}{2}\int_\alpha^\beta \rho^2(\theta)\mathrm{d}\theta,$$

这便是在定积分应用中极坐标系下求平面图形面积的公式.

例 5 计算 $I = \iint_D \mathrm{e}^{-x^2-y^2}\mathrm{d}x\mathrm{d}y$,其中 D 是由中心在原点、半径为 a 的圆周所围成的闭区域.

解 本题在直角坐标系下无论是把 D 看成 X-型或 Y-型都不能计算出来,因为 e^{-x^2} 的原函数无法用初等函数表示出来.

在极坐标系下,闭区域 D 可表示为

$$0 \leqslant \theta \leqslant 2\pi, \quad 0 \leqslant \rho \leqslant a.$$

由式(8.2.5),有

$$\begin{aligned} I &= \iint_D \mathrm{e}^{-\rho^2}\rho\mathrm{d}\rho\mathrm{d}\theta = \int_0^{2\pi}\mathrm{d}\theta\int_0^a \mathrm{e}^{-\rho^2}\rho\mathrm{d}\rho = \int_0^{2\pi}\left(-\frac{1}{2}\mathrm{e}^{-\rho^2}\right)\Big|_0^a \mathrm{d}\theta \\ &= \frac{1}{2}(1-\mathrm{e}^{-a^2})\int_0^{2\pi}\mathrm{d}\theta = \pi(1-\mathrm{e}^{-a^2}). \end{aligned}$$

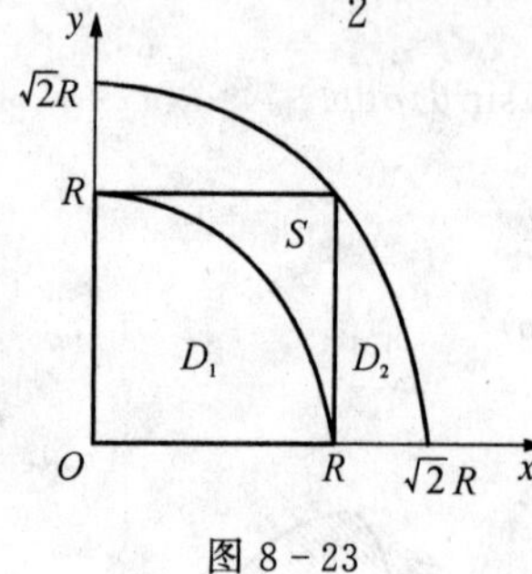

图 8-23

下面利用这一结果来计算概率统计上常用的反常积分 $\int_0^{+\infty}\mathrm{e}^{-x^2}\mathrm{d}x$.

如图 8-23 所示,设

$$D_1: x^2+y^2 \leqslant R^2,\ x \geqslant 0,\ y \geqslant 0;$$
$$D_2: x^2+y^2 \leqslant 2R^2,\ x \geqslant 0,\ y \geqslant 0;$$
$$S: 0 \leqslant x \leqslant R,\ 0 \leqslant y \leqslant R.$$

显然,$D_1 \subset S \subset D_2$. 由于 $\mathrm{e}^{-x^2-y^2} > 0$,从而在这三个闭区域上的二重积分的值之间有不等式:

$$\iint_{D_1}\mathrm{e}^{-x^2-y^2}\mathrm{d}x\mathrm{d}y < \iint_S \mathrm{e}^{-x^2-y^2}\mathrm{d}x\mathrm{d}y < \iint_{D_2}\mathrm{e}^{-x^2-y^2}\mathrm{d}x\mathrm{d}y.$$

因为

$$\iint\limits_{S} e^{-x^2-y^2}\,dx\,dy = \int_0^R e^{-x^2}dx\int_0^R e^{-y^2}dy = \left(\int_0^R e^{-x^2}dx\right)^2,$$

应用上面已得的结果，有

$$\iint\limits_{D_1} e^{-x^2-y^2}\,dx\,dy = \frac{\pi}{4}(1-e^{-R^2}),\quad \iint\limits_{D_2} e^{-x^2-y^2}\,dx\,dy = \frac{\pi}{4}(1-e^{-2R^2}).$$

于是上面的不等式可写成

$$\frac{\pi}{4}(1-e^{-R^2}) < \left(\int_0^R e^{-x^2}dx\right)^2 < \frac{\pi}{4}(1-e^{-2R^2}).$$

令 $R\to+\infty$，上式两端趋于极限 $\frac{\pi}{4}$，从而

$$\int_0^{+\infty} e^{-x^2}dx = \frac{\sqrt{\pi}}{2}.$$

利用本例的结果，立即可得到概率统计中正态分布 $N(0,1)$ 的密度函数 $\frac{1}{\sqrt{2\pi}}e^{-\frac{x^2}{2}}$ 的重要性质，即

$$\int_{-\infty}^{+\infty}\frac{1}{\sqrt{2\pi}}e^{-\frac{x^2}{2}}dx = 1.$$

例 6　将直角坐标系下的二次积分 $\int_{-1}^{0}dx\int_0^{-x}f(x,y)dy$ 化成极坐标系下的二次积分.

解　如图 8-24 所示，D：$0\leqslant y\leqslant -x$，$-1\leqslant x\leqslant 0$ 化为极坐标系下形式：

$$D:\ \frac{3\pi}{4}\leqslant\theta\leqslant\pi,\ 0\leqslant\rho\leqslant-\sec\theta,$$

所以

$$\int_{-1}^{0}dx\int_0^{-x}f(x,y)dy = \int_{\frac{3\pi}{4}}^{\pi}d\theta\int_0^{-\sec\theta}f(\rho\cos\theta,\rho\sin\theta)\rho d\rho.$$

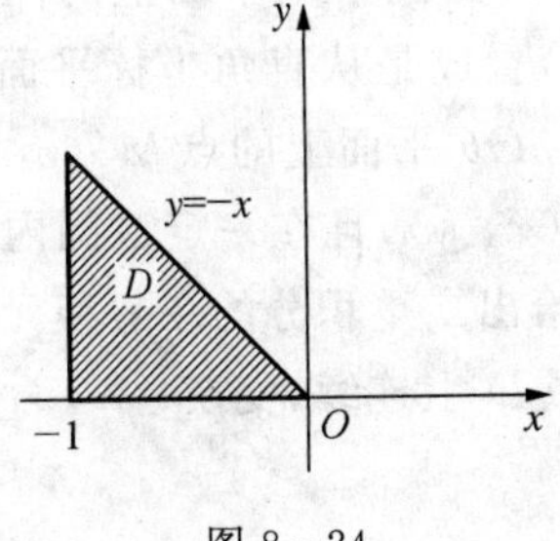

图 8-24

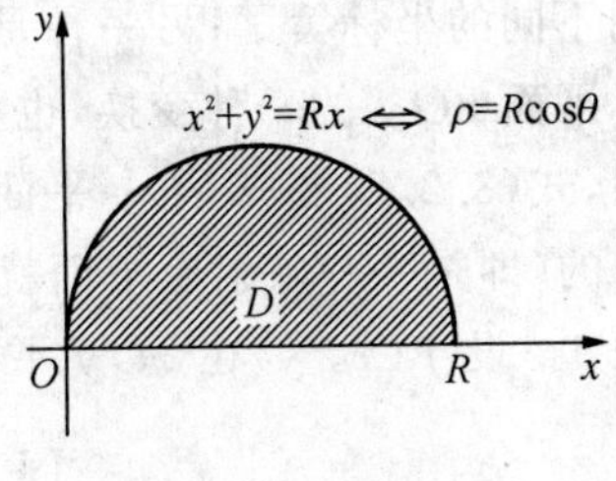

图 8-25

例 7 计算$\iint\limits_D \sqrt{R^2-x^2-y^2}\,\mathrm{d}x\mathrm{d}y$,$D$为圆$x^2+y^2=Rx$包围在第一象限中的区域.

解 如图 8-25 所示,区域D可表示为$0\leqslant\theta\leqslant\dfrac{\pi}{2}$,$0\leqslant\rho\leqslant R\cos\theta$.

$$\begin{aligned}\iint\limits_D \sqrt{R^2-x^2-y^2}\,\mathrm{d}x\,\mathrm{d}y &= \int_0^{\frac{\pi}{2}}\mathrm{d}\theta\int_0^{R\cos\theta}\sqrt{R^2-\rho^2}\,\rho\,\mathrm{d}\rho\\ &= \int_0^{\frac{\pi}{2}} -\frac{1}{3}(R^2-\rho^2)^{\frac{3}{2}}\Big|_0^{R\cos\theta}\mathrm{d}\theta\\ &= \int_0^{\frac{\pi}{2}}\left(-\frac{1}{3}R^3\sin^3\theta+\frac{1}{3}R^3\right)\mathrm{d}\theta\\ &= \frac{R^3}{3}\int_0^{\frac{\pi}{2}}(1-\sin^3\theta)\,\mathrm{d}\theta\\ &= \frac{R^3}{3}\left(\frac{\pi}{2}-\frac{2}{3}\right).\end{aligned}$$

从上面例子以及式(8.2.5)本身可以看出,当积分区域D是由圆周与直线围成,同时被积函数中含(x^2+y^2)或$\arctan\dfrac{y}{x}$的因式时,采用极坐标系可简化二重积分的计算.

*8.2.3 一般变换计算二重积分

式(8.2.5)给出了从直角坐标变换为极坐标的公式,它是二重积分换元法的一种特殊情形.对这个问题有两种观点来解释:一种是把平面上同一点M,既用直角坐标(x, y)表示,又用极坐标(ρ, θ)表示,它们之间的关系式为

$$\begin{cases}x=\rho\cos\theta,\\ y=\rho\sin\theta.\end{cases}\tag{8.2.7}$$

也就是说,由式(8.2.7)联系的点(x, y)和点(ρ, θ)是同一个平面上的同一个点,只是采用不同的坐标罢了;另一种是把式(8.2.7)看成是从直角坐标平面$\rho O\theta$到直角坐标平面xOy的一种变换,也就是说,对于$\rho O\theta$平面上的点$M'(\rho, \theta)$,通过变换关系,式(8.2.7)变成xOy平面上的一点$M(x, y)$,且在一定范围内,变换还是一对一的(即是一一映射).下面就后一种观点给出二重积分的一般换元法.

定理 1 设$f(x, y)$在xOy平面上的闭区域D上连续,变换

$$\begin{cases}x=x(u, v),\\ y=y(u, v).\end{cases}\tag{8.2.8}$$

将平面 uOv 上的闭区域 D' 变成平面 xOy 上的 D 且满足：

(1) $x=x(u,v)$，$y=y(u,v)$ 在 D' 上具有一阶连续偏导数；

(2) 在 D' 上雅可比行列式

$$J(u,v)=\frac{\partial(x,y)}{\partial(u,v)}\neq 0;$$

(3) 变换 $D'\to D$ 是一一对应的，则有

$$\iint_D f(x,y)\mathrm{d}x\mathrm{d}y=\iint_{D'} f[x(u,v),y(u,v)]\,|J(u,v)|\,\mathrm{d}u\mathrm{d}v. \tag{8.2.9}$$

此公式称为二重积分的换元公式，在此就不加证明了.

需指出，如果雅可比 $J(u,v)$ 式只在 D' 内个别点上或一条曲线上为零，而在其他点处不为零，换元公式仍成立.

若变换为极坐标变换式(8.2.7)，则

$$J=\frac{\partial(x,y)}{\partial(\rho,\theta)}=\begin{vmatrix}\cos\theta & -\rho\sin\theta\\ \sin\theta & \rho\cos\theta\end{vmatrix}=\rho.$$

此时，$\iint\limits_D f(x,y)\mathrm{d}x\mathrm{d}y=\iint\limits_{D'} f(\rho\cos\theta,\rho\sin\theta)\rho\mathrm{d}\rho\mathrm{d}\theta$ 即为式(8.2.5)，细心的读者发现这是 D' 而不是 D，是因为在前面把点 (ρ,θ) 看成在同一平面上的点 (x,y) 的极坐标，所以积分区域还用 D 表示.

例 8　求由直线 $y=x$，$y=3x$，$x+y=1$，$x+y=2$ 所围的闭区域 D(图 8-26(a))的面积.

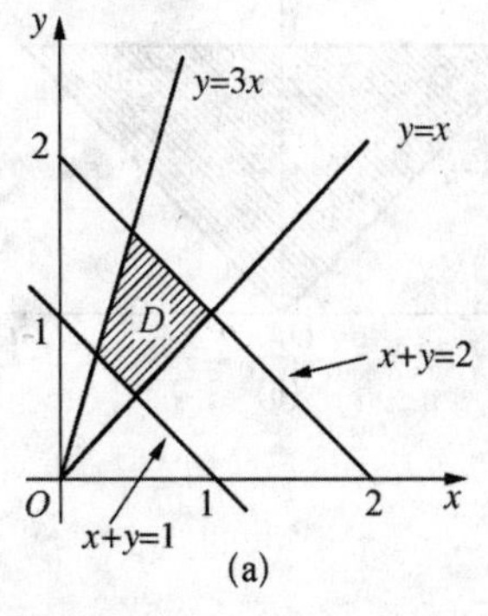

(a)

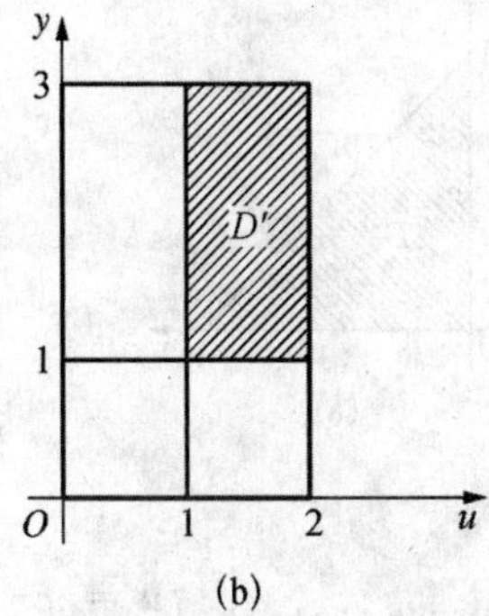

(b)

图 8-26

解　所求的面积为

$$A=\iint_D \mathrm{d}x\mathrm{d}y.$$

如果直接化为二重积分,计算起来较为麻烦,采用换元法,令 $\begin{cases} u = x + y, \\ v = \dfrac{y}{x}, \end{cases}$ 即

$$\begin{cases} x = \dfrac{u}{1+v}, \\ y = \dfrac{uv}{1+v}. \end{cases}$$

在该变换下,D 的边界 $y = x$, $y = 3x$, $x + y = 1$, $x + y = 2$ 依次变换为 $v = 1$, $v = 3$, $u = 1$, $u = 2$,在 uOv 坐标内围成 D'(图 8-26(b)),这时

$$J = \frac{\partial(x, y)}{\partial(u, v)} = \begin{vmatrix} \dfrac{1}{1+v} & \dfrac{v}{1+v} \\ -\dfrac{u}{(1+v)^2} & \dfrac{u}{(1+v)^2} \end{vmatrix} = \frac{u}{(1+v)^2} \neq 0 \quad ((u, v) \in D').$$

于是

$$A = \iint_D \mathrm{d}x\,\mathrm{d}y = \iint_{D'} \frac{u}{(1+v)^2}\mathrm{d}u\mathrm{d}v = \int_1^3 \mathrm{d}v \int_1^2 \frac{1}{(1+v)^2} u\mathrm{d}u$$

$$= \int_1^3 \frac{1}{(1+v)^2}\mathrm{d}v \int_1^2 u\mathrm{d}u = \frac{3}{8}.$$

例 9 计算 $\iint_D \cos\left(\dfrac{x-y}{x+y}\right)\mathrm{d}x\,\mathrm{d}y$,其中 D 是由直线 $x + y = 1$ 与两坐标轴围成的闭区域(图 8-27(a)).

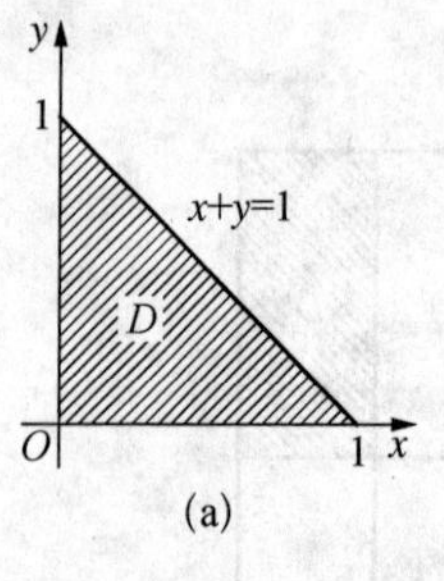

(a)

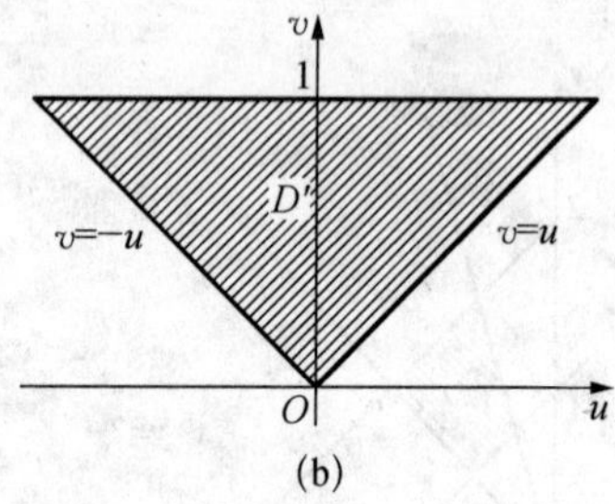

(b)

图 8-27

解 采用换元法,令 $\begin{cases} u = x - y, \\ v = x + y, \end{cases}$ 即

$$\begin{cases} x = \dfrac{u+v}{2}, \\ y = \dfrac{v-u}{2}. \end{cases}$$

在此变换下，xOy 面上的闭区域 D 变换成 uOv 面上的闭区域 D'(图 8-27(b))，且

$$J=\frac{\partial(x,y)}{\partial(u,v)}=\begin{vmatrix}\frac{1}{2} & \frac{1}{2}\\ -\frac{1}{2} & \frac{1}{2}\end{vmatrix}=\frac{1}{2}\neq 0.$$

从而

$$\begin{aligned}\iint_D\cos\left(\frac{x-y}{x+y}\right)\mathrm{d}x\,\mathrm{d}y&=\iint_{D'}\cos\frac{u}{v}\cdot\frac{1}{2}\mathrm{d}x\,\mathrm{d}y=\frac{1}{2}\int_0^1\mathrm{d}v\int_{-v}^{v}\cos\frac{u}{v}\mathrm{d}u\\&=\frac{1}{2}\int_0^1 v\left[\sin\frac{u}{v}\right]_{-v}^{v}\mathrm{d}v=\sin 1\int_0^1 v\,\mathrm{d}v=\frac{1}{2}\sin 1.\end{aligned}$$

例 10　计算 $\iint_D\sqrt{1-\frac{x^2}{a^2}-\frac{y^2}{b^2}}\mathrm{d}x\,\mathrm{d}y$，其中 D 为椭圆 $\frac{x^2}{a^2}+\frac{y^2}{b^2}=1$ 所围成的闭区域.

解　作广义极坐标变换：

$$\begin{cases}x=a\rho\cos\theta,\\ y=b\rho\sin\theta,\end{cases}$$

其中 $a>0$，$b>0$，$\rho\geqslant 0$，$0\leqslant\theta\leqslant 2\pi$. 在该变换下，$xOy$ 面上的椭圆域 D 变换成 $\rho O\theta$ 面上的单位圆域：$0\leqslant\rho\leqslant 1$，$0\leqslant\theta\leqslant 2\pi$，雅可比式为

$$J=\frac{\partial(x,y)}{\partial(\rho,\theta)}=ab\rho.$$

从而有

$$\iint_D\sqrt{1-\frac{x^2}{a^2}-\frac{y^2}{b^2}}\mathrm{d}x\,\mathrm{d}y=\iint_{D'}\sqrt{1-\rho^2}\,ab\rho\,\mathrm{d}\rho\mathrm{d}\theta=\frac{2}{3}\pi ab.$$

习　题　8.2

1. 将二重积分 $I=\iint_D f(x,y)\mathrm{d}\sigma$ 在直角坐标系下化为二次积分(要求给出两种不同的积分次序)，其中积分区域 D 分别为：

(1) 由 $|x|=1$ 和 $|y|=2$ 所围成的矩形区域；

(2) 由直线 $y=x$ 及抛物线 $y^2=x$ 所围成的区域；

(3) 由 y 轴与半圆 $x^2+y^2=k^2(x>0)$ 所围成的区域；

(4) 由 $y=x^2(x>0)$，$x+y=2$ 及 x 轴所围成的区域.

2. 设$f(x, y)$在闭区域D上连续，其中D是由$y=x$，$y=a$及$x=b\ (b>a)$所围成的区域，证明狄利克雷公式：

$$\int_a^b \mathrm{d}x\int_a^x f(x, y)\mathrm{d}y=\int_a^b \mathrm{d}y\int_y^b f(x, y)\mathrm{d}x.$$

3. 计算下列二重积分(要求画出积分区域D的草图)：

(1) $\iint\limits_D(3x+2y)\mathrm{d}\sigma$，其中$D$是$x+y=z$与两坐标轴所围成的区域；

(2) $\iint\limits_D x\cos(x+y)\mathrm{d}\sigma$，其中$D$是顶点分别为$(0, 0)$，$(\pi, 0)$和$(\pi, \pi)$的三角形区域；

(3) $\iint\limits_D x\sqrt{y}\mathrm{d}\sigma$，其中$D$是由两条抛物线$y^2=x$和$y=x^2$所围成的闭区域；

(4) $\iint\limits_D \frac{y}{x}\mathrm{d}\sigma$，其中$D$是由直线$y=x$，$y=2x$及$x=1$，$x=2$所围成的闭区域；

(5) $\iint\limits_D \mathrm{e}^{x+y}\mathrm{d}\sigma$，其中$D$是由$|x|+|y|\leqslant 1$所围成的闭区域.

4. 交换下列二次积分的积分次序：

(1) $\int_1^{\mathrm{e}}\mathrm{d}x\int_0^{\ln x}f(x, y)\mathrm{d}y$；　(2) $\int_{-\sqrt{2}}^0\mathrm{d}x\int_0^{2-x^2}f(x, y)\mathrm{d}y$；

(3) $\int_0^2\mathrm{d}y\int_{y^2}^{2y}f(x, y)\mathrm{d}x$；　(4) $\int_0^1\mathrm{d}y\int_{2-y}^{1+\sqrt{1-y^2}}f(x, y)\mathrm{d}x$；

(5) $\int_0^{\pi}\mathrm{d}x\int_{-\sin\frac{x}{2}}^{\sin x}f(x, y)\mathrm{d}y$；　(6) $\int_0^1\mathrm{d}y\int_0^{2y}f(x, y)\mathrm{d}x+\int_1^2\mathrm{d}y\int_0^{3-y}f(x, y)\mathrm{d}x$.

5. 设$f(x)=\int_1^{\sqrt{x}}\mathrm{e}^{-t^2}\mathrm{d}t$，计算$I=\int_0^1\frac{f(x)}{\sqrt{x}}\mathrm{d}x$.

6. 设平面薄片所占的区域D是由直线$x+y=2$，$y=x$和x轴所围成，它的面密度为$\mu(x, y)=x^2+y^2$，求该薄片的质量.

7. 求由平面$x=0$，$y=0$，$x+y=1$所围成的柱体被平面$z=0$及抛物面$x^2+y^2=6-z$所截得的立体的体积.

8. 为修建高速公路，要在一山坡中开辟一条长500 m、宽20 m的通道，据测量，以出发点一侧为原点，往另一侧方向为x轴$(0\leqslant x\leqslant 20)$，往公路延伸方向为$y$轴$(0\leqslant y\leqslant 500)$，且山坡的高度为

$$z=10\sin\frac{\pi}{500}y+\sin\frac{\pi}{20}x,$$

计算所需挖掉的土方量.

9. 将二重积分$\iint\limits_D f(x, y)\mathrm{d}x\mathrm{d}y$化为极坐标形式的二次积分(只要求化为先对$\rho$后对$\theta$的积分次序)，其中积分区域为：

(1) $\{(x, y)\mid x^2+y^2\leqslant 1, x\leqslant 0, y\geqslant 0\}$；

(2) $\{(x, y)\mid x^2+y^2\leqslant 2ax, a>0\}$；

(3) $\{(x, y)\mid 0\leqslant y\leqslant 1-x, 0\leqslant x\leqslant 1\}$.

10. 将下列二次积分化为极坐标形式的二次积分：

(1) $\int_0^1 \mathrm{d}x \int_0^x f(x, y)\mathrm{d}y$；　(2) $\int_{-1}^1 \mathrm{d}x \int_0^{\sqrt{1-x^2}} f(x^2+y^2)\mathrm{d}y$；

(3) $\int_0^2 \mathrm{d}x \int_x^{\sqrt{3}x} f\left(\arctan\dfrac{y}{x}\right)\mathrm{d}y$；　(4) $\int_0^1 \mathrm{d}x \int_0^{x^2} f(x, y)\mathrm{d}y$；

(5) $\int_0^2 \mathrm{d}x \int_0^{\sqrt{2x-x^2}} f(x^2+y^2)\mathrm{d}y$；　(6) $\int_0^1 \mathrm{d}y \int_{-y}^{y} f(x, y)\mathrm{d}x$.

11. 利用极坐标计算下列各题：

(1) $\iint\limits_D \mathrm{e}^{x^2+y^2}\mathrm{d}\sigma$,其中 D 是由圆周 $x^2+y^2=4$ 所围成的闭区域；

(2) $\iint\limits_D \ln(1+x^2+y^2)\mathrm{d}\sigma$,其中 D 是由圆周 $x^2+y^2=1$ 及坐标轴所围成在第一象限内的区域；

(3) $\iint\limits_D \arctan\dfrac{y}{x}\mathrm{d}\sigma$,其中 D 是由圆周 $x^2+y^2=1$，$x^2+y^2=4$ 及直线 $y=0$，$y=x$ 所围成在第一象限内的区域；

(4) $\iint\limits_D \sqrt{a^2-x^2-y^2}\mathrm{d}\sigma$,其中 D：$x^2+y^2 \leqslant ax$ $(a>0)$.

12. 求以 xOy 面内圆域 $x^2+y^2 \leqslant ax$ 为底面,以曲面 $z=x^2+y^2$ 为曲顶的立体体积.

13. 设平面薄片所占的区域 D 是由螺线 $\rho=2\theta$ 上的一段与直线 $\theta=\dfrac{\pi}{2}$ 所围成,它的密度为 $\mu(x, y)=x^2+y^2$，求该薄片的质量.

14. 设 $F(t)=\iint\limits_D f(x^2+y^2)\mathrm{d}\sigma$,其中 D 为 $x^2+y^2 \leqslant t^2 (t>0)$，$f$ 为可导函数,且 $f(0)=0$，$f'(0)=2$.求 $\lim\limits_{t\to 0^+}\dfrac{F(t)}{t^4}$.

15. 选择适当坐标计算下列各题：

(1) $\iint\limits_D (x^2+y^2-x)\mathrm{d}\sigma$,其中 D 是由直线 $y=2$，$y=x$ 及 $y=2x$ 所围成的闭区域；

(2) $\iint\limits_D \sqrt{\dfrac{1-x^2-y^2}{1+x^2+y^2}}\mathrm{d}\sigma$,其中 D 是由圆周 $x^2+y^2=1$ 与坐标轴所围成在第一象限内的闭区域；

(3) $\iint\limits_D |\cos(x+y)|\mathrm{d}\sigma$,其中 D：$0 \leqslant x \leqslant \dfrac{\pi}{2}$，$0 \leqslant y \leqslant \dfrac{\pi}{2}$；

(4) $\iint\limits_D \dfrac{x}{y+1}\mathrm{d}\sigma$,其中 D 是由 $y=x^2+1$，$y=2x$，$x=0$ 所围成的闭区域；

(5) $\iint\limits_D y\sqrt{1-x^2+y^2}\mathrm{d}x\mathrm{d}y$,其中 D 是 $y=x$，$x=1$ 与 x 轴所围成的三角形区域.

16. 求 $\iint\limits_D f(x, y)\mathrm{d}\sigma$,其中 D 是由 $x=0$，$x=3$，$y=0$ 及 $y=1$ 所围成的区域,$f(x, y)=\min(x, y)$.

17. 证明抛物面 $z=x^2+y^2+1$ 上任意点处的切平面与 $z=x^2+y^2$ 所围的立体体积为定值.

* **18.** 作适当的变换,计算下列二重积分:

(1) $\iint\limits_D (x-y)^2\sin^2(x+y)\mathrm{d}x\mathrm{d}y$,其中 D 是以 $(\pi,0)$, $(2\pi,\pi)$, $(\pi,2\pi)$ 和 $(0,\pi)$ 为顶点的平行四边形区域;

(2) $\iint\limits_D x^2y^2\mathrm{d}x\mathrm{d}y$,其中 D 是由双曲线 $xy=1$, $xy=2$ 及直线 $y=x$, $y=4x$ 所围成的在第一象限内的闭区域;

(3) $\iint\limits_D \mathrm{e}^{\frac{y}{x+y}}\mathrm{d}x\mathrm{d}y$,其中 D 是由直线 $x+y=1$ 与两坐标轴所围成的闭区域.

* **19.** 设 $f(x)$ 在 $[-1,1]$ 上连续,证明

$$\iint\limits_D f(x+y)\mathrm{d}x\mathrm{d}y=\int_{-1}^{1}f(x)\mathrm{d}x,$$

其中 D 为 $|x|+|y|\leqslant 1$.

* **20.** 求星形线 $x^{\frac{2}{3}}+y^{\frac{2}{3}}=a^{\frac{2}{3}}\ (a>0)$ 所围成平面图形的面积.

8.3 三 重 积 分

8.3.1 三重积分的概念

引例 1 物体占有空间闭区域 Ω,其上任一点 (x,y,z) 处的体密度为 $f(x,y,z)$,假设 $f(x,y,z)$ 在 Ω 上连续,求该物体的质量 M.

采用 8.1.1 节求平面薄片质量类似的方法,可求出物体的质量为

$$M=\lim_{\lambda\to 0}\sum_{i=1}^{n}f(\xi_i,\eta_i,\zeta_i)\Delta V_i.$$

这又是一种特定形式的乘积的求和的极限.

将二元被积函数及平面上区域 D 推广到三元被积函数及空间上区域 Ω,便自然将二重积分推广到三重积分.

定义 1 设 $f(x,y,z)$ 是空间有界闭区域 Ω 上的有界函数,将 Ω 任意分成 n 个小闭区域 ΔV_1, ΔV_2, $\cdots$, ΔV_n(其中 ΔV_i 既表示第 i 个小闭区域,也表示它的体积).在每个 ΔV_i 上任取一点 (ξ_i,η_i,ζ_i),作乘积 $f(\xi_i,\eta_i,\zeta_i)\Delta V_i\ (i=1,2,\cdots,n)$,并求和:

$$\sum_{i=1}^{n} f(\xi_i, \eta_i, \zeta_i)\Delta V_i.$$

如果当各小闭区域直径中的最大值 λ 趋于零时的极限总存在,则称此极限为函数 $f(x, y, z)$ 在闭区域 Ω 上的**三重积分**,记为 $\iiint\limits_{\Omega} f(x, y, z)\mathrm{d}V$,即

$$\iiint\limits_{\Omega} f(x, y, z)\mathrm{d}V = \lim_{\lambda \to 0} \sum_{i=1}^{n} f(\xi_i, \eta_i, \zeta_i)\Delta V_i. \tag{8.3.1}$$

其中,$\mathrm{d}V$ 称为**体积元素**.

需要说明的是:

(1) 当函数 $f(x, y, z)$ 在空间区域 Ω 上连续时,式(8.3.1)右端的和式的极限必定存在,也就是说 $f(x, y, z)$ 在闭区域 Ω 上是可积的.如无特别说明,以后总假定函数 $f(x, y, z)$ 在闭区域 Ω 上是连续的.

(2) 三重积分没有直观的几何意义.它的物理意义为:占有空间闭区域 Ω、其上任一点 (x, y, z) 处的密度函数为 $\mu(x, y, z)$ 的物体质量

$$M = \iiint\limits_{\Omega} \mu(x, y, z)\mathrm{d}V.$$

若 $\mu(x, y, z) \equiv 1$,则闭区域 Ω 的体积

$$V = \iiint\limits_{\Omega} \mathrm{d}V.$$

(3) 在空间直角坐标系中,用三组平行于坐标面的平面划分 Ω,除包含 Ω 的边界点的一些小闭区域形状不规则外,绝大多数小闭区域 ΔV_i 均为长方体.设第 i 个小闭区域 ΔV_i 的边长依次为 Δx_i, Δy_i, Δz_i,则体积 $\Delta V_i \approx \Delta x_i \Delta y_i \Delta z_i$.取 $\mathrm{d}V = \mathrm{d}x\,\mathrm{d}y\,\mathrm{d}z$,称为**直角坐标系下的体积元素**.这时

$$\iiint\limits_{\Omega} f(x, y, z)\mathrm{d}V = \iiint\limits_{\Omega} f(x, y, z)\mathrm{d}x\,\mathrm{d}y\,\mathrm{d}z, \tag{8.3.2}$$

这便是三重积分在直角坐标系下的形式.

(4) 二重积分中的一些术语(如被积函数和积分区域等)可相应地推广到三重积分中;由二重积分的性质类推得到三重积分的性质.在此不再重复.

8.3.2　三重积分的计算

三重积分的计算方法是先将三重积分化为三次定积分,再逐次求出定积分.下面将依被积函数和积分区域的特点,依次讨论在三种不同的空间坐标系下的三重积分的计算方法.

1. 利用直角坐标计算三重积分

直角坐标系中的闭区域Ω在xOy面上的投影为平面闭区域D_{xy}，平行于z轴且穿过闭区域Ω内部的直线与Ω的边界曲面相交不多于两点(图 8-28). 以D_{xy}的边界为准线作母线平行于z轴的柱面，该柱面与曲面S的交线把S分成上、下两部分，它们的方程分别为

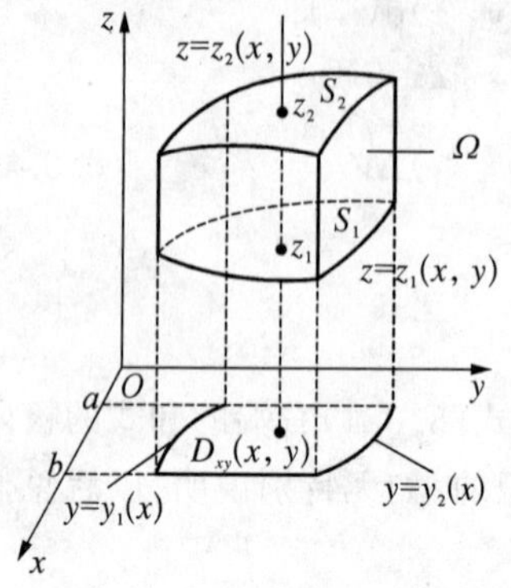

图 8-28

$$S_1: z=z_1(x, y,), \quad S_2: z=z_2(x, y),$$

其中，$z_1(x, y)$和$z_2(x, y)$都在D_{xy}上连续，且$z_1(x, y)\leqslant z_2(x, y)$. 过$D_{xy}$内任一点$(x, y)$作平行于$z$轴的直线从下向上穿过$\Omega$内部，入口曲面为$z=z_1(x, y)$，出口曲面为$z=z_2(x, y)$. 则积分区域$\Omega$可表示为

$$\Omega: z_1(x, y)\leqslant z\leqslant z_2(x, y),\ (x, y)\in D_{xy}.$$

先把x, y看成定值，将$f(x, y, z)$看成变量为z的一元函数，在区间$[z_1(x, y), z_2(x, y)]$上对z积分，其结果是x, y的函数，记为$F(x, y)$，即

$$F(x, y)=\int_{z_1(x, y)}^{z_2(x, y)} f(x, y, z)\mathrm{d}z.$$

再将$F(x, y)$在闭区域D_{xy}上二重积分，即

$$\iiint_{\Omega} f(x, y, z)\mathrm{d}V=\iiint_{\Omega} f(x, y, z)\mathrm{d}x\mathrm{d}y\mathrm{d}z=\iint_{D_{xy}}\left[\int_{z_1(x, y)}^{z_2(x, y)} f(x, y, z)\mathrm{d}z\right]\mathrm{d}x\mathrm{d}y.$$

假如闭区域D_{xy}为X-型的：

$$a\leqslant x\leqslant b,\quad y_1(x)\leqslant y\leqslant y_2(x).$$

则得到三重积分的计算公式：

$$\iiint_{\Omega} f(x, y, z)\mathrm{d}V=\int_a^b\mathrm{d}x\int_{y_1(x)}^{y_2(x)}\mathrm{d}y\int_{z_1(x, y)}^{z_2(x, y)} f(x, y, z)\mathrm{d}z. \tag{8.3.3}$$

式(8.3.3)是将三重积分化为先对z、再对y、后对x的三次积分.

假如闭区域D_{xy}为Y-型的：

$$c\leqslant y\leqslant d,\quad x_1(y)\leqslant x\leqslant x_2(y).$$

则得到三重积分的计算式：

$$\iiint_{\Omega} f(x, y, z)\mathrm{d}V=\int_c^d\mathrm{d}y\int_{x_1(y)}^{x_2(y)}\mathrm{d}x\int_{z_1(x, y)}^{z_2(x, y)} f(x, y, z)\mathrm{d}z. \tag{8.3.4}$$

式(8.3.4)是将三重积分化为先对 z、再对 x、后对 y 的三次积分.

上面叙述的方法也称为**穿针法**.

注　(1) 如果选择把闭区域 Ω 投影到 yOx 面或 xOz 面上,同样可得其他顺序的三次积分.

(2) 如果平行于坐标轴且穿过闭区域 Ω 内部的直线与边界曲面 S 的交点多于两个,也可像处理二重积分那样,把 Ω 分成若干部分,使 Ω 上的三重积分化为各部分区域上的三重积分的和.

例 1　计算三重积分 $I=\iiint\limits_{\Omega}(x+y+z)\mathrm{d}V$,其中 Ω 为平面 $x+y+z=1$ 与三个坐标面所围成的闭区域.

解　画出闭区域 Ω,如图 8-29(a)所示,选 xOy 面为投影面,Ω 为 xOy 面投影区域 D_{xy},如图 8-29(b)所示.平行于 z 轴且穿过 Ω 的直线从下向上入口曲面为 $z=0$,出口曲面为 $z=1-x-y$,所以闭区域 Ω 可表示为

$$\Omega:0\leqslant x\leqslant 1,\ 0\leqslant y\leqslant 1-x,\ 0\leqslant z\leqslant 1-x-y.$$

于是由式(8.3.3)有

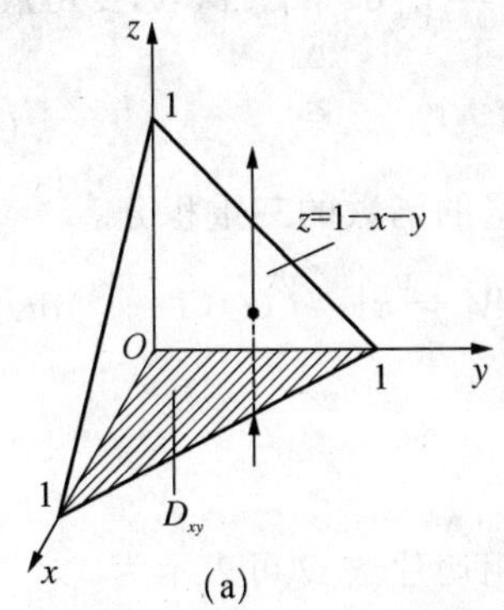

(a)

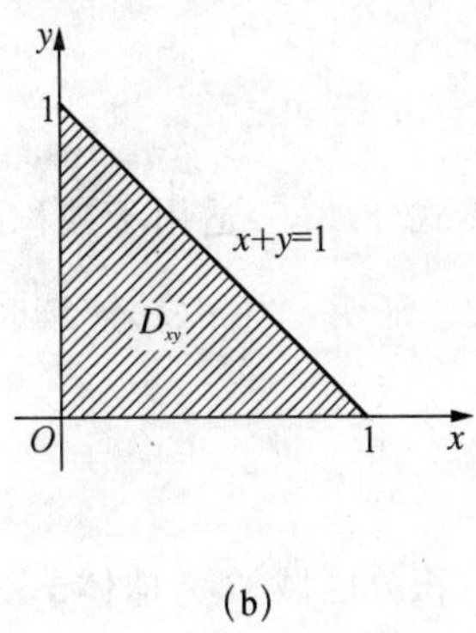

(b)

图 8-29

$$\begin{aligned}I&=\int_0^1\mathrm{d}x\int_0^{1-x}\mathrm{d}y\int_0^{1-x-y}(x+y+z)\mathrm{d}z=\int_0^1\mathrm{d}x\int_0^{1-x}\left[(x+y)z+\frac{1}{2}z^2\right]_0^{1-x-y}\mathrm{d}y\\&=\frac{1}{2}\int_0^1\mathrm{d}x\int_0^{1-x}(1-x^2-2xy-y^2)\mathrm{d}y=\frac{1}{2}\int_0^1\left[(1-x^2)y-xy^2-\frac{y^3}{3}\right]_0^{1-x}\mathrm{d}x\\&=\frac{1}{6}\int_0^1(2-3x+x^3)\mathrm{d}x=\frac{1}{8}.\end{aligned}$$

注　(1) 本题也可选另两个坐标面为投影面计算.

(2) 由于变量的轮换对称性,则

$$I = 3\iiint_{\Omega} x\,\mathrm{d}V = 3\int_0^1 \mathrm{d}x\int_0^{1-x}\mathrm{d}y\int_0^{1-x-y} x\,\mathrm{d}z = 3\int_0^1 x\,\mathrm{d}x\int_0^{1-x}(1-x-y)\,\mathrm{d}y$$

$$= 3\int_0^1 x\left[(1-x)y-\frac{y^2}{2}\right]_0^{1-x}\mathrm{d}x = \frac{3}{2}\int_0^1 x(1-x)^2\,\mathrm{d}x = \frac{1}{8}.$$

(3) 下面的做法是错误的：由于 $x+y+z=1$，所以

$$I = \iiint_{\Omega}\mathrm{d}V = \Omega\text{ 的体积} = \frac{1}{6}.$$

有时，计算三重积分也可以化为先计算一个二重积分再计算一个定积分，下面叙述的这种方法也称为**切片法**.

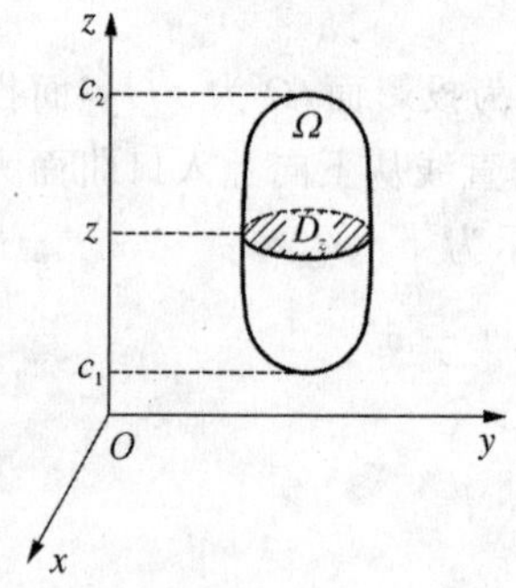

图 8-30

设空间闭区域 Ω 夹在平面 $z=z_1$ 和 $z=z_2$ 之间，用竖坐标为 z 的平面截 Ω 所得到的平面闭区域为 D_z，即空间闭区域 Ω 可表示为

$$\Omega:\ c_1 \leqslant z \leqslant c_2,\ (x, y) \in D_z$$

(图 8-30)，则有

$$\iiint_{\Omega} f(x, y, z)\,\mathrm{d}V = \int_{c_1}^{c_2}\mathrm{d}z\iint_{D_z} f(x, y, z)\,\mathrm{d}x\,\mathrm{d}y. \tag{8.3.5}$$

显然式(8.3.5)适用于被积函数为某个单变量的函数的三重积分.

例 2 证明：当 $f(z)$ 连续时，$\iiint\limits_{x^2+y^2+z^2\leqslant 1} f(z)\,\mathrm{d}V = \pi\int_{-1}^{1} f(t)(1-t^2)\,\mathrm{d}t$. 并用此公式计算 $\iiint\limits_{x^2+y^2+z^2\leqslant 1}(z^3+z^2+z+1)\,\mathrm{d}V$ 的值.

解 积分区域 Ω 为球体 $x^2+y^2+z^2\leqslant 1$，用切片法 Ω 可表示为

$$-1\leqslant z\leqslant 1,\quad (x, y)\in D_z:\ x^2+y^2\leqslant 1-z^2.$$

由式(8.3.5)有

$$\iiint\limits_{x^2+y^2+z^2\leqslant 1} f(z)\,\mathrm{d}V = \int_{-1}^{1}\mathrm{d}z\iint\limits_{x^2+y^2\leqslant 1-z^2} f(z)\,\mathrm{d}x\,\mathrm{d}y = \int_{-1}^{1} f(z)\,\mathrm{d}z\iint\limits_{x^2+y^2\leqslant 1-z^2}\mathrm{d}x\,\mathrm{d}y$$

$$= \int_{-1}^{1} f(z)\pi(1-z^2)\,\mathrm{d}z = \pi\int_{-1}^{1} f(t)(1-t^2)\,\mathrm{d}t.$$

于是 $\iiint\limits_{x^2+y^2+z^2\leqslant 1}(z^3+z^2+z+1)\,\mathrm{d}V = \pi\int_{-1}^{1}(t^3+t^2+t+1)(1-t^2)\,\mathrm{d}t = \frac{8}{5}\pi.$

2. 利用柱面坐标计算三重积分

设 $M(x, y, z)$ 为空间内一点，将 M 向 xOy 面投影. 投影点 N 的极坐标为 ρ，θ，则这样的三个数 ρ, θ, z 就称为点 M 的**柱面坐标**(图 8-31). 下面给出柱面坐标与直角坐标的联系和区别的表(表 8-1).

表 8-1

区别				联系
坐标系	坐标变量	坐标变量范围	三组坐标面	坐标变量关系
直角坐标	x, y, z	$-\infty < x, y, z < +\infty$	$x=$ 常数(与 yOz 面平行的平面) $y=$ 常数(与 xOz 面平行的平面) $z=$ 常数(与 xOy 面平行的平面)	$\begin{cases} x=\rho\cos\theta \\ y=\rho\sin\theta \\ z=z \end{cases}$
柱面坐标	ρ, θ, z	$0 \leqslant \rho < +\infty$ $0 \leqslant \theta \leqslant 2\pi$ $-\infty < z < +\infty$	$\rho=$ 常数(以 z 轴为轴的圆柱面) $\theta=$ 常数(过 z 轴的半平面) $z=$ 常数(与 xOy 面平行的平面)	$\begin{cases} \rho=\sqrt{x^2+y^2} \\ \tan\theta=\dfrac{y}{x} \\ z=z \end{cases}$

其实，若把直角坐标看成直角平面 xOy 面加上 z 轴构成，则柱面坐标可看成极坐标系加上 z 轴构成.

下面来把三重积分 $\iiint\limits_{\Omega} f(x, y, z)\mathrm{d}V$ 化成在柱面坐标系下的形式. 选择三组坐标面 $\rho=$ 常数，$\theta=$ 常数，$z=$ 常数，把 Ω 分成许多小闭区域，除了含 Ω 的边界点的一些不规则小闭区域外，其余绝大多数小闭区域都是柱体. 今考虑由 ρ, θ, z 各取得微小增量 $\mathrm{d}\rho$, $\mathrm{d}\theta$, $\mathrm{d}z$ 所成的柱体的体积(图 8-32)，这个体积等于高与底面积的乘积. 现在高为 $\mathrm{d}z$，底面积在不计高阶无穷小时为 $\rho\mathrm{d}\rho\mathrm{d}\theta$，于是得

$$\mathrm{d}V=\rho\mathrm{d}\theta\mathrm{d}\rho\mathrm{d}z.$$

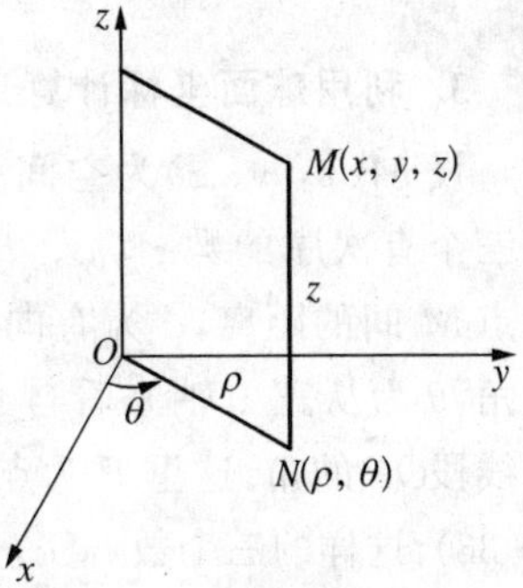

图 8-31

这就是柱面坐标系下的体积元素，代入式(8.3.5)，得

$$\iiint\limits_{\Omega} f(x, y, z)\mathrm{d}x\mathrm{d}y\mathrm{d}z$$

$$=\iiint\limits_{\Omega} f(\rho\cos\theta, \rho\sin\theta, z)\rho\mathrm{d}\rho\mathrm{d}\theta\mathrm{d}z. \tag{8.3.6}$$

式(8.3.6)就是把三重积分从直角坐标变换成柱面坐标的公式. 接下来仍然是化三重积分为三次积分来计算三重积分，积分限是根据积分区域 Ω 中 ρ, θ, z 的变化范围来确定的. 下面通过例题来说明.

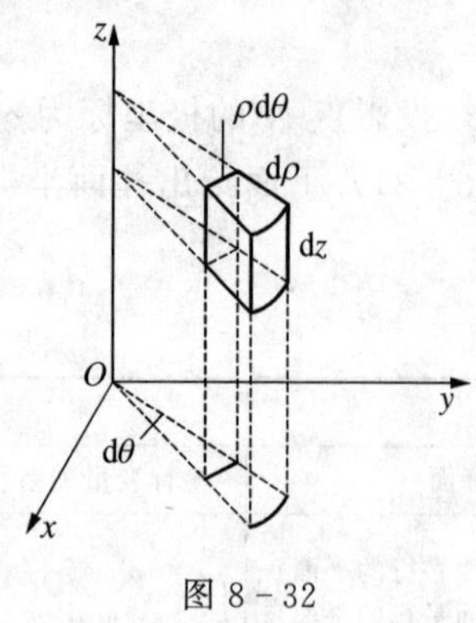

图 8-32

例 3 利用柱面坐标计算 $I=\iiint\limits_{\Omega} z\,\mathrm{d}x\,\mathrm{d}y\,\mathrm{d}z$,其中区域 Ω 为半球体: $x^2+y^2+z^2\leqslant 1,\ z\geqslant 0$.

解 把区域 Ω 投影到 xOy 面上,得到圆域 D: $0\leqslant\theta\leqslant 2\pi,\ 0\leqslant\rho\leqslant 1$,在 D 内任取一点 (ρ,θ),过此点作平行于 z 轴的直线,自下而上,入口曲面为平面 $z=0$,出口曲面为上半球面 $z=\sqrt{1-x^2-y^2}$,即 $z=\sqrt{1-\rho^2}$,因此区域 Ω 可表示为

$$0\leqslant\theta\leqslant 2\pi,\ 0\leqslant\rho\leqslant 1,\ 0\leqslant z\leqslant\sqrt{1-\rho^2}.$$

则

$$\begin{aligned}I&=\iiint\limits_{\Omega} z\rho\,\mathrm{d}\rho\,\mathrm{d}\theta\mathrm{d}z=\int_0^{2\pi}\mathrm{d}\theta\int_0^1\rho\,\mathrm{d}\rho\int_0^{\sqrt{1-\rho^2}}z\,\mathrm{d}z\\&=\frac{1}{2}\int_0^{2\pi}\mathrm{d}\theta\int_0^1\rho(1-\rho^2)\,\mathrm{d}\rho\\&=\frac{1}{2}\cdot 2\pi\cdot\left[\frac{\rho^2}{2}-\frac{\rho^4}{4}\right]_0^1=\frac{\pi}{4}.\end{aligned}$$

3. 利用球面坐标计算三重积分

设 $M(x,y,z)$ 为空间内一点,则点 M 也可用这样三个有次序的数 r,φ,θ 来确定,其中 r 为原点 O 与点 M 间的距离,φ 为有向线段 $\overrightarrow{OM}$ 与 z 轴正向所夹的角,θ 为从正 z 轴来看自 x 轴按逆时针方向转到有向线段 $\overrightarrow{OP}$ 的角,这里 P 为点 M 在 xOy 面上的投影(图 8-33),这样的三个数 r,φ,θ 叫做点 M 的**球面坐标**.

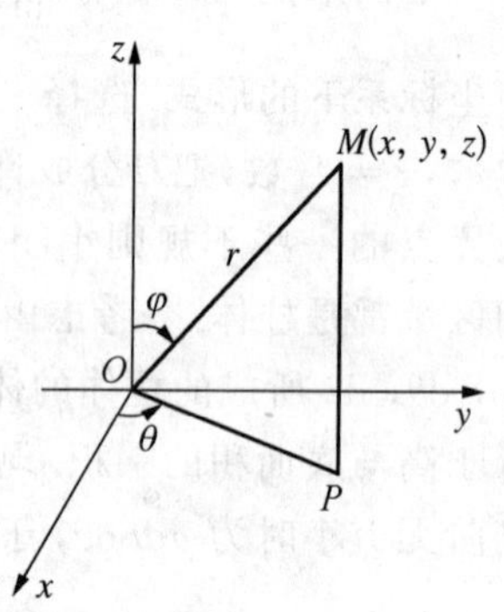

图 8-33

直角坐标与球坐标之间的区别和联系见表 8-2.

下面来把三重积分 $\iiint\limits_{\Omega} f(x,y,z)\mathrm{d}V$ 化成在球面

表 8-2

区别				联系
坐标系	变量	变量范围	坐标面	坐标变量关系
直角坐标	x,y,z	$-\infty<x,y,z<+\infty$	$x=$常数(平行于 yOz 面的平面) $y=$常数(平行于 zOx 面的平面) $z=$常数(平行于 xOy 面的平面)	$\begin{cases}x=r\sin\varphi\cos\theta\\y=r\sin\varphi\sin\theta\\z=r\cos\varphi\end{cases}$

续表

区　别				联　系
坐标系	变量	变量范围	坐标面	坐标变量关系
球坐标	r, φ, θ	$0 \leqslant r < +\infty$ $0 \leqslant \varphi \leqslant \pi$ $0 \leqslant \theta \leqslant 2\pi$	$r=$常数(以原点为心的球面) $\varphi=$常数(以原点为顶点、z 轴为轴的圆锥面) $\theta=$常数(过 z 轴的半平面)	$\begin{cases} r = \sqrt{x^2+y^2+z^2} \\ \tan\varphi = \dfrac{\sqrt{x^2+y^2}}{z} \end{cases}$

坐标下的形式.用三曲面 $r=$ 常数,$\varphi=$ 常数,$\theta=$ 常数,把积分区域 Ω 分成许多小区域,其中除含 Ω 边界的小部分为不规则圆形外,绝大多数为小六面体.下面考虑由 r,φ,θ 各取得微小的增量 $\mathrm{d}r, \mathrm{d}\varphi, \mathrm{d}\theta$ 所成的六面体的体积(图 8-34).

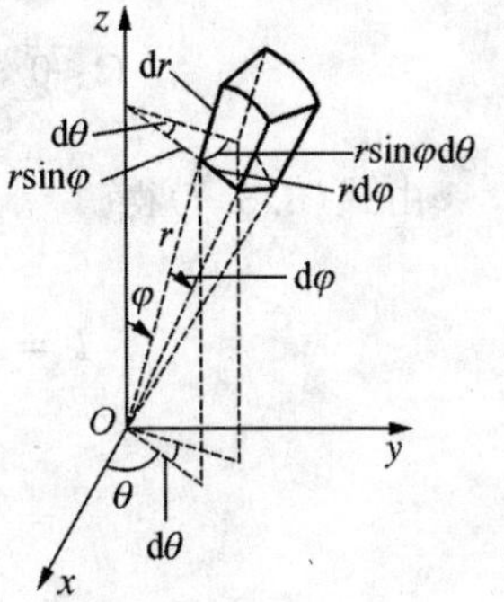

不计高阶无穷小,可把这个六面体看成长方体,其经线方向的长为 $r\,\mathrm{d}\varphi$,纬线方向的宽为 $r\sin\varphi\,\mathrm{d}\theta$,向径方向的高为 $\mathrm{d}r$,于是得

$$\mathrm{d}V = r^2\sin\varphi\,\mathrm{d}r\,\mathrm{d}\varphi\,\mathrm{d}\theta.$$

图 8-34

这就是球面坐标系中的体积元素.再由直角坐标与球面坐标之间关系,有

$$\iiint_{\Omega} f(x, y, z)\,\mathrm{d}x\,\mathrm{d}y\,\mathrm{d}z = \iiint_{\Omega} f(r\sin\varphi\cos\theta, r\sin\varphi\sin\theta, r\cos\varphi)r^2\sin\varphi\,\mathrm{d}r\,\mathrm{d}\varphi\,\mathrm{d}\theta. \tag{8.3.7}$$

式(8.3.7)就是把三重积分的直角坐标变换为球面坐标的公式.

同前面一样,要计算这个三重积分,需根据闭区域 Ω 在球面坐标下的集合表达式,化为先对 r、再对 φ、后对 θ 的三次积分.

特殊地,若积分区域 Ω 的边界曲面是一个包围原点在内的闭曲面,其球面坐标方程为 $r=r(\varphi, \theta)$,则

$$\begin{aligned} I &= \iiint_{\Omega} f(r\sin\varphi\cos\theta, r\sin\varphi\sin\theta, r\cos\varphi)r^2\sin\varphi\,\mathrm{d}r\,\mathrm{d}\varphi\,\mathrm{d}\theta \\ &= \int_0^{2\pi}\mathrm{d}\theta\int_0^{\pi}\mathrm{d}\varphi\int_0^{r(\varphi,\theta)} f(r\sin\varphi\cos\theta, r\sin\varphi\sin\theta, r\cos\varphi)r^2\sin\varphi\,\mathrm{d}r. \end{aligned}$$

当积分区域 Ω 由球面 $r=a$ 所围成时,

$$I = \int_0^{2\pi}\mathrm{d}\theta\int_0^{\pi}\mathrm{d}\varphi\int_0^{a} f(r\sin\varphi\cos\theta, r\sin\varphi\sin\theta, r\cos\varphi)r^2\sin\varphi\,\mathrm{d}V.$$

如果此时被积函数为 1,由上式得到球的体积为

$$V=\int_0^{2\pi}\mathrm{d}\theta\int_0^{\pi}\sin\varphi\,\mathrm{d}\varphi\int_0^{a}r^2\,\mathrm{d}r=\frac{4}{3}\pi a^3.$$

这是熟知的结果.

例 4 求 $I=\iiint\limits_{\Omega}x\mathrm{e}^{\frac{x^2+y^2+z^2}{a^2}}\mathrm{d}V$,其中 Ω 为球体 $x^2+y^2+z^2\leqslant a^2$ 在第一卦限的部分.

解 选球面坐标系,则

$$\Omega:0\leqslant\theta\leqslant\frac{\pi}{2},\ 0\leqslant\varphi\leqslant\frac{\pi}{2},\ 0\leqslant r\leqslant a.$$

由式(8.3.7)得

$$\begin{aligned}I&=\int_0^{\frac{\pi}{2}}\mathrm{d}\theta\int_0^{\frac{\pi}{2}}\mathrm{d}\varphi\int_0^{a}r\cos\theta\sin\varphi\mathrm{e}^{\frac{r^2}{a^2}}r^2\sin\varphi\,\mathrm{d}r\\&=\int_0^{\frac{\pi}{2}}\cos\theta\mathrm{d}\theta\int_0^{\frac{\pi}{2}}\sin^2\varphi\,\mathrm{d}\varphi\int_0^{a}r^3\mathrm{e}^{\frac{r^2}{a^2}}\mathrm{d}r=\frac{\pi}{8}a^4.\end{aligned}$$

如何选择坐标系来计算三重积分是由被积函数和积分区域共同决定的. 如果被积函数含有 $x^2+y^2+z^2$ 的因式且积分区域是由圆锥面与球面围成,宜选球坐标系计算;如果被积函数含有 x^2+y^2 或 $\arctan\dfrac{y}{x}$ 的因式且积分区域是由柱面与平面或抛物面围成的,宜选柱面坐标系计算.

习 题 8.3

1. 化三重积分 $I=\iiint\limits_{\Omega}f(x,y,z)\mathrm{d}x\mathrm{d}y\mathrm{d}z$ 为三次积分,其中积分区域 Ω 分别为:

(1) 由双曲抛物面 $z=xy$ 及平面 $x+y=1$, $z=0$ 所围成的闭区域;

(2) 由曲面 $z=6-x^2-y^2$ 及平面 $z=2$ 所围成的闭区域;

(3) 由曲面 $z=x^2+2y^2$ 及 $z=2-x^2$ 所围成的闭区域.

2. 利用直角坐标计算下列三重积分:

(1) $\iiint\limits_{\Omega}(x^2+y^2+z^2)\mathrm{d}x\mathrm{d}y\mathrm{d}z$,其中 Ω: $0\leqslant x\leqslant 1$, $0\leqslant y\leqslant 1$, $0\leqslant z\leqslant 1$;

(2) $\iiint\limits_{\Omega}\dfrac{\mathrm{d}x\mathrm{d}y\mathrm{d}z}{(1+x+y+z)^3}$,其中 Ω 为平面 $x=0$, $y=0$, $z=0$, $x+y+z=1$ 所围成的四面体;

(3) $\iiint\limits_{\Omega}xz\,\mathrm{d}x\mathrm{d}y\mathrm{d}z$,其中 Ω 是平面 $z=0$, $z=y$, $y=1$ 及抛物柱面 $y=x^2$ 所围成的闭区域;

(4) $\iiint\limits_{\Omega} z^2 \mathrm{d}x\mathrm{d}y\mathrm{d}z$,其中 Ω 是由锥面 $z=\dfrac{h}{R}\sqrt{x^2+y^2}$ 与平面 $z=h(R>0,\ h>0)$ 所围成的闭区域.

3. 利用柱面坐标计算下列三重积分:

(1) $\iiint\limits_{\Omega} z^2 \mathrm{d}x\mathrm{d}y\mathrm{d}z$,其中 Ω 为曲面 $z=x^2+y^2$ 与平面 $z=1$ 所围成的闭区域;

(2) $\iiint\limits_{\Omega} z\sqrt{x^2+y^2}\mathrm{d}x\mathrm{d}y\mathrm{d}z$,其中 Ω 为圆柱面 $y=\sqrt{2x-x^2}$ 与平面 $z=0$, $z=a\ (a>0)$, $y=0$ 所围成的闭区域;

(3) $\iiint\limits_{\Omega} \sqrt{x^2+y^2}\mathrm{d}V$,其中 Ω 为 $x^2+y^2=16$, $y+z=4$, $z=0$ 所围成的闭区域.

4. 利用球面坐标计算下列三重积分:

(1) $\iiint\limits_{\Omega} \sqrt[3]{x^2+y^2+z^2}\mathrm{d}V$,其中 Ω 是上半球面 $z=\sqrt{1-x^2-y^2}$ 所围成的闭区域;

(2) $\iiint\limits_{\Omega} (x^2+y^2+z^2)\mathrm{d}V$,其中 Ω 由不等式 $x^2+y^2+z^2\leqslant a^2(a>0)$, $z\geqslant\sqrt{x^2+y^2}$ 所围成的闭区域.

(3) $\iiint\limits_{\Omega} \dfrac{\cos\sqrt{x^2+y^2+z^2}}{\sqrt{x^2+y^2+z^2}}\mathrm{d}V$,其中 Ω: $\pi^2\leqslant x^2+y^2+z^2\leqslant 4\pi^2$.

5. 将积分 $I=\int_0^1\mathrm{d}y\int_{-\sqrt{y-y^2}}^{\sqrt{y-y^2}}\mathrm{d}x\int_0^{\sqrt{3(x^2+y^2)}} f(x^2+y^2+z^2)\mathrm{d}z$ 分别化为柱面坐标和球面坐标下的三次积分.

6. 求 $\iiint\limits_{\Omega} (x^2+y^2)\mathrm{d}V$,其中 Ω 是由 yOz 面上曲线 $y=\sqrt{2z}$ 绕 z 轴旋转一周所得曲面与平面 $z=2$ 和 $z=8$ 所围成的闭区域.

7. 选择适当的坐标计算下列三重积分:

(1) $\iiint\limits_{\Omega} xy\,\mathrm{d}V$,其中 Ω 为柱面 $x^2+y^2=1$ 及平面 $z=1$, $z=0$, $x=0$, $y=0$ 所围成在第一卦限内的闭区域;

(2) $\iiint\limits_{\Omega} \dfrac{\mathrm{d}V}{x^2+y^2+1}$,其中 Ω 为锥面 $z=\sqrt{x^2+y^2}$ 及平面 $z=1$ 所围成的闭区域;

(3) $\iiint\limits_{\Omega} (x^2+y^2)\mathrm{d}V$,其中 Ω 是由 $0<a\leqslant\sqrt{x^2+y^2+z^2}\leqslant A$, $z\geqslant 0$ 所确定的闭区域;

(4) $\iiint\limits_{\Omega} \left|\sqrt{x^2+y^2+z^2}-1\right|\mathrm{d}V$,其中 Ω 是由 $z^2=x^2+y^2$ 和 $z=1$ 所围成的立体.

8. 设 $F(t)=\iiint\limits_{x^2+y^2+z^2\leqslant t^2} f(x^2+y^2+z^2)\mathrm{d}V(t>0)$, f 为连续函数,且 $f'(0)=1$, $f(0)=0$,求 $\lim\limits_{t\to 0^+}\dfrac{F(t)\ln(1-2t)}{t^5\arctan t}$.

9. 利用对称性,求下列积分,其中 Ω 为球体 $x^2+y^2+z^2\leqslant R^2$, $R>0$.

(1) $\iiint\limits_{\Omega} x^2\mathrm{d}V$;　　(2) $\iiint\limits_{\Omega}(x+y+z)\mathrm{d}V$;

(3) $\iiint\limits_{\Omega}(x+y+z)^2\mathrm{d}V$;　　(4) $\iiint\limits_{\Omega}\dfrac{z\ln(x^2+y^2+z^2+1)}{x^2+y^2+z^2+1}\mathrm{d}V$.

10. 利用三重积分计算下列由曲面所围成的立体的体积:

(1) $2y^2=x$, $\dfrac{x}{4}+\dfrac{y}{2}+\dfrac{z}{2}=1$ 及 $z=0$;

(2) $x^2+y^2=az$, $z=2a-\sqrt{x^2+y^2}$ $(a>0)$;

(3) $x^2+y^2=2ax$, $az=x^2+y^2(a>0)$ 及 $z=0$;

(4) $x^2+y^2+z^2=5$ 的内部与抛物面 $x^2+y^2=4z$ 所围成的立体.

11. 设一立体由半径为 a 和 b 的同心球面围成($a>b>0$),且在点 P 处的密度等于该点到球面中心的距离的平方,求该立体的质量.

8.4　重积分的应用

第5章中已介绍了运用元素法求平面图形面积、立体体积、曲线的弧长以及其他物理量,这是定积分的应用.虽然前面应用二重积分计算了曲顶柱体的体积、平面薄片的质量,用三重积分计算了空间物体的质量,但这些是不够的,本节将利用重积分的元素法来讨论重积分在几何和物理上的一些其他应用.

8.4.1　曲面的面积

设空间曲面 S 的方程为 $z=f(x, y)$,它在 xOy 面上的投影区域为 D_{xy},假定函数 $f(x, y)$ 在 D_{xy} 上具有连续偏导数 $f_x(x, y)$ 和 $f_y(x, y)$,下面来计算曲面 S 的面积.

如图8-35所示,在闭区域 D_{xy} 上任取一很小的闭区域 $\mathrm{d}\sigma$(也把这个小闭区域的面积记为 $\mathrm{d}\sigma$),在 $\mathrm{d}\sigma$ 上任取一点 $P(x, y)$,对应地曲面 S 上有一点 $M(x, y, f(x, y))$, P 为点 M 在 xOy 面上的投影点.点 M 处曲面 S 的切平面设为 T,以小闭区域 $\mathrm{d}\sigma$ 的边界为准线作母线平行于 z 轴的柱面,它在曲面 S 上截下一小曲面(记面积为 ΔA),在切平面 T 上截下一小片平面(记面积为 $\mathrm{d}A$),由于 $\mathrm{d}\sigma$ 的直径很小,则 $\Delta A\approx\mathrm{d}A$.设点 M 处曲面 S 上法线(指向朝上的那一根)与 z 轴所成的角为 γ,则

$$\mathrm{d}A = \frac{\mathrm{d}\sigma}{\cos\gamma}①.$$

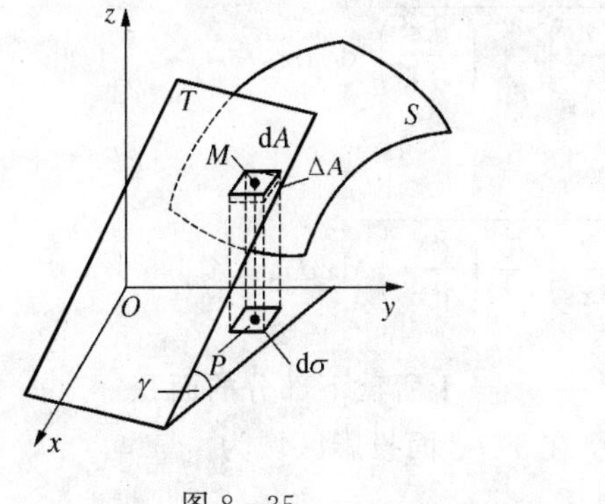

图 8 - 35

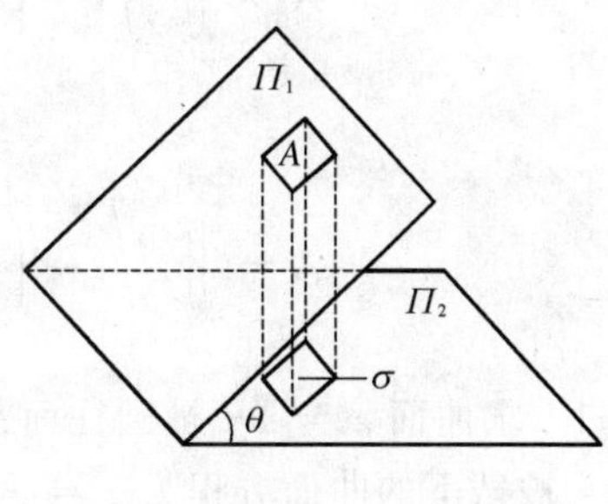

图 8 - 36

因为

$$\cos\gamma = \frac{1}{\sqrt{1+f_x^2(x, y)+f_y^2(x, y)}},$$

所以

$$\mathrm{d}A = \sqrt{1+f_x^2(x, y)+f_y^2(x, y)}\,\mathrm{d}\sigma.$$

这就是曲面 S 的面积元素. 由元素法可知

$$A = \iint\limits_{D_{xy}} \sqrt{1+f_x^2(x, y)+f_y^2(x, y)}\,\mathrm{d}\sigma \quad 或 \quad A = \iint\limits_{D_{xy}} \sqrt{1+\left(\frac{\partial z}{\partial x}\right)^2+\left(\frac{\partial z}{\partial y}\right)^2}\,\mathrm{d}x\,\mathrm{d}y,$$

这就是计算曲面面积的公式.

同样, 若曲面 S 的方程为 $x = g(y, z)$ 或 $y = h(z, x)$, 可分别把曲面投影到

---

① 设两平面 Π_1, Π_2 的夹角为 θ(取锐角), D_0 是 Π_1 的闭区域 D 在 Π_2 内的投影区域, 那么 D_0 的面积 σ 与 D 的面积 A 有如下关系: $A=\dfrac{\sigma}{\cos\theta}$.

先证明特殊情形: D 是矩形闭区域, 且它的一边平行于两平面的交线(图 8-36), 则 D_0 也是矩形闭区域, 由投影定理, 有 $A=\dfrac{\sigma}{\cos\theta}$. 对一般闭区域 D, 可以用两组相互垂直的直线族将其划分为上述类型的 m 个小矩形区域(不计含边界点的不规则部分), 则每个小矩形闭区域的面积 A_k 及其投影区域的面积 σ_k 之间符合

$$A_k = \frac{\sigma_k}{\cos\theta} \quad (k=1, 2, \cdots, m),$$

从而有

$$\sum_{k=1}^{m} A_k = \frac{\sum\limits_{k=1}^{m}\sigma_k}{\cos\theta}.$$

令各小闭区域的直径中的最大者趋于零. 取极限便得 $A=\dfrac{\sigma}{\cos\theta}$.

yOz 面上(投影区域记为 D_{yz})或 zOx 面上(投影区域记为 D_{zx}),则可得曲面 S 的面积计算公式:

$$A=\iint\limits_{D_{yz}}\sqrt{1+\left(\frac{\partial x}{\partial y}\right)^2+\left(\frac{\partial x}{\partial z}\right)^2}\,\mathrm{d}y\,\mathrm{d}z,$$

或

$$A=\iint\limits_{D_{zx}}\sqrt{1+\left(\frac{\partial y}{\partial z}\right)^2+\left(\frac{\partial y}{\partial x}\right)^2}\,\mathrm{d}z\,\mathrm{d}x.$$

例 1 求曲面 $z=xy$ 被圆柱面 $x^2+y^2=1$ 所截下部分的面积.

解 被截下的曲面方程为 $z=xy$, 在 xOy 面投影区域为

$$D_{xy}:\ x^2+y^2\leqslant 1,$$

$z_x=y,\ z_y=x$, 于是所求面积为

$$A=\iint\limits_{D_{xy}}\sqrt{1+z_x^2+z_y^2}\,\mathrm{d}x\,\mathrm{d}y=\iint\limits_{D_{xy}}\sqrt{1+x^2+y^2}\,\mathrm{d}x\,\mathrm{d}y$$

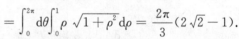

$$=\int_0^{2\pi}\mathrm{d}\theta\int_0^1\rho\sqrt{1+\rho^2}\,\mathrm{d}\rho=\frac{2\pi}{3}(2\sqrt{2}-1).$$

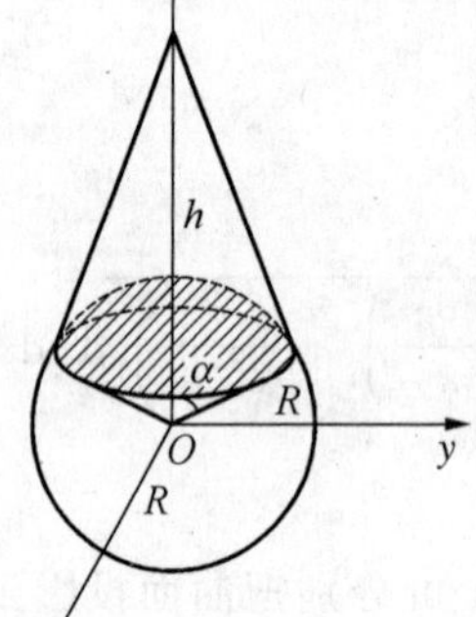

图 8-37

例 2 设有一颗地球同步轨道通信卫星,距地面的高度为 $h=36\ 000$ km,运行的角速度与地球自转的角速度相同,试计算该通信卫星的覆盖面积与地球表面积的比值.(地球半径 $R=6\ 400$ km.)

解 取地心为坐标原点,地心与通信卫星中心的连线为 z 轴,建立坐标系,如图 8-37 所示. 通信卫星覆盖的曲面 Σ 是上半球面被半顶角为 α 的圆锥面所截得的部分.

Σ 的方程为

$$z=\sqrt{R^2-x^2-y^2},$$

在 xOy 面投影区域为

$$D_{xy}:\ x^2+y^2\leqslant R^2\sin^2\alpha.$$

于是通信卫星的覆盖面积为

$$A=\iint\limits_{D_{xy}}\sqrt{1+\left(\frac{\partial z}{\partial x}\right)^2+\left(\frac{\partial z}{\partial y}\right)^2}\,\mathrm{d}x\,\mathrm{d}y.$$

采用极坐标,得

$$A=\int_0^{2\pi}\mathrm{d}\theta\int_0^{R\sin\alpha}\frac{R}{\sqrt{R^2-\rho^2}}\rho\,\mathrm{d}\rho=2\pi R\int_0^{R\sin\alpha}\frac{\rho}{\sqrt{R^2-\rho^2}}\mathrm{d}\rho$$

$$=2\pi R^2(1-\cos\alpha).$$

由于 $\cos\alpha=\dfrac{R}{R+h}$，代入上式，得

$$A=2\pi R^2\left(1-\frac{R}{R+h}\right)=2\pi R^2\frac{h}{R+h}.$$

由此得这颗卫星的覆盖面积与地球表面积之比为

$$\frac{A}{S}=\frac{2\pi R^2\dfrac{h}{R+h}}{4\pi R^2}=\frac{h}{2(R+h)}=\frac{36\times10^3}{2\times(36+6.4)\times10^3}\approx42.5\%.$$

由此结果可知，卫星覆盖了全球三分之一以上的面积，故使用三颗相隔 $\dfrac{2}{3}\pi$ 角度的这样的通信卫星发射的信号几乎就可覆盖地球全部表面.

8.4.2 质心

先讨论平面薄片的质心. 设在 xOy 平面上有几个质点，构成一个质点系，它们分别位于 (x_1, y_1)，(x_2, y_2)，…，(x_n, y_n) 处，质量分别为 $m_1, m_2, \cdots, m_n$. 由力学知识可知，该质点系的质心的坐标为

$$\bar{x}=\frac{M_y}{M}=\frac{\sum\limits_{i=1}^{n}m_ix_i}{\sum\limits_{i=1}^{n}m_i},\quad \bar{y}=\frac{M_x}{M}=\frac{\sum\limits_{i=1}^{n}m_iy_i}{\sum\limits_{i=1}^{n}m_i}.$$

其中，$M=\sum\limits_{i=1}^{n}m_i$ 为该质点系的总质量，$M_y=\sum\limits_{i=1}^{n}m_ix_i$，$M_x=\sum\limits_{i=1}^{n}m_iy_i$ 分别为该质点系对 y 轴和 x 轴的静矩.

设平面薄片占有 xOy 面上的闭区域 D，其上点 (x, y) 处的面密度为 $\mu(x, y)$，假定 $\mu(x, y)$ 在 D 上连续，现在求该薄片的质心.

如图 8-38 所示，在闭区域 D 上任取一直径很小的闭区域 $\mathrm{d}\sigma$（其面积也记为 $\mathrm{d}\sigma$），在 $\mathrm{d}\sigma$ 内任取一点 (x, y). 由于 $\mathrm{d}\sigma$ 很小且 $\mu(x, y)$ 在 D 上连续，则薄片中相应于 $\mathrm{d}\sigma$ 的部分质量近

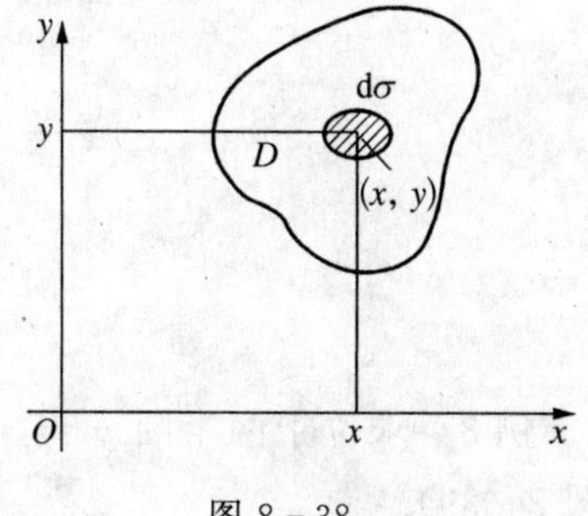

图 8-38

似为$\mu(x, y)\mathrm{d}\sigma$,这部分质量近似看成集中在点$(x, y)$上,于是这部分区域静矩元素$\mathrm{d}M_x$和$\mathrm{d}M_y$分别为

$$\mathrm{d}M_x = y\mu(x, y)\mathrm{d}\sigma, \quad \mathrm{d}M_y = x\mu(x, y)\mathrm{d}\sigma$$

则薄片对y轴和x轴的静矩分别为

$$M_x = \iint_D y\mu(x, y)\mathrm{d}\sigma, \quad M_y = \iint_D x\mu(x, y)\mathrm{d}\sigma$$

而薄片的质量为

$$M = \iint_D \mu(x, y)\mathrm{d}\sigma.$$

于是薄片的质心的坐标为

$$\bar{x} = \frac{M_y}{M} = \frac{\iint_D x\mu(x, y)\mathrm{d}\sigma}{\iint_D \mu(x, y)\mathrm{d}\sigma}, \quad \bar{y} = \frac{M_x}{M} = \frac{\iint_D y\mu(x, y)\mathrm{d}\sigma}{\iint_D \mu(x, y)\mathrm{d}\sigma}.$$

注 (1) 若薄片是均匀的,即面密度为常数,所求平面薄片的质心也就是它的形状中心(简称为形心). 借用上式,知形心的坐标为

$$\bar{x} = \frac{\iint_D x\mu\,\mathrm{d}\sigma}{\iint_D \mu\mathrm{d}\sigma} = \frac{1}{A}\iint_D x\mathrm{d}\sigma, \quad \bar{y} = \frac{\iint_D y\mu\,\mathrm{d}\sigma}{\iint_D \mu\mathrm{d}\sigma} = \frac{1}{A}\iint_D y\,\mathrm{d}\sigma.$$

(2) 推广:占有空间有界闭区域Ω在点(x, y, z)处的密度为$\rho(x, y, z)$(假定$\rho(x, y, z)$在Ω上连续)的物体的质心坐标为

$$\bar{x} = \frac{1}{M}\iiint_\Omega x\rho(x, y, z)\mathrm{d}V,$$

$$\bar{y} = \frac{1}{M}\iiint_\Omega y\rho(x, y, z)\mathrm{d}V,$$

$$\bar{z} = \frac{1}{M}\iiint_\Omega z\rho(x, y, z)\mathrm{d}V,$$

其中,
$$M = \iiint_\Omega \rho(x, y, z)\mathrm{d}V.$$

例 3 求位于两半圆$y = \sqrt{4 - x^2}$和$y = \sqrt{1 - x^2}$之间的均匀薄片的质心(图 8-39).

解 由于图形(匀质)的对称性，显然 $\bar{x}=0$. 再用公式 $\bar{y}=\dfrac{1}{A}\iint\limits_{D} y\mathrm{d}\sigma$ 来计算 $\bar{y}$.

因 $A=2\pi-\dfrac{\pi}{2}=\dfrac{3\pi}{2}$，所以

$$\bar{y}=\frac{2}{3\pi}\iint\limits_{D} y\,\mathrm{d}\sigma=\frac{2}{3\pi}\int_{0}^{\pi}\mathrm{d}\theta\int_{1}^{2}\rho\sin\theta\cdot\rho\,\mathrm{d}\rho$$

$$=\frac{14}{9\pi}\int_{0}^{\pi}\sin\theta\mathrm{d}\theta=\frac{28}{9\pi}\quad(\text{采用极坐标}).$$

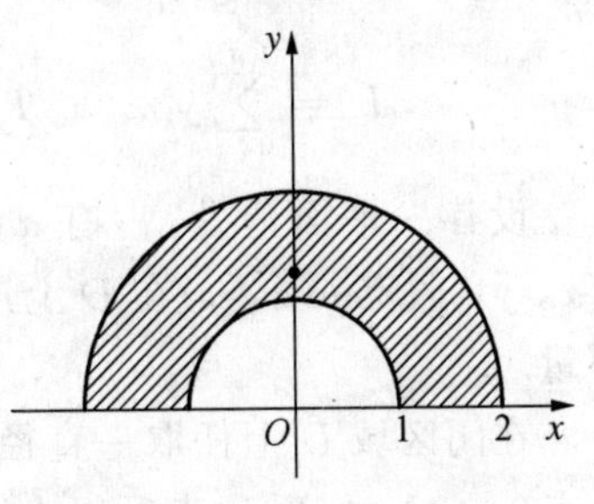

图 8-39

故所求质心为 $\left(0,\ \dfrac{28}{9\pi}\right)$.

例 4 球 $x^2+y^2+z^2\leqslant 2Rz$ 内各点处的密度等于该点到坐标原点距离的平方，求此球体的质心坐标.

解 密度函数 $\rho(x,\ y,\ z)=x^2+y^2+z^2$，采用球面坐标，此球面方程为 $r=2R\cos\varphi$，于是该球体的质量为

$$M=\iiint\limits_{\Omega}(x^2+y^2+z^2)\mathrm{d}x\,\mathrm{d}y\,\mathrm{d}z=\int_{0}^{2\pi}\mathrm{d}\theta\int_{0}^{\frac{\pi}{2}}\mathrm{d}\varphi\int_{0}^{2R\cos\varphi}r^4\sin\varphi\,\mathrm{d}r$$

$$=\frac{64\pi R^5}{5}\int_{0}^{\frac{\pi}{2}}\cos^5\varphi\sin\varphi\,\mathrm{d}\varphi=\frac{32}{15}\pi R^5,$$

而

$$\iiint\limits_{\Omega}(x^2+y^2+z^2)z\,\mathrm{d}x\,\mathrm{d}y\,\mathrm{d}z=\int_{0}^{2\pi}\mathrm{d}\theta\int_{0}^{\frac{\pi}{2}}\mathrm{d}\varphi\int_{0}^{2R\cos\varphi}r^5\sin\varphi\cos\varphi\,\mathrm{d}r$$

$$=\frac{64\pi R^6}{3}\int_{0}^{\frac{\pi}{2}}\cos\varphi\sin\varphi\,\mathrm{d}\varphi=\frac{8}{3}\pi R^6,$$

所以质心竖坐标为

$$\bar{z}=\frac{\dfrac{8}{3}\pi R^6}{\dfrac{32}{15}\pi R^5}=\frac{5}{4}R.$$

由对称性知 $\bar{x}=\bar{y}=0$，于是质心坐标为 $\left(0,\ 0,\ \dfrac{5}{4}R\right)$.

8.4.3 转动惯量

设在 xOy 平面上有 n 个质点，构成一个质点系，每个点坐标为 $(x_1,\ y_1)$，

$(x_2, y_2), \cdots, (x_n, y_n)$,质量分别为 $m_1, m_2, \cdots, m_n$,则该质点系对于 x 轴,y 轴以及原点 O 的转动惯量分别为

$$I_x = \sum_{i=1}^{n} y_i^2 m_i, \quad I_y = \sum_{i=1}^{n} x_i^2 m_i, \quad I_O = \sum_{i=1}^{n} (x_i^2 + y_i^2) m_i.$$

设有一平面薄片,占有 xOy 面上的闭区域 D,在点 (x, y) 处的面密度为 $\mu(x, y)$,假定 $\mu(x, y)$ 在 D 上连续,下面求该薄片对于 x 轴,y 轴以及原点的转动惯量.

在闭区域 D 上任取一直径很小的闭区域 $\mathrm{d}\sigma$(其面积也记为 $\mathrm{d}\sigma$),在 D 内任取一点 (x, y),由于 $\mathrm{d}\sigma$ 直径很小,且 $\mu(x, y)$ 在 D 上连续,所以薄片中相应于 $\mathrm{d}\sigma$ 部分的质量近似为 $\mu(x, y)\mathrm{d}\sigma$. 将这部分质量近似看成集中在点 (x, y) 上,于是可写出薄片对 x 轴,y 轴以及原点 O 的转动惯量元素为

$$\mathrm{d}I_x = y^2\mu(x, y)\mathrm{d}\sigma, \quad \mathrm{d}I_y = x^2\mu(x, y)\mathrm{d}\sigma, \quad \mathrm{d}I_O = (x^2 + y^2)\mu(x, y)\mathrm{d}\sigma.$$

应用元素法,可得薄片对于 x 轴,y 轴以及原点 O 的转动惯量为

$$I_x = \iint_D y^2\mu(x, y)\mathrm{d}\sigma, \quad I_y = \iint_D x^2\mu(x, y)\mathrm{d}\sigma, \quad I_O = \iint_D (x^2 + y^2)\mu(x, y)\mathrm{d}\sigma.$$

同理可得,占有空间有界闭区域 Ω,在点 (x, y, z) 处的密度为 $\rho(x, y, z)$(假定 $\rho(x, y, z)$ 在 Ω 上连续)的物体对于 x, y, z 轴以及坐标原点 O 的转动惯量分别为

$$I_x = \iiint_\Omega (y^2 + z^2)\rho(x, y, z)\mathrm{d}V, \quad I_y = \iiint_\Omega (z^2 + x^2)\rho(x, y, z)\mathrm{d}V,$$

$$I_z = \iiint_\Omega (x^2 + y^2)\rho(x, y, z)\mathrm{d}V, \quad I_O = \iiint_\Omega (x^2 + y^2 + z^2)\rho(x, y, z)\mathrm{d}V.$$

例 5 求半径为 a、中心角为 2φ 的均匀扇形薄片(面密度为常数 μ)对于其中心轴的转动惯量.

解 取坐标系如图 8-40 所示,则薄片所占闭区域 D 可表示为

$$D: -\varphi \leqslant \theta \leqslant \varphi,\ 0 \leqslant \rho \leqslant a.$$

薄片对于中心轴即 x 轴的转动惯量为

$$\begin{aligned} I_x &= \iint_D \mu y^2 \mathrm{d}\sigma = \mu \iint_D \rho^2 \sin^2\theta\rho\,\mathrm{d}\rho\,\mathrm{d}\theta \\ &= \mu\int_{-\varphi}^{\varphi}\mathrm{d}\theta\int_0^a \rho^3\sin^2\theta\mathrm{d}\rho \\ &= \frac{\mu}{2}a^4\int_0^{\varphi}\sin^2\theta\mathrm{d}\theta \end{aligned}$$

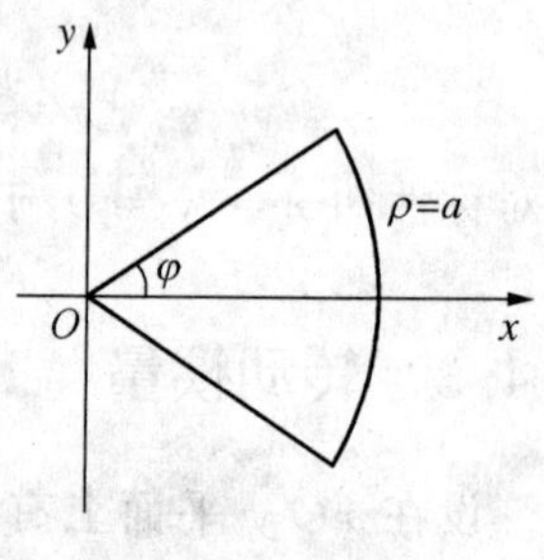

图 8-40

$$= \frac{\mu}{4}a^4\left(\varphi - \frac{\sin 2\varphi}{2}\right).$$

例 6　设球体 $x^2+y^2+z^2 \leqslant R^2$ 上任一点的密度与该点到球心的距离成正比，求它对直径的转动惯量.

解　设密度函数 $\rho = k\sqrt{x^2+y^2+z^2}$（$k$ 为常数），取球体的一条直径为 z 轴，则它对 z 轴的转动惯量为

$$I_z = \iiint_\Omega (x^2+y^2)\rho \mathrm{d}V = k\iiint_\Omega \sqrt{x^2+y^2+z^2}(x^2+y^2)\mathrm{d}x\mathrm{d}y\mathrm{d}z$$

$$= k\int_0^{2\pi}\mathrm{d}\theta\int_0^{\pi}\mathrm{d}\varphi\int_0^R r\cdot r^2\sin^2\varphi\cdot r^2\sin\varphi\mathrm{d}r$$

$$= 2k\pi\cdot\frac{R^6}{6}\int_0^{\pi}(\cos^2\varphi - 1)\mathrm{d}\cos\varphi = \frac{4k\pi R^6}{9}.$$

8.4.4　引力

在定积分应用中已介绍了用元素法求质量线段对线段外一点的引力计算公式，这里可以把该方法加以推广.

先讨论平面薄片对薄片外一点 $P_0(x_0, y_0, z_0)$ 处单位质量的质点的引力.

设平面薄片占有 xOy 平面上的闭区域 D，其面密度为 $\mu(x, y)$. 在薄片内任取直径很小的闭区域 $\mathrm{d}\sigma$（其面积也记为 $\mathrm{d}\sigma$），在 $\mathrm{d}\sigma$ 上任取一点 (x, y)，假定 (x, y) 在 D 上连续，则小区域 $\mathrm{d}\sigma$ 的质量 $\mu(x, y)\mathrm{d}\sigma$ 可近似地看成集中在点 (x, y).

由两质点间的引力公式，可得该小区域对位于点 $P_0(x_0, y_0, z_0)$ 处的单位质量的质点的引力近似为

$$\mathrm{d}\boldsymbol{F} = (\mathrm{d}\boldsymbol{F}_x, \mathrm{d}\boldsymbol{F}_y, \mathrm{d}\boldsymbol{F}_z)$$

$$= \left(G\frac{\mu(x, y)(x-x_0)}{r^3}\mathrm{d}\sigma, G\frac{\mu(x, y)(y-y_0)}{r^3}\mathrm{d}\sigma, -G\frac{\mu(x, y)z_0}{r^3}\mathrm{d}\sigma\right)$$

式中，$\mathrm{d}\boldsymbol{F}_x$，$\mathrm{d}\boldsymbol{F}_y$，$\mathrm{d}\boldsymbol{F}_z$ 为 $\mathrm{d}\boldsymbol{F}$ 在 x, y, z 轴上的分量，$r = \sqrt{(x-x_0)^2+(y-y_0)^2+z_0^2}$，$G$ 为引力常数. 将 $\mathrm{d}\boldsymbol{F}_x$，$\mathrm{d}\boldsymbol{F}_y$，$\mathrm{d}\boldsymbol{F}_z$ 在 D 上积分，得

$$\boldsymbol{F} = (\boldsymbol{F}_x, \boldsymbol{F}_y, \boldsymbol{F}_z)$$

$$= \left(\iint_D \frac{G\mu(x, y)(x-x_0)}{r^3}\right)\mathrm{d}\sigma, \iint_D \frac{G\mu(x, y)(y-y_0)}{r^3}\mathrm{d}\sigma, -\iint_D \frac{G\mu(x, y)z_0}{r^3}\mathrm{d}\sigma).$$

注　(1) 若 D 不变，把 $P_0(x_0, y_0, z_0)$ 换成 xOy 面上点 $P(x_0, y_0)$，则平面薄片对 P 处单位质量的质点引力为

$$\boldsymbol{F}=(\boldsymbol{F}_x,\boldsymbol{F}_y)=\left(\iint_D \frac{G\mu(x,y)(x-x_0)}{r^3}\mathrm{d}\sigma,\iint_D \frac{G\mu(x,y)(y-y_0)}{r^3}\mathrm{d}\sigma\right).$$

(2) 若 $P_0(x_0,y_0,z_0)$不变,把平面区域 Ω 换成空间闭区域 Ω,同时将面密度 $\mu(x,y)$换成体密度 $\rho(x,y,z)$,则空间物体 Ω 对点 P_0 处的单位质量的质点的引力为

$$\begin{aligned}\boldsymbol{F}&=(\boldsymbol{F}_x,\boldsymbol{F}_y,\boldsymbol{F}_z)\\&=\left(\iiint_\Omega \frac{G\rho(x,y,z)(x-x_0)}{r^3}\mathrm{d}V,\iiint_\Omega \frac{G\rho(x,y,z)(y-y_0)}{r^3}\mathrm{d}V,\right.\\&\qquad\left.\iiint_\Omega \frac{G\rho(x,y,z)(z-z_0)}{r^3}\mathrm{d}V\right).\end{aligned}$$

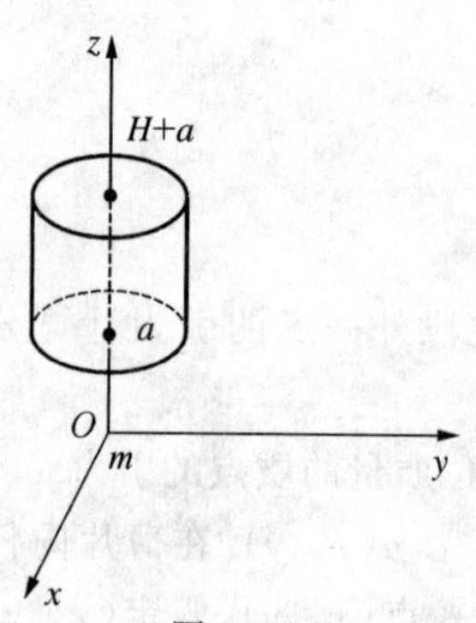

图 8-41

例 7 有一半径为 R、高为 H 的均匀正圆柱体,在其中心轴上高出上底为 a 处有一质量为 m 的质点,求此正圆柱体对该质点的引力(圆柱体的密度为常数 ρ).

解 以质点为原点,圆柱体 Ω 的中心轴为 z 轴,建立直角坐标系,如图 8-41 所示. 记圆柱体对质点 O 的引力为 $\boldsymbol{F}=(\boldsymbol{F}_x,\boldsymbol{F}_y,\boldsymbol{F}_z)$, 由对称性知

$$\boldsymbol{F}_x=\boldsymbol{F}_y=0,\quad \boldsymbol{F}_z=\iiint_\Omega G\frac{m\rho z}{r^3}\mathrm{d}V.$$

采用柱面坐标计算,可得

$$\begin{aligned}\boldsymbol{F}_z&=Gm\rho\int_0^{2\pi}\mathrm{d}\theta\int_0^R\mathrm{d}\rho\int_a^{a+H}\frac{z}{(\rho^2+z^2)^{\frac{3}{2}}}\rho\,\mathrm{d}z\\&=2\pi Gm\rho\int_0^R\rho\,\mathrm{d}\rho\int_a^{a+H}\frac{z}{(z^2+\rho^2)^{\frac{3}{2}}}\mathrm{d}z\quad(\text{交换积分次序})\\&=2\pi Gm\rho\int_a^{a+H}z\left(\frac{1}{z}-\frac{1}{\sqrt{R^2+z^2}}\right)\mathrm{d}z\\&=2\pi Gm\rho(H-\sqrt{R^2+(a+H)^2}+\sqrt{R^2+a^2}).\end{aligned}$$

习 题 8.4

1. 求锥面 $z=\sqrt{x^2+y^2}$ 被柱面 $z^2=2x$ 所割下部分的曲面的面积.

2. 分别求出球面 $x^2+y^2+z^2=2a^2$ 被圆锥面 $z=\sqrt{x^2+y^2}$ 所割下的上部分的球面面积

和此锥面被球面所割下的部分的面积.

3. 求底圆半径相同的两个直交圆柱面 $x^2+y^2=R^2$ 及 $x^2+z^2=R^2$ 所围立体的体积和表面积.

4. 设平面薄片所占的闭区域 D 如下所述，分别求出这样的均匀薄片的质心.

(1) D 是由 $y=x^2$ 和 $y=x$ 所围成的闭区域；

(2) D 是由 $x^2+y^2=1$，$y=x$ 和 x 轴所围成的在第一象限内的部分；

(3) D 是上半椭圆形闭区域：$\frac{x^2}{a^2}+\frac{y^2}{b^2}\leqslant 1$，$y\geqslant 0$；

(4) D 是介于两个圆 $\rho=a\cos\theta$，$\rho=b\cos\theta\ (0<a<b)$ 之间的闭区域.

5. 设有一等腰直角三角形薄片的腰长为 a，各点处的面密度等于该点到直角顶点的距离的平方，求此薄片的质心.

6. 设平面薄片所占的闭区域 D 是由 $x+y=1$，$x=1$ 及 $y=1$ 所围成，点 (x,y) 处的密度 $\mu(x,y)=2x+y^2$，求此薄片的质心.

7. 利用三重积分计算由下列曲面所围成的立体的质心(设立体密度为常数).

(1) $z=\sqrt{4-x^2-y^2}$，$z=1$；

(2) $z=\sqrt{a^2-x^2-y^2}$，$z=\sqrt{A^2-x^2-y^2}\ (0<a<A)$，$z=0$；

(3) $z=x^2+y^2$，$x+y=a$，$x=0$，$y=0$，$z=0$.

8. 设均匀薄片($\mu=1$)所占闭区域如下，求所指定的转动惯量.

(1) D 为矩形区域：$0\leqslant a\leqslant b$，$0\leqslant y\leqslant b$，求 I_x，I_y；

(2) D 是由 $y=|x|$ 与 $y=1$ 所围成，求 I_x，I_y；

(3) D 是由抛物线 $y^2=x$ 与直线 $y=x$ 所围成，求 I_x.

9. 一物体由一圆锥以及与该锥体共底的半球体拼成，锥高等底半径 a，求整个物体关于其对称轴的转动惯量(设 $\mu=1$).

10. 设面密度为常数 μ 的均匀半圆环薄片所占区域 D 为 $R_1\leqslant\sqrt{x^2+y^2}\leqslant R_2\ (x\geqslant 0)$，求它对位于 z 轴上的点 $M_0(0,0,a)\ (a>0)$ 处单位质量的质点的引力 $\boldsymbol{F}$.

11. 设均匀柱体密度为 μ，占有闭区域 $\Omega=\{(x,y,z)\mid x^2+y^2\leqslant R,\ 0\leqslant z\leqslant h\}$，求它对点 $M_0(0,0,a)\ (a>0)$ 处质量为 m 的质点的引力 $\boldsymbol{F}$.

12. 一密度为常数 μ 的均匀物体占有的闭区域 Ω 是由曲面 $z=x^2+y^2$ 和平面 $z=0$，$|x|=a$，$|y|=a$ 所围成，求：

(1) 物体的体积；

(2) 物体的质心；

(3) 物体关于 z 轴的转动惯量.

13. 证明：由 $x=a$，$x=b$，$y=f(x)$ 及 x 轴所围的平面图形绕 x 轴旋转一周所形成的立体对 x 轴的转动惯量

$$I_x=\frac{\pi}{2}\int_a^b f^4(x)a_x,$$

其中，$f(x)$ 为连续的正值函数，立体密度函数 $\mu=1$.

14. 设半径为 R 的球面 S 的球心在定球面 $x^2+y^2+z^2=a^2$ 上,问 R 取何值时,S 被定球面所截下的部分曲面的面积最大?

15. 设有一个由 $y=\ln x$, $x=\mathrm{e}$ 及 x 轴所围成的均匀薄板($\mu=1$).它绕 $x=t$ 旋转的转动惯量为 $I(t)$,问 t 为何值时,$I(t)$ 最小?

总习题8

1. 选择题.

(1) 设平面区域 D: $-a\leqslant x\leqslant a$, $x\leqslant y\leqslant a$; D_1: $0\leqslant x\leqslant a$, $x\leqslant y\leqslant a$,则 $\iint\limits_D(xy+\cos x\sin y)\mathrm{d}x\mathrm{d}y=($ $)$.

A. $2\iint\limits_{D_1}\cos x\sin y\,\mathrm{d}x\mathrm{d}y$ B. $2\iint\limits_{D_1}xy\,\mathrm{d}x\mathrm{d}y$

C. $4\iint\limits_{D_1}(xy+\cos x\sin y)\mathrm{d}x\mathrm{d}y$ D. 0

(2) 球面 $x^2+y^2+z^2=4a^2$ 与柱面 $x^2+y^2=2ax$ 所围成立体体积 $V=($ $)$.

A. $4\int_0^{\frac{\pi}{2}}\mathrm{d}\theta\int_0^{2a\cos\theta}\sqrt{4a^2-\rho^2}\,\mathrm{d}\rho$ B. $8\int_0^{\frac{\pi}{2}}\mathrm{d}\theta\int_0^{2a\cos\theta}\rho\sqrt{4a^2-\rho^2}\,\mathrm{d}\rho$

C. $4\int_0^{\frac{\pi}{2}}\mathrm{d}\theta\int_0^{2a\cos\theta}\rho\sqrt{4a^2-\rho^2}\,\mathrm{d}\rho$ D. $\int_{-\frac{\pi}{2}}^{\frac{\pi}{2}}\mathrm{d}\theta\int_0^{2a\cos\theta}\rho\sqrt{4a^2-\rho^2}\,\mathrm{d}\rho$

(3) 设 $f(x,y)$ 连续,且 $f(x,y)=xy+\iint\limits_D f(u,v)\mathrm{d}u\mathrm{d}v$,其中 D 是由 $y=x^2$, $x=1$, $y=0$ 所围区域,则 $f(x,y)=($ $)$.

A. xy B. $2xy$ C. $xy+\frac{1}{8}$ D. $xy+1$

(4) 设 $f(x)$ 为连续函数,$F(t)=\int_1^t\mathrm{d}y\int_y^t f(x)\mathrm{d}x$,则 $F'(2)=($ $)$.

A. $2f(2)$ B. $f(2)$ C. $-f(2)$ D. 0

2. 填空题.

(1) 设 D: $|x|\leqslant 1$, $|y|\leqslant 1$,则 $\iint\limits_D(x\mathrm{e}^{\cos xy}\sin xy-2)\mathrm{d}\sigma=$ ________.

(2) $\iint\limits_{x^2+y^2\leqslant a^2}|xy|\,\mathrm{d}\sigma=$ ________.

(3) 设 $f(u)$ 具有连续导数,且 $f(0)=0$, $f'(0)=1$,则

$$\lim_{t\to 0^+}\frac{1}{\pi t^4}\iiint\limits_{x^2+y^2+z^2\leqslant t^2}f(\sqrt{x^2+y^2+z^2})\mathrm{d}V=\_\_\_\_\_\_\_\_.$$

(4) 把 $\iint\limits_D f(x,y)\mathrm{d}x\mathrm{d}y$ 表为极坐标形式的二次积分为____________,其中 $D=\{(x,y)\mid 0\leqslant x\leqslant 1, 0\leqslant y\leqslant 1\}$.

3. 计算下列二重积分：

(1) $\iint\limits_{D}(1+x)\sin y\,\mathrm{d}\sigma$，其中 D 是顶点分别为 $(0,0)$，$(1,0)$，$(1,2)$ 和 $(0,1)$ 的梯形闭区域；

(2) $\iint\limits_{|x|+|y|\leqslant 1}(x^2+y^2)\,\mathrm{d}\sigma$；

(3) $\iint\limits_{D}(y^2+3xy^2-4x^2y+2x^2+9)\,\mathrm{d}\sigma$，其中 D 为圆域 $x^2+y^2\leqslant R^2$；

(4) $\iint\limits_{D}\dfrac{\sin x}{x}\,\mathrm{d}x\,\mathrm{d}y$，其中 D 是由 $y=x$，$y=0$，$x=\dfrac{\pi}{2}$ 所围成的闭区域.

4. 求 $\iint\limits_{D}f(x,y)\,\mathrm{d}x\mathrm{d}y$，其中 $f(x,y)=\begin{cases}\mathrm{e}^{-(x+y)}, & x>0,\ y>0,\\ 0, & \text{其他},\end{cases}$ 积分区域 D: $1\leqslant x+y\leqslant 3$.

5. 交换下列积分的次序：

(1) $\int_0^1\mathrm{d}x\int_{\frac{1}{2}x^2}^{\sqrt{3-x^2}}f(x,y)\,\mathrm{d}y$； (2) $\int_{-1}^0\mathrm{d}y\int_2^{1-y}f(x,y)\,\mathrm{d}x$；

(3) $\int_1^2\mathrm{d}y\int_y^{y^2}f(x,y)\,\mathrm{d}x$； (4) $\int_0^1\mathrm{d}x\int_{\sqrt{x}}^{1+\sqrt{1-x^2}}f(x,y)\,\mathrm{d}y$.

6. 设 $f(x,y)$ 在闭区域 D: $x^2+y^2\leqslant y$，$x\geqslant 0$ 上连续，且

$$f(x,y)=\sqrt{1-x^2-y^2}-\frac{8}{\pi}\iint\limits_{D}f(u,v)\,\mathrm{d}u\mathrm{d}v,$$

求 $f(x,y)$.

7. 求平面 $\dfrac{x}{a}+\dfrac{y}{b}+\dfrac{z}{c}=1$ 被三坐标面所割下的有限部分的面积.

8. 计算下列三重积分.

(1) $\iiint\limits_{\Omega}z^2\,\mathrm{d}v$，其中 Ω 是两个球体：$x^2+y^2+z^2\leqslant R^2$ 和 $x^2+y^2+z^2\leqslant 2kz\ (k>0)$ 的公共部分；

(2) $\iiint\limits_{\Omega}z\sqrt{x^2+y^2}\,\mathrm{d}V$，其中 Ω: $0\leqslant z\leqslant a$，$0\leqslant x\leqslant\sqrt{2y-y^2}$；

(3) $\iiint\limits_{\Omega}\dfrac{\mathrm{d}v}{\sqrt{x^2+y^2+z^2}}$，其中 Ω 是由 $x^2+y^2+(z-1)^2=1$ 所围成的区域在 $z\geqslant 1$ 的部分；

(4) $\iiint\limits_{\Omega}z\,\mathrm{d}v$，其中 Ω 是由 $x^2+y^2+z^2=4$ 与 $x^2+y^2=3z$（含 z 轴的部分）所围成的区域.

9. 证明：

(1) $\int_0^a\mathrm{d}y\int_0^y\mathrm{e}^{m(a-x)}f(x)\,\mathrm{d}x=\int_0^a(a-x)\mathrm{e}^{m(a-x)}f(x)\,\mathrm{d}x$；

(2) $\int_0^x\mathrm{d}v\int_0^v\mathrm{d}u\int_0^u f(t)\,\mathrm{d}t=\dfrac{1}{2}\int_0^x(x-t)^2f(t)\,\mathrm{d}t$.

10. 计算 $\int_{-\infty}^{+\infty}\mathrm{d}x\int_{-\infty}^{+\infty}\min\{x,y\}\mathrm{e}^{-x^2-y^2}\,\mathrm{d}y$.

11. 匀质薄片由曲线 $y=x^2$，$y=t\,(t>0)$，$x=0\,(x>0)$ t 为变量所围成，求可变薄片重心

的轨迹.

12. 设 $f(x)$是区间$[0,1]$上的单调增加的连续函数,求证:

$$\frac{\int_0^1 xf^3(x)\mathrm{d}x}{\int_0^1 xf^2(x)\mathrm{d}x} \geqslant \frac{\int_0^1 f^3(x)\mathrm{d}x}{\int_0^1 f^2(x)\mathrm{d}x}.$$

13. 求由抛物线 $y=x^2$ 及直线 $y=1$ 所围成的均匀薄片(面密度为常数 μ) 对直线 $y=-1$ 的转动惯量.

14. 求质量分布均匀的半个旋转椭球体 Ω: $\frac{x^2}{a^2}+\frac{y^2}{a^2}+\frac{z^2}{b^2}\leqslant 1,\ z\geqslant 0$ 的质心.

15. 设两点 $A(1,0,0)$与 $B(0,1,1)$的连线 AB 绕 z 轴旋转一周而形成旋转面 S,求曲面 S 与平面 $z=0$, $z=1$ 所围成立体的体积.

16. 设在 xOy 面上有一质量为 M 的匀质半圆形薄片,占有平面闭区域 D: $x^2+y^2\leqslant R^2$, $y\geqslant 0$,过圆心 O 垂直于薄片的直线上有一质量为 m 的质点 P, $OP=a$,求半圆形薄片对质点 P 的引力.

实验 8 重 积 分

一、实验内容

二重积分和三重积分的数值解.

二、实验目的

熟悉用 Matlab 求二重积分和三重积分的数值解.

三、预备知识

二重积分数值计算的调用函数为:dblquad().

对于矩形区域的二重积分的数值解,调用格式如下:

```
dblquad(f,x0,x1,y0,y1)
```

f 为被积函数;x0,x1 为积分变量 x 的下限与上限,y0,y1 为积分变量 y 的下限与上限.

例 1 求二重积分 $\int_{-1}^{1}\int_{-2}^{2} \mathrm{e}^{-\frac{x^2}{2}}\sin(x^2+y)\mathrm{d}x\mathrm{d}y$ 的数值解.

先用函数定义命令 inline()定义被积函数,再调用 dblquad():

```
f=inline('exp(-x.^2/2).* sin(x.^2+y)','x','y');
s=dblquad(f,-2,2,-1,1)
```

结果如下:

```
s=1.57449318974494
```

对于一般区域上的二重积分的数值计算,Matlab 没有提供调用函数,但可以使用美国学者开发的数值积分工具箱里的函数 quad2dggen().

例 2　求二重积分 $\int_{-\frac{1}{2}}^{1}\int_{-\sqrt{1-x^2/2}}^{\sqrt{1-x^2/2}} e^{-\frac{x^2}{2}}\sin(x^2+y)\mathrm{d}y\mathrm{d}x$ 的数值解.

```
fh=inline('sqrt(1-x.^2/2)','x');                    % 内积分上限
fl=inline('-sqrt(1-x.^2/2)','x');                   % 内积分下限
f=inline('exp(-x.^2/2).* sin(x.^2+y)','y','x');
                                                    % 交换顺序的被积函数
s=quad2dggen(f,fl,fh,-1/2,1,eps)
```

三重积分数值计算的调用函数为:triplequad().

例 3　求三重积分 $\int_0^1\int_0^{\pi}\int_0^{\pi} 4xze^{-x^2y-z^2}\mathrm{d}z\mathrm{d}y\mathrm{d}x$ 的数值解.

```
triplequad(inline('4*x.*z.*exp(-x.*x.*y-z.*z)','x','y','z'),0,1,0,pi,0,
pi,1e-7,@quadl)
```

1e-7 表示积分精度;@quadl 表示计算一元积分时调用的函数. 结果如下:

```
ans=1.7328
```

四、实验题目

1. $\int_0^1\int_0^2 \frac{xe^y}{x^2+1}\cos(xy+y)\mathrm{d}x\mathrm{d}y$;

```
f=inline('(x.* exp(y)./(x.^2+1)).* cos(x.* y+y)','x','y');
s=dblquad(f,0,2,0,1)
```

结果如下:

```
s=0.3786
```

2. 求三重积分 $\int_0^1\int_{-1}^1\int_{-2}^4 xyz\cos(x+y+z)\mathrm{d}z\mathrm{d}y\mathrm{d}x$ 的数值解.

```
triplequad(inline('x.* y.* z.* cos(x+y+z)','x','y','z'),0,1,-1,1,-2,4,1e-
7,@quadl)
```

结果如下:

```
ans=0.0944
```

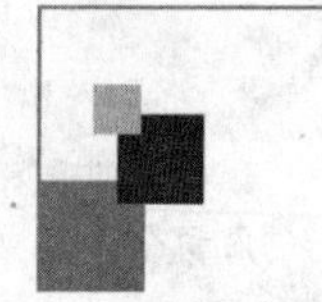

第 9 章

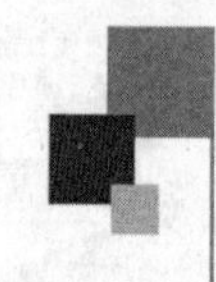

曲线积分与曲面积分

前面介绍了一元函数的定积分,其积分范围为数轴上一个区间,上一章介绍了多重积分,将积分中的被积函数推广到了多元函数,积分范围推广到平面或空间内的一个闭区域的情形.在实际问题中,常常会遇到计算密度不均匀的曲线形构件的质量、沿曲线变力对质点所做的功、通过某曲面的流体的流量等,为解决这些问题,需要对积分概念作进一步的推广,需要将积分的范围推广到一段曲线弧或一张曲面上(即积分的范围为曲线或曲面),这就是下面所要介绍的曲线积分和曲面积分.

9.1 对弧长的曲线积分

9.1.1 对弧长的曲线积分的概念与性质

引例 1 求曲线形构件的质量.

设一曲线形构件所占的位置为 xOy 面内的一段连续可求长的曲线弧 L(图 9-1),任一点(x, y)处的线密度为 $\mu(x, y)$. 求曲线形构件的质量 M.

如果构件的线密度为常数,那么该构件的质量就等于它的线密度与其长度的乘积.如果构件上各点处的线密度不同,就不能直接用上述方法来进行计算了.为了解决这个问题,利用定积分中所使用的方法,通过分划、近似、求和、取极限来求出该构件的质量.

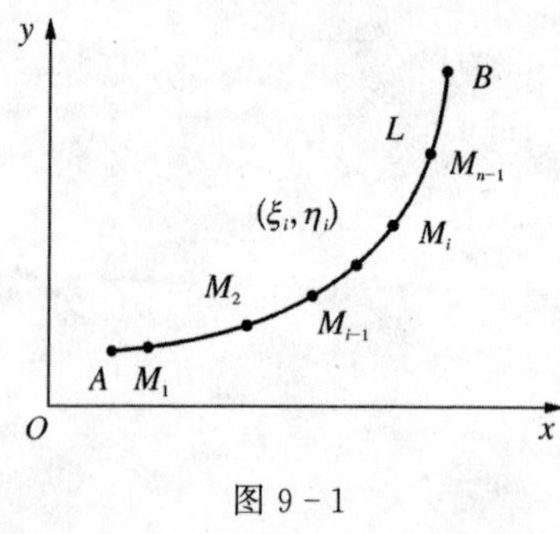

图 9-1

(1) 分划.在 L 上插入 $n-1$ 个分点 M_1, M_2, $\cdots$, M_{n-1}($M_0=A, M_n=B$),把曲线分成 n 小段:Δs_1, Δs_2, $\cdots$, Δs_n($\Delta s_i=\overset{\frown}{M_{i-1}M_i}$, Δs_i 也表示弧长).

(2) 近似.取其中一小段构件 $\Delta s_i=\overset{\frown}{M_{i-1}M_i}$,在线密度 $\mu(x, y)$ 连续变化且这一段

构件很短时，就可以以这一小段上任一点(ξ_i, η_i)处的线密度代替这一小段上其他各点处的线密度，得到第 i 小段质量的近似值为

$$\mu(\xi_i, \eta_i)\Delta s_i.$$

(3) 求和. 整个曲线构件的质量 M 近似值为

$$M \approx \sum_{i=1}^{n}\mu(\xi_i, \eta_i)\Delta s_i.$$

(4) 取极限. 令 $\lambda = \max\{\Delta s_1, \Delta s_2, \cdots, \Delta s_n\} \to 0$，则整个曲线构件的质量为

$$M = \lim_{\lambda \to 0}\sum_{i=1}^{n}\mu(\xi_i, \eta_i)\Delta s_i.$$

这里沿用了前面多次使用的分划、近似、求和、取极限的方法.

这种和的极限在研究其他问题时也会经常遇到. 现在引进下面的概念：

定义 1　设 L(或$\overset{\frown}{AB}$)为 xOy 面内的一条光滑曲线弧，函数 $f(x, y)$ 在 L(或$\overset{\frown}{AB}$)上有界. 在 L 上任意插入一点列 $M_1, M_2, \cdots, M_{n-1}$ 把 L 分成 n 个小段. 设第 i 个小段的长度为 Δs_i，又(ξ_i, η_i)为第 i 个小段上任意取定的一点，作乘积 $f(\xi_i, \eta_i)\Delta s_i\ (i = 1, 2, \cdots, n)$，并作和 $\sum\limits_{i=1}^{n} f(\xi_i, \eta_i)\Delta s_i$，如果当各小弧段的长度的最大值 $\lambda \to 0$ 时，这个和的极限总存在，则称此极限为函数 $f(x, y)$ 在曲线弧 L 上**对弧长的曲线积分**或**第一类曲线积分**，记为$\int_L f(x, y)\mathrm{d}s$ 或$\int_{\overset{\frown}{AB}} f(x, y)\mathrm{d}s$，即

$$\int_L f(x, y)\mathrm{d}s = \lim_{\lambda \to 0}\sum_{i=1}^{n} f(\xi_i, \eta_i)\Delta s_i.$$

其中，$f(x, y)$称为被积函数，L 称为**积分弧段**，$\mathrm{d}s$ 称为**弧长元素**.

注　(1) 当 $f(x, y)$在光滑曲线弧 L 上连续时，对弧长的曲线积分$\int_L f(x, y)\mathrm{d}s$ 是存在的. 以后总假定 $f(x, y)$在 L 上是连续的.

(2) 根据对弧长的曲线积分的定义，曲线形构件的质量就是曲线积分$\int_L \mu(x, y)\mathrm{d}s$ 的值，其中 $\mu(x, y)$为线密度.

(3) 上述定义可以推广到空间曲线弧 Γ 的情形，即函数 $f(x, y, z)$在曲线弧 Γ 上对弧长的曲线积分为

$$\int_\Gamma f(x, y, z)\mathrm{d}s = \lim_{\lambda \to 0}\sum_{i=1}^{n} f(\xi_i, \eta_i, \zeta_i)\Delta s_i.$$

(4) 如果 L 是闭曲线，那么函数 $f(x, y)$在闭曲线 L 上对弧长的曲线积分记为$\oint_L f(x, y)\mathrm{d}s$.

由对弧长的曲线积分的定义可知,对弧长的曲线积分有以下性质:

性质 1 设 C_1, C_2 为常数,则

$$\int_L [C_1 f(x, y) + C_2 g(x, y)] \mathrm{d}s = C_1 \int_L f(x, y) \mathrm{d}s + C_2 \int_L g(x, y) \mathrm{d}s.$$

性质 2 若积分弧段 L 可分成两段光滑曲线弧 L_1 和 L_2,则

$$\int_L f(x, y) \mathrm{d}s = \int_{L_1} f(x, y) \mathrm{d}s + \int_{L_2} f(x, y) \mathrm{d}s.$$

性质 3 设曲线弧 L 的端点为 A 和 B,则

$$\int_{\widehat{AB}} f(x, y) \mathrm{d}s = \int_{\widehat{BA}} f(x, y) \mathrm{d}s.$$

性质 4 设在 L 上 $f(x, y) \leqslant g(x, y)$,则

$$\int_L f(x, y) \mathrm{d}s \leqslant \int_L g(x, y) \mathrm{d}s.$$

特别地,有

$$\left| \int_L f(x, y) \mathrm{d}s \right| \leqslant \int_L |f(x, y)| \mathrm{d}s.$$

9.1.2 对弧长的曲线积分的计算

对弧长的曲线积分的计算,需要根据曲线弧 L 方程的不同形式,将其化为定积分进行计算,下面分别进行讨论.

(1) 曲线弧 L 的参数方程为

$$x = \varphi(t), \quad y = \psi(t) \quad (\alpha \leqslant t \leqslant \beta).$$

定理 1 设 $f(x, y)$在曲线弧 L 上有定义且连续,L 的参数方程为

$$x = \varphi(t), \quad y = \psi(t) \quad (\alpha \leqslant t \leqslant \beta),$$

其中,$\varphi(t)$,$\psi(t)$在$[\alpha, \beta]$上具有一阶连续导数,且 $\varphi'^2(t) + \psi'^2(t) \neq 0$,则曲线积分$\int_L f(x, y) \mathrm{d}s$ 存在,且

$$\int_L f(x, y) \mathrm{d}s = \int_\alpha^\beta f[\varphi(t), \psi(t)] \sqrt{\varphi'^2(t) + \psi'^2(t)} \mathrm{d}t \quad (\alpha < \beta). \tag{9.1.1}$$

证 如图 9-1 所示,假定当参数 t 由 α 变到 β 时,L 上的点 $M(x, y)$依点 A 到点 B 的方向描出曲线 L. 在 L 上取一列点

$$A = M_0, M_1, M_2, \cdots, M_{n-1}, M_n = B,$$

它们对应于一列单调增加的参数值

$$\alpha = t_0 < t_1 < t_2 < \cdots < t_{n-1} < t_n = \beta.$$

由对弧长的曲线积分的定义,有

$$\int_L f(x, y)\mathrm{d}s = \lim_{\lambda \to 0} \sum_{i=1}^{n} f(\xi_i, \eta_i)\Delta s_i. \tag{9.1.2}$$

设点(ξ_i, η_i)对应于参数值 τ_i,即 $\xi_i = \varphi(\tau_i)$, $\eta_i = \psi(\tau_i)$,其中 $t_{i-1} \leqslant \tau_i \leqslant t_i$,由弧长的计算公式

$$\Delta s_i = \int_{t_{i-1}}^{t_i} \sqrt{\varphi'^2(t) + \psi'^2(t)}\mathrm{d}t,$$

应用积分中值定理,有

$$\Delta s_i = \sqrt{\varphi'^2(\tau'_i) + \psi'^2(\tau'_i)}\Delta t_i,$$

其中,$\Delta t_i = t_i - t_{i-1}$, $t_{i-1} \leqslant \tau'_i \leqslant t_i$,将其代入式(9.1.2),得

$$\int_L f(x, y)\mathrm{d}s = \lim_{\lambda \to 0} \sum_{i=1}^{n} f[\varphi(\tau_i), \psi(\tau_i)] \sqrt{\varphi'^2(\tau'_i) + \psi'^2(\tau'_i)}\Delta t_i.$$

由于函数 $\sqrt{\varphi'^2(t) + \psi'^2(t)}$ 在闭区间$[\alpha, \beta]$上连续,于是可以将上式中的τ'_i换成τ_i,因此有

$$\int_L f(x, y)\mathrm{d}s = \lim_{\lambda \to 0} \sum_{i=1}^{n} f[\varphi(\tau_i), \psi(\tau_i)] \sqrt{\varphi'^2(\tau_i) + \psi'^2(\tau_i)}\Delta t_i.$$

由定积分的定义及 $f[\varphi(t), \psi(t)] \sqrt{\varphi'^2(t) + \psi'^2(t)}$ 在$[\alpha, \beta]$上的连续性知,上式右端就是函数 $f[\varphi(t), \psi(t)] \sqrt{\varphi'^2(t) + \psi'^2(t)}$ 在区间$[\alpha, \beta]$上的定积分,所以上式左端的曲线积分$\int_L f(x, y)\mathrm{d}s$ 也存在,且有

$$\int_L f(x, y)\mathrm{d}s = \int_\alpha^\beta f[\varphi(t), \psi(t)] \sqrt{\varphi'^2(t) + \psi'^2(t)}\mathrm{d}t \quad (\alpha < \beta).$$

由式(9.1.1)可看出,计算对弧长的曲线积分$\int_L f(x, y)\mathrm{d}s$ 时,只要将 x, y, $\mathrm{d}s$ 依次换成$\varphi(t)$, $\psi(t)$, $\sqrt{\varphi'^2(t) + \psi'^2(t)}\mathrm{d}t$,然后从 α 到 β 求定积分就行了.

从上述推导过程中,由于小弧段长 $\Delta s_i > 0$,因此 $\Delta t_i > 0$,所以定积分的下限 α 一定要小于上限 β.

(2) 如果曲线弧 L 的方程为

$$y = \psi(x) \quad (a \leqslant x \leqslant b),$$

则可以把 L 看成参数方程

$$x=x,\quad y=\psi(x)\quad(a\leqslant x\leqslant b),$$

因此

$$\int_L f(x,y)\mathrm{d}s=\int_a^b f[x,\psi(x)]\sqrt{1+\psi'^2(x)}\mathrm{d}x.$$

(3) 如果曲线弧 L 的方程为

$$x=\varphi(y)\quad(c\leqslant y\leqslant d),$$

则可以把 L 看成参数方程

$$x=\varphi(y),\quad y=y\quad(c\leqslant y\leqslant d),$$

因此

$$\int_L f(x,y)\mathrm{d}s=\int_c^d f[\varphi(y),y]\sqrt{\varphi'^2(y)+1}\mathrm{d}y.$$

(4) 如果曲线弧 L 的长为 l,其以弧长 s 为参数的参数方程为

$$x=\varphi(s),\quad y=\psi(s)\quad(0\leqslant s\leqslant l),$$

则

$$\int_L f(x,y)\mathrm{d}s=\int_0^l f[\varphi(s),\psi(s)]\mathrm{d}s.$$

(5) 计算对弧长的曲线积分的式(9.1.1)可推广到空间曲线弧 Γ 的情形. 设 Γ 的参数方程为

$$x=\varphi(t),\quad y=\psi(t),\quad z=\omega(t)\quad(\alpha\leqslant t\leqslant\beta),$$

则此时有

$$\int_\Gamma f(x,y,z)\mathrm{d}s=\int_\alpha^\beta f[\varphi(t),\psi(t),\omega(t)]\sqrt{\varphi'^2(t)+\psi'^2(t)+\omega'^2(t)}\mathrm{d}t.$$

例 1 计算 $\int_L\sqrt{y}\,\mathrm{d}s$,其中 L 是抛物线 $y=x^2$ 上点 $O(0,0)$ 与点 $A(-1,1)$ 之间的一段弧(图 9-2).

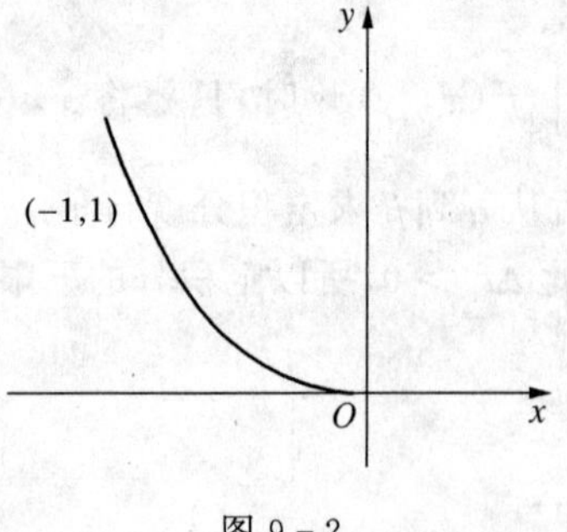

图 9-2

解 **方法一** 曲线 L 的方程为 $y=x^2(-1\leqslant x\leqslant 0)$,因此

$$\int_L\sqrt{y}\,\mathrm{d}s=\int_{-1}^0\sqrt{x^2}\sqrt{1+(x^2)'^2}\mathrm{d}x$$

$$=\int_{-1}^0(-x)\sqrt{1+4x^2}\mathrm{d}x$$

$$=\frac{1}{12}(5\sqrt{5}-1).$$

方法二　曲线 L 的方程为 $x=-\sqrt{y}\ (0\leqslant y\leqslant 1)$，因此

$$\int_L \sqrt{y}\,\mathrm{d}s=\int_0^1 \sqrt{y}\sqrt{1+(-\sqrt{y})'^2}\,\mathrm{d}y=\int_0^1 \frac{1}{2}\sqrt{1+4y}\,\mathrm{d}y=\frac{1}{12}(5\sqrt{5}-1).$$

例 2　计算 $I=\int_L xy\,\mathrm{d}s$，其中曲线 L 是圆周 $x^2+y^2=a^2(a>0)$ 在第一象限内的部分.

解　因为 L 的参数方程为 $\begin{cases}x=a\cos t,\\ y=a\sin t\end{cases}\left(0\leqslant t\leqslant\frac{\pi}{2}\right)$，所以

$$\mathrm{d}s=\sqrt{x'^2(t)+y'^2(t)}\,\mathrm{d}t=\sqrt{(-a\sin t)^2+(a\cos t)^2}\,\mathrm{d}t=a\mathrm{d}t,$$

于是

$$I=\int_L xy\,\mathrm{d}s=\int_0^{\frac{\pi}{2}} a\cos t a\sin t\cdot a\mathrm{d}t=\frac{a^3}{2}.$$

例 3　计算半径为 R、中心角为 2α 的圆弧 L 对于它的对称轴的转动惯量 I（设线密度为 $\mu=1$）.

解　取坐标系如图 9－3 所示，则 $I=\int_L y^2\,\mathrm{d}s$. 曲线 L 的参数方程为

$$\begin{cases}x=R\cos\theta,\\ y=R\sin\theta\end{cases}\quad(-\alpha\leqslant\theta<\alpha),$$

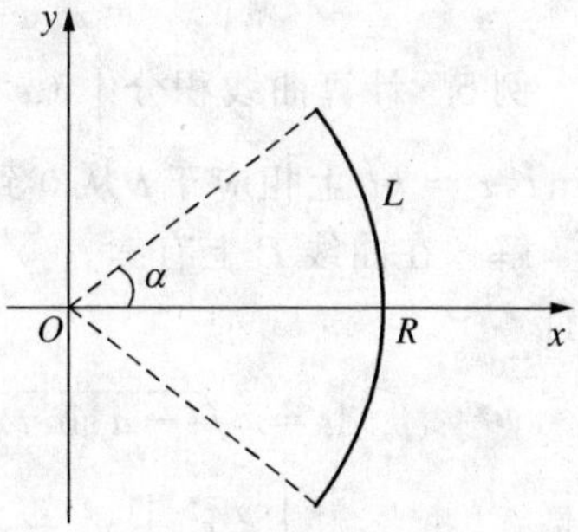

图 9－3

于是

$$\begin{aligned}I&=\int_L y^2\,\mathrm{d}s\\&=\int_{-\alpha}^{\alpha} R^2\sin^2\theta\sqrt{(-R\sin\theta)^2+(R\cos\theta)^2}\,\mathrm{d}\theta\\&=R^3\int_{-\alpha}^{\alpha}\sin^2\theta\mathrm{d}\theta=R^3(\alpha-\sin\alpha\cos\alpha).\end{aligned}$$

例 4　计算 $\int_L \frac{1}{(x^2+y^2)^{\frac{3}{2}}}\mathrm{d}s$，其中曲线 L 是平面双曲螺线 $r\theta=1$ 从 $\theta=\sqrt{3}$ 到 $\theta=2\sqrt{2}$ 的一段.

解　因为 L 的极坐标方程为 $r=\frac{1}{\theta}$，所以 L 的参数方程可记为

$$\begin{cases} x = r(\theta)\cos\theta = \dfrac{1}{\theta}\cos\theta, \\ y = r(\theta)\sin\theta = \dfrac{1}{\theta}\sin\theta \end{cases} \quad (\sqrt{3} \leqslant \theta \leqslant 2\sqrt{2}).$$

$$\begin{aligned} ds &= \sqrt{x'^2(\theta) + y'^2(\theta)}\,d\theta = \sqrt{r^2(\theta) + r'^2(\theta)}\,d\theta \\ &= \sqrt{\frac{1}{\theta^2} + \left(-\frac{1}{\theta^2}\right)^2}\,d\theta = \frac{\sqrt{1+\theta^2}}{\theta^2}\,d\theta, \end{aligned}$$

故

$$\begin{aligned} \int_L \frac{1}{(x^2+y^2)^{\frac{3}{2}}}\,ds &= \int_{\sqrt{3}}^{2\sqrt{2}} \frac{1}{\left[\left(\dfrac{\cos\theta}{\theta}\right)^2 + \left(\dfrac{\sin\theta}{\theta}\right)^2\right]^{\frac{3}{2}}} \frac{\sqrt{1+\theta^2}}{\theta^2}\,d\theta \\ &= \int_{\sqrt{3}}^{2\sqrt{2}} \theta\sqrt{1+\theta^2}\,d\theta = \frac{1}{3}(1+\theta^2)^{\frac{3}{2}}\Big|_{\sqrt{3}}^{2\sqrt{2}} = \frac{19}{3}. \end{aligned}$$

例 5 计算曲线积分 $\int_\Gamma (x^2+y^2+z^2)\,ds$，其中 Γ 为螺旋线 $x = a\cos t, y = a\sin t, z = kt$ 上相应于 t 从 0 到达 2π 的一段弧.

解 在曲线 Γ 上有 $x^2+y^2+z^2 = (a\cos t)^2 + (a\sin t)^2 + (kt)^2 = a^2 + k^2t^2$，并且

$$ds = \sqrt{(-a\sin t)^2 + (a\cos t)^2 + k^2}\,dt = \sqrt{a^2+k^2}\,dt,$$

于是

$$\begin{aligned} \int_\Gamma (x^2+y^2+z^2)\,ds &= \int_0^{2\pi} (a^2+k^2t^2)\sqrt{a^2+k^2}\,dt \\ &= \frac{2}{3}\pi\sqrt{a^2+k^2}(3a^2+4\pi^2k^2). \end{aligned}$$

习 题 9.1

1. 填空题.

(1) $\int_L ds =$ ________________.

(2) 对________的曲线积分与曲线的方向无关.

(3) $\int_L f(x, y)\,ds = \int_\alpha^\beta f[\varphi(t), \phi(t)]\sqrt{\varphi'^2(t) + \phi'^2(t)}\,dt$ 中要求 α ________ β.

2. 设在 xOy 面内有一分布着质量的曲线 L，在点 (x, y) 处的线密度为 $\mu(x, y)$，用对弧长的曲线积分分别表达：

(1) 这条曲线的质量 M；

(2) 这条曲线对 x 轴，y 轴的转动惯量 I_x，I_y；

(3) 这条曲线弧的质心坐标 $\bar{x},\bar{y}$.

3. 计算下列求弧长的曲线积分：

(1) $\oint_L (x^2+y^2)^n \mathrm{d}s$,其中 L 为圆周 $x=a\cos t,\ y=a\sin t\ (0\leqslant t\leqslant 2\pi)$；

(2) $\int_L (x+y)\mathrm{d}s$,其中 L 为连接(1,0) 及(0,1) 两点的直线段；

(3) $\oint_C x\,\mathrm{d}s$,其中 C 为由直线 $y=x$ 及抛物线 $y=x^2$ 所围区域的整个边界；

(4) $\oint_C \mathrm{e}^{\sqrt{x^2+y^2}}\mathrm{d}s$,其中 C 为圆周 $x^2+y^2=a^2$,直线 $y=x$ 及 x 轴在第一象限内所围的扇形的整个边界；

(5) $\int_\Gamma x^2yz\,\mathrm{d}s$，其中 Γ 为折线 $ABCD$，其中 A,B,C,D 依次为点(0, 0, 0)，(0, 0, 2)，(1, 0, 2)，(1, 3, 2)；

(6) $\int_\Gamma \frac{1}{x^2+y^2+z^2}\mathrm{d}s$,其中 Γ 为曲线 $x=e^t\cos t,\ y=e^t\sin t,\ z=e^t$ 上相应于 t 从 0 变到 2 的一段弧；

(7) $\oint_\Gamma \sqrt{2y^2+z^2}\mathrm{d}s$,其中 Γ 为球面 $x^2+y^2+z^2=a^2$ 与平面 $x=y$ 的交线；

(8) $\int_L y^2\mathrm{d}s$,其中 L 为摆线 $x=a(t-\sin t),\ y=a(1-\cos t)\ (0\leqslant t\leqslant 2\pi)$；

(9) $\int_L (x^2+y^2)\mathrm{d}s$，其中 L 为曲线 $\begin{cases} x=a(\cos t+t\sin t), \\ y=a(\sin t-t\cos t) \end{cases} (0\leqslant t\leqslant 2\pi)$.

4. 设螺旋形弹簧一圈的方程为 $x=a\cos t, y=a\sin t,\ z=kt$,其中 $0\leqslant t\leqslant 2\pi$,它的线密度为 $\rho(x,\ y,\ z)=x^2+y^2+z^2$，求：

(1) 它关于 z 轴的转动惯量 I；

(2) 它的重心坐标.

5. 设 l 为椭圆 $\frac{x^2}{4}+\frac{y^2}{3}=1$,其周长记为 a,求 $\oint_l (2xy+3x^2+4y^2)\mathrm{d}s$.

9.2　对坐标的曲线积分

9.2.1　对坐标的曲线积分的概念与性质

引例 1　求变力沿曲线所做的功.

设有 xOy 面内的一个质点，在变力 $\boldsymbol{F}(x,\ y)=P(x,\ y)\boldsymbol{i}+Q(x,\ y)\boldsymbol{j}$ 的作用下，从点 A 沿光滑曲线弧 L 移动到点 B(其中函数 $P(x,\ y)$，$Q(x,\ y)$ 在 L 上连续)，试求

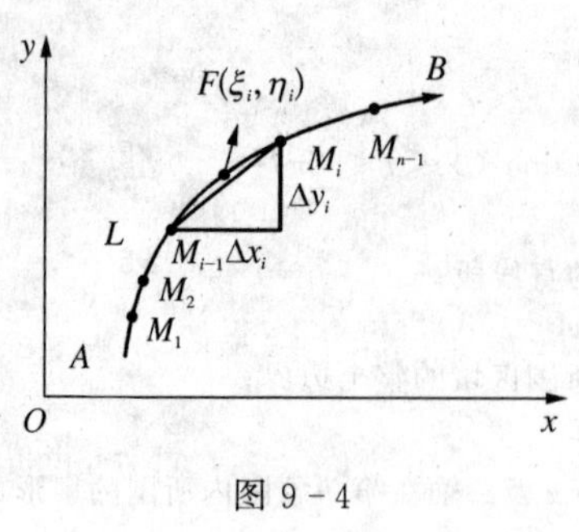

图 9-4

此过程中变力$\boldsymbol{F}(x, y)$所做的功(图 9-4).

如果 $\boldsymbol{F}$ 是常力,且质点是从点 A 沿直线移动到点 B,则力 $\boldsymbol{F}$ 所做的功为

$$W=\boldsymbol{F}\cdot\overrightarrow{AB}.$$

而现在 $\boldsymbol{F}(x, y)$是变力,大小和方向都在随点的改变而改变,且质点的移动路线是曲线不是直线,因此,不能用上面的公式来计算. 这里仍然采用分划、近似、求和、取极限的方法来计算变力所做的功.

在曲线 L 上插入分点:$A=M_0, M_1, M_2, \cdots, M_{n-1}, M_n=B$,把 L 分成 n 个小弧段:$L_1, L_2, \cdots, L_n(L_i=\overset{\frown}{M_{i-1}M_i}\ (i=1, 2, \cdots, n))$,对有向小弧段 $L_i=\overset{\frown}{M_{i-1}M_i}$,由于$\overset{\frown}{M_{i-1}M_i}$光滑而且很小,则有向小弧段

$$\overset{\frown}{M_{i-1}M_i}\approx\overrightarrow{M_{i-1}M_i}=(\Delta x_i)\boldsymbol{i}+(\Delta y_i)\boldsymbol{j},$$

其中,$\Delta x_i=x_i-x_{i-1}$, $\Delta y_i=y_i-y_{i-1}$. 又由于函数 $P(x, y)$, $Q(x, y)$ 在 L 上连续,所以可以用$\overset{\frown}{M_{i-1}M_i}$上任意一点$(\xi_i, \eta_i)$处的力

$$\boldsymbol{F}(\xi_i, \eta_i)=P(\xi_i, \eta_i)\boldsymbol{i}+Q(\xi_i, \eta_i)\boldsymbol{j}$$

来近似代替这一小段上各点处的力. 于是变力在 L_i上所做的功近似为

$$\boldsymbol{F}(\xi_i, \eta_i)\cdot\overrightarrow{M_{i-1}M_i}=P(\xi_i, \eta_i)\Delta x_i+Q(\xi_i, \eta_i)\Delta y_i.$$

变力 $\boldsymbol{F}$ 在 L 上所做的功 W 近似为

$$\sum_{i=1}^{n}[P(\xi_i, \eta_i)\Delta x_i+Q(\xi_i, \eta_i)\Delta y_i].$$

用 λ 表示 n 个小弧段的最大长度. 令 $\lambda\to 0$,取上述和式的极限,其极限值便是变力 $\boldsymbol{F}$ 沿有向线段弧 L 所做的功,即

$$W=\lim_{\lambda\to 0}\sum_{i=1}^{n}[P(\xi_i, \eta_i)\Delta x_i+Q(\xi_i, \eta_i)\Delta y_i].$$

定义 1 设 L 为 xOy 面内一起点为 A、终点为 B 的有向光滑曲线弧,函数 $P(x, y)$,$Q(x, y)$在 L 上有界,在 L 上沿 L 的方向任意地插于 $n-1$ 个点 M_1, M_2, $\cdots$, M_{n-1}(记 $M_0=A$,$M_n=B$),把 L 分成 n 个有向小弧段$\overset{\frown}{M_{i-1}M_i}$ $(M_i(x_i, y_i)$,$\Delta x_i=x_i-x_{i-1}$, $\Delta y_i=y_i-y_{i-1}(i=1, 2, \cdots, n))$,$(\xi_i, \eta_i)$为$\overset{\frown}{M_{i-1}M_i}$上任意一点,$\lambda$ 为各小弧段长度的最大值. 如果极限$\lim\limits_{\lambda\to 0}\sum\limits_{i=1}^{n}P(\xi_i, \eta_i)\Delta x_i$ 总存在,则称此极限为函数 $P(x, y)$ 在有向曲线 L 上**对坐标 x 的曲线积分**,记为$\int_L P(x,$

$y)\mathrm{d}x$. 类似地，如果极限$\lim\limits_{\lambda\to 0}\sum\limits_{i=1}^{n}Q(\xi_i,\ \eta_i)\Delta y_i$ 总存在，则称此极限为函数 $Q(x,\ y)$ 在有向曲线 L 上**对坐标 y 的曲线积分**，记为$\int_L Q(x,\ y)\mathrm{d}y$. 即

$$\int_L P(x,\ y)\mathrm{d}x=\lim_{\lambda\to 0}\sum_{i=1}^{n}P(\xi_i,\ \eta_i)\Delta x_i,$$

$$\int_L Q(x,\ y)\mathrm{d}y=\lim_{\lambda\to 0}\sum_{i=1}^{n}Q(\xi_i,\ \eta_i)\Delta y_i,$$

其中 $P(x,\ y)$，$Q(x,\ y)$称为**被积函数**，L 称为**积分弧段**.

以上两个积分也称为**第二类曲线积分**.

注　(1) 当函数 $P(x,\ y)$，$Q(x,\ y)$在有向光滑曲线 L 上连续时，对坐标的曲线积分$\int_L P(x,\ y)\mathrm{d}x$ 及$\int_L Q(x,\ y)\mathrm{d}y$ 都存在. 以后总是假定有函数 $P(x,\ y)$，$Q(x,\ y)$ 在有向光滑曲线 L 上连续.

(2) 若上面两个积分都是在同一有向曲线弧上，它们的和则常写成如下形式：

$$\int_L P(x,\ y)\mathrm{d}x+\int_L Q(x,\ y)\mathrm{d}y=\int_L P(x,\ y)\mathrm{d}x+Q(x,\ y)\mathrm{d}y.$$

也可以写成向量的形式：

$$\int_L \boldsymbol{F}(x,\ y)\mathrm{d}\boldsymbol{r},$$

其中，$\boldsymbol{F}(x,\ y)=P(x,\ y)\boldsymbol{i}+Q(x,\ y)\boldsymbol{j}$ 为向量值函数，$\mathrm{d}\boldsymbol{r}=\mathrm{d}x\boldsymbol{i}+\mathrm{d}y\boldsymbol{j}$.

(3) 引例 1 中变力所做的功 $W=\int_L P(x,\ y)\mathrm{d}x+Q(x,\ y)\mathrm{d}y$.

上述定义可以类似地推广到积分弧段为空间有向曲线 Γ 的情形：

$$\int_\Gamma P(x,\ y,\ z)\mathrm{d}x=\lim_{\lambda\to 0}\sum_{i=1}^{n}P(\xi_i,\ \eta_i,\ \zeta_i)\Delta x_i,$$

$$\int_\Gamma Q(x,\ y,\ z)\mathrm{d}y=\lim_{\lambda\to 0}\sum_{i=1}^{n}Q(\xi_i,\ \eta_i,\ \zeta_i)\Delta y_i,$$

$$\int_\Gamma R(x,\ y,\ z)\mathrm{d}z=\lim_{\lambda\to 0}\sum_{i=1}^{n}R(\xi_i,\ \eta_i,\ \zeta_i)\Delta z_i.$$

类似地，把

$$\int_\Gamma P(x,\ y,\ z)\mathrm{d}x+\int_\Gamma Q(x,\ y,\ z)\mathrm{d}y+\int_\Gamma R(x,\ y,\ z)\mathrm{d}z$$

简写成

$$\int_\Gamma P(x, y, z)\mathrm{d}x + Q(x, y, z)\mathrm{d}y + R(x, y, z)\mathrm{d}z,$$

或写成向量形式

$$\int_\Gamma \boldsymbol{A}(x, y, z)\mathrm{d}\boldsymbol{r},$$

其中，$\boldsymbol{A}(x, y, z) = P(x, y, z)\boldsymbol{i} + Q(x, y, z)\boldsymbol{j} + R(x, y, z)\boldsymbol{k}$ 为向量值函数，$\mathrm{d}\boldsymbol{r} = \mathrm{d}x\boldsymbol{i} + \mathrm{d}y\boldsymbol{j} + \mathrm{d}z\boldsymbol{k}$.

根据对坐标的曲线积分的定义，可以导出对坐标的曲线积分的一些性质. 为了表达简便起见，用向量形式表述，并假定其中向量值函数在曲线 L 上连续①.

性质 1 设 k_1, k_2 为常数，则

$$\int_L [k_1 \boldsymbol{F}_1(x, y) + k_2 \boldsymbol{F}_2(x, y)]\mathrm{d}\boldsymbol{r} = k_1\int_L \boldsymbol{F}_1(x, y)\mathrm{d}\boldsymbol{r} + k_2\int_L \boldsymbol{F}_2(x, y)\mathrm{d}\boldsymbol{r}.$$

性质 2 如果有向曲线弧 L 可分成两段光滑的有向弧 L_1 和 L_2，则

$$\int_L \boldsymbol{F}(x, y)\mathrm{d}\boldsymbol{r} = \int_{L_1} \boldsymbol{F}(x, y)\mathrm{d}\boldsymbol{r} + \int_{L_2} \boldsymbol{F}(x, y)d\boldsymbol{r}.$$

性质 3 设 L 是有向光滑曲线弧，L^- 是与 L 方向相反的有向曲线弧，则

$$\int_{L^-} \boldsymbol{F}(x, y)\mathrm{d}\boldsymbol{r} = -\int_L \boldsymbol{F}(x, y)\mathrm{d}\boldsymbol{r}.$$

证 把 L 分成 n 小段，相应地 L^- 也被分成 n 小段. 对于每一小弧段来说，当曲线弧的方向改变时，有向弧段在坐标轴上的投影，其绝对值不变，但要改变符号，因此性质 3 成立.

注 对坐标的曲线积分，与积分曲线弧的方向有关. 而对弧长的曲线积分与积分曲线弧的方向无关，这是两类线积分的重要区别.

9.2.2 对坐标的曲线积分的计算

类似于对弧长的曲线积分的计算，需要根据曲线弧方程的形式，将对坐标的曲线积分转化为定积分进行计算.

(1) 曲线弧 L(起点 $A(\varphi(\alpha), \psi(\alpha))$，终点 $B(\varphi(\beta), \psi(\beta))$)的参数方程为

$$x = \varphi(t), \quad y = \psi(t) \quad (t \in [\alpha, \beta] \text{ 或 } t \in [\beta, \alpha]).$$

定理 1 设 $P(x, y)$，$Q(x, y)$是定义在光滑有向曲线弧

---

① 向量值函数 $\boldsymbol{F}(x, y) = P(x, y)\boldsymbol{i} + Q(x, y)\boldsymbol{j}$ 在曲线 L 上连续是指：对 L 上任意点 $M_0(x_0, y_0)$，当 L 上的动点 $M(x, y)$ 沿 L 趋于 $M_0(x_0, y_0)$ 时，有 $|F(x, y) - F(x_0, y_0)| \to 0$，这等价于 $P(x, y)$ 与 $Q(x, y)$ 在 L 上都连续

$$L: x = \varphi(t),\ y = \psi(t)$$

上的连续函数，当参数 t 单调地由 α 变到 β 时，点 $M(x, y)$ 从 L 的起点 A 沿 L 运动到终点 B，函数 $\varphi(t)$，$\psi(t)$ 在以 α 与 β 为端点的闭区间上具有一阶连续导数，且 $\varphi'^2(t) + \psi'^2(t) \neq 0$，则 $\int_L P(x, y)\mathrm{d}x$ 与 $\int_L Q(x, y)\mathrm{d}y$ 都存在，且

$$\int_L P(x, y)\mathrm{d}x = \int_\alpha^\beta P[\varphi(t), \psi(t)]\varphi'(t)\mathrm{d}t, \tag{9.2.1}$$

$$\int_L Q(x, y)\mathrm{d}y = \int_\alpha^\beta Q[\varphi(t), \psi(t)]\psi'(t)\mathrm{d}t. \tag{9.2.2}$$

因此

$$\begin{aligned} &\int_L P(x, y)\mathrm{d}x + Q(x, y)\mathrm{d}y \\ =& \int_\alpha^\beta \{P[\varphi(t), \psi(t)]\varphi'(t) + Q[\varphi(t), \psi(t)]\psi'(t)\}\mathrm{d}t. \end{aligned} \tag{9.2.3}$$

证　在曲线 L 上依次取一列点

$$A = M_0, M_1, M_2, \cdots, M_{n-1}, M_n = B,$$

它们对应于一列单调变化的参数值

$$\alpha = t_0, t_1, t_2, \cdots, t_{n-1}, t_n = \beta.$$

由对坐标的曲线积分的定义，有

$$\int_L P(x, y)\mathrm{d}x = \lim_{\lambda \to 0}\sum_{i=1}^n P(\xi_i, \eta_i)\Delta x_i.$$

设点 (ξ_i, η_i) 对应于参数值 τ_i，即 $\xi_i = \varphi(\tau_i)$，$\eta_i = \psi(\tau_i)$，其中 τ_i 在 t_{i-1} 与 t_i 之间. 由于 $\Delta x_i = x_i - x_{i-1} = \varphi(t_i) - \varphi(t_{i-1})$，应用拉格朗日微分中值定理，有 $\Delta x_i = \varphi'(\tau'_i)\Delta t_i$，其中 $\Delta t_i = t_i - t_{i-1}$，$\tau'_i$ 在 t_{i-1} 与 t_i 之间. 于是

$$\int_L P(x, y)\mathrm{d}x = \lim_{\lambda \to 0}\sum_{i=1}^n P[\varphi(\tau_i), \psi(\tau_i)]\varphi'(\tau'_i)\Delta t_i.$$

因为函数 $\varphi'(t)$ 在以 α 与 β 为端点的闭区间 $[\alpha, \beta]$（或 $[\beta, \alpha]$）上连续，可以证明上式中的 τ'_i 可换成 τ_i（它的证明要用到函数 $\varphi'(t)$ 在闭区间上的一致连续性，这里从略），从而

$$\int_L P(x, y)\mathrm{d}x = \lim_{\lambda \to 0}\sum_{i=1}^n P[\varphi(\tau_i), \psi(\tau_i)]\varphi'(\tau_i)\Delta t_i.$$

由定积分的定义，上式右端就是定积分

$$\int_\alpha^\beta P[\varphi(t), \psi(t)]\varphi'(t)\mathrm{d}t,$$

由于函数 $P[\varphi(t), \psi(t)]\varphi'(t)$ 连续,所以这个定积分存在,因此上式左端的曲线积分 $\int_L P(x, y)\mathrm{d}x$ 也存在,并且有

$$\int_L P(x, y)\mathrm{d}x = \int_\alpha^\beta P[\varphi(t), \psi(t)]\varphi'(t)\mathrm{d}t.$$

同理可证

$$\int_L Q(x, y)\mathrm{d}y = \int_\alpha^\beta Q[\varphi(t), \psi(t)]\psi'(t)\mathrm{d}t.$$

将以上两式相加,得

$$\int_L P(x, y)\mathrm{d}x + Q(x, y)\mathrm{d}y = \int_\alpha^\beta \{P[\varphi(t), \psi(t)]\varphi'(t) + Q[\varphi(t), \psi(t)]\psi'(t)\}\mathrm{d}t.$$

式(9.2.3)表明,计算对坐标的曲线积分 $\int_L P(x, y)\mathrm{d}x + Q(x, y)\mathrm{d}y$ 时,只要把 $x, y, \mathrm{d}x, \mathrm{d}y$ 依次换成 $\varphi(t), \psi(t), \varphi'(t)\mathrm{d}t, \psi'(t)\mathrm{d}t$, 然后从 L 的起点所对应的参数值 α 到 L 的终点所对应的参数值 β 作定积分就可以了,这里必须注意,**下限 $\boldsymbol{\alpha}$ 对应于 $\boldsymbol{L}$ 的起点,上限 $\boldsymbol{\beta}$ 对应于 $\boldsymbol{L}$ 的终点,$\boldsymbol{\alpha}$ 不一定小于 $\boldsymbol{\beta}$.**

(2) 曲线弧 L 的方程 $y=\psi(x)$, $x=a$ 对应 L 的起点, $x=b$ 对应 L 的终点,则

$$\int_L P(x, y)\mathrm{d}x + Q(x, y)\mathrm{d}y = \int_a^b \{P[x, \psi(x)] + Q[x, \psi(x)]\psi'(x)\}\mathrm{d}x.$$

(3) 曲线弧 L 的方程 $x=\varphi(y)$, $y=c$ 对应 L 的起点, $y=d$ 对应 L 的终点,则

$$\int_L P(x, y)\mathrm{d}x + Q(x, y)\mathrm{d}y = \int_c^d \{P[\varphi(y), y]\varphi'(y) + Q[\varphi(x), y]\}\mathrm{d}y.$$

(4) 如果空间曲线 Γ 的参数方程为

$$x=\varphi(t), \quad y=\psi(t), \quad z=\omega(t)$$

则可以得到

$$\begin{aligned}&\int_L P(x, y, z)\mathrm{d}x + Q(x, y, z)\mathrm{d}y + R(x, y, z)\mathrm{d}z\\ &= \int_\alpha^\beta \{P[\varphi(t), \psi(t), \omega(t)]\varphi'(t) + Q[\varphi(t), \psi(t), \omega(t)]\psi'(t)\\ &\qquad + R[\varphi(t), \psi(t), \omega(t)]\omega'(t)\}\mathrm{d}t,\end{aligned}$$

其中,下限 $t=\alpha$ 对应 Γ 的起点,上限 $t=\beta$ 对应 Γ 的终点.

例 1 计算 $\int_L xy\,\mathrm{d}x$, 其中 L 为抛物线 $y^2=x$ 上从点 $A(1, -1)$ 到点 $B(1, 1)$ 的一段弧(图 9-5).

解 **方法一** 以 x 为参数. L 分为 $\overset{\frown}{AO}$ 和 $\overset{\frown}{OB}$ 两部分: $\overset{\frown}{AO}$ 的方程为 $y=-\sqrt{x}$,

x 从 1 变到 0；$\overset{\frown}{OB}$ 的方程为 $y=\sqrt{x}$，x 从 0 变到 1. 因此

$$\int_L xy\,\mathrm{d}x=\int_{\overset{\frown}{AO}}xy\,\mathrm{d}x+\int_{\overset{\frown}{OB}}xy\,\mathrm{d}x$$

$$=\int_1^0 x(-\sqrt{x})\,\mathrm{d}x+\int_0^1 x\sqrt{x}\,\mathrm{d}x$$

$$=2\int_0^1 x^{\frac{3}{2}}\,\mathrm{d}x=\frac{4}{5}.$$

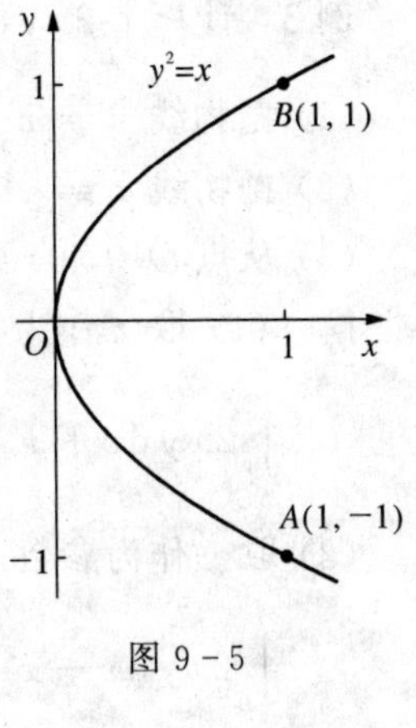

图 9-5

方法二　以 y 为积分变量. L 的方程为 $x=y^2$，y 从 -1 变到 1. 因此

$$\int_L xy\,\mathrm{d}x=\int_{-1}^1 y^2 y(y^2)'\,\mathrm{d}y=2\int_{-1}^1 y^4\,\mathrm{d}y=\frac{4}{5}.$$

例 2　计算 $\int_L y^2\,\mathrm{d}x$，其中 L 分别为：

(1) 按逆时针方向绕行的上半圆周 $x^2+y^2=a^2$；

(2) 从点 $A(a,0)$ 沿 x 轴到点 $B(-a,0)$ 的直线段.

解　(1) L 的参数方程为

$$x=a\cos\theta,\quad y=a\sin\theta,$$

θ 从 0 变到 π. 因此

$$\int_L y^2\,\mathrm{d}x=\int_0^\pi a^2\sin^2\theta(-a\sin\theta)\,\mathrm{d}\theta=a^3\int_0^\pi(1-\cos^2\theta)\,\mathrm{d}\cos\theta=-\frac{4}{3}a^3.$$

(2) L 的方程为 $y=0$，x 从 a 变到 $-a$. 因此

$$\int_L y^2\,\mathrm{d}x=\int_a^{-a}0\,\mathrm{d}x=0.$$

由此例可以看到：**被积函数相同，起点和终点也相同，但路径不同，积分结果不同.**

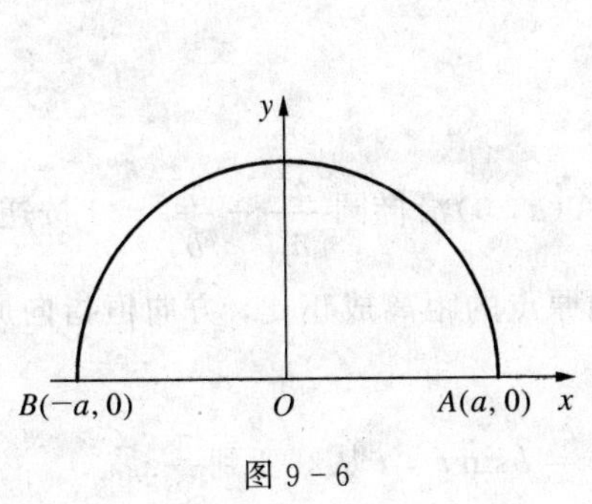

图 9-6

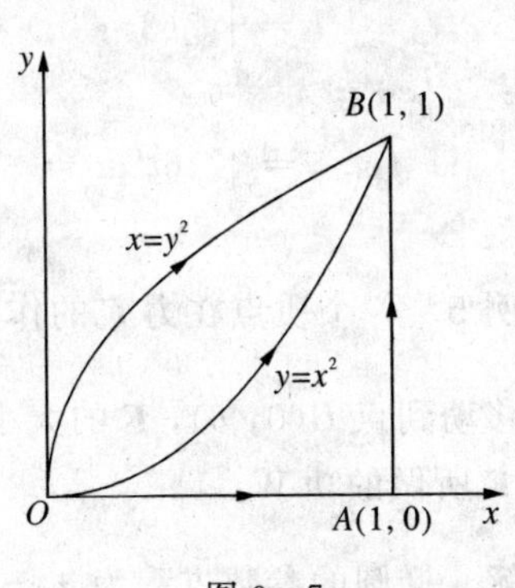

图 9-7

例 3 计算 $\int_L 2xy\,\mathrm{d}x + x^2\mathrm{d}y$. 其中 L(图 9-7) 分别为:

(1) 抛物线 $y = x^2$ 上从点 $O(0, 0)$ 到点 $B(1, 1)$ 的一段弧;

(2) 抛物线 $x = y^2$ 上从点 $O(0, 0)$ 到点 $B(1, 1)$ 的一段弧;

(3) 从点 $O(0, 0)$ 到点 $A(1, 0)$, 再到点 $B(1, 1)$ 的有向折线 OAB .

解 (1) 取 x 作为参数, L 的方程为 $y=x^2$, x 从 0 变到 1. 所以

$$\int_L 2xy\,\mathrm{d}x + x^2\mathrm{d}y = \int_0^1 (2x\cdot x^2 + x^2\cdot 2x)\mathrm{d}x = 4\int_0^1 x^3\mathrm{d}x = 1.$$

(2) 取 y 作为参数, L 的方程为 $x=y^2$, y 从 0 变到 1. 所以

$$\int_L 2xy\,\mathrm{d}x + x^2\mathrm{d}y = \int_0^1 (2y^2\cdot y\cdot 2y + y^4)\mathrm{d}y = 5\int_0^1 y^4\mathrm{d}y = 1.$$

(3) 折线 $L = OA + AB$, 在直线 OA 上取 x 作为参数, 其方程为 $y = 0$, x 从 0 变到 1; 在直线 AB 上取 y 为参数, 其方程为 $x = 1$, y 从 0 变到 1. 所以

$$\begin{aligned}\int_L 2xy\,\mathrm{d}x + x^2\mathrm{d}y &= \int_{OA} 2xy\,\mathrm{d}x + x^2\mathrm{d}y + \int_{AB} 2xy\,\mathrm{d}x + x^2\mathrm{d}y \\ &= \int_0^1 (2x\cdot 0 + x^2\cdot 0)\mathrm{d}x + \int_0^1 (2y\cdot 0 + 1)\mathrm{d}y \\ &= 0 + 1 = 1.\end{aligned}$$

本例说明,对有些第二类曲线积分只要起点和终点相同,不管积分路径怎样,其结果是相同的,这是后面将要讨论的曲线积分与路径无关的问题.

例 4 计算 $\int_\Gamma xy\,\mathrm{d}x + yz\,\mathrm{d}y - 2xz\,\mathrm{d}z$, 其中 Γ 是从点 $A(3, 2, 1)$ 到点 $O(0, 0, 0)$ 的直线段 AO.

解 直线 AO 的参数方程为 $x = 3t$, $y = 2t$, $z = t$, t 从 1 变到 0. 所以

$$\begin{aligned}I &= \int_1^0 [(3t\cdot 2t)\cdot 3 + (2t\cdot t)\cdot 2 - 2(3t\cdot t)\cdot 1]\mathrm{d}t \\ &= \int_1^0 16t^2\mathrm{d}t = -\frac{16}{3}.\end{aligned}$$

例 5 一个质点在力 $\boldsymbol{F}$ 的作用下从点 $A(a, 0)$ 沿椭圆 $\frac{x^2}{a^2} + \frac{y^2}{b^2} = 1$ 按逆时针方向移动到点 $B(0, b)$, $\boldsymbol{F}$ 的大小与质点到原点的距离成正比, 方向恒指向原点. 求力 $\boldsymbol{F}$ 所做的功 W.

解 椭圆的参数方程为 $x = a\cos t$, $y = b\sin t$, t 从 0 变到 $\frac{\pi}{2}$.

$$\boldsymbol{r}=\overrightarrow{OM}=x\boldsymbol{i}+y\boldsymbol{j},\qquad \boldsymbol{F}=k\cdot|\boldsymbol{r}|\cdot\left(-\frac{\boldsymbol{r}}{|\boldsymbol{r}|}\right)=-k(x\boldsymbol{i}+y\boldsymbol{j}),$$

其中 $k>0$ 是比例常数. 于是

$$\begin{aligned}W&=\int_{\widehat{AB}}-kx\,\mathrm{d}x-ky\,\mathrm{d}y=-k\int_{\widehat{AB}}x\,\mathrm{d}x+y\,\mathrm{d}y\\&=-k\int_0^{\frac{\pi}{2}}(-a^2\cos t\sin t+b^2\sin t\cos t)\,\mathrm{d}t\\&=k(a^2-b^2)\int_0^{\frac{\pi}{2}}\sin t\cos t\,\mathrm{d}t=\frac{k}{2}(a^2-b^2).\end{aligned}$$

9.2.3　两类曲线积分之间的联系

设有向曲线弧 L 由参数方程

$$\begin{cases}x=\varphi(t),\\y=\psi(t)\end{cases}$$

给出,其起点 A 对应参数 α, 终点 B 对应参数 β. 不妨设 $\alpha<\beta$,并设函数 $\varphi(t)$,$\psi(t)$ 在闭区间$[\alpha,\beta]$上具有一阶连续导数,且 $\varphi'^2(t)+\psi'^2(t)\neq 0$,函数 $P(x,y)$, $Q(x,y)$ 在曲线 L 上连续.

一方面,由对坐标的曲线积分式(9.2.3),有

$$\int_L P(x,y)\mathrm{d}x+Q(x,y)\mathrm{d}y=\int_\alpha^\beta\{P[\varphi(t),\psi(t)]\varphi'(t)+Q[\varphi(t),\psi(t)]\psi'(t)\}\mathrm{d}t.$$

另一方面,向量 $\boldsymbol{\tau}=\varphi'(t)\boldsymbol{i}+\psi'(t)\boldsymbol{j}$ 是曲线弧 L 在点 $M(x,y)=M(\varphi(t),\psi(t))$处的一个切向量,其指向与参数 t 增大时点 M 移动的方向一致,称这种指向与有向曲线弧的走向一致的切向量为**有向曲线弧的切向量**,于是有向曲线弧 L 的切向量为

$$\boldsymbol{\tau}=\varphi'(t)\boldsymbol{i}+\psi'(t)\boldsymbol{j},$$

它的方向余弦为

$$\cos\alpha=\frac{\varphi'(t)}{\sqrt{\varphi'^2(t)+\psi'^2(t)}},\quad \cos\beta=\frac{\psi'(t)}{\sqrt{\varphi'^2(t)+\psi'^2(t)}}.$$

因此,由对弧长的曲线积分的计算式(9.2.1),有

$$\begin{aligned}&\int_L[P(x,y)\cos\alpha+Q(x,y)\cos\beta]\mathrm{d}s\\=&\int_\alpha^\beta\left\{P[\varphi(t),\psi(t)]\frac{\varphi'(t)}{\sqrt{\varphi'^2(t)+\psi'^2(t)}}\right.\end{aligned}$$

$$+Q[\varphi(t), \psi(t)]\frac{\psi'(t)}{\sqrt{\varphi'^2(t)+\psi'^2(t)}}\Bigg\}\sqrt{\varphi'^2(t)+\psi'^2(t)}\,dt$$

$$=\int_\alpha^\beta\{P[\varphi(t), \psi(t)]\varphi'(t)+Q[\varphi(t), \psi(t)]\psi'(t)\}dt.$$

由此可见,平面曲线 L 上两类曲线积分之间有如下关系:

$$\int_L P(x, y)dx+Q(x, y)dy=\int_L[P(x, y)\cos\alpha+Q(x, y)\cos\beta]ds,$$

即有

定理 1 设 $P(x, y)$,$Q(x, y)$ 是光滑曲线 L 上的连续函数,$\boldsymbol{\tau}=(\cos\alpha, \cos\beta)=(\cos\alpha, \sin\alpha)$ 是 L 上与曲线方向一致的单位切向量,则

$$\int_L P(x, y)dx+Q(x, y)dy=\int_L[P(x, y)\cos\alpha+Q(x, y)\cos\beta]ds$$

或

$$\int_L \boldsymbol{A}\cdot d\boldsymbol{r}=\int_L \boldsymbol{A}\cdot\boldsymbol{\tau}ds,$$

其中,$\boldsymbol{A}=(P, Q)$, $\boldsymbol{\tau}=(\cos\alpha, \cos\beta)$,$d\boldsymbol{r}=\boldsymbol{\tau}ds=(dx, dy)$.

类似地,有

$$\int_\Gamma P\,dx+Q\,dy+R\,dz=\int_\Gamma[P\cos\alpha+Q\cos\beta+R\cos\gamma]ds,$$

或

$$\int_\Gamma \boldsymbol{A}\cdot d\boldsymbol{r}=\int_\Gamma \boldsymbol{A}\cdot\boldsymbol{\tau}ds=\int_\Gamma A_\tau ds.$$

其中,$\boldsymbol{A}=(P, Q, R)$, $\boldsymbol{\tau}=(\cos\alpha, \cos\beta, \cos\gamma)$ 为有向曲线弧 Γ 上点 (x, y, z) 处的单位切向量, $d\boldsymbol{r}=\boldsymbol{\tau}ds=(dx, dy, dz)$, A_τ 为向量 $\boldsymbol{A}$ 在向量 $\boldsymbol{\tau}$ 上的投影.

例 6 对于某流体场的一截面,设其上每一点的流速皆不随时间而改变,称之为**稳定的平面流动**.对于这个平面上的一条闭的、无重点的[①]光滑曲线 L,试计算单位时间内流体流过曲线 L 的总流量 μ.

解 设在点 (x, y) 处的流速 $\boldsymbol{V}=(P(x, y), Q(x, y))$,则单位时间内通过 L 上小段弧线上的流量大约为

$$V_n\Delta s=|\boldsymbol{V}|\cos(\boldsymbol{V}, \boldsymbol{n})\Delta s=\boldsymbol{V}\cdot\boldsymbol{n}\Delta s=(P(x, y)\cos\alpha+Q(x, y)\cos\beta)\Delta s.$$

此处 $\boldsymbol{n}=(\cos\alpha, \cos\beta)$ 是曲线 L 的向外的单位法向量,V_n 是 $\boldsymbol{V}$ 在 $\boldsymbol{n}$ 方向的分速.

---

① 对于连续曲线 L:$x=\varphi(t)$, $y=\psi(t)$, $\alpha\leqslant t\leqslant\beta$, 假如除 $t_1=\alpha$, $t_2=\beta$ 外,当 $t_1\neq t_2$ 时,$(\varphi(t_1), \psi(t_1))$ 与 $(\varphi(t_2), \psi(t_2))$ 总是相异的,则称 L 是无重点的.

显然

$$\mu = \lim \sum_i V_n \Delta s_i = \int_0^l (P\cos\alpha + Q\cos\beta)\,\mathrm{d}s$$

$$= \int_L (P\cos\alpha + Q\cos\beta)\,\mathrm{d}s.$$

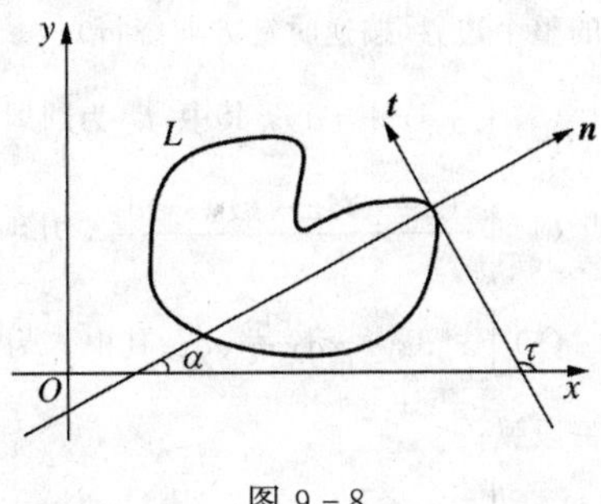

图 9－8

从切向量 $\boldsymbol{t} = (\cos\tau, \sin\tau)$ 及图 9－8 可以看到 $\boldsymbol{n} = (\sin\tau, -\cos\tau)$，故

$$\mu = \int_0^l (P\sin\tau - Q\cos\tau)\,\mathrm{d}s.$$

由上面的定理有，总流量 μ 也可表示成

$$\mu = \int_L P\,\mathrm{d}y - Q\,\mathrm{d}x,$$

此处 L 的方向是反时针方向.

由上面的例子，还可以看到有下列公式：

$$\int_L (P\cos\alpha + Q\cos\beta)\,\mathrm{d}s = \int_L P\,\mathrm{d}y - Q\,\mathrm{d}x.$$

习　题　9.2

1. 填空题.

(1) 对________的曲线积分与曲线的方向有关.

(2) 设 $\int_L P(x, y)\mathrm{d}x + Q(x, y)\mathrm{d}y \neq 0$，则 $\dfrac{\int_{L^-} P(x, y)\mathrm{d}x + Q(x, y)\mathrm{d}y}{\int_L P(x, y)\mathrm{d}x + Q(x, y)\mathrm{d}y} =$ ________.

(3) 在公式

$$\int_L P(x, y)\mathrm{d}x + Q(x, y)\mathrm{d}y = \int_\alpha^\beta \{P[\varphi(t), \phi(t)]\varphi'(t) + Q[\varphi(t), \phi(t)]\phi'(t)\}\mathrm{d}t$$

中，下限 α 对应于 L 的________点，上限 β 对应于 L 的________点.

2. 设 L 为 xOy 面内直线 $x = a$ 上的一段，证明：$\int_L P(x, y)\mathrm{d}x = 0$.

3. 设 L 为 xOy 面内 x 轴上从点 $(a, 0)$ 到点 $(b, 0)$ 的一段直线，证明：

$$\int_L P(x, y)\mathrm{d}x = \int_L P(x, 0)\mathrm{d}x.$$

4. 计算下列对坐标的曲线积分：

(1) $\int_L (x^2 - y^2)\mathrm{d}x$，其中 L 是抛物线 $y = x^2$ 上从点 $(0,0)$ 到点 $(2,4)$ 的一段弧；

(2) $\oint_L xy\,\mathrm{d}x$，其中 L 为圆周 $(x-a)^2+y^2=a^2\ (a>0)$ 及 x 轴所围成的在第一象限内的区域的整个边界(按逆时针方向绕行)；

(3) $\int_L y\,\mathrm{d}x+x\,\mathrm{d}y$，其中 L 为圆周 $x=R\cos t,\ y=R\sin t$ 上对应 t 从 0 到 $\frac{\pi}{2}$ 的一段弧；

(4) $\oint_L \frac{(x+y)\mathrm{d}x-(x-y)\mathrm{d}y}{x^2+y^2}$，其中 L 为圆周 $x^2+y^2=a^2$(按逆时针方向饶行)；

(5) $\oint_\Gamma x^2\mathrm{d}x+z\,\mathrm{d}y-y\,\mathrm{d}z$，其中 Γ 为曲线 $x=k\theta,\ y=a\cos\theta,\ z=a\sin\theta$ 上对应 θ 从 0 到 π 的一段弧；

(6) $\oint_\Gamma x\,\mathrm{d}x+y\,\mathrm{d}y+(x+y-1)\mathrm{d}z$，其中 Γ 是从点(1,1,1) 到点(2,3,4) 的一段直线；

(7) $\oint_\Gamma \mathrm{d}x-\mathrm{d}y+y\,\mathrm{d}z$，其中为有向闭折线 $ABCD$，这里的 A，B，C 依次为点(1, 0, 0)，(0, 1, 0)，(0, 0, 1)；

(8) $\oint_L (x^2-2xy)\mathrm{d}x+(y^2-2xy)\mathrm{d}y$，其中 L 为抛物线 $y=x^2$ 上对应 θ 从点(−1,1) 到点(1, 1) 的一段弧；

(9) $\oint_{ABCDA} \frac{\mathrm{d}x+\mathrm{d}y}{|x|+|y|}$，其中 $ABCDA$ 是以 $A(1, 0)$，$B(0, 1)$，$C(-1, 0)$，$D(0, -1)$ 为顶点的正方形正向边界线.

5. 计算 $I=\int_C (x+y)\mathrm{d}x+(y-x)\mathrm{d}t$，其中 C 是：

(1) 抛物线 $y^2=x$ 上从点(1, 1) 到点(4, 2) 的一段弧；

(2) 从点(1, 1) 到点(4, 2) 的直线段；

(3) 先沿直线从点(1, 1) 到点(1, 2)，然后再沿直线到点(4, 2) 的折线；

(4) 曲线 $x=2t^2+t+1$，$y=t^2+1$ 上从点(1, 1)到点(4, 2)的一段弧.

6. 把对坐标的曲线积分 $\int_L P(x, y)\mathrm{d}x+Q(x, y)\mathrm{d}y$ 化成对弧长的积分，其中 L 为：

(1) 在 xOy 面内沿直线从点(0, 0)到点(1, 1)；

(2) 沿抛物线 $y=x^2$ 从点(0, 0) 到点(1, 1)；

(3) 沿上半圆周 $x^2+y^2=2x$ 从点(0, 0) 到点(1, 1).

7. 设 Γ 为曲线 $x=t$，$y=t^2$，$z=t^3$ 上相应于 t 从 0 变到 1 的曲线弧，把对坐标的曲线积分 $\int_\Gamma P\,\mathrm{d}x+Q\,\mathrm{d}y+R\,\mathrm{d}z$ 化为对弧长的曲线积分.

8. 设 z 轴与重力的方向一致，求质量为 m 的质点从位置(x_1, y_1, z_1)沿直线移到(x_2, y_2, z_2)时重力所做的功.

9. 在 $x=a\cos t$，$y=b\sin t$ 上每一点 M 处有作用力 $\boldsymbol{F}$，$\boldsymbol{F}$ 的大小等于点 M 到椭圆中心的距离，方向指向椭圆的中心.

(1) 质点 P 沿椭圆从点 $A(a, 0)$移到点 $B(0, b)$时力 $\boldsymbol{F}$ 所做的功；

(2) 当质点 P 按正方向走遍全部椭圆时力 $\boldsymbol{F}$ 所做的功.

10. 一力场由沿横轴正方向的常力 F 所构成，试求当一质量为 m 的质点沿圆周 $x^2+y^2=R^2$ 按逆时针方向移过位于第一象限的那一段时场力所做的功.

9.3　格林公式及其应用

9.3.1　格林公式

在一元函数积分学中，由牛顿-莱布尼茨公式

$$\int_a^b F'(x)\mathrm{d}x = F(b) - F(a)$$

可以看出：$F'(x)$ 在区间 $[a, b]$ 上的积分可以通过它的原函数 $F(x)$ 在这个区间端点（即区间的边界）上的值来表达. 那么，在平面闭区域 D 上的二重积分是否也可以由此区域的边界曲线 L 来表达呢？下面要介绍的格林公式将表明，在平面闭区域 D 上的二重积分可以通过沿闭区域 D 的边界曲线 L 上的曲线积分来表达.

现在先来介绍单连通区域与复连通区域以及区域边界曲线的正向等概念.

设 D 为平面区域，如果 D 内任一闭曲线所围的部分都属于 D，则称 D 为平面**单连通区域**（图 9-9），否则称为**复连通区域**（图 9-10）. 通俗地说，没有“洞”（包括“点洞”）的平面区域就是单连通区域；而含有“洞”（包括“点洞”）的平面区域就是复连通区域. 例如，平面上的圆形区域 $\{(x, y) \mid x^2+y^2<1\}$、右半平面 $\{(x, y) \mid x>0\}$ 都是单连通区域，圆环形区域 $\{(x, y) \mid 1<x^2+y^2<4\}$，$\{(x, y) \mid 0<x^2+y^2<1\}$ 都是复连通区域.

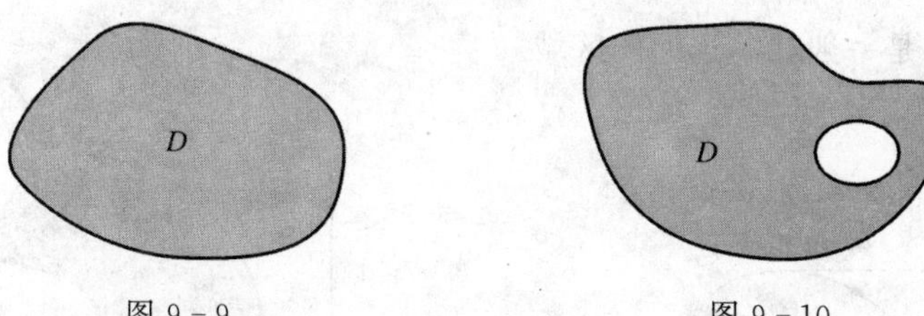

图 9-9　　　　图 9-10

对平面区域 D 的边界曲线 L，规定 L 的正向如下：当观察者沿 L 的这个方向行走时，区域 D 总在他的左侧. 当区域 D 为单连通时，边界取逆时针方向为正向；当区域 D 为复连通时，外边界取逆时针方向为正向，内边界取顺时针方向为正向.

定理 1　设闭区域 D 由分段光滑的曲线 L 围成，函数 $P(x, y)$ 及 $Q(x, y)$ 在 D 上具有一阶连续偏导数，则有

$$\iint_D \left(\frac{\partial Q}{\partial x} - \frac{\partial P}{\partial y}\right) dx\,dy = \oint_L P\,dx + Q\,dy, \tag{9.3.1}$$

其中 L 是 D 的取正向的边界曲线. 式(9.3.1) 称为格林公式.

证 先考虑区域为特殊情形:D 既是 X -型的又是 Y -型的区域. 如图 9-11 所示,设 $D=\{(x, y) \mid \varphi_1(x) \leqslant y \leqslant \varphi_2(x), a \leqslant x \leqslant b\}$. 因为$\frac{\partial P}{\partial y}$ 连续,所以由二重积分的计算方法有

$$\iint_D \frac{\partial P}{\partial y} dx\,dy = \int_a^b \left[\int_{\varphi_1(x)}^{\varphi_2(x)} \frac{\partial P(x, y)}{\partial y} dy\right] dx = \int_a^b \{P[x, \varphi_2(x)] - P[x, \varphi_1(x)]\} dx.$$

另一方面, 由对坐标的曲线积分的性质及计算方法有

$$\begin{aligned}\oint_L P\,dx &= \int_{L_1} P\,dx + \int_{L_2} P\,dx = \int_a^b P[x, \varphi_1(x)]\,dx + \int_b^a P[x, \varphi_2(x)]\,dx \\ &= \int_a^b \{P[x, \varphi_1(x)] - P[x, \varphi_2(x)]\} dx.\end{aligned}$$

因此

$$-\iint_D \frac{\partial P}{\partial y} dx\,dy = \oint_L P\,dx.$$

设 $D=\{(x, y) \mid \psi_1(y) \leqslant x \leqslant \psi_2(y), c \leqslant y \leqslant d\}$. 类似地可证

$$\iint_D \frac{\partial Q}{\partial x} dx\,dy = \oint_L Q\,dx.$$

由于 D 既是 X -型的又是 Y -型的, 所以以上两式同时成立, 两式合并即得

$$\iint_D \left(\frac{\partial Q}{\partial x} - \frac{\partial P}{\partial y}\right) dx\,dy = \oint_L P\,dx + Q\,dy.$$

再考虑 D 是一般的单连通闭区域.

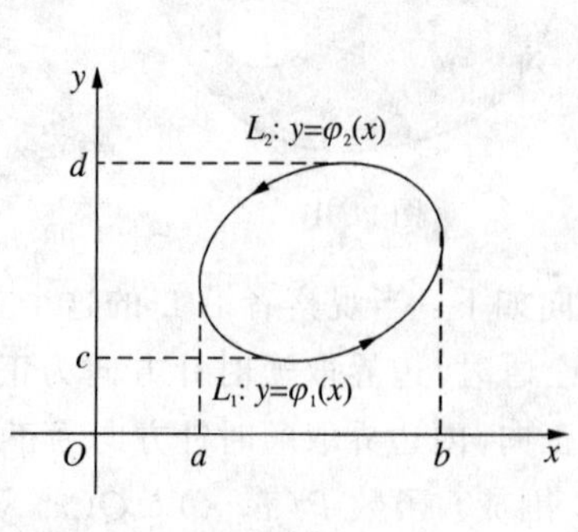

图 9-11

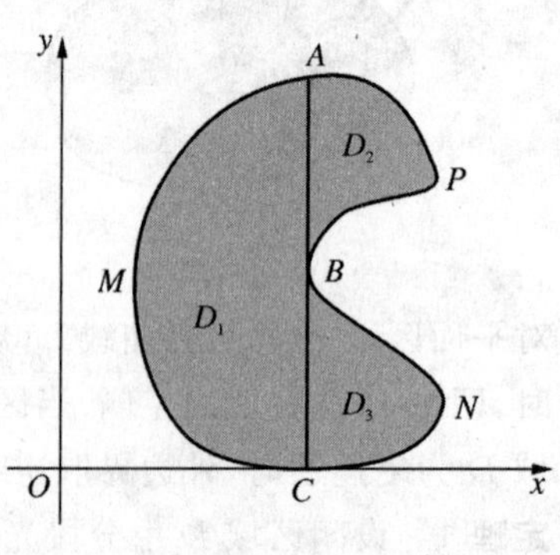

图 9-12

可以在 D 内引进一条或几条辅助曲线将 D 分成有限个既是 X -型又是 Y -型的部分闭区域. 例如,如图 9-12 所示,闭区域 D 的边界曲线 L 为 $\overparen{MNPM}$,引进辅助线 ABC,把 D 分成 D_1, D_2, D_3 三部分,应用式(9.3.1) 于 D_1, D_2, D_3,得

$$\iint_{D_1}\left(\frac{\partial Q}{\partial x}-\frac{\partial P}{\partial y}\right)\mathrm{d}x\,\mathrm{d}y=\oint_{\overparen{MCBAM}} P\,\mathrm{d}x+Q\,\mathrm{d}y,$$

$$\iint_{D_2}\left(\frac{\partial Q}{\partial x}-\frac{\partial P}{\partial y}\right)\mathrm{d}x\,\mathrm{d}y=\oint_{\overparen{ABPA}} P\,\mathrm{d}x+Q\,\mathrm{d}y,$$

$$\iint_{D_3}\left(\frac{\partial Q}{\partial x}-\frac{\partial P}{\partial y}\right)\mathrm{d}x\,\mathrm{d}y=\oint_{\overparen{BCNB}} P\,\mathrm{d}x+Q\,\mathrm{d}y.$$

把这三个等式相加,并注意相加时沿辅助线来回的曲线积分相互抵消,便得到

$$\iint_{D}\left(\frac{\partial Q}{\partial x}-\frac{\partial P}{\partial y}\right)\mathrm{d}x\,\mathrm{d}y=\oint_{L} P\,\mathrm{d}x+Q\,\mathrm{d}y.$$

最后当 D 是复连通区域时,如图 9-13 所示,可以作辅助线 AB 和 CG, 将 D 分成两个单连通区域 D_1 与 D_2,设 D_1 与 D_2 的边界曲线分别为 L_1 与 L_2,在 D_1 与 D_2 应用上面的结论,就有

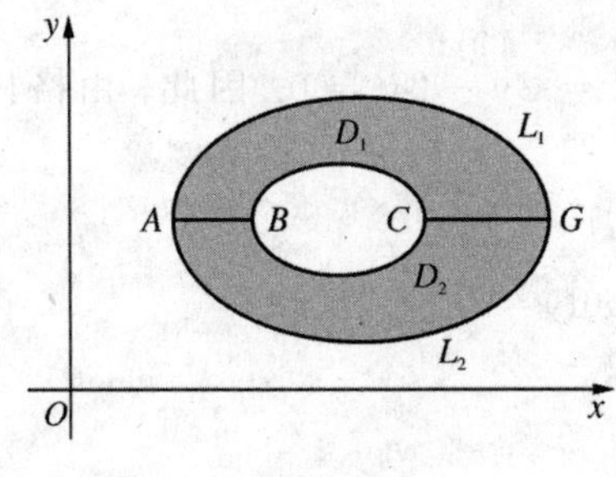

图 9-13

$$\iint_{D_1}\left(\frac{\partial Q}{\partial x}-\frac{\partial P}{\partial y}\right)\mathrm{d}x\,\mathrm{d}y=\oint_{L_1} P\,\mathrm{d}x+Q\,\mathrm{d}y,$$

$$\iint_{D_2}\left(\frac{\partial Q}{\partial x}-\frac{\partial P}{\partial y}\right)\mathrm{d}x\,\mathrm{d}y=\oint_{L_2} P\,\mathrm{d}x+Q\,\mathrm{d}y,$$

两式相加,并注意沿辅助线 AB 和 CG 来回的曲线积分相互抵消,D 的全部边界的方向对 D 来说都是正向,于是

$$\iint_{D}\left(\frac{\partial Q}{\partial x}-\frac{\partial P}{\partial y}\right)\mathrm{d}x\,\mathrm{d}y=\oint_{L} P\,\mathrm{d}x+Q\,\mathrm{d}y.$$

在式(9.3.1) 中,取 $P=-y$, $Q=x$, 则由格林公式得应用公式有

$$2\iint_{D}\mathrm{d}x\,\mathrm{d}y=\oint_{L}x\,\mathrm{d}y-y\,\mathrm{d}x \quad 或 \quad A=\iint_{D}\mathrm{d}x\,\mathrm{d}y=\frac{1}{2}\oint_{L}x\,\mathrm{d}y-y\,\mathrm{d}x,$$

其中,A 为区域 D 的面积.

例 1　求椭圆 $x=a\cos\theta$, $y=b\sin\theta$ 所围成图形的面积 A.

分析 只要 $\dfrac{\partial Q}{\partial x}-\dfrac{\partial P}{\partial y}=1$，就有$\iint\limits_{D}\left(\dfrac{\partial Q}{\partial x}-\dfrac{\partial P}{\partial y}\right)\mathrm{d}x\,\mathrm{d}y=\iint\limits_{D}\mathrm{d}x\,\mathrm{d}y=A$.

解 设 D 是由椭圆 $x=a\cos\theta$，$y=b\sin\theta$ 所围成的区域. 令 $P=-\dfrac{1}{2}y$，$Q=\dfrac{1}{2}x$，则

$$\frac{\partial Q}{\partial x}-\frac{\partial P}{\partial y}=\frac{1}{2}+\frac{1}{2}=1.$$

于是由格林公式有

$$\begin{aligned}A&=\iint\limits_{D}\mathrm{d}x\,\mathrm{d}y=\oint_{L}-\frac{1}{2}y\,\mathrm{d}x+\frac{1}{2}x\,\mathrm{d}y=\frac{1}{2}\oint_{L}-y\,\mathrm{d}x+x\,\mathrm{d}y\\&=\frac{1}{2}\int_{0}^{2\pi}(ab\sin^{2}\theta+ab\cos^{2}\theta)\mathrm{d}\theta=\frac{1}{2}ab\int_{0}^{2\pi}\mathrm{d}\theta=\pi ab.\end{aligned}$$

例 2 设 L 是任意一条分段光滑的闭曲线，证明

$$\oint_{L}y^{2}\,\mathrm{d}x+2xy\,\mathrm{d}y=0.$$

证 令 $P=y^{2}$，$Q=2xy$，则$\dfrac{\partial Q}{\partial x}-\dfrac{\partial P}{\partial y}=2y-2y=0$. 因此，由格林公式有

$$\oint_{L}y^{2}\,\mathrm{d}x+2xy\,\mathrm{d}y=\pm\iint\limits_{D}0\,\mathrm{d}x\,\mathrm{d}y=0.$$

请说明，为什么二重积分前有“±”号.

例 3 计算$\iint\limits_{D}\mathrm{e}^{-x^{2}}\,\mathrm{d}x\,\mathrm{d}y$，其中 D 是以 $O(0,0)$，$A(1,0)$，$B(1,1)$ 为顶点的三角形闭区域.

分析 要使 $\dfrac{\partial Q}{\partial x}-\dfrac{\partial P}{\partial y}=\mathrm{e}^{-x^{2}}$，只需 $P=-y\mathrm{e}^{-x^{2}}$，$Q=0$.

解 令 $P=-y\mathrm{e}^{-x^{2}}$，$Q=0$，则$\dfrac{\partial Q}{\partial x}-\dfrac{\partial P}{\partial y}=\mathrm{e}^{-y^{2}}$. 因此，由格林公式有

$$\begin{aligned}\iint\limits_{D}\mathrm{e}^{-x^{2}}\,\mathrm{d}x\,\mathrm{d}y&=\int\limits_{OA+AB+BO}-y\mathrm{e}^{-x^{2}}\,\mathrm{d}x=\int\limits_{BO}-y\mathrm{e}^{-x^{2}}\,\mathrm{d}x\\&=\int_{1}^{0}-x\mathrm{e}^{-x^{2}}\,\mathrm{d}x=\frac{1}{2}(1-\mathrm{e}^{-1}).\end{aligned}$$

例 4　计算$\oint_L \frac{x\,\mathrm{d}y - y\,\mathrm{d}x}{x^2+y^2}$，其中 L 为一条无重点、分段光滑且不经过原点的连续闭曲线，L 的方向为逆时针方向.

解　令 $P=\frac{-y}{x^2+y^2}$，$Q=\frac{x}{x^2+y^2}$. 则当 $x^2+y^2\neq 0$ 时，有

$$\frac{\partial Q}{\partial x}=\frac{y^2-x^2}{(x^2+y^2)^2}=\frac{\partial P}{\partial y}.$$

记 L 所围成的闭区域为 D. 当 $(0, 0)\notin D$ 时(图 9 - 14)，由格林公式得

$$\oint_L \frac{x\,\mathrm{d}y - y\,\mathrm{d}x}{x^2+y^2}=0;$$

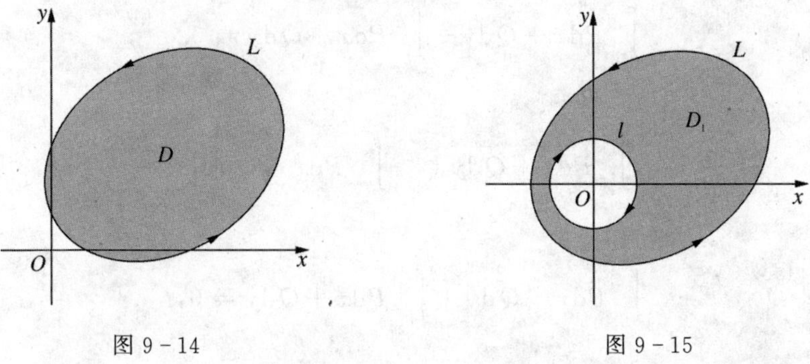

图 9 - 14　　　　图 9 - 15

当 $(0, 0)\in D$ 时(图 9 - 15)，在 D 内取一圆周 l：$x^2+y^2=r^2(r>0)$. 由 L 及 l 围成了一个复连通区域 D_1，应用格林公式得

$$\oint_L \frac{x\,\mathrm{d}y - y\,\mathrm{d}x}{x^2+y^2}-\oint_l \frac{x\,\mathrm{d}y - y\,\mathrm{d}x}{x^2+y^2}=0,$$

其中 l 的方向取逆时针方向. 于是

$$\oint_L \frac{x\,\mathrm{d}y - y\,\mathrm{d}x}{x^2+y^2}=\oint_l \frac{x\,\mathrm{d}y - y\,\mathrm{d}x}{x^2+y^2}=\int_0^{2\pi}\frac{r^2\cos^2\theta+r^2\sin^2\theta}{r^2}\mathrm{d}\theta=2\pi.$$

9.3.2　平面上曲线积分与路径无关的条件

在物理学中，只要落差相同，重力对物体所做的功相同，与下落的路径无关，这是因为重力场是势场，势场中场力所做的功与路径无关. 这样的问题在数学上就是曲线积分与路径无关的问题. 下面，给出曲线积分与路径无关的概念.

设 G 是一个区域，$P(x, y)$，$Q(x, y)$ 在区域 G 内具有一阶连续偏导数. 如果对于 G 内任意指定的两点 A，B，以及 G 内从点 A 到点 B 的任意两条曲线 L_1，

L_2，等式

$$\int_{L_1} P\mathrm{d}x + Q\mathrm{d}y = \int_{L_2} P\mathrm{d}x + Q\mathrm{d}y$$

恒成立，则称曲线积分 $\int_L P\mathrm{d}x + Q\mathrm{d}y$ 在 G 内与路径无关，否则称与路径有关.

若曲线积分 $\int_L P\mathrm{d}x + Q\mathrm{d}y$ 在 G 内与路径无关，L_1 和 L_2 是 G 内任意两条从点 A 到点 B 的曲线，则 $L_1 + L_2^-$ 为一条有向闭曲线，从而

$$\int_{L_1} P\mathrm{d}x + Q\mathrm{d}y = \int_{L_2} P\mathrm{d}x + Q\mathrm{d}y,$$

即

$$\int_{L_1} P\mathrm{d}x + Q\mathrm{d}y - \int_{L_2} P\mathrm{d}x + Q\mathrm{d}y = 0.$$

由于

$$\int_{L_2} P\mathrm{d}x + Q\mathrm{d}y = -\int_{L_2^-} P\mathrm{d}x + Q\mathrm{d}y,$$

所以

$$\int_{L_1} P\mathrm{d}x + Q\mathrm{d}y + \int_{L_2^-} P\mathrm{d}x + Q\mathrm{d}y = 0,$$

即

$$\oint_{L_1 + L_2^-} P\mathrm{d}x + Q\mathrm{d}y = 0,$$

即在 G 内沿任意闭曲线的曲线积分为零. 反过来，如果在区域 G 内沿任意闭曲线的曲线积分为零，也可推得在 G 内曲线积分与路径无关. 所以有以下结论：**曲线积分 $\int_L P\mathrm{d}x + Q\mathrm{d}y$ 在 G 内与路径无关相当于沿 G 内任意闭曲线 L 的曲线积分 $\oint_L P\mathrm{d}x + Q\mathrm{d}y$ 等于零.**

定理 2 设区域 G 是一个单连通域，函数 $P(x, y)$ 及 $Q(x, y)$ 在 G 内具有一阶连续偏导数，则曲线积分 $\int_L P\mathrm{d}x + Q\mathrm{d}y$ 在 G 内与路径无关(或沿 G 内任意闭曲线的曲线积分为零) 的充分必要条件是等式

$$\frac{\partial P}{\partial y} = \frac{\partial Q}{\partial x}$$

在 G 内恒成立.

证　先证条件是充分的. 在 G 内任取一闭曲线 C，则由 G 是单连通的可知，闭曲线 C 所围的闭区域 D 全部在 G 内，于是 $\frac{\partial P}{\partial y}=\frac{\partial Q}{\partial x}$ 在 D 上恒成立，所以由格林公式，就有

$$\oint_C P\,dx+Q\,dy=\iint_D\left(\frac{\partial Q}{\partial x}-\frac{\partial P}{\partial y}\right)dx\,dy=0.$$

下面用反证法来证明条件是必要的. 假设存在一点 $M_0\in G$，使

$$\frac{\partial Q}{\partial x}-\frac{\partial P}{\partial y}=\eta\neq 0,$$

不妨设 $\eta>0$，则由 $\frac{\partial Q}{\partial x}-\frac{\partial P}{\partial y}$ 的连续性，存在 M_0 的一个 δ 邻域 $U(M_0,\delta)$，使在此邻域内有 $\frac{\partial Q}{\partial x}-\frac{\partial P}{\partial y}\geqslant\frac{\eta}{2}$. 于是由格林公式以及二重积分的性质，沿邻域 $U(M_0,\delta)$ 边界 l 的闭曲线积分

$$\oint_l P\,dx+Q\,dy=\iint_{U(M_0,\delta)}\left(\frac{\partial Q}{\partial x}-\frac{\partial P}{\partial y}\right)dx\,dy\geqslant\frac{\eta}{2}\cdot\pi\delta^2>0,$$

这与在 G 内沿任意闭曲线的曲线积分为零相矛盾，因此在 G 内 $\frac{\partial Q}{\partial x}-\frac{\partial P}{\partial y}=0$ 恒成立.

注　此处要求区域 G 是单连通区域，且函数 $P(x,y)$ 及 $Q(x,y)$ 在 G 内具有一阶连续偏导数. 如果这两个条件之一不能满足，那么定理的结论不能保证成立.

在例 4 中已经看到，L 为一条无重点、分段光滑且不经过原点的连续闭曲线，L 的方向为逆时针方向，当点 $(0,0)$ 不在 L 所围成的区域内时，曲线积分 $\oint_L\frac{x\,dy-y\,dx}{x^2+y^2}=0$，即结论成立；而当点 $(0,0)$ 在 L 所围成的区域内时 $\oint_L\frac{x\,dy-y\,dx}{x^2+y^2}\neq 0$，即结论不成立. 这是因为 $P=\frac{-y}{x^2+y^2}$，$Q=\frac{x}{x^2+y^2}$ 以及 $\frac{\partial P}{\partial y}$，$\frac{\partial Q}{\partial x}$ 在点 $(0,0)$ 处不连续所造成的.

将破坏函数 P，Q 及 $\frac{\partial P}{\partial y}$，$\frac{\partial Q}{\partial x}$ 连续性的点称为**奇点**.

例 5　计算 $\int_L 2xy\,dx+x^2\,dy$，其中 L 为抛物线 $y=x^2$ 上从点 $O(0,0)$ 到点 $B(1,1)$ 的一段弧.

解 因为 $\frac{\partial P}{\partial y}=\frac{\partial Q}{\partial x}=2x$ 在整个 xOy 面内都成立，所以在整个 xOy 面内，积分 $\int_L 2xy\,\mathrm{d}x+x^2\,\mathrm{d}y$ 与路径无关.

$$\int_L 2xy\,\mathrm{d}x+x^2\,\mathrm{d}y=\int_{OA}2xy\,\mathrm{d}x+x^2\,\mathrm{d}y+\int_{AB}2xy\,\mathrm{d}x+x^2\,\mathrm{d}y=\int_0^1 1^2\,\mathrm{d}y=1.$$

曲线积分在 G 内与路径无关，表明曲线积分的值只与起点 (x_0, y_0) 与终点 (x, y) 有关. 此时将 $\int_L P\mathrm{d}x+Q\mathrm{d}y$ 记为 $\int_{(x_0, y_0)}^{(x, y)}P\mathrm{d}x+Q\mathrm{d}y$，即

$$\int_L P\mathrm{d}x+Q\mathrm{d}y=\int_{(x_0, y_0)}^{(x, y)}P\mathrm{d}x+Q\mathrm{d}y.$$

9.3.3 二元函数的全微分求积

如果曲线积分 $\int_L P\mathrm{d}x+Q\mathrm{d}y$ 在 G 内与路径无关，起点 (x_0, y_0) 为 G 内的一个定点，终点 (x, y) 为 G 内的动点，则

$$u(x, y)=\int_{(x_0, y_0)}^{(x, y)}P\mathrm{d}x+Q\mathrm{d}y$$

为 G 内的一个二元函数. 而二元函数 $u(x, y)$ 的全微分为

$$\mathrm{d}u(x, y)=u_x(x, y)\mathrm{d}x+u_y(x, y)\mathrm{d}y.$$

这说明表达式 $P(x, y)\mathrm{d}x+Q(x, y)\mathrm{d}y$ 与二元函数的全微分有相同的结构，但 $P(x, y)\mathrm{d}x+Q(x, y)\mathrm{d}y$ 未必就是某个函数的全微分，如 $2y\,\mathrm{d}x+x\,\mathrm{d}y$.

那么在什么条件下表达式 $P(x, y)\mathrm{d}x+Q(x, y)\mathrm{d}y$ 是某个二元函数 $u(x, y)$ 的全微分呢？当这样的二元函数存在时怎样求出这个二元函数呢？

定理 3 设区域 G 是一个单连通域，函数 $P(x, y)$ 及 $Q(x, y)$ 在 G 内具有一阶连续偏导数，则 $P(x, y)\mathrm{d}x+Q(x, y)\mathrm{d}y$ 在 G 内为某一函数 $u(x, y)$ 的全微分的充分必要条件是等式

$$\frac{\partial P}{\partial y}=\frac{\partial Q}{\partial x}$$

在 G 内恒成立.

证 先证必要性. 假设存在某二元函数 $u(x, y)$，使得

$$\mathrm{d}u=P(x, y)\mathrm{d}x+Q(x, y)\mathrm{d}y,$$

则有

$$\frac{\partial u}{\partial x}=P(x,\ y),\quad \frac{\partial u}{\partial y}=Q(x,\ y),$$

于是

$$\frac{\partial^2 u}{\partial x\partial y}=\frac{\partial P}{\partial y},\quad \frac{\partial^2 u}{\partial y\partial x}=\frac{\partial Q}{\partial x}.$$

因为 $\frac{\partial^2 u}{\partial x\partial y}=\frac{\partial P}{\partial y}$, $\frac{\partial^2 u}{\partial y\partial x}=\frac{\partial Q}{\partial x}$ 连续,所以

$$\frac{\partial^2 u}{\partial x\partial y}=\frac{\partial^2 u}{\partial y\partial x},$$

即

$$\frac{\partial P}{\partial y}=\frac{\partial Q}{\partial x}.$$

再证充分性. 因为在 G 内 $\frac{\partial P}{\partial y}=\frac{\partial Q}{\partial x}$, 所以积分 $\int_L P(x,\ y)\mathrm{d}x+Q(x,\ y)\mathrm{d}y$ 在 G 内与路径无关. 在 G 内从点 $(x_0,\ y_0)$ 到点 $(x,\ y)$ 的曲线积分为 G 内一个二元函数,可表示为

$$u(x,\ y)=\int_{(x_0,\ y_0)}^{(x,\ y)} P(x,\ y)\mathrm{d}x+Q(x,\ y)\mathrm{d}y.$$

因为

$$\begin{aligned}u(x,\ y)&=\int_{(x_0,\ y_0)}^{(x,\ y)} P(x,\ y)\mathrm{d}x+Q(x,\ y)\mathrm{d}y\\&=\int_{y_0}^{y} Q(x_0,\ y)\mathrm{d}y+\int_{x_0}^{x} P(x,\ y)\mathrm{d}x,\end{aligned}$$

所以

$$\frac{\partial u}{\partial x}=\frac{\partial}{\partial x}\int_{y_0}^{y} Q(x_0,\ y)\mathrm{d}y+\frac{\partial}{\partial x}\int_{x_0}^{x} P(x,\ y)\mathrm{d}x=P(x,\ y).$$

类似地有 $\frac{\partial u}{\partial y}=Q(x,\ y)$,从而 $\mathrm{d}u=P(x,\ y)\mathrm{d}x+Q(x,\ y)\mathrm{d}y$,即 $P(x,\ y)\mathrm{d}x+Q(x,\ y)\mathrm{d}y$ 是某二元函数的全微分.

由于曲线积分与路径无关,为了计算简便,可以选择平行于坐标轴的折线作为积分路径,于是

$$u(x,\ y)=\int_{x_0}^{x} P(x,\ y_0)\mathrm{d}x+\int_{y_0}^{y} Q(x,\ y)\mathrm{d}y+C,$$

或

$$u(x, y)=\int_{y_0}^{y} Q(x_0, y)\mathrm{d}y+\int_{x_0}^{x} P(x, y)\mathrm{d}x+C,$$

其中,C 为任意常数.

例 6 验证:$\dfrac{x\mathrm{d}y-y\mathrm{d}x}{x^2+y^2}$ 在右半平面 $(x>0)$ 内是某个函数的全微分,并求出一个这样的函数.

解 这里 $P=\dfrac{-y}{x^2+y^2}$,$Q=\dfrac{x}{x^2+y^2}$.因为 P,Q 在右半平面内具有一阶连续偏导数,且有

$$\frac{\partial Q}{\partial x}=\frac{y^2-x^2}{(x^2+y^2)^2}=\frac{\partial P}{\partial y},$$

所以在右半平面内,$\dfrac{x\mathrm{d}y-y\mathrm{d}x}{x^2+y^2}$ 是某个函数的全微分.

取积分路线为从点 $A(1, 0)$ 到点 $B(x, 0)$ 再到点 $C(x, y)$ 的折线,则所求函数为

$$u(x, y)=\int_{(1, 0)}^{(x, y)} \frac{x\mathrm{d}y-y\mathrm{d}x}{x^2+y^2}=0+\int_0^y \frac{x\mathrm{d}y}{x^2+y^2}=\arctan\frac{y}{x}.$$

请思考,此例中为什么不将点 (x_0, y_0) 取为点 $(0, 0)$ 呢?

例 7 验证:在整个 xOy 面内,$xy^2\mathrm{d}x+x^2y\mathrm{d}y$ 是某个函数的全微分,并求出一个这样的函数.

解 这里 $P=xy^2$,$Q=x^2y$.因为 P,Q 在整个 xOy 面内具有一阶连续偏导数,且有

$$\frac{\partial Q}{\partial x}=2xy=\frac{\partial P}{\partial y},$$

所以在整个 xOy 面内,$xy^2\mathrm{d}x+x^2y\mathrm{d}y$ 是某个函数的全微分.

取积分路线为从点 $O(0, 0)$ 到点 $A(x, 0)$ 再到点 $B(x, y)$ 的折线,则所求的一个函数为

$$u(x, y)=\int_{(0, 0)}^{(x, y)} xy^2\mathrm{d}x+x^2y\mathrm{d}y=0+\int_0^y x^2y\mathrm{d}y=x^2\int_0^y y\mathrm{d}y=\frac{x^2y^2}{2}.$$

习 题 9.3

1. 填空题.

(1) 设闭区域 D 由分段光滑的曲线 L 围成,函数 $P(x, y)$,$Q(x, y)$ 在 D 上具有一阶连续

偏导数，则有 $\iint\limits_D\left(\frac{\partial Q}{\partial x}-\frac{\partial P}{\partial y}\right)\mathrm{d}x\,\mathrm{d}y=$ ________.

(2) 设 D 为平面上的一个单连通区域，函数 $P(x, y)$，$Q(x, y)$ 在 D 内有一阶连续偏导数，则 $\int_L P\mathrm{d}x+Q\mathrm{d}y$ 在 D 内与路径无关的充要条件是________在 D 内处处成立.

(3) 设 D 为由分段光滑的曲线 L 所围成的闭区域，其面积为 5，又函数 $P(x, y)$ 及 $Q(x, y)$ 在 D 上有一阶连续偏导数，且 $\frac{\partial Q}{\partial x}=1$，$\frac{\partial P}{\partial y}=-1$，则 $\oint_L P\mathrm{d}x+Q\mathrm{d}y=$ ________.

2. 计算下列曲线积分，并验证格林公式的正确性.

(1) $\oint_L(2xy-x^2)\mathrm{d}x+(x+y^2)\mathrm{d}y$，其中 L 是由抛物线 $y=x^2$ 和 $y^2=x$ 所围成的区域的正向边界曲线；

(2) $\oint_L(x^2-xy^3)\mathrm{d}x+(y^2-2xy)\mathrm{d}y$，其中 L 是四个顶点分别为 $(0,0)$，$(2,0)$，$(2,2)$ 和 $(0,2)$ 的正方形区域的正向边界.

3. 利用曲线积分，求下列曲线所围成的图形的面积.

(1) 星形线 $x=a\cos^3 t$，$y=a\sin^3 t$ 所围成的图形的面积；

(2) 椭圆 $9x^2+16y^2=144$；

(3) 圆 $x^2+y^2=2ax$.

4. 计算曲线积分 $\oint_L\frac{y\,\mathrm{d}x-x\,\mathrm{d}y}{2(x^2+y^2)}$，其中 L 为圆周 $(x-1)^2+y^2=2$，L 的方向为逆时针方向.

5. 证明下列曲线积分在整个 xOy 面内与路径无关，并计算积分值：

(1) $\int_{(1,2)}^{(3,4)}(6xy^2-y^3)\mathrm{d}x+(6x^2y-3xy^2)\mathrm{d}y$；

(2) $\int_{(1,1)}^{(2,3)}(x+y)\mathrm{d}x+(x-y)\mathrm{d}y$；

(3) $\int_{(1,0)}^{(2,1)}(2xy-y^4+3)\mathrm{d}x+(x^2-4xy^3)\mathrm{d}y$.

6. 利用格林公式，计算下列曲线积分：

(1) $\int_L(x^2-y)\mathrm{d}x-(x+\sin^2 y)\mathrm{d}y$ 其中 L 是在圆周 $y=\sqrt{2x-x^2}$ 上由点 $(0, 0)$ 到点 $(1, 1)$ 的一段弧；

(2) $\oint_L(2x-y+4)\mathrm{d}x+(5y+3x-6)\mathrm{d}y$，其中 L 为三顶点分别为 $(0, 0)$，$(3, 0)$ 和 $(3, 2)$ 的三角形正向边界；

(3) $\oint_L(x^2y\cos x+2xy\sin x-y^2\mathrm{e}^x)\mathrm{d}x+(x^2\sin x-2y\mathrm{e}^x)\mathrm{d}y$，其中 L 为正向星形线 $x^{\frac{2}{3}}+y^{\frac{2}{3}}=a^{\frac{2}{3}}\ (a>0)$；

(4) $\int_L(2xy^3-y^2\cos x)\mathrm{d}x+(1-2y\sin x+3x^2y^2)\mathrm{d}y$，其中 L 为在抛物线 $2x=\pi y^2$ 上由点 $(0, 0)$ 到点 $\left(\frac{\pi}{2}, 1\right)$ 的一段弧；

(5) $\int_C (e^x \sin y - my)dx + (e^x \cos y - m)dy$,其中 C 为从点 $O(0, 0)$ 到点 $A(a, 0)$ 的上半圆周 $x^2 + y^2 = ax\ (a > 0)$;

(6) $\oint_C \frac{x\,dy - y\,dx}{x^2 + 4y^2}$,其中 C 为任一不通过原点的简单光滑封闭曲线(逆时针方向绕行).(提示:分情况讨论,当 C 不包含原点时积分值为零,当 C 包含原点时,积分值为 π.)

7. 验证下列 $P(x, y)dx + Q(x, y)dy$ 在整个 xOy 平面内是某一函数 $u(x, y)$ 的全微分,并求这样一个 $u(x, y)$:

(1) $(3x^2y + 8xy^2)dx + (x^3 + 8x^2y + 12ye^y)dy$;

(2) $(x + 2y)dx + (2x + y)dy$;

(3) $2xy\,dx + x^2dy$;

(4) $4\sin x \sin 3y \cos x\,dx - 3\cos 3y \cos 2x\,dy$;

(5) $(2x\cos y + y^2\cos x)dx + (2y\sin x - x^2\sin y)dy$.

8. 验证 $(2x\cos y + y^2\cos x)dx + (2y\sin x - x^2\sin y)dy$ 为某二元函数 $f(x, y)$ 的全微分,并求 $U(x, y)$ 及积分 $\int_{(0,1)}^{(1,0)} (2x\cos y + y^2\cos x)dx + (2y\sin x - x^2\sin y)dy$ 之值.

9. 试确定 λ,使得 $\frac{x}{y}r^\lambda dx - \frac{x^2}{y^2}r^\lambda dy$ 是某个函数 $u(x, y)$ 的全微分,其中 $r = \sqrt{x^2 + y^2}$,并求 $u(x, y)$.

10. 设在半平面 $x > 0$ 内有力 $\boldsymbol{F} = -\frac{k}{r^3}(x\boldsymbol{i} + y\boldsymbol{j})$ 构成力场,其中 k 为常数,$r = \sqrt{x^2 + y^2}$.证明在此力场中场力所做的功与所取的路径无关.

11. 设有一变力在坐标轴上的投影为 $X = x + y^2$,$Y = 2xy - 8$,这变力确定了一个力场,证明质点在此场内移动时,场力所做的功与路径无关.

12. 设 $\boldsymbol{F} = y\boldsymbol{i} - x\boldsymbol{j} + (x + y + z)\boldsymbol{k}$,求一质点在力 $\boldsymbol{F}$ 的作用下从点 $A(a, 0, 0)$ 沿曲线 Γ:$x = a\cos t$,$y = a\sin t$,$z = \frac{b}{2\pi}t$ 运动到点 $B(a, 0, b)$ 时所做的功.

9.4 对面积的曲面积分

9.4.1 对面积的曲面积分的概念与性质

引例 1 求物质曲面的质量.

在 9.1 节中介绍了曲线形构件质量的求法,如果把曲线改为分片光滑的有界曲面,把线密度 $\mu(x, y)$ 改为面密度为 $\rho(x, y, z)$,小段曲线弧的弧长 Δs_i 改为小块曲面的面积 ΔS_i,任取的点 (ξ_i, η_i) 改为 (ξ_i, η_i, ζ_i),则可以得到占有空间曲面

Σ,且面密度函数为 $\rho(x, y, z)$ 的物质曲面的质量的求法.

把曲面 Σ 分成 n 个小块：$\Delta S_1, \Delta S_2, \cdots, \Delta S_n$（$\Delta S_i$ 也代表曲面的面积）;求质量的近似值：$\sum_{i=1}^{n}\rho(\xi_i, \eta_i, \zeta_i)\Delta S_i$（$(\xi_i, \eta_i, \zeta_i)$ 是 ΔS_i 上任意一点）；取极限求精确值：$M=\lim_{\lambda\to 0}\sum_{i=1}^{n}\rho(\xi_i, \eta_i, \zeta_i)\Delta S_i$（$\lambda$ 为各小块曲面直径的最大值）.

抽去其具体物理意义,引进对面积的曲面积分的概念.

定义 1　设曲面 Σ 是光滑的，函数 $f(x, y, z)$ 在 Σ 上有界. 把 Σ 任意分成 n 小块：$\Delta S_1, \Delta S_2, \cdots, \Delta S_n$（$\Delta S_i$ 也代表曲面的面积），在 ΔS_i 上任取一点 (ξ_i, η_i, ζ_i)，如果当各小块曲面直径的最大值 $\lambda\to 0$ 时，极限 $\lim_{\lambda\to 0}\sum_{i=1}^{n}f(\xi_i, \eta_i, \zeta_i)\Delta S_i$ 总存在，则称此极限为函数 $f(x, y, z)$ 在曲面 Σ 上**对面积的曲面积分**或**第一类曲面积分**，记为 $\iint_{\Sigma}f(x, y, z)\mathrm{d}S$，即

$$\iint_{\Sigma}f(x, y, z)\mathrm{d}S=\lim_{\lambda\to 0}\sum_{i=1}^{n}f(\xi_i, \eta_i, \zeta_i)\Delta S_i.$$

其中,$f(x, y, z)$ 称为**被积函数**,Σ 称为**积分曲面**.

注　(1) 当 $f(x, y, z)$ 在光滑曲面 Σ 上连续时,对面积的曲面积分是存在的. 今后总是假定 $f(x, y, z)$ 在 Σ 上连续.

(2) 面密度为连续函数 $\rho(x, y, z)$ 的光滑曲面 Σ 的质量 M 可表示为 $\rho(x, y, z)$ 在 Σ 上对面积的曲面积分：

$$M=\iint_{\Sigma}\rho(x, y, z)\mathrm{d}S.$$

(3) 如果 Σ 是分片光滑的,规定函数在 Σ 上对面积的曲面积分等于函数在光滑的各片曲面上对面积的曲面积分之和. 例如,设 Σ 可分成两片光滑曲面 Σ_1 及 Σ_2（记为 $\Sigma=\Sigma_1+\Sigma_2$），就规定

$$\iint_{\Sigma_1+\Sigma_2}f(x, y, z)\mathrm{d}S=\iint_{\Sigma_1}f(x, y, z)\mathrm{d}S+\iint_{\Sigma_2}f(x, y, z)\mathrm{d}S.$$

对面积的曲面积分与对弧长的曲线积分具有相类似的**性质**：

(1) 设 c_1, c_2 为常数，则

$$\iint_{\Sigma}[c_1 f(x, y, z)+c_2 g(x, y, z)]\mathrm{d}S=c_1\iint_{\Sigma}f(x, y, z)\mathrm{d}S+c_2\iint_{\Sigma}g(x, y, z)\mathrm{d}S;$$

(2) 若曲面 Σ 可分成两片光滑曲面 Σ_1 及 Σ_2，则

$$\iint_{\Sigma} f(x, y, z)\mathrm{d}S = \iint_{\Sigma_1} f(x, y, z)\mathrm{d}S + \iint_{\Sigma_2} f(x, y, z)\mathrm{d}S;$$

(3) 设在曲面 Σ 上 $f(x, y, z) \leqslant g(x, y, z)$，则

$$\iint_{\Sigma} f(x, y, z)\mathrm{d}S \leqslant \iint_{\Sigma} g(x, y, z)\mathrm{d}S;$$

(4) $\iint_{\Sigma} \mathrm{d}S = A$，其中 A 为曲面 Σ 的面积.

9.4.2 对面积的曲面积分的计算

对面积的曲面积分一般是化为二重积分来计算.

定理 1 设积分曲面 Σ 由方程 $z = z(x, y)$ 给出，Σ 在 xOy 面上的投影区域为 D_{xy}，函数 $z = z(x, y)$ 在 D_{xy} 上具有连续偏导数，被积函数 $f(x, y, z)$ 在 Σ 上连续，则

$$\iint_{\Sigma} f(x, y, z)\mathrm{d}S = \iint_{D_{xy}} f[x, y, z(x, y)]\sqrt{1 + z_x^2(x, y) + z_y^2(x, y)}\,\mathrm{d}x\,\mathrm{d}y. \tag{9.4.1}$$

证 由对面积的曲面积分的定义，有

$$\iint_{\Sigma} f(x, y, z)\mathrm{d}S = \lim_{\lambda \to 0}\sum_{i=1}^{n} f(\xi_i, \eta_i, \zeta_i)\Delta S_i \tag{9.4.2}$$

设 Σ 上第 i 小块曲面 ΔS_i（它的面积也记为 ΔS_i）在 xOy 面上的投影区域为 $(\Delta\sigma_i)_{xy}$（它的面积也记为 $(\Delta\sigma_i)_{xy}$），则式(9.4.2)中的 ΔS_i 可表示为二重积分

$$\Delta S_i = \iint_{(\Delta\sigma_i)_{xy}} \sqrt{1 + z_x^2(x, y) + z_y^2(x, y)}\,\mathrm{d}x\,\mathrm{d}y.$$

利用二重积分的中值定理，上式又可以写成

$$\Delta S_i = \sqrt{1 + z_x^2(\xi'_i, \eta'_i) + z_y^2(\xi'_i, \eta'_i)}\,(\Delta\sigma_i)_{xy},$$

其中，(ξ'_i, η'_i) 为小闭区域 $(\Delta\sigma_i)_{xy}$ 上的一点. 又因为 (ξ_i, η_i, ζ_i) 是 Σ 上的一点，故 $\zeta_i = z(\xi_i, \eta_i)$，而 $(\xi_i, \eta_i, 0)$ 是小闭区域 $(\Delta\sigma_i)_{xy}$ 上的点. 于是

$$\sum_{i=1}^{n} f(\xi_i, \eta_i, \zeta_i)\Delta S_i = \sum_{i=1}^{n} f[\xi_i, \eta_i, z(\xi_i, \eta_i)]\sqrt{1 + z_x^2(\xi'_i, \eta'_i) + z_y^2(\xi'_i, \eta'_i)}\,(\Delta\sigma_i)_{xy}.$$

由于函数 $f[x, y, z(x, y)]$ 以及函数 $\sqrt{1 + z_x^2(x, y) + z_y^2(x, y)}$ 在闭区域 D_{xy} 都连续，由一致连续性可以证明，当 $\lambda \to 0$ 时，上式右端的极限与

$$\sum_{i=1}^{n} f[\xi_i, \eta_i, z(\xi_i, \eta_i)] \sqrt{1+z_x^2(\xi_i, \eta_i)+z_y^2(\xi_i, \eta_i)}\,(\Delta\sigma_i)_{xy}$$

的极限是相等的.由所给的条件,这个极限是存在的,它就等于二重积分

$$\iint_{D_{xy}} f[x, y, z(x, y)] \sqrt{1+z_x^2(x, y)+z_y^2(x, y)}\,\mathrm{d}x\,\mathrm{d}y.$$

因此上式左端的极限即曲面积分 $\iint_{\Sigma} f(x, y, z)\mathrm{d}S$ 也存在,且

$$\iint_{\Sigma} f(x, y, z)\mathrm{d}S = \iint_{D_{xy}} f[x, y, z(x, y)] \sqrt{1+z_x^2(x, y)+z_y^2(x, y)}\,\mathrm{d}x\,\mathrm{d}y.$$

同理,如果积分曲面 Σ 的方程为 $y=y(z, x)$, D_{zx} 为 Σ 在 zOx 面上的投影区域,则函数 $f(x, y, z)$ 在 Σ 上对面积的曲面积分为

$$\iint_{\Sigma} f(x, y, z)\mathrm{d}S = \iint_{D_{zx}} f[x, y(z, x), z] \sqrt{1+y_z^2(z, x)+y_x^2(z, x)}\,\mathrm{d}z\,\mathrm{d}x.$$

如果积分曲面 Σ 的方程为 $x=x(y, z)$, D_{yz} 为 Σ 在 yOz 面上的投影区域,则函数 $f(x, y, z)$ 在 Σ 上对面积的曲面积分为

$$\iint_{\Sigma} f(x, y, z)\mathrm{d}S = \iint_{D_{yz}} f[x(y, z), y, z] \sqrt{1+x_y^2(y, z)+x_z^2(y, z)}\,\mathrm{d}y\,\mathrm{d}z.$$

例 1　计算曲面积分 $\iint_{\Sigma} \frac{1}{z}\mathrm{d}S$, 其中 Σ 是球面 $x^2+y^2+z^2=a^2$ 被平面 $z=h$ $(0<h<a)$ 截出的顶部(图 9-16).

解　Σ 的方程为 $z=\sqrt{a^2-x^2-y^2}$, $D_{xy}: x^2+y^2 \leqslant a^2-h^2$. 因为

$$z_x=\frac{-x}{\sqrt{a^2-x^2-y^2}}, \quad z_y=\frac{-y}{\sqrt{a^2-x^2-y^2}},$$

$$\mathrm{d}S=\sqrt{1+z_x^2+z_y^2}\,\mathrm{d}x\,\mathrm{d}y=\frac{a}{\sqrt{a^2-x^2-y^2}}\mathrm{d}x\,\mathrm{d}y,$$

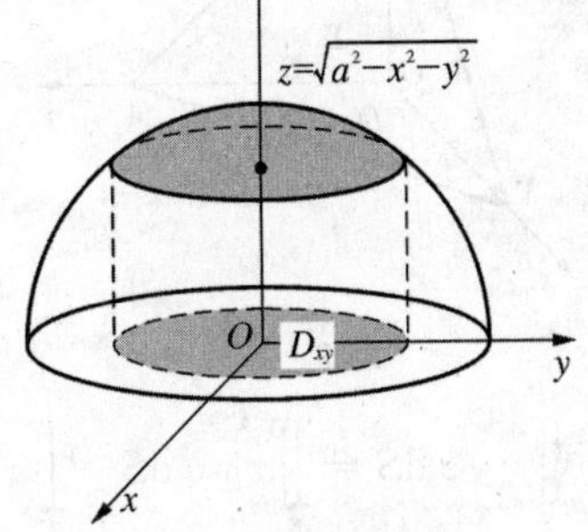

图 9-16

所以

$$\iint_{\Sigma} \frac{1}{z}\mathrm{d}S = \iint_{D_{xy}} \frac{a}{a^2-x^2-y^2}\mathrm{d}x\,\mathrm{d}y$$

$$= a\int_0^{2\pi}\mathrm{d}\theta\int_0^{\sqrt{a^2-h^2}} \frac{r\,\mathrm{d}r}{a^2-r^2} = 2\pi a\left[-\frac{1}{2}\ln(a^2-r^2)\right]_0^{\sqrt{a^2-h^2}}$$

$$= 2\pi a \ln \frac{a}{h}.$$

例 2 计算曲面积分 $I=\iint\limits_{\Sigma}(x+y+z)\mathrm{d}S$,其中 Σ 是上半球面 $x^2+y^2+z^2=a^2$, $z\geqslant 0$.

解 Σ 的方程为

$$z=\sqrt{a^2-x^2-y^2}.$$

Σ 在 xOy 面上的投影区域 D_{xy} 为 $x^2+y^2\leqslant a^2$, 且

$$\mathrm{d}S=\sqrt{1+z_x^2+z_y^2}\,\mathrm{d}x\,\mathrm{d}y=\frac{a}{\sqrt{a^2-x^2-y^2}}\mathrm{d}x\,\mathrm{d}y,$$

所以

$$\begin{aligned} I &= \iint\limits_{\Sigma}(x+y+z)\mathrm{d}S \\ &= \iint\limits_{D_{xy}}(x+y+\sqrt{a^2-x^2-y^2})\frac{a}{\sqrt{a^2-x^2-y^2}}\mathrm{d}x\,\mathrm{d}y. \end{aligned}$$

由对称性与奇偶性,得

$$I=a\iint\limits_{D_{xy}}\mathrm{d}x\,\mathrm{d}y=a^3\pi.$$

例 3 计算 $\oint\!\!\!\oint\limits_{\Sigma}xyz\,\mathrm{d}S$①, 其中 Σ 是由平面 $x=0$, $y=0$, $z=0$ 及 $x+y+z=1$ 所围成的四面体的整个边界曲面(图 9-17).

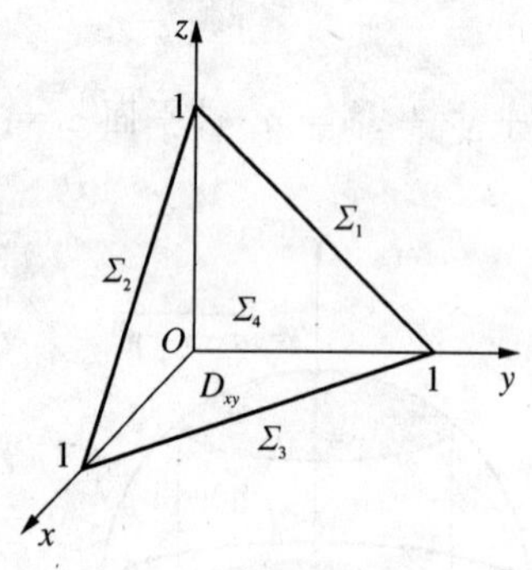

图 9-17

解 整个边界曲面 Σ 在平面 $x=0$, $y=0$, $z=0$ 及 $x+y+z=1$ 上的部分依次记为 Σ_1, Σ_2, Σ_3 及 Σ_4, 于是

$$\begin{aligned} \oint\!\!\!\oint\limits_{\Sigma}xyz\,\mathrm{d}S &= \iint\limits_{\Sigma_1}xyz\,\mathrm{d}S+\iint\limits_{\Sigma_2}xyz\,\mathrm{d}S+\iint\limits_{\Sigma_3}xyz\,\mathrm{d}S+\iint\limits_{\Sigma_4}xyz\,\mathrm{d}S \\ &= 0+0+0+\iint\limits_{\Sigma_4}xyz\,\mathrm{d}S=\iint\limits_{D_{xy}}\sqrt{3}xy(1-x-y)\mathrm{d}x\,\mathrm{d}y \end{aligned}$$

---

① 记号 $\oint\!\!\!\oint\limits_{\Sigma}$ 表示在闭曲面 Σ 上的曲面积分.

$$= \sqrt{3}\int_0^1 x\,dx\int_0^{1-x} y(1-x-y)\,dy = \sqrt{3}\int_0^1 x\cdot\frac{(1-x)^3}{6}dx = \frac{\sqrt{3}}{120}.$$

习　题　9.4

1. 填空题.

(1) 已知曲面 Σ 的面积为 a，则 $\iint\limits_{\Sigma} 10\,dS$ ________.

(2) $\iint\limits_{\Sigma} f(x,y,z)\,dS = \iint\limits_{D_{yz}} f[x(y,z),y,z]$ ________ $dy\,dz$.

(3) 设 Σ 为球面 $x^2+y^2+z^2=a^2$ 在 xOy 面的上方部分，则

$$\iint\limits_{\Sigma}(x^2+y^2+z^2)\,dS = \_\_\_\_\_\_\_\_.$$

(4) $\iint\limits_{\Sigma} 3z\,dS =$ ________，其中 Σ 为抛物面 $z=2-(x^2+y^2)$ 在 xOy 面上方的部分.

(5) $\iint\limits_{\Sigma}(x^2+y^2)\,dS =$ ________，其中 Σ 为锥面 $z=\sqrt{x^2+y^2}$ 及平面 $z=1$ 所围成的区域的整个边界曲面.

2. 设有一分布着质量的曲面 Σ，在点 (x,y,z) 处它的面密度为 $\mu(x,y,z)$，用对面积的曲面积分表达这曲面对于 x 轴的转动惯量.

3. 当 Σ 是 xOy 面内的一个闭区域时，曲面积分 $\iint\limits_{\Sigma} f(x,y,z)\,dS$ 与二重积分有什么关系？

4. 计算曲面积分 $\iint\limits_{\Sigma} f(x,y,z)\,dS$，其中 Σ 为抛物面 $z=2-(x^2+y^2)$ 在 xOy 面上方的部分，$f(x,y,z)$ 分别如下：

(1) $f(x,y,z)=1$；　(2) $f(x,y,z)=x^2+y^2$；　(3) $f(x,y,z)=3z$.

5. 计算 $\iint\limits_{\Sigma}(x^2+y^2)\,dS$，其中 Σ 是：

(1) 锥面 $z=\sqrt{x^2+y^2}$ 及平面 $z=1$ 所围成的区域的整个边界曲面；

(2) 锥面 $z^2=3(x^2+y^2)$ 被平面 $z=0$ 及 $z=3$ 所截得的部分.

6. 计算下列对面积的曲面积分：

(1) $\iint\limits_{\Sigma}(2xy-2x^2-x+z)\,ds$，其中 Σ 为平面 $2x+2y+z=6$ 在第一卦限中的部分；

(2) $\iint\limits_{\Sigma}(xy+yz+zx)\,ds$，其中 Σ 为锥面 $z=\sqrt{x^2+y^2}$ 被柱面 $x^2+y^2=2ax$ 所截得的有限部分；

(3) $\iint\limits_{\Sigma} z\,ds$，其中 Σ 为锥面 $z=\sqrt{x^2+y^2}$ 在柱体 $x^2+y^2\leqslant 2x$ 内的部分；

(4) $\iint\limits_{\Sigma}\frac{1}{x^2+y^2+z^2}\,dS$，其中 Σ 是介于平面 $z=0$ 及 $z=H$ 之间的圆柱面 $x^2+y^2=R^2$

$(H>0)$;

(5) $\iint\limits_{\Sigma}(z+2x+\frac{4}{3}y)\mathrm{d}S$,$\Sigma$ 为平面 $\frac{x}{2}+\frac{y}{3}+\frac{z}{4}=1$ 在第一卦限中的部分;

(6) $\iint\limits_{\Sigma}(x+y+z)\mathrm{d}S$,其中 Σ 为球面 $x^2+y^2+z^2=a^2$ 上 $z\geqslant h\ (0<h<a)$ 的部分.

7. 求抛物面壳 $z=\frac{1}{2}(x^2+y^2)\ (0\leqslant z\leqslant 1)$ 的质量,此壳的面密度的大小为 $\rho=z$.

8. 设球面 $x^2+y^2+z^2=R^2$ 上任一点的面密度与该点到原点的距离成正比(比例系数为 k),求此球面的质量 m.

9. 求面密度为 ρ_0 的均匀半球壳 $x^2+y^2+z^2=a^2(z\geqslant 0)$ 对于 z 轴的转动惯量.

9.5 对坐标的曲面积分

9.5.1 对坐标的曲面积分的概念与性质

例 9.2.5 曾经讨论过稳定的平面流动,计算出了单位时间内流过边界曲线的流量.现在要考虑三维空间一稳定流动的液体在单位时间内通过空间一曲面 Σ 的流量,这就需要引进对坐标的曲面积分的概念.

先对曲面作一些说明,这里假定曲面是光滑的.

通常遇到的曲面都是双侧的,设 $\boldsymbol{n}=(\cos\alpha,\cos\beta,\cos\gamma)$ 为曲面上的法向量.例如,由方程 $z=z(x,y)$ 表示的曲面分为上侧与下侧,在曲面的上侧 $\cos\gamma>0$(图 9-18),在曲面的下侧 $\cos\gamma<0$;又如,一张包围某一空间区域的闭曲面有内侧与外侧之分.

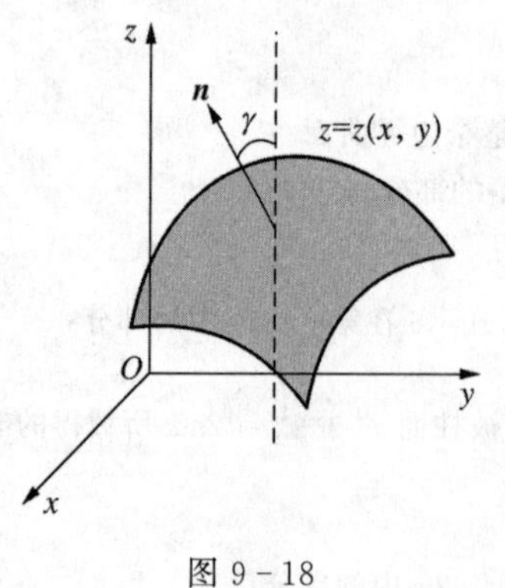

图 9-18

类似地,如果曲面的方程为 $y=y(z,x)$,则曲面分为左侧与右侧,在曲面的右侧 $\cos\beta>0$,在曲面的左侧 $\cos\beta<0$.如果曲面的方程为 $x=x(y,z)$,则曲面分为前侧与后侧,在曲面的前侧 $\cos\alpha>0$,在曲面的后侧 $\cos\alpha<0$.

在讨论对坐标的曲面积分时,需要指定曲面的侧.可以通过曲面上点的法向量的指向来确定曲面的侧.例如,对于曲面 $z=z(x,y)$,如果取它的法向量 $\boldsymbol{n}$ 的指向朝上,就认为取定曲面的上侧(图 9-18);又如,对于闭曲面如果取它的法向量的指向朝外,就认为取定曲面的外侧.这种取定法向量的指向来选择侧的曲面称为**有向曲面**.

设Σ是有向曲面．在Σ上取一小块曲面ΔS，把ΔS投影到xOy面上得一投影区域，这投影区域的面积记为$(\Delta\sigma)_{xy}$．假定ΔS上各点处的法向量与z轴的夹角γ的余弦$\cos\gamma$有相同的符号(即$\cos\gamma$都是正的或都是负的)．规定ΔS在xOy面上的投影$(\Delta S)_{xy}$为

$$(\Delta S)_{xy}=\begin{cases}(\Delta\sigma)_{xy}, & \cos\gamma>0,\\ -(\Delta\sigma)_{xy}, & \cos\gamma<0,\\ 0, & \cos\gamma\equiv 0,\end{cases}$$

其中，$\cos\gamma\equiv 0$也就是$(\Delta\sigma)_{xy}=0$的情形．可以看到ΔS在xOy面上的投影$(\Delta S)_{xy}$实际上是ΔS在xOy面上的投影区域的面积附以一定的正负号．类似地可以定义ΔS在yOz面及在zOx面上的投影$(\Delta S)_{yz}$及$(\Delta S)_{zx}$．

引例1　求流向曲面一侧的流量．

设稳定流动的不可压缩流体(假定流体密度为1)的速度场由

$$\boldsymbol{v}(x,y,z)=(P(x,y,z),Q(x,y,z),R(x,y,z))$$

给出，Σ是速度场中的一片有向曲面，函数$P(x,y,z)$，$Q(x,y,z)$，$R(x,y,z)$都在Σ上连续，求在单位时间内流向Σ指定侧的流体的质量，即流量Φ．

如果流体流过平面上面积为A的一个闭区域(图9-19、图9-20)，且流体在这闭区域上各点处的流速为(常向量)$\boldsymbol{v}$，又设$\boldsymbol{n}=(\cos\alpha,\cos\beta,\cos\gamma)$为该平面的单位法向量，那么在单位时间内流过这闭区域的流体组成一个底面积为A、斜高为$|\boldsymbol{v}|$的斜柱体．

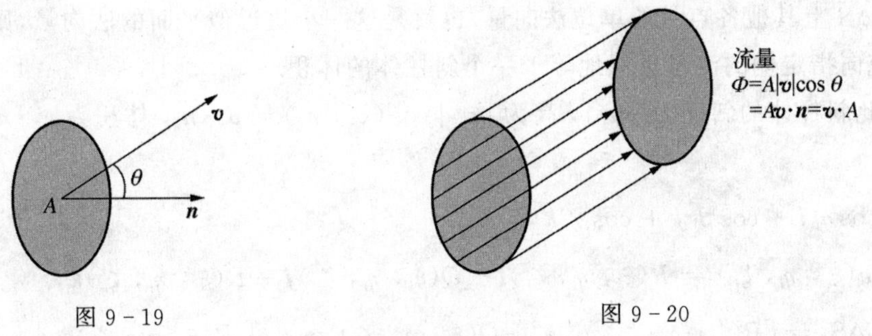

图9-19　　　图9-20

当$(\widehat{\boldsymbol{v},\boldsymbol{n}})=\theta<\frac{\pi}{2}$时，这时通过的流量即为斜柱体的体积

$$\Phi=A\,|\,\boldsymbol{v}\,|\,\cos\theta=A\,\boldsymbol{v}\cdot\boldsymbol{n}.$$

当$(\widehat{\boldsymbol{v},\boldsymbol{n}})=\frac{\pi}{2}$时，显然流体通过闭区域$A$的流向$\boldsymbol{n}$所指一侧的流量$\Phi$为零，而$A\boldsymbol{v}\cdot\boldsymbol{n}=0$，故$\Phi=A\boldsymbol{v}\cdot\boldsymbol{n}$．

当 $(\widehat{\boldsymbol{v}, \boldsymbol{n}}) > \frac{\pi}{2}$ 时，$A\boldsymbol{v} \cdot \boldsymbol{n} < 0$，这时仍把 $A\boldsymbol{v} \cdot \boldsymbol{n}$ 称为流体通过闭区域 A 流向 $\boldsymbol{n}$ 所指一侧的流量，它表示流体通过闭区域 A 实际上流向 $-\boldsymbol{n}$ 所指一侧，且流向 $-\boldsymbol{n}$ 所指一侧的流量为 $-A\boldsymbol{v} \cdot \boldsymbol{n}$. 因此，不论 $(\widehat{\boldsymbol{v}, \boldsymbol{n}})$ 为何值，流体通过闭区域 A 流向 $\boldsymbol{n}$ 所指一侧的流量均为

$$\Phi = A\boldsymbol{v} \cdot \boldsymbol{n} = (P\cos\alpha + Q\cos\beta + R\cos\gamma)A .$$

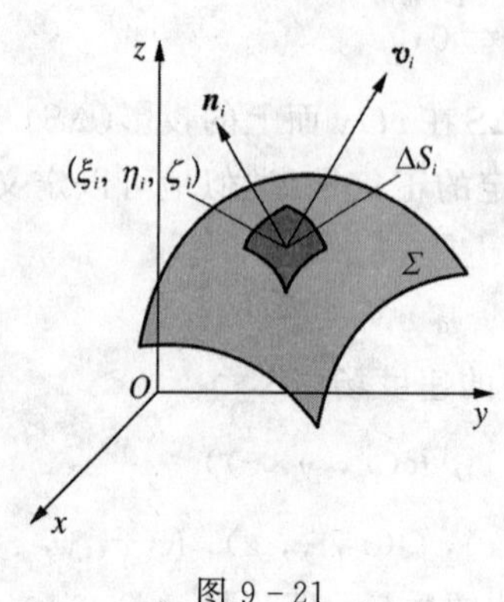

图 9-21

对于一般情况，所考虑的不是平面闭区域而是一块曲面(图 9-21)，其上各点的单位法向量是变化的，且流速 $\boldsymbol{v}$ 也是变化的，因此所求的流量不能用上面的方法来计算. 可以通过积分方法来解决此问题.

把曲面 Σ 分成 n 小块：ΔS_1，ΔS_2，…，ΔS_n（ΔS_i 同时也代表第 i 小块曲面的面积). 在 Σ 是光滑的和 $\boldsymbol{v}$ 是连续的前提下，只要 ΔS_i 的直径很小，可以将 ΔS_i 近似地看成一小块平面，用 ΔS_i 上任一点 (ξ_i, η_i, ζ_i) 处的流速

$$\boldsymbol{v}_i = \boldsymbol{v}(\xi_i, \eta_i, \zeta_i) = P(\xi_i, \eta_i, \zeta_i)\boldsymbol{i} + Q(\xi_i, \eta_i, \zeta_i)\boldsymbol{j} + R(\xi_i, \eta_i, \zeta_i)\boldsymbol{k}$$

代替 ΔS_i 上各点处的流速，以该点 (ξ_i, η_i, ζ_i) 处曲面 Σ 的单位法向量

$$\boldsymbol{n}_i = \cos\alpha_i\,\boldsymbol{i} + \cos\beta_i\,\boldsymbol{j} + \cos\gamma_i\,\boldsymbol{k}$$

代替 ΔS_i 上其他各点处的单位法向量，也就是这一小块近似平面的法向量，则通过 ΔS_i 流向指定侧的流量近似地等于一个斜柱体的体积.

此斜柱体的斜高为 $|\boldsymbol{v}_i|$，高为 $|\boldsymbol{v}_i|\cos(\widehat{\boldsymbol{v}_i, \boldsymbol{n}_i}) = \boldsymbol{v}_i \cdot \boldsymbol{n}_i$，体积为 $\boldsymbol{v}_i \cdot \boldsymbol{n}_i \Delta S_i$. 因为

$$\boldsymbol{n}_i = \cos\alpha_i\,\boldsymbol{i} + \cos\beta_i\,\boldsymbol{j} + \cos\gamma_i\,\boldsymbol{k},$$

$$\boldsymbol{v}_i = \boldsymbol{v}(\xi_i, \eta_i, \zeta_i) = P(\xi_i, \eta_i, \zeta_i)\boldsymbol{i} + Q(\xi_i, \eta_i, \zeta_i)\boldsymbol{j} + R(\xi_i, \eta_i, \zeta_i)\boldsymbol{k},$$

$$\boldsymbol{v}_i \cdot \boldsymbol{n}_i \Delta S_i = [P(\xi_i, \eta_i, \zeta_i)\cos\alpha_i + Q(\xi_i, \eta_i, \zeta_i)\cos\beta_i + R(\xi_i, \eta_i, \zeta_i)\cos\gamma_i]\Delta S_i,$$

于是得到通过 ΔS_i 流向指定侧的流量的近似值为

$$\boldsymbol{v}_i \cdot \boldsymbol{n}_i \Delta S_i = \sum_{i=1}^{n}[P(\xi_i, \eta_i, \zeta_i)\cos\alpha_i + Q(\xi_i, \eta_i, \zeta_i)\cos\beta_i + R(\xi_i, \eta_i, \zeta_i)\cos\gamma_i]\Delta S_i \quad (i = 1, 2, \cdots, n).$$

于是，通过 Σ 流向指定侧的流量

$$\Phi \approx \sum_{i=1}^{n} v_i \cdot n_i \Delta S_i$$

$$= \sum_{i=1}^{n} [P(\xi_i, \eta_i, \zeta_i)\cos\alpha_i + Q(\xi_i, \eta_i, \zeta_i)\cos\beta_i + R(\xi_i, \eta_i, \zeta_i)\cos\gamma_i]\Delta S_i,$$

而

$$\cos\alpha_i \Delta S_i \approx (\Delta S_i)_{yz}, \quad \cos\beta_i \Delta S_i \approx (\Delta S_i)_{zx}, \quad \cos\gamma_i \Delta S_i \approx (\Delta S_i)_{xy},$$

因此上式可以写成

$$\Phi \approx \sum_{i=1}^{n} [P(\xi_i, \eta_i, \zeta_i)(\Delta S_i)_{yz} + Q(\xi_i, \eta_i, \zeta_i)(\Delta S_i)_{zx} + R(\xi_i, \eta_i, \zeta_i)(\Delta S_i)_{xy}].$$

令 $\lambda \to 0$,取上述和的极限，就得到流量 Φ 的精确值

$$\Phi = \lim_{\lambda \to 0} \sum_{i=1}^{n} [P(\xi_i, \eta_i, \zeta_i)(\Delta S_i)_{yz} + Q(\xi_i, \eta_i, \zeta_i)(\Delta S_i)_{zx} + R(\xi_i, \eta_i, \zeta_i)(\Delta S_i)_{xy}].$$

抽去上面问题的具体的物理意义，就得出下列对坐标的曲面积分的概念.

定义 1　设 Σ 为光滑的有向曲面，函数 $R(x, y, z)$ 在 Σ 上有界. 把 Σ 任意分成 n 块小曲面 ΔS_i（ΔS_i 同时也代表第 i 小块曲面的面积）. 在 xOy 面上的投影为 $(\Delta S_i)_{xy}$，(ξ_i, η_i, ζ_i) 是 ΔS_i 上任意取定的一点. 如果当各小块曲面的直径的最大值 $\lambda \to 0$ 时，

$$\lim_{\lambda \to 0} \sum_{i=1}^{n} R(\xi_i, \eta_i, \zeta_i)(\Delta S_i)_{xy}$$

总存在，则称此极限为函数 $R(x, y, z)$ 在有向曲面 Σ 上**对坐标 x，y 的曲面积分**，记为 $\iint_{\Sigma} R(x, y, z)\mathrm{d}x\mathrm{d}y$，即

$$\iint_{\Sigma} R(x, y, z)\mathrm{d}x\mathrm{d}y = \lim_{\lambda \to 0} \sum_{i=1}^{n} R(\xi_i, \eta_i, \zeta_i)(\Delta S_i)_{xy}.$$

类似地，有

$$\iint_{\Sigma} P(x, y, z)\mathrm{d}y\mathrm{d}z = \lim_{\lambda \to 0} \sum_{i=1}^{n} P(\xi_i, \eta_i, \zeta_i)(\Delta S_i)_{yz};$$

$$\iint_{\Sigma} Q(x, y, z)\mathrm{d}z\mathrm{d}x = \lim_{\lambda \to 0} \sum_{i=1}^{n} Q(\xi_i, \eta_i, \zeta_i)(\Delta S_i)_{zx}.$$

其中，$P(x, y, z)$，$Q(x, y, z)$，$R(x, y, z)$ 称为**被积函数**，Σ 称为**积分曲面**.

以上三个曲面积分也称为**第二类曲面积分**.

注　(1) 当 $P(x, y, z)$，$Q(x, y, z)$，$R(x, y, z)$ 在有向光滑曲面 Σ 上连续

时，对坐标的曲面积分是存在的. 以后总假设 P, Q, R 在 Σ 上连续.

(2) 在应用上常常以下面这种合并起来的形式出现：

$$\iint_{\Sigma} P(x, y, z)\mathrm{d}y\mathrm{d}z + \iint_{\Sigma} Q(x, y, z)\mathrm{d}z\mathrm{d}x + \iint_{\Sigma} R(x, y, z)\mathrm{d}x\mathrm{d}y.$$

为了简便，把它写成

$$\iint_{\Sigma} P(x, y, z)\mathrm{d}y\mathrm{d}z + Q(x, y, z)\mathrm{d}z\mathrm{d}x + R(x, y, z)\mathrm{d}x\mathrm{d}y.$$

例如，上面流向 Σ 指定侧的流量 Φ 可表示为

$$\Phi = \iint_{\Sigma} P(x, y, z)\mathrm{d}y\mathrm{d}z + Q(x, y, z)\mathrm{d}z\mathrm{d}x + R(x, y, z)\mathrm{d}x\mathrm{d}y.$$

(3) 如果 Σ 是分片光滑的有向曲面，规定函数在 Σ 上对坐标的曲面积分等于函数在各片光滑曲面上对坐标的曲面积分之和.

对坐标的曲面积分具有与对坐标的曲线积分类似的一些性质.

(1) 如果把 Σ 分成 Σ_1 和 Σ_2，则

$$\begin{aligned}&\iint_{\Sigma} P\mathrm{d}y\mathrm{d}z + Q\mathrm{d}z\mathrm{d}x + R\mathrm{d}x\mathrm{d}y \\ &= \iint_{\Sigma_1} P\mathrm{d}y\mathrm{d}z + Q\mathrm{d}z\mathrm{d}x + R\mathrm{d}x\mathrm{d}y + \iint_{\Sigma_2} P\mathrm{d}y\mathrm{d}z + Q\mathrm{d}z\mathrm{d}x + R\mathrm{d}x\mathrm{d}y.\end{aligned}$$

(2) 设 Σ 是有向曲面，$-\Sigma$ 表示与 Σ 取相反侧的有向曲面，则

$$\iint_{-\Sigma} P\mathrm{d}y\mathrm{d}z + Q\mathrm{d}z\mathrm{d}x + R\mathrm{d}x\mathrm{d}y = -\iint_{\Sigma} P\mathrm{d}y\mathrm{d}z + Q\mathrm{d}z\mathrm{d}x + R\mathrm{d}x\mathrm{d}y.$$

这是因为如果 $\boldsymbol{n} = (\cos\alpha, \cos\beta, \cos\gamma)$ 是 Σ 的单位法向量，则 $-\Sigma$ 上的单位法向量为

$$-\boldsymbol{n} = (-\cos\alpha, -\cos\beta, -\cos\gamma).$$

则

$$\begin{aligned}&\iint_{-\Sigma} P\mathrm{d}y\mathrm{d}z + Q\mathrm{d}z\mathrm{d}x + R\mathrm{d}x\mathrm{d}y \\ &= -\iint_{\Sigma} [P(x, y, z)\cos\alpha + Q(x, y, z)\cos\beta + R(x, y, z)\cos\gamma]\mathrm{d}S \\ &= -\iint_{\Sigma} P\mathrm{d}y\mathrm{d}z + Q\mathrm{d}z\mathrm{d}x + R\mathrm{d}x\mathrm{d}y.\end{aligned}$$

由性质(2)可以看到，当积分曲面改变为相反侧时，对坐标的曲面积分要改变符号. 因此**对坐标的曲面积分时，必须要注意积分曲面的侧**.

9.5.2　对坐标的曲面积分的计算

在对面积的曲面积分计算中，是将其化为二重积分来计算的. 对坐标的曲面积分同样也是化为二重积分来进行计算.

设积分曲面 Σ 由方程 $z=z(x, y)$ 给出(图 9-22)，Σ 在 xOy 面上的投影区域为 D_{xy}，函数 $z=z(x, y)$ 在 D_{xy} 上具有一阶连续偏导数，被积函数 $R(x, y, z)$ 在 Σ 上连续，则有

$$\iint_{\Sigma} R(x, y, z)\mathrm{d}x\,\mathrm{d}y$$

$$=\pm\iint_{D_{xy}} R[x, y, z(x, y)]\mathrm{d}x\,\mathrm{d}y,$$

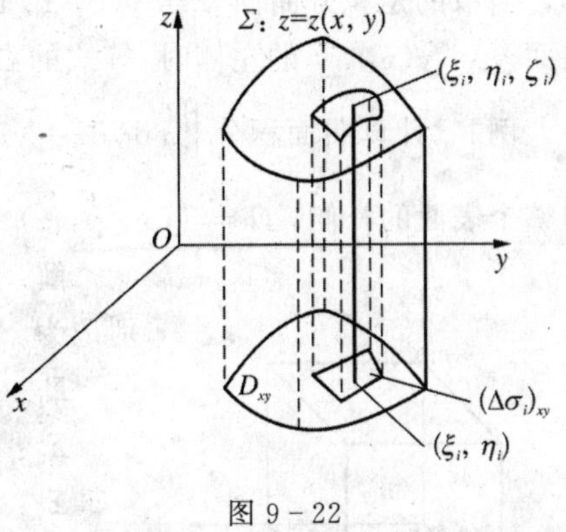

图 9-22

其中，当 Σ 取上侧时，积分前取正号；当 Σ 取下侧时，积分前取负号.

由对坐标的曲面积分的定义，有

$$\iint_{\Sigma} R(x, y, z)\mathrm{d}x\,\mathrm{d}y = \lim_{\lambda\to 0}\sum_{i=1}^{n} R(\xi_i, \eta_i, \zeta_i)(\Delta S_i)_{xy}.$$

当 Σ 取上侧时，$\cos\gamma>0$，所以 $(\Delta S_i)_{xy}=(\Delta\sigma_i)_{xy}$. 又因 (ξ_i, η_i, ζ_i) 是 Σ 上的一点，故 $\zeta_i=z(\xi_i, \eta_i)$. 从而有

$$\sum_{i=1}^{n} R(\xi_i, \eta_i, \zeta_i)(\Delta S_i)_{xy} = \sum_{i=1}^{n} R[\xi_i, \eta_i, z(\xi_i, \eta_i)](\Delta\sigma_i)_{xy}.$$

令各个小块曲面的直径的最大值 $\lambda\to 0$，取上式两端的极限，就得到

$$\iint_{\Sigma} R(x, y, z)\mathrm{d}x\,\mathrm{d}y = \iint_{D_{xy}} R[x, y, z(x, y)]\mathrm{d}x\,\mathrm{d}y.$$

当 Σ 取下侧时，$\cos\gamma<0$，所以 $(\Delta S_i)_{xy}=-(\Delta\sigma_i)_{xy}$. 同理有

$$\iint_{\Sigma} R(x, y, z)\mathrm{d}x\,\mathrm{d}y = -\iint_{D_{xy}} R[x, y, z(x, y)]\mathrm{d}x\,\mathrm{d}y.$$

类似地，如果 Σ 由 $x=x(y, z)$ 给出，则有

$$\iint_{\Sigma} P(x, y, z)\mathrm{d}y\,\mathrm{d}z = \pm\iint_{D_{yz}} P[x(y, z), y, z]\mathrm{d}y\,\mathrm{d}z,$$

当取的是积分曲面 $x=x(y, z)$ 的前侧时，等式的右端取正号；当取的是积分曲面 $x=x(y, z)$ 的后侧时，等式的右端取负号.

如果 Σ 由 $y=y(z,x)$ 给出，则有

$$\iint_{\Sigma} Q(x,y,z)\,\mathrm{d}z\,\mathrm{d}x = \pm \iint_{D_{zx}} Q[x,y(z,x),z]\,\mathrm{d}z\,\mathrm{d}x,$$

当取的是积分曲面 $y=y(z,x)$ 的右侧时,等式的右端取正号;当取的是积分曲面 $y=y(z,x)$ 的左侧时,等式的右端取负号.

例1 计算曲面积分 $\iint_{\Sigma} x\,\mathrm{d}y\,\mathrm{d}z + y\,\mathrm{d}z\,\mathrm{d}x + z\,\mathrm{d}x\,\mathrm{d}y$，其中 Σ 是长方体 Ω(图 9-23)的整个表面的外侧，$\Omega=\{(x,y,z)\mid 0\leqslant x\leqslant a,\ 0\leqslant y\leqslant b,\ 0\leqslant z\leqslant c\}$.

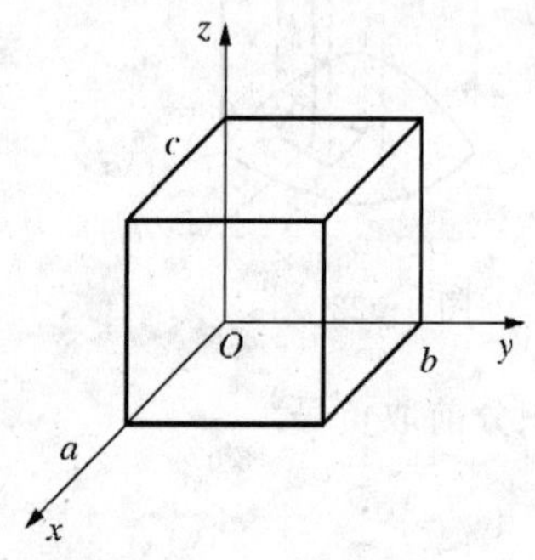

图 9-23

解 把 Ω 的上下面分别记为 Σ_1 和 Σ_2；前后面分别记为 Σ_3 和 Σ_4；左右面分别记为 Σ_5 和 Σ_6.

Σ_1：$z=c\ (0\leqslant x\leqslant a,\ 0\leqslant y\leqslant b)$ 的上侧；

Σ_2：$z=0\ (0\leqslant x\leqslant a,\ 0\leqslant y\leqslant b)$ 的下侧；

Σ_3：$x=a\ (0\leqslant y\leqslant b,\ 0\leqslant z\leqslant c)$ 的前侧；

Σ_4：$x=0\ (0\leqslant y\leqslant b,\ 0\leqslant z\leqslant c)$ 的后侧；

Σ_5：$y=0\ (0\leqslant x\leqslant a,\ 0\leqslant z\leqslant c)$ 的左侧；

Σ_6：$y=b\ (0\leqslant x\leqslant a,\ 0\leqslant z\leqslant c)$ 的右侧.

除 Σ_3，Σ_4 外，其余四张曲面在 yOz 面上的投影为零，因此

$$\iint_{\Sigma} x\,\mathrm{d}y\,\mathrm{d}z = \iint_{\Sigma_3} x\,\mathrm{d}y\,\mathrm{d}z + \iint_{\Sigma_4} x\,\mathrm{d}y\,\mathrm{d}z = \iint_{D_{yz}} a\,\mathrm{d}y\,\mathrm{d}z - \iint_{D_{yz}} 0\,\mathrm{d}y\,\mathrm{d}z = abc.$$

类似地可得

$$\iint_{\Sigma} y\,\mathrm{d}z\,\mathrm{d}x = bac,\quad \iint_{\Sigma} z\,\mathrm{d}x\,\mathrm{d}y = cab.$$

于是所求曲面积分为 $3abc$.

例2 计算曲面积分 $\iint_{\Sigma} xyz\,\mathrm{d}x\,\mathrm{d}y$，其中 Σ 是球面(图 9-24)$x^2+y^2+z^2=1$ 外侧在 $x\geqslant 0$，$y\geqslant 0$ 的部分.

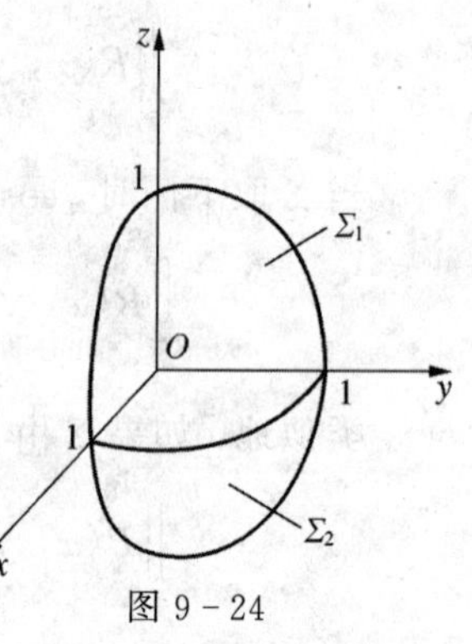

图 9-24

解 把有向曲面 Σ 分成以下两部分：

Σ_1：$z=\sqrt{1-x^2-y^2}\ (x\geqslant 0,\ y\geqslant 0)$ 的上侧；

Σ_2：$z=-\sqrt{1-x^2-y^2}\ (x\geqslant 0,\ y\geqslant 0)$ 的下侧.

Σ_1 和 Σ_2 在 xOy 面上的投影区域都是 D_{xy}：$x^2+y^2\leqslant 1\ (x\geqslant 0,\ y\geqslant 0)$. 于是

$$\begin{aligned}\iint_{\Sigma} xyz\,\mathrm{d}x\,\mathrm{d}y &= \iint_{\Sigma_1} xyz\,\mathrm{d}x\,\mathrm{d}y + \iint_{\Sigma_2} xyz\,\mathrm{d}x\,\mathrm{d}y \\ &= \iint_{D_{xy}} xy\sqrt{1-x^2-y^2}\,\mathrm{d}x\,\mathrm{d}y - \iint_{D_{xy}} xy(-\sqrt{1-x^2-y^2})\,\mathrm{d}x\,\mathrm{d}y \\ &= 2\iint_{D_{xy}} xy\sqrt{1-x^2-y^2}\,\mathrm{d}x\,\mathrm{d}y \\ &= 2\int_0^{\frac{\pi}{2}} \mathrm{d}\theta \int_0^1 r^2 \sin\theta\cos\theta\sqrt{1-r^2}\,r\,\mathrm{d}r = \frac{2}{15}.\end{aligned}$$

注　(1) 如果有向曲面 Σ 在 xOy 面上的投影区域的面积为零,则

$$\iint_{\Sigma} R(x, y, z)\,\mathrm{d}x\,\mathrm{d}y = 0;$$

(2) 如果有向曲面关于 xOy 面(即 $z=0$) 对称,且取同侧(指同取内侧或外侧),同时 $R(x, y, z)$ 为关于 z 的奇函数,则

$$\iint_{\Sigma} R(x, y, z)\,\mathrm{d}z\,\mathrm{d}x = \iint_{\Sigma} R(x, y, z)\,\mathrm{d}y\,\mathrm{d}z = 0,$$

$$\iint_{\Sigma} R(x, y, z)\,\mathrm{d}x\,\mathrm{d}y = 2\iint_{\Sigma_1} R(x, y, z)\,\mathrm{d}x\,\mathrm{d}y,$$

其中,Σ_1 为 Σ 的上半部分;如果 $R(x, y, z)$ 为关于 z 的偶函数,则

$$\iint_{\Sigma} R(x, y, z)\,\mathrm{d}x\,\mathrm{d}y = 0,$$

$$\iint_{\Sigma} R(x, y, z)\,\mathrm{d}z\,\mathrm{d}x = 2\iint_{\Sigma_1} R(x, y, z)\,\mathrm{d}z\,\mathrm{d}x,$$

$$\iint_{\Sigma} R(x, y, z)\,\mathrm{d}y\,\mathrm{d}z = 2\iint_{\Sigma_1} R(x, y, z)\,\mathrm{d}y\,\mathrm{d}z;$$

其他的情形依此类推.

9.5.3　两类曲面积分之间的联系

设有向积分曲面 $\Sigma: z = z(x, y)$, Σ 在 xOy 面上的投影区域为 D_{xy}, 函数 $z = z(x, y)$ 在 D_{xy} 上具有一阶连续偏导数, 被积函数 $R(x, y, z)$ 在 Σ 上连续.

如果 Σ 取上侧, 则有

$$\iint_{\Sigma} R(x, y, z)\,\mathrm{d}x\,\mathrm{d}y = \iint_{D_{xy}} R[x, y, z(x, y)]\,\mathrm{d}x\,\mathrm{d}y.$$

另一方面，因上述有向曲面 Σ 的法向量的方向余弦为

$$\cos\alpha=\frac{-z_x}{\sqrt{1+z_x^2+z_y^2}},\quad \cos\beta=\frac{-z_y}{\sqrt{1+z_x^2+z_y^2}},\quad \cos\gamma=\frac{1}{\sqrt{1+z_x^2+z_y^2}},$$

故由对面积的曲面积分计算公式有

$$\iint\limits_{\Sigma}R(x,y,z)\cos\gamma\mathrm{d}S=\iint\limits_{D_{xy}}R[x,y,z(x,y)]\mathrm{d}x\mathrm{d}y.$$

由此可见，有

$$\iint\limits_{\Sigma}R(x,y,z)\mathrm{d}x\mathrm{d}y=\iint\limits_{\Sigma}R(x,y,z)\cos\gamma\mathrm{d}S.$$

如果 Σ 取下侧，则有

$$\iint\limits_{\Sigma}R(x,y,z)\mathrm{d}x\mathrm{d}y=-\iint\limits_{D_{xy}}R[x,y,z(x,y)]\mathrm{d}x\mathrm{d}y.$$

但这时 $\cos\gamma=\dfrac{-1}{\sqrt{1+z_x^2+z_y^2}}$，因此仍有

$$\iint\limits_{\Sigma}R(x,y,z)\mathrm{d}x\mathrm{d}y=\iint\limits_{\Sigma}R(x,y,z)\cos\gamma\mathrm{d}S.$$

类似地可推得

$$\iint\limits_{\Sigma}P(x,y,z)\mathrm{d}y\mathrm{d}z=\iint\limits_{\Sigma}P(x,y,z)\cos\alpha\mathrm{d}S,$$

$$\iint\limits_{\Sigma}Q(x,y,z)\mathrm{d}z\mathrm{d}x=\iint\limits_{\Sigma}P(x,y,z)\cos\beta\mathrm{d}S.$$

综合起来有

$$\iint\limits_{\Sigma}P\mathrm{d}y\mathrm{d}z+Q\mathrm{d}z\mathrm{d}x+R\mathrm{d}x\mathrm{d}y=\iint\limits_{\Sigma}(P\cos\alpha+Q\cos\beta+R\cos\gamma)\mathrm{d}S,$$

其中，$\cos\alpha$，$\cos\beta$，$\cos\gamma$ 是有向曲面 Σ 上点 (x,y,z) 处的法向量的方向余弦.

两类曲面积分之间的联系也可写成如下向量的形式：

$$\iint\limits_{\Sigma}\boldsymbol{A}\cdot\mathrm{d}\boldsymbol{S}=\iint\limits_{\Sigma}\boldsymbol{A}\cdot\boldsymbol{n}\mathrm{d}S\quad 或\quad \iint\limits_{\Sigma}\boldsymbol{A}\cdot\mathrm{d}\boldsymbol{S}=\iint\limits_{\Sigma}A_n\mathrm{d}S,$$

其中，$\boldsymbol{A}=(P,Q,R)$，$\boldsymbol{n}=(\cos\alpha,\cos\beta,\cos\gamma)$ 是有向曲面 Σ 上点 (x,y,z) 处的单位法向量，$d\boldsymbol{S}=\boldsymbol{n}\mathrm{d}S=(\mathrm{d}y\mathrm{d}z,\mathrm{d}z\mathrm{d}x,\mathrm{d}x\mathrm{d}y)$ 称为有向曲面元，A_n 为向量 $\boldsymbol{A}$ 在向量 $\boldsymbol{n}$ 上的投影.

例 3 计算曲面积分 $\iint\limits_{\Sigma}(z^2+x)\mathrm{d}y\mathrm{d}z-z\mathrm{d}x\mathrm{d}y$，其中 Σ 是曲面 $z=\dfrac{1}{2}(x^2+y^2)$

介于平面 $z=0$ 及 $z=2$ 之间的部分的下侧.

解　曲面 Σ 向下的法向量为 $(x, y, -1)$,

$$\cos\alpha=\frac{x}{\sqrt{1+x^2+y^2}},\quad \cos\gamma=\frac{-1}{\sqrt{1+x^2+y^2}},\quad \mathrm{d}S=\sqrt{1+x^2+y^2}\,\mathrm{d}x\,\mathrm{d}y.$$

由两类曲面积分之间的关系，可得

$$\begin{aligned}
&\iint_{\Sigma}(z^2+x)\,\mathrm{d}y\,\mathrm{d}z-z\,\mathrm{d}x\,\mathrm{d}y\\
&=\iint_{\Sigma}[(z^2+x)\cos\alpha-z\cos\gamma]\,\mathrm{d}S\\
&=\iint_{x^2+y^2\leqslant 4}\left\{\left[\frac{1}{4}(x^2+y^2)^2+x\right]\cdot x-\frac{1}{2}(x^2+y^2)\cdot(-1)\right\}\mathrm{d}x\,\mathrm{d}y\\
&=\iint_{x^2+y^2\leqslant 4}\frac{x}{4}(x^2+y^2)^2\,\mathrm{d}x\,\mathrm{d}y+\iint_{x^2+y^2\leqslant 4}\left[x^2+\frac{1}{2}(x^2+y^2)\right]\mathrm{d}x\,\mathrm{d}y\\
&=0+\int_0^{2\pi}\mathrm{d}\theta\int_0^2\left(r^2\cos^2\theta+\frac{1}{2}r^2\right)r\,\mathrm{d}r=8\pi.
\end{aligned}$$

习　题　9.5

1. $\iint_{\Sigma^-}Q(x, y, z)\,\mathrm{d}z\,\mathrm{d}x+\iint_{\Sigma^+}Q(x, y, z)\,\mathrm{d}z\,\mathrm{d}x=$ ________.

2. 当 Σ 为 xOy 面内的一个闭区域时，曲面积分 $\iint_{\Sigma}R(x, y, z)\,\mathrm{d}x\,\mathrm{d}y$ 与二重积分有什么关系?

3. 计算下列对坐标的曲面积分:

(1) $\iint_{\Sigma}z\,\mathrm{d}x\,\mathrm{d}y+x\,\mathrm{d}y\,\mathrm{d}z+y\,\mathrm{d}z\,\mathrm{d}x$，其中 Σ 是柱面 $x^2+y^2=1$ 被平面 $z=0$ 及 $z=3$ 所截得的在第一卦限内的部分的前侧;

(2) $\oiint_{\Sigma}xz\,\mathrm{d}x\,\mathrm{d}y+xy\,\mathrm{d}y\,\mathrm{d}z+yz\,\mathrm{d}z\,\mathrm{d}x$，其中 Σ 是平面 $x=0$, $y=0$, $z=0$, $x+y+z=1$ 所围成的空间区域的整个边界曲面的外侧;

(3) $\oiint_{\Sigma}\frac{\mathrm{e}^z}{\sqrt{x^2+y^2}}\,\mathrm{d}x\,\mathrm{d}y$，其中 Σ 为锥面 $z=\sqrt{x^2+y^2}$ 和 $z=1$, $z=2$ 所围立体整个表面的外侧;

(4) $\iint_{\Sigma}xyz\,\mathrm{d}x\,\mathrm{d}y$，其中 Σ 为柱面 $x^2+z^2=a^2$ 在 $x\geqslant 0$, $y\geqslant 0$ 的两卦限内被平面 $y=0$ 及

$y=h$ 所截下部分,法向量的指向朝外;

(5) $\iint\limits_{\Sigma} x^2y^2z\,\mathrm{d}x\,\mathrm{d}y$,其中 Σ 是球面 $x^2+y^2+z^2=R^2$ 的下半部分的下侧;

(6) $\iint\limits_{\Sigma} z\,\mathrm{d}x\,\mathrm{d}y+x\,\mathrm{d}y\,\mathrm{d}z+y\,\mathrm{d}z\,\mathrm{d}x$,其中 z 是柱面 $x^2+y^2=1$ 被平面 $z=0$ 及 $z=3$ 所截得的第一卦限内的部分的前侧;

(7) $\iint\limits_{\Sigma}[f(x,y,z)+x]\mathrm{d}y\,\mathrm{d}z+[2f(x,y,z)+y]\mathrm{d}z\,\mathrm{d}x+[f(x,y,z)+z]\mathrm{d}x\,\mathrm{d}y$,其中,$f(x,y,z)$ 为连续函数,Σ 是平面 $x-y+z=1$ 在第四卦限部分的上侧.

4. 把对坐标的曲面积分 $\iint\limits_{\Sigma}P(x,y,z)\mathrm{d}y\mathrm{d}z+Q(x,y,z)\mathrm{d}z\mathrm{d}x+R(x,y,z)\mathrm{d}x\mathrm{d}y$ 化成对面积的曲面积分,其中

(1) Σ 是平面 $3x+2y+2\sqrt{3}z=6$ 在第一卦限的部分的上侧;

(2) Σ 是抛物面 $z=8-(x^2+y^2)$ 在 xOy 面上方的部分的上侧.

9.6 高斯公式　通量与散度

9.6.1 高斯公式

格林公式揭示了平面闭区域上的二重积分与其边界曲线上的曲线积分之间的关系,而下面介绍的高斯公式是格林公式的推广,它建立了空间闭区域上的三重积分与其边界曲面上的曲面积分之间的关系.

定理 1(高斯定理) 设空间闭区域 Ω 是由分片光滑的闭曲面 Σ 所围成,函数 $P(x,y,z)$,$Q(x,y,z)$,$R(x,y,z)$ 在 Ω 上具有一阶连续偏导数,则有

$$\iiint\limits_{\Omega}\left(\frac{\partial P}{\partial x}+\frac{\partial Q}{\partial y}+\frac{\partial R}{\partial z}\right)\mathrm{d}v=\oiint\limits_{\Sigma}P\,\mathrm{d}y\,\mathrm{d}z+Q\,\mathrm{d}z\,\mathrm{d}x+R\,\mathrm{d}x\,\mathrm{d}y \qquad (9.6.1)$$

或

$$\iiint\limits_{\Omega}\left(\frac{\partial P}{\partial x}+\frac{\partial Q}{\partial y}+\frac{\partial R}{\partial z}\right)\mathrm{d}v=\oiint\limits_{\Sigma}(P\cos\alpha+Q\cos\beta+R\cos\gamma)\mathrm{d}S, \qquad (9.6.2)$$

其中,Σ 是 Ω 的整个边界的外侧,$\cos\alpha$,$\cos\beta$,$\cos\gamma$ 是 Σ 上点 (x,y,z) 处的法向量的方向余弦. 式(9.6.1)、(9.6.2)称为高斯公式.

证 设闭区域 Ω 在 xOy 面的投影区域为 D_{xy}(图 9-25). 假定 Ω 是一个以曲面 $\Sigma_2: z_2=z_2(x,y)$ $((x,y)\in D_{xy})$ 为上顶、以曲面 $\Sigma_1: z_1=z_1(x,y)$ $((x,y)\in D_{xy})$ 为下底$(z_2(x,y)\geqslant z_1(x,y))$、以母线垂直于 xOy 面的柱面 Σ_3 为侧面的柱体,Σ_1 取下侧,Σ_2 取上侧,Σ_3 取外侧.

根据三重积分的计算方法，有

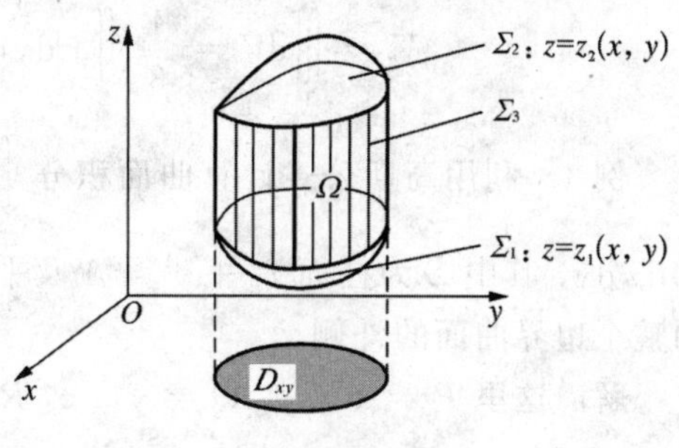

图 9-25

$$\iiint_{\Omega} \frac{\partial R}{\partial z} \mathrm{d}v = \iint_{D_{xy}} \mathrm{d}x\,\mathrm{d}y \int_{z_1(x,\,y)}^{z_2(x,\,y)} \frac{\partial R}{\partial z} \mathrm{d}z$$

$$= \iint_{D_{xy}} \{R[x,\ y,\ z_2(x,\ y)] - R[x,\ y,\ z_1(x,\ y)]\} \mathrm{d}x\,\mathrm{d}y.$$

另一方面，由对坐标的曲面积分的计算公式又有

$$\iint_{\Sigma_1} R(x,\ y,\ z)\mathrm{d}x\,\mathrm{d}y = -\iint_{D_{xy}} R[x,\ y,\ z_1(x,\ y)]\mathrm{d}x\,\mathrm{d}y;$$

$$\iint_{\Sigma_2} R(x,\ y,\ z)\mathrm{d}x\,\mathrm{d}y = \iint_{D_{xy}} R[x,\ y,\ z_2(x,\ y)]\mathrm{d}x\,\mathrm{d}y;$$

$$\iint_{\Sigma_3} R(x,\ y,\ z)\mathrm{d}x\,\mathrm{d}y = 0,$$

以上三式相加，得

$$\oiint_{\Sigma} R(x,\ y,\ z)\mathrm{d}x\,\mathrm{d}y = \iint_{D_{xy}} \{R[x,\ y,\ z_2(x,\ y)] - R[x,\ y,\ z_1(x,\ y)]\}\mathrm{d}x\,\mathrm{d}y,$$

所以

$$\iiint_{\Omega} \frac{\partial R}{\partial z} \mathrm{d}v = \oiint_{\Sigma} R(x,\ y,\ z)\mathrm{d}x\,\mathrm{d}y.$$

类似地有

$$\iiint_{\Omega} \frac{\partial P}{\partial x} \mathrm{d}v = \oiint_{\Sigma} P(x,\ y,\ z)\mathrm{d}y\,\mathrm{d}z,$$

$$\iiint_{\Omega} \frac{\partial Q}{\partial y} \mathrm{d}v = \oiint_{\Sigma} Q(x,\ y,\ z)\mathrm{d}z\,\mathrm{d}x.$$

把以上三式两端分别相加，即得高斯公式.

在上述证明中，对闭区域 Ω 作了一些限制，即是一个以曲面 Σ_2、以曲面 Σ_1 为下底、以母线垂直于 xOy 面的柱面 Σ_3 为侧面的柱体. 如果 Ω 不满足这样的条件，可以引进几张辅助曲面把 Ω 分成有限个闭区域，使每一个小闭区域满足上面的条件，并注意到沿辅助曲面相反两侧的两个曲面积分互为相反数，相加时正好抵消，因此式(9.6.1)对这样的闭区域仍然成立.

在高斯公式中，令 $P = x$, $Q = y$, $R = z$，即得闭曲面 Σ 所围的立体的体积：

$$V=\iiint\limits_{\Omega}\mathrm{d}V=\frac{1}{3}\oint\!\!\!\oint\limits_{\Sigma}x\,\mathrm{d}y\,\mathrm{d}z+y\,\mathrm{d}z\,\mathrm{d}x+z\,\mathrm{d}x\,\mathrm{d}y.$$

例 1 利用高斯公式计算曲面积分 $\oint\!\!\!\oint\limits_{\Sigma}(x-y)\mathrm{d}y\,\mathrm{d}z+(y-z)x\,\mathrm{d}z\,\mathrm{d}x+(z-x)\mathrm{d}x\,\mathrm{d}y$，其中 Σ 为柱面 $x^2+y^2=1$ 及平面 $z=0$，$z=3$ 所围成的空间闭区域 Ω 的整个边界曲面的外侧.

解 这里 $P=x-y$，$Q=y-z$，$R=z-x$，

$$\frac{\partial P}{\partial x}=\frac{\partial Q}{\partial y}=\frac{\partial R}{\partial z}=1.$$

由高斯公式，有

$$\oint\!\!\!\oint\limits_{\Sigma}(x-y)\mathrm{d}y\,\mathrm{d}z+(y-z)x\,\mathrm{d}z\,\mathrm{d}x+(z-x)\mathrm{d}x\,\mathrm{d}y=\iiint\limits_{\Omega}3\mathrm{d}V=9\pi.$$

例 2 计算曲面积分 $\iint\limits_{\Sigma}(x^2\cos\alpha+y^2\cos\beta+z^2\cos\gamma)\mathrm{d}S$，其中 Σ 为锥面 $x^2+y^2=z^2$ 介于平面 $z=0$ 及 $z=h\ (h>0)$ 之间的部分的下侧(图 9-26)，$\cos\alpha$，$\cos\beta$，$\cos\gamma$ 是 Σ 上点 $(x,\ y,\ z)$ 处的法向量的方向余弦.

解 由于曲面 Σ 不是封闭曲面，故在此不能直接利用高斯公式. 如果设 Σ_1 为 $z=h\ (x^2+y^2\leqslant h^2)$ 的上侧，则 Σ 与 Σ_1 一起构成一个封闭曲面(取其外侧)，记它们围成的空间闭区域为 Ω，由高斯公式得

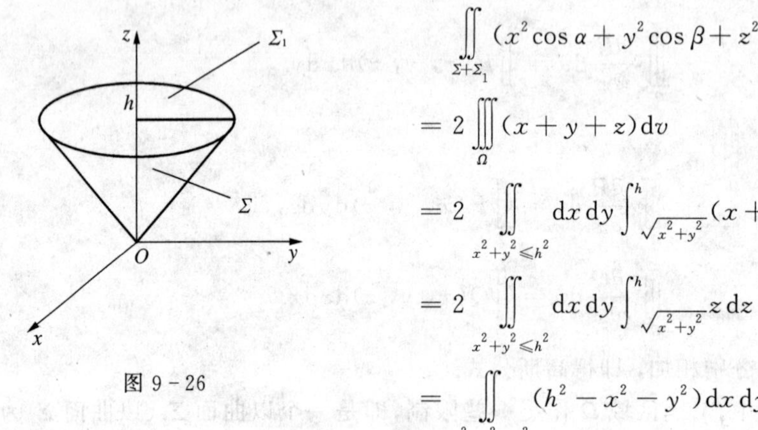

图 9-26

$$\begin{aligned}&\iint\limits_{\Sigma+\Sigma_1}(x^2\cos\alpha+y^2\cos\beta+z^2\cos\gamma)\mathrm{d}S\\&=2\iiint\limits_{\Omega}(x+y+z)\mathrm{d}v\\&=2\iint\limits_{x^2+y^2\leqslant h^2}\mathrm{d}x\,\mathrm{d}y\int_{\sqrt{x^2+y^2}}^{h}(x+y+z)\mathrm{d}z\\&=2\iint\limits_{x^2+y^2\leqslant h^2}\mathrm{d}x\,\mathrm{d}y\int_{\sqrt{x^2+y^2}}^{h}z\,\mathrm{d}z\\&=\iint\limits_{x^2+y^2\leqslant h^2}(h^2-x^2-y^2)\mathrm{d}x\,\mathrm{d}y=\frac{1}{2}\pi h^4.\end{aligned}$$

而

$$\iint\limits_{\Sigma_1}(x^2\cos\alpha+y^2\cos\beta+z^2\cos\gamma)\mathrm{d}S=\iint\limits_{\Sigma_1}z^2\,\mathrm{d}S=\iint\limits_{x^2+y^2\leqslant h^2}h^2\,\mathrm{d}x\,\mathrm{d}y=\pi h^4,$$

因此

$$\iint_{\Sigma}(x^2\cos\alpha+y^2\cos\beta+z^2\cos\gamma)\mathrm{d}S=\frac{1}{2}\pi h^4-\pi h^4=-\frac{1}{2}\pi h^4.$$

例 3　设函数 $u(x,y,z)$ 和 $v(x,y,z)$ 在闭区域 Ω 上具有一阶及二阶连续偏导数，证明

$$\iiint_{\Omega}u\Delta v\,\mathrm{d}x\,\mathrm{d}y\,\mathrm{d}z=\oiint_{\Sigma}u\frac{\partial v}{\partial n}\mathrm{d}S-\iiint_{\Omega}\left(\frac{\partial u}{\partial x}\frac{\partial v}{\partial x}+\frac{\partial u}{\partial y}\frac{\partial v}{\partial y}+\frac{\partial u}{\partial z}\frac{\partial v}{\partial z}\right)\mathrm{d}x\,\mathrm{d}y\,\mathrm{d}z,$$

其中，Σ 是闭区域 Ω 的整个边界曲面，$\dfrac{\partial v}{\partial n}$ 为函数 $v(x,y,z)$ 沿 Σ 的外法线方向的方向导数，符号 $\Delta=\dfrac{\partial^2}{\partial x^2}+\dfrac{\partial^2}{\partial y^2}+\dfrac{\partial^2}{\partial z^2}$，称为**拉普拉斯算子**．这个公式称为**格林第一公式**．

证　因为方向导数

$$\frac{\partial v}{\partial n}=\frac{\partial v}{\partial x}\cos\alpha+\frac{\partial v}{\partial y}\cos\beta+\frac{\partial v}{\partial z}\cos\gamma,$$

其中，$\cos\alpha$，$\cos\beta$，$\cos\gamma$ 是 Σ 在点 (x,y,z) 处的外法线向量的方向余弦．于是曲面积分

$$\begin{aligned}\oiint_{\Sigma}u\frac{\partial v}{\partial n}\mathrm{d}S&=\oiint_{\Sigma}u\left(\frac{\partial v}{\partial x}\cos\alpha+\frac{\partial v}{\partial y}\cos\beta+\frac{\partial v}{\partial z}\cos\gamma\right)\mathrm{d}S\\&=\oiint_{\Sigma}\left[\left(u\frac{\partial v}{\partial x}\right)\cos\alpha+\left(u\frac{\partial v}{\partial y}\right)\cos\beta+\left(u\frac{\partial v}{\partial z}\right)\cos\gamma\right]\mathrm{d}S.\end{aligned}$$

利用高斯公式，即得

$$\begin{aligned}\oiint_{\Sigma}u\frac{\partial v}{\partial n}\mathrm{d}S&=\iiint_{\Omega}\left[\frac{\partial}{\partial x}\left(u\frac{\partial v}{\partial x}\right)+\frac{\partial}{\partial y}\left(u\frac{\partial v}{\partial y}\right)+\frac{\partial}{\partial z}\left(u\frac{\partial v}{\partial z}\right)\right]\mathrm{d}x\,\mathrm{d}y\,\mathrm{d}z\\&=\iiint_{\Omega}u\Delta v\,\mathrm{d}x\,\mathrm{d}y\,\mathrm{d}z+\iiint_{\Omega}\left(\frac{\partial u}{\partial x}\frac{\partial v}{\partial x}+\frac{\partial u}{\partial y}\frac{\partial v}{\partial y}+\frac{\partial u}{\partial z}\frac{\partial v}{\partial z}\right)\mathrm{d}x\,\mathrm{d}y\,\mathrm{d}z,\end{aligned}$$

所以

$$\begin{aligned}&\iiint_{\Omega}u\Delta v\,\mathrm{d}x\,\mathrm{d}y\,\mathrm{d}z\\&=\oiint_{\Sigma}u\frac{\partial v}{\partial n}\mathrm{d}S-\iiint_{\Omega}\left(\frac{\partial u}{\partial x}\frac{\partial v}{\partial x}+\frac{\partial u}{\partial y}\frac{\partial v}{\partial y}+\frac{\partial u}{\partial z}\frac{\partial v}{\partial z}\right)\mathrm{d}x\,\mathrm{d}y\,\mathrm{d}z.\end{aligned}$$

9.6.2　曲面积分与积分曲面无关的条件

定理 2　设 G 是空间的闭区域，且 G 内任一闭曲面所围成的区域全属于 G，函

数 $P(x, y, z)$, $Q(x, y, z)$, $R(x, y, z)$ 在 G 上具有一阶连续偏导数,则曲面积分

$$\iint_{\Sigma} P\mathrm{d}y\,\mathrm{d}z + Q\mathrm{d}z\,\mathrm{d}x + R\,\mathrm{d}x\,\mathrm{d}y$$

在 G 内与曲面 Σ 无关而只取决于 Σ 的边界曲线(或沿 G 内任意闭曲面的曲面积分为零)的充分必要条件是

$$\frac{\partial P}{\partial x} + \frac{\partial Q}{\partial y} + \frac{\partial R}{\partial z} = 0$$

在 G 内恒成立.

证 如果 $\frac{\partial P}{\partial x} + \frac{\partial Q}{\partial y} + \frac{\partial R}{\partial z} = 0$ 在 G 内恒成立,则由高斯公式立即可看出沿 G 内任意闭曲面的曲面积分为零,因此条件是充分的. 反过来,设沿 G 内任意闭曲面的曲面积分为零,如果 $\frac{\partial P}{\partial x} + \frac{\partial Q}{\partial y} + \frac{\partial R}{\partial z} = 0$ 在 G 内不恒成立,则在 G 内至少有一点 M_0 使得

$$\left(\frac{\partial P}{\partial x} + \frac{\partial Q}{\partial y} + \frac{\partial R}{\partial z}\right)_{M_0} \neq 0.$$

不妨设 $\left(\frac{\partial P}{\partial x} + \frac{\partial Q}{\partial y} + \frac{\partial R}{\partial z}\right)_{M_0} > 0$,则由 $\frac{\partial P}{\partial x} + \frac{\partial Q}{\partial y} + \frac{\partial R}{\partial z}$ 的连续性一定有一个将 M_0 包含在中间的 G 中的小闭曲面 Σ_0 使得在 Σ_0 所围的闭区域上 $\frac{\partial P}{\partial x} + \frac{\partial Q}{\partial y} + \frac{\partial R}{\partial z} > 0$. 于是由高斯公式以及三重积分的性质知,在 Σ_0 上的曲面积分大于零,这与假设相矛盾. 因此条件是必要的.

*9.6.3 通量与散度

曲面积分 $\iint_{\Sigma} P\mathrm{d}y\,\mathrm{d}z + Q\mathrm{d}z\,\mathrm{d}x + R\,\mathrm{d}x\,\mathrm{d}y$,可表示由

$$\boldsymbol{v}(x, y, z) = (P(x, y, z), Q(x, y, z), R(x, y, z))$$

所给出的稳定流动的不可压缩流体(假定体密度为 1) 的速度场,在单位时间内流向 Σ 指定侧的流体的质量, 即流量(或通量)Φ.

现在将高斯公式

$$\iiint_{\Omega}\left(\frac{\partial P}{\partial x} + \frac{\partial Q}{\partial y} + \frac{\partial R}{\partial z}\right)\mathrm{d}v = \oiint_{\Sigma}(P\cos\alpha + Q\cos\beta + R\cos\gamma)\mathrm{d}S$$

改写成

$$\iiint_{\Omega}\left(\frac{\partial P}{\partial x}+\frac{\partial Q}{\partial y}+\frac{\partial R}{\partial z}\right)\mathrm{d}v=\oiint_{\Sigma}v_n\mathrm{d}S,$$

其中，$v_n=\boldsymbol{v}\cdot\boldsymbol{n}=P\cos\alpha+Q\cos\beta+R\cos\gamma$，$\boldsymbol{n}=(\cos\alpha,\cos\beta,\cos\gamma)$是$\Sigma$在点$(x,y,z)$处的单位法向量.

公式的右端可解释为单位时间内离开闭区域Ω的流体的总质量，左端可解释为分布在Ω内的源头在单位时间内所产生的流体的总质量.

设Ω的体积为V，由高斯公式得

$$\frac{1}{V}\iiint_{\Omega}\left(\frac{\partial P}{\partial x}+\frac{\partial Q}{\partial y}+\frac{\partial R}{\partial z}\right)\mathrm{d}v=\frac{1}{V}\oiint_{\Sigma}v_n\mathrm{d}S,$$

其左端表示Ω内源头在单位时间单位体积内所产生的流体质量的平均值.

由积分中值定理得

$$\left.\left(\frac{\partial P}{\partial x}+\frac{\partial Q}{\partial y}+\frac{\partial R}{\partial z}\right)\right|_{(\xi,\eta,\zeta)}=\frac{1}{V}\oiint_{\Sigma}v_n\mathrm{d}S.$$

令Ω缩向一点$M(x,y,z)$得

$$\frac{\partial P}{\partial x}+\frac{\partial Q}{\partial y}+\frac{\partial R}{\partial z}=\lim_{\Omega\to M}\frac{1}{V}\oiint_{\Sigma}v_n\mathrm{d}S.$$

上式左端称为$\boldsymbol{v}$在点M的散度或通量密度，记为$\mathrm{div}\boldsymbol{v}$，即

$$\mathrm{div}\boldsymbol{v}=\frac{\partial P}{\partial x}+\frac{\partial Q}{\partial y}+\frac{\partial R}{\partial z}.$$

一般地，设某向量场由

$$\boldsymbol{A}(x,y,z)=P(x,y,z)\boldsymbol{i}+Q(x,y,z)\boldsymbol{j}+R(x,y,z)\boldsymbol{k}$$

给出，其中P,Q,R具有一阶连续偏导数，Σ是场内的一张有向曲面，$\boldsymbol{n}$是Σ上点(x,y,z)处的单位法向量，则$\iint_{\Sigma}\boldsymbol{A}\cdot\boldsymbol{n}\mathrm{d}S$称为向量场$\boldsymbol{A}$通过曲面$\Sigma$向着指定侧的通量(或流量)，而$\frac{\partial P}{\partial x}+\frac{\partial Q}{\partial y}+\frac{\partial R}{\partial z}$称为向量场$\boldsymbol{A}$的散度，记为$\mathrm{div}\boldsymbol{A}$，即

$$\mathrm{div}\boldsymbol{A}=\frac{\partial P}{\partial x}+\frac{\partial Q}{\partial y}+\frac{\partial R}{\partial z}.$$

利用向量微分算子$\nabla=\frac{\partial}{\partial x}\boldsymbol{i}+\frac{\partial}{\partial y}\boldsymbol{j}+\frac{\partial}{\partial z}\boldsymbol{k}$，$\boldsymbol{A}$的散度$\mathrm{div}\boldsymbol{A}$可表示为$\nabla\cdot\boldsymbol{A}$，即

$$\mathrm{div}\boldsymbol{A}=\nabla\cdot\boldsymbol{A}.$$

注 高斯公式又可以写成下面的形式：

$$\iiint_{\Omega}\operatorname{div}\boldsymbol{A}\mathrm{d}v=\oiint_{\Sigma}\boldsymbol{A}\cdot\boldsymbol{n}\mathrm{d}S \quad \text{或} \quad \iiint_{\Omega}\operatorname{div}\boldsymbol{A}\mathrm{d}v=\oiint_{\Sigma}A_n\mathrm{d}S,$$

其中，Σ 是空间闭区域 Ω 的边界曲面，而

$$A_n=\boldsymbol{A}\cdot\boldsymbol{n}=P\cos\alpha+Q\cos\beta+R\cos\gamma$$

是向量 $\boldsymbol{A}$ 在曲面 Σ 的外侧法向量上的投影.

例 4 求向量场 $\boldsymbol{A}=yz\boldsymbol{j}+z^2\boldsymbol{k}$ 的散度及其穿过曲面 Σ 流向上侧的通量，其中 Σ 为柱面 $y^2+z^2=1\ (z\geqslant 0)$ 被平面 $x=0$ 及 $x=1$ 截下的有限部分(图 9－27).

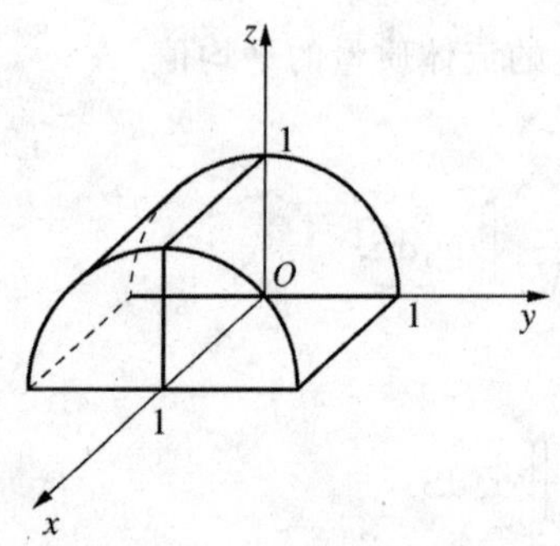

图 9－27

解 所求散度为

$$\operatorname{div}\boldsymbol{A}=\nabla\cdot\boldsymbol{A}=\frac{\partial P}{\partial x}+\frac{\partial Q}{\partial y}+\frac{\partial R}{\partial z}$$

$$=\frac{\partial}{\partial y}(yz)+\frac{\partial}{\partial z}(z^2)$$

$$=z+2z=3z.$$

曲面 Σ 上侧的单位法向量可以由

$$f(x,y,z)=y^2+z^2-1$$

的梯度 $\mathbf{grad}f=\nabla f$ 得出，即

$$\boldsymbol{n}=\frac{\mathbf{grad}f}{|\mathbf{grad}f|}=\frac{\nabla f}{|\nabla f|}=\frac{2y\boldsymbol{j}+2z\boldsymbol{k}}{\sqrt{(2y)^2+(2z)^2}}=y\boldsymbol{j}+z\boldsymbol{k}\quad(\text{因为 } y^2+z^2=1)$$

在曲面 Σ 上，$\boldsymbol{A}\cdot\boldsymbol{n}=y^2z+z^3=z$，因此 $\boldsymbol{A}$ 穿过 Σ 流向上侧的通量为

$$\iint_{\Sigma}\boldsymbol{A}\cdot\boldsymbol{n}\mathrm{d}S=\iint_{\Sigma}z\,\mathrm{d}S=\iint_{D_{xy}}\sqrt{1-y^2}\frac{1}{\sqrt{1-y^2}}\mathrm{d}x\,\mathrm{d}y=2.$$

习 题 9.6

1. 利用高斯公式计算曲面积分.

(1) $\oiint_{\Sigma}x^3\mathrm{d}y\mathrm{d}z+y^3\mathrm{d}z\mathrm{d}x+z^3\mathrm{d}x\mathrm{d}y$，其中 Σ 为球面 $x^2+y^2+z^2=a^2$ 外侧；

(2) $\oiint_{\Sigma}x\,\mathrm{d}y\mathrm{d}z+y\,\mathrm{d}z\mathrm{d}x+z\,\mathrm{d}x\mathrm{d}y$，其中 Σ 是介于 $z=0$ 和 $z=3$ 之间的圆柱体 $x^2+y^2\leqslant 9$ 的整个表面的外侧；

(3) $\iint\limits_{\Sigma} xz\,\mathrm{d}y\mathrm{d}z$，其中 Σ 是上半球面 $z=\sqrt{R^2-x^2-y^2}$ 的上侧；

(4) $\oint\!\!\!\oint\limits_{\Sigma}(y+2z)\mathrm{d}y\mathrm{d}z+(z^2-1)\mathrm{d}z\mathrm{d}x+(x+2y+3z)\mathrm{d}x\mathrm{d}y$，其中 Σ 为三坐标面与平面 $x+y+z=1$ 所围成的四面体的整个表面的外侧；

(5) $\oint\!\!\!\oint\limits_{\Sigma}(y^2-z)\mathrm{d}y\mathrm{d}z+(z^2-x)\mathrm{d}z\mathrm{d}x+(x^2-y)\mathrm{d}x\mathrm{d}y$，其中 Σ 为锥面 $z=\sqrt{x^2+y^2}$ $(0\leqslant z\leqslant h)$ 的外侧；

(6) $\iint\limits_{\Sigma} x\mathrm{d}y\mathrm{d}z+y\mathrm{d}z\mathrm{d}x+z\mathrm{d}x\mathrm{d}y$，其中 Σ 为 $z=\sqrt{1-x^2-y^2}$ 的下侧；

(7) $\oint\!\!\!\oint\limits_{\Sigma} x^2\mathrm{d}y\mathrm{d}z+y^2\mathrm{d}z\mathrm{d}x+z^2\mathrm{d}x\mathrm{d}y$，其中 Σ 为平面 $x=0$, $y=0$, $z=0$, $x=a$, $y=a$, $z=a$ 所围成的立体的表面的外侧；

(8) $\oint\!\!\!\oint\limits_{\Sigma} xz^2\mathrm{d}y\mathrm{d}z+(x^2y-z^3)\mathrm{d}z\mathrm{d}x+(2xy+y^2z)\mathrm{d}x\mathrm{d}y$，其中 Σ 为上半球体 $x^2+y^2\leqslant a^2$, $0\leqslant z\leqslant\sqrt{a^2-x^2-y^2}$ 的表面外侧；

(9) $\oint\!\!\!\oint\limits_{\Sigma} 4xz\,\mathrm{d}y\mathrm{d}z-y^2\mathrm{d}z\mathrm{d}x+yz\,\mathrm{d}x\mathrm{d}y$，其中 Σ 为平面 $x=0$, $y=0$, $z=0$, $x=1$, $y=1$, $z=1$ 所围成的立体的全表面的外侧.

2. 证明：由封闭曲面所包围的体积为 $V=\dfrac{1}{3}\oint\!\!\!\oint\limits_{\Sigma}(x\cos\alpha+y\cos\beta+z\cos\gamma)\mathrm{d}s$，其中 $\cos\alpha$, $\cos\beta$, $\cos\gamma$ 是曲面的外法线的方向余弦.

3. 求向量 $\boldsymbol{A}=(2x-z)\boldsymbol{i}+x^2y\boldsymbol{j}-xz^2\boldsymbol{k}$ 穿过曲面 Σ 为立方体 $0\leqslant x\leqslant a$, $0\leqslant y\leqslant a$, $0\leqslant z\leqslant a$ 的全表面流向外侧的通量.

4. 求下列向量场的散度：

(1) $\boldsymbol{A}=\mathrm{e}^{xy}\boldsymbol{i}+\cos(xy)\boldsymbol{j}+\cos(xz^2)\boldsymbol{k}$；

(2) $\boldsymbol{A}=(x^2+yz)\boldsymbol{i}+(y^2+xz)\boldsymbol{j}+(z^2+xy)\boldsymbol{k}$；

(3) $\boldsymbol{A}=y^2z\boldsymbol{i}+xy\boldsymbol{j}+xz\boldsymbol{k}$.

5. 设向量场 $\boldsymbol{A}(x,y,z)=xy^2\boldsymbol{i}+yz^2\boldsymbol{j}+zx^2\boldsymbol{k}$，求 $\mathrm{div}\boldsymbol{A}$，$\mathbf{grad}(\mathrm{div}\boldsymbol{A})$.

6. 已知向量 $\boldsymbol{A}(x,y,z)=(2x+3z)\boldsymbol{i}-(xz+y)\boldsymbol{j}+(y^2+2z)\boldsymbol{k}$，$\Sigma$ 是以点 $(3,-1,2)$ 为球心、半径 $R=3$ 的球面，流向外侧，求 $\boldsymbol{A}$ 穿过 Σ 的通量.

7. 设 $u(x,y,z)$, $v(x,y,z)$ 是两个定义在闭区域 Ω 上的具有二阶连续偏导数的函数，$\dfrac{\partial u}{\partial n}$, $\dfrac{\partial v}{\partial n}$ 依次表示 $u(x,y,z)$, $v(x,y,z)$ 沿 Σ 的外法线方向的方向导数. 证明：

$$\iiint\limits_{\Omega}(u\Delta v-v\Delta u)\mathrm{d}x\mathrm{d}y\mathrm{d}z=\oint\!\!\!\oint\limits_{\Sigma}\left(u\frac{\partial v}{\partial n}-v\frac{\partial u}{\partial n}\right)\mathrm{d}s,$$

其中 Σ 是空间闭区域 Ω 的整个边界曲面，这个公式称为格林第二公式.

8. 利用高斯公式推证阿基米德原理：浸没在液体中所受液体的压力的合力(即浮力)的方向铅直向上，大小等于这物体所排开的液体的重力.

9.7 斯托克斯公式　环流量与旋度

9.7.1 斯托克斯公式

格林公式的另一推广是把具有光滑边界曲线的光滑曲面上的曲面积分,与其边界上的曲面积分联系起来,便可以得到下面的斯托克斯公式.

定理 1　设 Γ 为分段光滑的空间有向闭曲线,Σ 是以 Γ 为边界张成的分片光滑的有向曲面,Γ 的正向与 Σ 的侧符合右手规则①,函数 $P(x, y, z)$, $Q(x, y, z)$, $R(x, y, z)$在曲面 Σ(连同边界)上具有一阶连续偏导数,则有

$$\iint_{\Sigma}\left(\frac{\partial R}{\partial y}-\frac{\partial Q}{\partial z}\right)\mathrm{d}y\,\mathrm{d}z+\left(\frac{\partial P}{\partial z}-\frac{\partial R}{\partial x}\right)\mathrm{d}z\,\mathrm{d}x+\left(\frac{\partial Q}{\partial x}-\frac{\partial P}{\partial y}\right)\mathrm{d}x\,\mathrm{d}y$$
$$=\oint_{\Gamma}P\,\mathrm{d}x+Q\,\mathrm{d}y+R\,\mathrm{d}z. \tag{9.7.1}$$

这个公式称为**斯托克斯公式**,利用行列式和两类曲面积分、两类曲线积分之间的联系,斯托克斯公式可以写为下面的形式:

$$\iint_{\Sigma}\begin{vmatrix}\mathrm{d}y\,\mathrm{d}z & \mathrm{d}z\,\mathrm{d}x & \mathrm{d}x\,\mathrm{d}y\\ \dfrac{\partial}{\partial x} & \dfrac{\partial}{\partial y} & \dfrac{\partial}{\partial z}\\ P & Q & R\end{vmatrix}=\oint_{\Gamma}P\,\mathrm{d}x+Q\,\mathrm{d}y+R\,\mathrm{d}z$$

或

$$\iint_{\Sigma}\begin{vmatrix}\cos\alpha & \cos\beta & \cos\gamma\\ \dfrac{\partial}{\partial x} & \dfrac{\partial}{\partial y} & \dfrac{\partial}{\partial z}\\ P & Q & R\end{vmatrix}\mathrm{d}S=\oint_{\Gamma}P\,\mathrm{d}x+Q\,\mathrm{d}y+R\,\mathrm{d}z$$

或

$$\iint_{\Sigma}\begin{vmatrix}\cos\alpha & \cos\beta & \cos\gamma\\ \dfrac{\partial}{\partial x} & \dfrac{\partial}{\partial y} & \dfrac{\partial}{\partial z}\\ P & Q & R\end{vmatrix}\mathrm{d}S=\oint_{\Gamma}(P\cos\alpha'+Q\cos\beta'+R\cos\gamma')\mathrm{d}S,$$

① 就是说,当右手除拇指以外的四指依 Γ 的指向绕行时,拇指所指的方向与曲面 Σ 上法向量的指向相同,此时称 Γ 为有向曲面 Σ 的正向边界曲线.

其中，$\boldsymbol{n}=(\cos\alpha, \cos\beta, \cos\gamma)$ 和 $\boldsymbol{\tau}=(\cos\alpha', \cos\beta', \cos\gamma')$ 分别为有向曲面 Σ 和有向曲线 Γ 在点 (x, y, z) 处的单位法向量和单位切向量. 并将 $\dfrac{\partial}{\partial z}$ 与 P 的“积”理解为 $\dfrac{\partial P}{\partial z}$，其他的类推.

如果 Σ 是 xOy 面上的一块平面闭区域，斯托克斯公式就变成了格林公式. 因此，格林公式是斯托克斯公式的特殊情形.

证　设 Σ 为曲面 $z=f(x, y)$ 的上侧，并假设 Σ 与平行于 z 轴的直线的交点只有一个，Σ 的正向边界曲线 Γ 在 xOy 平面上的投影为平面有向曲线 C，C 所围的闭区域为 D_{xy}（图 9 - 28）.

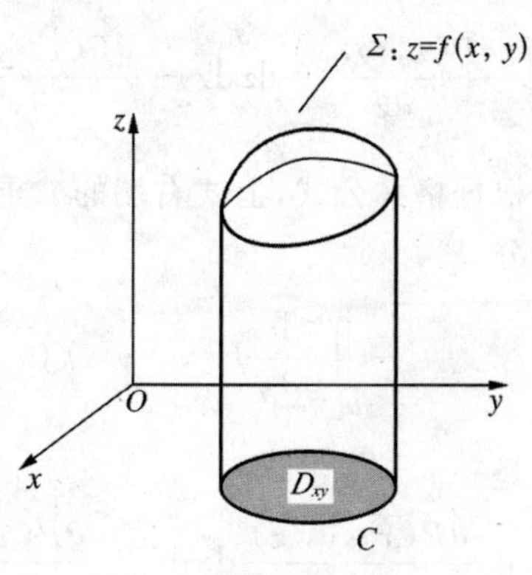

图 9 - 28

由两类曲面积分之间的关系，有

$$\iint_{\Sigma}\frac{\partial P(x, y, z)}{\partial z}\mathrm{d}z\,\mathrm{d}x-\frac{\partial P(x, y, z)}{\partial y}\mathrm{d}x\,\mathrm{d}y$$

$$=\iint_{\Sigma}\left[\frac{\partial P(x, y, z)}{\partial z}\cos\beta-\frac{\partial P(x, y, z)}{\partial y}\cos\gamma\right]\mathrm{d}s \tag{9.7.2}$$

而曲面 Σ 的法向量的方向余弦为

$$\cos\alpha=\frac{-f_x}{\sqrt{1+f_x^2+f_y^2}},\quad \cos\beta=\frac{-f_y}{\sqrt{1+f_x^2+f_y^2}},\quad \cos\gamma=\frac{1}{\sqrt{1+f_x^2+f_y^2}}.$$

因此 $\cos\beta=-f_y\cos\gamma$，代入式(9.7.2) 得

$$\iint_{\Sigma}\frac{\partial P(x, y, z)}{\partial z}\mathrm{d}z\,\mathrm{d}x-\frac{\partial P(x, y, z)}{\partial y}\mathrm{d}x\,\mathrm{d}y$$

$$=-\iint_{\Sigma}\left[\frac{\partial P(x, y, z)}{\partial y}+\frac{\partial P(x, y, z)}{\partial z}f_y\right]\cos\gamma\mathrm{d}S$$

即

$$\iint_{\Sigma}\frac{\partial P(x, y, z)}{\partial z}\mathrm{d}z\,\mathrm{d}x-\frac{\partial P(x, y, z)}{\partial y}\mathrm{d}x\,\mathrm{d}y$$

$$=-\iint_{\Sigma}\left[\frac{\partial P(x, y, z)}{\partial y}+\frac{\partial P(x, y, z)}{\partial z}f_y\right]\mathrm{d}x\,\mathrm{d}y \tag{9.7.3}$$

而上式右端化为二重积分时，要把 $P(x, y, z)$ 中的 z 用 $f(x, y)$ 来代替，由复合函数的微分法，有

$$\frac{\partial}{\partial y}P[x, y, f(x, y)]=\frac{\partial P}{\partial y}+\frac{\partial P}{\partial z}f_y.$$

于是式(9.7.3)可写成

$$\iint_{\Sigma}\frac{\partial P(x, y, z)}{\partial z}\mathrm{d}z\,\mathrm{d}x-\frac{\partial P(x, y, z)}{\partial y}\mathrm{d}x\,\mathrm{d}y=-\iint_{D_{xy}}\frac{\partial}{\partial y}P[x, y, f(x, y)]\mathrm{d}x\,\mathrm{d}y.$$

再根据格林公式,上式右端的二重积分可以化为闭区域 D_{xy} 的边界曲线 C 的曲线积分

$$-\iint_{D_{xy}}\frac{\partial}{\partial y}P[x, y, f(x, y)]\mathrm{d}x\,\mathrm{d}y=\oint_{C}P[x, y, f(x, y)]\mathrm{d}x,$$

于是

$$\iint_{\Sigma}\frac{\partial P(x, y, z)}{\partial z}\mathrm{d}z\,\mathrm{d}x-\frac{\partial P(x, y, z)}{\partial y}\mathrm{d}x\,\mathrm{d}y=\oint_{C}P[x, y, f(x, y)]\mathrm{d}x.$$

又因为函数 $P[x, y, f(x, y)]$ 在曲线 C 上点 (x, y) 处的函数值与函数 $P(x, y, z)$ 在曲线 Γ 上对应点 (x, y, z) 处的函数值相同,并且两曲线上的对应的小弧段在 x 轴上的投影也一样,再根据曲线积分的定义,上式右端的曲线积分就等于曲线 Γ 上的曲线积分 $\oint_{\Gamma}P(x, y, z)\mathrm{d}x$. 因此,这就证明了

$$\iint_{\Sigma}\frac{\partial P(x, y, z)}{\partial z}\mathrm{d}z\,\mathrm{d}x-\frac{\partial P(x, y, z)}{\partial y}\mathrm{d}x\,\mathrm{d}y=\oint_{\Gamma}P(x, y, z)\mathrm{d}x. \quad (9.7.4)$$

如果 Σ 取下侧,曲线 Γ 也相应地改成相反的方向,那么上式(9.7.4)两端同时改变符号,因此,上式仍然成立.

另外,如果曲面与平行于 z 轴的直线的交点多于一个,则可以作辅助曲线将曲面分成几个小的曲面,每个小的曲面与平行于 z 轴的直线的交点只有一个,然后在每一小曲面上应用上面的式(9.7.4)并相加. 由于沿辅助曲线而方向相反的两个曲线积分相加正好抵消,所以上面的公式仍然成立.

同理可证

$$\iint_{\Sigma}\frac{\partial Q(x, y, z)}{\partial x}\mathrm{d}x\,\mathrm{d}y-\frac{\partial Q(x, y, z)}{\partial z}\mathrm{d}y\,\mathrm{d}z=\oint_{\Gamma}Q(x, y, z)\mathrm{d}y,$$

$$\iint_{\Sigma}\frac{\partial R(x, y, z)}{\partial y}\mathrm{d}y\,\mathrm{d}z-\frac{\partial R(x, y, z)}{\partial x}\mathrm{d}z\,\mathrm{d}x=\oint_{\Gamma}R(x, y, z)\mathrm{d}z.$$

将它们与式(9.7.4) 相加即得式(9.7.1).

例 1 利用斯托克斯公式计算曲线积分 $\oint_{\Gamma}z\,\mathrm{d}x+x\,\mathrm{d}y+y\,\mathrm{d}z$, 其中 Γ 为平面 x

$+y+z=1$ 被三个坐标面所截成的三角形的整个边界，它的正向与这个三角形上侧的法向量之间符合右手规则.

解　方法一　按斯托克斯公式，有

$$\oint_{\Gamma} z\,\mathrm{d}x+x\,\mathrm{d}y+y\,\mathrm{d}z=\iint_{\Sigma}\mathrm{d}y\,\mathrm{d}z+\mathrm{d}z\,\mathrm{d}x+\mathrm{d}x\,\mathrm{d}y.$$

由于 Σ 的法向量的三个方向余弦都为正，又由于对称性，上式右端等于 $3\iint_{D_{xy}}d\sigma$，其中 D_{xy} 为 xOy 面上由直线 $x+y=1$ 及两条坐标轴围成的三角形闭区域，因此

$$\oint_{\Gamma} z\,\mathrm{d}x+x\,\mathrm{d}y+y\,\mathrm{d}z=\frac{3}{2}.$$

方法二　设 Σ 为闭曲线 Γ 所围成的三角形平面，Σ 在 yOz 面，zOx 面和 xOy 面上的投影区域分别为 D_{yz}，D_{zx} 和 D_{xy}，按斯托克斯公式，有

$$\oint_{\Gamma} z\,\mathrm{d}x+x\,\mathrm{d}y+y\,\mathrm{d}z=\iint_{\Sigma}\begin{vmatrix}\mathrm{d}y\,\mathrm{d}z & \mathrm{d}z\,\mathrm{d}x & \mathrm{d}x\,\mathrm{d}y\\ \dfrac{\partial}{\partial x} & \dfrac{\partial}{\partial y} & \dfrac{\partial}{\partial z}\\ z & x & y\end{vmatrix}=\iint_{\Sigma}\mathrm{d}y\,\mathrm{d}z+\mathrm{d}z\,\mathrm{d}x+\mathrm{d}x\,\mathrm{d}y$$

$$=\iint_{D_{yz}}\mathrm{d}y\,\mathrm{d}z+\iint_{D_{zx}}\mathrm{d}z\,\mathrm{d}x+\iint_{D_{xy}}\mathrm{d}x\,\mathrm{d}y=3\iint_{D_{xy}}\mathrm{d}x\,\mathrm{d}y=\frac{3}{2}.$$

方法三　因为 Σ 为平面 $x+y+z=1$ 的上侧，则 Σ 的单位法向量 $\boldsymbol{n}=\frac{1}{\sqrt{3}}(1,1,1)$，即

$$\cos\alpha=\cos\beta=\cos\gamma=\frac{1}{\sqrt{3}},$$

且 $P=z$，$Q=x$，$R=y$，由斯托克斯公式，有

$$\oint_{\Gamma} z\,\mathrm{d}x+x\,\mathrm{d}y+y\,\mathrm{d}z=\iint_{\Sigma}\begin{vmatrix}\dfrac{1}{\sqrt{3}} & \dfrac{1}{\sqrt{3}} & \dfrac{1}{\sqrt{3}}\\ \dfrac{\partial}{\partial x} & \dfrac{\partial}{\partial y} & \dfrac{\partial}{\partial z}\\ z & x & y\end{vmatrix}\mathrm{d}S=\frac{1}{\sqrt{3}}\iint_{\Sigma}3\mathrm{d}S$$

$$=\frac{1}{\sqrt{3}}\cdot 3\cdot\frac{\sqrt{3}}{2}=\frac{3}{2}.$$

例 2 计算曲线积分 $I=\oint_{\Gamma} xy\,\mathrm{d}x+y^2\mathrm{d}y+z\mathrm{d}z$，其中 Γ 是抛物面 $2-z=x^2+y^2$ 被平面 $z=1$ 截下的一块光滑曲面 Σ 的边界.

解 **方法一** 由斯托克斯公式，有

$$I=\oint_{\Gamma} xy\,\mathrm{d}x+y^2\mathrm{d}y+z\,\mathrm{d}z=\pm\iint_{\Sigma}\begin{vmatrix}\mathrm{d}y\,\mathrm{d}z & \mathrm{d}z\,\mathrm{d}x & \mathrm{d}x\,\mathrm{d}y\\ \dfrac{\partial}{\partial x} & \dfrac{\partial}{\partial y} & \dfrac{\partial}{\partial z}\\ xy & y^2 & z\end{vmatrix}$$

$$=\pm\iint_{\Sigma}-x\,\mathrm{d}x\,\mathrm{d}y=\pm\iint_{D_{xy}}-x\,\mathrm{d}x\,\mathrm{d}y=0$$

方法二 将曲线 Γ 的方程写成 $x=\cos t,\ y=\sin t,\ z=1$，则

$$I=\oint_{\Gamma} xy\,\mathrm{d}x+y^2\mathrm{d}y+z\,\mathrm{d}z=\pm\int_0^{2\pi}[\cos t\sin t(-\sin t)+\sin^2 t\cos t+1\cdot 0]\mathrm{d}t=0.$$

例 3 利用斯托克斯公式计算曲线积分

$$I=\oint_{\Gamma}(y^2-z^2)\mathrm{d}x+(z^2-x^2)\mathrm{d}y+(x^2-y^2)\mathrm{d}z,$$

其中，Γ 是用平面 $x+y+z=\dfrac{3}{2}$ 截立方体 $0\leqslant x\leqslant 1,\ 0\leqslant y\leqslant 1,\ 0\leqslant z\leqslant 1$ 的表面所得的截痕，若从 x 轴的正向看去取逆时针方向.

解 取 Σ 为平面 $x+y+z=\dfrac{3}{2}$ 的上侧被 Γ 所围成的部分，Σ 的单位法向量 $\boldsymbol{n}=\dfrac{1}{\sqrt{3}}(1,1,1)$，即 $\cos\alpha=\cos\beta=\cos\gamma=\dfrac{1}{\sqrt{3}}$. 按斯托克斯公式，有

$$I=\iint_{\Sigma}\begin{vmatrix}\dfrac{1}{\sqrt{3}} & \dfrac{1}{\sqrt{3}} & \dfrac{1}{\sqrt{3}}\\ \dfrac{\partial}{\partial x} & \dfrac{\partial}{\partial y} & \dfrac{\partial}{\partial z}\\ y^2-x^2 & z^2-x^2 & x^2-y^2\end{vmatrix}\mathrm{d}S=-\frac{4}{\sqrt{3}}\iint_{\Sigma}(x+y+z)\mathrm{d}S.$$

$$=-\frac{4}{\sqrt{3}}\cdot\frac{3}{2}\iint_{\Sigma}\mathrm{d}S=-2\sqrt{3}\iint_{D_{xy}}\sqrt{3}\,\mathrm{d}x\,\mathrm{d}y,$$

其中，D_{xy} 为 Σ 在 xOy 平面上的投影区域，于是

$$I=-6\iint_{D_{xy}}\mathrm{d}x\,\mathrm{d}y=-6\cdot\frac{3}{4}=-\frac{9}{2}.$$

格林公式、高斯公式和斯托克斯公式是多元函数积分学中的基本公式.

9.7.2　空间曲线积分与路径无关的条件

与平面曲线积分类似，对于空间曲线积分可以类似地证明：

(1) 曲线积分与路径无关的充分必要条件是沿任何闭曲线的积分恒等于零.

(2) 若函数 $P(x, y, z)$，$Q(x, y, z)$，$R(x, y, z)$ 有一阶连续偏导数，则曲线积分 $\int_\Gamma P\,dx + Q\,dy + R\,dz$ 与路径无关的充分必要条件是

$$\frac{\partial R}{\partial y} - \frac{\partial Q}{\partial z} = 0, \quad \frac{\partial P}{\partial z} - \frac{\partial R}{\partial x} = 0, \quad \frac{\partial Q}{\partial x} - \frac{\partial P}{\partial y} = 0.$$

(3) 若函数 $P(x, y, z)$，$Q(x, y, z)$，$R(x, y, z)$ 有一阶连续偏导数，则 $P\,dx + Q\,dy + R\,dz$ 为某一函数 $u(x, y, z)$ 的全微分的充分必要条件是

$$\frac{\partial R}{\partial y} - \frac{\partial Q}{\partial z} = 0, \quad \frac{\partial P}{\partial z} - \frac{\partial R}{\partial x} = 0, \quad \frac{\partial Q}{\partial x} - \frac{\partial P}{\partial y} = 0$$

其中

$$u(x, y, z) = \int_{(x_0, y_0, z_0)}^{(x, y, z)} P\,dx + Q\,dy + R\,dz$$

$$= \int_{x_0}^{x} P(x, y_0, z_0)\,dx + \int_{y_0}^{y} Q(x, y, z_0)\,dy + \int_{z_0}^{z} R(x, y, z)\,dz,$$

$$\frac{\partial u}{\partial x} = P, \quad \frac{\partial u}{\partial y} = Q, \quad \frac{\partial u}{\partial z} = R.$$

*9.7.3　环流量与旋度

设函数 $P(x, y, z)$，$Q(x, y, z)$，$R(x, y, z)$ 有一阶连续偏导数，由向量场 $\mathbf{A} = (P(x, y, z), Q(x, y, z), R(x, y, z))$ 所确定的向量场

$$\left(\frac{\partial R}{\partial y} - \frac{\partial Q}{\partial z}\right)\boldsymbol{i} + \left(\frac{\partial P}{\partial z} - \frac{\partial R}{\partial x}\right)\boldsymbol{j} + \left(\frac{\partial Q}{\partial x} - \frac{\partial P}{\partial y}\right)\boldsymbol{k}$$

称为向量场 $\mathbf{A}$ 的**旋度**，记为 $\mathbf{rot\,A}$，即

$$\mathbf{rot\,A} = \left(\frac{\partial R}{\partial y} - \frac{\partial Q}{\partial z}\right)\boldsymbol{i} + \left(\frac{\partial P}{\partial z} - \frac{\partial R}{\partial x}\right)\boldsymbol{j} + \left(\frac{\partial Q}{\partial x} - \frac{\partial P}{\partial y}\right)\boldsymbol{k}.$$

利用向量微分算子 $\nabla = \frac{\partial}{\partial x}\boldsymbol{i} + \frac{\partial}{\partial y}\boldsymbol{j} + \frac{\partial}{\partial z}\boldsymbol{k}$，向量场 $\mathbf{A}$ 的旋度 $\mathbf{rot\,A}$ 可表示为 $\mathbf{rot\,A} = \nabla \times \mathbf{A}$，即

$$\mathbf{rot}\,\boldsymbol{A}=\nabla\times\boldsymbol{A}=\begin{vmatrix}\boldsymbol{i} & \boldsymbol{j} & \boldsymbol{k}\\ \dfrac{\partial}{\partial x} & \dfrac{\partial}{\partial y} & \dfrac{\partial}{\partial z}\\ P & Q & R\end{vmatrix}.$$

如果向量场 $\boldsymbol{A}$ 的旋度 $\mathbf{rot}\,\boldsymbol{A}$ 处处为零，则称向量场 $\boldsymbol{A}$ 为**无旋场**. 而一个无源、无旋的向量场称为**调和场**.

下面将斯托克斯公式写成另一形式：

$$\iint_{\Sigma}\mathbf{rot}\,\boldsymbol{A}\cdot\boldsymbol{n}\mathrm{d}S=\oint_{\Gamma}\boldsymbol{A}\cdot\boldsymbol{\tau}\mathrm{d}s \quad 或 \quad \iint_{\Sigma}(\mathbf{rot}\,\boldsymbol{A})_n\mathrm{d}S=\oint_{\Gamma}\boldsymbol{A}_{\tau}\mathrm{d}s,$$

其中，$\boldsymbol{n}$ 是曲面 Σ 上点 (x, y, z) 处的单位法向量，$\boldsymbol{\tau}$ 是 Σ 的正向边界曲线 Γ 上点 (x, y, z) 处的单位切向量.

沿有向闭曲线 Γ 的曲线积分

$$\oint_{\Gamma}P\,\mathrm{d}x+Q\,\mathrm{d}y+R\,\mathrm{d}z=\oint_{\Gamma}A_{\tau}\mathrm{d}s$$

称为向量场 $\boldsymbol{A}$ 沿有向闭曲线 Γ 的**环流量**.

上述斯托克斯公式可叙述为：向量场 $\boldsymbol{A}$ 沿有向闭曲线 Γ 的环流量等于向量场 $\boldsymbol{A}$ 的旋度场通过 Γ 所张的曲面 Σ 的通量.

例 4 求向量场 $\boldsymbol{A}=(x^2-y)\boldsymbol{i}+4z\boldsymbol{j}+x^2\boldsymbol{k}$ 的旋度及其沿闭曲线 Γ 的环流量，其中 Γ 为锥面 $z=\sqrt{x^2+y^2}$ 和平面 $z=2$ 的交线，从 z 轴正向看 Γ 为逆时针方向.

解 向量场 $\boldsymbol{A}$ 的旋度为

$$\mathbf{rot}\,\boldsymbol{A}=\nabla\times\boldsymbol{A}=\begin{vmatrix}\boldsymbol{i} & \boldsymbol{j} & \boldsymbol{k}\\ \dfrac{\partial}{\partial x} & \dfrac{\partial}{\partial y} & \dfrac{\partial}{\partial z}\\ P & Q & R\end{vmatrix}$$

$$=\begin{vmatrix}\boldsymbol{i} & \boldsymbol{j} & \boldsymbol{k}\\ \dfrac{\partial}{\partial x} & \dfrac{\partial}{\partial y} & \dfrac{\partial}{\partial z}\\ x^2-y & 4z & x^2\end{vmatrix}=-4\boldsymbol{i}-2x\boldsymbol{j}+\boldsymbol{k}.$$

Γ 的参数方程为 $x=2\cos\theta$, $y=2\sin\theta$, $z=2$，参数 θ 从 0 变到 2π，于是所求的环流量为

$$\begin{aligned}&\oint_{\Gamma}P\,\mathrm{d}x+Q\,\mathrm{d}y+R\,\mathrm{d}z\\ =&\oint_{\Gamma}(x^2-y)\,\mathrm{d}x+4z\,\mathrm{d}y+x^2\,\mathrm{d}z\end{aligned}$$

$$=\int_0^{2\pi}\{[(2\cos\theta)^2-2\sin\theta](-2\sin\theta)+4\cdot 2\cdot 2\cos\theta+(2\cos\theta)^2\cdot 0\}\mathrm{d}\theta$$

$$=\int_0^{2\pi}(-8\cos^2\theta\sin\theta+4\sin^2\theta+16\cos\theta)\mathrm{d}\theta=4\pi.$$

习　题　9.7

1. 利用斯托克斯公式计算下列曲线积分：

(1) $\oint_\Gamma y\,\mathrm{d}x+z\,\mathrm{d}y+x\,\mathrm{d}z$，其中 Γ 为圆周 $\begin{cases}x^2+y^2+z^2=a^2,\\ x+y+z=0,\end{cases}$ 从 x 轴正向看去，圆周是逆时针方向；

(2) $\oint_\Gamma (y-z)\mathrm{d}x+(z-x)\mathrm{d}y+(x-y)\mathrm{d}z$，其中 Γ 为椭圆周 $\begin{cases}x^2+y^2=1,\\ x+z=1\end{cases}$ 沿顺时针方向；

(3) $\oint_\Gamma 3y\,\mathrm{d}x-xz\,\mathrm{d}y+yz^2\,\mathrm{d}z$，其中 Γ 是圆周 $x^2+y^2=2z$，$z=2$，若从 z 轴正向看去，这圆周是逆时针方向；

(4) $\oint_\Gamma (y-z)\mathrm{d}z+(z-x)\mathrm{d}y+(x-y)\mathrm{d}z$，其中 Γ 为椭圆 $x^2+y^2=a^2$，$\dfrac{x}{a}+\dfrac{z}{b}=1(a>0,\ b>0)$，若从 x 轴正向看去，这椭圆取逆时针方向$\left(\text{提示：}\Sigma(\text{即 } z=b-\dfrac{b}{a}x)\text{ 的面积元素为 } \mathrm{d}S=\sqrt{1+\left(\dfrac{b}{a}\right)^2}\mathrm{d}x\,\mathrm{d}y=\dfrac{\sqrt{a^2+b^2}}{a}\mathrm{d}x\,\mathrm{d}y\right)$；

(5) $\oint_\Gamma 2y\,\mathrm{d}x+3x\,\mathrm{d}y-z^2\,\mathrm{d}z$，其中 Γ 为圆周 $x^2+y^2+z^2=9$，$z=0$，若从 z 轴的正向看去，这圆周是取逆时针方向.

2. 计算 $\oint_\Gamma y^2\,\mathrm{d}x+z^2\,\mathrm{d}y+x^2\,\mathrm{d}z$，其中 Γ 是球面 $x^2+y^2+z^2=a^2$ 和圆柱面 $x^2+y^2=ax$ 的交线（$a>0$，$z\geqslant 0$），从 x 轴正向看去，曲线为逆时针方向.

3. 求下列向量场的旋度：

(1) $\boldsymbol{A}=(z+\sin y)\boldsymbol{i}-(z-x\cos y)\boldsymbol{j}$；

(2) $\boldsymbol{A}=(2z-3y)\boldsymbol{i}+(3x-z)\boldsymbol{j}+(y-2x)\boldsymbol{k}$；

(3) $\boldsymbol{A}=x^2\sin y\boldsymbol{i}+y^2\sin(xz)\boldsymbol{j}+xy\sin(\cos z)\boldsymbol{k}$.

4. 利用斯托克斯公式把曲面积分 $\iint_\Sigma \mathbf{rot}\,\boldsymbol{A}\cdot\boldsymbol{n}\mathrm{d}s$ 化成曲线积分，并计算积分值，其中 $\boldsymbol{A}$，Σ 及 $\boldsymbol{n}$ 分别如下：

(1) $\boldsymbol{A}=y^2\boldsymbol{i}+xy\boldsymbol{j}+xz\boldsymbol{k}$，$\Sigma$ 为上半个球面 $z=\sqrt{1-x^2-y^2}$ 的上侧，$\boldsymbol{n}$ 是 Σ 的单位法向量；

(2) $\boldsymbol{A}=(y-z)\boldsymbol{i}+yz\boldsymbol{j}-xz\boldsymbol{k}$，$\Sigma$ 为立方体 $0\leqslant x\leqslant 2$，$0\leqslant y\leqslant 2$，$0\leqslant z\leqslant 2$ 的表面外侧去掉 xOy 面上的那个底面，$\boldsymbol{n}$ 是 Σ 的单位法向量.

5. 求下列向量场沿闭曲线Γ（从z轴正向看Γ依逆时针方向)的环流量.

(1) $\boldsymbol{A}=(x-z)\boldsymbol{i}+(x^3+yz)\boldsymbol{j}-3xy^2\boldsymbol{k}$,其中$\Gamma$为圆周$z=2-\sqrt{x^2+y^2}$, $z=0$；

(2) $\boldsymbol{A}=-y\boldsymbol{i}+x\boldsymbol{j}+c\boldsymbol{k}$ (c为常量)，Γ为圆周$x^2+y^2=1$, $z=0$.

6. 设$u=u(x,y,z)$具有二阶连续偏导数，求$\mathbf{rot}(\mathbf{grad}u)$.

7. 求向量场$\boldsymbol{A}$沿闭曲线Γ（从z轴正向看Γ依逆时针方向）的环流量，$\boldsymbol{A}=-y\boldsymbol{i}+x\boldsymbol{j}+c\boldsymbol{k}$ (c为常数)，Γ为圆周$x^2+y^2=1$, $z=0$.

8. 证明$\mathbf{rot}(\boldsymbol{a}+\boldsymbol{b})=\mathbf{rot}\,\boldsymbol{a}+\mathbf{rot}\,\boldsymbol{b}$.

***9.** 证明：

(1) $\nabla(uv)=u\nabla v+v\nabla u$;

(2) $\Delta(uv)=u\Delta v+v\Delta u+2\nabla u\cdot\nabla u$.

(3) $\nabla\cdot(A\times B)=B\cdot(\nabla\times A)-A\cdot(\nabla\times B)$;

(4) $\nabla\times(\nabla\times A)=\nabla(\nabla\cdot A)-\nabla^2 a$.

总习题9

1. 选择题.

(1) 设L为$x=x_0$, $0\leqslant y\leqslant\dfrac{3}{2}$，则$\int_L 4\mathrm{d}s$的值为(   ).

A. $4x_0$　　B. 6　　C. $6x_0$

(2) 设L为直线$y=y_0$上从点$A(0,y_0)$到点$B(3,y_0)$的有向直线段，则$\int_L 2\mathrm{d}y=$(   ).

A. 6　　B. $6y_0$　　C. 0

(3) 若L是上半椭圆$\begin{cases}x=a\cos t,\\ y=b\sin t,\end{cases}$取顺时针方向，则$\int_L y\,\mathrm{d}x-x\,\mathrm{d}y$的值为(   ).

A. 0　　B. $\dfrac{\pi}{2}ab$　　C. πab

(4) 设$P(x,y)$, $Q(x,y)$在单连通区域D内有一阶连续偏导数，则在D内与$\int_L P\mathrm{d}x+Q\mathrm{d}y$路径无关的条件$\dfrac{\partial Q}{\partial x}=\dfrac{\partial P}{\partial y}$, $(x,y)\in D$是(   ).

A. 充分条件　　B. 必要条件　　C. 充要条件

(5) 设Σ为球面$x^2+y^2+z^2=1$, Σ_1为其上半球面，则(   )式正确.

A. $\iint\limits_{\Sigma}z\,\mathrm{d}s=2\iint\limits_{\Sigma_1}z\,\mathrm{d}s$

B. $\iint\limits_{\Sigma}z\,\mathrm{d}x\,\mathrm{d}y=2\iint\limits_{\Sigma_1}z\,\mathrm{d}x\,\mathrm{d}y$

C. $\iint\limits_{\Sigma}z^2\,\mathrm{d}x\,\mathrm{d}y=2\iint\limits_{\Sigma_1}z^2\,\mathrm{d}x\,\mathrm{d}y$

(6) 若Σ为$z=2-(x^2+y^2)$在xOy面上方部分的曲面，则$\iint\limits_{\Sigma}\mathrm{d}s$等于(   ).

A. $\int_0^{2\pi}\mathrm{d}\theta\int_0^{r}\sqrt{1+4r^2}\,r\,\mathrm{d}r$

B. $\int_0^{2\pi}\mathrm{d}\theta\int_0^{2}\sqrt{1+4r^2}\,r\,\mathrm{d}r$

C. $\int_0^{2\pi}\mathrm{d}\theta\int_0^{\sqrt{2}}\sqrt{1+4r^2}\,r\,\mathrm{d}r$

(7) 若 Σ 为球面 $x^2+y^2+z^2=R^2$ 的外侧，则 $\iint\limits_{\Sigma}x^2y^2z\,\mathrm{d}x\,\mathrm{d}y$ 等于(　　).

A. $\iint\limits_{D_{xy}}x^2y^2\sqrt{R^2-x^2-y^2}\,\mathrm{d}x\,\mathrm{d}y$

B. $2\iint\limits_{D_{xy}}x^2y^2\sqrt{R^2-x^2-y^2}\,\mathrm{d}x\,\mathrm{d}y$

C. 0

(8) 曲面积分 $\iint\limits_{\Sigma}z^2\,\mathrm{d}x\,\mathrm{d}y$ 在数值上等于(　　).

A. 向量 $z^2\boldsymbol{i}$ 穿过曲面 Σ 的流量

B. 面密度为 z^2 的曲面 Σ 的质量

C. 向量 $z^2\boldsymbol{k}$ 穿过曲面 Σ 的流量

(9) 设 Σ 是球面 $x^2+y^2+z^2=R^2$ 的外侧，D_{xy} 是 xOy 面上的圆域 $x^2+y^2\leqslant R^2$，下列等式正确的是(　　).

A. $\iint\limits_{\Sigma}x^2y^2z\,\mathrm{d}s=\iint\limits_{D_{xy}}x^2y^2\sqrt{R^2-x^2-y^2}\,\mathrm{d}x\,\mathrm{d}y$

B. $\iint\limits_{\Sigma}(x^2+y^2)\,\mathrm{d}x\,\mathrm{d}y=\iint\limits_{D_{xy}}(x^2+y^2)\,\mathrm{d}x\,\mathrm{d}y$

C. $\iint\limits_{\Sigma}z\,\mathrm{d}x\,\mathrm{d}y=2\iint\limits_{D_{xy}}\sqrt{R^2-x^2-y^2}\,\mathrm{d}x\,\mathrm{d}y$

(10) 设曲面 Σ 是上半球面：$x^2+y^2+z^2=R^2\ (z\geqslant 0)$，曲面 Σ_1 是曲面 Σ 在第一卦限中的部分，则有(　　).

A. $\iint\limits_{\Sigma}x\,\mathrm{d}S=4\iint\limits_{\Sigma_1}x\,\mathrm{d}S$　　　B. $\iint\limits_{\Sigma}y\,\mathrm{d}S=4\iint\limits_{\Sigma_1}x\,\mathrm{d}S$

C. $\iint\limits_{\Sigma}z\,\mathrm{d}S=4\iint\limits_{\Sigma_1}x\,\mathrm{d}S$　　　D. $\iint\limits_{\Sigma}xyz\,\mathrm{d}S=4\iint\limits_{\Sigma_1}xyz\,\mathrm{d}S$

2. 填空题.

(1) 第二类曲线积分 $\int_{\Gamma}P\mathrm{d}x+Q\mathrm{d}y+R\mathrm{d}z$ 化成第一类曲线积分是________，其中 α,β,γ 为有向曲线弧 Γ 上点 (x,y,z) 处的________的方向角.

(2) 第二类曲面积分 $\iint\limits_{\Sigma}P\mathrm{d}y\mathrm{d}z+Q\mathrm{d}z\mathrm{d}x+R\mathrm{d}x\mathrm{d}y$ 化成第一类曲面积分是________，其中 α,β,γ 为有向曲面 Σ 上点 (x,y,z) 处的________的方向角.

3. 计算下列曲线积分：

(1) 求 $\int_\Gamma z\,\mathrm{d}s$，其中 Γ 为曲线 $x=t\cos t$，$y=t\sin t$，$z=t\ (0\leqslant t\leqslant t_0)$；

(2) 求 $\int_L (\mathrm{e}^x\sin y-2y)\mathrm{d}x+(\mathrm{e}^x\cos y-2)\mathrm{d}y$，其中 L 为上半圆周 $(x-a)^2+y^2=a^2$，$y\geqslant 0$，沿逆时针方向；

(3) $\oint_L \sqrt{x^2+y^2}\,\mathrm{d}s$，其中 L 为圆周 $x^2+y^2=ax$；

(4) $\int_L (2a-y)\mathrm{d}x+x\,\mathrm{d}y$，其中 L 为摆线 $x=a(t-\sin t)$，$y=a(1-\cos t)$ 上对应 t 从 0 到 2π 的一段弧；

(5) $\int_\Gamma (y^2-z^2)\mathrm{d}x+2yz\,\mathrm{d}y-x^2\mathrm{d}z$，其中 Γ 是曲线 $x=t$，$y=t^2$，$z=t^3$ 上由 $t_1=0$ 到 $t_2=1$ 的一段弧；

(6) $\oint_\Gamma xyz\,\mathrm{d}z$，其中 Γ 是用平面 $y=z$ 截球面 $x^2+y^2+z^2=1$ 所得的截痕，从 z 轴的正向看去，沿逆时针方向.

4. 计算下列曲面积分：

(1) 求 $\iint_\Sigma \dfrac{\mathrm{d}s}{x^2+y^2+z^2}$ 其中 Σ 是介于平面 $z=0$ 及 $z=H$ 之间的圆柱面 $x^2+y^2=R^2$；

(2) 求 $\iint_\Sigma (y^2-z)\mathrm{d}y\mathrm{d}z+(z^2-x)\mathrm{d}z\mathrm{d}x+(x^2-y)\mathrm{d}x\mathrm{d}y$，其中 Σ 为锥面 $z=\sqrt{x^2+y^2}$ $(0\leqslant z\leqslant h)$ 的外侧；

(3) 求 $\iint_\Sigma \dfrac{x\,\mathrm{d}y\mathrm{d}z+y\,\mathrm{d}z\mathrm{d}x+z\,\mathrm{d}x\mathrm{d}y}{\sqrt{(x^2+y^2+z^2)^3}}$，其中 Σ 为曲面 $1-\dfrac{z}{5}=\dfrac{(x-2)^2}{16}+\dfrac{(y-1)^2}{9}$ $(z\geqslant 0)$ 的上侧；

(4) $\iint_\Sigma x\,\mathrm{d}y\mathrm{d}z+y\,\mathrm{d}z\mathrm{d}x+z\,\mathrm{d}x\mathrm{d}y$，其中 Σ 为半球面 $z=\sqrt{R^2-x^2-y^2}$ 的上侧；

(5) $\iint_\Sigma xyz\,\mathrm{d}x\mathrm{d}y$，其中 Σ 为球面 $x^2+y^2+z^2=1\ (x\geqslant 0,\ y\geqslant 0)$ 的外侧.

5. 证明 $\dfrac{x\,\mathrm{d}x+y\,\mathrm{d}y}{x^2+y^2}$ 在整个 xOy 面除去 y 的负半轴及原点的区域 G 内是某个二元函数的全微分，并求出一个这样的二元函数.

6. 求均匀曲面 $z=\sqrt{a^2-x^2-y^2}$ 的重心的坐标.

7. 求向量 $\boldsymbol{A}=x\boldsymbol{i}+y\boldsymbol{j}+z\boldsymbol{k}$ 通过区域 $\Omega:0\leqslant x\leqslant 1,\ 0\leqslant y\leqslant 1,\ 0\leqslant z\leqslant 1$ 的边界曲面流向外侧的通量.

8. 流体在空间流动，流体的密度 μ 处处相同 $(\mu=1)$，已知流速函数 $\boldsymbol{V}=xz^2\boldsymbol{i}+yx^2\boldsymbol{j}+zy^2\boldsymbol{k}$，求流体在单位时间内流过曲面 $\Sigma:x^2+y^2+z^2=2z$ 的流量(流向外侧)和沿曲线 $L:x^2+y^2+z^2=2z$，$z=1$ 的环流量(从 z 轴正向看去逆时针方向).

9. 设在半平面 $x>0$ 内有力 $F=-\dfrac{k}{\rho^3}(x\boldsymbol{i}+y\boldsymbol{j})$ 构成力场，其中 k 为常数，$\rho=\sqrt{x^2+y^2}$.

证明在此力场中场力所做的功与所取的路径无关.

10. 设 $u(x, y)$，$v(x, y)$在闭区域 D 上都具有二阶连续偏导数，分段光滑的曲线 L 为 D 的正向边界曲线. 证明：

(1) $\iint\limits_D v\Delta u \mathrm{d}x\,\mathrm{d}y = -\iint\limits_D (\mathbf{grad}\ u \cdot \mathbf{grad}\ v)\mathrm{d}x\,\mathrm{d}y + \int_L v\dfrac{\partial u}{\partial n}\mathrm{d}s$；

(2) $\iint\limits_D (u\Delta v - v\Delta u)\mathrm{d}x\,\mathrm{d}y = \int_L \left(u\dfrac{\partial v}{\partial n} - v\dfrac{\partial u}{\partial n}\right)\mathrm{d}s$，其中$\dfrac{\partial u}{\partial n}$，$\dfrac{\partial v}{\partial n}$分别是$u$，$v$沿$L$的外法线向量 $\boldsymbol{n}$ 的方向导数.

11. 求力 $\boldsymbol{F} = y\boldsymbol{i} + z\boldsymbol{j} + x\boldsymbol{k}$ 沿有向闭曲线Γ所做的功，其中Γ为平面$x + y + z = 1$被三个坐标面所截成的三角形的整个边界，从 z 轴正向看去，沿顺时针方向.

实验 9　曲线积分与曲面积分

一、实验内容

(1) 两类曲线积分的计算.

(2) 两类曲面积分的计算.

二、实验目的

会用 Matlab 计算曲线积分与曲面积分.

三、预备知识

Matlab 语言没有提供计算曲线积分与曲面积分的函数，我们可由两类曲线积分与曲面积分计算公式求解.

1. 第一类曲线积分

例 1 计算 $\int_l \dfrac{z^2}{x^2 + y^2}\mathrm{d}s$，其中 l 为螺线，$x = a\cos t$，$y = a\sin t$，$z = at$（$0 \leqslant t \leqslant 2\pi, a > 0$）.

```
syms t a
  x=a*cos(t);
  y=a*sin(t);
  z=a*t;
  I=int((z^2/(x^2+y^2))*sqrt(diff(x,t)^2+diff(y,t)^2+diff(z,t)^2),t,0,2
*pi)
```

结果如下：

```
  I =
     8/3*pi^3*2^(1/2) * (a^2)^(1/2)
```

例 2 计算 $\int_l (x^2 + y^2)\mathrm{d}s$，其中 l 曲线为 $y = x$ 与 $y = x^2$ 围成的正向曲线.

先绘出给定的曲线：

```
x=0:0.001:1.2;
>>y1=x;
>>y2=x.^2;
>>plot(x,y1,x,y2)
```

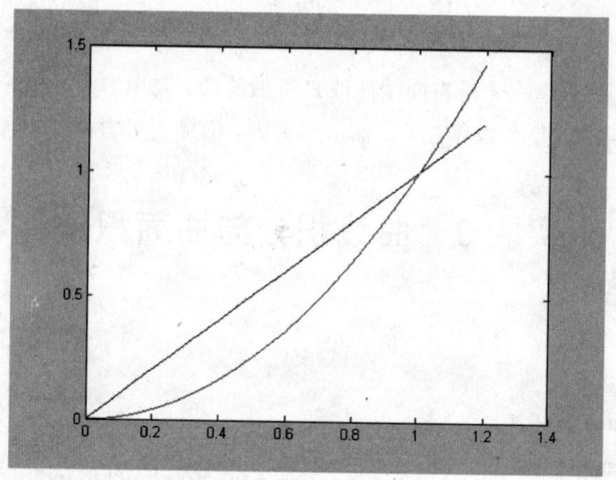

再分两段积分：

```
syms x;
y1=x;
y2=x^2;
I1=int((x^2+y2^2)*sqrt(1+diff(y2,x)^2),x,0,1);
I2=int((x^2+y1^2)*sqrt(1+diff(y1,x)^2),x,1,0);
I=I1+I2
```

结果如下：

```
I =
    349/768*5^(1/2)+7/512*log(-2+5^(1/2))-2/3*2^(1/2)
```

2. 第二类曲线积分

例 3 计算 $\int \frac{x+y}{x^2+y^2}\mathrm{d}x-\frac{x-y}{x^2+y^2}\mathrm{d}y$，其中 l 曲线为正向圆周 $x^2+y^2=a^2$.

```
syms t a;
x=a*cos(t);
y=a*sin(t);
F=[(x+y)/(x^2+y^2),-(x+y)/(x^2+y^2)];
ds=[diff(x,t);diff(y,t)];
I=int(F*ds,t,2*pi,0)
```

结果如下：

```
I =
   2*pi
```

3. 第一类曲面积分

例4　试求出$\iint\limits_S xyz\mathrm{d}S$,其中积分曲面$S$为$x=0$, $y=0$, $x+y+z=a$围成,其中$a>0$.

```
syms x y a;
z=a-x-y;
I=int(int(x*y*z*sqrt(1+diff(z,x)^2+diff(z,y)^2),y,0,a-x),x,0,a)
```

结果如下:

```
I =
   1/120*3^(1/2)*a^5
```

4. 第二类曲面积分

例5　试求出$\iint\limits_S x^3\mathrm{d}y\mathrm{d}z$,其中积分曲面$S$为椭球面$\dfrac{x^2}{a^2}+\dfrac{y^2}{b^2}+\dfrac{z^2}{c^2}=1$的上半部的上侧.

```
syms u v a b c;
x=a*sin(u)*cos(v);
y=b*sin(u)*sin(v);
z=c*cos(u);
A=diff(y,u)*diff(z,v)-diff(z,u)*diff(y,v);
I=int(int(x^3*A,u,0,pi/2),v,0,2*pi)
```

结果如下:

```
I =
   2/5*pi*a^3*c*b
```

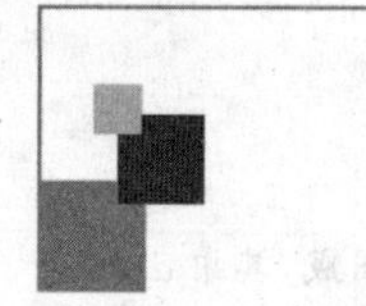

第10章 无穷级数

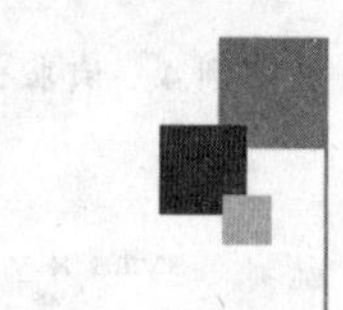

无穷级数的概念与理论是微积分理论的发展与应用，在历史上，人们将无穷级数理解为加法的推广，并在数值计算和函数的研究方面取得了很多成果.例如，牛顿将二项式定理由有限项推广到无穷项，便得到一个无穷多项式

$$\frac{1}{1+x}=(1+x)^{-1}=1-x+x^2-x^3+\cdots,\tag{10.1}$$

这就是把函数表示成了一个幂级数.而泰勒将牛顿用于近似计算的一个公式演变成为

$$f(a+x)=f(a)+f'(a)\frac{x}{1!}+f''(a)\frac{x^2}{2!}+\cdots,$$

便得到了所谓的泰勒级数.与此同时，他们也得到令人费解的结果.例如，在式(10.1)中，令 $x=1$，便得到

$$\frac{1}{2}=1-1+1-1+\cdots,$$

按加法的结合律，得

$$\frac{1}{2}=(1-1)+(1-1)+\cdots=0,$$

及

$$\frac{1}{2}=1-(1-1)-(1-1)-\cdots=1.$$

这种矛盾促使人们要搞清楚无穷级数的本质特征以及“无穷和”与“有限和”运算之间的差异.

无穷级数是分析学中的重要内容，在数值计算、函数逼近、微分方程等方面有重要应用.

本章将介绍数值级数的基本理论，对于函数项级数，将讨论幂级数和傅里叶级数.

10.1　常数项级数的概念与性质

人们认识事物在数量方面的特征，往往有一个过程，即从近似到精确，此时，会遇到无穷多个数量相加的问题.

10.1.1　常数项级数

引例1　如图10-1所示，将一个单位正方形四等分成四个小正方形，且将左下角的小正方形涂成阴影，再将另外三个小正方形都等分成四个小正方形，取左下角的正方形涂成阴影，如此下去，求阴影部分的面积.

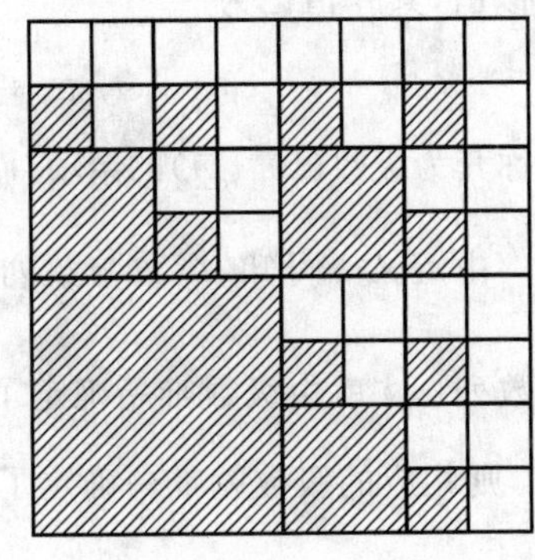

图10-1

解　设单位正方形四等分所成左下角阴影部分的小正方形面积为 a_1，则 $a_1=\left(\frac{1}{2}\right)^2$；设另外三个小正方形左下角阴影部分的小正方形面积之和为 a_2，则 $a_2=3\cdot\left(\frac{1}{4}\right)^2$. 依此分下去，图10-1中阴影部分的面积是无穷个数量依次相加的式子：$a_1+a_2+a_3+\cdots+a_n+\cdots$，亦即

$$\left(\frac{1}{2}\right)^2+3\cdot\left(\frac{1}{4}\right)^2+3^2\cdot\left(\frac{1}{8}\right)^2+\cdots+3^{n-1}\left(\frac{1}{2^n}\right)^2+\cdots.$$

一般地，设 $\{u_n\}$ 为一数列，称表达式

$$\sum_{n=1}^{\infty}u_n=u_1+u_2+u_3+\cdots+u_n+\cdots \tag{10.1.1}$$

为**(常数项)无穷级数**，简称**(常数项)级数**，其中第 n 项 u_n 称为级数的**一般项**.

怎样理解级数(10.1.1)中无穷多个数量相加呢？显然，如前面所列的例子，将无穷级数 $1-1+1-1+\cdots$ 按求"有限和"的方法来求"无限和"产生了矛盾，联系引例，求图10-1阴影部分面积的问题，可以从有限项的和出发，观察它们的变化趋势，由此来理解无穷多个数量相加的含义.

作级数(10.1.1)的前 n 项的和：

$$s_n=u_1+u_2+\cdots+u_n=\sum_{i=1}^{n}u_i, \tag{10.1.2}$$

s_n 称为级数(10.1.1)的部分和，当 n 依次取 1, 2, 3, …时，它们构成了一个新的数列：

$$s_1 = u_1,\ s_2 = u_1 + u_2,\ s_3 = u_1 + u_2 + u_3,\ \cdots,\ s_n = u_1 + u_2 + \cdots + u_n,\ \cdots.$$

如果这个数列有极限，这个极限值就作为级数(10.1.1)的“无穷和”.

定义 1　如果级数(10.1.1)的部分和数列$\{s_n\}$有极限 s，即 $\lim\limits_{n\to\infty} s_n = s$，则称级数(10.1.1) 收敛，$s$ 称为级数(10.1.1) 的和，即

$$s = u_1 + u_2 + \cdots + u_n + \cdots;$$

如果$\{s_n\}$没有极限，则称级数(10.1.1)发散. 特别地，当 $\lim\limits_{n\to\infty} s_n$ 为 $+\infty$ 或 $-\infty$ 时，称级数(10.1.1) 发散到 $+\infty$ 或 $-\infty$. 当级数(10.1.1) 收敛时，其部分和 s_n 是和 s 的近似值，其差值记为

$$r_n = s - s_n = u_{n+1} + u_{n+2} + \cdots,$$

并称其为级数(10.1.1)的**余项**，而用 s_n 代替 s 所产生的误差记为 $|r_n| = |s - s_n|$.

由定义 1 可知，级数与数列极限有着紧密的联系. 给定级数 $\sum\limits_{n=1}^{\infty} u_n$ 后，则部分和数列$\{s_n\}$就由级数唯一确定了，即有$\left\{s_n = \sum\limits_{i=1}^{n} u_i\right\}$；反之，如果部分和数列$\{s_n\}$已知，则相应的级数就唯一确定了. 事实上，此时有

$$s_1 + (s_2 - s_1) + \cdots + (s_n - s_{n-1}) + \cdots = s_1 + \sum_{n=2}^{\infty} (s_n - s_{n-1}) = \sum_{n=1}^{\infty} u_n,$$

其中，$u_1 = s_1$，$u_n = s_n - s_{n-1} (n \geqslant 2)$. 依定义 1 易知，级数 $\sum\limits_{n=1}^{\infty} u_n$ 与数列$\{s_n\}$同收敛、同发散，且在收敛时，有 $\sum\limits_{n=1}^{\infty} u_n = \lim\limits_{n\to\infty} s_n$，即 $\sum\limits_{n=1}^{\infty} u_n = \lim\limits_{n\to\infty} \sum\limits_{i=1}^{n} u_i$.

有了定义 1，现在可以求本节引例 1 中图 10－1 阴影部分的面积. 设部分和为 s_n，则

$$\begin{aligned} s_n &= \left(\frac{1}{2}\right)^2 + 3\cdot\left(\frac{1}{4}\right)^2 + 3^2\cdot\left(\frac{1}{8}\right)^2 + \cdots + 3^{n-1}\left(\frac{1}{2^n}\right)^2 \\ &= \frac{1}{2^2} + \frac{3}{2^4} + \frac{3^2}{2^6} + \cdots + \frac{3^{n-1}}{2^{2n}} \\ &= \frac{1}{2^2}\left(1 + \frac{3}{2^2} + \frac{3^2}{2^4} + \cdots + \frac{3^{n-1}}{2^{2(n-1)}}\right) \\ &= \frac{1}{4}\left[1 + \frac{3}{2^2} + \left(\frac{3}{2^2}\right)^2 + \cdots + \left(\frac{3}{2^2}\right)^{n-1}\right] \end{aligned}$$

$$= \frac{1}{4} \cdot \frac{1-\left(\frac{3}{4}\right)^n}{1-\frac{3}{4}} = 1-\left(\frac{3}{4}\right)^n,$$

从而所求面积为 $\lim\limits_{n\to\infty} s_n = \lim\limits_{n\to\infty}\left[1-\left(\frac{3}{4}\right)^n\right] = 1.$

例 1　讨论几何级数

$$a + aq + aq^2 + \cdots + aq^{n-1} + \cdots = \sum_{n=1}^{\infty} aq^{n-1} \quad (a \neq 0) \qquad (10.1.3)$$

的收敛性(几何级数又称**等比级数**).

解　如果 $q \neq 1$，则部分和

$$s_n = a + aq + aq^2 + \cdots + aq^{n-1} = a \cdot \frac{1-q^n}{1-q} \quad (q \neq 1).$$

当 $|q| < 1$ 时，有 $\lim\limits_{n\to\infty} q^n = 0$，从而 $\lim\limits_{n\to\infty} s_n = \lim\limits_{n\to\infty} a\frac{1-q^n}{1-q} = \frac{a}{1-q}$；当 $|q| > 1$ 时，有 $\lim\limits_{n\to\infty} q^n = \infty$，从而有 $\lim\limits_{n\to\infty} s_n = \lim\limits_{n\to\infty} a\frac{1-q^n}{1-q} = \infty$；当 $q = -1$ 时，几何级数 (10.1.3) 为 $a - a + a - a + \cdots + (-1)^{n-1}a + \cdots$,

$$s_n = \begin{cases} 0, & n \text{ 为偶数}, \\ a, & n \text{ 为奇数}, \end{cases}$$

从而 $\lim\limits_{n\to\infty} s_n$ 不存在，级数(10.1.3)发散；当 $q = 1$ 时，级数(10.1.3) 为 $a + a + \cdots + a + \cdots$，$s_n = na$，从而 $\lim\limits_{n\to\infty} s_n = \infty$，级数(10.1.3) 发散.

总之，当 $|q| < 1$ 时，几何级数(10.1.3) 收敛；当 $|q| \geqslant 1$ 时，几何级数(10.1.3)发散.

例 2　判定无穷级数 $\frac{1}{1\cdot 2} + \frac{1}{2\cdot 3} + \cdots + \frac{1}{n(n+1)} + \cdots$ 的收敛性.

解　由于 $\frac{1}{n(n+1)} = \frac{1}{n} - \frac{1}{n+1}$，所以

$$\begin{aligned} s_n &= \frac{1}{1\cdot 2} + \frac{1}{2\cdot 3} + \cdots + \frac{1}{n(n+1)} \\ &= \left(1-\frac{1}{2}\right) + \left(\frac{1}{2}-\frac{1}{3}\right) + \cdots + \left(\frac{1}{n}-\frac{1}{n+1}\right) \\ &= 1 - \frac{1}{n+1}, \end{aligned}$$

从而 $\lim\limits_{n\to\infty}s_n=\lim\limits_{n\to\infty}\left(1-\dfrac{1}{n+1}\right)=1$，原级数收敛.

例 3 证明级数 $\sum\limits_{n=1}^{\infty}\ln\left(1+\dfrac{1}{n}\right)$发散.

证 $s_n=\sum\limits_{i=1}^{n}\ln\left(1+\dfrac{1}{i}\right)=\sum\limits_{i=1}^{n}[\ln(i+1)-\ln i]=\ln(n+1)$，

从而 $\lim\limits_{n\to\infty}s_n=\lim\limits_{n\to\infty}\ln(n+1)=\infty$，原级数发散.

由以上几例知，利用定义 1，判断级数的收敛性，需要求出级数的前 n 项和 s_n，然而，只在极特殊情况下才能求出 s_n，而求出级数的和更困难. 但如果知道一个无穷级数收敛，则可以用它的前 n 项和近似它的和. 因此，必须找到方便有效的判别无穷级数收敛性的方法.

10.1.2 收敛级数的基本性质

性质 1(必要性) 若无穷级数 $\sum\limits_{n=1}^{\infty}u_n$ 收敛，则$\lim\limits_{n\to\infty}u_n=0$.

证 设 $s_n=\sum\limits_{i=1}^{n}u_i$，因级数$\sum\limits_{n=1}^{\infty}u_n$ 收敛，设收敛的和为 s，则由 $u_n=s_n-s_{n-1}$，有

$$\lim_{n\to\infty}u_n=\lim_{n\to\infty}(s_n-s_{n-1})=\lim_{n\to\infty}s_n-\lim_{n\to\infty}s_{n-1}=s-s=0,$$

即证.

由级数收敛的必要性知，当级数一般项 u_n 不趋于零时，级数 $\sum\limits_{n=1}^{\infty}u_n$ 一定发散. 例如，级数$\sum\limits_{n=1}^{\infty}(\sqrt{n^2+n}-n)$，一般项

$$u_n=\sqrt{n^2+n}-n=\frac{n}{\sqrt{n^2+n}+n}\to\frac{1}{2}\neq 0\quad(n\to\infty).$$

从而级数发散.

应该注意的是，性质 1 的逆命题不真，即当 $\lim\limits_{n\to\infty}u_n=0$ 时，$\sum\limits_{n=1}^{\infty}u_n$ 并不一定收敛. 调和级数

$$\sum_{n=1}^{\infty}\frac{1}{n}\tag{10.1.4}$$

就是一个例子. 这里 $u_n=\dfrac{1}{n}\to 0\ (n\to\infty)$，但它却是发散的. 下面用反证法来证明：设调和级数(10.1.4)收敛于 s，s_n 为其前 n 项和，则 $s_n\to s$，$s_{2n}\to s\ (n\to\infty)$，从

而 $s_{2n}-s_n\to s-s=0\ (n\to\infty)$，但

$$s_{2n}-s_n=\frac{1}{n+1}+\frac{1}{n+2}+\cdots+\frac{1}{2n}>\underbrace{\frac{1}{2n}+\frac{1}{2n}+\cdots+\frac{1}{2n}}_{n\text{项}}=\frac{1}{2},$$

于是 $s_{2n}-s_n$ 不趋于零，这与前面的结论矛盾. 这个矛盾显然是由假设级数(10.1.4)收敛所致.

例 4　设级数 $\sum\limits_{n=1}^{\infty}(u_n+v_n)$ 收敛，且 $v_n\to 0\ (n\to\infty)$，又设级数 $\sum\limits_{n=1}^{\infty}u_n$ 的前奇数项的部分和 $s_{2k+1}\to s\ (k\to\infty)$，求证级数 $\sum\limits_{n=1}^{\infty}u_n=s$.

证　由收敛的必要条件知，$u_n+v_n\to 0\ (n\to\infty)$，又由 $v_n\to 0$，可推得 $u_n\to 0\ (n\to\infty)$，因而 $u_{2k+1}\to 0\ (k\to\infty)$. 因为 $s_{2k}=s_{2k+1}-u_{2k+1}\to s\ (k\to\infty)$，于是对任何正整数 n 有 $s_n\to s\ (n\to\infty)$，即 $\sum\limits_{n=1}^{\infty}u_n$ 收敛于 s.

性质 2　设 $k\neq 0$，则级数 $\sum\limits_{n=1}^{\infty}u_n$ 与 $\sum\limits_{n=1}^{\infty}ku_n$ 具有相同的收敛性.

证　设 s_n，σ_n 分别为 $\sum\limits_{n=1}^{\infty}u_n$，$\sum\limits_{n=1}^{\infty}ku_n$ 的部分和，由于 $\sigma_n=ks_n$ 及 $k\neq 0$，s_n 与 σ_n 应有相同的收敛性，即级数 $\sum\limits_{n=1}^{\infty}u_n$，$\sum\limits_{n=1}^{\infty}ku_n$ 具有相同收敛性.

性质 3　设级数 $\sum\limits_{n=1}^{\infty}u_n$，$\sum\limits_{n=1}^{\infty}v_n$ 分别收敛于 s 和 σ，则对任何常数 k_1，k_2，级数 $\sum\limits_{n=1}^{\infty}(k_1u_n+k_2v_n)$ 也收敛，其和为 $k_1s+k_2\sigma$.

证　设 s_n，σ_n 分别为 $\sum\limits_{n=1}^{\infty}u_n$ 和 $\sum\limits_{n=1}^{\infty}v_n$ 的前 n 项和，则级数 $\sum\limits_{n=1}^{\infty}(k_1u_n+k_2v_n)$ 的前 n 项和

$$\Delta_n=\sum_{i=1}^{n}(k_1u_i+k_2v_i)=k_1\sum_{i=1}^{n}u_i+k_2\sum_{i=1}^{n}v_i=k_1s_n+k_2\sigma_n,$$

由于 $s_n\to s$，$\sigma_n\to\sigma\ (n\to\infty)$，从而 $\lim\limits_{n\to\infty}\Delta_n=k_1s+k_2\sigma$.

特别地，若级数 $\sum\limits_{n=1}^{\infty}u_n$，$\sum\limits_{n=1}^{\infty}v_n$ 分别收敛于 s 和 σ，则级数

$$\sum_{n=1}^{\infty}(u_n\pm v_n)=s\pm\sigma=\sum_{n=1}^{\infty}u_n\pm\sum_{n=1}^{\infty}v_n.$$

注　(1) 若级数 $\sum\limits_{n=1}^{\infty}u_n$ 收敛，级数 $\sum\limits_{n=1}^{\infty}v_n$ 发散，则级数 $\sum\limits_{n=1}^{\infty}(u_n\pm v_n)$ 一定发散.

这是由于,如果级数 $\sum_{n=1}^{\infty}(u_n \pm v_n)$ 收敛,则级数 $\sum_{n=1}^{\infty}[(u_n \pm v_n) - u_n] = \sum_{n=1}^{\infty}(\pm v_n)$ 也收敛,而这正好与级数 $\sum_{n=1}^{\infty} v_n$ 发散相矛盾.

(2) 若级数 $\sum_{n=1}^{\infty} u_n$ 和 $\sum_{n=1}^{\infty} v_n$ 均发散,则级数 $\sum_{n=1}^{\infty}(u_n \pm v_n)$ 可能收敛,也可能发散.这一结论留给读者去思考.

例 5 判定级数 $\sum_{n=1}^{\infty}\left(\frac{1}{2^{n-1}} + \frac{2^n}{3^{n-1}}\right)$ 的收敛性,若收敛,求其和.

解 由于几何级数 $\sum_{n=1}^{\infty} \frac{1}{2^{n-1}}\left(公比 q = \frac{1}{2}\right)$ 收敛于 $\frac{1}{1-\frac{1}{2}} = 2$,而 $\sum_{n=1}^{\infty} \frac{2^n}{3^{n-1}} = \sum_{n=1}^{\infty} 2 \cdot \left(\frac{2}{3}\right)^{n-1}$ 收敛于 $2 \cdot \frac{1}{1-\frac{2}{3}} = 6$,从而该级数收敛,且

$$\sum_{n=1}^{\infty}\left(\frac{1}{2^{n-1}} + \frac{2^n}{3^{n-1}}\right) = \sum_{n=1}^{\infty} \frac{1}{2^{n-1}} + \sum_{n=1}^{\infty} \frac{2^n}{3^{n-1}} = 2 + 6 = 8.$$

例 6 讨论级数 $\sum_{n=1}^{\infty}\left(\frac{1}{4^n} + \cos n\pi\right)$ 的收敛性.

解 因几何级数 $\sum_{n=1}^{\infty} \frac{1}{4^n}$ 收敛,而级数 $\sum_{n=1}^{\infty} \cos n\pi = \sum_{n=1}^{\infty} (-1)^n$ 发散,于是原级数发散.

性质 4 在级数中去掉、加上或改变有限项,不会改变其收敛性.

证 只需证明"在级数的前面部分去掉或加上有限项不会改变级数的收敛性".因为其他情形(即在级数中任意去掉、加上或改变有限项的情形)都可以看成在级数的前面部分先去掉有限项,然后再加上有限项的结果.

设将级数 $u_1 + u_2 + \cdots + u_k + u_{k+1} + \cdots + u_{k+n} + \cdots$ 的前 k 项去掉,则得级数 $u_{k+1} + u_{k+2} + \cdots + u_{k+n} + \cdots$,于是新得的级数的部分和为

$$\sigma_n = u_{k+1} + u_{k+2} + \cdots + u_{k+n} = s_{k+n} - s_k,$$

其中,s_{k+n} 是原来级数的前 $k+n$ 项的和.因 s_k 是常数,所以,当 $n \to \infty$ 时,σ_n 与 s_{k+n} 或者同时具有极限,或者同时没有极限.

类似地,可以证明在级数的前面加上有限项,不会改变级数的收敛性.

性质 5 如果级数 $\sum_{n=1}^{\infty} u_n$ 收敛,则对这级数的项任意加括号后所成的级数仍收敛,且其和不变.

证　设级数 $\sum_{n=1}^{\infty} u_n$ 任意加括号后所成的级数为

$$(u_1+\cdots+u_{n_1})+(u_{n_1+1}+\cdots+u_{n_2})+\cdots+(u_{n_{k-1}+1}+\cdots+u_{n_k})+\cdots, \tag{10.1.5}$$

而级数 $\sum_{n=1}^{\infty} u_n$（相应于前 n 项）的部分和为 s_n，级数(10.1.5)（相应于前 k 项）的部分和为 A_k，则

$A_1=u_1+\cdots+u_{n_1}=s_{n_1}$，

$A_2=(u_1+\cdots+u_{n_1})+(u_{n_1+1}+\cdots+u_{n_2})=s_{n_2}$，…，

$A_k=(u_1+\cdots+u_{n_1})+(u_{n_1+1}+\cdots+u_{n_2})+\cdots+(u_{n_{k-1}+1}+\cdots+u_{n_k})=s_{n_k}$，…，

可见数列$\{A_k\}$是数列$\{s_n\}$的一个子数列，由数列$\{s_n\}$的收敛性以及收敛数列与其子数列的关系可知，数列$\{A_k\}$必定收敛，且有 $\lim\limits_{k\to\infty}A_k=\lim\limits_{n\to\infty}s_n$，即加括号后所成的级数收敛，且其和不变.

注意，这个命题的逆命题不成立，这就是说，即使级数加括号之后收敛，它也不一定收敛. 例如，级数$(1-1)+(1-1)+\cdots$收敛于零，但去掉括号后的级数$1-1+1-1+\cdots$却是发散的. 由性质 5 可得如下的推论：如果加括号之后的级数发散，则原级数也发散. 因为，如果原级数收敛，则根据性质 5，加括号后的级数就应该收敛了.

*10.1.3　柯西审敛原理

下面根据数列极限的柯西准则，给出判别数项级数是否收敛的柯西审敛原理.

定理 1(柯西审敛原理)　级数 $\sum_{n=1}^{\infty} u_n$ 收敛的充分必要条件为：对于任意给定的正数 ε，总存在正整数 N，使得当 $n>N$ 时，对于任意的正整数 p，都有 $|u_{n+1}+u_{n+2}+\cdots+u_{n+p}|<\varepsilon$ 成立.

证　设级数 $\sum_{n=1}^{\infty} u_n$ 的部分和为 s_n，因为

$$|u_{n+1}+u_{n+2}+\cdots+u_{n+p}|=|s_{n+p}-s_n|,$$

所以由数列的柯西极限存在准则，即可得证.

例 7　利用柯西审敛原理判定级数 $\sum_{n=1}^{\infty}\frac{1}{n^2}$ 的收敛性.

解　因为对任何正整数 p，有

$$\begin{aligned}
&|u_{n+1}+u_{n+2}+\cdots+u_{n+p}| \\
&=\frac{1}{(n+1)^2}+\frac{1}{(n+2)^2}+\cdots+\frac{1}{(n+p)^2} \\
&<\frac{1}{n(n+1)}+\frac{1}{(n+1)(n+2)}+\cdots+\frac{1}{(n+p-1)(n+p)} \\
&=\left(\frac{1}{n}-\frac{1}{n+1}\right)+\left(\frac{1}{n+1}-\frac{1}{n+2}\right)+\cdots+\left(\frac{1}{n+p-1}-\frac{1}{n+p}\right) \\
&=\frac{1}{n}-\frac{1}{n+p}<\frac{1}{n}.
\end{aligned}$$

所以,对于任意给定的正数 ε,取正整数 $N \geqslant \frac{1}{\varepsilon}$,则当 $n>N$ 时,对任何正整数 p,都有 $|u_{n+1}+u_{n+2}+\cdots+u_{n+p}|<\varepsilon$ 成立,按柯西审敛原理,级数 $\sum_{n=1}^{\infty}\frac{1}{n^2}$ 收敛.

习 题 10.1

1. 回答下列问题:

(1) 一般项 $a_n \to 0\ (n\to\infty)$ 是否为级数 $\sum_{n=1} a_n$ 收敛的充分条件?若不是,举一例说明.

(2) 若 $\sum_{n=1}^{\infty} a_n$ 收敛, $\sum_{n=1}^{\infty} b_n$ 发散,问 $\sum_{n=1}^{\infty}(a_n+b_n)$ 是收敛还是发散?

(3) 若 $\sum_{n=1}^{\infty} a_n$ 与 $\sum_{n=1}^{\infty} b_n$ 都发散,问 $\sum_{n=1}^{\infty}(a_n+b_n)$ 是收敛还是发散?

(4) 若 $\sum_{n=1}^{\infty} u_n$ 收敛,问 $\sum_{n=1}^{\infty} u_{n+50}$, $\sum_{n=1}^{\infty}\frac{1}{u_n}$ 是收敛还是发散?

(5) 若 $\sum_{n=1}^{\infty} u_n$ 发散,问 $\sum_{n=1}^{\infty} u_{n+50}$, $\sum_{n=1}^{\infty}\frac{1}{u_n}$ 是收敛还是发散?

2. 写出下列级数的前五项:

(1) $\sum_{n=1}^{\infty}(-1)^{n-1}\frac{1}{n}$; (2) $\sum_{n=1}^{\infty}\frac{n!}{n^n}$; (3) $\sum_{n=1}^{\infty}\frac{1\cdot 3\cdot 5\cdot\cdots\cdot(2n-1)}{2\cdot 4\cdot 6\cdot\cdots\cdot(2n)}$.

3. 写出下列级数的一般项:

(1) $\frac{2}{1\cdot 2}+\frac{3}{2\cdot 3}+\frac{4}{3\cdot 4}+\cdots$;

(2) $1+\frac{6}{2^2}+\frac{12}{2^3}+\frac{20}{2^4}+\frac{30}{2^5}+\cdots$;

(3) $\frac{2}{1}-\frac{3}{2}+\frac{4}{3}-\frac{5}{4}+\frac{6}{5}-\cdots$;

(4) $\frac{\sqrt{x}}{2}+\frac{x}{2\cdot 4}+\frac{x\sqrt{x}}{2\cdot 4\cdot 6}+\frac{x^2}{2\cdot 4\cdot 6\cdot 8}+\cdots$.

4. 根据级数收敛与发散的定义判定下列级数的收敛性：

(1) $\frac{1}{1\cdot 6}+\frac{1}{6\cdot 11}+\cdots+\frac{1}{(5n-4)(5n+1)}+\cdots$；

(2) $\sum_{n=1}^{\infty}(\sqrt{n+2}-2\sqrt{n+1}+\sqrt{n})$；

(3) $\sum_{n=1}^{\infty}(\sqrt{n+1}-\sqrt{n})$；

(4) $\sum_{n=1}^{\infty}\sin\frac{n\pi}{6}$.

5. 判定下列级数的收敛性：

(1) $-\frac{8}{9}+\frac{8^2}{9^2}-\frac{8^3}{9^3}+\cdots+(-1)^n\frac{8^n}{9^n}+\cdots$；

(2) $\left(\frac{1}{2}+\frac{1}{3}\right)+\left(\frac{1}{2^2}+\frac{1}{3^2}\right)+\left(\frac{1}{2^3}+\frac{1}{3^3}\right)+\cdots+\left(\frac{1}{2^n}+\frac{1}{3^n}\right)+\cdots$；

(3) $\sum_{n=1}^{\infty}\left(\frac{1}{3n}+\frac{1}{2^n}\right)$；

(4) $1!+2!+3!+4!+\cdots+n!+\cdots$.

* **6.** 求下列级数的和：

(1) $\sum_{n=1}^{\infty}\frac{1}{(a+n-1)(a+n)}\ (a>0)$；　(2) $\sum_{n=1}^{\infty}(-1)^{n+1}\frac{2n+1}{n(n+1)}$；

* **7.** 设 $\sum_{n=1}^{\infty}a_n$ 收敛，且 $\lim_{n\to\infty}na_n=0$，求证：$\sum_{n=1}^{\infty}n(a_n-a_{n+1})$ 收敛，且

$$\sum_{n=1}^{\infty}n(a_n-a_{n+1})=\sum_{n=1}^{\infty}a_n.$$

* **8.** 设 $\sum_{n=1}^{\infty}u_n$ 的一般项 u_n 与部分和 s_n 的关系为 $u_n=\frac{1}{s_n}$，且 $\lim_{n\to\infty}u_n=0$，证明 $\sum_{n=1}^{\infty}u_n$ 发散.

* **9.** 利用柯西审敛原理判定下列级数的收敛性：

(1) $1+\frac{1}{2}-\frac{1}{3}+\frac{1}{4}+\frac{1}{5}-\frac{1}{6}+\cdots$；

(2) $\frac{\sin x}{2}+\frac{\sin 2x}{2^2}+\cdots+\frac{\sin nx}{2^n}+\cdots$.

10.2　正项级数

对于级数 $\sum_{n=1}^{\infty}u_n$，若所有项的符号相同，即都是正数或都是负数，形象地称之

为同号级数,对于同号级数收敛性的研究只化归到正项级数收敛性的研究.所谓**正项级数** $\sum_{n=1}^{\infty} u_n$,是指 $u_n \geqslant 0$, $\forall n \in \mathbf{N}^+$.各项是负数的级数,它的各项乘以 -1 便化归为正项级数.

之所以专门研究正项级数,一是它较简单,有许多良好的性质;二是很多其他类型的级数的收敛性可转化为正项级数来研究.

10.2.1 比较审敛法

设正项级数为

$$u_1 + u_2 + \cdots + u_n + \cdots = \sum_{n=1}^{\infty} u_n, \tag{10.2.1}$$

s_n 为其部分和,显然有 $s_1 \leqslant s_2 \leqslant \cdots \leqslant s_n \leqslant \cdots$,即 $\{s_n\}$ 是单调增加的数列,故 $\lim_{n\to\infty} s_n$ 存在的充分必要条件是 $\{s_n\}$ 有界,于是有以下定理:

定理 1 正项级数 $\sum_{n=1}^{\infty} u_n$ 收敛的充分必要条件是其部分和数列 $\{s_n\}$ 有上界.

若正项级数的部分和数列无上界,则其必发散到 $+\infty$,即 $\sum_{n=1}^{\infty} u_n = +\infty$.

尽管 s_n 的表达式难以求出,以及判别它的有界性也不容易,但这不影响定理 1 在理论上的重要性.

定理 2(比较审敛法) 设 $\sum_{n=1}^{\infty} u_n$ 与 $\sum_{n=1}^{\infty} v_n$ 均为正项级数,$\forall n \in \mathbf{N}^+$,有 $u_n \leqslant v_n$,则

(1) 当 $\sum_{n=1}^{\infty} v_n$ 收敛时,$\sum_{n=1}^{\infty} u_n$ 也收敛;

(2) 当 $\sum_{n=1}^{\infty} u_n$ 发散时,$\sum_{n=1}^{\infty} v_n$ 也发散.

证 设 $s_n = \sum_{i=1}^{n} u_i$, $\sigma_n = \sum_{i=1}^{n} v_i$,由于 $\forall n \in \mathbf{N}^+$ 有 $u_n \leqslant v_n$,故 $s_n \leqslant \sigma_n$.

(1) 当 $\sum_{n=1}^{\infty} v_n$ 收敛时,由定理 1 知,数列 $\{\sigma_n\}$ 有上界,由此知数列 $\{s_n\}$ 有上界.同样,由定理 1 知,$\sum_{n=1}^{\infty} u_n$ 收敛.

(2) 由 $\sum_{n=1}^{\infty} u_n$ 发散知,$s_n \to +\infty\ (n\to\infty)$,从而 $\sigma_n \to +\infty\ (n\to\infty)$,即数列 $\{\sigma_n\}$ 无上界,由定理 1 知 $\sum_{n=1}^{\infty} v_n$ 发散.

由于级数的各项同乘一个非零常数以及去掉级数前面部分的有限项，不会改变级数的收敛性，可得定理 2 的如下推论：

推论　设 $\sum_{n=1}^{\infty} u_n$ 和 $\sum_{n=1}^{\infty} v_n$ 均为正项级数，

(1) 若 $\sum_{n=1}^{\infty} v_n$ 收敛，且存在正整数 N，当 $n \geqslant N$ 时，有 $u_n \leqslant kv_n (k>0)$，则 $\sum_{n=1}^{\infty} u_n$ 也收敛.

(2) 若 $\sum_{n=1}^{\infty} v_n$ 发散，且存在正整数 N，当 $n \geqslant N$ 时，有 $u_n \geqslant kv_n (k>0)$，则 $\sum_{n=1}^{\infty} u_n$ 也发散.

例 1　讨论 p 级数

$$1+\frac{1}{2^p}+\frac{1}{3^p}+\cdots+\frac{1}{n^p}+\cdots \tag{10.2.2}$$

的收敛性，其中常数 $p>0$.

解　当 $p \leqslant 1$ 时，有 $\frac{1}{n^p} \geqslant \frac{1}{n} (\forall n \geqslant 1)$，而级数 $\sum_{n=1}^{\infty} \frac{1}{n}$ 为调和级数，是发散的. 根据比较审敛法，p 级数发散. 设 $p>1$，因当 $n-1 \leqslant x \leqslant n$ 时有 $\frac{1}{n^p} \leqslant \frac{1}{x^p}$，故

$$\begin{aligned}\frac{1}{n^p} &= \int_{n-1}^{n} \frac{1}{n^p} \mathrm{d}x \leqslant \int_{n-1}^{n} \frac{1}{x^p} \mathrm{d}x \\ &= \frac{1}{p-1}\left[\frac{1}{(n-1)^{p-1}}-\frac{1}{n^{p-1}}\right] \quad (n=2, 3, \cdots).\end{aligned}$$

考虑级数 $\sum_{n=2}^{\infty}\left[\frac{1}{(n-1)^{p-1}}-\frac{1}{n^{p-1}}\right]$ 的部分和

$$\begin{aligned}s_n &= \left(1-\frac{1}{2^{p-1}}\right)+\left(\frac{1}{2^{p-1}}-\frac{1}{3^{p-1}}\right)+\cdots+\left[\frac{1}{n^{p-1}}-\frac{1}{(n+1)^{p-1}}\right] \\ &= 1-\frac{1}{(n+1)^{p-1}},\end{aligned}$$

由于

$$\lim_{n \to \infty} s_n = \lim_{n \to \infty}\left[1-\frac{1}{(n+1)^{p-1}}\right]=1,$$

故 p 级数收敛.

综上所述，p 级数(10.2.2)当 $p>1$ 时收敛；当 $p \leqslant 1$ 时发散.

例 2　判定级数 $\sum_{n=1}^{\infty} \frac{\ln n}{\sqrt{n}}$ 的收敛性.

解 当 $n\geqslant 3$ 时，$\ln n>1$，由此得 $\frac{\ln n}{\sqrt{n}}>\frac{1}{\sqrt{n}}$，因级数 $\sum_{n=1}^{\infty}\frac{1}{\sqrt{n}}$ 发散，由比较审敛法推论得原级数发散.

例 3 证明：

(1) 级数 $\sum_{n=2}^{\infty}\frac{1}{n\ln n}$ 是发散的；

(2) 级数 $\sum_{n=2}^{\infty}\frac{1}{n(\ln n)^2}$ 是收敛的.

证 (1)
$$\frac{1}{n\ln n}=\int_n^{n+1}\frac{\mathrm{d}x}{n\ln n}>\int_n^{n+1}\frac{\mathrm{d}x}{x\ln x}=u_n\quad(n=2,3,\cdots),$$
显然，$u_n>0$，且
$$u_2+u_3+\cdots+u_{n+1}=\int_2^{n+2}\frac{\mathrm{d}x}{x\ln x}$$
$$=\ln[\ln(n+2)]-\ln(\ln 2)\to+\infty\quad(n\to+\infty),$$
故 $\sum_{n=2}^{\infty}u_n$ 发散，从而 $\sum_{n=2}^{\infty}\frac{1}{n\ln n}$ 发散.

(2)
$$0<\frac{1}{n(\ln n)^2}=\int_{n-1}^{n}\frac{\mathrm{d}x}{n(\ln n)^2}$$
$$<\int_{n-1}^{n}\frac{\mathrm{d}x}{x(\ln x)^2}=v_n\quad(n=3,4,\cdots),$$
而
$$v_3+v_4+\cdots+v_{n+2}=\int_2^{n+2}\frac{\mathrm{d}x}{x(\ln x)^2}$$
$$=\frac{1}{\ln 2}-\frac{1}{\ln(n+2)}\to\frac{1}{\ln 2}\quad(n\to\infty),$$
级数 $\sum_{n=3}^{\infty}v_n$ 收敛，故级数 $\sum_{n=3}^{\infty}\frac{1}{n(\ln n)^2}$ 收敛，从而原级数收敛.

定理 3(比较审敛法的极限形式) 设 $\sum_{n=1}^{\infty}u_n$ 与 $\sum_{n=1}^{\infty}v_n$ 都是正项级数，若 $\lim\limits_{n\to\infty}\frac{u_n}{v_n}=l\ (v_n>0)$，则

(1) 当 $0<l<+\infty$ 时，$\sum_{n=1}^{\infty}u_n$ 与 $\sum_{n=1}^{\infty}v_n$ 同时收敛或同时发散；

(2) 当 $l=0$ 且 $\sum_{n=1}^{\infty}v_n$ 收敛时，$\sum_{n=1}^{\infty}u_n$ 收敛；

(3) 当 $l=+\infty$ 且 $\sum_{n=1}^{\infty} v_n$ 发散时，$\sum_{n=1}^{\infty} u_n$ 发散.

证　(1) 设 $0<l<+\infty$，对 $\varepsilon=\frac{l}{2}>0$，由 $\lim_{n\to\infty}\frac{u_n}{v_n}=l$，∃ 正整数 N，当 $n>N$ 时，有不等式 $l-\frac{l}{2}<\frac{u_n}{v_n}<l+\frac{l}{2}$ 或 $\frac{l}{2}<\frac{u_n}{v_n}<\frac{3}{2}l$，即 $\frac{l}{2}v_n<u_n<\frac{3l}{2}v_n$，根据比较审敛法可知，级数 $\sum_{n=1}^{\infty} u_n$ 与 $\sum_{n=1}^{\infty} v_n$ 同时收敛或同时发散.

(2) 设 $l=0$，对 $\varepsilon=1$，则 ∃ 正整数 N，当 $n>N$ 时，有 $\frac{u_n}{v_n}<1$，即 $u_n<v_n$，根据比较审敛法，由 $\sum_{n=1}^{\infty} v_n$ 收敛，必有 $\sum_{n=1}^{\infty} u_n$ 收敛.

(3) 设 $l=+\infty$，则 ∃ 正整数 N，当 $n>N$ 时，有 $\frac{u_n}{v_n}>1$，即 $u_n>v_n$. 根据比较审敛法知，由 $\sum_{n=1}^{\infty} v_n$ 发散，有 $\sum_{n=1}^{\infty} u_n$ 发散.

比较审敛法的极限形式，在两个正项级数的一般项均趋于零的情况下，其实是比较它们的一般项作为无穷小量的阶，即当 u_n 和 v_n 是同阶无穷小(含 u_n 与 v_n 是等价无穷小)时，级数 $\sum_{n=1}^{\infty} u_n$ 和 $\sum_{n=1}^{\infty} v_n$ 同时收敛或同时发散；当 u_n 是 v_n 的高阶无穷小时，若 $\sum_{n=1}^{\infty} v_n$ 收敛，则 $\sum_{n=1}^{\infty} u_n$ 必收敛；当 u_n 是比 v_n 低阶的无穷小时，若 $\sum_{n=1}^{\infty} v_n$ 发散，则 $\sum_{n=1}^{\infty} u_n$ 必发散.

例 4　讨论级数 $\sum_{n=1}^{\infty} \sin\frac{1}{n}$ 的收敛性.

解　因 $0<\frac{1}{n}<\frac{\pi}{2}$，故 $\sin\frac{1}{n}>0$，又 $\sin\frac{1}{n}\sim\frac{1}{n}\ (n\to\infty)$，即 $\lim_{n\to\infty}\frac{\sin\frac{1}{n}}{\frac{1}{n}}=1$. 而 $\sum_{n=1}^{\infty}\frac{1}{n}$ 发散. 所以原级数也发散.

例 5　判定级数 $\sum_{n=1}^{\infty}\frac{1}{\ln(n+1)}$ 的收敛性.

解　因为

$$\lim_{n\to\infty}\frac{\dfrac{1}{\ln(n+1)}}{\dfrac{1}{n}}=\lim_{n\to\infty}\frac{n}{\ln(n+1)}=\lim_{x\to+\infty}\frac{x}{\ln(x+1)}$$

$$=\lim_{x\to+\infty}\frac{1}{\dfrac{1}{1+x}}=+\infty,$$

而 $\sum\limits_{n=1}^{\infty}\dfrac{1}{n}$ 发散,故原级数发散.

定理 4(极限审敛法或 p 判别法) 设 $\sum\limits_{n=1}^{\infty}u_n$ 为正项级数.

(1) 如果 $\lim\limits_{n\to\infty}nu_n=l>0\left(或\lim\limits_{n\to\infty}nu_n=+\infty\right)$,则级数 $\sum\limits_{n=1}^{\infty}u_n$ 发散;

(2) 如果 $p>1$,而 $\lim\limits_{n\to\infty}n^p u_n=l\ (0\leqslant l<+\infty)$,则级数 $\sum\limits_{n=1}^{\infty}u_n$ 收敛.

证 (1) 在极限形式的比较审敛法中,取 $v_n=\dfrac{1}{n}$,由调和级数 $\sum\limits_{n=1}^{\infty}\dfrac{1}{n}$ 发散,知结论成立.

(2) 在极限形式的比较审敛法中,取 $v_n=\dfrac{1}{n^p}$,当 $p>1$ 时,p 级数 $\sum\limits_{n=1}^{\infty}\dfrac{1}{n^p}$ 收敛,故结论成立.

例 6 判定级数 $\sum\limits_{n=1}^{\infty}\sqrt{n+1}\left(1-\cos\dfrac{\pi}{n}\right)$ 的收敛性.

解 因为

$$\lim_{n\to\infty}n^{\frac{3}{2}}u_n=\lim_{n\to\infty}n^{\frac{3}{2}}\sqrt{n+1}\left(1-\cos\frac{\pi}{n}\right)=\lim_{n\to\infty}n^2\sqrt{\frac{n+1}{n}}\cdot\frac{1}{2}\left(\frac{\pi}{n}\right)^2=\frac{1}{2}\pi^2,$$

根据 p 判别法,原级数收敛.

值得注意的是:用比较审敛法、极限审敛法时,需要预先构造一个已知其收敛性的级数 $\sum\limits_{n=1}^{\infty}v_n$,作为与已知的级数比较的基准,最常用作基准级数的是等比级数和 p 级数.

10.2.2 比值审敛法和根值审敛法

将所给正项级数与等比级数比较,能得到很实用的比值审敛法.

定理5(达朗贝尔判别法,比值审敛法) 设 $\sum_{n=1}^{\infty}u_n$ 为正项级数,如果 $\lim_{n\to\infty}\frac{u_{n+1}}{u_n}=\rho$(其中 ρ 可为 $+\infty$),则

(1) 当 $\rho<1$ 时,$\sum_{n=1}^{\infty}u_n$ 收敛;

(2) 当 $1<\rho\leqslant+\infty$ 时,$\sum_{n=1}^{\infty}u_n$ 发散;

(3) 当 $\rho=1$ 时,$\sum_{n=1}^{\infty}u_n$ 可能收敛,也可能发散.

证 (1) 当 $\rho<1$ 时,取适当小的正数 ε,使 $\rho+\varepsilon=r<1$,则由极限定义,存在正整数 m,当 $n\geqslant m$ 时,有 $\frac{u_{n+1}}{u_n}<\rho+\varepsilon=r$,因此

$$u_{m+1}<ru_m,\ u_{m+2}<ru_{m+1}<r^2u_m,\ \cdots,\ u_{m+k}<r^ku_m,\cdots,$$

而级数 $\sum_{k=1}^{\infty}r^ku_m$ 收敛(公比 $r<1$),根据比较审敛法的推论知,级数 $\sum_{n=1}^{\infty}u_n$ 收敛.

(2) 当 $\rho>1$ 时,取适当小的 $\varepsilon>0$,使 $\rho-\varepsilon>1$,由极限定义,当 $n\geqslant m$ 时,有 $\frac{u_{n+1}}{u_n}>\rho-\varepsilon>1$,亦即 $u_{n+1}>u_n$. 所以,当 $n\geqslant m$ 时,级数一般项 u_n 逐渐增大,从而 $\lim_{n\to\infty}u_n\neq0$. 根据级数收敛的必要条件可知,级数 $\sum_{n=1}^{\infty}u_n$ 发散.

类似地,可以证明,当 $\lim_{n\to\infty}\frac{u_{n+1}}{u_n}=+\infty$ 时,级数 $\sum_{n=1}^{\infty}u_n$ 发散.

(3) 当 $\rho=1$ 时,级数可能收敛,也可能发散. 例如 p 级数 $\sum_{n=1}^{\infty}\frac{1}{n^p}$,无论 p 为何值,总有 $\lim_{n\to\infty}\frac{u_{n+1}}{u_n}=1$. 但实际上,当 $p>1$ 时,p 级收敛;当 $p\leqslant1$ 时,p 级数发散. 因此,只根据 $\rho=1$,并不能判定级数的收敛性.

例7 证明级数 $1+\frac{1}{1}+\frac{1}{1\cdot2}+\frac{1}{1\cdot2\cdot3}+\cdots+\frac{1}{(n-1)!}+\cdots$ 是收敛的,并估计以级数的部分和 s_n 代替和 s 所产生的误差.

解 因为 $\lim_{n\to\infty}\frac{u_{n+1}}{u_n}=\lim_{n\to\infty}\frac{(n-1)!}{n!}=\lim_{n\to\infty}\frac{1}{n}=0<1$,根据比值审敛法,原级数收敛. 而

$$|r_n| = \frac{1}{n!} + \frac{1}{(n+1)!} + \frac{1}{(n+2)!} + \cdots$$

$$= \frac{1}{n!}\left[1 + \frac{1}{n+1} + \frac{1}{(n+1)(n+2)} + \cdots\right]$$

$$< \frac{1}{n!}\left(1 + \frac{1}{n} + \frac{1}{n^2} + \cdots\right)$$

$$= \frac{1}{n!} \cdot \frac{1}{1-\frac{1}{n}}$$

$$= \frac{1}{(n-1)(n-1)!}.$$

例 8 判定级数 $\sum\limits_{n=1}^{\infty} \frac{n\cos^2 \frac{n}{3}\pi}{2^n}$ 的收敛性.

解 因为 $\frac{n\cos^2 \frac{n}{3}\pi}{2^n} \leqslant \frac{n}{2^n} \triangleq u_n$，先考虑级数 $\sum\limits_{n=1}^{\infty} \frac{n}{2^n}$ 的收敛性.

$$\lim_{n\to\infty} \frac{u_{n+1}}{u_n} = \lim_{n\to\infty} \frac{\frac{n+1}{2^{n+1}}}{\frac{n}{2^n}} = \lim_{n\to\infty} \frac{1}{2} \cdot \frac{n+1}{n} = \frac{1}{2} < 1.$$

由比值审敛法，级数 $\sum\limits_{n=1}^{\infty} \frac{n}{2^n}$ 收敛，再根据比较审敛法知，原级数收敛.

例 9 设 $x > 0$，讨论级数 $\sum\limits_{n=1}^{\infty} n!\left(\frac{x}{n}\right)^n$ 的收敛性，并求出极限 $\lim\limits_{n\to\infty} n!\left(\frac{2}{n}\right)^n$.

解 设 $u_n = n!\left(\frac{x}{n}\right)^n$，因为

$$\lim_{n\to\infty} \frac{u_{n+1}}{u_n} = \lim_{n\to\infty} \frac{(n+1)!\left(\frac{x}{n+1}\right)^{n+1}}{n!\left(\frac{x}{n}\right)^n} = \lim_{n\to\infty} \frac{x}{\left(1+\frac{1}{n}\right)^n} = \frac{x}{\mathrm{e}},$$

当 $0 < \frac{x}{\mathrm{e}} < 1$，即 $0 < x < \mathrm{e}$ 时，原级数收敛；当 $\frac{x}{\mathrm{e}} > 1$，即 $x > \mathrm{e}$ 时，原级数发散；

当$\frac{x}{\mathrm{e}}=1$即$x=\mathrm{e}$时,用比值审敛法不能判定,但是$\left(1+\frac{1}{n}\right)^n$单调增加到e($n>3$),因而$\frac{u_{n+1}}{u_n}$单调下降到1,即 $\exists$ 正整数N,当$n\geqslant N$时,有$u_n\geqslant u_{n-1}\geqslant\cdots\geqslant u_N>0$. 因而$\lim\limits_{n\to\infty}u_n\neq 0$,故当$x=\mathrm{e}$时,原级数发散.

求极限的部分,只需根据收敛级数的必要条件,立即可得

$$\lim_{n\to\infty}n!\left(\frac{2}{n}\right)^n=0\quad(0<2<\mathrm{e}).$$

*__定理 6(柯西判别法,根值审敛法)__　设$\sum\limits_{n=1}^{\infty}u_n$为正项级数,如果$\lim\limits_{n\to\infty}\sqrt[n]{u_n}=\rho$(其中$\rho$可为$+\infty$),则

(1) 当$\rho<1$时,级数收敛;

(2) 当$1<\rho\leqslant+\infty$时,级数发散;

(3) 当$\rho=1$时,级数可能收敛,也可能发散.

定理 6 的证明与定理 5 相仿,这里从略.

例 10　判定级数$\sum\limits_{n=1}^{\infty}\frac{2+(-1)^n}{2^n}$的收敛性.

解　因为

$$\lim_{n\to\infty}\sqrt[n]{u_n}=\lim_{n\to\infty}\frac{1}{2}\sqrt[n]{2+(-1)^n}=\frac{1}{2}<1,$$

所以,根据根值审敛法知,原级数收敛.

由比值审敛法、根值审敛法及其例题可知,这两种审敛法都有其局限性($\rho=1$时). 一般地,当级数一般项中含有阶乘时,用比值审敛法便于化简求极限;而当一般项中含有n次方时,可考虑用根值审敛法.

*10.2.3　柯西积分审敛法

对某些正项级数,用比值审敛法及根值审敛法无法判别,而其一般项u_n随着n的增加而单调减少时,可考虑如下的柯西积分审敛法.

定理 7(柯西积分审敛法)　在正项级数$\sum\limits_{n=k}^{\infty}u_n(k\in\mathbf{N}^+)$中,若$u_n=f(n)$,且$f(x)$在$[k,+\infty)$上是单调减少的连续函数,则$\sum\limits_{n=k}^{\infty}u_n=\sum\limits_{n=k}^{\infty}f(n)$与反常积分$\int_k^{+\infty}f(x)\mathrm{d}x$具有相同的收敛性.

定理 7 的证明从略.

例 11 讨论级数 $\sum\limits_{n=2}^{\infty}\dfrac{1}{n(\ln n)^p}$ 的收敛性（$p>0$）.

解 研究反常积分 $\int_2^{+\infty}\dfrac{\mathrm{d}x}{x(\ln x)^p}$，由于

$$\int_2^{+\infty}\frac{\mathrm{d}x}{x(\ln x)^p}=\int_2^{+\infty}\frac{\mathrm{d}\ln x}{(\ln x)^p}\xlongequal{u=\ln x}\int_{\ln 2}^{+\infty}\frac{\mathrm{d}u}{u^p},$$

该反常积分当 $p>1$ 时收敛；当 $p\leqslant 1$ 时发散，从而原级数当 $p>1$ 时收敛，当 $p\leqslant 1$ 时发散.

在这一节中，较详细介绍了正项级数判定收敛性的方法. 一般来说，应根据具体的正项级数来确定其判别的方法，除了用级数收敛与发散的定义及性质（特别是级数收敛的必要条件）外，可先考虑用比值审敛法，根值审敛法，由于这两种审敛法有局限性（$\rho=1$ 时无法判定），此时，可选择比较审敛法极限形式或极限审敛法以及柯西积分审敛法，最后还有比较审敛法的一般形式（定理 2 及推论），但是也有些正项级数，直接用比较审敛法一般形式判定显得更简便.

习 题 10.2

1. 用比较审敛法判定下列级数的收敛性：

(1) $\sum\limits_{n=1}^{\infty}\dfrac{2}{(n+1)(n+4)}$；　(2) $\sum\limits_{n=1}^{\infty}\dfrac{1}{\sqrt{4n^2+n}}$；

(3) $\sum\limits_{n=1}^{\infty}\dfrac{1}{n}\,\dfrac{a}{1+a^n}\ (a>0)$；　(4) $\sum\limits_{n=1}^{\infty}\dfrac{1}{(2n-1)^2}$；

(5) $\sum\limits_{n=1}^{\infty}\dfrac{1}{\ln(1+n)}$；　(6) $\sum\limits_{n=1}^{\infty}\dfrac{\ln n}{n^{\frac{4}{3}}}$；

(7) $\sum\limits_{n=1}^{\infty}\dfrac{4n-1}{n^2+n}$；　(8) $\sum\limits_{n=1}^{\infty}n\tan\dfrac{\pi}{2^{n+1}}$；

(9) $\sum\limits_{n=1}^{\infty}\left(1-\cos\dfrac{\pi}{n}\right)$；　(10) $\sum\limits_{n=1}^{\infty}\ln\left(1+\dfrac{a}{n}\right)\ (a>0)$；

(11) $\sum\limits_{n=2}^{\infty}\dfrac{1}{\sqrt{n}}\ln\dfrac{n+1}{n-1}$；　(12) $\sum\limits_{n=1}^{\infty}\left(\dfrac{1+n^2}{1+n^3}\right)^2$.

2. 用比值审敛法，判定下列级数的收敛性：

(1) $\sum\limits_{n=1}^{\infty}\dfrac{2^n}{\sqrt{n^n}}$；　(2) $\sum\limits_{n=1}^{\infty}\dfrac{3^n\cdot n!}{n^n}$；

(3) $\sum\limits_{n=1}^{\infty}n^2\sin\dfrac{\pi}{3^n}$；　(4) $\sum\limits_{n=1}^{\infty}\dfrac{(2n-1)!!}{3^n\cdot n!}$；

(5) $\sum\limits_{n=1}^{\infty}\dfrac{1\cdot 5\cdot 9\cdot\cdots\cdot(4n-3)}{2\cdot 5\cdot 8\cdot\cdots\cdot(3n-1)}$；　(6) $\sum\limits_{n=1}^{\infty}\dfrac{(n!)^2}{(2n)!}$.

*3. 用根值审敛法，判定下列级数的收敛性：

(1) $\sum_{n=1}^{\infty}\left(\frac{2n+1}{3n-2}\right)^n$；　(2) $\sum_{n=1}^{\infty}\frac{1}{[\ln(n+1)]^n}$；

(3) $\sum_{n=1}^{\infty}n^n\left(\sin\frac{\pi}{n}\right)^n$；　(4) $\sum_{n=1}^{\infty}\left(\frac{n}{3n-1}\right)^{2n-1}$；

(5) $\sum_{n=1}^{\infty}\left(\frac{b}{a_n}\right)^n$，其中 $\lim\limits_{n\to\infty}a_n=a$，且 $a\neq b$，a，b 及 a_n 均为正数.

4. 判定下列级数的收敛性：

(1) $\sum_{n=1}^{\infty}\frac{1}{(an^2+bn+c)^\beta}$ ($a>0$，$b>0$，$c>0$ 均为常数，β 为常数)；

(2) $\sum_{n=1}^{\infty}\frac{n^4}{n!}$；　(3) $\sum_{n=1}^{\infty}\left(\frac{n}{n+1}\right)^n$；

(4) $\sum_{n=1}^{\infty}2^n\sin\frac{\pi}{3^n}$；　(5) $\sum_{n=1}^{\infty}\frac{a^n}{n^s}$ ($a>0$，$s>0$)；

*5. 用柯西积分审敛法判定下列级数的收敛性：

(1) $\sum_{n=1}^{\infty}\frac{1}{(n+1)\ln(n+1)}$；　(2) $\sum_{n=2}^{\infty}\frac{1}{n(\ln n)^{1+p}\ln\ln n}$ ($p>0$).

6. 求证下列极限等式：

(1) $\lim\limits_{n\to\infty}\frac{n^n}{(n!)^2}=0$；　(2) $\lim\limits_{n\to\infty}\frac{n^k}{a^n}=0$ ($a>1$).

7. 设级数 $\sum_{n=1}^{\infty}a_n$，$\sum_{n=1}^{\infty}b_n$ 都收敛，且 $a_n\leqslant c_n\leqslant b_n$，证明级数 $\sum_{n=1}^{\infty}c_n$ 也收敛.

8. 设 $u_n\geqslant 0$ ($n=1,2,3,\cdots$)，$\sum_{n=1}^{\infty}u_n$ 收敛，求证 $\sum_{n=1}^{\infty}u_n^2$ 也收敛；反之，设 $\sum_{n=1}^{\infty}u_n^2$ 收敛，问 $\sum_{n=1}^{\infty}u_n$ 也收敛吗？为什么？

10.3 任意项级数

上节讨论了正项级数的收敛性问题，而任意项级数(各项符号可正、可负，又称为一般项级数或变号级数)的收敛性的判定，要比同号级数复杂得多.本节将介绍任意项级数收敛性的判定方法，主要是讨论一种特殊的任意项级数(交错级数)的收敛性和将任意项级数转化为正项级数，并研究其收敛性.

10.3.1 交错级数

定义 1 设 $u_n>0$，$\forall n\in\mathbf{N}^+$，称级数

$$u_1 - u_2 + u_3 - u_4 + \cdots + (-1)^{n-1} u_n + \cdots = \sum_{n=1}^{\infty} (-1)^{n-1} u_n, \quad (10.3.1)$$

或级数

$$-u_1 + u_2 - u_3 + \cdots + (-1)^n u_n + \cdots = \sum_{n=1}^{\infty} (-1)^n u_n \quad (10.3.2)$$

为交错级数.

显然级数(10.3.1)及(10.3.2)乘以 -1 后,可互相转化,于是只讨论级数(10.3.1)的收敛性.

定理 1(莱布尼茨定理) 如果交错级数 $\sum\limits_{n=1}^{\infty} (-1)^{n-1} u_n$ 满足:

(1) $u_n \geqslant u_{n+1} (n = 1, 2, \cdots)$;

(2) $\lim\limits_{n \to \infty} u_n = 0$.

则级数(10.3.1)收敛,且收敛的和 $s \leqslant u_1$,其余项 r_n 的绝对值 $|r_n| \leqslant u_{n+1}$.

证 先证明前 $2n$ 项的和的极限存在,为此把 s_{2n} 写成如下的两种形式:

$$s_{2n} = (u_1 - u_2) + (u_3 - u_4) + \cdots + (u_{2n-1} - u_{2n})$$

及

$$s_{2n} = u_1 - (u_2 - u_3) - (u_4 - u_5) - \cdots - (u_{2n-2} - u_{2n-1}) - u_{2n}.$$

根据条件(1)知,所有括号内的差均为正,由第一种形式可见,数列 $\{s_{2n}\}$ 单调增加,由第二种形式可见 $s_{2n} < u_1$. 于是,根据单调有界数列必有极限的准则知,当 n 无限增大时,s_{2n} 趋于一个极限 s,且 s 不大于 u_1,即 $\lim\limits_{n \to \infty} s_{2n} = s \leqslant u_1$.

再证明前 $2n+1$ 项的和 s_{2n+1} 的极限也是 s. 事实上,我们有 $s_{2n+1} = s_{2n} + u_{2n+1}$,由条件(2) 知 $\lim\limits_{n \to \infty} u_{2n+1} = 0$,因此 $\lim\limits_{n \to \infty} s_{2n+1} = \lim\limits_{n \to \infty} (s_{2n} + u_{2n+1}) = s$.

综上所述,$\forall n \in \mathbf{N}^+$ 都有 $\lim\limits_{n \to \infty} s_n = s$,即级数(10.3.1) 收敛于 s,且 $s \leqslant u_1$.

另外,余项 $r_n = \pm (u_{n+1} - u_{n+2} + \cdots)$,其绝对值 $|r_n| = u_{n+1} - u_{n+2} + \cdots$,上式右端也是一个交错级数,它也满足收敛的两个条件,所以其和小于级数的第一项,也就是说 $|r_n| \leqslant u_{n+1}$,证毕.

注 定理 1 中的条件只是交错级数收敛的充分条件而不是必要条件,因此当交错级数不满足定理的条件时,也不能断言级数发散.

例 1 证明级数 $1 - \frac{1}{2} + \frac{1}{3} - \frac{1}{4} + \cdots + (-1)^{n-1} \frac{1}{n} + \cdots$ 收敛并估计其余项.

证 因为

$$u_n = \frac{1}{n} > \frac{1}{n+1} = u_{n+1} \quad (n = 1, 2, 3, \cdots),$$

而 $\lim\limits_{n\to\infty}u_n=\lim\limits_{n\to\infty}\dfrac{1}{n}=0$，所以原级数收敛，收敛的和 $s<1$. 若取 $s_n=1-\dfrac{1}{2}+\dfrac{1}{3}-\cdots+(-1)^{n-1}\dfrac{1}{n}$ 作为 s 的近似值，所产生的误差 $|r_n|\leqslant\dfrac{1}{n+1}$.

例 2　证明级数 $\sum\limits_{n=2}^{\infty}\dfrac{(-1)^n\ln n}{n}$ 收敛.

证　令 $f(x)=\dfrac{\ln x}{x}$，则 $f'(x)=\dfrac{1-\ln x}{x^2}<0\ (x\geqslant 3)$，即 $f(x)$ 单调减，于是当 $n\geqslant 3$ 时 $f(n)>f(n+1)$，即 $u_n>u_{n+1}$；又 $\lim\limits_{n\to\infty}u_n=\lim\limits_{n\to\infty}\dfrac{\ln n}{n}=0$，由定理 1 级数 $\sum\limits_{n=3}^{\infty}\dfrac{(-1)^{n-1}\ln n}{n}$ 收敛，所以级数 $\sum\limits_{n=2}^{\infty}\dfrac{(-1)^n\ln n}{n}$ 收敛.

10.3.2　绝对收敛与条件收敛

对任意项级数 $\sum\limits_{n=1}^{\infty}u_n$ 的各项取绝对值，所得级数 $\sum\limits_{n=1}^{\infty}|u_n|$ 是一正项级数，任意项级数的收敛性问题，常把它化为正项级数的收敛性问题来讨论，下面先介绍绝对收敛与条件收敛的概念.

定义 2　如果任意项级数 $\sum\limits_{n=1}^{\infty}u_n=u_1+u_2+\cdots+u_n+\cdots$ 的各项的绝对值所构成的级数 $\sum\limits_{n=1}^{\infty}|u_n|=|u_1|+|u_2|+\cdots+|u_n|+\cdots$ 收敛，则称级数 $\sum\limits_{n=1}^{\infty}u_n$ **绝对收敛**；如果任意项级数 $\sum\limits_{n=1}^{\infty}u_n$ 收敛，而 $\sum\limits_{n=1}^{\infty}|u_n|$ 发散，则称级数 $\sum\limits_{n=1}^{\infty}u_n$ **条件收敛**.

由定义 2 易验证，级数 $\sum\limits_{n=1}^{\infty}(-1)^n\dfrac{1}{n^2}$ 绝对收敛，而级数 $\sum\limits_{n=1}^{\infty}(-1)^{n-1}\dfrac{1}{n}$ 是条件收敛级数.

级数绝对收敛与级数收敛有以下重要关系：

定理 2　对于任意项级数 $\sum\limits_{n=1}^{\infty}u_n$，如果级数 $\sum\limits_{n=1}^{\infty}|u_n|$ 收敛，则任意项级数 $\sum\limits_{n=1}^{\infty}u_n$ 收敛.

定理 2 或叙述为“若任意项级数绝对收敛，则它必定收敛”.

证　令 $v_n=\dfrac{1}{2}(u_n+|u_n|)\ (n=1,2,\cdots)$，显然 $v_n\geqslant 0$，且 $v_n\leqslant|u_n|\ (n=1,2,\cdots)$，因级数 $\sum\limits_{n=1}^{\infty}|u_n|$ 收敛，由比较审敛法得，级数 $\sum\limits_{n=1}^{\infty}v_n$ 收敛，从而，级数

$\sum\limits_{n=1}^{\infty}2v_n$也收敛.而$u_n=2v_n-|u_n|$,由收敛级数的基本性质可知,级数$\sum\limits_{n=1}^{\infty}u_n=\sum\limits_{n=1}^{\infty}2v_n-\sum\limits_{n=1}^{\infty}|u_n|$必收敛,证毕.

注意到证明中所引入的级数$\sum\limits_{n=1}^{\infty}v_n$,其一般项

$$v_n=\frac{1}{2}(u_n+|u_n|)=\begin{cases}u_n, & u_n>0,\\ 0, & u_n\leqslant 0,\end{cases}$$

可见级数$\sum\limits_{n=1}^{\infty}v_n$是把级数$\sum\limits_{n=1}^{\infty}u_n$中的负项换成0而得到的.类似地,如果令$w_n=\frac{1}{2}(|u_n|-u_n)$,则级数$\sum\limits_{n=1}^{\infty}w_n$为级数$\sum\limits_{n=1}^{\infty}u_n$中全体负项的绝对值所构成的级数.如果级数$\sum\limits_{n=1}^{\infty}u_n$绝对收敛,则级数$\sum\limits_{n=1}^{\infty}v_n$与$\sum\limits_{n=1}^{\infty}w_n$都收敛;如果级数$\sum\limits_{n=1}^{\infty}u_n$条件收敛,则级数$\sum\limits_{n=1}^{\infty}v_n$与$\sum\limits_{n=1}^{\infty}w_n$都发散.

定理2说明,对于任意项级数$\sum\limits_{n=1}^{\infty}u_n$,如果用正项级数的审敛法,判定级数$\sum\limits_{n=1}^{\infty}|u_n|$是收敛的,则原级数$\sum\limits_{n=1}^{\infty}u_n$必收敛.这就使得一大类级数的收敛性判定问题,转化为正项级数的收敛性判定问题.

例3 讨论级数$\sum\limits_{n=1}^{\infty}\frac{\sin n\alpha}{(\ln 10)^n}$($\alpha$为常数)的收敛性.

解 因为$\left|\frac{\sin n\alpha}{(\ln 10)^n}\right|\leqslant\frac{1}{(\ln 10)^n}<\frac{1}{2^n}$,由于$\sum\limits_{n=1}^{\infty}\frac{1}{2^n}$收敛,由正项级数的比较审敛法知,级数$\sum\limits_{n=1}^{\infty}\left|\frac{\sin n\alpha}{(\ln 10)^n}\right|$收敛,因此,原级数绝对收敛.

例4 讨论级数$\sum\limits_{n=1}^{\infty}(-1)^{n-1}\frac{1}{n\cdot 2^n}$的收敛性.

解 由$|u_n|=\frac{1}{n\cdot 2^n}$,有

$$\lim_{n\to\infty}\frac{|u_{n+1}|}{|u_n|}=\lim_{n\to\infty}\frac{\dfrac{1}{(n+1)2^{n+1}}}{\dfrac{1}{n\cdot 2^n}}=\frac{1}{2}<1,$$

故级数 $\sum_{n=1}^{\infty}|u_n|$ 收敛,于是原级数绝对收敛.

必须指出,一般地说,如果级数 $\sum_{n=1}^{\infty}|u_n|$ 发散,并不能断定级数 $\sum_{n=1}^{\infty}u_n$ 也发散. 下面来分析一个例子,级数

$$1-1+\frac{1}{2}-\frac{1}{2}+\frac{1}{3}-\frac{1}{3}+\cdots+\frac{1}{n}-\frac{1}{n}+\cdots,$$

它的各项取绝对值所得的级数为

$$1+1+\frac{1}{2}+\frac{1}{2}+\frac{1}{3}+\frac{1}{3}+\cdots+\frac{1}{n}+\frac{1}{n}+\cdots,$$

它是发散的. 事实上,该级数前 $2n$ 项的和为

$$\sigma_{2n}=1+1+\frac{1}{2}+\frac{1}{2}+\frac{1}{3}+\frac{1}{3}+\cdots+\frac{1}{n}+\frac{1}{n}=2\sum_{i=1}^{n}\frac{1}{i},$$

所以

$$\lim_{n\to\infty}\sigma_{2n}=2\lim_{n\to\infty}\sum_{i=1}^{n}\frac{1}{i}=+\infty,$$

即各项取绝对值后的级数是发散的. 然而,原级数却是收敛的. 因为原级数前 $2n$ 项的和 $s_{2n}=0$,前 $2n+1$ 项的和 $s_{2n+1}=\frac{1}{n+1}\to 0\ (n\to\infty)$,故 $\lim_{n\to\infty}s_n=0$, 即原级数收敛.

如果用比值审敛法或根值审敛法,判定级数 $\sum_{n=1}^{\infty}|u_n|$ 发散,则可以断定级数 $\sum_{n=1}^{\infty}u_n$ 必定发散. 这是因为当 $\rho>1$ 时,可以推出 $|u_n|\not\to 0\ (n\to\infty)$,从而 $u_n\not\to 0$, 因此级数 $\sum_{n=1}^{\infty}u_n$ 发散.

例 5　讨论级数 $\sum_{n=1}^{\infty}(-1)^{n-1}\frac{1}{n^p}\ (p>0)$ 的收敛性.

解　因为 $\sum_{n=1}^{\infty}\left|(-1)^{n-1}\frac{1}{n^p}\right|=\sum_{n=1}^{\infty}\frac{1}{n^p}$,由 p 级数收敛性结论,当 $p>1$ 时,级数 $\sum_{n=1}^{\infty}\left|(-1)^{n-1}\frac{1}{n^p}\right|$ 收敛, 从而, 原级数绝对收敛; 当 $p\leqslant 1$ 时, 级数 $\sum_{n=1}^{\infty}\left|(-1)^{n-1}\frac{1}{n^p}\right|$ 发散,即原级数非绝对收敛,但在原级数中,$u_n=\frac{1}{n^p}\to 0\ (n\to\infty)$,且 $u_{n+1}=\frac{1}{(n+1)^p}<\frac{1}{n^p}\ (n=1,2,3,\cdots)$, 即满足莱布尼茨定理的两个条

件,因此,原级数收敛且为条件收敛.

例 6 判定级数 $\sum_{n=1}^{\infty}(-1)^n \frac{1}{2^n}\left(1+\frac{1}{n}\right)^{n^2}$ 的收敛性.

解 设 $|u_n|=\frac{1}{2^n}\left(1+\frac{1}{n}\right)^{n^2}$,有

$$\sqrt[n]{|u_n|}=\frac{1}{2}\left(1+\frac{1}{n}\right)^n \to \frac{e}{2} \quad (n\to\infty),$$

而 $\frac{e}{2}>1$,由此知 $|u_n| \nrightarrow 0\ (n\to\infty)$ 从而 $u_n \nrightarrow 0$,因此,原级数发散.

绝对收敛级数有许多性质是条件收敛级数所没有的,例如,绝对收敛级数的加法满足交换律,而对条件收敛的级数,如果改变其项的次序,则它的和可能改变.例如,交错级数 $\sum_{n=1}^{\infty}\frac{(-1)^{n+1}}{n}$ 条件收敛,它的和

$$s=1-\frac{1}{2}+\frac{1}{3}-\frac{1}{4}+\frac{1}{5}-\frac{1}{6}+\frac{1}{7}-\frac{1}{8}+\frac{1}{9}-\cdots \qquad (10.3.3)$$

两边同乘 $\frac{1}{2}$ 得

$$\frac{s}{2}=\frac{1}{2}-\frac{1}{4}+\frac{1}{6}-\frac{1}{8}+\frac{1}{10}-\frac{1}{12}+\cdots,$$

再将它写成以下形式:

$$\frac{s}{2}=0+\frac{1}{2}+0-\frac{1}{4}+0+\frac{1}{6}+0-\frac{1}{8}+0+\frac{1}{10}+0-\frac{1}{12}+\cdots,$$

将它与式(10.3.3)相加得

$$\frac{3}{2}s=1+\frac{1}{3}-\frac{1}{2}+\frac{1}{5}+\frac{1}{7}-\frac{1}{4}+\frac{1}{9}+\frac{1}{11}-\frac{1}{6}+\cdots. \qquad (10.3.4)$$

显然式(10.3.4)是式(10.3.3)交换各项顺序后的级数,它收敛的和已变成了 $\frac{3}{2}s$.

下面给出绝对收敛级数的两条性质:

***定理 3** 绝对收敛级数经改变项的位置后构成的级数也收敛,且与原级数有相同的和(即绝对收敛级数具有可交换性).

绝对收敛级数的另一条性质是关于两绝对收敛级数的乘积,先来讨论级数的乘法运算.设级数 $\sum_{n=1}^{\infty}u_n$,$\sum_{n=1}^{\infty}v_n$ 都收敛,仿照有限项之和相乘的规则,作出两级数

的项的所有可能乘积,并把这些乘积排成以下形式的数列(图 10-2).按“对角线”以及按“正方形”的方法分别得到数列:

u_1v_1; u_1v_2, u_2v_1; u_1v_3, u_2v_2, u_3v_1;⋯(对角线法);

u_1v_1; u_1v_2, u_2v_2, u_2v_1; u_1v_3, u_2v_3, u_3v_3, u_3v_2, u_3v_1;⋯(正方形法).

再将上面排列好的数列用加号相连,就组成无穷级数.

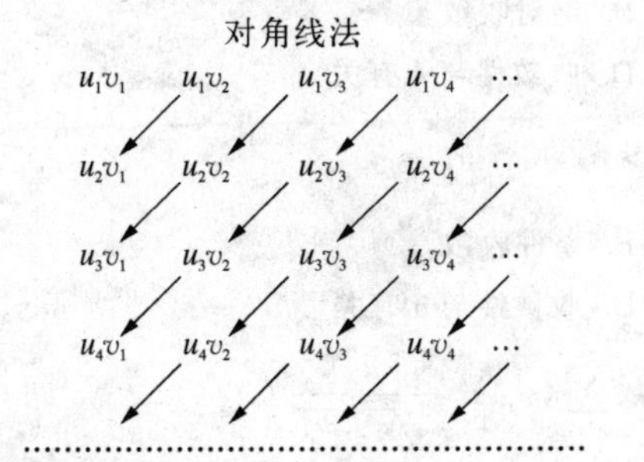

图 10-2

我们称按“对角线法”排列所组成的级数

$$u_1v_1+(u_1v_2+u_2v_1)+\cdots+(u_1v_n+u_2v_{n-1}+\cdots+u_nv_1)+\cdots \quad (10.3.5)$$

为两级数 $\sum\limits_{n=1}^{\infty}u_n$ 和 $\sum\limits_{n=1}^{\infty}v_n$ 的柯西乘积.

两级数 $\sum\limits_{n=1}^{\infty}u_n$ 和 $\sum\limits_{n=1}^{\infty}v_n$ 的柯西乘积有以下性质:

***定理 4(绝对收敛级数的乘法)**　设级数 $\sum\limits_{n=1}^{\infty}u_n$ 和 $\sum\limits_{n=1}^{\infty}v_n$ 都绝对收敛,其和分别为 s 和 σ,则它们的柯西乘积(10.3.5)也是绝对收敛的,且其和为 $s\sigma$.

习　题　10.3

1. 判定下列交错级数的收敛性:

(1) $\sum\limits_{n=1}^{\infty}(-1)^{n-1}\dfrac{n}{3^{n-1}}$;　(2) $\dfrac{1}{3}\cdot\dfrac{1}{2}-\dfrac{1}{3}\cdot\dfrac{1}{2^2}+\dfrac{1}{3}\cdot\dfrac{1}{2^3}-\dfrac{1}{3}\cdot\dfrac{1}{2^4}+\cdots$;

(3) $\sum\limits_{n=2}^{\infty}\dfrac{(-1)^{n-1}n}{n^2-1}$;　(4) $\sum\limits_{n=1}^{\infty}\dfrac{(-1)^n}{\sqrt{n^2+2}}$;　(5) $\sum\limits_{n=1}^{\infty}\dfrac{(-1)^{n+1}n!}{2^{n^2}}$.

2. 判定下列级数是否收敛?如果收敛,判定它是绝对收敛还是条件收敛.

(1) $\sum\limits_{n=1}^{\infty}(-1)^{n-1}\dfrac{1}{\sqrt[n]{n}}$;　(2) $\sum\limits_{n=1}^{\infty}(-1)^n\dfrac{n^2}{2^n}$;

(3) $\sum_{n=1}^{\infty}(-1)^{n-1}\frac{2\cdot 4\cdot 6\cdot \cdots \cdot (2n)}{1\cdot 3\cdot 5\cdot \cdots \cdot (2n-1)}$； (4) $\sum_{n=1}^{\infty}(-1)^{n-1}(\sqrt{n+1}-\sqrt{n})$；

(5) $\sum_{n=1}^{\infty}(-1)^{n}\frac{\ln(1+n)}{1+n}$； (6) $\sum_{n=1}^{\infty}(-1)^{n-1}\frac{2+(-1)^{n}}{n^{5/4}}$.

3. 选择题.

(1) 设常数 $k>0$,则级数 $\sum_{n=1}^{\infty}(-1)^{n}\frac{k+n}{n^{2}}$ (　　).

A. 发散　　B. 绝对收敛

C. 条件收敛　　D. 收敛性与 k 有关

(2) 级数 $\sum_{n=1}^{\infty}(-1)^{n}\left(1-\cos\frac{\alpha}{n}\right)$ (常数 $\alpha>0$) (　　).

A. 发散　　B. 条件收敛

C. 绝对收敛　　D. 收敛性与 α 有关

(3) 设常数 $\lambda>0$,且级数 $\sum_{n=1}^{\infty}a_{n}^{2}$ 收敛,则级数 $\sum_{n=1}^{\infty}(-1)^{n}\frac{|a_{n}|}{\sqrt{n^{2}+\lambda}}$ (　　).

A. 发散　　B. 条件收敛

C. 绝对收敛　　D. 收敛性与 λ 有关

4. 研究级数 $\sum_{n=1}^{\infty}\frac{a^{n}}{n^{p}}$ 的收敛性 ($p>0$, a 为常数).

5. 设级数 $\sum_{n=1}^{\infty}a_{n}^{2}$, $\sum_{n=1}^{\infty}b_{n}^{2}$ 都收敛,证明级数 $\sum_{n=1}^{\infty}\frac{a_{n}}{n}$ 和级数 $\sum_{n=1}^{\infty}a_{n}b_{n}$ 都绝对收敛.

6. 若级数 $\sum_{n=1}^{\infty}a_{n}$ 绝对收敛,试证级数 $\sum_{n=1}^{\infty}a_{n}^{2}$, $\sum_{n=1}^{\infty}\frac{a_{n}}{1+a_{n}}$, $\sum_{n=1}^{\infty}\frac{a_{n}^{2}}{1+a_{n}^{2}}$ 绝对收敛.

7. 对交错级数 $\sum_{n=1}^{\infty}(-1)^{n-1}a_{n}$ ($a_{n}>0$, $n=1,2,\cdots$),如果条件 $a_{n}\geqslant a_{n+1}$ 不成立,级数 $\sum_{n=1}^{\infty}(-1)^{n-1}a_{n}$ 是否一定发散?讨论级数 $\sum_{n=2}^{\infty}\frac{(-1)^{n}}{\sqrt{n+(-1)^{n}}}$.

10.4 幂 级 数

泰勒中值定理,讨论了用一个多项式逼近一个函数 $f(x)$ 的问题.如果 $f(x)$ 在点 x_0 具有 $n+1$ 阶导数,那么,在点 x_0 的某邻域内有

$$\begin{aligned} f(x) &= P_n(x)+R_n(x) \\ &= f(x_0)+f'(x_0)(x-x_0)+\cdots+\frac{f^{(n)}(x_0)}{n!}(x-x_0)^n+R_n(x), \end{aligned}$$

设想,当 $f(x)$在点 x_0处有任意阶导数,其结果是

$$f(x)=a_0+a_1(x-x_0)+a_2(x-x_0)^2+\cdots+a_n(x-x_0)^n+\cdots$$

的形式,且 $R_n(x)$随 n 的增加而趋于零.上式的右端是一个幂级数.

10.4.1 函数项级数的概念

定义1 设 $u_1(x), u_2(x), \cdots, u_n(x), \cdots$ 是定义在区间 I 上的函数列,则称表达式

$$u_1(x)+u_2(x)+\cdots+u_n(x)+\cdots=\sum_{n=1}^{\infty}u_n(x) \tag{10.4.1}$$

为区间 I 上的**(函数项)无穷级数**.当 $x_0\in I$ 时,级数

$$u_1(x_0)+u_2(x_0)+\cdots+u_n(x_0)+\cdots=\sum_{n=1}^{\infty}u_n(x_0) \tag{10.4.2}$$

为数项级数.若级数(10.4.2)收敛,则称点 x_0是级数(10.4.1)的**收敛点**.级数(10.4.1)的所有收敛点的集合称为级数(10.4.1)的**收敛域**.式(10.4.1)的不收敛点称为它的**发散点**;而式(10.4.1)的发散点的集合称为它的**发散域**.

若设 I 为级数(10.4.1)的收敛域,$\forall x\in I$,则 $u_1(x)+u_2(x)+\cdots+u_n(x)+\cdots=\sum\limits_{n=1}^{\infty}u_n(x)$ 收敛于唯一的数 $s(x)$.这样,在收敛域 I 上,函数项级数的和是 x 的函数 $s(x)$,通常称 $s(x)$ 为函数项级数的**和函数**,而 $s(x)$ 的定义域恰好是级数的收敛域,并写成

$$s(x)=u_1(x)+u_2(x)+\cdots+u_n(x)+\cdots.$$

若把级数(10.4.1)的前 n 项部分和记为 $s_n(x)$,则在收敛域上有 $\lim\limits_{n\to\infty}s_n(x)=s(x)$.仍把 $r_n(x)=s(x)-s_n(x)$ 称为函数项级数的余项,于是有$\lim\limits_{n\to\infty}r_n(x)=0$.

10.4.2 幂级数及其收敛性

下面要研究一种特殊的函数项级数——幂级数,称形如

$$a_0+a_1(t-t_0)+a_2(t-t_0)^2+\cdots+a_n(t-t_0)^n+\cdots \tag{10.4.3}$$

的级数为幂级数,其中常数 $a_n(n=0,1,2,3,\cdots)$ 称为幂级数的系数.若令 $x=t-t_0$,便得到

$$\sum_{n=0}^{\infty}a_nx^n=a_0+a_1x+a_2x^2+\cdots+a_nx^4+\cdots. \tag{10.4.4}$$

由式(10.4.3)作变换 $x=t-t_0$就变成式(10.4.4),所以,主要研究(10.4.4) 所表示的幂级数.

幂级数(10.4.4)是较简单的一类函数项级数，它的每一项都是 x 的 n 次幂乘以常数. 还要指出，幂级数是严格按升幂排序的. 例如，级数 $1+x+x^2+\cdots+x^n+\cdots$ 及级数 $1-\frac{x^2}{2!}+\frac{x^4}{4!}-\frac{x^6}{6!}+\cdots+\frac{(-1)^k}{(2k)!}x^{2k}+\cdots$ 都是幂级数，第二个幂级数的奇次幂项都不出现，可以认为它们的系数 $a_{2k+1}=0$.

对幂级数来说，关心的问题是，幂级数的收敛域与发散域是怎样的？即 x 取数轴上哪些点时，幂级数收敛或发散？这就是幂级数的收敛性问题.

先考察三个幂级数收敛性的例子：

例 1 讨论幂级数 $1+x+x^2+\cdots+x^n+\cdots$ 的收敛性.

解 这是一个公比为 x 的幂级数. 因此，当 $|x|<1$ 时，级数收敛于和 $\frac{1}{1-x}$；当 $|x|\geqslant 1$ 时，级数发散. 故该幂级数的收敛域为开区间 $(-1, 1)$，发散域为 $(-\infty, -1]$ 及 $[1, +\infty)$，如果 x 在区间 $(-1, 1)$ 内取值，则有

$$\frac{1}{1-x}=1+x+x^2+\cdots+x^n+\cdots.$$

例 2 讨论幂级数 $\sum_{n=1}^{\infty}\frac{x^n}{n!}$ 的收敛性.

解 任意给定 $x\neq 0$，则有 $\lim_{n\to\infty}\frac{\left|\frac{x^{n+1}}{(n+1)!}\right|}{\left|\frac{x^n}{n!}\right|}=\lim_{n\to\infty}\frac{|x|}{n+1}=0$，故当 $x\neq 0$ 时，原级数绝对收敛；而当 $x=0$ 时，原级数显然也是绝对收敛的.

例 3 讨论幂级数 $\sum_{n=1}^{\infty}n!x^n$ 的收敛性.

解 对任何 $x\neq 0$，有

$$\lim_{n\to\infty}\frac{|(n+1)!x^{n+1}|}{|n!x^n|}=\lim_{n\to\infty}(n+1)|x|=+\infty.$$

级数在点 $x\neq 0$ 处都是发散的，但在点 $x=0$ 处收敛.

通过上面几个引例，分析得到，幂级数在点 $x=0$ 永远是收敛的. 幂级数的收敛域是一个关于原点对称的区间，如例 1 中的开区间 $(-1, 1)$；也可以是整个数轴，如例 2 中的 $(-\infty, +\infty)$. 事实上，这样的结论，对于一般的幂级数也是成立的，有如下的定理：

定理 1(阿贝尔定理) 如果级数 $\sum_{n=0}^{\infty}a_nx^n$ 当 $x=x_0\ (x_0\neq 0)$ 时收敛，则适合

不等式 $|x|<|x_0|$ 的一切 x 使这幂级数绝对收敛；反之，如果级数 $\sum\limits_{n=0}^{\infty}a_nx^n$ 当 $x=x_0$ 时发散，则适合不等式 $|x|>|x_0|$ 的一切 x 使这幂级数发散.

证　先设 x_0 是幂级数 $\sum\limits_{n=0}^{\infty}a_nx^n$ 的收敛点，即级数 $a_0+a_1x_0+a_2x_0^2+\cdots+a_nx_0^n+\cdots$ 收敛，根据级数收敛的必要条件，这时有 $\lim\limits_{n\to\infty}a_nx_0^n=0$，于是，存在一个常数 $M>0$，使得 $|a_nx_0^n|\leqslant M\ (n=0,1,2,\cdots)$，于是

$$|a_nx^n|=\left|a_nx_0^n\cdot\frac{x^n}{x_0^n}\right|=|a_0x_0^n|\left|\frac{x}{x_0}\right|^n\leqslant M\left|\frac{x}{x_0}\right|^n,$$

因为，当 $|x|<|x_0|$ 时，级数 $\sum\limits_{n=0}^{\infty}M\left|\frac{x}{x_0}\right|^n$ 收敛 $\left(\text{公比}\left|\frac{x}{x_0}\right|<1\right)$，所以，级数 $\sum\limits_{n=0}^{\infty}|a_nx^n|$ 收敛，也就是级数 $\sum\limits_{n=0}^{\infty}a_nx^n$ 绝对收敛.

定理的第二部分可用反证法证明. 如果幂级数当 $x=x_0$ 时发散，而有一点 x_1 适合 $|x_1|>|x_0|$，使级数收敛，则根据本定理的第一部分，级数当 $x=x_0$ 时应收敛，这与所设相矛盾，故定理得证.

定理 1 表明：如果幂级数(10.4.4)在某点 $x=x_0\ (x_0\neq 0)$ 处收敛，则对于开区间 $(-|x_0|,|x_0|)$ 内的任何点 x，幂级数(10.4.4)都绝对收敛；如果幂级数(10.4.4)在某点 $x=x_1$ 处发散，则对于闭区间 $[-|x_1|,|x_1|]$ 外的任何 x，幂级数都发散. 如图 10-3 所示，所有的收敛点都集中在以原点为中心的区间内，且收敛点都是连续相接，收敛点与发散点不互相混杂. 另外，数轴上的任意点，不是收敛点，便是发散点. 于是，在原点两侧对应的位置上存在完全确定的两个点 $x=R$ 和 $x=-R\ (R>0)$，它们是幂级数 $\sum\limits_{n=0}^{\infty}a_nx^n$ 的收敛域与发散域的分界点. 据此，得以下结论：

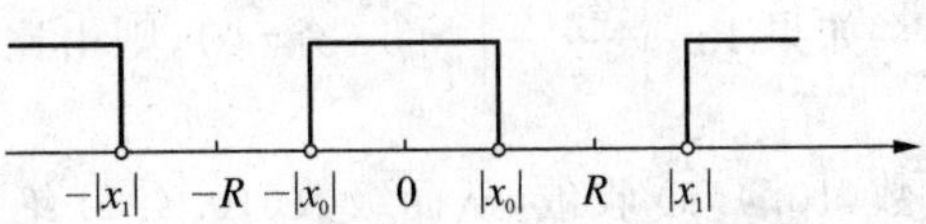

图 10-3

推论　如果幂级数 $\sum\limits_{n=0}^{\infty}a_nx^n$ 不是仅在 $x=0$ 一点收敛，也不是在整个数轴上都收敛，则必有一个确定的正数 R 存在，使得当 $|x|<R$ 时，幂级数绝对收敛；当 $|x|>R$ 时，幂级数发散；当 $x=R$ 与 $x=-R$ 时，幂级数可能收敛，也可能发散.

推论中所说的正数 R 通常称为幂级数 $\sum\limits_{n=0}^{\infty}a_nx^n$ 的收敛半径，开区间 $(-R,R)$ 称为幂级数 $\sum\limits_{n=0}^{\infty}a_nx^n$ 的收敛区间，而收敛区间的端点处，幂级数可能收敛，也可能发散，因此，幂级数的收敛域为

$$\text{收敛域} = (-R, R) \cup \{\text{收敛的端点}\}.$$

如果幂级数 $\sum_{n=0}^{\infty} a_n x^n$ 只在点 $x = 0$ 处收敛,即收敛域只有一点 $x = 0$,这时,规定收敛半径 $R = 0$;如果对一切 x 都收敛,则规定 $R = +\infty$,这时,收敛域为$(-\infty, +\infty)$.

由以上分析可知,研究幂级数 $\sum_{n=0}^{\infty} a_n x^n$ 的收敛性的问题,也就是要求它的收敛域,而求收敛域的问题,实际上是求收敛半径,并讨论收敛区间的端点上的收敛性.

求幂级数的收敛半径,有如下定理:

定理 2 如果 $\lim\limits_{n\to\infty}\left|\dfrac{a_{n+1}}{a_n}\right| = \rho$,其中 a_n, a_{n+1} 是幂级数(10.4.4)的相邻两项的系数,则这幂级数的收敛半径

$$R = \begin{cases} \dfrac{1}{\rho}, & 0 < \rho < +\infty, \\ +\infty, & \rho = 0, \\ 0, & \rho = +\infty. \end{cases}$$

证 先考察幂级数(10.4.4)各项取绝对值所成的级数

$$\sum_{n=0}^{\infty} |a_n x^n|, \tag{10.4.5}$$

该级数相邻两项之比 $\left|\dfrac{a_{n+1}x^{n+1}}{a_n x^n}\right| = \left|\dfrac{a_{n+1}}{a_n}\right| |x|$.

如果 $\lim\limits_{n\to\infty}\left|\dfrac{a_{n+1}}{a_n}\right| = \rho\ (\rho \neq 0)$,则由比值审敛法,当 $\rho|x| < 1$ 即 $|x| < \dfrac{1}{\rho}$ 时,级数(10.4.5)收敛,从而级数(10.4.4)绝对收敛;当 $\rho|x| > 1$ 即 $|x| > \dfrac{1}{\rho}$ 时,级数(10.4.5)发散,可推得 $a_n x^n \not\to 0$,从而得级数(10.4.4)发散.于是,收敛半径 $R = \dfrac{1}{\rho}$.

如果 $\rho = 0$,则对任何 $x \neq 0$,$\lim\limits_{n\to\infty}\dfrac{|a_{n+1}x^{n+1}|}{|a_n x^n|} = 0$,由此得级数(10.4.5)收敛,从而级数(10.4.4)绝对收敛,于是 $R = +\infty$.

如果 $\rho = +\infty$,则对于除点 $x = 0$ 外的其他一切 x 值,级数(10.4.4)必发散.这是因为 $\lim\limits_{n\to\infty}\dfrac{|a_{n+1}x^{n+1}|}{|a_n x^n|} = +\infty$.级数(10.4.5)发散.假设有某 $x_1 \neq 0$ 的值使级数

(10.4.4) 收敛，则由定理 1 知，适合 $|x|<|x_1|$ 的一切 x，级数(10.4.4) 绝对收敛，即级数(10.4.5) 收敛，这就产生了矛盾. 因此 $R=0$.

利用柯西审敛法，还可得求幂级数收敛半径的如下定理：

定理 3　设幂级数(10.4.4)的系数满足 $\lim\limits_{n\to\infty}\sqrt[n]{|a_n|}=\rho$，则该幂级数的收敛半径为

$$R=\begin{cases}\dfrac{1}{\rho}, & \rho\neq 0,\\ +\infty, & \rho=0,\\ 0, & \rho=+\infty.\end{cases}$$

这个定理的证明与定理 2 的证明相仿，留给读者自证.

例 4　求幂级数 $\sum\limits_{n=1}^{\infty}\dfrac{(-1)^{n-1}}{\sqrt{n}}x^n$ 的收敛半径与收敛域.

解　因为 $\rho=\lim\limits_{n\to\infty}\left|\dfrac{a_{n+1}}{a_n}\right|=\lim\limits_{n\to\infty}\dfrac{\sqrt{n}}{\sqrt{n+1}}=1$，所以收敛半径 $R=\dfrac{1}{\rho}=1$. 对端点 $x=1$，级数成为交错级数 $\sum\limits_{n=1}^{\infty}\dfrac{(-1)^{n-1}}{\sqrt{n}}$，由莱布尼茨定理知，该级数收敛；对于端点 $x=-1$，级数成为 $-\sum\limits_{n=1}^{\infty}\dfrac{1}{\sqrt{n}}$，该级数发散，因此原级数的收敛域为$(-1,1]$.

例 5　求幂级数 $\sum\limits_{n=1}^{\infty}\left(\dfrac{n}{2n+1}\right)^n x^n$ 的收敛半径与收敛域.

解　因为 $\rho=\lim\limits_{n\to\infty}\sqrt[n]{|a_n|}=\lim\limits_{n\to\infty}\dfrac{n}{2n+1}=\dfrac{1}{2}$，故 $R=2$，又当 $|x|=2$ 时，因为

$$\lim_{n\to\infty}\left(\frac{n}{2n+1}\right)^n 2^n=\lim_{n\to\infty}\left(\frac{2n}{2n+1}\right)^n=\mathrm{e}^{-\frac{1}{2}}\neq 0,$$

故原级数的收敛域为$(-2,2)$.

例 6　求幂级数 $\sum\limits_{n=1}^{\infty}\dfrac{x^{2n}}{n^2}$ 的收敛域.

解　级数

$$\sum_{n=1}^{\infty}\frac{x^{2n}}{n^2}=x^2+\frac{x^4}{4}+\frac{x^6}{9}+\cdots+\frac{x^{2n}}{n^2}+\cdots,$$

其系数 $a_1=0$，$a_2=1$，$a_3=0$，$a_4=\dfrac{1}{4}$，$a_5=0$，$a_6=\dfrac{1}{9}$，…，一般地，$a_{2k-1}=0$，

$a_{2k} \neq 0$. 因此缺少整个奇次幂的项,不能直接用定理 2,但可用比值审敛法来求收敛半径:

$$\lim_{n\to\infty}\left|\frac{\dfrac{x^{2n+2}}{(n+1)^2}}{\dfrac{x^{2n}}{n^2}}\right| = \lim_{n\to\infty}\left(\frac{n}{n+1}\right)^n \cdot |x|^2 = |x|^2,$$

当 $|x|^2 < 1$,即 $|x| < 1$ 时,原级数收敛;当 $|x|^2 > 1$,即 $|x| > 1$ 时,原级数发散. 所以收敛半径 $R = 1$.

当 $x = \pm 1$ 时,原级数为 $\sum\limits_{n=1}^{\infty}\dfrac{1}{n^2}$,显然是收敛的,所以该级数的收敛域为$[-1, 1]$.

注意到级数也可写成如下形式:

$$\sum_{n=1}^{\infty}\frac{x^{2n}}{n^2} = (x^2) + \frac{(x^2)^2}{4} + \frac{(x^2)^3}{9} + \cdots,$$

对于这个 x^2 的幂级数来说,系数

$$a_1 = 1,\ a_2 = \frac{1}{4},\ a_3 = \frac{1}{9},\ \cdots,\ a_n = \frac{1}{n^2},\ \cdots.$$

此时,

$$\lim_{n\to\infty}\left|\frac{a_{n+1}}{a_n}\right| = \lim_{n\to\infty}\frac{n^2}{(n+1)^2} = 1.$$

因此,x^2 的幂级数,收敛半径 $R = 1$,即当 $|x^2| = |x|^2 < 1$,即 $|x| < 1$ 时,原级数收敛;当 $|x^2| = |x|^2 > 1$,即 $|x| > 1$ 时,原级数发散. 所以原级数收敛半径 $R = 1$.

例 7 求幂级数 $\sum\limits_{n=1}^{\infty}(-1)^{n-1}\dfrac{(x-1)^n}{n}$ 的收敛域.

解 令 $t = x - 1$,则级数变为

$$\sum_{n=1}^{\infty}(-1)^{n-1}\frac{t^n}{n} = t - \frac{t^2}{2} + \frac{t^3}{3} - \cdots + (-1)^{n-1}\frac{t^n}{n} + \cdots.$$

对于这个幂级数,

$$\lim_{n\to\infty}\left|\frac{a_{n+1}}{a_n}\right| = \lim_{n\to\infty}\frac{n}{n+1} = 1,$$

故收敛半径 $R=1$. 即对于 t 的幂级数,收敛区间为 $(-1,1)$,而当 $t=1$ 时,级数 $\sum\limits_{n=1}^{\infty}(-1)^{n-1}\dfrac{1}{n}$ 是收敛的交错级数;当 $t=-1$ 时,级数变成

$$\sum_{n=1}^{\infty}(-1)^{n-1}\frac{(-1)^n}{n}=-1-\frac{1}{2}-\frac{1}{3}-\cdots-\frac{1}{n}-\cdots,$$

是发散的级数. 因此,t 的幂级数的收敛域为 $(-1,1]$,从而原级数的收敛域为 $-1<x-1\leqslant 1$,即为 $(0,2]$.

10.4.3　幂级数的运算

设幂级数 $\sum\limits_{n=0}^{\infty}a_nx^n$ 与 $\sum\limits_{n=0}^{\infty}b_nx^n$ 分别在区间 $(-R_1,R_1)$ 与 $(-R_2,R_2)$ 内收敛,下面给出幂级数的四则运算.

1. 加减法

$$\sum_{n=0}^{\infty}a_nx^n\pm\sum_{n=0}^{\infty}b_nx^n=\sum_{n=0}^{\infty}(a_n\pm b_n)x^n,$$

据 10.1 节收敛级数的基本性质 3,上式在区间 $(-R_1,R_1)\cap(-R_2,R_2)$ 内成立.

2. 柯西乘积

$$\begin{aligned}\left(\sum_{n=0}^{\infty}a_nx^n\right)\left(\sum_{n=0}^{\infty}b_nx^n\right)&=a_0b_0+(a_0b_1+a_1b_0)x+(a_0b_2+a_1b_1+a_2b_0)x^2\\&\quad+\cdots+(a_0b_n+a_1b_{n-1}+\cdots+a_nb_0)x^n+\cdots\\&=\sum_{n=0}^{\infty}\left(\sum_{i+j=n}a_ib_j\right)x^n,\end{aligned}$$

可证上式在 $(-R_1,R_1)\cap(-R_2,R_2)$ 内成立. 这就是两幂级数的柯西乘积.

3. 除法

当 $b_0\neq 0$ 且 $|x|$ 充分小时,两幂级数可相除,它们的商也是幂级数:

$$\frac{\sum\limits_{n=0}^{\infty}a_nx^n}{\sum\limits_{n=0}^{\infty}b_nx^n}=c_0+c_1x+\cdots+c_nx^n+\cdots$$

其中,系数 $c_0,c_1,\cdots,c_n,\cdots$ 可由关系式

$$\left(\sum_{n=0}^{\infty}b_nx^n\right)\left(\sum_{n=0}^{\infty}c_nx^n\right)=\sum_{n=0}^{\infty}a_nx^n$$

所推出的一系列等式递推地确定.这一系列等式为

$$b_0c_0 = a_0,\ b_1c_0 + b_0c_1 = a_1,\ \cdots,\ b_nc_0 + b_{n-1}c_1 + \cdots + b_0c_n = a_n,\ \cdots.$$

这样确定的商级数的收敛半径很难确定,一般说来要比 R_1, R_2 小得多.

关于幂级数的分析运算(幂级数的连续性、可积性、可微性),把它归结为幂级数的和函数的性质,并略去证明.

性质 1 幂级数 $\sum\limits_{n=0}^{\infty} a_n x^n$ 的和函数 $s(x)$ 在其收敛域 I 上连续.

性质 2 幂级数 $\sum\limits_{n=0}^{\infty} a_n x^n$ 的和函数 $s(x)$ 在其收敛域 I 上可积,并有逐项积分公式:

$$\int_0^x s(x)\mathrm{d}x = \int_0^x \left(\sum_{n=0}^{\infty} a_n x^n\right)\mathrm{d}x = \sum_{n=0}^{\infty}\int_0^x a_n x^n \mathrm{d}x = \sum_{n=0}^{\infty} \frac{a_n}{n+1} x^{n+1} \quad (x \in I), \tag{10.4.6}$$

而逐项积分后,所得到的幂级数和原级数有相同的收敛半径.

性质 3 幂级数 $\sum\limits_{n=0}^{\infty} a_n x^n$ 的和函数 $s(x)$,在其收敛区间 $(-R, R)$ 内可导,且有逐项求导公式:

$$s'(x) = \left(\sum_{n=0}^{\infty} a_n x^n\right)' = \sum_{n=0}^{\infty} (a_n x^n)' = \sum_{n=0}^{\infty} n a_n x^{n-1} \quad (|x| < R), \tag{10.4.7}$$

而逐项求导后,所得到的幂级数与原级数有相同的收敛半径.

反复应用上述结论可得:幂级数 $\sum\limits_{n=0}^{\infty} a_n x^n$ 的和函数 $s(x)$ 在其收敛区间 $(-R, R)$ 内具有任意阶导数.

这里要特别强调:当利用性质 2 或性质 3 对幂级数逐项求导或逐项积分后,所得到的新幂级数在原收敛区间内仍收敛,但在收敛区间的端点处,其收敛性可能会发生变化.因此,对区间的端点的敛散性需重新判定.

利用幂级数的性质,可求一些幂级数的和函数.

例 8 求幂级数 $\sum\limits_{n=0}^{\infty} \dfrac{x^n}{n+1}$ 的和函数.

解 先求收敛域,由 $\lim\limits_{n\to\infty}\left|\dfrac{a_{n+1}}{a_n}\right| = \lim\limits_{n\to\infty}\dfrac{n+1}{n+2} = 1$,得收敛半径 $R = 1$.在点 $x = -1$ 处,幂级数为 $\sum\limits_{n=0}^{\infty} \dfrac{(-1)^n}{n+1}$,是收敛的交错级数;在点 $x = 1$ 处,幂级数为 $\sum\limits_{n=0}^{\infty} \dfrac{1}{n+1}$,是发散的.因此,收敛域为 $I = [-1, 1)$.

设和函数 $s(x)=\sum_{n=0}^{\infty}\frac{x^n}{n+1}$，$x\in[-1,1)$，则 $xs(x)=\sum_{n=0}^{\infty}\frac{x^{n+1}}{n+1}$ 逐项求导，并利用

$$\frac{1}{1-x}=1+x+x^2+\cdots+x^n+\cdots\quad(-1<x<1),$$

得 $$[xs(x)]'=\sum_{n=0}^{\infty}\left(\frac{x^{n+1}}{n+1}\right)'=\sum_{n=0}^{\infty}x^n=\frac{1}{1-x}\quad(-1<x<1).$$

对上式从 0 到 x 积分得

$$xs(x)=\int_0^x\frac{1}{1-x}\mathrm{d}x=-\ln(1-x)\quad(-1\leqslant x<1),$$

于是，当 $x\neq 0$ 时，有 $s(x)=-\frac{1}{x}\ln(1-x)$，而 $s(0)=a_0=1$. 因此，

$$s(x)=\begin{cases}-\dfrac{1}{x}\ln(1-x), & x\in[-1,0)\cup(0,1),\\ 1, & x=0.\end{cases}$$

易知 $s(0)$ 也可根据和函数的连续性得到，即

$$s(0)=\lim_{x\to 0}s(x)=\lim_{x\to 0}\left[-\frac{1}{x}\ln(1-x)\right]=1.$$

例 9　证明：$\frac{\pi}{4}=1-\frac{1}{3}+\frac{1}{5}-\frac{1}{7}+\cdots+(-1)^n\frac{1}{2n+1}+\cdots$.

证　问题可看成求数项级数 $1-\frac{1}{3}+\frac{1}{5}-\frac{1}{7}+\cdots+(-1)^n\frac{1}{2n+1}+\cdots$ 的和. 先作辅助幂级数

$$\sum_{n=0}^{\infty}(-1)^n\frac{x^{2n+1}}{2n+1}=x-\frac{x^3}{3}+\frac{x^5}{5}-\frac{x^7}{7}+\cdots,$$

于是问题又可看成这个辅助幂级数的和函数 $s(x)$ 在点 $x=1$ 处的值. 易求得辅助幂级数的收敛域为$(-1,1]$，于是 $\forall x\in(-1,1)$ 有

$$s(x)=\sum_{n=0}^{\infty}(-1)^n\frac{x^{2n+1}}{2n+1}=\sum_{n=0}^{\infty}(-1)^n\int_0^x t^{2n}\mathrm{d}t=\int_0^x\left[\sum_{n=0}^{\infty}(-1)^n t^{2n}\right]\mathrm{d}t,$$

而

$$\sum_{n=0}^{\infty}(-1)^n t^{2n}=\sum_{n=0}^{\infty}(-1)^n(t^2)^n=\frac{1}{1+t^2}\quad(|t|<1),$$

故 $s(x)=\int_0^x\frac{\mathrm{d}t}{1+t^2}=\arctan x$，于是得

$$1-\frac{1}{3}+\frac{1}{5}-\frac{1}{7}+\cdots+(-1)^n\frac{1}{2n+1}+\cdots=\arctan 1=\frac{\pi}{4}.$$

习 题 10.4

1. 求下列幂级数的收敛域:

(1) $\sum\limits_{n=1}^{\infty}(-1)^n\frac{2^n}{\sqrt{n}}x^n$; (2) $\sum\limits_{n=1}^{\infty}\frac{1}{n!}x^n$;

(3) $\sum\limits_{n=1}^{\infty}\frac{1}{(2n)!!}x^n$; (4) $\sum\limits_{n=1}^{\infty}\frac{2^n}{n^2+1}x^n$;

(5) $\sum\limits_{n=1}^{\infty}\frac{2^n}{n}x^{2n}$; (6) $\sum\limits_{n=1}^{\infty}(-1)^n\frac{x^{2n+1}}{2n+1}$;

(7) $\sum\limits_{n=1}^{\infty}\frac{(-1)^n}{n}\left(\frac{x}{2x+1}\right)^n$; (8) $\sum\limits_{n=1}^{\infty}\frac{2^n+(-1)^n}{n}(x-1)^n$.

2. 求下列级数的和函数:

(1) $\sum\limits_{n=1}^{\infty}nx^{n-1}$; (2) $\sum\limits_{n=1}^{\infty}\frac{x^{2n-1}}{2n-1}$;

(3) $\sum\limits_{n=1}^{\infty}\frac{n}{n+1}x^n$; (4) $\sum\limits_{n=1}^{\infty}\frac{n(n+1)}{2}x^{n-1}$;

(5) $\sum\limits_{n=1}^{\infty}\frac{1}{n(n+1)}x^n$.

3. 选择题.

(1) 若级数 $\sum\limits_{n=0}^{\infty}a_n(x-3)^n$ 在点 $x=-1$ 处收敛,则此级数在点 $x=6$ 处( ).

A. 发散 B. 条件收敛

C. 绝对收敛 D. 不能确定

(2) 设幂级数 $\sum\limits_{n=1}^{\infty}\frac{(x-a)^n}{n}$ 在点 $x=2$ 处收敛,则实数 a 的取值范围是( ).

A. $1<a\leqslant 3$ B. $1\leqslant a<3$

C. $1<a<3$ D. $1\leqslant a\leqslant 3$

4. 设幂级数 $\sum\limits_{n=1}^{\infty}a_n(x-1)^n$ 在点 $x=0$ 处收敛,在点 $x=2$ 处发散,试确定该幂级数的收敛域,并说明理由.

10.5 函数展开成幂级数

上节对幂级数的讨论,都是从幂级数出发,求幂级数的收敛域及研究幂级数的和函数具有的性质.本节要从函数出发(给定一个函数),看它能否用幂级数来表示,从而用幂级数这个工具研究函数.幂级数的一个重要应用是用它表示函数.

10.5.1　泰勒级数

如果给定函数 $f(x)$,能找到一个在某区间内收敛,且收敛的和恰好就是已给的函数 $f(x)$的幂级数,这时就说,函数 $f(x)$在该区间内能展开成幂级数,而这个幂级数在该区间内就表达了函数 $f(x)$.

如果 $f(x)$在点 x_0的某一邻域内具有直到$(n+1)$阶的导数,则在该邻域内 $f(x)$的 n 阶泰勒公式为

$$f(x)=f(x_0)+f'(x_0)(x-x_0)+\frac{f''(x_0)}{2!}(x-x_0)^2+\cdots+\frac{f^{(n)}(x_0)}{n!}(x-x_0)^n+R_n(x), \tag{10.5.1}$$

其中,$R_n(x)$为拉格朗日型余项:

$$R_n(x)=\frac{f^{(n+1)}(\xi)}{(n+1)!}(x-x_0)^{n+1},$$

ξ为 x 与 x_0之间的某个值.

记
$$P_n(x)=f(x_0)+f'(x_0)(x-x_0)+\frac{f''(x_0)}{2!}(x-x_0)^2+\cdots+\frac{f^{(n)}(x_0)}{n!}(x-x_0)^n, \tag{10.5.2}$$

由式(10.5.1)有 $f(x)=P_n(x)+R_n(x)$,于是,用 $P_n(x)$ 作为 $f(x)$ 的近似表达式,其误差为 $|R_n(x)|$.如果 $|R_n(x)|$ 随着n的增大而减少,那么,下面来设想:增加多项式(10.5.2) 的项数,用 $P_n(x)$ 近似替代 $f(x)$,必能提高精确度.

把 $f(x)$在点 x_0某邻域内有直到$(n+1)$阶的导数,改为 $f(x)$在点 x_0某邻域内具有各阶导数 $f'(x)$, $f''(x)$, …, $f^{(n)}(x)$,…, 这样,设想式(10.5.2)的项数趋于无穷而成为一个幂级数

$$f(x_0)+f'(x_0)(x-x_0)+\frac{f''(x_0)}{2!}(x-x_0)^2+\cdots+\frac{f^{(n)}(x_0)}{n!}(x-x_0)^n+\cdots, \tag{10.5.3}$$

称式(10.5.3)为 $f(x)$的泰勒级数,$f(x)$的泰勒级数(10.5.3)在点 $x=x_0$处收敛于$f(x_0)$. 问题是,在点 x_0的邻域内的其他各点处,泰勒级数(10.5.3) 是否一定收

敛?如果收敛,是否一定收敛于 $f(x)$?下面的定理能回答这些问题.

定理1 设函数 $f(x)$在点 x_0 的某邻域 $U(x_0)$内具有各阶导数,则 $f(x)$在该邻域内能展开成泰勒级数的充分必要条件是: $f(x)$的泰勒公式中的余项$R_n(x)$,当 $n\to\infty$ 时的极限为零,即$\lim\limits_{n\to\infty}R_n(x)=0$ $(x\in U(x_0))$.

证 先证必要性,设 $f(x)$在 $U(x_0)$内能展开为泰勒级数,即

$$f(x)=f(x_0)+f'(x_0)(x-x_0)+\frac{f''(x_0)}{2!}(x-x_0)^2+\cdots+\frac{f^{(n)}(x_0)}{n!}(x-x_0)^n+\cdots, \tag{10.5.4}$$

对一切 $x\in U(x_0)$ 成立. 把 $f(x)$ 的 n 阶泰勒公式写成 $f(x)=s_{n+1}(x)+R_n(x)$,其中 $s_{n+1}(x)$ 是 $f(x)$ 的泰勒级数(10.5.3)的前$(n+1)$项之和. 因为由式(10.5.4)有$\lim\limits_{n\to\infty}s_{n+1}(x)=f(x)$,所以

$$\lim_{n\to\infty}R_n(x)=\lim_{n\to\infty}[f(x)-s_{n+1}(x)]=f(x)-f(x)=0,$$

这就证明了条件是必要的.

再证充分性. 因 $\lim\limits_{n\to\infty}R_n(x)=0$ 对一切 $x\in U(x_0)$ 成立,由 $s_{n+1}(x)=f(x)-R_n(x)$ 得

$$\lim_{n\to\infty}s_{n+1}(x)=\lim_{n\to\infty}[f(x)-R_n(x)]=f(x),$$

即 $f(x)$的泰勒级数(10.5.3)在 $U(x_0)$内收敛,且收敛于 $f(x)$. 因此,条件是充分的. 定理证毕.

在式(10.5.3)中令 $x_0=0$,得

$$f(0)+f'(0)x+\frac{f''(0)}{2!}x^2+\cdots+\frac{f^{(n)}(x_0)}{n!}x^2+\cdots, \tag{10.5.5}$$

级数(10.5.5)称为函数 $f(x)$的麦克劳林级数.

定理2(唯一性定理)

(1) 如果函数 $f(x)$在点 $x_0=0$ 的某邻域$(-R,R)$内能展开成 x 的幂级数:

$$f(x)=\sum_{n=0}^{\infty}a_nx^n=a_0+a_1x+a_2x^2+\cdots+a_nx^n+\cdots\quad(x\in(-R,R)),$$

那么,必有 $a_n=\dfrac{1}{n!}f^{(n)}(0)$,记 $f^{(0)}(0)=f(0)$.

(2) 如果函数 $f(x)$在点 $x=x_0$的某邻域 $U(x_0)$ 内能展开成$(x-x_0)$的幂级数:

$$\begin{aligned}f(x)&=\sum_{n=0}^{\infty}a_n(x-x_0)^n\\&=a_0+a_1(x-x_0)+a_2(x-x_0)^2+\cdots\\&\quad+a_n(x-x_0)^n+\cdots\quad(x\in U(x_0)),\end{aligned}$$

那么,必有 $a_n=\dfrac{1}{n!}f^{(n)}(x_0)$,记 $f^{(0)}(x_0)=f(x_0)$.

证　(1) 若

$$f(x)=a_0+a_1x+a_2x^2+\cdots+a_nx^n+\cdots\quad(x\in(-R,R)),$$

令 $x=0$,得 $a_0=f(0)$,再逐项求导得

$$\begin{aligned}&f'(x)=a_1+2a_2x+3a_3x^2+\cdots+na_nx^{n-1}+\cdots,\\&f''(x)=2!a_2+3\cdot2a_3x+\cdots+n(n-1)a_nx^{n-2}+\cdots,\\&f'''(x)=3!a_3+\cdots+n(n-1)(n-2)a_nx^{n-3}+\cdots,\\&\cdots\cdots\\&f^{(n)}(x)=n!a_n+(a+1)n(n-1)+\cdots+2a_{n+1}x+\cdots,\\&\cdots\cdots\end{aligned}$$

把 $x=0$ 代入以上各式得

$$a_0=f(0),\ a_1=f'(0),\ a_2=\frac{f''(0)}{2!},\ \cdots,\ a_n=\frac{f^{(n)}(0)}{n!},\cdots.$$

即证明了(1).

(2)的证明与(1)完全类似,读者可仿其证之.

根据定理 2,如果函数 $f(x)$ 在 $(-R,R)$ 内能展开成 x 的幂级数,则此幂级数只能是 $f(x)$ 的麦克劳林级数;若函数 $f(x)$ 在 $U(x_0)$ 内能展开成 $(x-x_0)$ 的幂级数,则此幂级数只能是 $f(x)$ 在点 x_0 的泰勒级数. 故定理 2 称为唯一性定理.

如前所述,若函数 $f(x)$ 在点 $x_0=0$ 处具有各阶导数,那么,$f(x)$ 的麦克劳林级数(10.5.5) 可以作出来,但并不能充分保证麦克劳林级数一定收敛,即使收敛,也不能保证一定收敛于 $f(x)$. 而收敛于 $f(x)$ 的问题,要依据定理 1,检验 $\lim\limits_{n\to\infty}R_n(x)=0$ 是否成立.

10.5.2　函数展开成幂级数的方法

1. 直接展开法

把函数展开成 x 的幂级数,可按如下几步进行:

第一步：求函数 $f(x)$ 的各阶导数 $f'(x)$, $f''(x)$, …, $f^{(n)}(x)$, ….如果在点 $x=0$ 处某阶导数不存在,就表明此函数不能展开成 x 的幂级数；

第二步：求出 $f(0)$, $f'(0)$, $f''(0)$, …, $f^{(n)}(0)$, …；

第三步：作出幂级数 $f(0)+f'(0)x+\dfrac{f''(0)}{2!}x^2+\cdots+\dfrac{f^{(n)}(0)}{n!}x^2+\cdots$,并求出收敛半径 R；

第四步：检验当 x 在 $(-R, R)$ 内时的余项 $R_n(x)$ 的极限,即

$$\lim_{n\to\infty}R_n(x)=\lim_{n\to\infty}\frac{f^{(n+1)}(\xi)}{(n+1)!}x^{n+1}\quad(\xi\text{在 }0\text{ 与 }x\text{ 间})$$

是否为零,如果为零,则有展开式

$$f(x)=f(0)+f'(0)x+\frac{f''(0)}{2!}x^2+\cdots+\frac{f^{(n)}(0)}{n!}x^n+\cdots,$$

其中, $x\in(-R, R)$.

以上这种直接按公式 $a_n=\dfrac{f^{(n)}(0)}{n!}$ 计算幂级数的系数,再检验 $\lim\limits_{n\to\infty}R_n(x)=0$,然后代入麦克劳林展开式,得到 x 的幂级数的方法,常称为直接展开法.

例 1 将函数 $f(x)=e^x$ 展开成 x 的幂级数.

解 因为 $f^{(n)}(x)=e^x\ (n=1, 2, \cdots)$,因此, $f^{(n)}(0)=1\ (n=1, 2, \cdots)$,于是得级数 $1+x+\dfrac{x^2}{2!}+\cdots+\dfrac{x^n}{n!}+\cdots\ (x\in(-\infty, +\infty))$.显然,对任何 x, ξ (ξ 在 0 与 x 之间)有

$$|R_n(x)|=\left|\frac{e^{\xi}}{(n+1)!}x^{n+1}\right|<e^{|x|}\cdot\frac{|x|^{n+1}}{(n+1)!};$$

这里 $e^{|x|}$ 是与 n 无关的有限数.考虑到级数 $\sum\limits_{n=1}^{\infty}\dfrac{|x|^{n+1}}{(n+1)!}$ 是收敛级数,于是

$$\lim_{n\to\infty}e^{|x|}\cdot\frac{|x|^{n+1}}{(n+1)!}=0,$$

即 $\lim\limits_{n\to\infty}R_n(x)=0$.这样 $f(x)=e^x$ 可以展开成 x 的幂级数,即

$$e^x=1+x+\frac{x^2}{2!}+\cdots+\frac{x^n}{n!}+\cdots\quad(x\in(-\infty, +\infty)).\tag{10.5.6}$$

如图 10－4 所示,在点 $x=0$ 处附近,用级数的部分和(即多项式)来近似代替 e^x,那么,随着多项式项数的增加,它们越来越接近于 e^x.

例 2 将函数 $f(x)=\sin x$ 展开成 x 的幂级数.

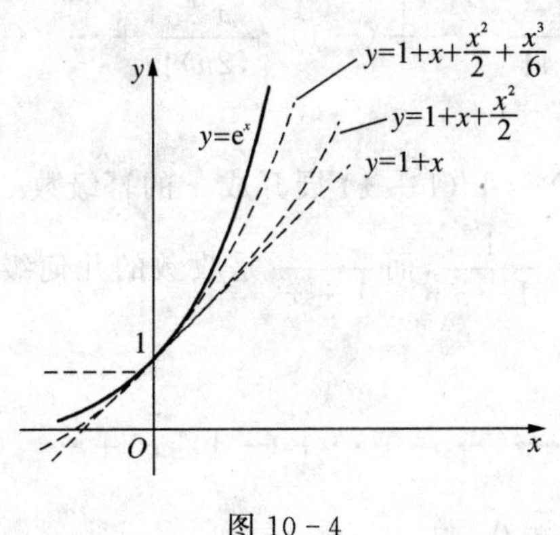

图 10-4

解　因为

$$f^{(n)}(x)=\sin\left(x+n\cdot\frac{\pi}{2}\right)$$

$$(n=0,1,2,\cdots),$$

$f^{(n)}(0)$顺序循环地取 0，1，0，−1，⋯ $(n=0,1,2,\cdots)$，于是可得级数

$$x-\frac{x^3}{3!}+\frac{x^5}{5!}+\cdots+(-1)^{n-1}\frac{x^{2n-1}}{(2n-1)!}+\cdots\quad(x\in(-\infty,+\infty)),$$

对于任何有限数 x，ξ（ξ在 0 与 x 之间），有

$$|R_n(x)|=\left|\frac{\sin\left[\xi+\left(\frac{n+1}{2}\right)\pi\right]}{(n+1)!}x^{n+1}\right|\leqslant\frac{|x|^{n+1}}{(n+1)!}\to 0\quad(n\to\infty).$$

故得展开式：

$$\sin x=x-\frac{x^3}{3!}+\frac{x^5}{5!}+\cdots+(-1)^{n-1}\frac{x^{2n-1}}{(2n-1)!}+\cdots\quad(x\in(-\infty,+\infty)).\tag{10.5.7}$$

从以上两例体会到：用直接展开法把函数展开成 x 的幂级数时，要计算函数的 n 阶导数，还要检验余项的极限是否趋于零，这两件事都很麻烦. 下面介绍的方法（间接展开法），能避免这两大麻烦.

2. 间接展开法

所谓间接展开法，是指利用一些已知的函数展开式，幂级数的四则运算，逐项积分和逐项求导以及变量代换等，将所给函数展开成幂级数的方法.

例 3　将函数 $f(x)=\cos x$ 展开成 x 的幂级数.

解　对展开式(10.5.7)逐项求导可得

$$\cos x = 1 - \frac{x^2}{2!} + \frac{x^4}{4!} - \cdots + (-1)^n \frac{x^{2n}}{(2n)!} + \cdots \quad (-\infty < x < +\infty). \tag{10.5.8}$$

例 4 将函数 $f(x) = \ln(1+x)$ 展开成 x 的幂级数.

解 因为 $f'(x) = \frac{1}{1+x}$,而$\frac{1}{1+x}$是收敛的几何级数 $\sum_{n=0}^{\infty}(-1)^n x^n$ 的和函数,即

$$\frac{1}{1+x} = 1 - x + x^2 - x^3 + \cdots + (-1)^n x^n + \cdots \quad (-1 < x < 1),$$

再将上式从 0 到 x 逐项积分,得

$$\ln(1+x) = x - \frac{x^2}{2} + \frac{x^3}{3} - \frac{x^4}{4} + \cdots + (-1)^n \frac{x^{n+1}}{n+1} + \cdots \quad (-1 < x \leqslant 1). \tag{10.5.9}$$

注意到展开式对 $x = 1$ 成立,是因为右端的幂级数当 $x = 1$ 时收敛,而和函数 $\ln(1+x)$ 在点 $x = 1$ 处有定义且连续.

例 5 将函数 $f(x) = (1+x)^m$ 展开成 x 的幂级数,其中 m 为任意常数.

解 因为

$$f'(x) = m(1+x)^{m-1},$$
$$f''(x) = m(m-1)(1+x)^{m-2},$$
$$\cdots\cdots$$
$$f^{(n)}(x) = m(m-1)(m-2)\cdots(m-n+1)(1+x)^{m-n},$$

所以

$$f(0) = 1,\ f'(0) = m,\ f''(0) = m(m-1),\ \cdots,$$
$$f^{(n)}(0) = m(m-1)\cdots(m-n+1), \cdots.$$

于是,得级数

$$1 + mx + \frac{m(m-1)}{2!}x^2 + \cdots + \frac{m(m-1)\cdots(m-n+1)}{n!}x^n + \cdots.$$

又

$$\lim_{n\to\infty}\left|\frac{a_{n+1}}{a_n}\right| = \lim_{n\to\infty}\left|\frac{m-n}{n+1}\right| = 1,$$

故对任何常数 m,上面的级数在区间$(-1, 1)$内收敛.

为避免直接研究余项,设级数在$(-1, 1)$内收敛的和函数为 $F(x)$,即

$$F(x)=1+mx+\frac{m(m-1)}{2!}x^2+\cdots$$
$$+\frac{m(m-1)\cdots(m-n+1)}{n!}x^n+\cdots\quad(x\in(-1,1)).$$

下面要证 $F(x)=(1+x)^m(x\in(-1,1))$.

逐项求导得

$$F'(x)=m\left[1+\frac{m-1}{1}x+\cdots+\frac{(m-1)\cdots(m-n+1)}{(n-1)!}x^{n-1}+\cdots\right],$$

两边各乘以$(1+x)$,并把含 $x^n(n=1,2,\cdots)$ 的两项合并,同时,利用恒等式

$$\frac{(m-1)\cdots(m-n+1)}{(n-1)!}+\frac{(m-1)\cdots(m-n)}{n!}$$
$$=\frac{m(m-1)\cdots(m-n+1)}{n!}\quad(n=1,2,\cdots),$$

于是有

$$(1+x)F'(x)=m\left[1+mx+\frac{m(m-1)}{2!}x^2+\cdots\right.$$
$$\left.+\frac{m(m-1)\cdots(m-n+1)}{n!}x^n+\cdots\right]$$
$$=mF(x)\quad(-1<x<1).$$

令 $\varphi(x)=\dfrac{F(x)}{(1+x)^m}$,则 $\varphi(0)=F(0)=1$,且

$$\varphi'(x)=\frac{(1+x)^m F'(x)-m(1+x)^{m-1}F(x)}{(1+x)^{2m}}$$
$$=\frac{(1+x)^{m-1}[(1+x)F'(x)-mF(x)]}{(1+x)^{2m}}$$
$$=0,$$

所以 $\varphi(x)=C$(常数),但因 $\varphi(0)=1$,从而 $\varphi(x)=1$,即有 $F(x)=(1+x)^m$,这就证明了在区间$(-1,1)$内有展开式:

$$(1+x)^m=1+mx+\frac{m(m-1)}{2!}x^2+\cdots$$
$$+\frac{m(m-1)\cdots(m-n+1)}{n!}x^n+\cdots\quad(-1<x<1).$$

(10.5.10)

在区间端点,展开式是否成立要看 m 的数值而定.式(10.5.10)称为二项展开式.特殊地,当 m 为正整数时,级数为 x 的 m 次多项式,这就是代数学中的二项式定理.

$m=\frac{1}{2},-\frac{1}{2}$ 的二项展开式分别为

$$\sqrt{1+x}=1+\frac{1}{2}x-\frac{1}{2\cdot 4}x^2+\frac{1\cdot 3}{2\cdot 4\cdot 6}x^3-\frac{1\cdot 3\cdot 5}{2\cdot 4\cdot 6\cdot 8}x^4+\cdots \quad (-1\leqslant x\leqslant 1),$$

$$\frac{1}{\sqrt{1+x}}=1-\frac{1}{2}x+\frac{1\cdot 3}{2\cdot 4}x^2-\frac{1\cdot 3\cdot 5}{2\cdot 4\cdot 6}x^3+\frac{1\cdot 3\cdot 5\cdot 7}{2\cdot 4\cdot 6\cdot 8}x^4-\cdots \quad (-1<x\leqslant 1).$$

例 6 将函数 $f(x)=\arctan x$ 展开成 x 的幂级数.

解 因为 $f'(x)=\frac{1}{1+x^2}$,而

$$\begin{aligned}\frac{1}{1+x^2}&=\frac{1}{1-(-x^2)}=1+(-x^2)+(-x^2)^2+(-x^2)^3+\cdots+(-x^2)^n+\cdots\\&=1-x^2+x^4-x^6+\cdots+(-1)^n x^{2n}+\cdots\\&=\sum_{n=0}^{\infty}(-1)^n x^{2n}\quad(-1<x<1).\end{aligned}$$

将上式从 0 到 x 逐项积分,并注意到 $f(0)=\arctan 0=0$,得

$$\arctan x=\sum_{n=0}^{\infty}(-1)^n\frac{x^{2n+1}}{2n+1}\quad(-1<x<1).$$

而当 $x=\pm 1$ 时,上式右端的级数成为 $\pm\sum_{n=0}^{\infty}\frac{(-1)^n}{2n+1}$,显然是收敛的,又 $f(x)=\arctan x$ 在点 $x=\pm 1$ 处连续,因此,得

$$\arctan x=x-\frac{x^3}{3}+\frac{x^5}{5}-\cdots+(-1)^n\frac{x^{2n+1}}{2n+1}+\cdots\quad(-1\leqslant x\leqslant 1).$$

例 7 将函数 $f(x)=\cos^2 x$ 展开成 x 的幂级数.

解 因为 $f(x)=\cos^2 x=\frac{1}{2}+\frac{1}{2}\cos 2x$,而

$$\cos 2x=\sum_{n=0}^{\infty}(-1)^n\frac{2^{2n}}{(2n)!}x^{2n}\quad(x\in(-\infty,+\infty)),$$

因此

$$\cos^2 x=\frac{1}{2}+\frac{1}{2}\sum_{n=0}^{\infty}\frac{(-1)^n 2^{2n}}{(2n)!}x^{2n}\quad(x\in(-\infty,+\infty)).$$

例 8 将函数 $f(x)=\dfrac{x}{x^2-x-2}$ 展开成 x 的幂级数.

解 因为

$$f(x)=\frac{x}{x^2-x-2}=\frac{x}{(x-2)(x+1)}=\frac{1}{3}\left(\frac{1}{x+1}+\frac{2}{x-2}\right)$$

$$=\frac{1}{3}\left(\frac{1}{1+x}-\frac{1}{1-\dfrac{x}{2}}\right),$$

而

$$\frac{1}{1+x}=\sum_{n=0}^{\infty}(-1)^n x^n \quad (-1<x<1),$$

$$\frac{1}{1-\dfrac{x}{2}}=\sum_{n=0}^{\infty}\left(\frac{x}{2}\right)^n=\sum_{n=0}^{\infty}\frac{1}{2^n}x^n \quad (-2<x<2),$$

于是

$$\frac{x}{x^2-x-2}=\frac{1}{3}\left[\sum_{n=0}^{\infty}(-1)^n x^n-\sum_{n=0}^{\infty}\frac{1}{2^n}x^n\right]$$

$$=\frac{1}{3}\sum_{n=0}^{\infty}\left[(-1)^n-\frac{1}{2^n}\right]x^n \quad (-1<x<1).$$

下面是将函数展开成 $(x-x_0)$ 的幂级数的例子.

例 9 把下列各函数在指定点处展为泰勒级数.

(1) $f(x)=\ln x$，$x=2$； (2) $f(x)=\cos x$，$x=-\dfrac{\pi}{3}$.

解 (1) 因为

$$f(x)=\ln[2+(x-2)]=\ln 2+\ln\left[1+\left(\frac{x-2}{2}\right)\right],$$

而

$$\ln\left[1+\left(\frac{x-2}{2}\right)\right]=\sum_{n=1}^{\infty}(-1)^{n+1}\frac{1}{n\cdot 2^n}(x-2)^n \quad (x\in(0,4]).$$

因此

$$\ln x=\ln 2+\sum_{n=1}^{\infty}(-1)^{n+1}\frac{1}{n\cdot 2^n}(x-2)^n \quad (x\in(0,4]).$$

(2) $$\cos x=\cos\left[-\frac{\pi}{3}+\left(x+\frac{\pi}{3}\right)\right]$$

$$
\begin{aligned}
&= \cos\left(-\frac{\pi}{3}\right)\cos\left(x+\frac{\pi}{3}\right)-\sin\left(-\frac{\pi}{3}\right)\sin\left(x+\frac{\pi}{3}\right) \\
&= \cos\frac{\pi}{3}\cos\left(x+\frac{\pi}{3}\right)+\sin\frac{\pi}{3}\sin\left(x+\frac{\pi}{3}\right) \\
&= \frac{1}{2}\sum_{n=0}^{\infty}\frac{(-1)^n}{(2n)!}\left(x+\frac{\pi}{3}\right)^{2n} \\
&\quad+\frac{\sqrt{3}}{2}\sum_{n=0}^{\infty}\frac{(-1)^n}{(2n+1)!}\left(x+\frac{\pi}{3}\right)^{2n+1} \quad (-\infty < x < +\infty).
\end{aligned}
$$

10.5.3 函数的幂级数展开式的应用

利用函数的幂级数展开式,可以进行近似计算,即在展开式有效的区间上,函数值可近似地用这个级数按精确度的要求计算出来.

例 10 计算 $\sqrt[5]{240}$的近似值,要求误差不超过 0.0001.

解 因为 $\sqrt[5]{240}=\sqrt[5]{243-3}=3\left(1-\frac{1}{3^4}\right)^{\frac{1}{5}}$,所以,在二项展开式(式(10.5.10))中,取 $m=\frac{1}{5}$, $x=-\frac{1}{3^4}$,即得

$$
\sqrt[5]{240}=3\left(1-\frac{1}{5}\cdot\frac{1}{3^4}-\frac{1\cdot 4}{5^2\cdot 2!}\cdot\frac{1}{3^8}-\frac{1\cdot 4\cdot 9}{5^3\cdot 3!}\cdot\frac{1}{3^{12}}-\cdots\right).
$$

这个级数收敛很快,取前两项的和作为 $\sqrt[5]{240}$的近似值,其误差(也叫截断误差)为

$$
\begin{aligned}
|r_n| &= 3\left(\frac{1\cdot 4}{5^2\cdot 2!}\cdot\frac{1}{3^8}+\frac{1\cdot 4\cdot 9}{5^3\cdot 3!}\cdot\frac{1}{3^{12}}+\frac{1\cdot 4\cdot 9\cdot 14}{5^4\cdot 4!}\cdot\frac{1}{3^{16}}+\cdots\right) \\
&< 3\cdot\frac{1\cdot 4}{5^2\cdot 2!}\cdot\frac{1}{3^8}\left[1+\frac{1}{81}+\left(\frac{1}{81}\right)^2+\cdots\right]=\frac{6}{25}\cdot\frac{1}{3^8}\cdot\frac{1}{1-\frac{1}{81}} \\
&= \frac{1}{25\cdot 27\cdot 40}<\frac{1}{20\,000},
\end{aligned}
$$

于是,近似式为 $\sqrt[5]{240}\approx 3\left(1-\frac{1}{5}\cdot\frac{1}{3^4}\right)$.

为了使"四舍五入"引起的误差(叫舍入误差)与截断误差之和不超过 10^{-4},计算时应取五位小数,然后再四舍五入,由此得 $\sqrt[5]{240}\approx 2.9926$.

例 11 计算$\frac{1}{\sqrt{e}}$的近似值,要求误差不超过 10^{-4}.

解　在 e^x 的展开式中，令 $x=-\frac{1}{2}$ 得

$$\frac{1}{\sqrt{e}}=e^{-\frac{1}{2}}=1-\frac{1}{2}+\frac{\left(-\frac{1}{2}\right)^2}{2!}+\cdots+\frac{\left(-\frac{1}{2}\right)^n}{n!}+\cdots.$$

这是一个莱布尼茨型交错级数，$|r_n|\leqslant u_{n+1}$. 这里 $u_1=1$，$u_2=\frac{1}{2}$，$u_3=\frac{1}{8}$，$u_4=\frac{1}{48}$，$u_5=\frac{1}{384}$，$u_6=\frac{1}{3840}$，$u_7=\frac{1}{6!}\left(\frac{1}{2}\right)^6<10^{-4}$. 因此

$$\frac{1}{\sqrt{e}}\approx 1-\frac{1}{2}+\frac{1}{8}-\frac{1}{48}+\frac{1}{384}-\frac{1}{3840}\approx 0.6065.$$

例 12　计算积分 $\int_0^1\frac{\sin x}{x}dx$ 的近似值，要求误差不超过 0.0001.

解　由于 $\lim\limits_{x\to 0}\frac{\sin x}{x}=1$，因此，所给的积分不是反常积分. 如果定义被积函数在点 $x=0$ 处的值为 1，则它在积分区间[0, 1]上连续.

展开被积函数有

$$\frac{\sin x}{x}=1-\frac{x^2}{3!}+\frac{x^4}{5!}-\frac{x^6}{7!}+\cdots\quad(-\infty<x<+\infty).$$

在区间[0, 1]上逐项积分，得

$$\int_0^1\frac{\sin x}{x}dx=1-\frac{1}{3\cdot 3!}+\frac{1}{5\cdot 5!}-\frac{1}{7\cdot 7!}+\cdots.$$

因为第四项的绝对值 $\frac{1}{7\cdot 7!}<\frac{1}{30\,000}$，所以，取前三项的和作为积分的近似值：

$$\int_0^1\frac{\sin x}{x}dx\approx 1-\frac{1}{3\cdot 3!}+\frac{1}{5\cdot 5!},$$

计算得

$$\int_0^1\frac{\sin x}{x}dx\approx 0.9461.$$

习　题 10.5

1. 将下列函数展开成 x 的幂级数，并求展开式成立的区间.

(1) a^x；　　　　(2) $\ln(a+x)\ (a>0)$；

(3) $\operatorname{sh} x=\dfrac{e^x-e^{-x}}{2}$;　　(4) $\cos^2 x$;

(5) $(1+e^x)^3$;　　(6) $\dfrac{x}{\sqrt{1+x^2}}$;

(7) $(4-x^2)^{-\frac{1}{2}}$.

2. 把下列函数展开成$(x-1)$的幂级数,并求展开式成立的区间.

(1) $\dfrac{1}{3-x}$;　　(2) $\sqrt{x^3}$;

(3) $\lg x$;　　(4) $\dfrac{1}{x^2-4x+3}$.

3. 将函数 $f(x)=\dfrac{1}{x}$ 展开成$(x-3)$的幂级数.

4. 求幂级数 $\sum\limits_{n=2}^{\infty}\dfrac{x^{2n+1}}{n!}$ 的和函数.

5. 求幂级数 $\dfrac{1}{2}\sum\limits_{n=0}^{\infty}(-1)^n\dfrac{1-3^{2n}}{(2n)!}x^{2n}$ 的和函数.

6. 求 $\cos 18^\circ$的近似值,精确到10^{-3}.

7. 求 $\int_0^{\frac{1}{2}}\dfrac{\arctan x}{x}\mathrm{d}x$ 的近似值,精确到10^{-3}.

8. 求 $\sqrt[3]{130}$的近似值,精确到10^{-3}.

10.6　傅里叶级数

上节讨论了把函数 $f(x)$展开成幂级数,即 $f(x)=\sum\limits_{n=0}^{\infty}a_n x^n$,它体现了用简单表示复杂的思想.

用幂级数表示函数虽然简单,但如果函数在某区间上有间断点,或在这区间有某阶导数不存在的点,那么函数在这个区间内就不能用一个幂级数表示.本节将讨论由三角函数组成的函数项级数,即所谓的三角级数,着重研究如何把函数展开成三角级数.

10.6.1　三角函数系及其正交性

在物理学和工程技术问题中,周期现象很常见,其数学描述是周期函数 $f(t+T)=f(t)$,其中常数 T 为周期.例如,描述简谐振动的函数 $y=A\sin(\omega t+\varphi)$ 就是一个以$\dfrac{2\pi}{\omega}$为周期的函数.其中,y 表示动点的位置,t 表示时间,A 为**振幅**,ω 为

角频率,φ **为初相**.

正弦函数是简单的周期函数,对于非正弦函数的周期函数,设想将它展开成简单的周期函数,如三角函数组成的级数.具体地说,将周期为 $T\left(=\frac{2\pi}{\omega}\right)$ 的周期函数用一系列以 T 为周期的正弦函数 $A_n\sin(n\omega t+\varphi_n)$ 组成的级数来表示,记为

$$f(t)=A_0+\sum_{n=1}^{\infty}A_n\sin(n\omega t+\varphi_n) \tag{10.6.1}$$

其中,A_0, A_n, $\varphi_n(n=1,2,3,\cdots)$ 都是常数.

将周期函数按上述方式展开,它的物理意义是把一个比较复杂的周期运动看成许多不同频率的简谐振动的叠加.在电工学上,这种展开称为谐波分析,其中常数项 A_0 称为 $f(t)$ 的直流分量;$A_1\sin(\omega t+\varphi_1)$ 称为一次谐波(又叫基波);而 $A_2\sin(2\omega t+\varphi_2)$, $A_3\sin(3\omega t+\varphi_3)$, …依次称为二次谐波,三次谐波等.

为讨论方便起见,将 $A_n\sin(n\omega t+\varphi_n)$ 按三角公式变形,得

$$A_n\sin(n\omega t+\varphi_n)=A_n\sin\varphi_n\cos n\omega t+A_n\cos\varphi_n\sin n\omega t,$$

并且令 $\frac{a_0}{2}=A_0$, $a_n=A_n\sin\varphi_n$, $b_n=A_n\cos\varphi_n$, $\omega=\frac{\pi}{l}$(即 $T=2l$),则式(10.6.1)右端的级数可改写为

$$\frac{a_0}{2}+\sum_{n=1}^{\infty}\left(a_n\cos\frac{n\pi t}{l}+b_n\sin\frac{n\pi t}{l}\right) \tag{10.6.2}$$

形如式(10.6.2)的级数称为**三角级数**,其中 a_0, a_n, $b_n(n=1,2,3,\cdots)$ 都是常数,令 $\frac{\pi t}{l}=x$,式(10.6.2)为

$$\frac{a_0}{2}+\sum_{n=1}^{\infty}(a_n\cos nx+b_n\sin nx). \tag{10.6.3}$$

这就把以 $2l$ 为周期的三角级数转换成以 2π 为周期的三角级数.

如同讨论幂级数一样,我们需要研究三角级数(10.6.3)的收敛问题,以及给定周期为 2π 的周期函数时,如何把它展开成三角级数(10.6.3)的问题.为此,先介绍三角函数系的正交性.

函数集合

$$\{1,\sin x,\cos x,\sin 2x,\cos 2x,\cdots,\sin nx,\cos nx,\cdots\} \tag{10.6.4}$$

称为**三角函数系**.

三角函数系具有下面的性质:

$$\int_{-\pi}^{\pi}\cos nx\,\mathrm{d}x=0\quad(n=1,2,3,\cdots),$$

$$\int_{-\pi}^{\pi}\sin nx\,\mathrm{d}x=0\quad(n=1,2,3,\cdots),$$

$$\int_{-\pi}^{\pi}\sin kx\cos nx\,\mathrm{d}x=0\quad(k,n=1,2,3,\cdots),$$

$$\int_{-\pi}^{\pi}\cos kx\cos nx\,\mathrm{d}x=0\quad(k,n=1,2,3,\cdots;k\neq n),$$

$$\int_{-\pi}^{\pi}\sin kx\sin nx\,\mathrm{d}x=0\quad(k,n=1,2,3,\cdots;k\neq n).$$

以上诸式表明,三角函数系(10.6.4)中任何两个不同函数的乘积在区间$[-\pi,\pi]$上的积分为零,这个性质称为三角函数系的**正交性**.

还可计算出以下各式:

$$\int_{-\pi}^{\pi}1^2\,\mathrm{d}x=2\pi,\quad\int_{-\pi}^{\pi}\sin^2 nx\,\mathrm{d}x=\pi,\quad\int_{-\pi}^{\pi}\cos^2 nx\,\mathrm{d}x=\pi\quad(n=1,2,3,\cdots),$$

可见,三角函数系中任一函数自乘后在$[-\pi,\pi]$上的积分值不等于零.

10.6.2 函数展开成傅里叶级数

先假设函数$f(x)$是以2π为周期的函数,且能展开成三角级数,即

$$f(x)=\frac{a_0}{2}+\sum_{k=1}^{\infty}(a_k\cos kx+b_k\sin kx).\tag{10.6.5}$$

再设三角级数(10.6.5)可逐项积分,我们来确定式(10.6.5)中的系数a_0,a_k和b_k.

对式(10.6.5)从$-\pi$到π逐项积分,得

$$\int_{-\pi}^{\pi}f(x)\mathrm{d}x=\int_{-\pi}^{\pi}\frac{a_0}{2}\mathrm{d}x+\sum_{n=1}^{\infty}\left(a_k\int_{-\pi}^{\pi}\cos kx\,\mathrm{d}x+b_k\int_{-\pi}^{\pi}\sin kx\,\mathrm{d}x\right).$$

根据三角函数系的正交性,上式$\sum$号里两个积分均为零,于是有

$$\int_{-\pi}^{\pi}f(x)\mathrm{d}x=\frac{a_0}{2}\int_{-\pi}^{\pi}\mathrm{d}x=\pi a_0,$$

故

$$a_0=\frac{1}{\pi}\int_{-\pi}^{\pi}f(x)\mathrm{d}x.$$

再在式(10.6.5)两端各乘$\cos nx$,并从$-\pi$到π逐项积分,得

$$\int_{-\pi}^{\pi} f(x)\cos nx\,\mathrm{d}x = \sum_{k=1}^{\infty}\left(a_k\int_{-\pi}^{\pi}\cos kx\cos nx\,\mathrm{d}x + b_k\int_{-\pi}^{\pi}\sin kx\cos nx\,\mathrm{d}x\right).$$

根据三角函数系的正交性,等式右端除 $k=n$ 的一项外,其余各项均为零,所以

$$\int_{-\pi}^{\pi} f(x)\cos nx\,\mathrm{d}x = a_n\int_{-\pi}^{\pi}\cos^2 nx\,\mathrm{d}x = a_n\pi,$$

故

$$a_n = \frac{1}{\pi}\int_{-\pi}^{\pi} f(x)\cos nx\,\mathrm{d}x \quad (n=1, 2, 3, \cdots).$$

类似地,用 $\sin nx$ 乘式(10.6.5)两端,再从 $-\pi$ 到 π 逐项积分,可得

$$b_n = \frac{1}{\pi}\int_{-\pi}^{\pi} f(x)\sin nx\,\mathrm{d}x \quad (n=1, 2, 3, \cdots).$$

把 a_0 的算式归并到 a_n 的算式中去(取 $n=0$),已得的结果可以合并写成

$$\begin{cases} a_n = \dfrac{1}{\pi}\displaystyle\int_{-\pi}^{\pi} f(x)\cos nx\,\mathrm{d}x \quad (n=0, 1, 2, 3, \cdots), \\ b_n = \dfrac{1}{\pi}\displaystyle\int_{-\pi}^{\pi} f(x)\sin nx\,\mathrm{d}x \quad (n=1, 2, 3, \cdots). \end{cases} \tag{10.6.6}$$

如果式(10.6.6)中的积分都存在,这时系数 a_0, a_1, b_1, $\cdots$ 称为函数 $f(x)$ 的**傅里叶系数**,将这些系数代入式(10.6.4)右端,所得的三角级数

$$\frac{a_0}{2} + \sum_{n=1}^{\infty}(a_n\cos nx + b_n\sin nx)$$

称为函数 $f(x)$ 的**傅里叶级数**,记为

$$f(x) \sim \frac{a_0}{2} + \sum_{n=1}^{\infty}(a_n\cos nx + b_n\sin nx). \tag{10.6.7}$$

其中"$\sim$"表明右端的级数是由 $f(x)$ 的傅里叶系数所构成的三角级数,与泰勒级数相仿,只要 $f(x)$ 的傅里叶系数存在,就可以作出 $f(x)$ 的傅里叶级数,但是这个级数是否收敛,以及级数收敛时是否收敛于函数 $f(x)$ 呢? 也就是说,$f(x)$ 满足什么条件可以展开成傅里叶级数? 这是傅里叶级数的收敛性问题,将在下面来解决这个问题.

10.6.3　傅里叶级数的收敛性

为了回答上面所提出的问题,给出一个收敛定理(证明从略).

定理 1(收敛定理,狄利克雷充分条件) 设 $f(x)$是周期为 2π 的周期函数,如果它满足:

(1) 在一个周期内连续或只有有限个第一类间断点;

(2) 在一个周期内至多只有有限个极值点.

则 $f(x)$的傅里叶级数收敛,并且:当 x 是 $f(x)$的连续点时,级数收敛于 $f(x)$;当 x 是 $f(x)$的间断点时,级数收敛于 $\frac{1}{2}[f(x^-)+f(x^+)]$.

收敛定理说明:只要函数在$[-\pi,\pi]$上至多有有限个第一类间断点,并且不做无限次振动,函数的傅里叶级数在连续点处就收敛于该点的函数值,在间断点处收敛于该点左极限与右极限的算术平均值.可见,函数展开成傅里叶级数的条件比展开成幂级数的条件低得多.记 $C=\left\{x\,\middle|\,f(x)=\frac{1}{2}[f(x^-)+f(x^+)]\right\}$,在 C 上就成立 $f(x)$的傅里叶级数展开式

$$f(x)=\frac{a_0}{2}+\sum_{n=1}^{\infty}(a_n\cos nx+b_n\sin nx)\quad(x\in C).\qquad(10.6.8)$$

例 1 求周期方波函数

$$u(x)=\begin{cases}-1, & -\pi\leqslant x<0,\\ 1, & 0\leqslant x<\pi\end{cases}$$

的傅里叶级数.

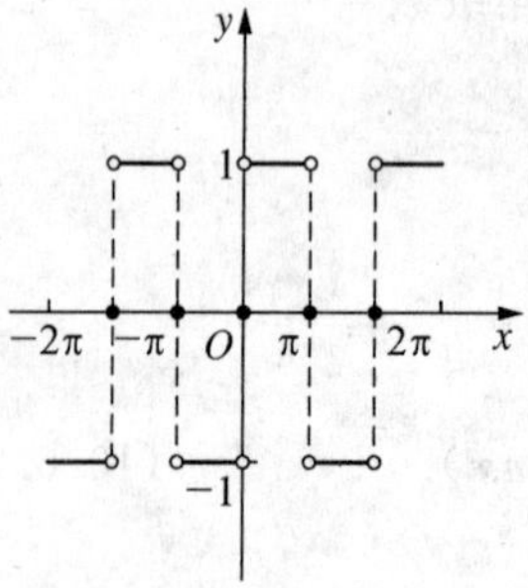

解 所给函数满足收敛定理的条件,它在点 $x=k\pi\ (k=0,\pm1,\pm2,\cdots)$处不连续,在其他点处连续,从而由收敛定理知,$u(x)$的傅里叶级数收敛,并且当 $x=k\pi$ 时级数收敛于$\frac{-1+1}{2}=\frac{1+(-1)}{2}=0$;当 $x\neq k\pi$ 时级数收敛于 $f(x)$.和函数的图形如图 10-5 所示.

图 10-5

计算傅里叶系数如下:

$$\begin{aligned}a_n&=\frac{1}{\pi}\int_{-\pi}^{\pi}u(x)\cos nx\,\mathrm{d}x\\&=\frac{1}{\pi}\int_{-\pi}^{0}(-1)\cos nx\,\mathrm{d}x+\frac{1}{\pi}\int_{0}^{\pi}1\cdot\cos nx\,\mathrm{d}x\\&=0\quad(n=0,1,2,3,\cdots),\end{aligned}$$

$$
\begin{aligned}
b_n &= \frac{1}{\pi}\int_{-\pi}^{\pi} u(x)\sin nx\,dx \\
&= \frac{1}{\pi}\int_{-\pi}^{0}(-1)\sin nx\,dx + \frac{1}{\pi}\int_{0}^{\pi} 1\cdot\sin nx\,dx \\
&= \frac{2}{\pi}\int_{0}^{\pi}\sin nx\,dx = \frac{2}{n\pi}(1-\cos n\pi) \\
&= \begin{cases} 0, & n = 2k, \\ \dfrac{4}{\pi}\,\dfrac{1}{2k-1}, & n = 2k-1 \end{cases} \quad (k = 1, 2, 3, \cdots),
\end{aligned}
$$

于是得 $u(x)$ 的傅里叶级数展开式为

$$
\begin{aligned}
u(x) &= \frac{4}{\pi}\sum_{k=1}^{\infty}\frac{\sin(2k-1)x}{2k-1} \\
&= \frac{4}{\pi}\left[\sin x + \frac{1}{3}\sin 3x + \cdots + \frac{1}{2k-1}\sin(2k-1)x + \cdots\right] \\
&\qquad (-\infty < x < +\infty;\ x \neq 0, \pm\pi, \pm 2\pi, \cdots)
\end{aligned}
$$

或

$$
\frac{4}{\pi}\sum_{k=1}^{\infty}\frac{\sin(2k-1)x}{2k-1} = \begin{cases} -1, & (2k-1)\pi < x < 2k\pi, \\ 1, & 2k\pi < x < (2k+1)\pi\ (k\text{ 为整数}), \\ 0, & x = k\pi. \end{cases}
$$

把这个例子中的函数理解为矩形波的波形函数(周期 $T = 2\pi$,幅值 $E = 1$,自变量 x 表示时间),那么展开式表明:矩形波是由一系列不同频率的正弦波叠加而成的,这些正弦波的频率依次为基波频率的奇数倍.

可以从图 10 - 6(a)、(b)、(c)清楚地看到傅里叶级数的部分和 $s_n(x)$ 是怎样收敛于方波的.

图 10 - 6(a)是方波及其一次谐波(或称基波)$\dfrac{4}{\pi}\sin x$ 的图形;图 10 - 6(b)中虚线是一次谐波与三次谐波 $\dfrac{4}{\pi}\,\dfrac{1}{3}\sin 3x$,实曲线是由一次、三次谐波合成的波形;图 10 - 6(c)中实曲线是由一次、三次、五次谐波合成的波形.如此继续合成下去,其合成的波形将逐渐逼近于方波,且在 $x = k\pi\ (k = 0, \pm 1, \cdots)$ 处傅里叶级数收敛于 0.

例 2　设 $f(x)$ 是周期为 2π 的周期函数,它在 $[-\pi, \pi)$ 上的表达式为 $f(x) = \begin{cases} 0, & -\pi \leqslant x < 0, \\ 1, & 0 \leqslant x < \pi, \end{cases}$ 将 $f(x)$ 展开成傅里叶级数.

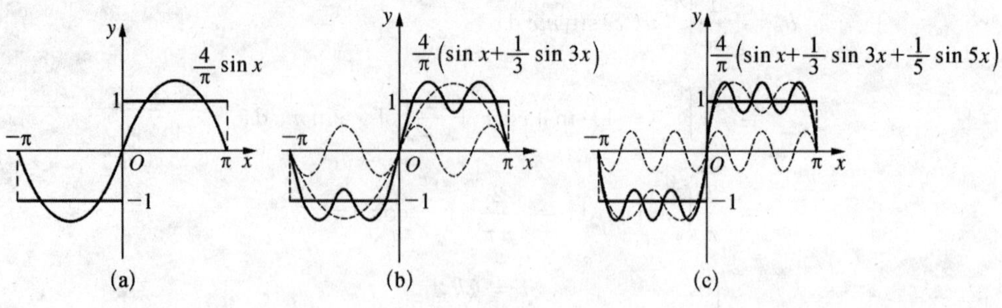

图 10 - 6

解 所给函数满足收敛定理的条件,它在点 $x=k\pi\ (k=0,\pm1,\pm2,\cdots)$ 处不连续.因此,$f(x)$ 的傅里叶级数在点 $x=k\pi\ (k=0,\pm1,\pm2,\cdots)$ 处都收敛于 $\dfrac{f(\pi^-)+f(-\pi^+)}{2}=\dfrac{1+0}{2}=\dfrac{1}{2}$;而在连续点 $x\ (x\neq k\pi)$ 处收敛于 $f(x)$. 和函数的图形如图 10 - 7 所示.

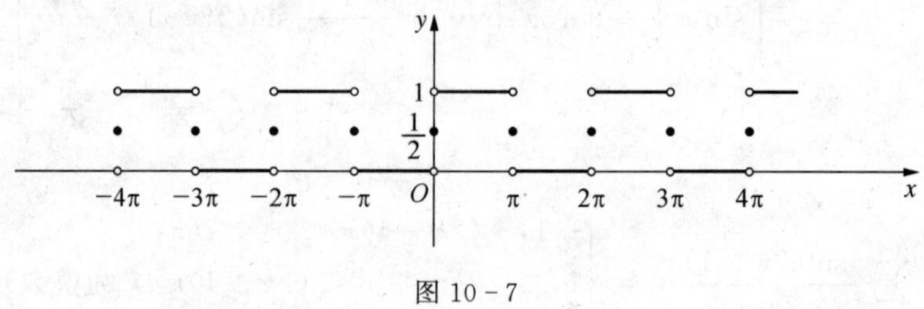

图 10 - 7

计算傅里叶系数如下:

$$a_0=\frac{1}{\pi}\int_{-\pi}^{\pi}f(x)\,\mathrm{d}x=\frac{1}{\pi}\int_0^{\pi}\mathrm{d}x=1,$$

$$a_n=\frac{1}{\pi}\int_{-\pi}^{\pi}f(x)\cos nx\,\mathrm{d}x=\frac{1}{\pi}\int_0^{\pi}\cos nx\,\mathrm{d}x=0\quad(n=1,2,3,\cdots),$$

$$b_n=\frac{1}{\pi}\int_{-\pi}^{\pi}f(x)\sin nx\,\mathrm{d}x=\frac{1}{\pi}\int_0^{\pi}\sin nx\,\mathrm{d}x$$

$$=\frac{1}{n\pi}[1-(-1)^n]=\begin{cases}\dfrac{2}{n\pi}, & n=1,3,5,\cdots,\\ 0, & n=2,4,6,\cdots.\end{cases}$$

于是,$f(x)$的傅里叶级数展开式为

$$f(x)=\frac{1}{2}+\frac{2}{\pi}\sum_{n=1}^{\infty}\frac{1}{2n-1}\sin(2n-1)x$$

$$(-\infty < x < +\infty;\ x \neq k\pi;\ k = 0, \pm 1, \pm 2, \cdots).$$

从上面的论述和举例可以看出，将以 2π 为周期的函数展开成傅里叶级数及其收敛性的讨论，实际上只需考虑该函数在区间 $[-\pi, \pi)$ 上的情形. 因此，如果一个函数 $f(x)$ 仅仅在区间 $[-\pi, \pi]$ 或 $(-\pi, \pi]$ 上有定义，而在该区间外没有定义，那么可以把它延拓成定义在区间 $(-\infty, +\infty)$ 内的以 2π 为周期的函数：$F(x) = f(x)\ (-\pi \leqslant x < \pi)$ 以及 $F(x+2\pi) = F(x)$. 按照这种方式拓广函数定义域的过程称为周期延拓. 再将 $F(x)$ 展开成傅里叶级数，最后限制 x 在 $(-\pi, \pi)$ 内，此时 $F(x) \equiv f(x)$，于是得到 $f(x)$ 的傅里叶展开式. 根据收敛定理，该级数在区间端点 $x = \pm\pi$ 处收敛于 $\frac{1}{2}[f(\pi^-) + f(-\pi^+)]$.

为了使用方便，把定理 1 改写成下列等价的形式：

定理 2　设 $f(x)$ 定义在区间 $[-\pi, \pi]$①上，且满足定理 1 中所述的狄利克雷充分条件，则 $f(x)$ 的傅里叶级数收敛，且当 $x \in (-\pi, \pi)$ 是 $f(x)$ 的连续点时，该傅里叶级数收敛于 $f(x)$；当 $x \in (-\pi, \pi)$ 是 $f(x)$ 的间断点时，级数收敛于 $\frac{f(x^-) + f(x^+)}{2}$；当 $x = \pm\pi$ 时，级数收敛于 $\frac{f(\pi^-) + f(-\pi^+)}{2}$.

注意到定理中最后关于当 $x = \pm\pi$ 时的收敛性是因为在点 $x = \pi$ 处，级数收敛于

$$\frac{F(\pi^-) + F(\pi^+)}{2} = \frac{f(\pi^-) + f(-\pi^+)}{2}.$$

对 $x = -\pi$ 类似.

还应注意的是，尽管 $f(x)$ 仅仅定义在区间 $[-\pi, \pi)$ 上，但其相应的傅里叶级数的和函数是 $(-\infty, +\infty)$ 内的以 2π 为周期的函数，因为它也是 $f(x)$ 的周期延拓函数 $F(x)$ 的傅里叶级数展开式.

例 3　将函数 $f(x) = x^2\ (-\pi \leqslant x \leqslant \pi)$ 展开成傅里叶级数.

解　所给函数在区间 $[-\pi, \pi]$ 上满足收敛定理的条件，并且拓广为周期函数时，它在每一点 x 处都连续（这里 $f(-\pi) = f(\pi)$，在点 $x = \pm\pi$ 处连续），因此拓广的周期函数的傅里叶级数在 $[-\pi, \pi]$ 上收敛于 $f(x)$（图 10-8）.

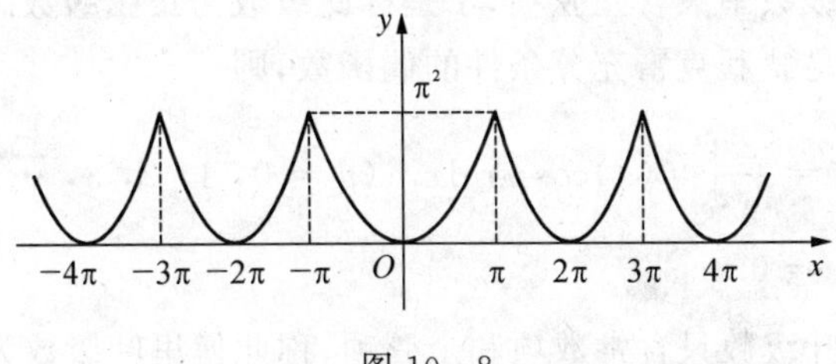

图 10-8

① 区间写成 $[-\pi, \pi]$ 或 $[-\pi, \pi)$ 不是本质的，因为在点 $\pm\pi$ 处函数的傅里叶级数的收敛性要单独讨论.

计算傅里叶系数如下：

$$a_0=\frac{1}{\pi}\int_{-\pi}^{\pi}x^2\mathrm{d}x=\frac{2}{3}\pi^2,$$

$$\begin{aligned}a_n&=\frac{1}{\pi}\int_{-\pi}^{\pi}x^2\cos nx\,\mathrm{d}x=\frac{2}{\pi}\int_0^{\pi}x^2\cos nx\,\mathrm{d}x\\&=\frac{2}{\pi}\left[\frac{x^2}{n}\sin nx+\frac{2x}{n^2}\cos nx-\frac{2}{n^3}\sin nx\right]_0^{\pi}\\&=\frac{4}{n^2}\cos n\pi=\frac{4}{n^2}(-1)^n\quad(n=1,2,3,\cdots),\end{aligned}$$

$$b_n=\frac{1}{\pi}\int_{-\pi}^{\pi}x^2\sin nx\,\mathrm{d}x=0\quad(n=1,2,3,\cdots).$$

故得 $f(x)$的傅里叶级数的展开式为

$$x^2=\frac{\pi^2}{3}+4\sum_{n=1}^{\infty}\frac{(-1)^n}{n^2}\cos nx\quad(-\pi\leqslant x\leqslant\pi).$$

10.6.4 正弦级数和余弦级数

例 1 中的方波函数 $u(x)$是奇函数，傅里叶系数 $a_n=0$；而例 3 中的函数 $f(x)=x^2$ 是偶函数，傅里叶系数 $b_n=0$. 这样的结果并不是偶然的.

设函数 $f(x)$是满足狄利克雷充分条件的奇函数，则 $f(x)\cos nx$ 是奇函数，$f(x)\sin nx$ 是偶函数，从而 $f(x)$ 的傅里叶系数

$$\begin{cases}a_n=\dfrac{1}{\pi}\displaystyle\int_{-\pi}^{\pi}f(x)\cos nx\,\mathrm{d}x=0 & (n=0,1,2,3,\cdots),\\ b_n=\dfrac{1}{\pi}\displaystyle\int_{-\pi}^{\pi}f(x)\sin nx\,\mathrm{d}x=\dfrac{2}{\pi}\int_0^{\pi}f(x)\sin nx\,\mathrm{d}x & (n=1,2,3,\cdots),\end{cases}\tag{10.6.9}$$

故 $f(x)$的傅里叶级数中只含正弦项，于是称此级数为**正弦级数**.

若 $f(x)$是满足狄利克雷充分条件的偶函数，则

$$\begin{cases}a_n=\dfrac{2}{\pi}\displaystyle\int_0^{\pi}f(x)\cos nx\,\mathrm{d}x\quad(n=0,1,2,3,\cdots),\\ b_n=0.\end{cases}\tag{10.6.10}$$

此时 $f(x)$的傅里叶级数只含常数项和余弦项，称此傅里叶级数为**余弦级数**.

若设 $f(x)$ 仅定义在区间$[0,\pi]$上且满足收敛定理的条件，我们在开区间$(-\pi,0)$内补充函数 $f(x)$ 的定义，得到定义在$(-\pi,\pi]$上的函数 $F(x)$，使它在

$(-\pi, \pi)$ 上成为奇函数[①](或偶函数),按这种方式拓广函数定义域的过程称为**奇延拓**(或**偶延拓**);然后将奇延拓(或偶延拓)后的函数展开成傅里叶级数,这个级数必定是正弦级数(或余弦级数);再限制 x 在 $(0, \pi]$ 上,此时 $F(x) \equiv f(x)$,这样便得到正弦级数(或余弦级数)的展开式.

一个仅定义在区间 $[0, \pi]$ 上的函数 $f(x)$ 满足狄利克雷充分条件, $f(x)$ 既可以展开成正弦级数,又可展开成余弦级数. 为使用方便,现在把经延拓后的函数及系数表示如下:

若要将 $f(x)$ 展开成余弦级数,先构造下列函数:

$$F(x)=\begin{cases} f(x), & 0 \leqslant x \leqslant \pi, \\ f(-x), & -\pi \leqslant x \leqslant 0, \end{cases}$$

它是定义在 $[-\pi, \pi]$ 上的偶函数,称为 $f(x)$ 的偶延拓(图 10-9),它的傅里叶系数

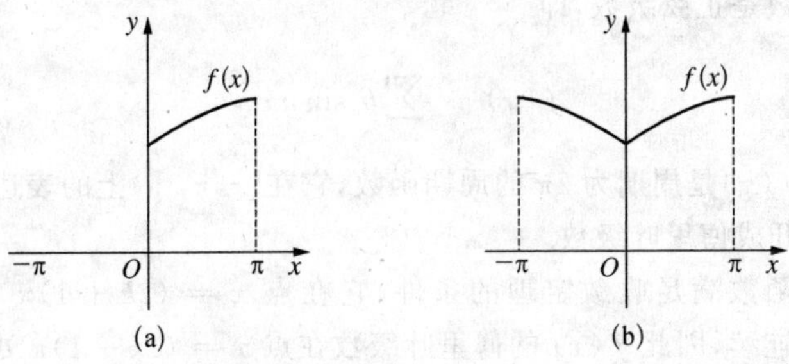

图 10-9

$$\begin{cases} a_n=\dfrac{2}{\pi}\displaystyle\int_0^{\pi} f(x)\cos nx\,\mathrm{d}x & (n=0, 1, 2, 3, \cdots), \\ b_n=0 & (n=1, 2, 3, \cdots). \end{cases}$$

余弦级数为

$$f(x) \sim \frac{a_0}{2}+\sum_{n=1}^{\infty} a_n \cos nx.$$

如果要将 $f(x)$ 展开成正弦级数,需要构造函数

$$F(x)=\begin{cases} f(x), & 0<x \leqslant \pi, \\ 0, & x=0, \\ -f(-x), & -\pi \leqslant x<0. \end{cases}$$

它是一个奇函数(图 10-10),称为 $f(x)$ 的奇延拓,傅里叶系数为

---

① 补充 $f(x)$ 的定义域使它在 $(-\pi, \pi)$ 上成为奇函数时,若 $f(0) \neq 0$,规定 $F(0)=0$.

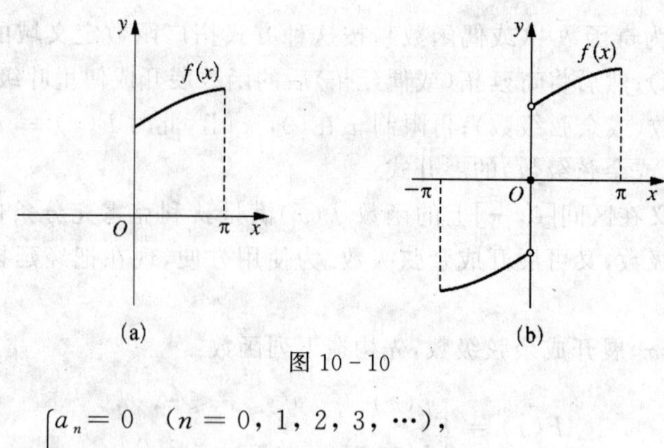

图 10-10

$$\begin{cases} a_n = 0 \quad (n = 0, 1, 2, 3, \cdots), \\ b_n = \dfrac{2}{\pi}\displaystyle\int_0^{\pi} f(x)\sin nx\,\mathrm{d}x \quad (n = 1, 2, 3, \cdots). \end{cases}$$

它的傅里叶级数是正弦级数,即

$$f(x) \sim \sum_{n=1}^{\infty} b_n \sin nx.$$

例 4 设 $f(x)$是周期为 2π 的周期函数,它在$[-\pi, \pi)$上的表达式为 $f(x) = x$,将 $f(x)$ 展开成傅里叶级数.

解 所给函数满足收敛定理的条件,它在点 $x = (2k+1)\pi$ $(k = 0, \pm 1, \pm 2, \cdots)$ 处不连续,因此 $f(x)$ 的傅里叶级数在点 $x = (2k+1)\pi$ 处收敛于

$$\frac{f(\pi^-) + f(-\pi^+)}{2} = \frac{\pi + (-\pi)}{2} = 0,$$

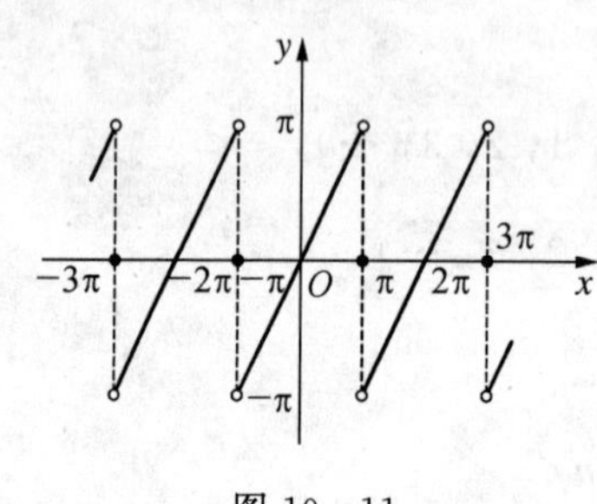

图 10-11

在连续点 x $(x \neq (2k+1)\pi)$ 处收敛于 $f(x)$. 和函数的图形如图 10-11 所示.

又若不计 $x = (2k+1)\pi$ $(k = 0, \pm 1, \pm 2, \cdots)$,则 $f(x)$ 是周期为 2π 的奇函数,按公式(10.6.9) 得 $a_n = 0$ $(n = 0, 1, 2, 3, \cdots)$,而

$$\begin{aligned} b_n &= \frac{2}{\pi}\int_0^{\pi} f(x)\sin nx\,\mathrm{d}x = \frac{2}{\pi}\int_0^{\pi} x\sin nx\,\mathrm{d}x \\ &= \frac{2}{\pi}\left[-\frac{x\cos nx}{n} + \frac{\sin nx}{n^2}\right]_0^{\pi} \\ &= -\frac{2}{n}\cos n\pi = \frac{2}{n}(-1)^{n+1} \quad (n = 1, 2, 3, \cdots), \end{aligned}$$

于是可得 $f(x)$的傅里叶展开式为

$$f(x)=2\left(\sin x-\frac{1}{2}\sin 2x+\frac{1}{3}\sin 3x-\cdots+\frac{(-1)^{n+1}}{n}\sin nx+\cdots\right)$$
$$(-\infty<x<+\infty;\ x\neq\pm\pi,\ \pm 3\pi,\ \cdots).$$

例 5　将锯齿波周期函数

$$f(x)=\begin{cases}1+\dfrac{2x}{\pi}, & -\pi\leqslant x<0,\\ 1-\dfrac{2x}{\pi}, & 0\leqslant x<\pi\end{cases}$$

展开成傅里叶级数.

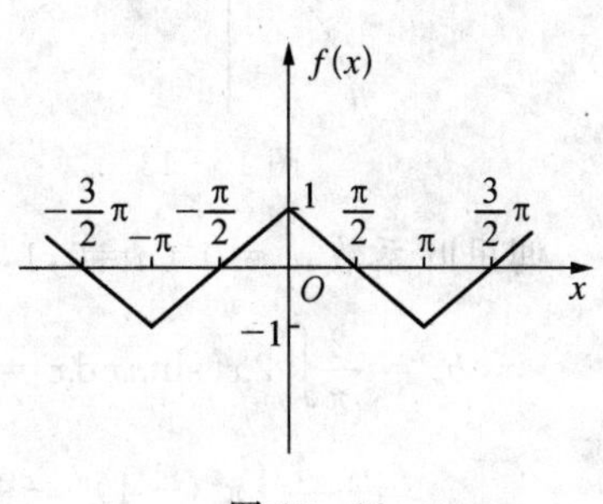

图 10-12

解　函数 $f(x)$ 满足收敛定理的条件且在 $(-\infty,\ +\infty)$ 内连续(图 10-12),因此,$f(x)$ 的傅里叶级数处处收敛于 $f(x)$. 和函数的图形如图 10-12 所示.

函数 $f(x)$ 是偶函数,故

$$b_n=\frac{1}{\pi}\int_{-\pi}^{\pi}f(x)\sin nx\,\mathrm{d}x=0\quad(n=1,\ 2,\ \cdots),$$

$$a_n=\frac{2}{\pi}\int_0^{\pi}f(x)\cos nx\,\mathrm{d}x=\frac{2}{\pi}\int_0^{\pi}\left(1-\frac{2x}{\pi}\right)\cos nx\,\mathrm{d}x$$

$$=-\frac{4}{n\pi^2}\int_0^{\pi}x\,\mathrm{d}\sin nx=\frac{4}{n\pi^2}\int_0^{\pi}\sin nx\,\mathrm{d}x$$

$$=-\frac{4}{n^2\pi^2}\cos nx\Big|_0^{\pi}=\frac{4}{n^2\pi^2}[1-(-1)^n]$$

$$=\begin{cases}\dfrac{8}{n^2\pi^2}, & n=1,\ 3,\ 5,\ \cdots,\\ 0, & n=2,\ 4,\ 6,\ \cdots,\end{cases}$$

$$a_0=\frac{2}{\pi}\int_0^{\pi}f(x)\,\mathrm{d}x=\frac{2}{\pi}\int_0^{\pi}\left(1-\frac{2x}{\pi}\right)\mathrm{d}x=0.$$

故 $f(x)$ 有余弦级数

$$f(x)=\frac{8}{\pi^2}\sum_{n=0}^{\infty}\frac{1}{(2n+1)^2}\cos(2n+1)x\quad(-\infty<x<+\infty).$$

例 6　将函数 $f(x)=2x^2$ $(0\leqslant x\leqslant\pi)$ 分别展开成正弦级数和余弦级数.

解　先将 $f(x)$ 展开成正弦级数,为此对函数 $f(x)$ 进行奇延拓(图 10-13).

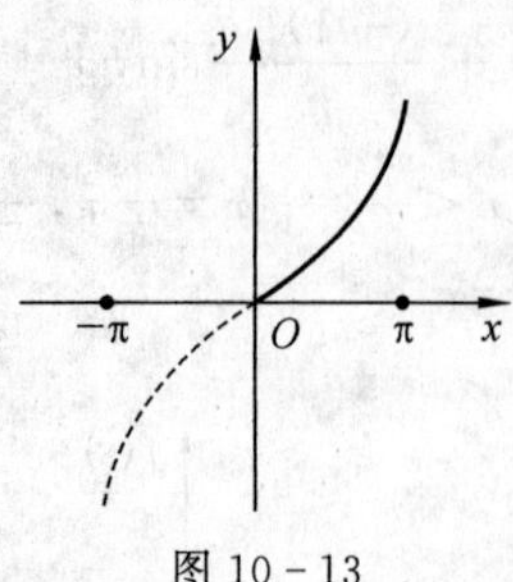

图 10-13

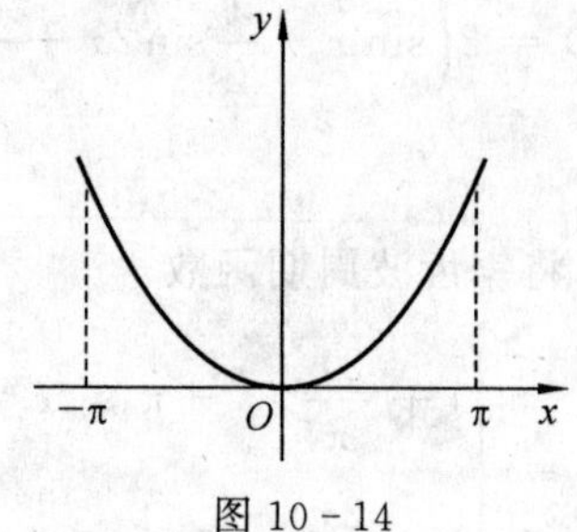

图 10-14

傅里叶系数 $a_n=0\ (n=0,1,2,\cdots)$,而

$$b_n=\frac{2}{\pi}\int_0^\pi 2x^2\sin nx\,dx=\frac{4}{\pi}\left(-\frac{1}{n}\right)\left[x^2\cos nx\Big|_0^\pi-2\int_0^\pi x\cos nx\,dx\right]$$
$$=-\frac{4}{n\pi}\left\{\pi^2(-1)^n-\frac{2}{n}\left[x\sin nx\Big|_0^\pi-\int_0^\pi\sin nx\,dx\right]\right\}$$
$$=\frac{4\pi}{n}(-1)^{n+1}+\frac{8}{n^3\pi}[(-1)^n-1],$$

故

$$f(x)=\frac{4}{\pi}\sum_{n=1}^{\infty}\left[-\frac{2}{n^3}+(-1)^n\left(\frac{2}{n^3}-\frac{\pi^2}{n}\right)\right]\sin nx\quad(0\leqslant x<\pi).$$

$x=\pi$ 为函数 $f(x)$的第一类间断点,该点级数收敛于 0.

再将 $f(x)$展开成余弦级数,为此对函数 $f(x)$进行偶延拓(图 10-14).

傅里叶系数 $b_n=0\ (n=1,2,3,\cdots)$,而

$$a_0=\frac{2}{\pi}\int_0^\pi 2x^2\,dx=\frac{4\pi^2}{3},$$
$$a_n=\frac{2}{\pi}\int_0^\pi 2x^2\cos nx\,dx=\frac{4}{n\pi}\left[x^2\sin nx\Big|_0^\pi-\int_0^\pi 2x\sin nx\,dx\right]$$
$$=\frac{8}{n^2\pi}\left[x\cos nx\Big|_0^\pi-\int_0^\pi\cos nx\,dx\right]$$
$$=\frac{8}{n^2}(-1)^n\quad(n=1,2,\cdots).$$

故

$$f(x)=\frac{2\pi^2}{3}+8\sum_{n=1}^{\infty}\frac{(-1)^n}{n^2}\cos nx\quad(0\leqslant x\leqslant\pi).$$

习 题 10.6

1. 下列周期函数 $f(x)$的周期为 2π,试将 $f(x)$展开成傅里叶级数,设 $f(x)$在$[-\pi,\pi)$上的表达式为

(1) $f(x)=2x^2\ (-\pi\leqslant x<\pi)$;

(2) $f(x)=e^{2x}\ (-\pi\leqslant x<\pi)$;

(3) $f(x)=\begin{cases}-x, & -\pi\leqslant x<0,\\ x, & 0\leqslant x<\pi.\end{cases}$

2. 将下列函数 $f(x)$ 展开成傅里叶级数:

(1) $f(x)=2\sin\dfrac{x}{3}\ (-\pi\leqslant x\leqslant\pi)$;

(2) $f(x)=\begin{cases}x+2\pi, & -\pi\leqslant x<0,\\ 0, & x=0,\\ x, & 0<x\leqslant\pi.\end{cases}$

3. 将函数 $f(x)=\cos\dfrac{x}{2}\ (-\pi\leqslant x\leqslant\pi)$ 展开成傅里叶级数.

4. 设 $f(x)$ 是周期为 2π 的周期函数,它在 $[-\pi,\pi)$ 上的表达式为

$$f(x)=\begin{cases}-\dfrac{\pi}{2}, & -\pi\leqslant x<-\dfrac{\pi}{2},\\ x, & -\dfrac{\pi}{2}\leqslant x<\dfrac{\pi}{2},\\ \dfrac{\pi}{2}, & \dfrac{\pi}{2}\leqslant x<\pi.\end{cases}$$

将 $f(x)$ 展开成傅里叶级数.

5. 将函数 $f(x)=x+1\ (0\leqslant x\leqslant\pi)$ 分别展开成正弦级数和余弦级数.

6. 将函数 $f(x)=\dfrac{\pi-x}{2}\ (0\leqslant x\leqslant\pi)$ 展开成正弦级数.

7. 将函数 $f(x)=\arcsin(\sin x)$ 展开为傅里叶级数.

8. 将函数 $f(x)=x^2$ 在 $[-\pi,\pi]$ 上展开成傅里叶级数,并求级数 $\sum\limits_{n=1}^{\infty}\dfrac{1}{(2n-1)^2}$ 的和.

***9.** 设 $f(x)$ 是 $[-\pi,\pi]$ 上的偶函数,且 $f\left(\dfrac{\pi}{2}+x\right)=-f\left(\dfrac{\pi}{2}-x\right)$,试证 $f(x)$ 的余弦展开式中 $a_{2n}=0$.

***10.** 若 $f(x)$ 在 $[-\pi,\pi]$ 上满足 $f(x+\pi)=-f(x)$,试证 $f(x)$ 的傅里叶系数中 $a_0=a_{2n}=b_{2n}=0$.

***11.** 若 $f(x)$ 在 $[-\pi,\pi]$ 上满足 $f(x+\pi)=f(x)$,试证其傅里叶系数 $a_{2n-1}=0$, $b_{2n-1}=0$.

10.7 一般周期函数的傅里叶级数

10.7.1 周期为 2l 的周期函数的傅里叶级数

到现在为止,我们所讨论的周期函数是以 2π 为周期的,但是一般的周期函数,

其周期未必是 2π,下面要讨论周期为 $2l$ 的周期函数的傅里叶级数.根据前面讨论的结果,经过自变量的变量代换,可以得到下面的定理:

定理 1 设周期为 $2l$ 的周期函数 $f(x)$ 满足收敛定理的条件,则它的傅里叶级数展开式为

$$f(x)=\frac{a_0}{2}+\sum_{n=1}^{\infty}\left(a_n\cos\frac{n\pi x}{l}+b_n\sin\frac{n\pi x}{l}\right)\quad (x\in C), \tag{10.7.1}$$

其中

$$\begin{aligned} a_n&=\frac{1}{l}\int_{-l}^{l}f(x)\cos\frac{n\pi x}{l}\mathrm{d}x\quad (n=0,1,2,3,\cdots),\\ b_n&=\frac{1}{l}\int_{-l}^{l}f(x)\sin\frac{n\pi x}{l}\mathrm{d}x\quad (n=1,2,3,\cdots). \end{aligned} \tag{10.7.2}$$

$$C=\left\{x\,\middle|\, f(x)=\frac{1}{2}[f(x^-)+f(x^+)]\right\}.$$

当 $f(x)$ 为奇函数时

$$f(x)=\sum_{n=1}^{\infty}b_n\sin\frac{n\pi x}{l}\quad (x\in C), \tag{10.7.3}$$

其中

$$b_n=\frac{2}{l}\int_0^l f(x)\sin\frac{n\pi x}{l}\mathrm{d}x\quad (n=1,2,3,\cdots), \tag{10.7.4}$$

当 $f(x)$ 为偶函数时,

$$f(x)=\frac{a_0}{2}+\sum_{n=1}^{\infty}a_n\cos\frac{n\pi x}{l}\quad (x\in C), \tag{10.7.5}$$

其中

$$a_n=\frac{2}{l}\int_0^l f(x)\cos\frac{n\pi x}{l}\mathrm{d}x\quad (n=0,1,2,3,\cdots). \tag{10.7.6}$$

证 作变换 $x=\dfrac{l}{\pi}t$,即 $t=\dfrac{\pi}{l}x$,当 x 在区间 $[-l,l]$ 上变化时,t 就在 $[-\pi,\pi]$ 上变化.记 $f(x)=f\left(\dfrac{l}{\pi}t\right)=F(t)$,则 $F(t)$ 是以 2π 为周期的函数,即

$$F(t+2\pi)=f\left[\frac{l}{\pi}(t+2\pi)\right]=f\left(\frac{l}{\pi}t+2l\right)=f\left(\frac{l}{\pi}t\right)=F(t),$$

$F(t)$ 在 $[-\pi,\pi]$ 上有定义且满足狄利克雷条件,于是 $F(t)$ 在 $[-\pi,\pi]$ 上可以展开成傅里叶级数

$$\frac{a_0}{2}+\sum_{n=1}^{\infty}(a_n\cos nt+b_n\sin nt)=F(t),$$

其中

$$a_n=\frac{1}{\pi}\int_{-\pi}^{\pi}F(t)\cos nt\,\mathrm{d}t\quad(n=0,1,2,3,\cdots),$$

$$b_n=\frac{1}{\pi}\int_{-\pi}^{\pi}F(t)\sin nt\,\mathrm{d}t\quad(n=1,2,3,\cdots).$$

在以上各式中,令 $t=\frac{\pi}{l}x$,并注意到 $F(t)=f(x)$,于是有

$$f(x)=\frac{a_0}{2}+\sum_{n=1}^{\infty}\left(a_n\cos\frac{n\pi x}{l}+b_n\sin\frac{n\pi x}{l}\right),$$

且

$$a_n=\frac{1}{\pi}\int_{-\pi}^{\pi}F(t)\cos nt\,\mathrm{d}t=\frac{1}{\pi}\int_{-\pi}^{\pi}f\left(\frac{l}{\pi}t\right)\cos nt\,\mathrm{d}t$$

$$=\frac{1}{\pi}\int_{-l}^{l}f(x)\cos\frac{n\pi}{l}x\cdot\frac{\pi}{l}\mathrm{d}x,$$

即

$$a_n=\frac{1}{l}\int_{-l}^{l}f(x)\cos\frac{n\pi x}{l}\mathrm{d}x\quad(n=0,1,2,3,\cdots),$$

同理

$$b_n=\frac{1}{l}\int_{-l}^{l}f(x)\sin\frac{n\pi x}{l}\mathrm{d}x\quad(n=1,2,3,\cdots).$$

类似地,可证明定理的其余部分.

例 1　设 $f(x)$是周期为 4 的周期函数,它在$[-2,2)$上的表达式为

$$f(x)=\begin{cases}0, & -2\leqslant x<0,\\ k, & 0\leqslant x<2\end{cases}\quad(\text{常数 }k\neq 0),$$

将 $f(x)$展开成傅里叶级数.

解　这里 $l=2$,由式(10.7.2)得

$$a_n=\frac{1}{2}\int_0^2 k\cos\frac{n\pi x}{2}\mathrm{d}x=\left[\frac{k}{n\pi}\sin\frac{n\pi x}{2}\right]_0^2=0\quad(n\neq 0),$$

$$a_0=\frac{1}{2}\int_{-2}^{0}0\,\mathrm{d}x+\frac{1}{2}\int_0^2 k\,\mathrm{d}x=k$$

$$b_n=\frac{1}{2}\int_0^2 k\sin\frac{n\pi x}{2}\mathrm{d}x=\left[-\frac{k}{n\pi}\cos\frac{n\pi x}{2}\right]_0^2$$

$$=\frac{k}{n\pi}(1-\cos n\pi)=\begin{cases}\dfrac{2k}{n\pi}, & n=1,3,5,\cdots,\\ 0, & n=2,4,6,\cdots.\end{cases}$$

于是

$$f(x)=\frac{k}{2}+\frac{2k}{\pi}\left(\sin\frac{\pi x}{2}+\frac{1}{3}\sin\frac{3\pi x}{2}+\frac{1}{5}\sin\frac{5\pi x}{2}+\cdots\right)$$
$$(-\infty<x<+\infty;\ x\neq 0,\pm 2,\pm 4,\cdots).$$

$f(x)$的傅里叶级数的和函数的图形如图 10-15 所示.

例 2 将函数 $f(x)=\begin{cases}x, & 0\leqslant x<\dfrac{l}{2},\\ l-x, & \dfrac{l}{2}\leqslant x\leqslant l\end{cases}$ 展开成正弦级数.

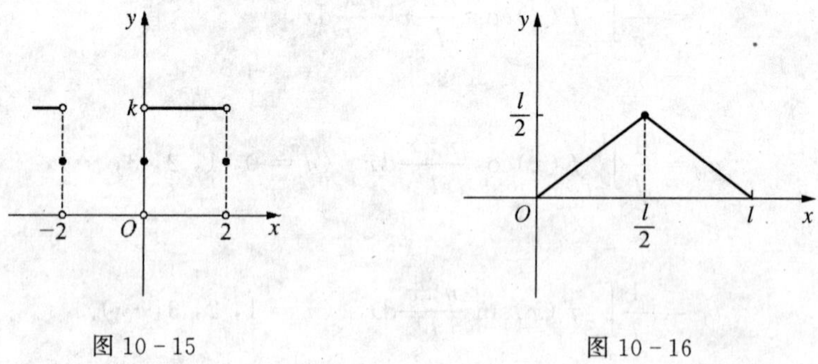

图 10-15　　图 10-16

解 $f(x)$是定义在$[0,l]$上的函数(图 10-16),对$f(x)$进行奇延拓,所得的函数满足收敛定理条件,且处处连续,因此,所得周期函数的傅里叶级数在$[0,l]$上处处收敛于$f(x)$.

$$b_n=\frac{2}{l}\int_0^l f(x)\sin\frac{n\pi x}{l}\mathrm{d}x=\frac{2}{l}\int_0^{\frac{l}{2}}x\sin\frac{n\pi x}{l}\mathrm{d}x+\frac{2}{l}\int_{\frac{l}{2}}^l(l-x)\sin\frac{n\pi x}{l}\mathrm{d}x$$

$$=\frac{-2}{n\pi}\int_0^{\frac{l}{2}}x\,\mathrm{d}\cos\frac{n\pi x}{l}-\frac{2}{n\pi}\int_{\frac{l}{2}}^l(l-x)\mathrm{d}\cos\frac{n\pi x}{l}$$

$$=-\frac{2}{n\pi}\left[x\cos\frac{n\pi x}{l}\Big|_0^{\frac{l}{2}}-\int_0^{\frac{l}{2}}\cos\frac{n\pi x}{l}\mathrm{d}x+(l-x)\cos\frac{n\pi x}{l}\Big|_{\frac{l}{2}}^l+\int_{\frac{l}{2}}^l\cos\frac{n\pi x}{l}\mathrm{d}x\right]$$

$$=-\frac{2}{n\pi}\left(-\frac{l}{n\pi}\sin\frac{n\pi x}{l}\Big|_0^{\frac{l}{2}}+\frac{l}{n\pi}\sin\frac{n\pi x}{l}\Big|_{\frac{l}{2}}^{l}\right)$$

$$=\frac{4l}{n^2\pi^2}\sin\frac{n\pi}{2}.$$

因此有

$$f(x)=\frac{4l}{\pi^2}\sum_{n=1}^{\infty}\frac{\sin\frac{n\pi}{2}}{n^2}\sin\frac{n\pi}{l}x \quad (0\leqslant x\leqslant l).$$

*10.7.2　傅里叶级数的复数形式

傅里叶级数还可以用复数形式表示，在电子技术中，经常应用这种形式.

设函数 $f(x)$ 定义在区间 $[-l, l]$ 上，且在该区间上可以展成傅里叶级数，即

$$f(x)=\frac{a_0}{2}+\sum_{n=1}^{\infty}\left(a_n\cos\frac{n\pi x}{l}+b_n\sin\frac{n\pi x}{l}\right), \tag{10.7.7}$$

其中

$$\begin{aligned} a_n&=\frac{1}{l}\int_{-l}^{l}f(x)\cos\frac{n\pi x}{l}\mathrm{d}x \quad (n=0, 1, 2, 3, \cdots),\\ b_n&=\frac{1}{l}\int_{-l}^{l}f(x)\sin\frac{n\pi x}{l}\mathrm{d}x \quad (n=1, 2, 3, \cdots). \end{aligned} \tag{10.7.8}$$

利用欧拉公式 $\cos t=\frac{\mathrm{e}^{\mathrm{i}t}+\mathrm{e}^{-\mathrm{i}t}}{2}$，$\sin t=\frac{\mathrm{e}^{\mathrm{i}t}-\mathrm{e}^{-\mathrm{i}t}}{2\mathrm{i}}$，于是式(10.7.7)化为

$$\begin{aligned} &\frac{a_0}{2}+\sum_{n=1}^{\infty}\left[\frac{a_n}{2}\left(\mathrm{e}^{\mathrm{i}\frac{n\pi x}{l}}+\mathrm{e}^{-\mathrm{i}\frac{n\pi x}{l}}\right)-\frac{\mathrm{i}b_n}{2}\left(\mathrm{e}^{\mathrm{i}\frac{n\pi x}{l}}-\mathrm{e}^{-\mathrm{i}\frac{n\pi x}{l}}\right)\right]\\ =&\frac{a_0}{2}+\sum_{n=1}^{\infty}\left(\frac{a_n-\mathrm{i}b_n}{2}\mathrm{e}^{\mathrm{i}\frac{n\pi x}{l}}+\frac{a_n+\mathrm{i}b_n}{2}\mathrm{e}^{-\mathrm{i}\frac{n\pi x}{l}}\right), \end{aligned} \tag{10.7.9}$$

记　$\frac{a_0}{2}=c_0$，　$\frac{a_n-\mathrm{i}b_n}{2}=c_n$，$\frac{a_n+\mathrm{i}b_n}{2}=c_{-n}$　$(n=1, 2, 3, \cdots)$.

(10.7.10)

则式(10.7.9)就表示为

$$c_0+\sum_{n=1}^{\infty}\left(c_n\mathrm{e}^{\mathrm{i}\frac{n\pi x}{l}}+c_{-n}\mathrm{e}^{-\mathrm{i}\frac{n\pi x}{l}}\right)=\left(c_n\mathrm{e}^{\mathrm{i}\frac{n\pi x}{l}}\right)_{n=0}+\sum_{n=1}^{\infty}\left(c_n\mathrm{e}^{\mathrm{i}\frac{n\pi x}{l}}+c_{-n}\mathrm{e}^{-\mathrm{i}\frac{n\pi x}{l}}\right),$$

即得傅里叶级数的复数形式为

$$\sum_{n=-\infty}^{\infty} c_n e^{i\frac{n\pi x}{l}}, \tag{10.7.11}$$

将式(10.7.8)代入式(10.7.10),得

$$c_0 = \frac{a_0}{2} = \frac{1}{2l}\int_{-l}^{l} f(x)\mathrm{d}x,$$

从而

$$c_n = \frac{a_n - \mathrm{i}b_n}{2} = \frac{1}{2}\left[\frac{1}{l}\int_{-l}^{l} f(x)\cos\frac{n\pi x}{l}\mathrm{d}x - \frac{\mathrm{i}}{l}\int_{-l}^{l} f(x)\sin\frac{n\pi x}{l}\mathrm{d}x\right]$$

$$= \frac{1}{2l}\int_{-l}^{l} f(x)\left(\cos\frac{n\pi x}{l} - \mathrm{i}\sin\frac{n\pi x}{l}\right)\mathrm{d}x$$

$$= \frac{1}{2l}\int_{-l}^{l} f(x)e^{-i\frac{n\pi x}{l}}\mathrm{d}x \quad (n = 1, 2, 3, \cdots),$$

$$c_{-n} = \frac{a_n + \mathrm{i}b_n}{2} = \frac{1}{2l}\int_{-l}^{l} f(x)e^{i\frac{n\pi x}{l}}\mathrm{d}x \quad (n = 1, 2, 3, \cdots).$$

将已得的结果合并写为

$$c_n = \frac{1}{2l}\int_{-l}^{l} f(x)e^{-i\frac{n\pi x}{l}}\mathrm{d}x \quad (n = 0, \pm 1, \pm 2, \cdots). \tag{10.7.12}$$

这就是傅里叶系数的复数形式.

傅里叶级数的两种形式本质上是一样的,但复数形式更简洁,且只用一个算式计算系数.

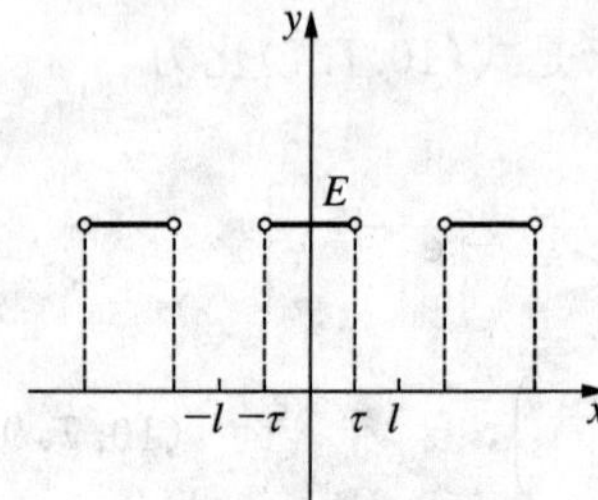

图 10-17

例 3 把宽度为 2τ、周期为 $2l$ $(l>\tau)$、高度为 E 的矩形波展开成复数形式的傅里叶级数(图 10-17).

解 矩形波函数在一个周期内的表达式为

$$f(x) = \begin{cases} 0, & -l \leqslant x \leqslant -\tau, \\ E, & -\tau < x < \tau, \\ 0, & \tau \leqslant x < l. \end{cases}$$

计算傅里叶系数如下:

$$c_0 = \frac{1}{2l}\int_{-l}^{l} f(x)\mathrm{d}x = \frac{1}{2l}\int_{-\tau}^{\tau} E\mathrm{d}x = \frac{E\tau}{l},$$

$$c_n = \frac{1}{2l}\int_{-l}^{l} f(x)e^{-i\frac{n\pi x}{l}}\mathrm{d}x = \frac{1}{2l}\int_{-\tau}^{\tau} Ee^{-i\frac{n\pi x}{l}}\mathrm{d}x$$

$$= \frac{E}{n\pi}\frac{1}{2\mathrm{i}}\left(e^{i\frac{n\pi\tau}{l}} - e^{-i\frac{n\pi\tau}{l}}\right)$$

$$= \frac{E}{n\pi}\sin\frac{n\pi\tau}{l} \quad (n = 1, 2, 3, \cdots).$$

于是得 $f(x)$ 的复数形式的傅里叶展开式为

$$f(x) = \frac{E\tau}{l} + \sum_{\substack{n=-\infty \\ n\neq 0}}^{\infty} \frac{E}{n\pi}\left(\sin\frac{n\pi\tau}{l}\right)e^{i\frac{n\pi x}{l}} \quad (-l \leqslant x \leqslant l;\ x \neq -\tau, \tau).$$

当 $x = -\tau$ 及 $x = \tau$ 时,上述级数收敛到 $\frac{E}{2}$.

习　题　10.7

1. 将函数 $f(x) = 10 - x\ (5 < x \leqslant 15)$ 展开成周期为 10 的傅里叶级数.

2. 将函数 $f(x) = \begin{cases} x, & -1 \leqslant x < 0, \\ 1, & 0 \leqslant x < \frac{1}{2}, \\ -1, & \frac{1}{2} \leqslant x < 1 \end{cases}$ 展开成周期为 2 的傅里叶级数.

3. 将函数 $f(x) = \begin{cases} 0, & -\frac{\pi}{2} < x < 0, \\ e^x, & 0 \leqslant x \leqslant \frac{\pi}{2} \end{cases}$ 展开成周期为 π 的傅里叶级数.

4. 将函数 $f(x) = \begin{cases} 1, & 0 \leqslant x \leqslant 1, \\ -1, & 1 < x \leqslant 2 \end{cases}$ 展开成余弦级数.

5. 将函数 $f(x) = \begin{cases} \frac{px}{2}, & 0 \leqslant x < \frac{l}{2}, \\ \frac{p(l-x)}{2}, & \frac{l}{2} \leqslant x \leqslant l \end{cases}$ 展开成正弦级数.

6. 将函数 $f(x) = 2 + |x|\ (-1 \leqslant x \leqslant 1)$ 展成以 2 为周期的傅里叶级数,并由此求级数 $\sum_{n=1}^{\infty}\frac{1}{n^2}$ 的和.

***7.** 设 $f(x)$ 是周期为 2 的周期函数,它在 $[-1, 1)$ 上的表达式为 $f(x) = e^{-x}$,试将 $f(x)$ 展开成复数形式的傅里叶级数.

总习题 10

1. 填空题.

(1) 对级数 $\sum_{n=1}^{\infty}u_n$, $\lim_{n\to\infty}u_n = 0$ 是它收敛的________条件,不是它收敛的________条件.

(2) 部分和数列$\{s_n\}$有界是正项级数 $\sum_{n=1}^{\infty}u_n$ 收敛的________条件.

(3) 若级数 $\sum_{n=1}^{\infty}u_n$ 绝对收敛,则级数 $\sum_{n=1}^{\infty}u_n$ 必定________;若级数 $\sum_{n=1}^{\infty}u_n$ 条件收敛,则级数 $\sum_{n=1}^{\infty}|u_n|$ 必定________.

(4) 若级数 $\sum_{n=1}^{\infty}u_n$ 发散,则级数 $\sum_{n=1}^{\infty}|u_n|$ 一定________.

(5) 若正项级数 $\sum_{n=1}^{\infty}u_n$ 收敛,则级数 $\sum_{n=1}^{\infty}\sqrt{u_n u_{n+1}}$ ________.

(6) 若 $\lim\limits_{n\to\infty}u_n\neq 0$,则级数 $\sum_{n=1}^{\infty}u_n$ ________.

(7) 若级数 $\sum_{n=1}^{\infty}u_n$ 收敛于A,则级数 $\sum_{n=1}^{\infty}(u_n+u_{n+1})$ 收敛于________.

(8) 若 $\lim\limits_{n\to\infty}\left|\dfrac{a_n}{a_{n+1}}\right|=\dfrac{1}{3}$,则级数 $\sum_{n=0}^{\infty}a_n\left(\dfrac{x+1}{2}\right)^n$ 的收敛半径等于________.

(9) 设幂级数 $\sum_{n=0}^{\infty}a_n x^n$ 的收敛半径为 3,则幂级数 $\sum_{n=1}^{\infty}na_n(x-1)^{n+1}$ 的收敛区间为________.

(10) 若级数 $\sum_{n=1}^{\infty}a_n(x-1)^n$ 在点 $x=-1$ 处收敛,则此级数在点 $x=2$ 处________.

2. 选择题.

(1) 设 $a_n>0\ (n=1,2,3,\cdots)$,且 $\sum_{n=1}^{\infty}a_n$ 收敛,常数 $\lambda\in\left(0,\dfrac{\pi}{2}\right)$,则级数 $\sum_{n=1}^{\infty}(-1)^n\left(n\tan\dfrac{\lambda}{n}\right)a_{2n}$ (　　).

A. 绝对收敛　　B. 条件收敛

C. 发散　　D. 收敛性与λ有关

(2) 设 a 为常数,则级数 $\sum_{n=1}^{\infty}\left[\dfrac{\sin(na)}{n^2}-\dfrac{1}{\sqrt{n}}\right]$ (　　).

A. 绝对收敛　　B. 条件收敛

C. 发散　　D. 收敛性与 a 的取值有关

(3) 设 $0\leqslant a_n<\dfrac{1}{n}\ (n=1,2,3,\cdots)$,则下列级数一定收敛的是(　　).

A. $\sum_{n=1}^{\infty}a_n$　　B. $\sum_{n=1}^{\infty}(-1)^n a_n$

C. $\sum_{n=1}^{\infty}\sqrt{a_n}$　　D. $\sum_{n=1}^{\infty}a_n^2$

(4) 已知 $\sum_{n=1}^{\infty}(-1)^{n+1}a_n=2$, $\sum_{n=1}^{\infty}a_{2n-1}=5$,则 $\sum_{n=1}^{\infty}a_n=$ (　　).

A. 3　　B. 7　　C. 8　　D. 9

(5) 下列各选项正确的是(　　).

A. 若 $\sum_{n=1}^{\infty} u_n^2$ 和 $\sum_{n=1}^{\infty} v_n^2$ 都收敛,则 $\sum_{n=1}^{\infty} (u_n + v_n)^2$ 收敛

B. 若 $\sum_{n=1}^{\infty} |u_n v_n|$ 收敛,则 $\sum_{n=1}^{\infty} u_n^2$ 与 $\sum_{n=1}^{\infty} v_n^2$ 都收敛

C. 若正项级数 $\sum_{n=1}^{\infty} u_n$ 发散,则 $u_n \geqslant \frac{1}{n}$

D. 若级数 $\sum_{n=1}^{\infty} u_n$ 收敛,且 $u_n \geqslant v_n$ $(n = 1, 2, 3, \cdots)$,则级数 $\sum_{n=1}^{\infty} v_n$ 也收敛

3. 判定下列级数的收敛性:

(1) $\sum_{n=1}^{\infty} \frac{(n+1)!}{n^{n+1}}$;　　(2) $\sum_{n=1}^{\infty} \frac{n\cos^2 \frac{n\pi}{3}}{2^n}$;

(3) $\sum_{n=1}^{\infty} \frac{a^n}{1+a^{2n}}$ $(a > 0)$;　　(4) $\sum_{n=1}^{\infty} \frac{1}{\sqrt{n^2+n}}$;

(5) $\sum_{n=1}^{\infty} \frac{1!+2!+\cdots+n!}{(2n)!}$.

4. 讨论 $x > 0$ 取何值时,下列级数收敛:

(1) $\sum_{n=1}^{\infty} \frac{x^n}{3^n}$;　　(2) $\sum_{n=1}^{\infty} n!\left(\frac{x}{n}\right)^n$.

5. 讨论下列级数的绝对收敛性与条件收敛性:

(1) $\sum_{n=1}^{\infty} (-1)^{\frac{n(n-1)}{2}} \frac{n^{10}}{2^n}$;　　(2) $\sum_{n=1}^{\infty} (-1)^{n+1} \frac{\sin \frac{\pi}{n+1}}{\pi^{n+1}}$;

(3) $\sum_{n=1}^{\infty} (-1)^{n+1} \frac{1}{2n-1}$;

(4) $\frac{1}{\pi^2}\sin\frac{\pi}{2} - \frac{1}{\pi^3}\sin\frac{\pi}{3} + \frac{1}{\pi^4}\sin\frac{\pi}{4} - \cdots$.

6. 讨论 x 取何值时,级数 $\sum_{n=1}^{\infty} \frac{x^n}{1+x^{2n}}$ 收敛、绝对收敛及条件收敛.

7. 求下列极限:

(1) $\lim\limits_{n\to\infty} \frac{1}{n} \sum_{k=1}^{n} \frac{1}{3^k}\left(1+\frac{1}{k}\right)^{k^2}$;

(2) $\lim\limits_{n\to\infty} [2^{\frac{1}{3}} \cdot 4^{\frac{1}{9}} \cdot 8^{\frac{1}{27}} \cdot \cdots \cdot (2^n)^{\frac{1}{3^n}}]$.

8. 求下列幂级数的收敛域:

(1) $\sum_{n=1}^{\infty} \frac{1}{3^n + (-2)^n} \cdot \frac{x^n}{n}$;　　(2) $\sum_{n=1}^{\infty} \frac{(x-2)^{2n}}{n4^n}$.

9. 求下列级数的收敛半径与收敛区间:

(1) $\sum_{n=1}^{\infty} \frac{3^n + (-2)^n}{n}(x-2)^n$;　　(2) $\sum_{n=1}^{\infty} \frac{[3+(-1)^n]^n}{n} x^n$.

10. 求下列幂级数的和函数：

(1) $\sum_{n=1}^{\infty} n(n+1)x^n$；　　(2) $\sum_{n=1}^{\infty} \frac{(-1)^{n-1}}{n(2n-1)}x^{2n}$；

(3) $\sum_{n=1}^{\infty} n(x-1)^n$；

(4) $1+\sum_{n=1}^{\infty} \frac{(2n-1)!!}{(2n)!!}x^n \ (|x|<1)$.

11. 求下列数项级数的和：

(1) $\sum_{n=0}^{\infty} \frac{(-1)^n(n^2-n+1)}{2^n}$；　　(2) $\sum_{n=0}^{\infty}(-1)^n \frac{n+1}{(2n+1)!}$.

12. 把下列函数展开成麦克劳林展开式：

(1) $\int_0^x t\cos t\mathrm{d}t$；　　(2) $x\arctan x-\ln\sqrt{1+x^2}$.

13. 设 $f(x)$是周期为 2π 的函数，它在$[-\pi, \pi]$上的表达式为

$$f(x)=\begin{cases}0, & x\in[-\pi, 0),\\ \mathrm{e}^x, & x\in[0, \pi).\end{cases}$$

将 $f(x)$展开成傅里叶级数.

14. 将函数 $f(x)=\begin{cases}1, & 0\leqslant x\leqslant h,\\ 0, & h<x\leqslant\pi\end{cases}$ 分别展开成正弦级数和余弦级数.

15. 设级数 $\sum_{n=1}^{\infty}u_n$ 收敛，且 $\lim_{n\to\infty}\frac{v_n}{u_n}=1$，问级数 $\sum_{n=1}^{\infty}v_n$是否也收敛?试说明理由.

16. 设正项数列$\{a_n\}$单调减少，且 $\sum_{n=1}^{\infty}(-1)^n a_n$发散，试问级数 $\sum_{n=1}^{\infty}\left(\frac{1}{a_n+1}\right)^n$ 是否收敛?并说明理由.

17. 设 $a_n\neq 0\ (n=1, 2, \cdots)$，且 $\lim_{n\to\infty}a_n=a\ (a\neq 0)$. 证明：级数 $\sum_{n=1}^{\infty}|a_{n+1}-a_n|$ 与 $\sum_{n=1}^{\infty}\left|\frac{1}{a_{n+1}}-\frac{1}{a_n}\right|$同时收敛或同时发散.

18. 证明：若 $\lim_{n\to\infty}na_n=a\neq 0$，则$\sum_{n=1}^{\infty}a_n$发散.

19. 设 $f(x)$在点 $x=0$ 的某一邻域内具有连续的二阶导数，且$\lim_{x\to 0}\frac{f(x)}{x}=0$，证明 $\sum_{n=1}^{\infty}f\left(\frac{1}{n}\right)$绝对收敛.

20. 若 $\sum_{n=1}^{\infty}b_n\ (b_n\geqslant 0)$ 收敛，又$\sum_{n=1}^{\infty}(a_n-a_{n-1})$ 收敛，证明$\sum_{n=1}^{\infty}a_n b_n$ 绝对收敛.

21. 若 $\sum_{n=1}^{\infty}a_n(x-b)^n$，当 $x=0$ 时收敛，当 $x=2b$ 发散，试指出$\sum_{n=0}^{\infty}a_n x^n$ 的收敛半径，并证明.

实验10 无 穷 级 数

一、实验内容

无穷级数求和,幂级数,傅里叶级数.

二、实验目的

(1) 熟悉用 Matlab 指令求无穷级数的和.

(2) 了解函数的幂级数的部分和的收敛特性,加深理解定积分的定义.

三、预备知识

对于一个数组 x 求和,用指令 sum(),如果求 $1+2+3+4+\cdots+100$:

```
x =1:100;
sum(x)
ans =5050
```

符号序列的求和基本指令为 symsum(f,v,a,b),表示求通式 f 在指定变量 v 取遍 $[a, b]$ 中所有整数时的和.

例1 求 $\sum_{k=1}^{n}\frac{1}{n(n+1)}$.

```
syms k n
symsum(1/(k*(k+1)),k,1,n)
ans=-1/(n+1)+1
```

例2 求 $\sum_{k=1}^{\infty}\frac{1}{n^2}$

```
symsum(1/n^2,n,1,inf)
ans =1/6*pi^2
```

例3 观察 $y=\cos x$ 的幂级数的部分和对函数 $\cos x$ 的逼近.

```
syms x y f2 f4 f10 f14 f20
y =cos(x);
f2 =taylor(y,3)                    %cos x 的 2 阶泰勒级数
f4 =taylor(y,5)                    %cos x 的 4 阶泰勒级数
f10 =taylor(y,11)                  %cos x 的 10 阶泰勒级数
f14 =taylor(y,15)                  %cos x 的 14 阶泰勒级数
f20 =taylor(y,21)                  %cos x 的 20 阶泰勒级数
x =-10:0.01:10;
y =cos(x);
y2 =subs(f2);                      %将 x 值代入 f
```

```
y4 =subs(f4);
y10 =subs(f10);
y14 =subs(f14);
y20 =subs(f20);
plot(x,y,x,y2,x,y4,x,y10,x,y14,x,y20) % 同时画出 6 个图形
axis([-10 10 -6 6])                    % 界定函数图形的范围
```

可以看出,阶数越高,函数的逼近效果越好.

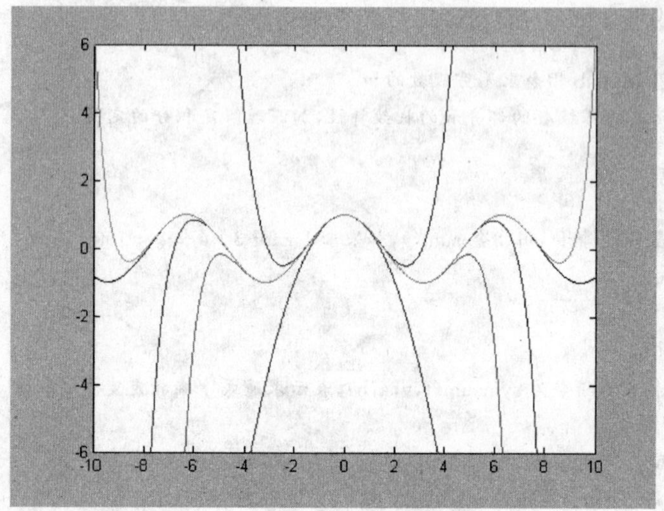

图 10－18

例 4 研究雪花曲线的性质.

原始等边三角形的边长 $b = 1$;

边数 $n = 3$;

总边长 $s = 3$;

面积 $S = (1/2) * \sin(\pi/3)$.

分形图的绘图程序为

```
format long
e =exp(i*pi/3);
a(1)=0;
a(2)=e;
a(3)=1;
a(4)=a(1);
axis([-0.1 1.1 -0.1 1])
for n =1:5
for k =1:3*4^(n-1)
    a1(4*k-3)=a(k);
```

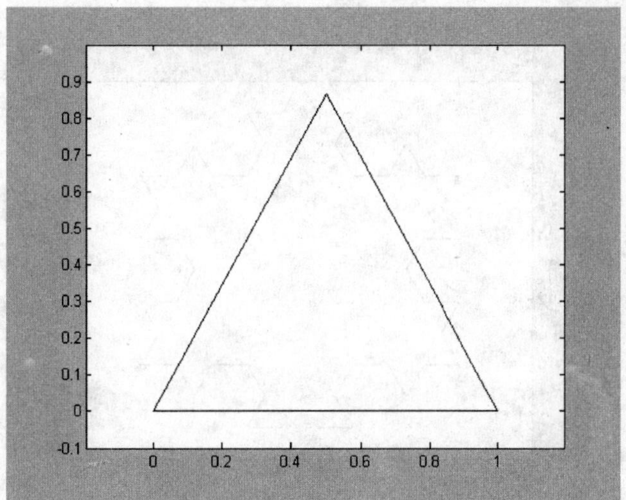

图 10 - 19

```
    a1(4*k-2)=a1(4*k-3)+(a(k+1)-a(k))/3;
    a1(4*k-1)=a1(4*k-2)+e*(a(k+1)-a(k))/3;
    a1(4*k-0)=a(k)+2*(a(k+1)-a(k))/3;
    a1(4*k+1)=a(k+1);
end
a=a1;
```

第一次分形后图形变形为

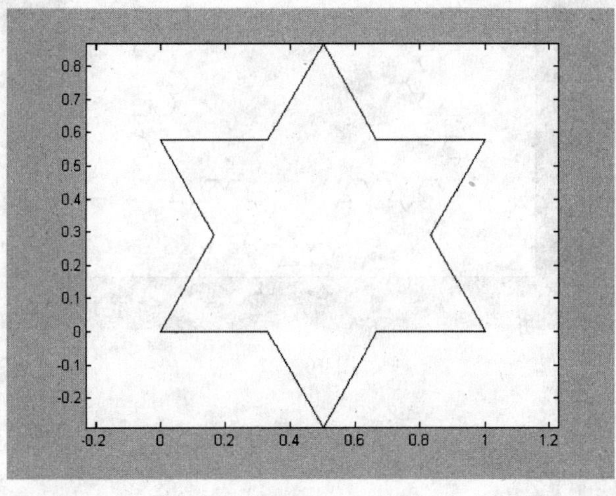

图 10 - 20

第二次分形后图形变形为

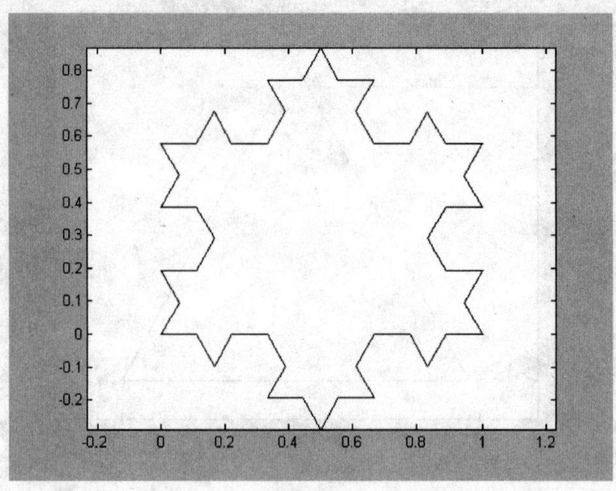

图 10－21

第三次分形后图形变形为

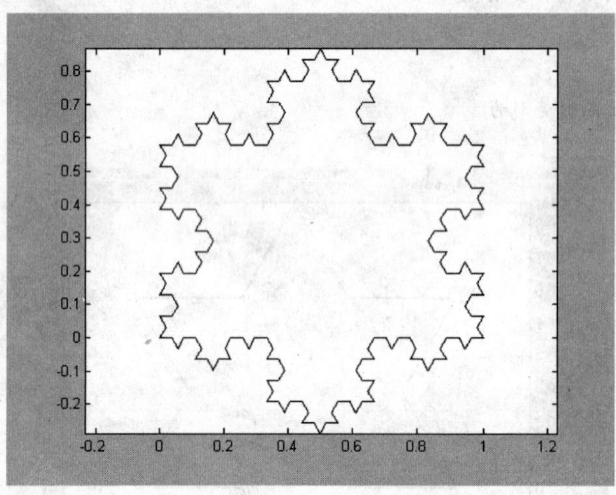

图 10－22

第四次分形后图形变形为

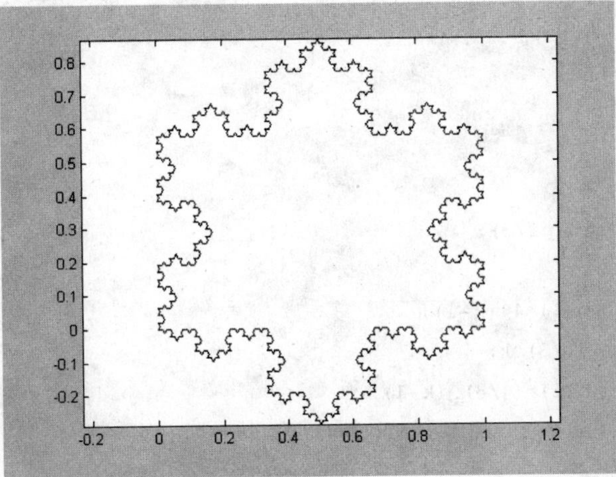

图 10-23

第五次分形后图形变形为

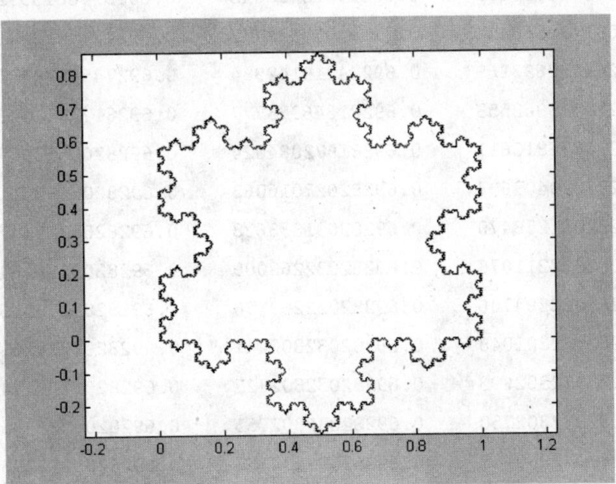

图 10-24

原始等边三角形的边长 $b = 1$；

边数 $n = 3$；

总边长 $s = 3$；

面积 $S = (1/2) * \sin(\pi/3)$.

第 k 次分形后，$b(k) = (1/3) * b(k-1)$，

$n(k) = 4 * n(k-1)$，

$s(k) = n(k) * b(k)$.

第 k 次分形后,每个边上增加的面积:$h(k) = (1/9) * h(k-1)$;

第 k 次分形后,雪花曲线围成的面积为:$a(k) = a(k-1) + h(k) * n(k-1)$.

程序如下:

```
format long
b(1)=3;
s(1)=3;
l(1)=1/3;
a(1)=0.5*sin(pi/3);
for k=2:50
      b(k)=b(1)*4^(k-1);
      l(k)=(1/3)^k;
      s(k)=b(1)*(4/3)^(k-1);
      a(k)=a(k-1)+b(k-1)*a(1)*(1/9)^(k-1);
end
```

面积序列为

```
0.43301270189222    0.57735026918963    0.64150029909958
0.67001142350401    0.68268303435042    0.68831486139327
0.69081789563454    0.69193035529732    0.69242478181412
0.69264452693269    0.69274219142984    0.69278559787301
0.69280488962553    0.69281346373777    0.69281727445431
0.69281896810611    0.69281972084024    0.69282005538875
0.69282020407697    0.69282027016063    0.69282029953114
0.69282031258470    0.69282031838628    0.69282032096477
0.69282032211076    0.69282032262009    0.69282032284646
0.69282032294706    0.69282032299178    0.69282032301165
0.69282032302048    0.69282032302441    0.69282032302615
0.69282032302693    0.69282032302727    0.69282032302743
0.69282032302750    0.69282032302753    0.69282032302754
0.69282032302755    0.69282032302755    0.69282032302755
0.69282032302755    0.69282032302755    0.69282032302755
0.69282032302755    0.69282032302755    0.69282032302755
0.69282032302755    0.69282032302755
```

面积收敛于 0.69282032302755. 边长 $s(k) = b(1)^{*}(4/3)\wedge(k-1)$,显然是趋于无穷大.

四、实验题目

例 1 判断级数 $\sum_{k=1}^{\infty} \frac{1+n}{1+n^2}$ 的收敛性.

```
syms k n
```

```
symsum((1+n)/(1+n^2))
ans =inf
```

级数发散.

例 2　求 $\sum_{k=1}^{\infty}\frac{n^2}{3^n}$.

```
symsum(n^2/3^n,n,1,inf)
ans =3/2
```

例 3　求 $\sum_{k=1}^{\infty}\frac{(-1)^{n+1}}{n}$.

```
symsum((-1)^(1+n)/n,n,1,inf)
ans =log(2)
```

第11章 微分方程

在解决生产与科学的实际问题过程中,想要找出与问题有关的那些变量之间的关系,就需要建立数学模型.对有关连续量变化规律的数学模型,则往往要通过对问题的分析,建立某个未知函数及其导数(或微分)之间所满足的关系式,这种关系式就是所谓的微分方程.建立了微分方程以后,对它进行研究,找出未知函数来,这就是解微分方程.

微分方程是伴随着微积分发展起来的,是数学联系实际,并应用于实际的重要途径和桥梁,是各个学科进行科学研究的强有力的工具.微分方程不仅应用于几何学,力学和物理学,现在的应用范围不断扩大,并深入到机械、电信、化工、生物、经济和其他社会学科的各个领域.本章主要介绍微分方程的一些基本概念和几种常用的微分方程的解法.

11.1 微分方程的基本概念

方程对于大家来说是比较熟悉的,方程必须满足两个条件:未知量和等量关系.在初等数学中就有各种各样的方程,如线性方程、二次方程、指数方程、对数方程、三角方程和方程组等.这些方程都是要把研究的问题中的已知数和未知数之间的关系找出来,列出包含一个未知数或几个未知数的一个或者多个方程式,然后去求方程的解.例如,

$$x^2+3x+2=0 \qquad (\text{一元二次方程}),$$

$$\sin x+\cos x=1 \qquad (\text{三角函数方程}),$$

$$\frac{1}{x+1}-\frac{4x}{x^2-1}=2+x \qquad (\text{分式方程}),$$

$$2^{x-1}+2^{x-2}+x^{x-7}=14 \qquad (\text{指数方程}),$$

它们的未知量均为 x,以上方程可写成:

$$F(x) = 0. \tag{11.1.1}$$

又如,未知量是函数的方程：$\forall x, y \in \mathbf{R}$,若

$$f(x+y) = f(x)f(y),$$

求函数 $f(x)$. 显然 $f(x) = a^x$ $(a > 0, a \neq 1)$ 是方程的一个解.

但是在实际工作中,常常出现一些特点与以上方程完全不同的问题.

例 1 一曲线通过点(1, 2),且在该曲线上任一点 $M(x, y)$处的切线的斜率为 $3x^2$,求这曲线的方程.

解 设所求曲线的方程为 $y = y(x)$. 根据导数的几何意义,可知未知函数 $y = y(x)$ 应满足关系式

$$\frac{\mathrm{d}y}{\mathrm{d}x} = 3x^2. \tag{11.1.2}$$

上式就是含有未知函数导数的方程. 此外,未知函数 $y = y(x)$ 还应满足下列条件：

$$\text{当 } x = 1 \text{ 时}, y = 2, \tag{11.1.3}$$

把式(11.1.2)两端积分,

$$y = \int 3x^2 \mathrm{d}x,$$

得

$$y = x^3 + C, \tag{11.1.4}$$

其中 C 是任意常数.

把条件“$x = 1$ 时, $y = 2$”代入式(11.1.4),得 $2 = 1^3 + C$,由此定出 $C = 1$. 把 $C = 1$ 代入式(11.1.4),得所求曲线方程(称为微分方程满足条件 $y\big|_{x=1} = 2$ 的解)：

$$y = x^3 + 1. \tag{11.1.5}$$

例 2 一物体从高度为 s_0 处以初速度 v_0 垂直上抛,设此物体的运动只受重力的影响,试求该物体的运动路程 s 与时间 t 的函数关系.

解 设所求的函数关系为 $s = s(t)$,根据题意及二阶导数的力学意义,可知 $s = s(t)$ 应满足以下关系式：

$$\frac{\mathrm{d}^2 s}{\mathrm{d}^2 t} = -g. \tag{11.1.6}$$

上式就是含有未知函数二阶导数的方程. 此外, $s = s(t)$ 还满足条件

$$s\big|_{t=0} = s_0, \tag{11.1.7}$$

$$\left.\frac{\mathrm{d}s}{\mathrm{d}t}\right|_{t=0} = v_0. \tag{11.1.8}$$

对式(11.1.6)两边积分，得

$$v=\frac{\mathrm{d}s}{\mathrm{d}t}=-gt+C_1. \tag{11.1.9}$$

再积分一次，得

$$s=-\frac{1}{2}gt^2+C_1t+C_2, \tag{11.1.10}$$

其中 C_1，C_2 为任意常数.

将条件(11.1.7)代入式(11.1.10)，得 $C_2=s_0$；将条件(11.1.8)代入式(11.1.9)，得 $C_1=v_0$. 即得所求的运动路程 s 与时间 t 的函数关系为

$$s=-\frac{1}{2}gt^2+v_0t+s_0. \tag{11.1.11}$$

根据上面对两个例题的分析，给出微分方程的定义.

定义 1 含有自变量、自变量的未知函数及未知函数的导数或微分的方程称为**微分方程**.

必须指出的是，在微分方程中自变量及未知函数也可以不出现，但未知函数的导数或微分必须出现，其导数或微分也可以是高阶的. 未知函数是一元函数的微分方程称为**常微分方程**；未知函数是多元函数的微分方程称为**偏微分方程**. 本章只讨论常微分方程，为方便起见，下面所提到的常微分方程都简称微分方程(或方程).

以下方程都是微分方程：

$$y'=2x, \tag{11.1.12}$$

$$(y-2xy)\mathrm{d}x+x^3\mathrm{d}y=0, \tag{11.1.13}$$

$$\frac{\mathrm{d}^2y}{\mathrm{d}x^2}=x, \tag{11.1.14}$$

$$y'''+3y'+4y=0, \tag{11.1.15}$$

$$\frac{\partial z}{\partial x}=xy. \tag{11.1.16}$$

方程(11.1.12)～(11.1.15)都是常微分方程，方程(11.1.16)是偏微分方程.

微分方程中所出现的未知函数的最高阶导数的阶数，称为**微分方程的阶**.

方程(11.1.12)与方程(11.1.13)是一阶微分方程，方程(11.1.14)是二阶微分方程，方程(11.1.15)是三阶微分方程，二阶和二阶以上的微分方程称为**高阶微分方程**.

一阶微分方程的一般形式为

$$F(x, y, y') = 0 \quad \text{或} \quad y' = f(x, y).$$

n 阶微分方程的一般形式为

$$F(x, y, y', \cdots, y^{(n)}) = 0 \quad \text{或} \quad y^{(n)} = f(x, y, y', \cdots, y^{(n-1)}),$$

其中，x 是自变量，y 是未知函数；F 是 $n+2$ 个变量的函数，而且一定含有变量 $y^{(n)}$，而变量 $x, y, y', \cdots, y^{(n-1)}$ 则可以不出现. 例如，方程(11.1.15)就没有出现变量 x, y''.

满足微分方程的函数(把函数代入微分方程能使该方程成为恒等式)称为该**微分方程的解**. 确切地说，设函数 $y=\varphi(x)$ 在区间 I 上有 n 阶连续导数，如果在区间 I 上，

$$F[x, \varphi(x), \varphi'(x), \cdots, \varphi^{(n)}(x)] \equiv 0,$$

那么函数 $y=\varphi(x)$ 就称为微分方程 $F(x, y, y', \cdots, y^{(n)})=0$ 在区间 I 上的解.

不难验证，函数：

$$y = x^2+1, \quad y = x^2+2, \quad y = x^2+6, \quad y = x^2+C$$

都是方程(11.1.12)的解.

若微分方程的解中含有相互独立的任意常数的个数与方程的阶数相同，则称此解为该微分方程的**通解**(或**一般解**). 函数 $y=x^2+C$ 是方程(11.1.12)的通解.

确定微分方程通解中的任意常数的值的条件称为**初始条件**. 例如，

$$\text{当 } x = x_0 \text{ 时}, y = y_0, y' = y'_0$$

一般写成

$$y\big|_{x=x_0} = y_0, \quad y'\big|_{x=x_0} = y'_0.$$

通解中的任意常数被确定后而得到的解，称为方程的**特解**.

例如，式(11.1.3)就是初始条件，式(11.1.4)是通解，式(11.1.5)是特解.

求微分方程 $y'=f(x, y)$ 满足初始条件 $y\big|_{x=x_0}=y_0$ 特解的问题称为一阶微分方程的**初值问题**. 记为

$$\begin{cases} y' = f(x, y), \\ y\big|_{x=x_0} = y_0. \end{cases} \tag{11.1.17}$$

求解某初值问题就是求方程的特解.

二阶微分方程的初值问题可记为

$$\begin{cases} f(x, y, y', y'') = 0, \\ y\big|_{x=x_0} = y_0, \\ y'\big|_{x=x_0} = y'_0. \end{cases} \tag{11.1.18}$$

一般地,微分方程的特解的图形是一条曲线,该曲线称为微分方程的**积分曲线**;通解是一族积分曲线;初始问题 $\begin{cases} y' = f(x, y), \\ y\big|_{x=x_0} = y_0 \end{cases}$ 是微分方程通过点 (x_0, y_0) 的那条积分曲线.

例 3 验证方程

$$xy' = 2y \tag{11.1.19}$$

的通解为

$$y = Cx^2 \quad (C\text{ 为任意常数}), \tag{11.1.20}$$

并求满足初始条件

$$y\big|_{x=1} = 1 \tag{11.1.21}$$

的特解.

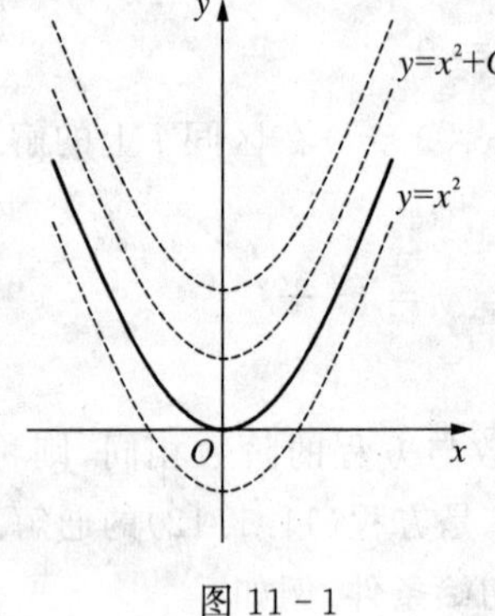

图 11-1

解 由式(11.1.20)求导得 $y' = 2Cx$,将 y 及 y' 代入原方程(11.1.19) 的两边,得

$$xy' = 2Cx^2, \qquad 2y = 2Cx^2.$$

所以函数(11.1.20)为方程(11.1.19)的通解.将初始条件(11.1.21)代入式(11.1.20),得 $C = 1$,故所求特解为 $y = x^2$,其图形如图 11-1 所示.

习 题 11.1

1. 指出下列各题中的函数是否为所给微分方程的解:

(1) $y = e^{-x^2}$, $\dfrac{dy}{dx} = -2xy$;

(2) $y = \arctan(x+y) + C$, $y' = \dfrac{1}{(x+y)^2}$;

(3) $y = xe^x$, $y'' - 2y' + y = 0$;

(4) $\int_1^y e^{-\frac{t^2}{2}} dt + x + 1 = 0$, $y' + e^{\frac{1}{2}y^2} = 0$.

2. 试说出下列各方程的阶数:

(1) $y = x(y')^2 - 2yy' + x = 0$; (2) $(y'')^3 + 5(y')^4 - y^5 + x^7 = 0$;

(3) $xy''' + 2y'' + x^2 y = 0$; (4) $(x^2 - y^2)dx + (x^2 + y^2)dy = 0$;

(5) $(7x - 6y)dx + (x+y)dy = 0$; (6) $(y''')^2 - y^4 = e^x$.

3. 由下列积分曲线族中找出满足已给初始条件的曲线:

(1) $y - x^3 = C$, $y(0) = 1$;

(2) $y = C_1 e^x + C_2 e^{-x}$, $y(0) = 1$, $y'(0) = 0$;

(3) $y=C_1\sin(x+C_2)$, $y(\pi)=1$, $y'(\pi)=0$.

4. 求下列微分方程满足所给初始条件的特解：

(1) $\dfrac{\mathrm{d}y}{\mathrm{d}x}=\sin x$, $y|_{x=0}=1$；

(2) $\dfrac{\mathrm{d}^2y}{\mathrm{d}x^2}=6x$, $y|_{x=0}=0$, $y'|_{x=0}=2$.

5. 写出由下列条件确定的曲线所满足的微分方程与初始条件：

(1) 曲线在其上任一点的切线的斜率等于该点横坐标的两倍，且通过点(1, 4)；

(2) 已知曲线过点(−1, 1)且曲线上任一点的切线与 Ox 轴交点的横坐标等于切点的横坐标的平方.

6. 用微分方程表示一物理命题：某种气体的气压 P 对于温度 T 的变化率与气压成正比，与温度的平方成反比.

11.2　可分离变量的微分方程与齐次方程

微分方程中最基本的是一阶微分方程，一阶微分方程的一般形式为

$$F(x, y, y')=0. \tag{11.2.1}$$

如果从方程(11.2.1)中能解出 y'，则一阶微分方程可表示为

$$y'=f(x, y). \tag{11.2.2}$$

一阶微分方程有时也可以写成如下的对称形式：

$$P(x, y)\mathrm{d}x+Q(x, y)\mathrm{d}y=0. \tag{11.2.3}$$

在这种方程中，变量 x 与 y 是对称的.

若把 x 视为自变量，y 视为未知函数，则当 $Q(x, y)\neq 0$ 时，有

$$\frac{\mathrm{d}y}{\mathrm{d}x}=-\frac{P(x, y)}{Q(x, y)},$$

若把 y 视为自变量，x 视为未知函数，则当 $P(x, y)\neq 0$ 时，有

$$\frac{\mathrm{d}x}{\mathrm{d}y}=-\frac{Q(x, y)}{P(x, y)}.$$

对于一般的一阶微分方程没有统一的初等解法. 本节以及以后的几节将介绍几类可解的微分方程类型和相应的求解方法——初等解法，即把微分方程求解问题化为积分问题.

11.2.1 可分离变量的微分方程

如果一阶微分方程为

$$\frac{\mathrm{d}y}{\mathrm{d}x}=f(x) \quad 或 \quad \mathrm{d}y=f(x)\mathrm{d}x,$$

则只需等式两边积分即得

$$y=\int f(x)\mathrm{d}x+C.$$

但并非一阶微分方程都可以如此求解,例如,

$$\frac{\mathrm{d}y}{\mathrm{d}x}=x^3 y \tag{11.2.4}$$

就不能用上面所述的求法,原因是方程右端含有未知函数,积分$\int x^3 y\mathrm{d}x$求不出来.为了解决这个困难,在方程的两端同乘以$\frac{\mathrm{d}x}{y}$,使方程变为$\frac{\mathrm{d}y}{y}=x^3\mathrm{d}x$.这样,变量$y$与$x$被分离在等式的两端,然后两边同时积分得

$$\int\frac{\mathrm{d}y}{y}=\int x^3\mathrm{d}x+C_1,$$

$$\ln|y|=\frac{1}{4}x^4+C_1,$$

$$y=C\mathrm{e}^{\frac{1}{4}x^4}, \tag{11.2.5}$$

其中,C是任意常数.

读者自己可以验证函数就是原来的微分方程的解.

一般地,如果一个一阶微分方程能写成

$$y'=f(x)g(y) \tag{11.2.6}$$

或

$$\psi(y)\mathrm{d}y=\varphi(x)\mathrm{d}x$$

的形式,就是说,能把微分方程写成一端只含y的函数和$\mathrm{d}y$,另一端只含x的函数和$\mathrm{d}x$,那么原方程就称为**可分离变量的微分方程**.

对于方程(11.2.6)的求解,首先分离变量,即把$f(x)$,$\mathrm{d}x$与$g(y)$,$\mathrm{d}y$分别移到方程的两端:

$$\frac{\mathrm{d}y}{g(y)}=f(x)\mathrm{d}x,$$

再对两端分别求积分得

$$\int \frac{\mathrm{d}y}{g(y)} = \int f(x)\mathrm{d}x,$$

即可求得微分方程的通解

$$G(y) = F(x) + C, \tag{11.2.7}$$

由方程(11.2.7)所确定的隐函数就是原方程的隐式通解.

注 在移项时 $g(y) \neq 0$ 才可以;若 $g(y) = 0$,则不妨设 $y = y_0$ 是 $g(y) = 0$ 的零点,即 $g(y_0) = 0$,代入原方程可知常数函数 $y = y_0$ 显然是方程(11.2.6)的一个特解.

例 1 求微分方程 $\frac{\mathrm{d}y}{\mathrm{d}x} = y\sin x$ 的通解.

解 将方程分离变量,得到

$$\frac{\mathrm{d}y}{y} = \sin x\,\mathrm{d}x,$$

两边积分得

$$\int \frac{\mathrm{d}y}{y} = \int \sin x\,\mathrm{d}x,$$

即得

$$\ln |y| = \cos x + C_1 \quad \text{或} \quad |y| = \mathrm{e}^{\cos x + C_1}.$$

所以 $y = \pm \mathrm{e}^{C_1}\mathrm{e}^{\cos x}$,即 $y = C\mathrm{e}^{\cos x}$(令 $C = \pm \mathrm{e}^{C_1}$).

因而方程的通解为 $y = C\mathrm{e}^{\cos x}$(C 为任意常数).

注 在解这个微分方程的时候没有说明 $y \neq 0$ 或 $y = 0$,通常情况下不加讨论,都视为在有意义的情况下求解;其实本题中 $y = 0$ 也是方程的解. 以后遇到类似的情况可作同样的处理.

例 2 求方程 $\frac{\mathrm{d}y}{\mathrm{d}x} = \frac{x-1}{y+1}$ 的解.

解 分离变量后得

$$(y+1)\mathrm{d}y = (x-1)\mathrm{d}x,$$

两边积分得

$$\frac{1}{2}(y+1)^2 = \frac{1}{2}(x-1)^2 - \frac{1}{2}C,$$

故解为

$$(x-1)^2 - (y+1)^2 = C \quad (C \text{ 为任意常数}).$$

例 3 铀的衰变速度与当时未衰变的原子的含量 M 成正比. 已知当 $t=0$ 时铀的含量为 M_0,求在衰变过程中铀含量 $M(t)$ 随时间 t 变化的规律.

解 铀的衰变速度就是 $M(t)$ 对时间 t 的导数 $\frac{dM}{dt}$. 由于铀的衰变速度与其含量成正比,故得微分方程

$$\frac{dM}{dt}=-\lambda M,$$

其中,λ $(\lambda>0)$ 是常数,λ 前的负号表示当 t 增加时 M 单调减少. 即 $\frac{dM}{dt}<0$. 由题意,初始条件为 $M|_{t=0}=M_0$.

将方程分离变量得

$$\frac{dM}{M}=-\lambda dt.$$

两边积分得

$$\int\frac{dM}{M}=\int(-\lambda)dt,$$

得 $\ln M=-\lambda t+\ln C$,即 $M=Ce^{-\lambda t}$. 由初始条件,得 $M_0=Ce^0=C$,所以铀含量 $M(t)$ 随时间 t 变化的规律为

$$M=M_0e^{-\lambda t}.$$

例 4(人口问题) 某地区的人口总数 N 是时间 t 的函数,即 $N=N(t)$. 若这个地区人口出生率为 n,死亡率为 m,考察任一时刻 t 的人口总数 $N(t)$.

解 把 $N(t)$ 当作连续、可微函数处理(因人口总数很大,可近似地这样处理,此乃离散变量连续化处理),在时间段 $[t, t+\Delta t]$ 内,人口的改变量为 $\Delta N=N(t+\Delta t)-N(t)$,应等于在这段时间内出生人数与死亡人数之差,即

$$\Delta N=N(t+\Delta t)-N(t)=nN(t)\Delta t-mN(t)\Delta t.$$

两边除以 Δt,并令 $\Delta t\to 0$,得

$$\frac{dN}{dt}=(n-m)N.$$

并设 $t=0$ 时刻的人口总数为 N_0,于是

$$\begin{cases}\frac{dN}{dt}=(n-m)N,\\ N|_{t=0}=N_0.\end{cases}$$

分离变量得

$$\frac{dN}{N}=(n-m)dt,$$

两边积分得

$$\ln N=(n-m)t+\ln C,$$

即 $N=Ce^{(n-m)t}$. 将初始条件代入上式得

$$N=N_0e^{(n-m)t}. \tag{11.2.8}$$

此式表明,当 $n>m$ 时,人口以指数规律随时间无限增长. 这就是著名的马尔萨斯(Malthus, 1766～1834,英国人)人口模型. 这个模型非常准确地反映了在1700～1961 年间世界人口总数. 但是人们以美国人口为例,用马尔萨斯模型计算结果与人口资料比较,却发现有很大的差异,尤其是在用此模型预测较遥远的未来地球人口总数时,发现更令人不可思议的问题,如按此模型计算,到 2670 年,地球上将有 36 000 亿人口. 如果地球表面全是陆地(事实上,地球表面还有 80%被水覆盖),我们也只得互相踩着肩膀站成两层了,这是非常荒谬的. 实际上,受粮食、能源、疾病及生存空间等诸多因素制约,人口不能无限制地增长,而出生率和死亡率也不是固定不变的常数. 根据统计资料,可以合理地假设 n 与 m 都是 N 的线性函数(在 N 的一定的范围内),即有

$$n=a-bN,\quad m=p+qN,$$

其中,$a,\ b,\ p,\ q$ 均为正常数. 于是微分方程成为

$$\frac{dN}{dt}=(a-p)N-(b+q)N^2=(b+q)N\left(\frac{a-p}{b+q}-N\right).$$

记 $k=b+q,\ C=\dfrac{a-p}{b+q}$, 就得到一个更符合人口增长实际规律的微分方程:

$$\frac{dN}{dt}=kN(C-N),$$

分离变量得

$$\frac{dN}{N(C-N)}=kdt,$$

两边积分并代入初始条件得

$$\frac{1}{C}\ln\frac{N(C-N_0)}{N_0(C-N)}=kt$$

或

$$N=\frac{CN_0}{N_0+(C-N_0)e^{-kt}} \tag{11.2.9}$$

式(11.2.9)就是生物科学中常用的逻辑斯谛函数.用它来计算一个地区的人口增长情况,常与实际数据惊人地吻合.有人根据1949、1957年所统计的人口总数,运用该方程预测1978年我国人口总数为9.58亿,2000年为12.47亿.

例5 将某物体放置于空气中,在时刻 $t=0$,测得它的温度为 $u_0=150℃$,10分钟后测得温度为 $u_1=100℃$.确定物体的温度与时间的关系,并计算20分钟后物体的温度.假定空气的温度保持为 $u_a=24℃$.

解 设物体在时刻 t 的温度为 $u=u(t)$,由牛顿冷却定律可得

$$\begin{cases}\dfrac{\mathrm{d}u}{\mathrm{d}t}=-k(u-u_a),\\ u\big|_{t=0}=u_0\end{cases}\quad(k>0,\ u>u_a),$$

其中,k 是与物体介质有关的常数,分离变量得

$$\frac{\mathrm{d}u}{u-u_a}=-k\mathrm{d}t,$$

两边积分得

$$\ln(u-u_a)=-kt+\ln C,$$

C 为任意常数,即

$$u=u_a+C\mathrm{e}^{-kt}.$$

根据初始条件,当 $t=0$ 时,$u=u_0$,得常数 $C=u_0-u_a$.于是

$$u=u_a+(u_0-u_a)\mathrm{e}^{-kt}.$$

再根据条件当 $t=10$ 分钟时,$u=u_1$,得到

$$u_1=u_a+(u_0-u_a)\mathrm{e}^{-10k},$$

$$k=\frac{1}{10}\ln\frac{u_0-u_a}{u_1-u_a}.$$

将 $u_0=150$,$u_1=100$,$u_a=24$ 代入上式,得到

$$k=\frac{1}{10}\ln\frac{150-24}{100-24}=\frac{1}{10}\ln 1.66\approx 0.051,$$

从而

$$u=24+126\mathrm{e}^{-0.051t}.$$

由上式得知,当 $t=20$ 分钟时,物体的温度 $u_2\approx 70℃$,而且当 $t\to+\infty$ 时,$u\to 24℃$.这可以解释一个常识:经过一段时间后,物体的温度和空气的温度将会没有什么差别了.事实上,经过2小时后,物体的温度已变为24℃,与空气的温度已相当接近.

11.2.2　齐次方程

如果一阶微分方程

$$\frac{\mathrm{d}y}{\mathrm{d}x}=f(x,\ y)$$

中的函数 $f(x,\ y)$ 可写成 $\frac{y}{x}$ 的函数，即 $f(x,\ y)=\varphi\left(\frac{y}{x}\right)$，则称这方程为**齐次方程**.

例如，$xy'-y-\sqrt{y^2-x^2}=0$ 是齐次方程，因为

$$\frac{\mathrm{d}y}{\mathrm{d}x}=\frac{y+\sqrt{y^2-x^2}}{x}=\frac{y}{x}+\sqrt{\left(\frac{y}{x}\right)^2-1}.$$

有些方程并不是可分离变量的方程，但经过适当的变量代换后能化为可分离变量的方程，齐次方程就是其中一种.

对于齐次方程

$$\frac{\mathrm{d}y}{\mathrm{d}x}=\varphi\left(\frac{y}{x}\right),\tag{11.2.10}$$

令 $u=\frac{y}{x}$，即 $y=ux$，有

$$\frac{\mathrm{d}y}{\mathrm{d}x}=u+x\frac{\mathrm{d}u}{\mathrm{d}x},$$

代入式(11.2.10)有

$$u+x\frac{\mathrm{d}u}{\mathrm{d}x}=\varphi(u),$$

分离变量得

$$\frac{\mathrm{d}u}{\varphi(u)-u}=\frac{\mathrm{d}x}{x}.$$

两边积分得

$$\int\frac{\mathrm{d}u}{\varphi(u)-u}=\int\frac{\mathrm{d}x}{x}.$$

记 $G(u)$ 为 $\frac{1}{\varphi(u)-u}$ 的一个原函数，再把 $u=\frac{y}{x}$ 代入，则可得齐次方程(11.2.10)的通解为

$$G\left(\frac{y}{x}\right)=\ln|x|+C \quad (C\text{为任意常数}).$$

例 6 求微分方程 $y'=\frac{y}{x}+\tan\frac{y}{x}$ 的通解.

解 令 $\frac{y}{x}=u$,则 $y=ux$,$\frac{dy}{dx}=u+x\frac{du}{dx}$,代入方程得

$$x\frac{du}{dx}=\tan u,$$

分离变量得

$$\cot u du=\frac{dx}{x}.$$

积分得 $\ln\sin u=\ln x+\ln C$,$\sin u=Cx$. 代回原变量,即得通解

$$\sin\frac{y}{x}=Cx.$$

例 7 求解微分方程

$$\begin{cases}y^2dx+(x^2-xy)dy=0,\\ y|_{x=1}=1.\end{cases}$$

解 原方程即为

$$\frac{dy}{dx}=\frac{y^2}{xy-x^2},$$

分子、分母同除以 x^2 得

$$\frac{dy}{dx}=\frac{\left(\frac{y}{x}\right)^2}{\frac{y}{x}-1}.$$

令 $u=\frac{y}{x}$,则 $y=ux$,$\frac{dy}{dx}=u+x\frac{du}{dx}$,代入方程得

$$x\frac{du}{dx}=\frac{u}{u-1},$$

分离变量得

$$\frac{u-1}{u}du=\frac{1}{x}dx,$$

两边积分得 $u-\ln u=\ln x+\ln C$，即 $u=\ln(Cux)$. 所以 $\dfrac{y}{x}=\ln(Cy)$. 于是通解为

$$y=C\mathrm{e}^{\frac{y}{x}}.$$

把初始条件 $x=1$，$y=1$ 代入上式，得 $C=\mathrm{e}^{-1}$，则方程的特解为

$$y=\mathrm{e}^{\frac{y}{x}-1}.$$

齐次方程的求解过程，实质是通过变量替换，将方程转化为可分离变量的方程. 变量替换法在解微分方程中，有着特殊的作用. 一般来说，变量替换的选择并无常规，往往要根据所考虑的微分方程的特点而选择.

例 8　求微分方程 $\dfrac{\mathrm{d}y}{\mathrm{d}x}=x^2+2xy+y^2$ 的通解.

解　因为 $\dfrac{\mathrm{d}y}{\mathrm{d}x}=x^2+2xy+y^2=(x+y)^2$，所以令 $u=x+y$，则

$$y=u-x,\qquad \frac{\mathrm{d}y}{\mathrm{d}x}=\frac{\mathrm{d}u}{\mathrm{d}x}-1$$

原方程化为

$$\frac{\mathrm{d}u}{\mathrm{d}x}-1=u^2,$$

即

$$\frac{\mathrm{d}u}{u^2+1}=\mathrm{d}x,$$

两端积分，得 $\arctan u=x+C$，把 u 用 $x+y$ 换回，得原方程的通解为

$$x+y=\tan(x+C).$$

例 9　解微分方程 $\dfrac{\mathrm{d}y}{\mathrm{d}x}=\dfrac{y}{x-\sqrt{x^2+y^2}}\ (y\neq 0)$.

解　方程变形为

$$\frac{\mathrm{d}x}{\mathrm{d}y}=\frac{x-\sqrt{x^2+y^2}}{y}=\frac{x}{y}\pm\sqrt{1+\left(\frac{x}{y}\right)^2},$$

令 $u=\dfrac{x}{y}$，得 $\dfrac{\mathrm{d}x}{\mathrm{d}y}=u+y\dfrac{\mathrm{d}u}{\mathrm{d}y}$，于是

$$u+y\frac{\mathrm{d}u}{\mathrm{d}y}=u\pm\sqrt{1+u^2},$$

变量分离

$$\frac{du}{\sqrt{1+u^2}}=\pm\frac{dy}{y},$$

两边同时积分得

$$\int\frac{du}{\sqrt{1+u^2}}=\pm\int\frac{dy}{y},$$

即

$$\ln(u+\sqrt{1+u^2})=\pm\ln y+\ln C,$$

于是

$$u+\sqrt{1+u^2}=\frac{C}{y}\quad 或\quad u+\sqrt{1+u^2}=Cy,$$

将 $u=\dfrac{x}{y}$ 代入上式,故原方程的通解为

$$x+\sqrt{x^2+y^2}=C\quad 或\quad x+\sqrt{x^2+y^2}=Cy^2.$$

习　题　11.2

1. 求下列可分离变量微分方程的通解:

(1) $y\,dy=x\,dx$;　(2) $\dfrac{dy}{dx}=y\ln y$;

(3) $\dfrac{dy}{dx}=e^{x-y}$;　(4) $\tan y\,dx-\cot x\,dy=0$;

(5) $\sec^2 x\tan y\,dx+\sec^2 y\tan x\,dy=0$;　(6) $\dfrac{dy}{dx}=10^{x+y}$;

(7) $(e^{x+y}-e^x)dx+(e^{x+y}+e^y)dy=0$;

(8) $\cos x\sin y\,dx+\sin x\cos y\,dy=0$;

(9) $(y+1)^2\dfrac{dy}{dx}+x^3=0$;　(10) $y\,dx+(x^2-4x)dy=0$.

2. 求下列方程满足给定初值条件的解:

(1) $\dfrac{dy}{dx}=y(y-1)$, $y|_{x=0}=1$;

(2) $(x^2-1)y'+2xy^2=0$, $y|_{x=0}=1$;

(3) $y'\sin x=y\ln y$, $y|_{x=\frac{\pi}{2}}=e$;

(4) $\cos y\,dx+(1+e^{-x})\sin y\,dy=0$, $y|_{x=0}=\dfrac{\pi}{4}$;

(5) $x\,dy+2y\,dx=0$, $y|_{x=2}=1$.

3. 解下列方程：

(1) $xy'-y-\sqrt{y^2-x^2}=0$；　(2) $(y^2-2xy)\mathrm{d}x+x^2\mathrm{d}y=0$；

(3) $(x^2+y^2)\mathrm{d}x-xy\,\mathrm{d}y=0$；　(4) $xy'-y=x\tan\dfrac{y}{x}$；

(5) $xy'-y=(x+y)\ln\dfrac{x+y}{x}$；

(6) $(1+2e^{\frac{x}{y}})\mathrm{d}x+2e^{\frac{x}{y}}\left(1-\dfrac{x}{y}\right)\mathrm{d}y=0$.

4. 求下列齐次方程满足所给初始条件的特解：

(1) $(y^2-3x^2)\mathrm{d}y+2xy\,\mathrm{d}x=0$，$y|_{x=0}=1$；

(2) $y'=\dfrac{x}{y}+\dfrac{y}{x}$，$y|_{x=1}=2$；

(3) $(x^2+2xy-y^2)\mathrm{d}x+(y^2+2xy-x^2)\mathrm{d}y=0$，$y|_{x=1}=1$.

5. 求一曲线，使其具有以下性质：曲线上各点处的切线与切点到原点的向径及 x 轴可围成一个等腰三角形(以 x 轴为底)，且通过点(1, 2).

6. 设有连接点 $O(0,0)$ 和 $A(1,1)$ 的一段向上凸的曲线弧 $\overset{\frown}{OA}$，对于 $\overset{\frown}{OA}$ 上任一点 $P(x,y)$，曲线弧 $\overset{\frown}{OP}$ 与直线段 $\overline{OP}$ 所围图形的面积为 x^2，求曲线弧 $\overset{\frown}{OA}$ 的方程.

11.3　一阶线性微分方程

形如

$$\frac{\mathrm{d}y}{\mathrm{d}x}+p(x)y=Q(x) \tag{11.3.1}$$

的方程，称之为**一阶线性微分方程**，其中 $p(x)$，$Q(x)$ 是 x 的已知连续函数. 当 $Q(x)\equiv 0$ 时，方程(11.3.1)变为

$$\frac{\mathrm{d}y}{\mathrm{d}x}+p(x)y=0, \tag{11.3.2}$$

方程(11.3.2)称为**一阶线性齐次微分方程**. 若 $Q(x)\neq 0$ 时，方程(11.3.1) 称为**一阶线性非齐次微分方程**，并称方程(11.3.2)为对应于(11.3.1)的线性齐次微分方程.

11.3.1　一阶线性方程的解法

齐次线性方程(11.3.2)是变量可分离方程. 分离变量后得

$$\frac{\mathrm{d}y}{y}=-P(x)\mathrm{d}x,$$

两边积分得

$$\ln|y| = -\int P(x)\mathrm{d}x + C_1,$$

或

$$y = C\mathrm{e}^{-\int P(x)\mathrm{d}x} \quad (C = \pm \mathrm{e}^{C_1}), \tag{11.3.3}$$

这就是齐次线性方程的通解(积分中不再加任意常数).

例 1 求方程 $(x-2)\dfrac{\mathrm{d}y}{\mathrm{d}x} = y$ 的通解.

解 这是齐次线性方程,分离变量得

$$\frac{\mathrm{d}y}{y} = \frac{\mathrm{d}x}{x-2},$$

两边积分得 $\ln|y| = \ln|x-2| + \ln C$,方程的通解为

$$y = C(x-2).$$

也可以用公式法求解.将微分方程化为 $\dfrac{\mathrm{d}y}{\mathrm{d}x} - \dfrac{y}{x-2} = 0$, $P(x) = -\dfrac{1}{x-2}$,代入式(11.3.3),得

$$y = C\mathrm{e}^{-\int P(x)\mathrm{d}x} = C\mathrm{e}^{\int \frac{1}{x-2}\mathrm{d}x} = C\mathrm{e}^{\ln(x-2)} = C(x-2).$$

下面讨论一阶非齐次线性方程(11.3.1)的解法.

首先注意到方程(11.3.1)与方程(11.3.2)仅相差一个非齐次项 $Q(x)$,因此估计两者之间应该有某种联系;其次,当 C 为常数时,函数 $C\mathrm{e}^{-\int P(x)\mathrm{d}x}$ 代入方程(11.3.2),恒有

$$\left[C\mathrm{e}^{-\int P(x)\mathrm{d}x}\right]' + p(x)C\mathrm{e}^{-\int P(x)\mathrm{d}x} \equiv 0.$$

因此只有当 C 不为常数时,即 $C = C(x)$ 时,才可能使

$$\left[C(x)\mathrm{e}^{-\int P(x)\mathrm{d}x}\right]' + p(x)C(x)\mathrm{e}^{-\int P(x)\mathrm{d}x} \neq 0.$$

进而想到,能否用适当的方法确定 $C(x)$ 使

$$\left[C(x)\mathrm{e}^{-\int P(x)\mathrm{d}x}\right]' + p(x)C(x)\mathrm{e}^{-\int P(x)\mathrm{d}x} = Q(x),$$

即

$$C'(x)\mathrm{e}^{-\int P(x)\mathrm{d}x} = Q(x),$$

$$C'(x) = Q(x)\mathrm{e}^{\int P(x)\mathrm{d}x},$$

两边积分得

$$C(x)=\int Q(x)\mathrm{e}^{\int P(x)\mathrm{d}x}\mathrm{d}x+C.$$

从而得到

$$y=C(x)\mathrm{e}^{-\int P(x)\mathrm{d}x}=\left[\int Q(x)\mathrm{e}^{\int P(x)\mathrm{d}x}\mathrm{d}x+C\right]\mathrm{e}^{-\int P(x)\mathrm{d}x}$$

或

$$y=C\mathrm{e}^{-\int P(x)\mathrm{d}x}+\mathrm{e}^{-\int P(x)\mathrm{d}x}\int Q(x)\mathrm{e}^{\int P(x)\mathrm{d}x}\mathrm{d}x \tag{11.3.4}$$

式(11.3.4)为(11.3.1)非齐次线性方程的通解.非齐次线性方程的通解等于对应的齐次线性方程通解与非齐次线性方程的一个特解之和.

以上解法可归纳为

步骤 1：求齐次方程(11.3.2)的通解

$$y=C\mathrm{e}^{-\int P(x)\mathrm{d}x};$$

步骤 2：令 $C=C(x)$，即

$$y=C(x)\mathrm{e}^{-\int P(x)\mathrm{d}x}; \tag{11.3.5}$$

步骤 3：把式(11.3.5)代入非齐次线性方程(11.3.1)求得 $C(x)$的微分方程，并求出 $C(x)$；

步骤 4：把 $C(x)$代入式(11.3.5)，便得到非齐次线性方程(11.3.1)的通解.

由于步骤 2，故称此法为**常数变易法**.

例 2　求方程 $y'+2xy=x\mathrm{e}^{-x^2}$ 的通解.

解　用常数变易法求解.

其对应齐次方程 $y'+2xy=0$ 的通解为 $y=C\mathrm{e}^{-x^2}$.设原方程的通解为 $y=C(x)\mathrm{e}^{-x^2}$，求导，得

$$y'=C'(x)\mathrm{e}^{-x^2}-2xC(x)\mathrm{e}^{-x^2}.$$

将 y 和 y'代入原方程，得

$$C'(x)\mathrm{e}^{-x^2}-2xC(x)\mathrm{e}^{-x^2}+2xC(x)\mathrm{e}^{-x^2}=x\mathrm{e}^{-x^2},$$

即 $C'(x)=x$，积分，得

$$C(x)=\int x\,\mathrm{d}x=\frac{1}{2}x^2+C.$$

将上式代入 $y=C(x)\mathrm{e}^{-x^2}$，即得原方程的通解为

$$y=\left(\frac{1}{2}x^2+C\right)\mathrm{e}^{-x^2}$$

也可以用公式法求解.

将 $P(x)=2x$, $Q(x)=x\mathrm{e}^{-x^2}$ 代入通解公式(11.3.4),得

$$\begin{aligned}y&=\mathrm{e}^{-\int 2x\mathrm{d}x}\left(\int x\mathrm{e}^{-x^2}\mathrm{e}^{\int 2x\mathrm{d}x}\mathrm{d}x+C\right)\\&=\mathrm{e}^{-x^2}\left(\int x\mathrm{e}^{-x^2}\mathrm{e}^{x^2}\mathrm{d}x+C\right)\\&=\mathrm{e}^{-x^2}\left(\frac{1}{2}x^2+C\right)\end{aligned}$$

即为原方程的通解.

例 3 求解初值问题 $\begin{cases}y'-y\cot x=2x\sin x,\\ y\Big|_{x=\frac{\pi}{2}}=\dfrac{\pi^2}{4}.\end{cases}$

解 将 $P(x)=-\cot x$, $Q(x)=2x\sin x$ 代入通解公式(11.3.4),得原方程的通解

$$\begin{aligned}y&=\mathrm{e}^{\int\cot x\mathrm{d}x}\left(\int 2x\sin x\,\mathrm{e}^{-\int\cot x\mathrm{d}x}\mathrm{d}x+C\right)=\mathrm{e}^{\ln\sin x}\left(\int 2x\sin x\,\mathrm{e}^{-\ln\sin x}\mathrm{d}x+C\right)\\&=(\sin x)\left(\int 2x\sin x\frac{1}{\sin x}\mathrm{d}x+C\right)\\&=(x^2+C)\sin x\end{aligned}$$

将初始条件 $y\Big|_{x=\frac{\pi}{2}}=\dfrac{\pi^2}{4}$ 代入上式,得 $C=0$. 所以原问题的解为 $y=x^2\sin x$.

例 4 有一个电路如图 11-2 所示,其中电源电动势为 $E=E_{\mathrm{m}}\sin\omega t$ (E_{m}, ω 都是常数),电阻 R 和电感 L 都是常量. 求电流 $i(t)$.

解 由电学知道,当电流变化时,L 上有感应电动势 $-L\dfrac{\mathrm{d}i}{\mathrm{d}t}$. 由回路电压定律得出

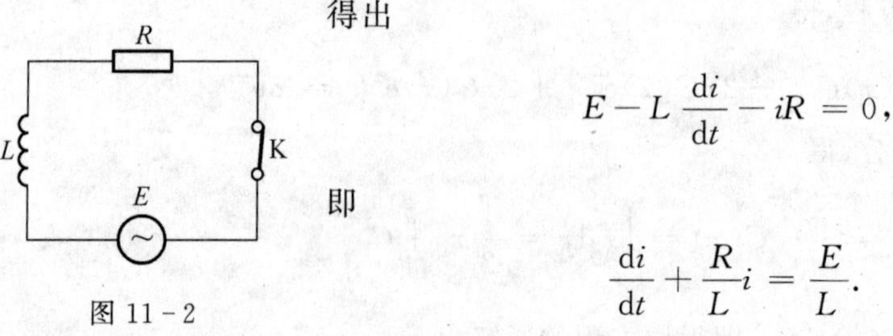

图 11-2

$$E-L\frac{\mathrm{d}i}{\mathrm{d}t}-iR=0,$$

即

$$\frac{\mathrm{d}i}{\mathrm{d}t}+\frac{R}{L}i=\frac{E}{L}.$$

把 $E=E_{\mathrm{m}}\sin\omega t$ 代入上式,得

$$\frac{\mathrm{d}i}{\mathrm{d}t}+\frac{R}{L}i=\frac{E_{\mathrm{m}}}{L}\sin\omega t.$$

初始条件为 $i\big|_{t=0}=0$.

方程 $\frac{\mathrm{d}i}{\mathrm{d}t}+\frac{R}{L}i=\frac{E_{\mathrm{m}}}{L}\sin\omega t$ 为非齐次线性方程,其中

$$P(t)=\frac{R}{L},\quad Q(t)=\frac{E_{\mathrm{m}}}{L}\sin\omega t.$$

由通解公式,得

$$\begin{aligned}
i(t)&=\mathrm{e}^{-\int P(t)\mathrm{d}t}\left[\int Q(t)\mathrm{e}^{\int P(t)\mathrm{d}t}\mathrm{d}t+C\right]\\
&=\mathrm{e}^{-\int\frac{R}{L}\mathrm{d}t}\left(\int\frac{E_{\mathrm{m}}}{L}\sin\omega t\,\mathrm{e}^{\int\frac{R}{L}\mathrm{d}t}\mathrm{d}t+C\right)\\
&=\frac{E_{\mathrm{m}}}{L}\mathrm{e}^{-\frac{R}{L}t}\left(\int\sin\omega t\,\mathrm{e}^{\frac{R}{L}t}\mathrm{d}t+C\right)\\
&=\frac{E_{\mathrm{m}}}{R^2+\omega^2L^2}(R\sin\omega t-\omega L\cos\omega t)+C\mathrm{e}^{-\frac{R}{L}t}.
\end{aligned}$$

其中,C 为任意常数.

将初始条件 $i\big|_{t=0}=0$ 代入通解,得 $C=\frac{\omega LE_{\mathrm{m}}}{R^2+\omega^2L^2}$,因此,所求函数 $i(t)$ 为

$$i(t)=\frac{\omega LE_{\mathrm{m}}}{R^2+\omega^2L^2}\mathrm{e}^{-\frac{R}{L}t}+\frac{E_{\mathrm{m}}}{R^2+\omega^2L^2}(R\sin\omega t-\omega L\cos\omega t).$$

例 5　求方程 $y\mathrm{d}x+(y-x)\mathrm{d}y=0$ 的通解.

解　**方法一**　将方程变形为

$$\frac{\mathrm{d}y}{\mathrm{d}x}=\frac{y}{x-y}=\frac{\frac{y}{x}}{1-\frac{y}{x}}.$$

令 $u=\frac{y}{x}$ 代入上式,化简为

$$\frac{(1-u)\mathrm{d}u}{u^2}=\frac{\mathrm{d}x}{x},$$

两边积分得

$$-\frac{1}{u}-\ln|u|=\ln|x|-C,$$

即

$$\frac{x}{y}+\ln|y|=C.$$

方法二 若将 x 视为因变量，y 为自变量，则原方程可化为 x 的一阶线性微分方程. 将方程变形为 $\frac{dx}{dy}-\frac{1}{y}x=-1$. 代入公式，得

$$x=e^{\int\frac{1}{y}dy}\left[\int(-1)e^{-\int\frac{1}{y}dy}dy+C\right]=y(C-\ln|y|),$$

即

$$\frac{x}{y}+\ln|y|=C.$$

11.3.2 伯努利方程

方程

$$\frac{dy}{dx}+P(x)y=Q(x)y^n \quad (n\neq 0,1) \tag{11.3.6}$$

称为**伯努利**(J Bernoulli，1654～1705，瑞士数学家)**方程**. 它不是线性方程，但通过适当的变量代换，可以转化成线性方程. 事实上，用 y^n 除方程(11.3.6)的两边，得

$$y^{-n}\frac{dy}{dx}+P(x)y^{1-n}=Q(x). \tag{11.3.7}$$

令 $z=y^{1-n}$，得线性方程

$$\frac{dz}{dx}+(1-n)P(x)z=(1-n)Q(x).$$

利用线性微分方程的求解公式求出通解后，再把变量 z 换回原变量可得伯努利方程(11.3.6)的通解为

$$y^{1-n}=e^{-\int(1-n)P(x)dx}\left[\int(1-n)Q(x)e^{\int(1-n)P(x)dx}dx+C\right].$$

例 6 求方程 $\frac{dy}{dx}-y=xy^5$.

解 原方程可变形为

$$\frac{1}{y^5}\frac{\mathrm{d}y}{\mathrm{d}x}-\frac{1}{y^4}=x,$$

令 $z=\frac{1}{y^4}$，得

$$\frac{\mathrm{d}z}{\mathrm{d}x}+4z=-4x.$$

这是一阶线性微分方程，其通解为

$$\begin{aligned} z &= \mathrm{e}^{-\int 4\mathrm{d}x}\left[\int(-4x)\mathrm{e}^{\int 4\mathrm{d}x}\mathrm{d}x+C\right] \\ &= \mathrm{e}^{-4}\left(-4\int x\mathrm{e}^{4x}\mathrm{d}x+C\right) \\ &= -x+\frac{1}{4}+C\mathrm{e}^{-4x}, \end{aligned}$$

所以原方程的通解为 $\frac{1}{y^4}=-x+\frac{1}{4}+C\mathrm{e}^{-4x}$.

经过变量代换，某些方程可以化为变量可分离的方程，或化为已知其求解方法的方程.

例 7　解方程 $\frac{\mathrm{d}y}{\mathrm{d}x}=\frac{1}{x-y}+1$.

解　令 $u=x-y$，则原方程化为

$$1-\frac{\mathrm{d}u}{\mathrm{d}x}=\frac{1}{u}+1,$$

即 $\mathrm{d}x=-u\mathrm{d}u$. 两边积分得

$$x=-\frac{1}{2}u^2+C_1.$$

将 $u=x+y$ 代入上式得原方程的通解

$$x=-\frac{1}{2}(x-y)^2+C_1,$$

即

$$(x-y)^2=-2x+C\quad(C=2C_1).$$

习　题　11.3

1. 求下列微分方程的通解：

(1) $\frac{\mathrm{d}y}{\mathrm{d}x}=y+\sin x$；　　(2) $\frac{\mathrm{d}x}{\mathrm{d}t}+3x=\mathrm{e}^{2t}$；

(3) $\dfrac{ds}{dt}=-s\cos t+\dfrac{1}{2}\sin 2t$；
(4) $\dfrac{dy}{dx}-\dfrac{x}{n}y=e^x x^n$（$n$ 为常数）；

(5) $\dfrac{dy}{dx}+\dfrac{1-2x}{x^2}y-1=0$；
(6) $\dfrac{d\rho}{d\theta}+3\rho=2$；

(7) $(x-2xy-y^2)dy+y^2dx=0$；
(8) $x(1+x^2)dy=(y+x^2y-x^2)dx$；

(9) $(x-2)\dfrac{dy}{dx}=y+2(x-2)^3$；
(10) $(y^2-6x)\dfrac{dy}{dx}+2y=0$.

2. 求下列微分方程满足所给初始条件的特解：

(1) $\dfrac{dy}{dx}-y\tan x=\sec x,\ y|_{x=0}=0$；

(2) $\dfrac{dy}{dx}+\dfrac{y}{x}=\dfrac{\sin x}{x},\ y|_{x=\pi}=1$；

(3) $\dfrac{dy}{dx}+y\cot x=5e^{\cos x},y|_{x=\frac{\pi}{2}}=-4$；

(4) $\dfrac{dy}{dx}+3y=8,\ y|_{x=0}=2$；

(5) $\dfrac{dy}{dx}+\dfrac{2-3x^2}{x^3}y=1,\ y|_{x=1}=0$；

(6) $(1-x^2)y'+xy=1,\ y|_{x=0}=1$.

3. 试建立分别具有下列性质的曲线所满足的微分方程并求解.

(1) 曲线上任一点的切线的纵截距等于切点横坐标的平方；

(2) 曲线上任一点的切线的纵截距是切点横坐标和纵坐标的等差中项.

4. 求下列伯努利方程的通解：

(1) $\dfrac{dy}{dx}+y=y^2(\cos x-\sin x)$；
(2) $\dfrac{dy}{dx}-3xy=xy^2$；

(3) $y'+\dfrac{y}{x+1}+y^2=0$；
(4) $\dfrac{dy}{dx}=\dfrac{y}{2x}+\dfrac{x^2}{2y}$.

5. 通过适当的变换求下列方程的通解或特解：

(1) $\dfrac{dy}{dx}=\dfrac{1}{x^2+y^2+2xy}$；
(2) $\dfrac{dy}{dx}=(x-y)^2+1$；

(3) $xy'+y=y(\ln x+\ln y)$；

(4) $x\dfrac{dy}{dx}+x+\sin(x+y)=0,\ y\left(\dfrac{\pi}{2}\right)=0$.

6. 有连接 $A(0,1)$ 和 $B(1,0)$ 两点的向上凸的光滑曲线，点 $P(x,y)$ 为曲线上任一点，已知曲线与弦 AP 之间所夹面积为 x^3，求曲线方程.

7. 设曲 $\int_L yf(x)dx+[2xf(x)-x^2]dy$ 在右半平面（$x>0$）内与路径无关，其中 $f(x)$ 可导，且 $f(1)=1$，求 $f(x)$.

8. 设有一质量为 m 的质点作直线运动，从速度等于零的时刻起，有一个与运动方向一致、大小与时间成正比（比例系数为 k_1）的力作用于它，此外还受一与速度成正比（比例系数为 k_2）的阻力作用.求质点运动的速度与时间的函数关系.

11.4　全微分方程

一阶微分方程 $\frac{dy}{dx}=f(x, y)$ 可以写成以下的对称形式：

$$P(x, y)dx+Q(x, y)dy=0, \tag{11.4.1}$$

设 $P(x, y)$，$Q(x, y)$在某区域 D 内是 x，y 的连续函数，而且具有连续的一阶偏导数. 如果存在可微函数 $u(x, y)$，使得

$$du(x, y)=P(x, y)dx+Q(x, y)dy, \tag{11.4.2}$$

那么方程(11.4.1)就称为**全微分方程**. 这里

$$\frac{\partial u}{\partial x}=P(x, y), \qquad \frac{\partial u}{\partial y}=Q(x, y), \tag{11.4.3}$$

而方程(11.4.1)可写为

$$du(x, y)=0.$$

于是 $u(x, y)\equiv C$ 就是方程(11.4.1)的隐式通解，这里 C 是使函数有意义任意常数.

方程(11.4.1)左边虽然与函数的全微分有相同的结构，但它未必就是某个函数的全微分. 那么在什么条件下表达式 $P(x, y)dx+Q(x, y)dy$ 是某个二元函数 $u(x, y)$的全微分呢？当这样的二元函数存在时，怎样求出这个二元函数 $u(x, y)$呢？

在第 9 章二元函数的全微分求积过程中，有以下结论：在平面单连通域 D，函数 $P(x, y)$及 $Q(x, y)$在 D 内具有一阶连续偏导数，则 $P(x, y)dx+Q(x, y)dy$ 在 D 内为某一函数 $u(x, y)$的全微分的充要条件是等式

$$\frac{\partial P}{\partial y}=\frac{\partial Q}{\partial x} \tag{11.4.4}$$

在 D 内恒成立. 因此条件(11.4.4)是判别方程(11.4.1)为全微分方程的充要条件，并且用第二类曲线积分求出二元函数

$$u(x, y)=\int_{x_0}^{x}P(x, y)dx+\int_{y_0}^{y}Q(x_0, y)dx \quad ((x_0, y_0)\in D).$$

也可以用不定积分来求二元函数 $u(x, y)$. 因为

$$\frac{\partial u(x, y)}{\partial x}=P(x, y), \qquad \frac{\partial u(x, y)}{\partial y}=Q(x, y),$$

则

$$u(x, y)=\int \frac{\partial u(x, y)}{\partial x}\mathrm{d}x=\int P(x, y)\mathrm{d}x+C(y),$$

对上式求导得

$$\frac{\partial u}{\partial y}=Q=\frac{\partial}{\partial y}\int P(x, y)\mathrm{d}x+C'(y),$$

比较可得

$$C'(y)=Q-\frac{\partial}{\partial y}\int P(x, y)\mathrm{d}x,$$

对 y 积分得

$$C(y)=\int Q(x, y)\mathrm{d}y-\int\left[\frac{\partial}{\partial y}\int P(x, y)\mathrm{d}x\right]\mathrm{d}y,$$

从而

$$u(x, y)=\int P(x, y)\mathrm{d}x+\int Q(x, y)\mathrm{d}y-\int\left[\frac{\partial}{\partial y}\int P(x, y)\mathrm{d}x\right]\mathrm{d}y.$$

例 1 求解 $(2x+y)\mathrm{d}x+(4y+x)\mathrm{d}y=0$.

解 $P=2x+y$, $Q=x+4y$,且 $\frac{\partial P}{\partial y}=1$, $\frac{\partial Q}{\partial x}=1$,即 $\frac{\partial Q}{\partial x}=\frac{\partial P}{\partial y}=1$,故此方程为全微分方程.

方法一

$$\begin{aligned} u(x, y) &= \int_{(0,0)}^{(x,y)}(2x+y)\mathrm{d}x+(4y+x)\mathrm{d}y \\ &= \int_{(0,0)}^{(x,0)}(2x+y)\mathrm{d}x+\int_{(x,0)}^{(x,y)}(4y+x)\mathrm{d}y \\ &= \int_0^x 2x\,\mathrm{d}x+\int_0^y(4y+x)\mathrm{d}y=x^2+2y^2+xy, \end{aligned}$$

所以,方程的通解为 $x^2+2y^2+xy=C$.

方法二 因为 $\frac{\partial u}{\partial x}=P=2x+y$, $\frac{\partial u}{\partial y}=Q=4y+x$,则

$$u=\int \frac{\partial u}{\partial x}\mathrm{d}x=\int(2x+y)\mathrm{d}x=x^2+xy+C(y),$$

上式对 y 求导得

$$\frac{\partial u}{\partial y}=x+C'(y),$$

而 $\frac{\partial u}{\partial y}=Q=4y+x$,比较可得 $C'(y)=4y$,故 $C(y)=2y^2+C$,从而方程的通

解为

$$x^2 + xy + 2y^2 + C = 0.$$

方法三　方程 $(2x+y)\mathrm{d}x + (4y+x)\mathrm{d}y = 0$，可以写为

$$2x\,\mathrm{d}x + 4y\,\mathrm{d}y + (y\,\mathrm{d}x + x\,\mathrm{d}y) = 0,$$

则

$$\mathrm{d}x^2 + \mathrm{d}(2y^2) + \mathrm{d}(xy) = 0,$$

即

$$\mathrm{d}(x^2 + 2y^2 + xy) = 0,$$

亦即

$$x^2 + 2y^2 + xy = C.$$

若 $\dfrac{\partial P}{\partial y} \neq \dfrac{\partial Q}{\partial x}$，则式(11.4.1)不是全微分方程，但存在一函数 $\mu = \mu(x, y)$ $(\mu(x, y) \neq 0)$，使方程

$$\mu(x, y)P(x, y)\mathrm{d}x + \mu(x, y)Q(x, y)\mathrm{d}y = 0 \tag{11.4.5}$$

是全微分方程，则函数 $\mu(x, y)$ 称为**积分因子**. 方程(11.4.5)与方程(11.4.1)是同解方程.

例 2　通过观察求方程的积分因子并求其通解：

(1) $y\,\mathrm{d}x - x\,\mathrm{d}y = 0$；　　(2) $(1+xy)y\,\mathrm{d}x + (1-xy)x\,\mathrm{d}y = 0$.

解　(1) 方程 $y\,\mathrm{d}x - x\,\mathrm{d}y = 0$ 不是全微分方程. 因为

$$\mathrm{d}\left(\frac{x}{y}\right) = \frac{y\,\mathrm{d}x - x\,\mathrm{d}y}{y^2},$$

所以 $\dfrac{1}{y^2}$ 是方程 $y\,\mathrm{d}x - x\,\mathrm{d}y = 0$ 的积分因子，于是 $\dfrac{y\,\mathrm{d}x - x\,\mathrm{d}y}{y^2} = 0$ 是全微分方程，所给方程的通解为 $\dfrac{x}{y} = C$.

(2) 方程 $(1+xy)y\,\mathrm{d}x + (1-xy)x\,\mathrm{d}y = 0$ 不是全微分方程. 将方程的各项重新合并，得

$$(y\,\mathrm{d}x + x\,\mathrm{d}y) + xy(y\,\mathrm{d}x - x\,\mathrm{d}y) = 0,$$

再把它改写成

$$\mathrm{d}(xy) + x^2y^2\left(\frac{\mathrm{d}x}{x} - \frac{\mathrm{d}y}{y}\right) = 0,$$

这时容易看出 $\dfrac{1}{(xy)^2}$ 为积分因子，乘以该积分因子后，方程就变为

$$\frac{\mathrm{d}(xy)}{(xy)^2}+\frac{\mathrm{d}x}{x}-\frac{\mathrm{d}y}{y}=0,$$

积分得通解

$$-\frac{1}{xy}+\ln\left|\frac{x}{y}\right|=\ln C,$$

即

$$\frac{x}{y}=C\mathrm{e}^{\frac{1}{xy}}.$$

也可用积分因子的方法来解一阶线性方程

$$y'+P(x)y=Q(x).$$

可以验证 $\mu(x)=\mathrm{e}^{\int P(x)\mathrm{d}x}$ 是一阶线性方程 $y'+P(x)y=Q(x)$ 的一个积分因子. 在一阶线性方程的两边乘以 $\mu(x)=\mathrm{e}^{\int P(x)\mathrm{d}x}$ 得

$$y'\mathrm{e}^{\int P(x)\mathrm{d}x}+yP(x)\mathrm{e}^{\int P(x)\mathrm{d}x}=Q(x)\mathrm{e}^{\int P(x)\mathrm{d}x},$$

即

$$y'\mathrm{e}^{\int P(x)\mathrm{d}x}+y\left[\mathrm{e}^{\int P(x)\mathrm{d}x}\right]'=Q(x)\mathrm{e}^{\int P(x)\mathrm{d}x},$$

亦即

$$\left[y\mathrm{e}^{\int P(x)\mathrm{d}x}\right]'=Q(x)\mathrm{e}^{\int P(x)\mathrm{d}x}.$$

两边积分,便得通解

$$y\mathrm{e}^{\int P(x)\mathrm{d}x}=\int Q(x)\mathrm{e}^{\int P(x)\mathrm{d}x}\mathrm{d}x+C \quad \text{或} \quad y=\mathrm{e}^{-\int P(x)\mathrm{d}x}\left[\int Q(x)\mathrm{e}^{\int P(x)\mathrm{d}x}\mathrm{d}x+C\right].$$

例 3 用积分因子求 $\frac{\mathrm{d}y}{\mathrm{d}x}+2xy=4x$ 的通解.

解 方程的积分因子为

$$\mu(x)=\mathrm{e}^{\int 2x\mathrm{d}x}=\mathrm{e}^{x^2}.$$

方程两边乘以 e^{x^2} 得

$$y'\mathrm{e}^{x^2}+2x\mathrm{e}^{x^2}y=4x\mathrm{e}^{x^2},$$

即
$$(\mathrm{e}^{x^2}y)'=4x\mathrm{e}^{x^2},$$

于是
$$\mathrm{e}^{x^2}y=\int 4x\mathrm{e}^{x^2}\mathrm{d}x=2\mathrm{e}^{x^2}+C.$$

因此原方程的通解为

$$y = \int 4x\mathrm{e}^{x^2}\,\mathrm{d}x = 2 + C\mathrm{e}^{-x^2}.$$

习　题　11.4

1. 验证下列方程是全微分方程，并求出其通解：

(1) $2xy\,\mathrm{d}x + (x^2 - y^2)\mathrm{d}y = 0$；

(2) $\mathrm{e}^{-y}\mathrm{d}x - (2y + x\mathrm{e}^{-y})\mathrm{d}y = 0$；

(3) $(5x^4 + 3xy^2 - y^3)\mathrm{d}x + (3x^2y - 3xy^2 + y^2)\mathrm{d}y = 0$；

(4) $(a^2 - 2xy - y^2)\mathrm{d}x - (x+y)^2\mathrm{d}y = 0$；

(5) $\mathrm{e}^y\,\mathrm{d}x + (x\mathrm{e}^y - 2y)\mathrm{d}y = 0$；

(6) $(x^2 + y)\mathrm{d}x + (x - 2y)\mathrm{d}y = 0$；

(7) $(y - 3x^2)\mathrm{d}x - (4y - x)\mathrm{d}y = 0$；

(8) $\left[\dfrac{y^2}{(x-y)^2} - \dfrac{1}{x}\right]\mathrm{d}x + \left[\dfrac{1}{y} - \dfrac{x^2}{(x-y)^2}\right]\mathrm{d}y = 0$；

(9) $2(3xy^2 + 2x^3)\mathrm{d}x + 3(2x^2y + y^2)\mathrm{d}y = 0$；

(10) $\left(\dfrac{1}{y}\sin\dfrac{x}{y} - \dfrac{y}{x^2}\cos\dfrac{y}{x} + 1\right)\mathrm{d}x + \left(\dfrac{1}{x}\cos\dfrac{y}{x} - \dfrac{x}{y^2}\sin\dfrac{x}{y} + \dfrac{1}{y^2}\right)\mathrm{d}y = 0.$

2. 求下列方程的积分因子和积分：

(1) $(x+y)(\mathrm{d}x - \mathrm{d}y) = \mathrm{d}x + \mathrm{d}y$；

(2) $y\,\mathrm{d}x - x\,\mathrm{d}y + y^2x\,\mathrm{d}x = 0$；

(3) $y^2(x - 3y)\mathrm{d}x + (1 - 3y^2x)\mathrm{d}y = 0$；

(4) $(x^2 + y^2 + x)\mathrm{d}x + xy\,\mathrm{d}y = 0$；

(5) $(2xy^4\mathrm{e}^y + 2xy^3 + y)\mathrm{d}x + (x^2y^4\mathrm{e}^y - x^2y^2 - 3x)\mathrm{d}y = 0$；

(6) $(x^4 + y^4)\mathrm{d}x - xy^3\,\mathrm{d}y = 0.$

3. 验证 $\dfrac{1}{xy[f(xy) - g(xy)]}$ 是微分方程 $yf(xy)\mathrm{d}x + xg(xy)\mathrm{d}y = 0$ 的积分因子，并求下列方程的通解：

(1) $y(x^2y^2 + 2)\mathrm{d}x + x(2 - 2x^2y^2)\mathrm{d}y = 0$；

(2) $y(2xy + 1)\mathrm{d}x + x(1 + 2xy - x^3y^3)\mathrm{d}y = 0.$

11.5　可降阶的高阶微分方程

从这一节开始，将讨论二阶及二阶以上的微分方程，即高阶微分方程. 一般而言，高阶微分方程求解更为困难. 本节仅讨论三类较简单的高阶微分方程，这类方程通过适当的变量替换，可以转化为低阶的微分方程来求解.

11.5.1 $y^{(n)}=f(x)$型的微分方程

这类微分方程的右端仅含有自变量 x 的函数.容易看出,只需连续积分 n 次就可得到方程的通解.即

$$y^{(n-1)}=\int f(x)\mathrm{d}x+C_1,$$

$$y^{(n-2)}=\int\left[\int f(x)\mathrm{d}x+C_1\right]\mathrm{d}x+C_2,$$

......

依次连续积分 n 次,就得到方程的含有 n 个任意常数的通解.

例 1 求微分方程 $y''=\ln x+x$ 的通解.

解 逐项积分,先第一次积分得

$$y'=\int(\ln x+x)\mathrm{d}x=x\ln x-\int x\,\mathrm{d}\ln x+\frac{1}{2}x^2+C_1=x\ln x-x+\frac{1}{2}x^2+C_1,$$

再进行一次积分得

$$\begin{aligned}y&=\int\left(x\ln x-x+\frac{1}{2}x^2+C_1\right)\mathrm{d}x=\frac{1}{2}\int\ln x\,\mathrm{d}x^2-\frac{1}{2}x^2+\frac{1}{6}x^3+C_1x\\&=\frac{1}{2}x^2\ln x-\frac{1}{2}\int x^2\,\mathrm{d}\ln x-\frac{1}{2}x^2+\frac{1}{6}x^3+C_1x\\&=\frac{1}{2}x^2\ln x-\frac{3}{4}x^2+\frac{1}{6}x^3+C_1x+C_2\quad(C_1,C_2\text{ 为任意的常数}).\end{aligned}$$

例 2 质量为 0.5 kg 的质点受力 F 的作用沿 Ox 轴正向作直线运动,设力 F 仅是时间 t 的函数;$F(t)=at+b$,满足 $F(0)=50$,$F(100)=0$,如果开始时质点位于原点,且初速度为零,求这质点的运动规律.

解 设 $x=x(t)$ 表示在时刻 t 质点的位置,根据牛顿第二定律,质点运动的微分方程为

$$\frac{1}{2}\frac{\mathrm{d}^2x}{\mathrm{d}t^2}=F(t).$$

由题设,$F(0)=50$,所以 $b=50$;又 $F(100)=0$,得 $a=-\frac{50}{100}$,从而

$$F(t)=50\left(1-\frac{t}{100}\right).$$

于是原方程可以写成

$$\frac{\mathrm{d}^2x}{\mathrm{d}t^2}=100\left(1-\frac{t}{100}\right).$$

其初始条件为 $x\big|_{t=0}=0$, $\left.\frac{\mathrm{d}x}{\mathrm{d}t}\right|_{t=0}=0$. 方程两边积分,得

$$\frac{\mathrm{d}x}{\mathrm{d}t}=100\int\left(1-\frac{t}{100}\right)\mathrm{d}t=100\left(t-\frac{t^2}{200}\right)+C_1.$$

将初始条件 $\left.\frac{\mathrm{d}x}{\mathrm{d}t}\right|_{t=0}=0$ 代入上式,得 $C_1=0$,于是得

$$\frac{\mathrm{d}x}{\mathrm{d}t}=100\left(t-\frac{t^2}{200}\right).$$

上式两端再积分,得

$$x=100\left(\frac{t^2}{2}-\frac{t^3}{600}\right)+C_2.$$

将初始条件 $x\big|_{t=0}=0$ 代入上式,得 $C_2=0$. 于是所求质点的运动规律为

$$x=100\left(\frac{t^2}{2}-\frac{t^3}{600}\right)=50t^2-\frac{1}{6}t^3\quad(0\leqslant t\leqslant 100).$$

11.5.2 $y''=f(x, y')$ 型的微分方程

微分方程 $y''=f(x, y')$ 的右端不显含有未知函数 y,如果作变量替换 $y'=p$,则 $y''=p'$,方程可化为 $p'=f(x, p)$,这是一个关于变量 x, p 的一阶微分方程,设其通解为 $p=\varphi(x, C_1)$. 由 $p=\frac{\mathrm{d}y}{\mathrm{d}x}$,得到一个一阶微分方程

$$\frac{\mathrm{d}y}{\mathrm{d}x}=\varphi(x, C_1),$$

因此,方程的通解为

$$y=\int\varphi(x, C_1)\mathrm{d}x+C_2\quad(C_1, C_2\text{是任意常数}).$$

例 3 求方程 $y''=\frac{x}{y'}$ 满足初始条件 $y\big|_{x=1}=-1$, $y'\big|_{x=1}=1$ 的特解.

解 设 $y'=p$,原方程化为 $\frac{\mathrm{d}p}{\mathrm{d}x}=\frac{x}{p}$,则 $p^2=x^2+C_1$. 由 $y'(1)=1$,知 $C_1=0$,因此,有

$$\frac{\mathrm{d}y}{\mathrm{d}x}=x\quad\left(\frac{\mathrm{d}y}{\mathrm{d}x}=-x,\text{由初始条件 } y'(1)=1\text{ 而舍弃}\right),$$

得 $y=\frac{1}{2}x^2+C_2$. 由初始条件 $y(1)=-1$,知 $C_2=-\frac{3}{2}$. 因此,特解为

$$y=\frac{1}{2}(x^2-3).$$

例 4(悬链线方程) 设有均匀、柔软的绳索,两端固定,绳索仅受重力的作用而下垂,试求该绳索处于平衡状态时的方程.

解 设绳索的最低点为 A,取 y 轴通过点 A 铅直向上,并取 x 轴水平向右,绳索的线密度为 ρ,且 $|OA|=a$ 为某常数,建立直角坐标系(图 11-3). 点 A 处的张力大小为 H,为水平的切线方向. 任取绳索上另一点 $M(x,y)$,设 AM 弧的长为 s,AM 弧的重量为 ρgs,点 $M(x,y)$ 处的张力延该点的切线方向,其倾角为 θ,大小为 T. 因作用于 AM 弧的外力相互平衡,把作用于 AM 弧上的力分解,得

$$T\sin\theta=\rho gs,\qquad T\cos\theta=H,$$

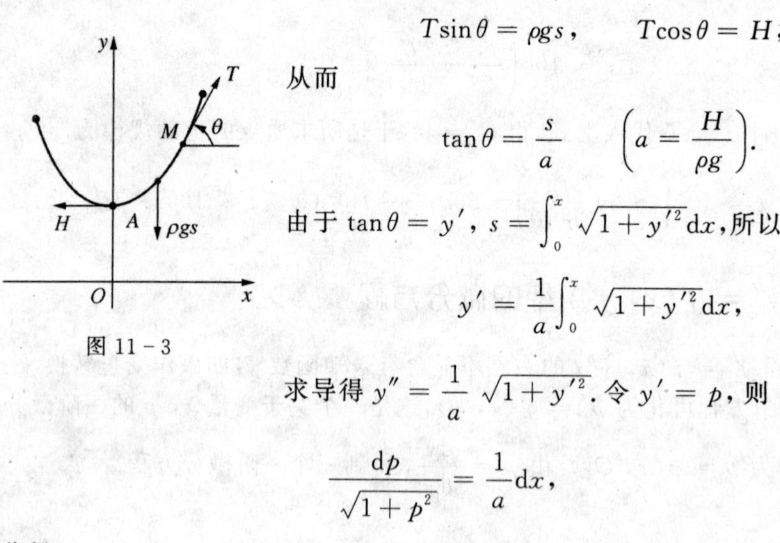

图 11-3

从而

$$\tan\theta=\frac{s}{a}\qquad\left(a=\frac{H}{\rho g}\right).$$

由于 $\tan\theta=y'$, $s=\int_0^x\sqrt{1+y'^2}\,\mathrm{d}x$,所以

$$y'=\frac{1}{a}\int_0^x\sqrt{1+y'^2}\,\mathrm{d}x,$$

求导得 $y''=\frac{1}{a}\sqrt{1+y'^2}$. 令 $y'=p$,则

$$\frac{\mathrm{d}p}{\sqrt{1+p^2}}=\frac{1}{a}\mathrm{d}x,$$

积分得

$$\ln(p+\sqrt{1+p^2})=\frac{x}{a}+C_1,$$

由 $y'|_{x=0}=0$,即 $p|_{x=0}=0$ 得 $C_1=0$,解出 $p=sh\,\frac{x}{a}$,即

$$y'=sh\,\frac{x}{a},$$

两边积分得

$$y=ach\,\frac{x}{a}+C_2,$$

由初始条件 $y|_{x=0}=a$,得 $C_2=0$,于是

$$y = ach\ \frac{x}{a}.$$

注　当 x 很小时，$y = cah\ \frac{x}{a} \approx a + \frac{x^2}{a}$. 故悬链线在顶点附近近似于一条抛物线. 在工程中,就经常用抛物线来近似代替悬链线.

这个问题是历史上的一个名题,最初在 1690 年由詹姆斯 · 伯努利提出来,有人(如伽利略)曾猜想这条曲线是抛物线. 但后来发现不对. 最后由约翰 · 伯努利解决了. 莱布尼茨把它定名为**悬链线**,它在工程中应用很广泛.

11.5.3　$y'' = f(y, y')$ 型的微分方程

由于方程 $y'' = f(y, y')$ 右端不显含自变量 x,设 $y' = p$,利用复合函数求导法则是

$$y'' = \frac{\mathrm{d}p}{\mathrm{d}x} = \frac{\mathrm{d}p}{\mathrm{d}y}\frac{\mathrm{d}y}{\mathrm{d}x} = p\frac{\mathrm{d}p}{\mathrm{d}y},$$

方程可化为

$$p\frac{\mathrm{d}p}{\mathrm{d}y} = f(y, p),$$

这是一个关于变量 y, p 的一阶微分方程,设它的通解为 $p = \varphi(y, C_1)$,从而有

$$\frac{\mathrm{d}y}{\mathrm{d}x} = \varphi(y, C_1),$$

分离变量 $\frac{\mathrm{d}y}{\varphi(y, C_1)} = \mathrm{d}x$,再积分就可得到原方程的通解为

$$\int\frac{\mathrm{d}y}{\varphi(y, C_1)} = x + C_2.$$

例 5　求方程 $y'' = \frac{2y}{y^2+1}y'^2$ 的通解.

解　设 $y' = p$,有 $y'' = p\frac{\mathrm{d}p}{\mathrm{d}y}$,代入原方程得

$$p\frac{\mathrm{d}p}{\mathrm{d}y} = \frac{2y}{y^2+1}p^2,$$

分离变量得

$$\frac{\mathrm{d}p}{p} = \frac{2y}{y^2+1}\mathrm{d}y,$$

两边积分得

$$\ln p = \ln(y^2+1)+\ln C_1,$$

整理得

$$\frac{\mathrm{d}y}{\mathrm{d}x} = p = C_1(y^2+1),$$

分离变量得

$$\frac{\mathrm{d}y}{y^2+1} = C_1\mathrm{d}x,$$

积分得

$$\arctan y = C_1x + C_2,$$

则通解为

$$y = \tan(C_1x + C_2).$$

例 6 求微分方程 $y'' = 2yy'$ 满足 $y|_{x=0}=1$, $y'|_{x=0}=2$ 的特解.

解 这是个不显含 x 的二阶微分方程,令 $y'=p(y)$,则 $y''=p\frac{\mathrm{d}p}{\mathrm{d}y}$ 原方程化为 $p\frac{\mathrm{d}p}{\mathrm{d}y}=2yp$,于是 $\mathrm{d}p=2y\mathrm{d}y$,两边积分得 $p=y^2+C_1$,由初始条件 $y|_{x=0}=1$, $y'|_{x=0}=2$,得 $C_1=1$,则 $\frac{\mathrm{d}y}{\mathrm{d}x}=y^2+1$,分离变量后两边积分得 $\arctan y = x + C_2$,再由初始条件 $y|_{x=0}=1$ 得 $C_2=\frac{\pi}{4}$,于是原微分方程的特解为

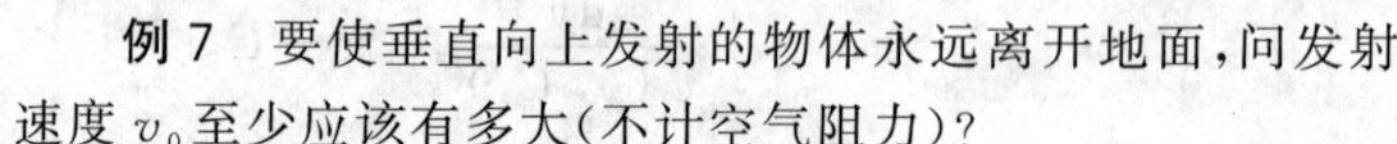

$$\arctan y = x+\frac{\pi}{4} \quad \text{或} \quad y=\tan\left(x+\frac{\pi}{4}\right).$$

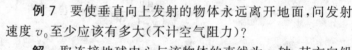

例 7 要使垂直向上发射的物体永远离开地面,问发射速度 v_0 至少应该有多大(不计空气阻力)?

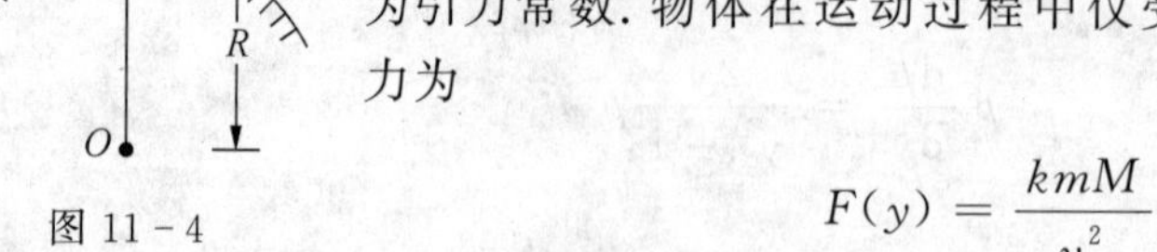

图 11-4

解 取连接地球中心与该物体的直线为 y 轴,其方向铅直向上,取地球的中心为原点 O,建立坐标系如图 11-4 所示. 设地球的半径为 R,物体的质量为 m,地球得质量为 M,k 为引力常数. 物体在运动过程中仅受地球引力的作用,引力为

$$F(y)=\frac{kmM}{y^2},$$

其中,k 可由 $F(R)=mg$ 确定,g 为重力加速度. 由 $mg=\frac{kmM}{R^2}$,可得 $k=\frac{gR^2}{M}$. 所以

$$F(y)=\frac{mgR^2}{y^2}.$$

于是得到带有初始条件 $y|_{t=0}=R$，$y'|_{t=0}=v_0$ 的微分方程 $m\frac{\mathrm{d}^2y}{\mathrm{d}t^2}=-\frac{kmM}{y^2}$，即

$$\begin{cases}\dfrac{\mathrm{d}^2y}{\mathrm{d}t^2}=-\dfrac{gR^2}{y^2},\\ y|_{t=0}=R,\\ y'|_{t=0}=v_0,\end{cases}$$

这里置负号是表示加速度的方向与物体运动方向相反. 这是一个不显含自变量 t 的二阶方程. 令 $v(t)=\frac{\mathrm{d}y}{\mathrm{d}t}$，则

$$\frac{\mathrm{d}^2y}{\mathrm{d}t^2}=\frac{\mathrm{d}v}{\mathrm{d}t}=\frac{\mathrm{d}v}{\mathrm{d}y}\frac{\mathrm{d}y}{\mathrm{d}t}=v\frac{\mathrm{d}v}{\mathrm{d}y};$$

且初始条件 $y'(0)=v_0$，可化为 $v|_{y=R}=v_0$. 可得一阶方程

$$\begin{cases}v\dfrac{\mathrm{d}v}{\mathrm{d}y}=-\dfrac{gR^2}{y^2},\\ v|_{y=R}=v_0,\end{cases}$$

于是有

$$\int v\,\mathrm{d}v=-gR^2\int\frac{\mathrm{d}y}{y^2},$$

$$\frac{1}{2}v^2=gR^2\frac{1}{y}+C.$$

代入初始条件得 $C=\frac{v_0^2}{2}-gR$，所以

$$\frac{1}{2}v^2=\frac{gR^2}{y}+\frac{v_0^2}{2}-gR.$$

为了使物体永远脱离地面，令 $y\to+\infty$，此时 $\frac{gR^2}{y}\to0$. 为保证 $\frac{1}{2}v^2>0$，必须有 $\frac{v_0^2}{2}-gR\geqslant0$. 从而可知应有

$$v_0\geqslant\sqrt{2gR}\approx\sqrt{2\times981\times63\times10^7}\approx11.2\ (\mathrm{km/s}).$$

这就是脱离速度，通常所说的第二宇宙速度.

习 题 11.5

1. 求下列微分方程的通解：

(1) $y''=e^{2x}-\sin 2x$；

(2) $y''=\dfrac{y'}{x}+x$；

(3) $xy''=y'\ln\dfrac{y'}{x}$；

(4) $yy''-2(y')^2=0$；

(5) $y''=y'+x$；

(6) $xy''+y'=0$；

(7) $y''=\dfrac{1}{\sqrt{y}}$；

(8) $y''=y'^3+y'$.

2. 求下列微分方程满足初始条件的特解：

(1) $y'''=e^{ax}$, $y|_{x=1}=y'|_{x=1}=y''|_{x=1}=0$；

(2) $y''=e^{2y}$, $y|_{x=0}=y'|_{x=0}=0$；

(3) $y''=3\sqrt{y}$, $y|_{x=0}=1$, $y'|_{x=0}=2$；

(4) $(1+x^2)y''=2xy'$, $y|_{x=0}=1$, $y'|_{x=0}=3$；

(5) $yy''+(y')^2=0$, $y|_{x=0}=2$, $y'|_{x=0}=\dfrac{1}{2}$.

3. 试求 $y''=x$ 的经过点 $M(0, 1)$ 且在此点与直线 $y=\dfrac{x}{2}+1$ 相切的积分曲线.

4. 在上半平面求一条凹的曲线,使其上任一点 $P(x, y)$ 处曲率等于此曲线在该点的法线段 PQ 长度的倒数(点 Q 是法线与 x 轴的交点),且曲线在点(1, 1)处的切线与 x 轴平行.

11.6 二阶线性微分方程

上节讨论了特殊的二阶微分方程的解法,本节及以后的两节将讨论另一种形式的二阶微分方程的求解方法,即二阶线性微分方程的解法. 先介绍二阶线性微分方程解的结构形式.

定义 11.6.1 形如

$$y''+p(x)y'+q(x)y=f(x) \tag{11.6.1}$$

的方程,称为**二阶线性微分方程**,其中 $p(x)$, $q(x)$, $f(x)$是 x 的已知连续函数.

若 $f(x)\equiv 0$,方程(11.6.1) 变为

$$y''+p(x)y'+q(x)y=0 \tag{11.6.2}$$

称方程(11.6.2)为**二阶线性齐次微分方程**；若 $f(x)\neq 0$,称方程(11.6.1) 为**二阶线性非齐次微分方程**,并称方程(11.6.2) 为对应于线性非齐次方程(11.6.1) 的线

性齐次方程. 如果系数 $p(x)$, $q(x)$ 都是常数,称方程(11.6.1)为**二阶常系数线性微分方程**.

本节中主要讨论二阶线性微分方程解的一些性质,这些性质还可以推广到 n 阶线性微分方程

$$y^{(n)}+P_1(x)y^{(n-1)}+\cdots+P_{n-1}(x)y'+P_n(x)y=f(x). \tag{11.6.3}$$

定理 11.6.1 如果函数 $y_1(x)$ 与 $y_2(x)$ 是方程(11.6.2)的两个解,那么

$$y=C_1y_1(x)+C_2y_2(x) \tag{11.6.4}$$

也是方程(11.6.2)的解,其中 C_1,C_2是任意常数.

证 因为 $y_1(x)$与 $y_2(x)$是方程(11.6.2)的两个解,所以有

$$y_1''+P(x)y_1'+Q(x)y_1=0 \quad 及 \quad y_2''+P(x)y_2'+Q(x)y_2=0,$$

将 $y=C_1y_1(x)+C_2y_2(x)$ 代入方程(11.6.2)的左边得

$$\begin{aligned}&(C_1y_1+C_2y_2)''+P(x)(C_1y_1+C_2y_2)'+Q(x)(C_1y_1+C_2y_2)\\&=C_1y_1''+C_2y_2''+P(x)(C_1y_1'+C_2y_2')+Q(x)(C_1y_1+C_2y_2)\\&=C_1[y_1''+P(x)y_1'+Q(x)y_1]+C_2[y_2''+P(x)y_2'+Q(x)y_2]\\&=0+0=0.\end{aligned}$$

这就证明了 $y=C_1y_1(x)+C_2y_2(x)$ 也是方程 $y''+P(x)y'+Q(x)y=0$ 的解.

此性质表明齐次线性微分方程的解满足叠加原理,即两个解按式(11.6.4)的形式叠加起来仍然是该方程的解;从定理 11.6.1 的结果看,该解包含了两个任意常数 C_1和 C_2,但是,该解不一定是方程(11.6.2)的通解.

例如,二阶线性微分方程 $y''+y=0$,不难验证 $y_1=\sin x$, $y_2=5\sin x$ 都是方程 $y''+y=0$ 的解,但其 $y=C_1y_1(x)+C_2y_2(x)$ 形式的解 $y=(C_1+5C_2)\sin x$,这显然不是方程 $y''+y=0$ 的通解. 那么满足什么条件,形如式(11.6.4)的解才是方程(11.6.2)的通解呢?事实上,$y_1=\sin x$ 是二阶线性微分方程 $y''+y=0$ 的解,可以验证 $y_2=\cos x$ 也是方程 $y''+y=0$ 的解,那么两个解的叠加 $y=C_1\sin x+C_2\cos x$ 是方程 $y''+y=0$ 的通解. 比较一下,容易发现前一组解的比$\dfrac{y_1}{y_2}=\dfrac{\sin x}{5\sin x}=\dfrac{1}{5}$,是常数,而后一组解的比$\dfrac{y_1}{y_2}=\dfrac{\sin x}{\cos x}=\tan x$,不是常数.

因而在 $y_1(x)$, $y_2(x)$ 是方程(11.6.2)的两个非零解的前提下,如果$\dfrac{y_1}{y_2}$为常数,则 $y=C_1y_1(x)+C_2y_2(x)$ 不是方程(11.6.2)的通解;如果$\dfrac{y_1}{y_2}$不为常数,则 $y=C_1y_1(x)+C_2y_2(x)$ 是方程(11.6.2)的通解.

为了解决这个问题,引入函数的线性相关与线性无关的概念.

定义2 设 $y_1(x)$, $y_2(x)$ 是定义在区间 I 内的两个函数,如果存在两个不全为零的常数 k_1, k_2,使得在区间 I 内恒有

$$k_1 y_1(x) + k_2 y_2(x) = 0$$

成立,则称这两个函数 $y_1(x)$, $y_2(x)$ 在区间 I 内**线性相关**,否则称**线性无关**.

显然,如果 $\dfrac{y_1}{y_2} =$ 常数,则 y_1, y_2 线性相关;如果 $\dfrac{y_1}{y_2} \neq$ 常数,则 y_1, y_2 线性无关. 据此有以下齐次线性微分方程的解的结构定理:

定理2 如果 $y_1(x)$, $y_2(x)$ 是方程(11.6.2)的两个线性无关的特解,则

$$y = C_1 y_1(x) + C_2 y_2(x)$$

就是方程(11.6.2)的通解,其中 C_1, C_2 为任意常数.

例1 验证 $y_1 = x$ 与 $y_2 = e^x$ 是方程 $(x-1)y'' - xy' + y = 0$ 的线性无关解,并写出其通解.

解 因为

$$(x-1)y_1'' - xy_1' + y_1 = 0 - x + x = 0,$$

$$(x-1)y_2'' - xy_2' + y_2 = (x-1)e^x - xe^x + e^x = 0,$$

所以 $y_1 = x$ 与 $y_2 = e^x$ 都是方程的解,因为 $\dfrac{e^x}{x} \neq$ 常数,所以 $y_1 = x$ 与 $y_2 = e^x$ 在 $(-\infty, +\infty)$ 内是线性无关的.

因此 $y_1 = x$ 与 $y_2 = e^x$ 是方程 $(x-1)y'' - xy' + y = 0$ 的线性无关解.

方程的通解为 $y = C_1 x + C_2 e^x$.

推论1 如果 $y_1(x)$, $y_2(x)$, …, $y_n(x)$ 是方程

$$y^{(n)} + a_1(x)y^{(n-1)} + \cdots + a_{n-1}(x)y' + a_n(x)y = 0$$

的 n 个线性无关的解,那么,此方程的通解为

$$y = C_1 y_1(x) + C_2 y_2(x) + \cdots + C_n y_n(x),$$

其中,C_1, C_2, …, C_n 为任意常数.

下面来讨论二阶非齐次微分方程的解的结构. 在一阶线性微分方程的讨论中,已知一阶线性非齐次微分方程通解的结构,为对应的齐次线性微分方程的通解与非齐次线性微分方程的特解之和. 那么二阶及以上的线性微分方程是否也有这样解的结构呢? 回答是肯定的.

定理3 设 $y^*(x)$ 是二阶非齐次线性方程(11.6.1)的一个特解,$Y(x)$ 是对应的齐次方程(11.6.2)的通解,那么

$$y = Y(x) + y^*(x) \tag{11.6.5}$$

是二阶非齐次线性微分方程(11.6.1)的通解.

证　因为 $y^*(x)$ 是方程(11.6.1)的一个特解，则 $y^{*\prime\prime}+P(x)y^{*\prime}+Q(x)y^*=f(x)$，$Y(x)$ 是方程(11.6.2)的通解，则 $Y''+P(x)Y'+Q(x)Y=0$. 把式(11.6.5)代入方程(11.6.1)的左边得

$$\begin{aligned}&[Y(x)+y^*(x)]''+P(x)[Y(x)+y^*(x)]'+Q(x)[Y(x)+y^*(x)]\\&=[Y''+P(x)Y'+Q(x)Y]+[y^{*\prime\prime}+P(x)y^{*\prime}+Q(x)y^*]\\&=0+f(x)=f(x).\end{aligned}$$

所以式(11.6.5)是方程(11.6.1)的通解.

根据上述定理，求二阶线性微分方程的通解归结为求其一个特解 y^* 及其对应的线性齐次方程的两个线性无关的解 y_1 和 y_2.

例如，$Y=C_1\mathrm{e}^x+C_2\mathrm{e}^{-x}$ 是齐次方程 $y''-y=0$ 的通解，$y^*=x^2+2$ 是方程 $y''-y=-x^2$ 的一个特解，因此

$$Y=C_1\mathrm{e}^x+C_2\mathrm{e}^{-x}+x^2+2$$

是方程 $y''+y=-x^2$ 的通解.

定理 4　设非齐次线性微分方程(11.6.1)的右端 $f(x)$ 是几个函数之和，如

$$y''+P(x)y'+Q(x)y=f_1(x)+f_2(x), \tag{11.6.6}$$

而 $y_1^*(x)$ 与 $y_2^*(x)$ 分别是方程

$$y''+P(x)y'+Q(x)y=f_1(x) \quad 与 \quad y''+P(x)y'+Q(x)y=f_2(x)$$

的特解，那么 $y_1^*(x)+y_2^*(x)$ 就是原方程的特解.

证　将 $y_1^*+y_2^*$ 代入方程(11.6.6)的左边，得

$$\begin{aligned}&(y_1^*+y_2^*)''+P(x)(y_1^*+y_2^*)'+Q(x)(y_1^*+y_2^*)\\&=[y_1^{*\prime\prime}+P(x)y_1^{*\prime}+Q(x)y_1^*]+[y_2^{*\prime\prime}+P(x)y_2^{*\prime}+Q(x)y_2^*]\\&=f_1(x)+f_2(x).\end{aligned}$$

因此 $y_1^*(x)+y_2^*(x)$ 就是方程(11.6.6)的特解.

这个定理通常称为非齐次线性微分方程的解的叠加原理.

例 2　若 y_1，y_2 是线性非齐次方程(11.6.1)的两个解，证明 y_1-y_2 是其对应的线性齐次方程(11.6.2)的解.

证　因为 y_1，y_2 方程(11.6.1)的两个解，则有

$$y_1''+P(x)y_1'+Q(x)y_1=f(x), \qquad y_2''+P(x)y_2'+Q(x)y_2=f(x),$$

将 y_1-y_2 代入方程(11.6.2)的左边，得

$$
\begin{aligned}
&(y_1-y_2)''+P(x)(y_1-y_2)'+Q(x)(y_1-y_2)\\
&=[y''_1+P(x)y'_1+Q(x)y_1]+[y''_2+P(x)y'_2+Q(x)y_2]\\
&=f(x)-f(x)=0.
\end{aligned}
$$

因此 $y_1(x)-y_2(x)$ 就是方程(11.6.2)的解.

最后指出,在本节中仅讨论了二阶线性微分方程的通解之结构,尚未给出求解二阶线性微分方程的方法,在下面两节中将讨论常系数的二阶线性微分方程的解法.

习 题 11.6

1. 指出下列函数组在其定义区间内哪些是线性无关的?

(1) e^{2x}, $3e^{2x}$; (2) e^{-x}; e^{x};

(3) $\cos 2x$, $\sin 2x$; (4) $\sin 2x$, $\cos x\sin x$;

(5) $e^{x}\cos 2x$, $e^{x}\sin 2x$; (6) $\ln\sqrt{x}$, $\ln x^2$.

2. 验证:

(1) $y=C_1x^2+C_2x^2\ln x$ (C_1, C_2是任意常数)是方程 $x^2y''-3xy'+4y=0$ 的通解;

(2) $y=\dfrac{1}{x}(C_1e^{x}+C_2e^{-x})+\dfrac{e^{x}}{2}$ (C_1, C_2是任意常数)是方程 $xy''+2y'-xy=e^{x}$ 的通解;

(3) $y=C_1e^{x}+C_2e^{2x}+\dfrac{1}{12}e^{5x}$($C_1$, C_2是任意常数)是方程 $y''-3y'+2y=e^{5x}$ 的通解;

(4) $y=C_1\cos 3x+C_2\sin 3x+\dfrac{1}{32}(4x\cos x+\sin x)$ (C_1, C_2是任意常数)是方程 $y''+9y=x\cos x$ 的通解.

3. 验证 $y_1=e^{x^2}$ 及 $y_2=xe^{x^2}$ 都是方程 $y''-4xy'+(4x^2-2)y=0$ 的解,并写出该方程的通解.

4. 已知 $y_1=1$, $y_2=1+x$, $y_3=1+x^2$ 是方程 $y''-\dfrac{2}{x}y'+\dfrac{2}{x^2}y=\dfrac{2}{x^2}$ 的三个特解,问能否求出该方程的通解?若能则求出其通解.

5. 已知线性非齐次方程 $y''+p(x)y'+q(x)y=f(x)$ 的三个解为 y_1, y_2, y_3,且 y_2-y_1 与 y_3-y_1 线性无关,证明 $(1-c_1-c_2)y_1+c_1y_2+c_2y_3$ 是方程的通解.

11.7 二阶常系数齐次线性微分方程

由上节的结论可知,二阶线性微分方程的求解,问题的关键在于,如何求得二阶齐次方程的通解和非齐次方程的一个特解.从这一节开始,将讨论二阶线性方程的一个特殊类型,即二阶常系数线性微分方程及其解法.

在上节二阶线性微分方程(11.7.1)中,如果 $P(x)$, $Q(x)$是与自变量无关的常数,称之为**二阶常系数微分方程**,其一般形式可表示为

$$y''+py'+qy=f(x), \tag{11.7.1}$$

其中 p, q 均为常数,$f(x)$为连续函数.

当 $f(x)\equiv 0$ 时,得

$$y''+py'+qy=0, \tag{11.7.2}$$

称为**二阶常系数线性齐次微分方程**.

当 $f(x)\neq 0$ 时,称方程(11.7.1) 为**二阶常系数线性非齐次微分方程**. 方程(11.7.2)也称为方程(11.7.1)对应的齐次微分方程.

首先,我们讨论方程(11.7.2)的求解方法. 回顾一阶常系数线性微分方程

$$\frac{\mathrm{d}y}{\mathrm{d}x}+ay=0,$$

它有形如 $y=\mathrm{e}^{-ax}$ 的解,再者函数 e^{-ax} 本身具有求任意阶导数都含有 e^{-ax} 的特点,这就启发我们对二阶常系数线性微分求解方法的一个思路,根据解的结构定理知道,只要找出方程(11.7.2) 的两个线性无关的特解 y_1 与 y_2,即可得方程(11.7.2)的通解 $y=C_1y_1+C_2y_2$. 如何求出方程(11.7.2)的两个线性无关的解呢?

为此我们试着用 $y=\mathrm{e}^{\lambda x}$ 视为是方程(11.7.2)的解(λ 是待定常数),将它代入方程(11.7.2),看 λ 应满足什么样的条件.

将 $y=\mathrm{e}^{\lambda x}$, $y'=\lambda\mathrm{e}^{\lambda x}$, $y''=\lambda^2\mathrm{e}^{\lambda x}$ 代入方程(11.7.2)得

$$\mathrm{e}^{\lambda x}(\lambda^2+p\lambda+q)=0,$$

有

$$\lambda^2+p\lambda+q=0. \tag{11.7.3}$$

也就是说,只要 λ 是代数方程(11.7.3)的根,那么 $y=\mathrm{e}^{\lambda x}$ 就是微分方程(11.7.2) 的解. 于是微分方程(11.7.2) 的求解问题,就转化为求代数方程(11.7.3) 根的问题,代数方程(11.7.3) 称为微分方程(11.7.2) 的**特征方程**,特征方程的根称为**特征根**.

因特征方程(11.7.3)是一个关于 λ 的二次方程,特征方程的两个根 λ_1, λ_2 可用公式

$$\lambda_{1,2}=\frac{-p\pm\sqrt{p^2-4q}}{2}$$

求出,根据特征根三种情况分别来讨论与它相应的微分方程(11.7.2)的解.

(1) 当 $p^2-4q>0$ 时,特征方程(11.7.3)有两个不相等的实根 λ_1 及 λ_2,即

$\lambda_1 \neq \lambda_2$. 此时方程(11.7.2)对应的两个特解为 $y_1 = e^{\lambda_1 x}$ 与 $y_2 = e^{\lambda_2 x}$. 又因为

$$\frac{y_1}{y_2} = \frac{e^{\lambda_1 x}}{e^{\lambda_2 x}} = e^{(\lambda_1 - \lambda_2)x} \neq \text{常数},$$

即 y_1, y_2 线性无关,根据解的结构定理,得方程(11.7.2)的通解为

$$y = C_1 e^{\lambda_1 x} + C_2 e^{\lambda_2 x}.$$

(2) 当 $p^2 - 4q = 0$ 时,特征方程(11.7.3)有两个相等的实根 $\lambda_1 = \lambda_2 = -\frac{p}{2} = \lambda$,这时只得到方程(11.7.2)的一个特解 $y_1 = e^{\lambda x}$,还需要找一个与 y_1 线性无关的另一个解 y_2. 为此设 $\frac{y_2}{y_1} = u(x)$,其中 $u(x)$ 为待定函数,假设 y_2 是方程(11.7.2)的解,则

$$y_2 = u(x)y_1 = u(x)e^{\lambda x},$$

因为 $\qquad y_2' = e^{\lambda x}(u' + \lambda u), \qquad y_2'' = e^{\lambda x}(u'' + 2\lambda u' + \lambda^2 u),$

将 y_2, y_2', y_2''代入方程(11.7.2)得

$$e^{\lambda x}[(u'' + 2\lambda u' + \lambda^2 u) + p(u' + \lambda u) + qu] = 0,$$

对任意的 λ, $e^{\lambda x} \neq 0$, 即

$$[u'' + (2\lambda + p)u' + (\lambda^2 + p\lambda + q)u] = 0,$$

因为 λ 是特征方程的重根,故 $\lambda^2 + p\lambda + q = 0$, $2\lambda + p = 0$, 于是得微分方程 $u'' = 0$,取满足该方程且不为常数的解,显然取 $u = x$ 满足条件,由此得方程(11.7.2)的一个与 $y_1 = e^{\lambda x}$ 线性无关的解 $y_2 = x e^{\lambda x}$. 所以方程(11.7.2)的通解为

$$y = (C_1 + C_2 x)e^{\lambda x}.$$

(3) 当 $p^2 - 4q < 0$ 时,特征方程(11.7.3)有一对共轭复根 $\lambda_1 = \alpha + i\beta$, $\lambda_2 = \alpha - i\beta$,其中 $\alpha = -\frac{p}{2}$, $\beta = \frac{\sqrt{4q - p^2}}{2}$. 这时方程(11.7.2)有两个复数形式的解为 $y_1 = e^{(\alpha + i\beta)x}$, $y_2 = e^{(\alpha - i\beta)x}$. 在实际问题中,常用的是实数形式的解,根据欧拉公式 $e^{ix} = \cos x + i\sin x$ 可得

$$y_1 = e^{\alpha x}(\cos\beta x + i\sin\beta x), \quad y_2 = e^{\alpha x}(\cos\beta x - i\sin\beta x),$$

于是有

$$\frac{1}{2}(y_1 + y_2) = e^{\alpha x}\cos\beta x, \quad \frac{1}{2i}(y_1 - y_2) = e^{\alpha x}\sin\beta x.$$

由 6.6 节定理 1 知,函数 $e^{\alpha x}\cos\beta x$ 与 $e^{\alpha x}\sin\beta x$ 均为方程(11.7.2)的解,且它们线性无关,因此方程(11.7.2)的通解为

$$y = e^{\alpha x}(C_1\cos\beta x + C_2\sin\beta x).$$

综上所述，给出求二阶常系数线性齐次微分方程(11.7.2)的通解步骤如下：

第一步：写出微分方程(11.7.2)的特征方程 $\lambda^2 + p\lambda + q = 0$；

第二步：求出特征方程(11.7.3)的两个特征根 λ_1, λ_2；

第三步：根据两个根的不同情况，分别写出微分方程(11.7.2)的通解：

特征方程 $\lambda^2 + p\lambda + q = 0$ 的两个根 λ_1, λ_2	微分方程 $y'' + py' + qy = 0$ 的通解
两个不相等的实根 $r_1 \neq \lambda_2$	$y = C_1 e^{\lambda_1 x} + C_2 e^{\lambda_2 x}$
两个相等的实根 $\lambda = \lambda_1 = \lambda_2$	$y = (C_1 + C_2 x)e^{\lambda x}$
一对共轭复根 $\lambda_{1,2} = \alpha \pm \beta i$	$y = e^{\alpha x}(C_1\cos\beta x + C_2\sin\beta x)$

例1 求微分方程 $y'' + 4y' - 5y = 0$ 的通解.

解 微分方程的特征方程为 $\lambda^2 + 4\lambda - 5 = 0$，即 $(\lambda - 1)(\lambda + 5) = 0$，得特征根为 $\lambda_1 = 1, \lambda_2 = -5$. 故所求的方程的通解为

$$y = C_1 e^x + C_2 e^{-5x}.$$

例2 求解初值问题 $\begin{cases} y'' - 6y' + 9y = 0, \\ y|_{x=0} = 0, \\ y'|_{x=0} = 2. \end{cases}$

解 微分方程的特征方程为 $\lambda^2 - 6\lambda + 9 = 0$，解之，得其特征根为重根 $\lambda_1 = \lambda_2 = 3$. 所以原方程的通解为

$$y = (C_1 + C_2 x)e^{3x}.$$

将 $y|_{x=0} = 0$ 代入上式，得 $C_1 = 0$，$y = C_2 x e^{3x}$，又

$$y' = C_2 e^{3x} + 3C_2 x e^{3x} = (C_2 + 3C_2 x)e^{3x}.$$

将 $y'|_{x=0} = 2$ 代入上式，得 $C_2 = 2$，所以原问题的特解为

$$y = 2x e^{3x}.$$

例3 求微分方程 $y'' + 4y' + 13y = 0$ 的通解.

解 微分方程的特征方程为

$$\lambda^2 + 4\lambda + 13 = 0,$$

其特征根为共轭虚数根 $\lambda_1 = -2 + 3i$，$\lambda_2 = -2 - 3i$，所以原方程的通解为

$$y = e^{-2x}(C_1\cos 3x + C_2\sin 3x).$$

例4 设有一个弹簧，它的上端固定，下端挂一个质量为 m 的重物，将重物自平衡位置 O 向下拉开距离 x_0 后突然松开，则重物(作质点处理)在弹簧的恢复力的作用下(不计空气阻力)，将围绕平衡位置作上下振动(图 11-5)，且在 $t = 0$ 时

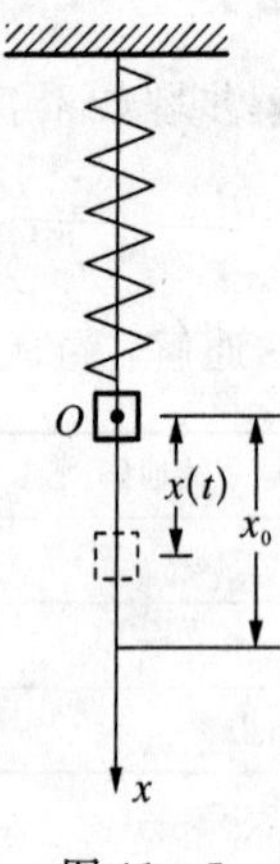

图 11 - 5

的位置为 $x = x_0$，初始速度为 v_0，试建立质点的运动方程.

解 取物体的平衡位置 O 为坐标原点，当物体处于静止状态时，作用在物体上的重力与弹簧力大小相等、方向相反，如果使物体离开平衡位置，并在平衡位置附近作上下振动，在振动过程中，物体的位置 x 随时间 t 变化，即 x 是 t 的函数 $x = x(t)$.

由胡克定律可知，弹簧使物体回到平衡位置弹性恢复力 f（它不包括在平衡位置时和重力 mg 相平衡的那一部分弹性力）和物体离开平衡位置的位移 x 成正比例：

$$f = -cx,$$

其中，c 为弹簧的弹性系数，负号表示弹性恢复力的方向和物体位移的方向相反. 由牛顿第二定律得

$$m\frac{\mathrm{d}^2x}{\mathrm{d}t^2} = -cx,$$

移项，并记 $k^2 = \dfrac{c}{m}$，则上式化为

$$\frac{\mathrm{d}^2x}{\mathrm{d}t^2} + k^2x = 0.$$

这就是**无阻尼自由振动的微分方程**. 所以本题的问题为

$$\begin{cases}\dfrac{\mathrm{d}^2x}{\mathrm{d}t^2} + k^2x = 0,\\ x\big|_{t=0} = x_0,\\ \dfrac{\mathrm{d}x}{\mathrm{d}t}\Big|_{t=0} = v_0.\end{cases} \tag{11.7.4}$$

方程(11.7.4)的特征方程为 $r^2 + k^2 = 0$，其根 $r = \pm\mathrm{i}k$ 是一对共轭复根，所以方程(11.7.4)的通解为

$$x = C_1\cos kt + C_2\sin kt.$$

应用初始条件，定出 $C_1 = x_0$，$C_2 = \dfrac{v_0}{k}$. 因此，所求的特解为

$$x = x_0\cos kt + \frac{v_0}{k}\sin kt. \tag{11.7.5}$$

为了便于说明特解所反映的振动现象，令

$$x_0 = A\sin\varphi,\qquad \frac{v_0}{k} = A\cos\varphi\quad(0 \leqslant \varphi < 2\pi),$$

于是式(11.7.5)成为

$$x = A\sin(kt + \varphi), \tag{11.7.6}$$

其中 $$A = \sqrt{x_0^2 + \frac{v_0^2}{k^2}}, \qquad \tan\varphi = \frac{kx_0}{v_0}.$$

函数(11.7.6)的图形如图 11－6 所示(图中假定 $x_0>0$, $v_0>0$).

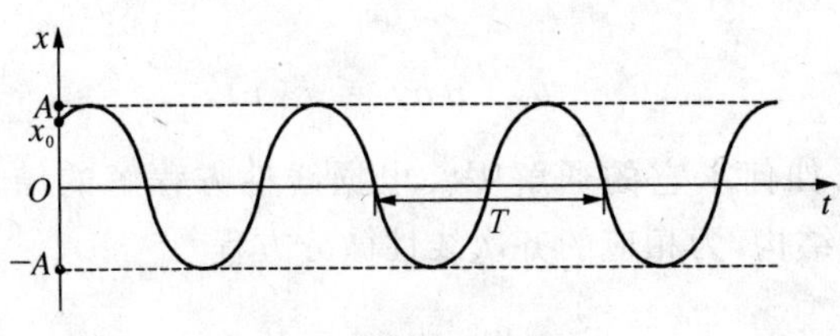

图 11－6

函数(11.7.6)所反映的运动就是简谐振动. 这个振动的振幅为 A,初相为 φ,周期为 $T=\dfrac{2\pi}{k}$,角频率为 k,由于 $k=\sqrt{\dfrac{c}{m}}$,它与初始条件无关,而完全由振动系统(在本例中就是弹簧和物体所组成的系统)本身所确定. 因此,k 又称为系统的固有频率. 固有频率是反映振动系统特性的一个重要参数.

习　题　11.7

1. 求下列常系数齐次线性微分方程的通解:

(1) $y''+y'-2y=0$;　　(2) $y''-4y'=0$;

(3) $4y''-8y'+5y=0$;　　(4) $y''+y=0$;

(5) $y''-4y'+4y=0$;　　(6) $y''-4y'+5y=0$.

2. 求下列常系数齐次线性方程满足初始条件的特解:

(1) $y''-4y'+3y=0$, $y|_{x=0}=6$, $y'|_{x=0}=10$;

(2) $y''+4y'+29y=0$, $y|_{x=0}=0$, $y'|_{x=0}=15$;

(3) $4y''+4y'+y=0$, $y|_{x=0}=2$, $y'|_{x=0}=0$;

(4) $y''-4y'+13y=0$, $y|_{x=0}=0$, $y'|_{x=0}=3$.

3. 试求 $y''+9y=0$ 通过点 $M(\pi, -1)$ 且在该点与直线 $y+1=x-\pi$ 相切的积分曲线.

4. 设幂级数 $\sum\limits_{n=0}^{\infty} a_n x^n$ 的和函数为 $S(x)$,已知 $a_0=3$, $a_1=1$,且当 $n>1$ 时 $a_{n-1}-n(n-1)a_n=0$,求 $S(x)$.

5. 某介质中一单位质点 M 受一力作用沿直线运动,该力与点 M 到中心 O 的距离成正比(比例常数是 4)方向与 OM 相同,介质的阻力与运动的速度成正比(比例常数是 3),方向与速度方向相反. 求该质点的运动规律(运动开始时,质点 M 静止,距中心 1 cm).

11.8 二阶常系数非齐次线性微分方程

本节讨论二阶常系数非齐次线性微分方程的求解. 对二阶常系数线性非齐次微分方程

$$y''+py'+qy=f(x), \tag{11.8.1}$$

其中,p, q 为常数,如何求它的通解呢? 根据线性方程解的结构定理可知,方程(11.8.1)的通解的结构,为相应的齐次线性微分方程

$$y''+py'+qy=0, \tag{11.8.2}$$

的通解 $Y(x)$ 与非齐次线性微分方程(11.8.1)的特解 $y^*(x)$ 之和:

$$y=Y(x)+y^*(x).$$

上节已经介绍了求齐次方程(11.8.2)通解的方法,因而现在只需讨论如何求非齐次线性微分方程(11.8.1)的特解. 方程(11.8.1)的特解的形式显然与右端的函数 $f(x)$ 有关,而且对一般的函数 $f(x)$ 来讨论方程(11.8.1)的特解是比较困难的,在此,只对 $f(x)$ 为两种简单类型的函数进行讨论,用待定常数法求方程(11.8.1)的特解.

11.8.1 $f(x)=P_m(x)e^{rx}$ 型

在 $f(x)=P_m(x)e^{rx}$ 中,r 是常数,$P_m(x)$ 是 x 的一个 m 次多项式,即

$$P_m(x)=a_0x^m+a_1x^{m-1}+\cdots+a_{m-1}x+a_m.$$

由于右端函数 $f(x)$ 是指数函数 e^{rx} 与 m 次多项式 $P_m(x)$ 的乘积,而指数函数与多项式的乘积的导数仍是这一类型的函数,因此我们推测方程(11.8.1)的特解也应是

$$y^*=Q(x)e^{rx},$$

其中,$Q(x)$ 是待定的多项式. 将其代入方程(11.8.1)中,得

$$(r^2Q+2rQ'+Q'')e^{rx}+p(rQ+Q')e^{rx}+qQe^{rx}=P_m(x)e^{rx}$$

约去 e^{rx},整理得

$$Q''+(2r+p)Q'+(r^2+pr+q)Q=P_m(x). \tag{11.8.3}$$

于是根据 r 是否为方程(11.8.2)的特征方程 $\lambda^2+p\lambda+q=0$ 的特征根有以下三种

情形：

(1) 如果 r 不是特征方程 $\lambda^2+p\lambda+q=0$ 的根，则 $r^2+pr+q\neq 0$. 要使式(11.8.3)成立，$Q(x)$应设为 m 次多项式：

$$Q_m(x)=b_0x^m+b_1x^{m-1}+\cdots+b_{m-1}x+b_m,$$

通过比较等式两边同次项系数，可确定 $b_0, b_1, \cdots, b_m$，并得所求特解

$$y^*=Q_m(x)e^{rx}.$$

(2) 如果 r 是特征方程 $\lambda^2+p\lambda+q=0$ 的单根，则 $r^2+pr+q=0$，但 $2r+p\neq 0$，要使等式

$$Q''(x)+(2\lambda+p)Q'(x)=P_m(x)$$

成立，$Q(x)$应设为 $m+1$ 次多项式：$Q(x)=xQ_m(x)$，通过比较等式两边同次项系数，可确定 $b_0, b_1, \cdots, b_m$，并得所求特解

$$y^*=xQ_m(x)e^{rx}.$$

(3) 如果 r 是特征方程 $\lambda^2+p\lambda+q=0$ 的二重根，则 $r^2+pr+q=0$，$2r+p=0$，要使等式

$$Q''(x)=P_m(x)$$

成立，$Q(x)$应设为 $m+2$ 次多项式：$Q(x)=x^2Q_m(x)$，通过比较等式两边同次项系数，可确定 $b_0, b_1, \cdots, b_m$，并得所求特解

$$y^*=x^2Q_m(x)e^{rx}.$$

综上所述，有如下结论：如果 $f(x)=P_m(x)e^{rx}$，则二阶常系数非齐次线性微分方程(11.8.1)有形如

$$y^*=x^kQ_m(x)e^{rx}$$

的特解，其中 $Q_m(x)$是 m 次的系数待定的多项式，

$$k=\begin{cases}0, & r\text{ 不是特征方程的根},\\ 1, & r\text{ 是特征方程的单根},\\ 2, & r\text{ 是特征方程的重根}.\end{cases}$$

例 1　求微分方程 $y''+4y'+3y=x-2$ 的一个特解.

解　这是二阶线性常系数非齐次微分方程，且函数 $f(x)$是 $P_m(x)e^{rx}$ 型(其中 $P_m(x)=x-2$, $m=1$, $r=0$)，与所给方程对应的齐次方程为

$$y''+4y'+3y=0,$$

它的特征方程为

$$\lambda^2+4\lambda+3=0.$$

由于这里 $r=0$ 不是特征方程的根，所以应设特解为 $y^*=b_0x+b_1$，把它代入所给方程，并化简得

$$3b_0x+(4b_0+3b_1)=x-2,$$

比较两端 x 同次幂的系数，得

$$\begin{cases}3b_0=1,\\ 4b_0+3b_1=-2.\end{cases}$$

由此求得

$$\begin{cases}b_0=\dfrac{1}{3},\\ b_1=-\dfrac{10}{9}.\end{cases}$$

因此得特解为
$$y^*=\frac{1}{3}x-\frac{10}{9}.$$

例 2 求微分方程 $y''-4y=e^{2x}$ 满足初始条件 $y|_{x=0}=4$, $y'|_{x=0}=-2$ 的特解.

解 该方程相应的齐次方程为 $y''-4y=0$，它的特征方程为 $\lambda^2-4=0$. 它的两个根为 $\lambda_1=2$, $\lambda_2=-2$，则该方程相应的齐次方程的通解为

$$y=C_1e^{2x}+C_2e^{-2x}.$$

因为方程右端函数 $f(x)=e^{2x}$, $P(x)=1$, $r=2$ 是特征方程 $\lambda^2-4=0$ 的单根，所以可设原方程的一个特解为

$$y^*=xb_0e^{2x}.$$

将 y^* 及其一阶、二阶导数代入原方程，消去 e^{2x}；再化简整理，得 $b_0=\dfrac{1}{4}$. 所以原方程的一个特解为 $y^*=\dfrac{1}{4}xe^{2x}$. 从而，得到原方程的通解为

$$y=C_1e^{2x}+C_2e^{-2x}+\frac{1}{4}xe^{2x},$$

其中，C_1, C_2 为任意常数.

因 $y|_{x=0}=4$, $y'|_{x=0}=-2$ 可得

$$\begin{cases}C_1+C_2=4,\\ 2C_1-2C_2+\dfrac{1}{4}=-2,\end{cases}$$

解得 $C_1=\dfrac{23}{16}$, $C_2=\dfrac{41}{16}$. 所以原方程满足初始条件的解为

$$y=\frac{23}{16}e^{2x}+\frac{41}{16}e^{-2x}+\frac{1}{4}xe^{2x}.$$

例 3　求微分方程 $y''+6y'+9y=5xe^{-3x}$ 的通解.

解　(1) 先求对应齐次方程的通解,其特征方程式为 $\lambda^2+6\lambda+9=0$,特征根 $\lambda_1=\lambda_2=-3$,所以齐次方程的通解为

$$Y=(C_1+C_2x)e^{-3x}.$$

(2) 求非齐次方程的一个特解,因为方程右端 $f(x)=5xe^{-3x}$,属 $P_m(x)e^{rx}$ 型,其中 $m=1$, $r=-3$,且 $r=-3$ 是特征方程的重根,故设特解为

$$y^*=x^2(b_0x+b_1)e^{-3x}.$$

因为
$$y^{*\prime}=e^{-3x}[-3b_0x^3+(3b_1-3b_1)x^2+2b_1x],$$
$$y^{*\prime\prime}=e^{-3x}[9b_0x^3+(-18b_0+9b_1)x^2+(6b_0-12b_1)x+2b_1].$$

将 y^*, $y^{*\prime}$, $y^{*\prime\prime}$代入原方程并整理,得

$$6b_0x+2b_1\equiv 5x,$$

比较两端 x 同次幂的系数,得 $b_0=\dfrac{5}{6}$, $b_1=0$,于是得方程的特解为

$$y^*=\frac{5}{6}x^3e^{-3x},$$

所以方程的通解为

$$y=\left(C_1+C_2x+\frac{5}{6}x^3\right)e^{-3x}.$$

11.8.2　$f(x)=e^{\alpha x}[P_l(x)\cos\beta x+P_n(x)\sin\beta x]$ 型

其中,$P_l(x)$, $Q_n(x)$分别是 x 的 l,n 次多项式,常数 α, β 都为实数.

应用欧拉公式可得

$$\begin{aligned}&e^{\alpha x}[P_l(x)\cos\beta x+P_n(x)\sin\beta x]\\&=e^{\alpha x}\left[P_l(x)\frac{e^{i\beta x}+e^{-i\alpha x}}{2}+P_n(x)\frac{e^{i\beta x}-e^{-i\beta x}}{2i}\right]\\&=\frac{1}{2}[P_l(x)-iP_n(x)]e^{(\alpha+i\beta)x}+\frac{1}{2}[P_l(x)+iP_n(x)]e^{(\alpha-i\beta)x}\\&=P(x)e^{(\alpha+i\beta)x}+\overline{P}(x)e^{(\alpha-i\beta)x},\end{aligned}$$

其中 $P(x)=\frac{1}{2}(P_l-P_n\mathrm{i})$, $\overline{P}(x)=\frac{1}{2}(P_l+P_n\mathrm{i})$. 而 $m=\max\{l, n\}$.

对于方程

$$y''+py'+qy=P(x)\mathrm{e}^{(\alpha+\mathrm{i}\beta)x},$$

应用上面的结论,其特解为 $y_1^*=x^kQ_m(x)\mathrm{e}^{(\alpha+\mathrm{i}\beta)x}$,则 $\overline{y}_1^*=x^k\overline{Q}_m(x)\mathrm{e}^{(\alpha-\mathrm{i}\beta)x}$ 必是方程

$$y''+py'+qy=\overline{P}(x)\mathrm{e}^{(\alpha-\mathrm{i}\beta)x}$$

的特解,其中 k 按 $\alpha\pm\mathrm{i}\beta$ 不是特征方程的根或是特征方程的根依次取 0 或 1.

根据 11.6 节微分方程解的结构的结论,于是方程

$$y''+py'+qy=\mathrm{e}^{\alpha x}[P_l(x)\cos\beta x+P_n(x)\sin\beta x]$$

的特解为

$$\begin{aligned}y^*&=x^kQ_m(x)\mathrm{e}^{(\alpha+\mathrm{i}\beta)x}+x^k\overline{Q}_m(x)\mathrm{e}^{(\alpha-\mathrm{i}\beta)x}\\&=x^k\mathrm{e}^{\alpha x}[Q_m(x)(\cos\beta x+\mathrm{i}\sin\beta x)+\overline{Q}_m(x)(\cos\beta x-\mathrm{i}\sin\beta x)]\\&=x^k\mathrm{e}^{\alpha x}[R_m^{(1)}(x)\cos\beta x+R_m^{(2)}(x)\sin\beta x],\end{aligned}$$

其中,$R_m^{(1)}(x)$, $R_m^{(2)}(x)$ 是 x 的 m 次多项式.

综上所述,有如下结论:

如果 $f(x)=\mathrm{e}^{\alpha x}[P_l(x)\cos\beta x+P_n(x)\sin\beta x]$,则二阶常系数非齐次线性微分方程(11.8.1)的特解可设为

$$y^*=x^k\mathrm{e}^{\alpha x}[R_m^{(1)}(x)\cos\beta x+R_m^{(2)}(x)\sin\beta x],$$

其中,$R_m^{(1)}(x)$, $R_m^{(2)}(x)$是 m 次多项式,$m=\max\{l, n\}$,而 k 按 $\alpha+\mathrm{i}\beta$(或 $\alpha-\mathrm{i}\beta$) 不是特征方程的根或是特征方程的根依次取 0 或 1.

例 4 求微分方程 $y''+y=3\sin x$ 的一个特解.

解 特征方程 $\lambda^2+1=0$,有一对共轭复数根 $\lambda=\pm\mathrm{i}$,而 $f(x)=3\sin x$,即 $\alpha=0$, $\beta=1$, $P_l(x)=0$, $P_n(x)=3$,于是 $m=0$,因为 $0\pm\mathrm{i}$ 是特征方程的根,所以设特解

$$y^*=x(a\cos x+b\sin x),$$

其中,a, b 表示两个待定常数,将 y^* 代入原方程,整理后得

$$-2a\sin x+2b\cos x=3\sin x.$$

比较 $\sin x$ 及 $\cos x$ 各自的系数,可得 $a=-\frac{3}{2}$, $b=0$,从而求得一个特解为

$$y^* = -\frac{3}{2}x\cos x.$$

例 5　求 $y'' + y = 3(1 - \sin 2x)$ 的通解.

解　(1) 由上例可知,方程对应齐次方程的特征根为 $\lambda_1 = \mathrm{i}$, $\lambda_2 = -\mathrm{i}$,通解为

$$Y = C_1\cos x + C_2\sin x.$$

(2) 求原方程的一个特解.为求原方程的特解,先求方程

$$y'' + y = 3 \tag{11.8.4}$$

和

$$y'' + y = -3\sin 2x \tag{11.8.5}$$

的特解.

设方程(11.8.4)的特解为 $y_1^* = a$,代入方程(11.8.4)求得特解为 $y_1^* = 3$.因为 $\alpha + \mathrm{i}\beta = 2\mathrm{i}$ 不是特征方程 $\lambda^2 + 1 = 0$ 的根,故设方程(11.8.5)的特解为

$$y_2^* = a\cos 2x + b\sin 2x,$$

其中,a, b 是待定常数.将其代入方程(11.8.5),整理得

$$-3a\cos 2x - 3b\sin 2x = -3\sin 2x,$$

求得 $a = 0$, $b = 1$. 故方程(11.8.5)的特解为 $y_2^* = \sin 2x$. 从而,得到原方程的一个特解为

$$y^* = y_1^* + y_2^* = 3 + \sin 2x,$$

所以原方程的通解为

$$y = C_1\cos x + C_2\sin x + 3 + \sin 2x.$$

例 6　一质量为 m 的物体由静止开始沉入液体,当下沉时,液体的反作用力与下沉速度成正比,求此质点的运动规律.

解　设物体的运动规律为 $x = x(t)$. 由题意可知,物体的重力为 mg,液体的反作用力为 $-k\frac{\mathrm{d}x}{\mathrm{d}t}$(方向与重力方向相反,$k > 0$ 为比例系数),从而有初值问题

$$\begin{cases} m\dfrac{\mathrm{d}^2x}{\mathrm{d}t^2} = mg - k\dfrac{\mathrm{d}x}{\mathrm{d}t}, \\ x\big|_{t=0} = 0, \ \dfrac{\mathrm{d}x}{\mathrm{d}t}\Big|_{t=0} = 0, \end{cases}$$

方程化为

$$\frac{\mathrm{d}^2x}{\mathrm{d}t^2} + \frac{k}{m}\frac{\mathrm{d}x}{\mathrm{d}t} = g,$$

其齐次方程的特征方程为

$$\lambda^2+\frac{k}{m}\lambda=0,$$

求出特征值 $\lambda_1=0$, $\lambda_2=-\frac{k}{m}$. 故原方程所对应的齐次方程的通解为

$$X=C_1+C_2\mathrm{e}^{-\frac{k}{m}t},$$

因 $\lambda=0$ 是特征单根,故可设 $x^*=at$,代入原方程,即得 $a=\frac{mg}{k}$,故 $x^*=\frac{mg}{k}t$,所以原方程的通解

$$x=C_1+C_2\mathrm{e}^{-\frac{k}{m}t}+\frac{mg}{k}t,$$

由初始条件得 $C_1=-\frac{m^2g}{k^2}$, $C_2=\frac{m^2g}{k^2}$,因此质点的运动规律为

$$x(t)=\frac{mg}{k}t-\frac{m^2g}{k^2}(1-\mathrm{e}^{-\frac{k}{m}t}).$$

*11.8.3 欧拉方程

一般对变系数的高阶线性微分方程,不容易用积分法求解.但对于一些形式较为特殊的变系数的高阶线性微分方程,通过适当的变量代换可转化为常系数线性微分方程.下面介绍其中的一种——欧拉方程.该方程在数学物理方程的讨论中有着重要的作用.

形如

$$x^ny^{(n)}+p_1x^{n-1}y^{(n-1)}+\cdots+p_{n-1}xy'+p_ny=f(x) \tag{11.8.6}$$

的方程称为**欧拉方程**,其中 $p_i(1\leqslant i\leqslant n)$ 为常数.

对方程(11.8.6)作适当的变换,则可以将欧拉方程转化为常系数线性微分方程.令 $x=\mathrm{e}^t$, $\ln x=t$,则

$$\frac{\mathrm{d}y}{\mathrm{d}x}=\frac{\mathrm{d}y}{\mathrm{d}t}\frac{\mathrm{d}t}{\mathrm{d}x}=\mathrm{e}^{-t}\frac{\mathrm{d}y}{\mathrm{d}t}=\frac{1}{x}\frac{\mathrm{d}y}{\mathrm{d}t},$$

$$\frac{\mathrm{d}^2y}{\mathrm{d}x^2}=\frac{\mathrm{d}}{\mathrm{d}x}\left(\mathrm{e}^{-t}\frac{\mathrm{d}y}{\mathrm{d}t}\right)=-\mathrm{e}^{-t}\frac{\mathrm{d}t}{\mathrm{d}x}\frac{\mathrm{d}y}{\mathrm{d}t}+\mathrm{e}^{-t}\frac{\mathrm{d}^2y}{\mathrm{d}t^2}\frac{\mathrm{d}t}{\mathrm{d}x}$$

$$=-\mathrm{e}^{-2t}\frac{\mathrm{d}y}{\mathrm{d}t}+\mathrm{e}^{-2t}\frac{\mathrm{d}^2y}{\mathrm{d}t^2}=\mathrm{e}^{-2t}\left(\frac{\mathrm{d}^2y}{\mathrm{d}t^2}-\frac{\mathrm{d}y}{\mathrm{d}t}\right)$$

$$=\frac{1}{x^2}\left(\frac{\mathrm{d}^2y}{\mathrm{d}t^2}-\frac{\mathrm{d}y}{\mathrm{d}t}\right).$$

假设自然数 m 有以下关系式成立(α_1, α_2, $\cdots$, α_{m-1} 为常数):

$$\frac{\mathrm{d}^m y}{\mathrm{d}x^m}=\frac{1}{x^m}\left(\frac{\mathrm{d}^m y}{\mathrm{d}t^m}+\alpha_1\frac{\mathrm{d}^{m-1}y}{\mathrm{d}t^{m-1}}+\cdots+\alpha_{m-1}\frac{\mathrm{d}y}{\mathrm{d}t}\right),$$

$$\begin{aligned}\frac{\mathrm{d}^{m+1}y}{\mathrm{d}x^{m+1}}&=\frac{\mathrm{d}}{\mathrm{d}x}\left[\frac{1}{x^m}\left(\frac{\mathrm{d}^m y}{\mathrm{d}t^m}+\alpha_1\frac{\mathrm{d}^{m-1}y}{\mathrm{d}t^{m-1}}+\cdots+\alpha_{m-1}\frac{\mathrm{d}y}{\mathrm{d}t}\right)\right]\\&=\frac{\mathrm{d}}{\mathrm{d}t}\left[\mathrm{e}^{-mt}\left(\frac{\mathrm{d}^m y}{\mathrm{d}t^m}+\alpha_1\frac{\mathrm{d}^{m-1}y}{\mathrm{d}t^{m-1}}+\cdots+\alpha_{m-1}\frac{\mathrm{d}y}{\mathrm{d}t}\right)\right]\frac{\mathrm{d}t}{\mathrm{d}x}\\&=\mathrm{e}^{-(m+1)t}\left[-m\left(\frac{\mathrm{d}^m y}{\mathrm{d}t^m}+\alpha_1\frac{\mathrm{d}^{m-1}y}{\mathrm{d}t^{m-1}}+\cdots+\alpha_{m-1}\frac{\mathrm{d}y}{\mathrm{d}t}\right)\right.\\&\qquad\left.+\frac{\mathrm{d}}{\mathrm{d}t}\left(\frac{\mathrm{d}^m y}{\mathrm{d}t^m}+\alpha_1\frac{\mathrm{d}^{m-1}y}{\mathrm{d}t^{m-1}}+\cdots+\alpha_{m-1}\frac{\mathrm{d}y}{\mathrm{d}t}\right)\right]\\&=\frac{1}{x^{m+1}}\left(\frac{\mathrm{d}^{m+1}y}{\mathrm{d}t^{m+1}}+\beta_1\frac{\mathrm{d}^m y}{\mathrm{d}t^m}+\cdots+\beta_m\frac{\mathrm{d}y}{\mathrm{d}t}\right).\end{aligned}$$

故对一切自然数 m 均成立以下关系:

$$\frac{\mathrm{d}^m y}{\mathrm{d}x^m}=\frac{1}{x^m}\left(\frac{\mathrm{d}^m y}{\mathrm{d}t^m}+\alpha_1\frac{\mathrm{d}^{m-1}y}{\mathrm{d}t^{m-1}}+\cdots+\alpha_{m-1}\frac{\mathrm{d}y}{\mathrm{d}t}\right).$$

将原方程可化为常系数线性方程

$$\frac{\mathrm{d}^n y}{\mathrm{d}t^n}+b_1\frac{\mathrm{d}^{n-1}y}{\mathrm{d}t^{n-1}}+\cdots+b_{n-1}x\frac{\mathrm{d}y}{\mathrm{d}t}+b_n y=0.$$

例 7　求方程 $x^2\frac{\mathrm{d}^2y}{\mathrm{d}x^2}-x\frac{\mathrm{d}y}{\mathrm{d}x}+y=0$ 的通解.

解　令 $x=\mathrm{e}^t$, $\ln x=t$,则

$$\frac{\mathrm{d}y}{\mathrm{d}x}=\frac{\mathrm{d}y}{\mathrm{d}t}\frac{\mathrm{d}t}{\mathrm{d}x}=\mathrm{e}^{-t}\frac{\mathrm{d}y}{\mathrm{d}t}=\frac{1}{x}\frac{\mathrm{d}y}{\mathrm{d}t},\qquad\frac{\mathrm{d}^2y}{\mathrm{d}x^2}=\frac{1}{x^2}\left(\frac{\mathrm{d}^2y}{\mathrm{d}t^2}-\frac{\mathrm{d}y}{\mathrm{d}t}\right),$$

代入方程

$$\begin{aligned}x^2\frac{\mathrm{d}^2y}{\mathrm{d}x^2}-x\frac{\mathrm{d}y}{\mathrm{d}x}+y&=x^2\frac{1}{x^2}\left(\frac{\mathrm{d}^2y}{\mathrm{d}t^2}-\frac{\mathrm{d}y}{\mathrm{d}t}\right)-x\frac{1}{x}\frac{\mathrm{d}y}{\mathrm{d}t}+y\\&=\frac{\mathrm{d}^2y}{\mathrm{d}t^2}-2\frac{\mathrm{d}y}{\mathrm{d}t}+y=0,\end{aligned}$$

得常系数的微分方程

$$\frac{d^2y}{dt^2}-2\frac{dy}{dt}+y=0,$$

特征方程为 $\lambda^2-2\lambda+1=0$,特征值为 $\lambda_{1,2}=1$,通解为

$$y=(C_1+C_2t)e^t,$$

把 $e^t=x$, $t=\ln x$ 代入上式得欧拉方程的通解

$$y(x)=C_1x+C_2x\ln x.$$

习 题 11.8

1. 求下列方程的通解:

(1) $y''+y'=x$; (2) $y''-4y'+4y=2\sin 2x$;

(3) $y''+4y'+4y=e^{ax}$(a 为实数); (4) $y''+3y'+2y=3xe^{-x}$;

(5) $y''-2y'+5y=e^x\sin 2x$; (6) $y''-6y'+9y=(x+1)e^{3x}$.

2. 求下列微分方程满足初始条件的特解:

(1) $y''-y'=3$, $y|_{x=0}=0$, $y'|_{x=0}=1$;

(2) $y''-2y'=e^x(x^2+x-3)$, $y|_{x=0}=2$, $y'|_{x=0}=2$;

(3) $y''+4y'=\sin 2x$, $y|_{x=0}=\frac{1}{4}$, $y'|_{x=0}=0$;

(4) $y''-10y'+9y=e^{2x}$, $y|_{x=0}=\frac{6}{7}$, $y'|_{x=0}=\frac{33}{7}$;

(5) $y''-y=4xe^x$, $y|_{x=0}=0$, $y'|_{x=0}=1$;

(6) $y''-4y'=5$, $y|_{x=0}=1$, $y'|_{x=0}=0$.

***3.** 求下列微分方程的通解:

(1) $x^2y''-xy'+2y=0$; (2) $x^2y''+xy'-y=x^2$;

(3) $x^2y''-xy'+2y=x\ln x$; (4) $x^2y''-2xy'+2y=(\ln x)^2-\ln x^2$.

4. 设 $f(x)$ 具有二阶连续的导数, $f(0)=0$, $f'(0)=1$,且

$$[xy(x+y)-f(x)y]dx-[f'(x)+x^2y]dy=0$$

是全微分方程,求 $f(x)$ 以及此全微分方程的通解.

5. 验证函数

$$y(x)=1+\frac{x^3}{3!}+\frac{x^6}{6!}+\frac{x^9}{9!}+\cdots+\frac{x^{3n}}{(3n)!}+\cdots \quad (-\infty<x<+\infty)$$

满足微分方程 $y''+y'+y=e^x$;利用这个结果求幂级数 $\sum_{n=0}^{\infty}\frac{x^{3n}}{(3n)!}$ 的和函数.

*11.9　微分方程的幂级数解法

在解决生产和科学技术问题中会遇到很多的微分方程，当它们的解不能用初等函数或其积分表达时，就要寻求其他解法. 常用的有幂级数解法和数值解法. 本节举例简单地介绍微分方程的幂级数解法.

例 11.9.1　求方程 $\dfrac{dy}{dx}=x+y^2$ 满足 $y|_{x=0}=0$ 的特解.

解　设方程的解为

$$y=a_0+a_1x+a_2x^2+\cdots+a_nx^n+\cdots,$$

由初始条件 $y|_{x=0}=0$，知 $a_0=0$，把 y 及 y' 的幂级数展开式代入原方程，得

$$\begin{aligned}&a_1+2a_2x+3a_3x^2+\cdots+na_nx^{n-1}+\cdots\\&=x+(a_1x+a_2x^2+a_3x^3+a_4x^4+\cdots)^2\\&=x+a_1^2x^2+2a_1a_2x^3+(a_2^2+2a_1a_3)x^4+\cdots,\end{aligned}$$

比较恒等式两端 x 的同次幂的系数，得

$$a_1=0,\quad a_2=\frac{1}{2},\quad a_3=0,\quad a_4=0,\quad a_5=\frac{1}{20},\cdots,$$

于是所求解的幂级数展开式的开始几项为

$$y=\frac{1}{2}x^2+\frac{1}{20}x^5+\cdots.$$

可以根据实际问题要求，确定表示解的项数.

定理 1　如果方程 $y''+P(x)y'+Q(x)y=0$ 中的系数 $P(x)$ 与 $Q(x)$ 可在 $-R<x<R$ 内展开为 x 的幂级数，那么在 $-R<x<R$ 内此方程必有形如 $y=\sum\limits_{n=0}^{\infty}a_nx^n$ 的解.

例 2　求微分方程 $y''-xy=0$ 的满足初始条件 $y|_{x=0}=0$，$y'|_{x=0}=1$ 的特解.

解　这里 $P(x)=0$，$Q(x)=-x$ 在整个数轴上满足定理的条件. 因此所求的解可在整个数轴上展开成 x 的幂级数：

$$y=a_0+a_1x+a_2x^2+\cdots+a_nx^n+\cdots=\sum_{n=0}^{\infty}a_nx^n.$$

由条件 $y|_{x=0}=0$，得 $a_0=0$. 由

$$y'=a_1+2a_2x+\cdots+na_nx^{n-1}+\cdots$$

及 $y'|_{x=0}=1$，得 $a_1=1$. 于是

$$y=x+a_2x^2+a_3x^3+a_4x^4+\cdots=x+\sum_{n=2}^{\infty}a_nx^n,$$

$$y'=1+2a_2x+3a_3x^2+4a_4x^3+\cdots=1+\sum_{n=2}^{\infty}na_nx^{n-1},$$

$$y''=2a_2+3\cdot 2a_3x+4\cdot 3a_4x^2+\cdots=\sum_{n=2}^{\infty}n(n-1)a_nx^{n-2}.$$

把 y 及 y'' 代入方程 $y''-xy=0$，得

$$2a_2+3\cdot 2a_3x+4\cdot 3a_4x^2+\cdots+n(n-1)a_nx^{n-2}+\cdots$$
$$-x(x+a_2x^2+a_3x^3+a_4x^4+\cdots+a_nx^n+\cdots)=0,$$

即 $$2a_2+3\cdot 2a_3x+(4\cdot 3a_4-1)x^2+(5\cdot 4a_5-a_2)x^3+(6\cdot 5a_6-a_3)x^4$$
$$+\cdots+[(n+2)(n+1)a_{n+2}-a_{n-1}]x^n+\cdots=0.$$

于是有

$$a_2=0,\quad a_3=0,\quad a_4=\frac{1}{4\cdot 3},\quad a_5=0,\quad a_6=0,\quad \cdots.$$

一般地

$$a_{n+2}=\frac{a_{n-1}}{(n+2)(n+1)}\quad (n=3,4,\cdots).$$

由递推公式可得

$$a_7=\frac{a_4}{7\cdot 6}=\frac{1}{7\cdot 6\cdot 4\cdot 3},\quad a_8=0,\quad a_9=0,$$

$$a_{10}=\frac{a_7}{10\cdot 9}=\frac{1}{10\cdot 9\cdot 7\cdot 6\cdot 4\cdot 3},\quad \cdots,$$

一般地

$$a_{3m-1}=a_{3m}=0,$$

$$a_{3m+1}=\frac{1}{(3m+1)(3m)\cdots 7\cdot 6\cdot 4\cdot 3}\quad (m=1,2,\cdots).$$

所求的特解为

$$y = x + \frac{1}{4 \cdot 3}x^4 + \frac{1}{7 \cdot 6 \cdot 4 \cdot 3}x^7 + \frac{1}{10 \cdot 9 \cdot 7 \cdot 6 \cdot 4 \cdot 3}x^{10} + \cdots.$$

例 3　在微分方程应用中,会遇到如下形式的微分方程:

$$x^2 \frac{\mathrm{d}^2 y}{\mathrm{d}x^2} + x\frac{\mathrm{d}y}{\mathrm{d}x} + (x^2 - \gamma^2)y = 0,$$

其中 $y(x)$是未知函数,γ 为非负常数,不一定是正整数. 这个微分方程称为 **γ 阶贝塞尔方程**. 这是一个二阶线性微分方程. 当 $\gamma = 0$ 时, 可用幂级数法求出其中一个解.

解　设方程有形如

$$y = a_0 + a_1 x + a_2 x^2 + \cdots + a_n x^n + \cdots = \sum_{n=0}^{\infty} a_n x^n$$

的解,则

$$y' = a_1 + 2a_2 x + 3a_3 x^2 + \cdots + na_n x^{n-1} + \cdots = \sum_{n=1}^{\infty} na_n x^{n-1},$$

$$y'' = \sum_{n=2}^{\infty} n(n-1)a_n x^{n-2}.$$

将 y, y', y''代回到 0 阶贝塞尔方程得

$$x^2 \frac{\mathrm{d}^2 y}{\mathrm{d}x^2} + x\frac{\mathrm{d}y}{\mathrm{d}x} + x^2 y = 0,$$

得

$$\sum_{n=2}^{\infty} n(n-1)a_n x^n + \sum_{n=1}^{\infty} na_n x^n + \sum_{n=0}^{\infty} a_n x^{n+2} = 0,$$

整理得

$$a_1 x + \sum_{n=2}^{\infty} (n^2 a_n + a_{n-2})x^n = 0.$$

因此

$$a_1 = 0,\quad a_2 = -\frac{1}{4}a_0,\quad a_3 = -\frac{1}{9}a_1 = 0,\quad a_4 = -\frac{1}{16}a_2 = \frac{1}{64}a_0,\quad \cdots.$$

于是

$$a_{2k-1} = 0,$$

$$a_{2k} = -\frac{a_{2k-2}}{(2k)^2} = (-1)^2 \frac{a_{2k-4}}{2^2 k^2 2^2 (k-1)^2} = \cdots$$

$$= (-1)^k \frac{a_0}{2^{2k}(k!)^2} \quad (k=1, 2, \cdots),$$

所以

$$y = \sum_{n=0}^{\infty} a_n x^n = \sum_{k=0}^{\infty} a_{2k} x^{2k} = a_0 + \sum_{k=1}^{\infty} (-1)^k \frac{a_0}{2^{2k}(k!)^2} x^{2k},$$

其中,a_0为任意常数,显然该幂级数的收敛半径是∞,若令$a_0 = 1$,记为$J_0(x)$,即

$$J_0(x) = 1 + \sum_{k=1}^{\infty} \frac{(-1)^k}{(k!)^2} \left(\frac{x}{2}\right)^{2k},$$

称为0阶贝塞尔函数.

习 题 11.9

1. 试用幂级数求下列各微分方程的解:

(1) $y' - xy - x = 1$;

(2) $y'' + xy' + y = 0$;

(3) $xy'' - (x+m)y' + my = 0$ (m为自然数);

(4) $(1-x)y' = x^2 - y$.

2. 试用幂级数求下列方程满足所给初始条件的解:

(1) $y' = y^2 + x^3$, $y|_{x=0} = \frac{1}{2}$;　　(2) $(1-x)y' + y = 1 + x$, $y|_{x=0} = 0$.

3. 利用幂级数法求解方程$y'' + y = 0$,并将结果于特征根法的结果相比较.

总习题 11

1. 填空题.

(1) $xy''' + 2x^2 y'^2 + x^3 y = x^4 + 1$是________阶微分方程.

(2) $y_1(x)$, $y_2(x)$是方程$y' + p(x)y - q(x) = 0$ ($q(x) \neq 0$)的两个特解,若$\alpha y_1 + \beta y_2$也是该方程的解,则α, β应满足________.

(3) 与积分方程$y = \int_{x_0}^{x} f(x, y)\mathrm{d}x$等价的微分方程初值问题是________________.

(4) 通解为$y = C_1 \mathrm{e}^x + C_2 \mathrm{e}^{-2x}$的微分方程是____________.

2. 选择题.

(1) 满足方程$\int_0^1 f(tx)\mathrm{d}t = nf(x)$ (n为大于1的自然数)的可导函数$f(x)$为(　　).

A. $Cx^{\frac{1-n}{n}}$　　　　B. C (C为常数)

C. $C\sin nx$　　　　D. $C\cos nx$

(2) 微分方程 $y'-xy'=2(y^2+y')$ 是( ).

A. 齐次方程　　B. 伯努利方程

C. 线性非齐次方程　　D. 可分离变量方程

(3) 已知 $y_1=x$ 为 $y''+y=x$ 的解，$y^2=\frac{1}{2}e^x$ 为 $y''+y=e^x$ 的解，则微分方程 $y''+y=x+e^x$ 的通解为 $y=$( ).

A. $x+\frac{1}{2}e^x$　　B. $C_1\cos x+C_2\sin x+\frac{1}{2}e^x+x$

C. $C_1\cos x+C_2\sin x+x$　　D. $C_1\cos x+C_2\sin x$

(4) 已知 $xy''+y'=4x$ 的一个特解为 x^2，又对应的齐次方程 $xy''+y'=0$ 有一个特解 $\ln x$，则原方程的通解 $y=$( ).

A. $C_1\ln x+C_2+x^2$　　B. $C_1\ln x+C_2x+x^2$

C. $C_1\ln x+C_2e^x+x^2$　　D. $C_1\ln x+C_2e^{-x}+x^2$

3. 求解下列微分方程的通解：

(1) $xy'+(1-x)y=e^{2x}$；

(2) $x\mathrm{d}y+(2xy^2-y)\mathrm{d}x=0$；

(3) $\left(\cos x+\frac{1}{y}\right)\mathrm{d}x+\left(\frac{1}{y}-\frac{x}{y^2}\right)\mathrm{d}y=0$；

(4) $(x^2-y^2-2y)\mathrm{d}x+(x^2+2x-y^2)\mathrm{d}y=0$；

(5) $(\sqrt{x^2+y^2})+\frac{x}{\sqrt{x^2+y^2}}\mathrm{d}x+\frac{y}{\sqrt{x^2+y^2}}\mathrm{d}y=0$；

(6) $\sqrt{1+x^2}\sin 2y\frac{\mathrm{d}y}{\mathrm{d}x}=2x\sin^2 y+e^{2\sqrt{1+x^2}}$；

(7) $y''+2y'+y=xe^x$；

(8) $y''+y=x+\cos x$.

4. 求解下列微分方程的特解：

(1) $(2\cos 2x)y'\cdot y''+2\sin 2x\cdot y'^2=\sin 2x$, $y|_{x=0}=1$, $y'|_{x=0}=0$；

(2) $xy\frac{\mathrm{d}y}{\mathrm{d}x}=x^2+y^2$, $y|_{x=e}=2e$；

(3) $yy''=2(x'^2-y')$, $y|_{x=0}=1$, $y'|_{x=0}=2$；

(4) $(x+y)^2\frac{\mathrm{d}y}{\mathrm{d}x}=k^2$（$k$ 为常数），$y|_{x=0}=0$.

5. 已知 $y_1=x^2$, $y_2=x+x^2$, $y_3=e^x+x^2$ 都是方程 $(x-1)y''-xy'+y=-x^2+2x-2$ 的解，求此方程的通解.

6. 设二阶常系数线性微分方程 $y''+\alpha y'+\beta y=\gamma e^x$ 的一个特解为 $y=e^{2x}+(1+x)e^x$，试确定常数 α,β,γ，并求该方程的通解.

7. 设 $y=e^x$ 是微分方程 $xy'+P(x)y=x$ 的一个解，求此方程满足条件 $y|_{x=\ln 2}=0$ 的特解.

8. 设 $f(x)$ 具有连续二阶导数，$f(0)=f'(0)=0$，且曲线积分

$$\int_L (e^x + \sin x) y \mathrm{d}x + [f'(x) - f(x)] \mathrm{d}y$$

与积分路径无关,求 $f(x)$.

9. 设 $y_1(x)$, $y_2(x)$是二阶齐次线性方程 $y'' + p(x)y' + q(x)y = 0$ 的两个解,令

$$W(x) = \begin{vmatrix} y_1(x) & y_2(x) \\ y'_1(x) & y'_2(x) \end{vmatrix} = y_1(x)y'_2(x) - y'_1(x)y_2(x),$$

证明:(1) $W(x)$ 满足方程 $W' + p(x)W = 0$;

(2) $W(x) = W(x_0)\mathrm{e}^{-\int_{x_0}^{x} p(t)\mathrm{d}t}$.

10. 一只兔子位于一只狼的正西 100 m 处,假设兔子与狼同时发现对方并一起起跑,兔子往正北 60 m 处的巢穴跑,而狼在追兔子,已知兔子、狼是匀速跑且狼的速度是兔子的两倍.求狼运动的轨迹曲线方程,并问兔子能否安全回到巢穴?

实验 11　常微分方程的求解

一、实验内容

(1) 线性常微分方程的解析解.

(2) 常微分方程的数值解.

二、实验目的

(1) 学会用 Matlab 求线性常微分方程的解析解.

(2) 学会用 Matlab 求线性常微分方程的数值解并绘出相位图.

三、预备知识

对于线性常系数微分方程求解,Matlab 语言的符号工具箱提供了一个实用函数 dsolve(),该函数允许用字符串的形式描述微分方程及其初值条件,最终得到解析解.

dsolve()对方程的调用,需用特定的方式表达,Dy 表示对变量 y 求一阶导数,D4y 表示对 y 求 4 阶导数,如方程 $y'' + 2y' = y$,在 Matlab 中,将写成"D2y+2Dy=y".

求常微分方程的通解调用格式为

```
y=dsolve('equation','var')
```

equation 为方程的表达式;var 为需要定义的自变量,如不定义,则默认以 t 为自变量.

例 1 求微分方程 $y'' - 2y' - 3y = x\sin x$ 的通解.

```
syms y x
y=dsolve('D2y-2*Dy-3*y=x*sin(x)','x')
```

结果如下:

```
y =
1/10*cos(x)*x-7/50*cos(x)-1/5*x*sin(x)-1/50*sin(x)+
```

```
C1 * exp(3 * x)+C2 * exp(-x)
```

例 2　求微分方程 $y''+4y'+29y=0$, $y(0)=0$, $y'(0)=15$ 的特解.

```
syms y x
y=dsolve('D2y+4 * Dy+29 * y=0','y(0)=0','Dy(0)=15','x')
```

结果如下：

```
y=
3 * exp(-2 * x) * sin(5 * x)
```

对于若干个常微分方程联立求解的命令格式如下：

```
dsolve('diff_equ1,diff_equ2,…','var')
```

一阶微分方程组的数值解,常采用变步长四五级 Runge-Kutta-Felhberg 算法,该函数调用的格式为

```
[t,x]=ode45(Fun,[t0,tf],x0)                  % 直接求解
[t,x]=ode45(Fun,[t0,tf],x0,option)           % 带有控制选项求解
[t,x]=ode45(Fun,[t0,tf],x0,option,p1,p2,…)
                                             % 带有控制选项求解和附带参数求解
```

其中,Fun 要用先用函数定义语句 function 定义后,在当前文件夹中储存为以函数名为文件名的 m 文件,以备调用.

例 3　求常微分方程 $y'=y-\dfrac{2x}{y}$, $y(0)=1\ (0<x<1)$ 的数值解.

一阶常微分方程的一般形式为 $y'=f(t,y)$. 先用 Matlab 语言定义函数 $f(t,y)$,此例中的 $f(t,y)=\dfrac{y}{x}+x^2$,下面将此函数命名为 dydt.

```
function f1=dydt(t,y);
f1=[y-2 *t/y];
```

然后将以上语句保存位 dydt. m,备以后调用.

方程的数值解语句：

```
[t,y]=ode45('dydt',[0,1],1);
```

要显示数值解结果,则输入命令

```
[t,y]
```

一阶常微分方程组的一般形式为

$$\begin{cases} x_1'(t)=f_1(x_1,x_2,\cdots,x_n,t) \\ x_2'(t)=f_2(x_1,x_2,\cdots,x_n,t) \\ \cdots\cdots \\ x_n'(t)=f_n(x_1,x_2,\cdots,x_n,t) \end{cases}$$

同样用 function 定义一个函数,不过是一个函数向量.

例 4　求 Lorenz 方程的数值解：

$$\begin{cases} x_1'(t)=-\dfrac{8}{3}x_1(t)+x_2(t)x_3(t) \\ x_2'(t)=-10x_2(t)+10x_3(t) \\ x_3'(t)=-x_1(t)x_2(t)+28x_2(t)-x_3(t) \end{cases}$$

```
function xdot = lorenzeq(t,x)
   xdot =[-8/3*x(1) +x(2)*x(3);
              -10*x(2) +10*x(3);
              -x(1)*x(2) +28*x(2) -x(3)];
```

以名称 lorenzeq. m 存盘.

求数值解语句为

```
x0 =[0;0;1e-10];                    %x0 为初始值[x1(0)  x2(0)  x3(0)]
x0 =[0;0;1e-10];
[t,x] = ode45('lorenzeq',[0,100],x0);
plot(t,x,'k')
```

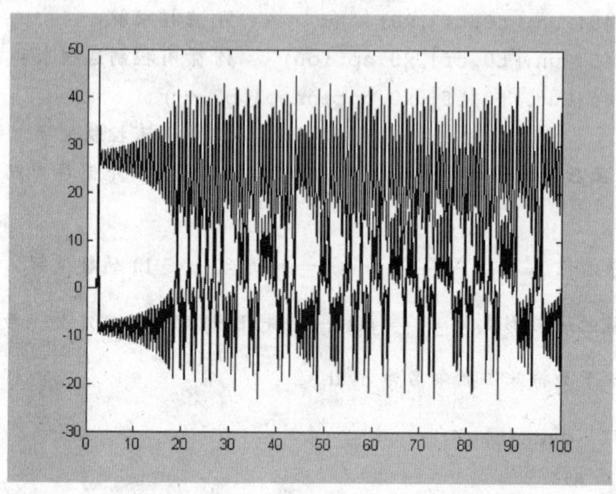


```
figure;                                  % 打开新的图形窗口
plot3(x(:,1),x(:,2),x(:,3),'k');         % 描绘三个状态的相空间曲线
axis([10,42,-20,20,-20,25])              % 界定图形的坐标
```

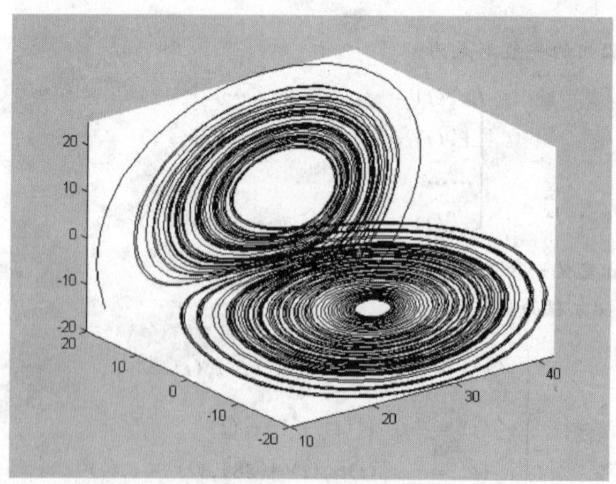

如要观测相空间曲线的走势，则将最后一个语句改为

```
Comet3(x(:,1),x(:,2),x(:,3),'k');
```

相空间曲线将以动画的方式绘出.

也可以不用先存函数文件，直接在程序中用函数定义函数 inline() 对方程加以定义. 对上一例，程序可另写为

```
f1=inline(['[-8/3* x(1)+x(2)* x(3);-10* x(2)+10* x(3);',...
          '-x(1)* x(2)+28* x(2)-x(3)]'],'t','x');
x0=[0;0;1e-10];
[t,x]=ode45(f1,[0,100],x0);
plot(t,x,'k')
```

单个高阶微分方程的一般形式为

$$\begin{cases} y^{(n)} = f(t,\ y,\ y',\ \cdots,\ y^{(n-1)}); \\ y(0) = y_0,\ y'(0) = y_1,\ \cdots,\ y^{(n)}(0) = y_n, \end{cases}$$

可通过变换：

$$x_1 = y,\ x_2 = y',\ x_3 = y'',\ \cdots,\ x_n = y^{(n-1)},$$

方程变化为一阶方程组的形式：

$$\begin{cases} x_1' = x_2, \\ x_2' = x_3, \\ \cdots\cdots \\ x_n' = f(t,\ x_1,\ x_2,\ \cdots,\ x_n). \end{cases}$$

初值为

$$x_1(0) = y(0),\ x_2(0) = y'(0),\ x_3(0) = y''(0),\ \cdots,\ x_n(0) = y^{(n-1)}(0).$$

例 5　已知 $y(0) = -0.2$, $y'(0) = -0.7$，求 van der Pol 方程的数值解：

$$y'' + \mu(y^2 - 1)y' + y = 0.$$

令 $x_1 = y, x_2 = y'$，原方程转化为

$$\begin{cases} x_1' = x_2, \\ x_2' = -\mu(x_1^2 - 1)x_2 - x. \end{cases}$$

```
function y=vdp_eq(t,x,flag,mu)
    y=[x(2);-mu* (x(1)^2-1)* x(2)-x(1)];
```

保存为文件 vdp_eq.m

```
x0=[-0.2;-0.7];
mu=1;[t1,y1]=ode45('vdp_eq',[0,20],x0,[],mu);
mu=2;[t2,y2]=ode45('vdp_eq',[0,20],x0,[],mu);
plot(t1,y1,t2,y2,'k');
figure;
plot(y1(:,1),y1(:,2),y2(:,1),y2(:,2),':')
```

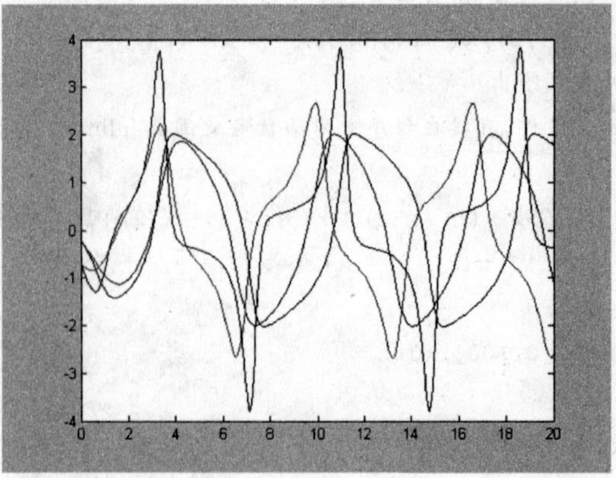

图 11－7

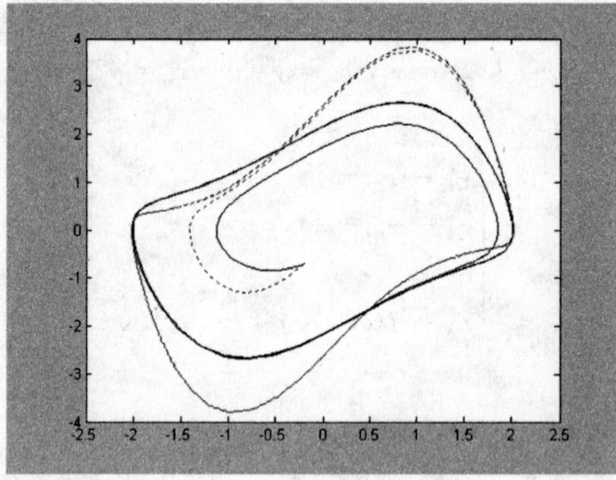

图 11－8

四、实验题目

1. 求微分方程 $y = xy' - y'^2$ 的通解.

```
syms x t
diff_equ='y=x* Dy-(Dy)^2'
y=dsolve(diff_equ,'x')
```

结果如下:

```
y=
[x* C1-C1^2]
[1/4* x^2]
```

注意,此方程的通解不包含解 $1/4 * x^{\wedge}2$.

2. 求解 $y'' - 2y' + 2y = e^x \cos x + x^2$.

```
syms x t
diff_equ='D2y-2*Dy+2*y=exp(x)*cos(x)+x^2'
y=dsolve(diff_equ,'x')
```

结果如下：

```
y =
1/2*exp(x)*cos(x)+1/2*exp(x)*sin(x)*x+1/2*x^2+x+1/2+
C1*exp(x)*sin(x)+C2*exp(x)*cos(x)
```

3. 求 Rossler 化学反应方程组 $\begin{cases} x'=-y-z, \\ y'=x+0.2y, \\ z'=0.2+(x-5.7)z \end{cases}$ 在初始条件 $x(0)=y(0)=z(0)=0$ 下的数值解，并绘制三维相轨迹.

```
function f=rossler(t,x)
f=[-x(2)-x(3);x(1)+0.2*x(2);0.2+(x(1)-5.7)*x(3)]
syms t x
x0=[0,0,0];
[t,x]=ode45('rossler',[0,100],x0);
plot3(x(:,1),x(:,2),x(:,3))
```

结果如下：

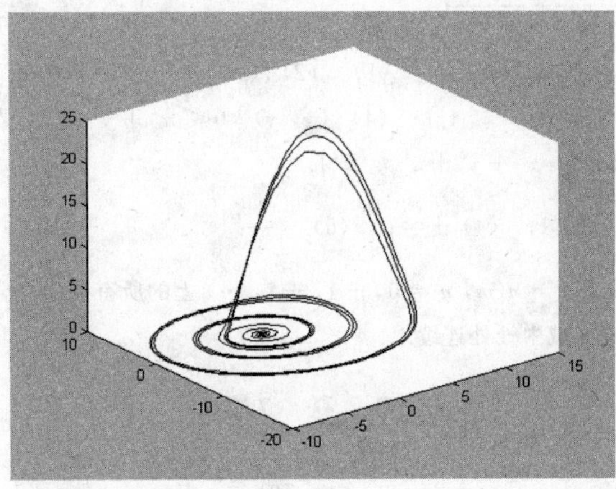

图 11-9

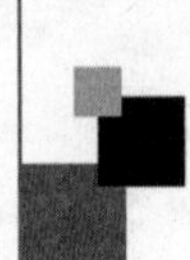

参考答案

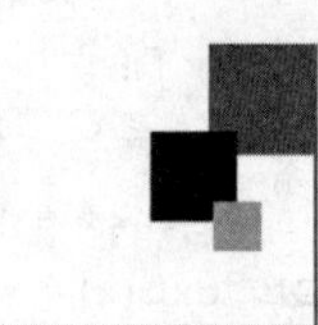

习 题 7.1

1. (1) 开集,无界集,边界:$\{(x, y) \mid x = 0$ 或 $y = 0\}$;

(2) 既非开集,又非闭集,有界集,边界:$\{(x, y) \mid x^2 + y^2 = 1\} \cup \{(x, y) \mid x^2 + y^2 = 4\}$;

(3) 开集,区域,无界集,边界:$\{(x, y) \mid y = x^2\}$;

(4) 闭集,有界集,边界:$\{(x, y) \mid x^2 + (y-1)^2 = 1\} \cup \{(x, y) \mid x^2 + (y-2)^2 = 4\}$.

2. $\dfrac{4y^2}{1+y^4}$, $f(x, y)$.

3. $x^2 - 1$.

4. $\dfrac{y^2 - x^2}{2xy}$, $\dfrac{4x^2y^2 - (x^2 - y^2)^2}{4x^2y(x^2 - y^2)}$.

5. (1) $\{(x, y) \mid x \geqslant 0, y \geqslant 0, x^2 \geqslant y\}$; (2) $\{(x, y) \mid y - x > 0, x \geqslant 0, x^2 + y^2 < 1\}$;

(3) $\{(x, y) \mid 1 \leqslant x^2 + y^2 \leqslant 4\}$; (4) $\{(x, y) \mid 0 \leqslant x^2 + y^2 < 1, y^2 \leqslant 4x\}$;

(5) $\{(x, y, z) \mid r^2 < x^2 + y^2 + z^2 \leqslant R^2\}$.

6. (1) 0; (2) 0; (3) 1; (4) $+\infty$; (5) $-\dfrac{1}{4}$.

9. 间断点为 $x = m$ 或 $y = n(m, n = 0, \pm 1, \pm 2, \cdots)$ 上的所有点.

10. $f(x, y)$在整个定义域中处处连续.

习 题 7.2

1. (1) $\dfrac{\partial z}{\partial x} = 3x^2y - y^3$, $\dfrac{\partial z}{\partial y} = x^3 - 3xy^2$; (2) $\dfrac{\partial s}{\partial u} = \dfrac{1}{v} - \dfrac{v}{u^2}$, $\dfrac{\partial s}{\partial v} = \dfrac{1}{u} - \dfrac{u}{v^2}$;

(3) $\dfrac{\partial z}{\partial x} = 2e^{2x}\cos y$, $\dfrac{\partial z}{\partial y} = -e^{2x}\sin y$;

(4) $\dfrac{\partial z}{\partial x} = e^x \ln \sqrt{x^2 + y^2} + \dfrac{xe^x}{x^2 + y^2}$, $\dfrac{\partial z}{\partial y} = \dfrac{ye^x}{x^2 + y^2}$;

(5) $\dfrac{\partial z}{\partial x} = y^2(1 + xy)^{y-1}$, $\dfrac{\partial z}{\partial y} = (1 + xy)^y\left[\ln(1 + xy) + \dfrac{xy}{1 + xy}\right]$;

(6) $\dfrac{\partial u}{\partial x} = y^z x^{y^z - 1}$, $\dfrac{\partial u}{\partial y} = zy^{z-1}x^{y^z}\ln x$, $\dfrac{\partial u}{\partial z} = y^z x^{y^z}\ln x \ln y$;

(7) $\dfrac{\partial u}{\partial x}=\dfrac{z(x-y)^{z-1}}{1+(x-y)^{2z}}$, $\dfrac{\partial u}{\partial y}=-\dfrac{z(x-y)^{z-1}}{1+(x-y)^{2z}}$, $\dfrac{\partial u}{\partial z}=\dfrac{(x-y)^{z}\ln(x-y)}{1+(x-y)^{2z}}$;

(8) $\dfrac{\partial u}{\partial x}=2x\arctan\dfrac{y}{x}+\dfrac{y(y^2-x^2)}{x^2+y^2}$, $\dfrac{\partial u}{\partial y}=2y\arctan\dfrac{x}{y}+\dfrac{x(x^2-y^2)}{x^2+y^2}$;

(9) $\dfrac{\partial z}{\partial x}=\cot(x-2y)$, $\dfrac{\partial z}{\partial y}=-2\cot(x-2y)$;

(10) $\dfrac{\partial u}{\partial x}=(2\ln 3)xy\left(\dfrac{1}{3}\right)^{-x^2y}$, $\dfrac{\partial u}{\partial y}=x^2(\ln 3)\left(\dfrac{1}{3}\right)^{-x^2y}$.

2. $\dfrac{\pi}{4}\sin\dfrac{2}{\pi}$, $-\dfrac{1}{2}\sin\dfrac{2}{\pi}$.

3. 1.

4. $\dfrac{\pi}{6}$.

5. (1) $\dfrac{\partial^2 z}{\partial x^2}=\dfrac{-2x}{(1+x^{S}2)^2}$, $\dfrac{\partial^2 z}{\partial y^2}=\dfrac{-2y}{(1+y^2)^2}$, $\dfrac{\partial^2 z}{\partial x\partial y}=0$;

(2) $\dfrac{\partial^2 z}{\partial x^2}=y^x\ln^2 y$, $\dfrac{\partial^2 z}{\partial y^2}=x(x-1)y^{x-2}$, $\dfrac{\partial^2 z}{\partial x\partial y}=y^{x-1}(1+x\ln y)$.

6. 0, $-\dfrac{1}{y^2}$.

10. $3f_x(a, b)$.

11. 当 $x^2+y^2\neq 0$ 时,

$$f_x(x, y)=y\frac{x^2-y^2}{x^2+y^2}+\frac{4x^2y^3}{(x^2+y^2)^2},\ f_y(x, y)=x\frac{x^2-y^2}{x^2+y^2}-\frac{4x^3y^2}{(x^2+y^2)^2},$$

$$f_{xy}(x, y)=f_{yx}(x, y)=\frac{(x^2-y^2)(x^4+10x^2y^2+y^4)}{(x^2+y^2)^3},$$

$$f_{xx}(x, y)=\frac{4xy^3(3y^2-x^2)}{(x^2+y^2)^3},\ f_{yy}(x, y)=\frac{-4x^3y(3x^2-y^2)}{(x^2+y^2)^3};$$

当 $x^2+y^2=0$ 时,

$f_x(0, 0)=0$, $f_y(0, 0)=0$, $f_{xx}(0, 0)=0$,

$f_{yy}(0, 0)=0$, $f_{xy}(0, 0)=-1$, $f_{yx}(0, 0)=1$.

12. $\varphi(0, 0)=0$.

习 题 7.3

1. (1) $\dfrac{1}{x+\ln y}\left(dx+\dfrac{dy}{y}\right)$; (2) $\dfrac{(x-y)dx+(x+y)dy}{x^2+y^2}$;

(3) $\dfrac{1}{(x^2+y^2+z^2)^{\frac{3}{2}}}[-xy\,dx+(x^2+z^2)dy-yz\,dz]$;

(4) $yzx^{yz-1}dx+zx^{yz}\ln x\,dy+yx^{yz}\ln x\,dz$.

2. $dx-dy$.

3. $\mathrm{d}x-\mathrm{d}y$.

4. -0.119, -0.125.

5. 0.1407, 0.14.

6. 不可微，因 $f_x(0,0)$不存在.

7. $f(5)(\mathrm{d}x+2\mathrm{d}y)$.

8. 充分条件而非必要条件.

9. (1) 0.95； (2) -0.12.

10. -5 cm.

11. 0.167 m.

12. 2128 m^2, 27.6 m^2, 1.30%.

习　题　7.4

1. $\dfrac{2(x-2y)(x+3y)}{(y+2x)^2}$, $\dfrac{(2y-x)(9x+2y)}{(y+2x)^2}$.

2. $3x^2\sin y\cos y(\cos y-\sin y)$, $-2x^3\sin y\cos y(\sin y+\cos y)+x^3(\sin^3 y+\cos^3 y)$.

3. $\dfrac{3(1-4t^2)}{\sqrt{1-(3t-4t^3)^2}}$.

4. $2t(t^2+1)^2(4t^2+1)\cos 4t-4t^2(t^2+1)^3\sin 4t$.

5. 2.

6. $\dfrac{\mathrm{e}^x(1+x)}{1+x^2\mathrm{e}^{2x}}$.

7. $2\sin 2t+1$.

8. (1) $\dfrac{\partial z}{\partial u}=3f'_1+4f'_2$, $\dfrac{\partial z}{\partial v}=2f'_1-2f'_2$;

(2) $\dfrac{\partial u}{\partial x}=\dfrac{1}{y}f'_1$, $\dfrac{\partial u}{\partial y}=-\dfrac{x}{y^2}f'_1+\dfrac{1}{z}f'_2$, $\dfrac{\partial u}{\partial z}=-\dfrac{y}{z^2}f'_2$;

(3) $\dfrac{\partial u}{\partial x}=2xf'$, $\dfrac{\partial u}{\partial y}=2yf'$, $\dfrac{\partial u}{\partial z}=-2zf'$;

(4) $\dfrac{\partial u}{\partial x}=f'_1+yf'_2+yzf'_3$, $\dfrac{\partial u}{\partial y}=xf'_2+xzf'_3$, $\dfrac{\partial u}{\partial z}=xyf'_3$.

9. $2xyf(x^2-y^2,xy)+2x^3yf'_1+x^2y^2f'_2$, $x^2f(x^2-y^2,xy)-2x^2y^2f'_1+x^3yf'_2$.

11. (1) $\dfrac{\partial^2 z}{\partial x^2}=2yf'_2+y^4f''_{11}+4xy^3f''_{12}+4x^2y^2f''_{22}$,

$\dfrac{\partial^2 z}{\partial y\partial x}=\dfrac{\partial^2 z}{\partial x\partial y}=2yf'_1+2xf'_2+2xy^3f''_{11}+2x^3yf''_{22}+5x^2y^2f''_{12}$,

$\dfrac{\partial^2 z}{\partial y^2}=2xf'_1+4x^2y^2f''_{11}+4x^3yf''_{12}+x^4f''_{22}$.

(2) $\dfrac{\partial^2 u}{\partial x^2}=f''_{11}+\mathrm{e}^{2y}f''_{22}+y^2\mathrm{e}^{2z}f''_{33}+2\mathrm{e}^yf''_{13}+2y\mathrm{e}^{y+z}f''_{23}$,

$$\frac{\partial^2 u}{\partial y^2}=x^2\mathrm{e}^{2y}f''_{22}+x^2\mathrm{e}^{2z}f''_{33}+2x^2\mathrm{e}^{y+z}f''_{23}+x\mathrm{e}^y f'_2,$$

$$\frac{\partial^2 u}{\partial z^2}=x^2y^2\mathrm{e}^{2z}f''_{33}+xy\mathrm{e}^z f'_3,$$

$$\frac{\partial^2 u}{\partial y\partial x}=\frac{\partial^2 u}{\partial x\partial y}=x\mathrm{e}^{2y}f''_{22}+xy\mathrm{e}^{2z}f''_{33}+x\mathrm{e}^y f''_{21}+x\mathrm{e}^z f''_{31}+x\mathrm{e}^{y+z}(y+1)f''_{23}+\mathrm{e}^y f'_2+\mathrm{e}^z f'_3,$$

$$\frac{\partial^2 u}{\partial z\partial x}=\frac{\partial^2 u}{\partial x\partial z}=xy\mathrm{e}^z f''_{31}+xy\mathrm{e}^{y+z}f''_{32}+xy^2\mathrm{e}^{2z}f''_{33}+y\mathrm{e}^z f'_3,$$

$$\frac{\partial^2 u}{\partial z\partial y}=\frac{\partial^2 u}{\partial y\partial z}=x^2y\mathrm{e}^{2z}f''_{33}+x^2y\mathrm{e}^{y+z}f''_{32}+x\mathrm{e}^z f'_3.$$

13. $\dfrac{\partial u}{\partial x}=(y+2x\varphi')f'$，$\dfrac{\partial u}{\partial y}=(x+2y\varphi')f'$，

$$\frac{\partial^2 u}{\partial x^2}=2(\varphi'+2x^2\varphi'')f'+(y+2x\varphi')^2f'',$$

$$\frac{\partial^2 u}{\partial x\partial y}=(1+4xy\varphi'')f'+(y+2x\varphi')(x+2y\varphi')f''.$$

14. $\mathrm{e}^{\sin(xy)}\cos(xy)(y\mathrm{d}x+x\mathrm{d}y)$.

16. 51.

习　题　7.5

1. $\dfrac{x+y}{x-y}$.

2. $\dfrac{\mathrm{e}^x-y^2}{\cos y-2xy}$.

3. $\dfrac{\partial z}{\partial x}=\dfrac{xy+z-y}{1-xy-z}$，$\dfrac{\partial z}{\partial y}=\dfrac{x}{xy+z-1}$.

4. $\dfrac{\partial z}{\partial x}=\dfrac{z}{x+z}$，$\dfrac{\partial z}{\partial y}=\dfrac{z^2}{y(x+z)}$.

6. $2\mathrm{e}^2$.

9. $\dfrac{2z}{(x+y)^2}$.

10. $\dfrac{2y^2z\mathrm{e}^z-2xy^3z-y^2z^2\mathrm{e}^z}{(\mathrm{e}^z-xy)^3}$.

11. $\dfrac{\mathrm{d}y}{\mathrm{d}x}=-\dfrac{10x-4z-15}{2(5y+3z)}$，$\dfrac{\mathrm{d}z}{\mathrm{d}x}=-\dfrac{4y+6x-9}{2(5y+3z)}$.

12. $\dfrac{\partial u}{\partial x}=\dfrac{\sin v}{\mathrm{e}^u(\sin v-\cos v)+1}$，$\dfrac{\partial u}{\partial y}=\dfrac{-\cos v}{\mathrm{e}^u(\sin v-\cos v)+1}$，

$$\frac{\partial v}{\partial x}=\frac{\cos v-\mathrm{e}^u}{u[\mathrm{e}^u(\sin v-\cos v)+1]},\quad \frac{\partial v}{\partial y}=\frac{\sin v+\mathrm{e}^u}{u[\mathrm{e}^u(\sin v-\cos v)+1]}.$$

13. $\dfrac{\partial z}{\partial x}=\dfrac{v\cos v-u\sin v}{\mathrm{e}^u}$，$\dfrac{\partial z}{\partial y}=\dfrac{v\sin v+u\cos v}{\mathrm{e}^u}$.

14. $\dfrac{\partial z}{\partial x}=-\dfrac{F'_1+F'_2+F'_3}{F'_3}$, $\dfrac{\partial z}{\partial y}=-\dfrac{F'_2+F'_3}{F'_3}$,

$\dfrac{\partial^2 z}{\partial y^2}=-\dfrac{1}{(F'_3)^3}[(F'_3)^2F''_{22}-2F'_2F'_3F''_{23}+(F'_2)^2F''_{33}]$.

15. $f'_1(x,y,z)+f'_2(x,y,z)\dfrac{y^2}{1-xy}+f'_3(x,y,z)\dfrac{x-1}{x^2}\mathrm{e}^x$.

16. $\dfrac{\partial u}{\partial x}=\dfrac{uf'_1(1-2yvg'_2)-f'_2g'_1}{(xf'_1-1)(2yvg'_2-1)-f'_2g'_1}$, $\dfrac{\partial v}{\partial x}=\dfrac{g'_1(xf'_1+uf'_1-1)}{(xf'_1-1)(2yvg'_2-1)-f'_2g'_1}$.

习　题　7.6

1. 切线方程：$\dfrac{x-\frac{1}{2}}{1}=\dfrac{y-2}{-4}=\dfrac{z-1}{8}$；法平面方程：$2x-8y+16z-1=0$.

2. 切线方程：$\dfrac{x-\frac{a}{2}}{a}=\dfrac{y-\frac{b}{2}}{0}=\dfrac{z-\frac{c}{2}}{-c}$；法平面方程：$ax-cz-\dfrac{1}{2}(a^2-c^2)=0$.

3. 切线方程：$\dfrac{x-1}{1}=\dfrac{y+2}{0}=\dfrac{z-1}{-1}$；法平面方程：$x-z=0$.

4. $\dfrac{x-4}{4}=\dfrac{3y+8}{-6}=\dfrac{z-2}{1}$.

5. 切线方程：$\dfrac{x-x_0}{1}=\dfrac{y-y_0}{\frac{m}{y_0}}=\dfrac{z-z_0}{-\frac{1}{2z_0}}$；

法平面方程：$(x-x_0)+\dfrac{m}{y_0}(y-y_0)-\dfrac{1}{2z_0}(z-z_0)=0$.

6. $(\cos\alpha,\cos\beta,\cos\gamma)=\pm\left(\dfrac{2}{\sqrt{14}},\dfrac{1}{\sqrt{14}},\dfrac{-3}{\sqrt{14}}\right)$.

7. 点 $P(-3,-1,3)$，法线方程：$\dfrac{x+3}{1}=\dfrac{y+1}{3}=\dfrac{z-3}{1}$.

8. $2x-3y+2z=\pm 9$.

9. 切平面方程：$x+2y-4=0$；法线方程：$\begin{cases}\dfrac{x-2}{1}=\dfrac{y-1}{2},\\ z=0.\end{cases}$

10. $\dfrac{3}{\sqrt{22}}$.

习　题　7.7

1. $1+2\sqrt{3}$.

2. $\dfrac{\sqrt{2}}{3}$.

3. 5.

4. $\frac{98}{13}$.

5. l 与 $\mathbf{grad}u$ 方向一致时，$\frac{\partial u}{\partial l}$ 最大，且最大值 $|\mathbf{grad}u|_M = \sqrt{21}$；

l 与 $\mathbf{grad}u$ 方向相反时，$\frac{\partial u}{\partial l}$ 最小，最小值为 $-\sqrt{21}$；

l 与 $\mathbf{grad}u$ 垂直时，$\frac{\partial u}{\partial l} = 0$.

6. $7, \left(\frac{3}{7}, -\frac{2}{7}, -\frac{6}{7}\right)$；$3\sqrt{5}, \left(\frac{2}{\sqrt{5}}, \frac{1}{\sqrt{5}}, 0\right)$；在 $M(-2, 1, 1)$ 梯度为零.

7. (1) $\frac{2t_0(1+2t_0^2+3t_0^4)}{\sqrt{1+4t_0^2+9t_0^4}}$；　(2) $\left.\frac{\partial f}{\partial n}\right|_{(x_0, y_0, z_0)} = \frac{2}{\sqrt{\frac{x_0^2}{a^4}+\frac{y_0^2}{b^4}+\frac{z_0^2}{c^4}}}$.

8. $\left.\frac{\partial u}{\partial l}\right|_{(-1, 1)} = \frac{-3}{\sqrt{5}}$，$\mathbf{grad}u(-1, 1) = -3\boldsymbol{i}+3\boldsymbol{j}$；沿方向 $\frac{1}{\sqrt{2}}(1, -1)$ 的方向减小得最快；沿 $\theta = \frac{\pi}{4}$ 和 $\theta = \pi + \frac{\pi}{4}$ 的方向，函数 u 的值不变.

习　题　7.8

1. 无极值.

2. 极小值 $f\left(\frac{1}{2}, -1\right) = -\frac{\mathrm{e}}{2}$.

3. 极大值 $z(0, 0) = 0$，极小值 $z(2, 2) = -8$.

4. 极小值 $z\left(\frac{ab^2}{a^2+b^2}, \frac{a^2b}{a^2+b^2}\right) = \frac{a^2b^2}{a^2+b^2}$.

5. $(0, 0, 1)$ 及 $(0, 0, -1)$.

6. 长、宽、高分别为 2 m，2 m，$\frac{9}{2}$ m 时，造价最低.

7. 三边长分别为 $\frac{P}{2}, \frac{3}{4}P, \frac{3}{4}P$，最大体积 $V = \frac{1}{12}\pi P^3$.

8. 当长、宽、高为 $\frac{2a}{\sqrt{3}}$ 时，可得最大体积.

9. 最小距离 $d = \frac{7}{8}\sqrt{2}$.

10. 最长距离为 $\sqrt{9+5\sqrt{3}}$，最短距离为 $\sqrt{9-5\sqrt{3}}$.

11. 最大值 $z(-3, 4) = 125$，最小值 $z(3, -4) = -75$.

12. $\left(\sqrt[4]{2}, \frac{1}{\sqrt[4]{2}}\right)$.

13. 最大值为$\frac{64}{9}$,最小值为-18.

14. $\left(\frac{3}{\sqrt{5}}, \frac{4}{\sqrt{5}}\right)$.

15. 最热点在$\left(\pm\frac{4}{3}, -\frac{4}{3}, -\frac{4}{3}\right)$.

习 题 7.9

1. $y = 0.3872x + 3.6224$.

2. $$\begin{cases} a\sum_{i=1}^{n}x_i^4 + b\sum_{i=1}^{n}x_i^3 + c\sum_{i=1}^{n}x_i^2 = \sum_{i=1}^{n}x_i^2 y_i, \\ a\sum_{i=1}^{n}x_i^3 + b\sum_{i=1}^{n}x_i^2 + c\sum_{i=1}^{n}x_i = \sum_{i=1}^{n}x_i y_i, \\ a\sum_{i=1}^{n}x_i^2 + b\sum_{i=1}^{n}x_i + nc = \sum_{i=1}^{n}y_i. \end{cases}$$

总 习 题 7

1. (1) 充分,必要; (2) 必要,充分; (3) 充分; (4) 充分.

2. $\{(x, y) \mid x \leqslant x^2 + y^2 < 2x, |y| \leqslant |x| \text{ 且 } x \neq 0\}$.

3. 0.

4. 1, $1 + 2\ln 2$.

5. $\frac{1}{2e}$, $\frac{1}{2e}$, $\frac{1}{2e}dx + \frac{1}{2e}dy$.

6. $x^2 + y^2 > 1$.

7. 30.

8. $f'(z_0)g'(y_0)(x - x_0) + (y - y_0) + g'(y_0)(z - z_0) = 0$.

9. e^{-x}.

10. $\frac{f'_3 - f'_1}{f'_3 - f'_2}dx + \frac{f'_1 - f'_2}{f'_3 - f'_2}dy$.

11. B.

12. D.

13. C.

14. C.

15. B.

16. $\lim\limits_{y\to 0}\lim\limits_{x\to 0}f(x, y) = -1$, $\lim\limits_{x\to 0}\lim\limits_{y\to 0}f(x, y) = 1$, $\lim\limits_{\substack{x\to 0\\ y\to 0}}f(x, y)$ 不存在.

17. (1) $\frac{\partial u}{\partial x} = \frac{x}{x^2 + y^2}$, $\frac{\partial u}{\partial y} = \frac{y}{x^2 + y^2}$,

$$\frac{\partial^2 u}{\partial y^2}=\frac{x^2-y^2}{(x^2+y^2)^2},\ \frac{\partial^2 u}{\partial x^2}=\frac{y^2-x^2}{(x^2+y^2)^2},$$

$$\frac{\partial^2 u}{\partial x\partial y}=\frac{-2xy}{(x^2+y^2)^2};$$

(2) $\dfrac{\partial u}{\partial x}=\dfrac{u}{x}y^z$, $\dfrac{\partial u}{\partial y}=zx^{y^z}y^{z-1}\ln x$, $\dfrac{\partial u}{\partial z}=uy^z\ln x\ln y$,

$$\frac{\partial^2 u}{\partial x^z}=\frac{uy^z(y^z-1)}{x^2},\ \frac{\partial^2 u}{\partial y^2}=uzy^{z-2}\ln x(zy^z\ln x+z-1),$$

$$\frac{\partial^2 u}{\partial z^2}=uy^z\ln x\ln^2 y(1+y^z\ln x).$$

18. (1) $\dfrac{y^2}{(x^2+y^2)^{3/2}}\mathrm{d}x-\dfrac{xy}{(x^2+y^2)^{3/2}}\mathrm{d}y$; (2) $\dfrac{y}{xz}x^{\frac{y}{z}}\mathrm{d}x+\dfrac{\ln x}{z}x^{\frac{y}{z}}\mathrm{d}y-\dfrac{y}{z^2}(\ln x)x^{\frac{y}{z}}\mathrm{d}z$.

19. $\dfrac{\partial z}{\partial x}=2xf'_1+y\cos(xy)f'_2$, $\dfrac{\partial z}{\partial y}=2yf'_1+x\cos(xy)f'_2+f'_3$.

20. $\dfrac{\partial z}{\partial \xi}=-\dfrac{\partial z}{\partial v}+\dfrac{\partial z}{\partial w}$, $\dfrac{\partial z}{\partial \eta}=\dfrac{\partial z}{\partial u}-\dfrac{\partial z}{\partial w}$, $\dfrac{\partial z}{\partial \zeta}=-\dfrac{\partial z}{\partial u}+\dfrac{\partial z}{\partial v}$.

23. $-\dfrac{3}{25}$.

24. $-\dfrac{11}{4}$.

26. 1.

27. $-\dfrac{(F'_2)^2F''_{11}-2F'_1F'_2F''_{12}+(F'_1)^2F''_{22}}{(F'_2)^3}$.

28. 点 $P(-3,-1,3)$,法线方程:$\dfrac{x+3}{1}=\dfrac{y+1}{3}=\dfrac{z-3}{1}$.

29. $z=f(1,-1)=-2$ 为极小值,$z=f(1,-1)=6$ 为极大值.

30. $\dfrac{\partial f}{\partial l}=\cos\theta+\sin\theta$. (1) $\theta=\dfrac{\pi}{4}$; (2) $\theta=\dfrac{5\pi}{4}$; (3) $\theta=\dfrac{3\pi}{4}$ 及 $\dfrac{7\pi}{4}$.

32. 切点 $\left(\dfrac{a}{\sqrt{3}},\dfrac{b}{\sqrt{3}},\dfrac{c}{\sqrt{3}}\right)$,$V_{\min}=\dfrac{\sqrt{3}}{2}abc$.

33. $(1,1,2)$或$(-1,-1,2)$,最短距离 $d=2$.

习　题　8.1

1. $I_1=4I_2$.

3. (1) $\iint\limits_D(x+y)\mathrm{d}\sigma>\iint\limits_D(x+y)^2\mathrm{d}\sigma$; (2) $\iint\limits_D(x+y)^2\mathrm{d}\sigma<\iint\limits_D(x+y)^3\mathrm{d}\sigma$;

(3) $\iint\limits_D\ln(x+y)\mathrm{d}\sigma<\iint\limits_D[\ln(x+y)]^2\mathrm{d}\sigma$.

4. (1) $4\leqslant I\leqslant 10$; (2) $36\pi\leqslant I\leqslant 100\pi$; (3) $\dfrac{100}{51}\leqslant I\leqslant 2$.

5. (1) $I_1 < I_2$; (2) $\frac{8}{3}$; (3) 0; (4) $\iint\limits_{\substack{|x|\leqslant 1\\|y|\leqslant 1}} e^{x^2+y^2}\,dx\,dy$.

习 题 8.2

1. (1) $\int_{-1}^{1}dx\int_{-2}^{2}f(x,y)dy=\int_{-2}^{2}dy\int_{-1}^{1}f(x,y)dx$;

(2) $\int_0^1 dx\int_x^{\sqrt{x}}f(x,y)dy=\int_0^1 dy\int_{y^2}^{y}f(x,y)dx$;

(3) $\int_0^R dx\int_{-\sqrt{R^2-x^2}}^{\sqrt{R^2-x^2}}f(x,y)dy=\int_{-R}^{R}dy\int_0^{\sqrt{R^2-y^2}}f(x,y)dx$;

(4) $\int_0^1 dx\int_0^{x^2}f(x,y)dy+\int_1^2 dx\int_0^{1-x}f(x,y)dy=\int_0^1 dy\int_{\sqrt{y}}^{1-y}f(x,y)dx$.

3. (1) $\frac{20}{3}$; (2) $-\frac{3}{2}\pi$; (3) $\frac{6}{55}$; (4) $\frac{9}{4}$; (5) $e-\frac{1}{e}$.

4. (1) $\int_0^1 dy\int_{e^y}^{e}f(x,y)dx$; (2) $\int_0^2 dy\int_{-\sqrt{2-y}}^{0}f(x,y)dx$; (3) $\int_0^4 dx\int_{\frac{x}{2}}^{\sqrt{x}}f(x,y)dy$;

(4) $\int_1^2 dx\int_{2-x}^{\sqrt{2x-x^2}}f(x,y)dy$; (5) $\int_{-1}^{0}dy\int_{-2\arcsin y}^{\pi}f(x,y)dx+\int_0^1 dy\int_{\arcsin y}^{\pi-\arcsin y}f(x,y)dx$;

(6) $\int_0^2 dx\int_{\frac{x}{2}}^{3-x}f(x,y)dy$.

5. $e^{-1}-1$.

6. $\frac{4}{3}$.

7. $\frac{17}{6}$.

8. 127 324 m^3.

9. (1) $\int_{\frac{\pi}{2}}^{\pi}d\theta\int_0^1 f(\rho\cos\theta,\rho\sin\theta)\rho d\rho$; (2) $\int_{-\frac{\pi}{2}}^{\frac{\pi}{2}}d\theta\int_0^{2a\cos\theta}f(\rho\cos\theta,\rho\sin\theta)\rho d\rho$;

(3) $\int_0^{\frac{\pi}{2}}d\theta\int_0^{\frac{1}{\sin\theta+\cos\theta}}f(\rho\cos\theta,\rho\sin\theta)\rho d\rho$.

10. (1) $\int_0^{\frac{\pi}{4}}d\theta\int_0^{\sec\theta}f(\rho\cos\theta,\rho\sin\theta)\rho d\rho$; (2) $\int_0^{\pi}d\theta\int_0^1 f(\rho^2)\rho d\rho$; (3) $\int_{\frac{\pi}{4}}^{\frac{\pi}{3}}d\theta\int_0^{2\sec\theta}f(\theta)\rho d\rho$;

(4) $\int_0^{\frac{\pi}{4}}d\theta\int_{\sin\theta\sec^2\theta}^{\sec\theta}f(\rho\cos\theta,\rho\sin\theta)\rho d\rho$; (5) $\int_0^{\frac{\pi}{2}}d\theta\int_0^{2\cos\theta}f(\rho^2)\rho d\rho$;

(6) $\int_{\frac{\pi}{4}}^{\frac{3\pi}{4}}d\theta\int_0^{\csc\theta}f(\rho\cos\theta,\rho\sin\theta)\rho d\rho$.

11. (1) $\pi(e^4-1)$; (2) $\frac{\pi}{4}(2\ln 2-1)$; (3) $\frac{3}{64}\pi^2$; (4) $\frac{a^3}{3}\left(\pi-\frac{4}{3}\right)$.

12. $\frac{3}{32}\pi a^4$.

13. $\frac{\pi^5}{40}$.

14. π.

15. (1) $\frac{13}{6}$； (2) $\frac{\pi}{8}(\pi-2)$； (3) $\pi-2$； (4) $\frac{9}{8}\ln 3-\ln 2-\frac{1}{2}$； (5) $\frac{1}{3}-\frac{3}{16}\pi$.

16. $\frac{4}{3}$.

* **18.** (1) $\frac{\pi^4}{3}$； (2) $\frac{7}{3}\ln 2$； (3) $\frac{e-1}{2}$.

* **20.** $\frac{3}{8}\pi a^2$.

习　题　8.3

1. (1) $\int_0^1 dx\int_0^{1-x} dy\int_0^{xy} f(x, y, z)dz$； (2) $\int_{-2}^2 dx\int_{-\sqrt{4-x^2}}^{\sqrt{4-x^2}} dy\int_2^{6-x^2-y^2} f(x, y, z)dz$；

(3) $\int_{-1}^1 dx\int_{-\sqrt{1-x^2}}^{\sqrt{1-x^2}} dy\int_{x^2+2y^2}^{2-x^2} f(x, y, z)dz$.

2. (1) 1； (2) $\frac{1}{364}$； (3) 0； (4) $\frac{\pi}{4}R^2h^2$.

3. (1) $\frac{\pi}{4}$； (2) $\frac{8}{9}a^2$； (3) $\frac{512}{3}\pi$.

4. (1) $\frac{6}{11}\pi$； (2) $\frac{\pi}{5}a^5(2-\sqrt{2})$； (3) $\frac{16}{3}\pi$.

5. $I=\int_0^{\pi} d\theta\int_0^{\sin\theta}\rho d\rho\int_0^{\sqrt{3}\rho} f(\sqrt{\rho^2+z^2})dz=\int_0^{\pi} d\theta\int_{-\frac{\pi}{2}}^{\frac{\pi}{2}}\sin\varphi d\varphi\int_0^{\sin\theta} r^2 f(r)dV$.

6. 336π.

7. (1) $\frac{1}{8}$； (2) $\pi\left(\ln 2+\frac{\pi}{2}-2\right)$； (3) $\frac{4\pi}{15}(A^5-a^5)$； (4) $\frac{\pi}{6}(\sqrt{2}-1)$.

8. $-\frac{4}{5}\pi$.

9. (1) $\frac{4\pi}{15}R^5$； (2) 0； (3) $\frac{4\pi}{5}R^5$； (4) 0.

10. (1) $\frac{81}{10}$； (2) $\frac{5}{6}\pi a^3$； (3) $\frac{3}{2}\pi a^3$； (4) $\frac{2}{3}\pi(5\sqrt{5}-1)$.

11. $\frac{4}{5}\pi(b^5-a^5)$.

习 题 8.4

1. $\sqrt{2}\pi$.

2. $2(2-\sqrt{2})\pi a^2$, $\sqrt{2}\pi a^2$.

3. $\frac{16}{3}R^3$, $16R^2$.

4. (1) $\left(\frac{1}{2},\ \frac{2}{5}\right)$; (2) $\left(\frac{4\sqrt{2}}{3\pi},\ \frac{4(2-\sqrt{2})}{3\pi}\right)$; (3) $\left(0,\ \frac{4b}{3\pi}\right)$; (4) $\left(\frac{b^2+ab+a^2}{2(a+b)},\ 0\right)$.

5. $\left(\frac{2}{5}a,\ \frac{2}{5}a\right)$.

6. $\left(\frac{49}{55},\ \frac{37}{55}\right)$.

7. (1) $\left(0,\ 0,\ \frac{27}{10}\right)$; (2) $\left(0,\ 0,\ \frac{3(A^4-a^4)}{8(A^3-a^3)}\right)$; (3) $\left(\frac{2}{5}a,\ \frac{2}{5}a,\ \frac{7}{30}a^2\right)$.

8. (1) $I_x=\frac{1}{3}ab^3$, $I_y=\frac{1}{3}ba^3$; (2) $I_x=\frac{1}{2}$, $I_y=\frac{1}{6}$; (3) $I_x=\frac{1}{20}$.

9. $\frac{11}{30}\pi a^5$.

10. $$\boldsymbol{F}=\left(2G\mu\left(\ln\frac{R_2+\sqrt{R_2^2+a^2}}{R_1+\sqrt{R_1^2+a^2}}-\frac{R_2}{\sqrt{R_2^2+a^2}}+\frac{R_1}{\sqrt{R_1^2+a^2}}\right),\right.$$
$$\left.0,\ \pi Ga\mu\left(\frac{1}{\sqrt{R_2^2+a^2}}-\frac{1}{\sqrt{R_1^2+a^2}}\right)\right).$$

11. $\boldsymbol{F}=\left(0,\ 0,\ -2\pi G\mu\left(\sqrt{(h-a)^2+R^2}-\sqrt{R^2+a^2}+h\right)\right)$.

12. (1) $\frac{8}{3}a^4$; (2) $\bar{x}=\bar{y}=0$, $\bar{z}=\frac{7}{15}a^2$; (3) $\frac{112}{45}a^6\mu$.

14. $R=\frac{4}{3}a$.

15. $I(t)=t^2+\frac{\mathrm{e}^2+1}{2}t+\frac{2\mathrm{e}^3+1}{9}$, $t=\frac{\mathrm{e}^2+1}{4}$.

总 习 题 8

1. (1) A; (2) C; (3) C; (4) B.

2. (1) -8; (2) $\frac{a^4}{2}$; (3) 1;

(4) $\int_0^{\frac{\pi}{4}}\mathrm{d}\theta\int_0^{\sec\theta}f(\rho\cos\theta,\ \rho\sin\theta)\rho\,\mathrm{d}\rho+\int_{\frac{\pi}{4}}^{\frac{\pi}{2}}\mathrm{d}\theta\int_0^{\csc\theta}f(\rho\cos\theta,\ \rho\sin\theta)\rho\,\mathrm{d}\rho$.

3. (1) $\frac{3}{2}+\cos 1+\sin 1-\cos 2-2\sin 2$; (2) $\frac{2}{3}$; (3) $\frac{3\pi}{4}R^4+9\pi R^2$; (4) 1.

4. $\dfrac{2}{e}-\dfrac{4}{e^3}$.

5. (1) $\int_0^{\frac{1}{2}}dy\int_0^{\sqrt{2y}}f(x,\ y)dx+\int_{\frac{1}{2}}^{\sqrt{2}}dy\int_0^1 f(x,\ y)dx+\int_{\sqrt{2}}^{\sqrt{3}}dy\int_0^{\sqrt{3-y^2}}f(x,\ y)dx$;

(2) $\int_1^2 dx\int_0^{1-x}f(x,\ y)dy$; (3) $\int_1^2 dx\int_{\sqrt{x}}^{x}f(x,\ y)dy+\int_2^4 dx\int_{\sqrt{x}}^{2}f(x,\ y)dy$;

(4) $\int_0^1 dy\int_0^{y^2}f(x,\ y)dx+\int_1^2 dy\int_0^{\sqrt{2y-y^2}}f(x,\ y)dx$.

6. $f(x,\ y)=\sqrt{1-x^2-y^2}+\dfrac{8}{9\pi}-\dfrac{2}{3}$.

7. $\dfrac{1}{2}\sqrt{a^2b^2+b^2c^2+c^2a^2}$.

8. (1) $\dfrac{59}{480}\pi R^5$; (2) $\dfrac{8}{9}a^2$; (3) $\pi(\sqrt{2}-1)$; (4) $\dfrac{13}{4}$.

10. $-\sqrt{\dfrac{\pi}{2}}$.

11. $\bar{y}=\dfrac{64}{15}\bar{x}^2$.

13. $I=\dfrac{368}{105}\mu$.

14. $\left(0,\ 0,\ \dfrac{3}{8}b\right)$.

15. $\dfrac{2}{3}\pi$.

16. $\left(0,\ \dfrac{4GmM}{\pi R^2}\left(\ln\dfrac{R+\sqrt{R^2+a^2}}{a}-\dfrac{R}{\sqrt{R^2+a^2}}\right),\ -\dfrac{2GmM}{R^2}\left(1-\dfrac{a}{\sqrt{R^2+a^2}}\right)\right)$.

习 题 9.1

1. (1) L 的弧长; (2) 弧长; (3) $<$.

2. (1) $M=\int_L \mu(x,\ y)ds$; (2) $I_x=\int_L y^2\mu(x,\ y)ds$, $I_y=\int_L x^2\mu(x,\ y)ds$;

(3) $\bar{x}=\dfrac{\int_L x\mu(x,\ y)ds}{\int_L \mu(x,\ y)ds}$, $\bar{y}=\dfrac{\int_L y\mu(x,\ y)ds}{\int_L \mu(x,\ y)ds}$.

3. (1) $2\pi a^{2n+1}$; (2) $\sqrt{2}$; (3) $\dfrac{1}{12}(5\sqrt{5}+6\sqrt{2}-1)$; (4) $e^a\left(2+\dfrac{\pi}{4}a\right)-2$; (5) 9;

(6) $\dfrac{\sqrt{3}}{2}(1-e^{-2})$; (7) $2\pi a^2$; (8) $\dfrac{256}{15}a^3$; (9) $2\pi^2a^3(1+2\pi^2)$.

4. (1) $I_z=\dfrac{2}{3}\pi a^2\sqrt{a^2+k^2}(3a^2+4\pi^2k^2)$;

(2) $\bar{x}=\dfrac{6ak^2}{3a^2+4\pi^2k^2}$, $\bar{y}=\dfrac{-6\pi ak^2}{3a^2+4\pi^2k^2}$, $\bar{z}=\dfrac{3\pi k(a^2+2\pi^2k^2)}{3a^2+4\pi^2k^2}$.

5. $12a$.

习 题 9.2

1. (1) 坐标； (2) -1； (3) 起，终.

4. (1) $-\dfrac{56}{15}$； (2) $-\dfrac{\pi}{2}a^3$； (3) 0； (4) -2π； (5) $\dfrac{k^3\pi^3}{3}-a^2\pi$； (6) 13； (7) $\dfrac{1}{2}$；

(8) $-\dfrac{14}{15}$； (9) 0.

5. (1) $\dfrac{34}{3}$； (2) 11； (3) 14； (4) $\dfrac{32}{3}$.

6. (1) $\int_L P(x,y)\mathrm{d}x+Q(x,y)\mathrm{d}y=\int_L \dfrac{P(x,y)+Q(x,y)}{\sqrt{2}}\mathrm{d}s$;

(2) $\int_L P(x,y)\mathrm{d}x+Q(x,y)\mathrm{d}y=\int_L \dfrac{P(x,y)+2xQ(x,y)}{\sqrt{1+4x^2}}\mathrm{d}s$;

(3) $\int_L P(x,y)\mathrm{d}x+Q(x,y)\mathrm{d}y=\int_L [\sqrt{2x-x^2}P(x,y)+(1-x)Q(x,y)]\mathrm{d}s$.

7. $\int_\Gamma \dfrac{P+2xQ+3yR}{\sqrt{1+4x^2+9y^2}}\mathrm{d}s$.

8. $\boldsymbol{F}=\{0,0,mg\}$, $W=mg(z_2-z_1)$.

9. (1) $\dfrac{1}{2}(a^2-b^2)$； (2) 0.

10. $-|F|R$.

习 题 9.3

1. (1) $\oint_L P\mathrm{d}x+Q\mathrm{d}y$； (2) $\dfrac{\partial P}{\partial y}=\dfrac{\partial Q}{\partial x}$； (3) 10.

2. (1) $\dfrac{1}{30}$； (2) 8.

3. (1) $\dfrac{3}{8}\pi a^2$； (2) 12π； (3) πa^2.

4. $-\pi$.

5. (1) 236； (2) $\dfrac{5}{2}$； (3) 5.

6. (1) $\dfrac{\sin 2}{4}-\dfrac{7}{6}$； (2) 12； (3) 0； (4) $\dfrac{\pi^2}{4}$； (5) $-\dfrac{\pi}{8}ma^2$；

(6) 当 C 不包含原点时积分值为 0，当 c 包含原点时积分值为 π.

7. (1) $u(x,y)=x^3y+4x^2y^2+12(ye^y-e^y)$；

(2) $\frac{x^2}{2}+2xy+\frac{y^2}{2}+C$； (3) x^2y+C；

(4) $-\cos 2x\sin 3y+C$； (5) $y^2\sin x+x^2\cos y+C$.

8. $u(x, y)=y^2\sin x+x^2\cos y+C$，1.

9. $\lambda=-1$，$u(x, y)=\frac{r}{y}$.

12. $\frac{b^2}{2}-2\pi a^2$.

习　题　9.4

1. (1) $10a$； (2) $\sqrt{1+\left(\frac{\partial x}{\partial y}\right)^2+\left(\frac{\partial x}{\partial z}\right)^2}$； (3) $2\pi a^4$； (4) $\frac{111}{10}\pi$； (5) $\frac{1+\sqrt{2}}{2}\pi$.

2. $I_x=\iint\limits_{\Sigma}(y^2+z^2)\mu(x, y, z)\mathrm{d}S$.

3. $\iint\limits_{\Sigma}f(x, y, z)\mathrm{d}S=\iint\limits_{D}f(x, y, 0)\mathrm{d}x\mathrm{d}y$.

4. (1) $\frac{13}{3}\pi$； (2) $\frac{149}{30}\pi$； (3) $\frac{111}{10}\pi$.

5. (1) $\frac{1+\sqrt{2}}{2}\pi$； (2) 9π.

6. (1) $-\frac{27}{4}$； (2) $\frac{64}{15}\sqrt{2}a^4$； (3) $\frac{32}{9}\sqrt{2}$； (4) $2\pi\arctan\frac{H}{R}$； (5) $4\sqrt{61}$；

(6) $\pi a(a^2-h^2)$.

7. $\frac{2\pi}{15}(6\sqrt{3}+1)$.

8. $4\pi R^3k$.

9. $\frac{4}{3}\rho_0\pi a^4$.

习　题　9.5

1. 0.

2. $\iint\limits_{\Sigma}R(x, y, z)\mathrm{d}x\mathrm{d}y=\pm\iint\limits_{D_{xy}}R(x, y, z)\mathrm{d}x\mathrm{d}y$，当$\Sigma$取的是上侧时为正号，$\Sigma$取的是下侧时为负号.

3. (1) $\frac{3}{2}\pi$； (2) $\frac{1}{8}$； (3) $2\pi e^2$； (4) $\frac{1}{3}a^3h^2$； (5) $\frac{2}{105}\pi R^7$； (6) $\frac{3}{2}\pi$； (7) $\frac{1}{2}$.

4. (1) $\iint\left(\frac{3}{5}P+\frac{2}{5}Q+\frac{2\sqrt{3}}{5}R\right)\mathrm{d}S$； (2) $\iint\limits_{\Sigma}\frac{1}{\sqrt{1+4x^2+4y^2}}(2xP+2yQ+R)\mathrm{d}S$.

习 题 9.6

1. (1) $\frac{12}{5}\pi a^5$; (2) 81π; (3) $\frac{\pi}{4}R^4$; (4) $\frac{1}{2}$; (5) $-\frac{\pi}{4}h^4$; (6) $-2\pi R^3$; (7) $3a^4$;

(8) $\frac{2}{5}\pi a^5$; (9) $\frac{3}{2}$.

3. $a^3\left(2-\frac{a^2}{6}\right)$.

4. (1) $\mathrm{div}\boldsymbol{A}=ye^{xy}-x\sin(xy)-2xz\sin(xz^2)$; (2) $\mathrm{div}\boldsymbol{A}=2(x+y+z)$;

(3) $\mathrm{div}\boldsymbol{A}=2x$.

5. $\mathrm{div}\boldsymbol{A}=x^2+y^2+z^2$, $\mathbf{grad}(\mathrm{div}\boldsymbol{A})=2x\boldsymbol{i}+2y\boldsymbol{j}+2z\boldsymbol{k}$.

6. 108π.

习 题 9.7

1. (1) $-\sqrt{3}\pi a^2$; (2) 4π; (3) -20π; (4) $-2\pi a(a+b)$; (5) 9π.

2. $-\frac{\pi}{4}a^3$.

3. (1) $\mathbf{rot}\,\boldsymbol{A}=\boldsymbol{i}+\boldsymbol{j}$; (2) $\mathbf{rot}\,\boldsymbol{A}=2\boldsymbol{i}+4\boldsymbol{j}+6\boldsymbol{k}$;

(3) $\mathbf{rot}\,\boldsymbol{A}=[x\sin(\cos z)-xy^2\cos(xz)]\boldsymbol{i}-y\sin(\cos z)\boldsymbol{j}+[y^2z\cos(xz)-x^2\cos y]\boldsymbol{k}$.

4. (1) 0; (2) -4.

5. (1) 12π; (2) 2π.

6. 0.

7. 2π.

总 习 题 9

1. (1) B; (2) C; (3) C; (4) C; (5) B; (6) C; (7) B; (8) C; (9) C;

(10) C.

2. (1) $\int_\Gamma (P\cos\alpha+Q\cos\beta+R\cos\gamma)\mathrm{d}s$, 切向量; (2) $\iint_\Sigma (P\cos\alpha+Q\cos\beta+R\cos\gamma)\mathrm{d}S$, 法向量.

3. (1) $\frac{(2+t_0^2)^{\frac{3}{2}}-2\sqrt{2}}{3}$; (2) πa^2; (3) $2a^2$; (4) $-2\pi a^2$; (5) $\frac{1}{35}$; (6) $\frac{\sqrt{2}}{16}\pi$.

4. (1) $2\pi\arctan\frac{H}{R}$; (2) $-\frac{\pi}{4}h^4$; (3) 0; (4) $2\pi R^3$; (5) $\frac{2}{15}$.

5. $u(x,y)=\frac{1}{2}\ln(x^2+y^2)+C$.

6. $\left(0, 0, \frac{a}{2}\right)$.

7. 3.

8. $\frac{32}{15}\pi$, 0.

11. $\frac{3}{2}$.

习 题 10.1

1. (1) 不是；(2) 发散；(3) 不一定；(4) 收敛；(5) 发散.

2. (1) $1-\frac{1}{2}+\frac{1}{3}-\frac{1}{4}+\frac{1}{5}-\cdots$;

(2) $\frac{1!}{1}+\frac{2!}{2^2}+\frac{3!}{3^3}+\frac{4!}{4^4}+\frac{5!}{5^5}+\cdots$;

(3) $\frac{1}{2}+\frac{1\cdot 3}{2\cdot 4}+\frac{1\cdot 3\cdot 5}{2\cdot 4\cdot 6}+\frac{1\cdot 3\cdot 5\cdot 7}{2\cdot 4\cdot 6\cdot 8}+\frac{1\cdot 3\cdot 5\cdot 7\cdot 9}{2\cdot 4\cdot 6\cdot 8\cdot 10}+\cdots$.

3. (1) $\frac{n+1}{n(n+1)}$; (2) $\frac{n(n+1)}{2^n}$; (3) $(-1)^{n-1}\frac{n+1}{n}$; (4) $\frac{x^{\frac{n}{2}}}{2\cdot 4\cdot 6\cdot\cdots\cdot(2n)}$.

4. (1) 收敛；(2) 收敛；(3) 发散；(4) 发散.

5. (1) 收敛；(2) 收敛；(3) 发散；(4) 发散.

6. (1) $\frac{1}{a}$; (2) 1.

9. (1) 发散；(2) 收敛.

习 题 10.2

1. (1) 收敛；(2) 发散；(3) 当 $a>1$ 时收敛,当 $a<1$ 时发散；(4) 收敛；(5) 发散；(6) 收敛；(7) 发散；(8) 收敛；(9) 收敛；(10) 发散；(11) 收敛；(12) 收敛.

2. (1) 收敛；(2) 发散；(3) 收敛；(4) 收敛；(5) 发散；(6) 收敛.

3. (1) 收敛；(2) 收敛；(3) 发散；(4) 收敛；

(5) 当 $b<a$ 时收敛,当 $b>a$ 时发散,当 $b=a$ 时收敛性不确定.

4. (1) $\beta\leqslant 0$ 时发散,$\beta>\frac{1}{2}$ 时收敛,$\beta<\frac{1}{2}$ 时发散；(2) 收敛；(3) 发散；(4) 收敛；

(5) 当 $0<a<1$ 时收敛,当 $a>1$ 时发散,当 $a=1$ 且 $0<s\leqslant 1$ 时发散,当 $a=1$ 且 $s>1$ 时收敛.

5. (1) 发散；(2) 收敛.

7. 提示:由 $\sum_{n=1}^{\infty}c_n=\sum_{n=1}^{\infty}[(c_n-a_n)+a_n]$,只证 $\sum_{n=1}^{\infty}(c_n-a_n)$ 收敛.

习 题 10.3

1. (1) 绝对收敛；(2) 绝对收敛；(3) 条件收敛；(4) 条件收敛；(5) 绝对收敛.

2. (1) 发散；(2) 绝对收敛；(3) 发散；(4) 条件收敛；(5) 条件收敛；(6) 绝对收敛.

3. (1) C；(2) C；(3) C.

4. $|a|<1,\ p>0$,绝对收敛;$|a|>1,\ p>0$,发散;$a=1,\ p>1$,收敛,$p\leqslant 1$发散;$a=-1,\ p>1$,绝对收敛,$p\leqslant 1$,条件收敛.

7. 不一定.

习　题　10.4

1. (1) $\left(-\frac{1}{2},\ \frac{1}{2}\right]$; (2) $(-\infty,\ +\infty)$; (3) $(-\infty,\ +\infty)$; (4) $\left[-\frac{1}{2},\ \frac{1}{2}\right]$;

(5) $\left(-\frac{1}{\sqrt{2}},\ \frac{1}{\sqrt{2}}\right)$; (6) $[-1,\ 1]$; (7) $x\leqslant -1$ 或 $x>-\frac{1}{3}$; (8) $\frac{1}{2}\leqslant x<\frac{3}{2}$.

2. (1) $\frac{1}{(1-x)^2}\ (-1<x<1)$; (2) $\frac{1}{2}\ln\frac{1+x}{1-x}\ (-1<x<1)$;

(3) $s(x)=\begin{cases}\frac{1}{1-x}+\frac{1}{x}\ln(1-x), & 0<|x|<1,\\ 0, & x=0;\end{cases}$ (4) $\frac{1}{(1-x)^3},\ |x|<1$;

(5) $s(x)=\begin{cases}1, & x=1,\\ 1+\left(\frac{1}{x}-1\right)\ln(1-x), & x\in[-1,\ 0)\cup(0,\ 1).\end{cases}$

3. (1) C; (2) A.

4. $0\leqslant x<2$.

习　题　10.5

1. (1) $a^x=\sum_{n=0}^{\infty}\frac{(\ln a)^n}{n!}x^n,\ x\in(-\infty,\ +\infty)$;

(2) $\ln(a+x)=\ln a+\sum_{n=1}^{\infty}(-1)^{n-1}\frac{1}{n}\left(\frac{x}{a}\right)^n,\ x\in(-a,\ a]$;

(3) $\sum_{n=1}^{\infty}\frac{x^{2n-1}}{(2n-1)!},\ x\in(-\infty,\ +\infty)$;

(4) $\cos^2 x=\frac{1}{2}+\frac{1}{2}\sum_{n=0}^{\infty}\frac{(-1)^n}{(2n)!}2^{2n}x^{2n},\ x\in(-\infty,\ +\infty)$;

(5) $(1+e^x)^3=8+3\sum_{n=1}^{\infty}\frac{1+2^n+3^{n-1}}{n!}x^n,\ x\in(-\infty,\ +\infty)$;

(6) $\frac{x}{\sqrt{1+x^2}}=x+\sum_{n=1}^{\infty}(-1)^n\frac{2(2n)!}{(n!)^2}\left(\frac{x}{2}\right)^{2n+1},\ x\in[-1,\ 1]$;

(7) $(4-x^2)^{-\frac{1}{2}}=\frac{1}{2}\left[1+\sum_{n=1}^{\infty}\frac{(2n-1)!!}{(2n)!!}\left(\frac{x}{2}\right)^{2n}\right],\ x\in(-2,\ 2)$.

2. (1) $\frac{1}{3-x}=\sum_{n=0}^{\infty}\frac{1}{2^{n+1}}(x-1)^n,\ x\in(-1,\ 3)$;

(2) $\sqrt{x^3}=1+\frac{3}{2}(x-1)+\sum_{n=2}^{\infty}(-1)^n\frac{\frac{3}{2}\left(\frac{3}{2}-1\right)\cdots\left(\frac{3}{2}-n+1\right)}{n!}(x-1)^n,\ x\in[0,\ 2]$;

(3) $\lg x=\dfrac{1}{\ln 10}\sum_{n=1}^{\infty}(-1)^{n-1}\dfrac{(x-1)^n}{n}$, $x\in(0,2]$;

(4) $\dfrac{1}{x^2+4x+3}=\sum_{n=0}^{\infty}(-1)^n\left(\dfrac{1}{2^{n+2}}-\dfrac{1}{2^{2n+3}}\right)(x-1)^n$, $x\in(-1,3)$.

3. $\dfrac{1}{x}=\dfrac{1}{3}\sum_{n=0}^{\infty}(-1)^n\dfrac{(x-3)^n}{3^n}$, $x\in(0,6)$.

4. $\sum_{n=2}^{\infty}\dfrac{x^{2n+1}}{n!}=x(e^{x^2}-1-x^2)$, $x\in(-\infty,+\infty)$.

5. $s(x)=\sin x\sin 2x$, $x\in(-\infty,+\infty)$.

6. 0.951.

7. 0.487.

8. 5.061.

习　题　10.6

1. (1) $\dfrac{2}{3}\pi^2+8\sum_{n=1}^{\infty}\dfrac{(-1)^n}{n^2}\cos nx$, $x\in[-\pi,\pi]$;

(2) $\dfrac{e^{2\pi}-e^{-2\pi}}{\pi}\left[\dfrac{1}{4}+\sum_{n=1}^{n}\dfrac{(-1)^n}{n^2+4}(2\cos nx-n\sin nx)\right]$, $x\neq(2n+1)\pi$, $n=0,\pm1,\pm2,\cdots$;

(3) $\dfrac{\pi}{2}-\dfrac{4}{\pi}\sum_{n=1}^{\infty}\dfrac{1}{(2n-1)^2}\cos(2n-1)x$, $x\in(-\infty,+\infty)$.

2. (1) $2\sin\dfrac{x}{3}=\dfrac{18\sqrt{3}}{\pi}\sum_{n=1}^{\infty}(-1)^{n-1}\dfrac{n\sin nx}{9n^2-1}$, $x\in(-\pi,\pi)$;

(2) $\pi-\sum_{n=1}^{\infty}\dfrac{\sin nx}{n}=\begin{cases}f(x), & -\infty<x<+\infty,\ x\neq 2k\pi;\ k=0,\pm1,\cdots,\\ \pi, & x=2k\pi.\end{cases}$

3. $\cos\dfrac{x}{2}=\dfrac{2}{\pi}+\dfrac{4}{\pi}\sum_{n=1}^{\infty}\dfrac{(-1)^{n-1}}{4n^2-1}\cos nx$, $x\in[-\pi,\pi]$.

4. $f(x)=\dfrac{2}{\pi}\sum_{n=1}^{\infty}\left[\dfrac{1}{n^2}\sin\dfrac{n\pi}{2}+(-1)^{n+1}\dfrac{\pi}{2n}\right]\sin nx$, $x\neq(2n+1)\pi$, $n=0,\pm1,\pm2,\cdots$.

5. $x+1=\dfrac{2}{\pi}\left[(\pi+2)\sin x-\dfrac{\pi}{2}\sin 2x+\dfrac{1}{3}(\pi+2)\sin 3x-\dfrac{\pi}{4}\sin 4x+\cdots\right]$,

$x+1=\dfrac{\pi}{2}+1-\dfrac{4}{\pi}\left(\cos x+\dfrac{1}{3^2}\cos 3x+\dfrac{1}{5^2}\cos 5x+\cdots\right)$, $0\leqslant x\leqslant\pi$.

6. $\dfrac{\pi-x}{2}=\sum_{n=1}^{\infty}\dfrac{1}{n}\sin nx$, $x\in(0,\pi)$.

7. $\arcsin(\sin x)=\dfrac{4}{\pi}\sum_{n=1}^{\infty}\dfrac{(-1)^{n-1}}{(2n-1)^2}\sin(2n-1)x$, $-\infty<x<+\infty$.

8. $x^2=\dfrac{\pi^2}{3}+4\sum_{n=1}^{\infty}(-1)^n\dfrac{\cos nx}{n^2}$, $x\in[-\pi,\pi]$.

$\sum_{n=1}^{\infty}\dfrac{1}{(2n-1)^2}=\dfrac{\pi^2}{8}$. 提示：$\sum_{n=1}^{\infty}\dfrac{1}{(2n-1)^2}=\dfrac{1}{2}\left[\sum_{n=1}^{\infty}\dfrac{1}{n^2}+\sum_{n=1}^{\infty}(-1)^{n+1}\dfrac{1}{n^2}\right]$.

9. 提示：令 $t=\frac{\pi}{2}-x$.

10. 提示：令 $x=\pi+t$.

11. 提示：令 $x=\pi+t$.

习 题 10.7

1. $f(x)=\frac{10}{\pi}\sum_{n=1}^{\infty}\frac{(-1)^n}{n}\sin\frac{n\pi}{5}x\ (5<x<15)$.

2. $f(x)=-\frac{1}{4}+\sum_{n=1}^{\infty}\left\{\left[\frac{1-(-1)^n}{n^2\pi^2}+\frac{2\sin\frac{n\pi}{2}}{n\pi}\right]\cos n\pi x+\frac{1-2\cos\frac{n\pi}{2}}{n\pi}\sin n\pi x\right\}$

$\left(x\neq 2k,\ 2k+\frac{1}{2};\ k=0,\ \pm,\ \pm 2,\ \cdots\right)$.

3. $f(x)=\frac{e^{\frac{\pi}{2}}-1}{\pi}+\frac{2}{\pi}\sum_{n=1}^{\infty}\frac{e^{\frac{\pi}{2}}(-1)^n-1}{4n^2+1}\cos 2nx+\frac{4}{\pi}\sum_{n=1}^{\infty}\frac{n[(-1)^{n+1}e^{\frac{\pi}{2}}+1]}{4n^2+1}\sin 2n\pi$

$\left(x\neq\frac{k\pi}{2};\ k=0,\ \pm 1,\ \pm 2,\ \cdots\right)$.

4. $f(x)=\frac{4}{\pi}\sum_{k=1}^{\infty}\frac{(-1)^{k-1}}{2k-1}\cos\frac{(2k-1)\pi}{2}x\ (0\leqslant x<1,\ 1<x\leqslant 2)$.

5. $f(x)=\frac{2pl}{\pi^2}\left(\sin\frac{\pi x}{l}-\frac{1}{32}\sin\frac{3\pi x}{l}+\frac{1}{5^2}\sin\frac{5\pi x}{l}-\cdots\right)\ (0\leqslant x\leqslant l)$.

6. $2+|x|=\frac{5}{2}-\frac{4}{\pi^2}\sum_{k=0}^{\infty}\frac{\cos(2k+1)\pi x}{(2k+1)^2}$, $\sum_{n=1}^{\infty}\frac{1}{n^2}=\frac{\pi^2}{6}$.

提示：$\sum_{n=1}^{\infty}\frac{1}{n^2}=\sum_{k=0}^{\infty}\frac{1}{(2k+1)^2}+\sum_{k=1}^{\infty}\frac{1}{(2k)^2}$.

7. $f(x)=\operatorname{sh}1\sum_{n=-\infty}^{\infty}\frac{(-1)^n(1-in\pi)}{1+(n\pi)^2}e^{in\pi x}\ (x\neq 2k+1;\ k=0,\ \pm 1,\ \pm 2,\ \cdots)$.

总 习 题 10

1. (1) 必要,充分； (2) 充分必要； (3) 收敛,发散； (4) 发散； (5) 收敛； (6) 发散；

(7) $2A-u$； (8) $\frac{2}{3}$； (9) $(-2,\ 4)$； (10) 绝对收敛.

2. (1) A； (2) C； (3) D； (4) C； (5) A.

3. (1) 收敛； (2) 收敛； (3) $a=1$ 发散,$a>1$,$0<a<1$ 收敛； (4) 发散； (5) 收敛.

4. (1) $0<x<3$； (2) $0<x<e$.

5. (1) 绝对收敛； (2) 绝对收敛； (3) 条件收敛； (4) 绝对收敛.

6. 当 $|x|\neq 1$ 时绝对收敛,当 $|x|=1$ 时发散.

7. (1) 0； (2) $\sqrt[4]{8}$. 提示：化成 $2^{\frac{1}{3}+\frac{2}{3^2}+\cdots+\frac{n}{3^n}+\cdots}$.

8. (1) $[-3,\ 3)$； (2) $(0,\ 4)$.

9. (1) $R=\dfrac{1}{3}$，$\left(-\dfrac{5}{3},\ \dfrac{7}{3}\right)$； (2) $R=\min\{R_1,R_2\}=\dfrac{1}{4}$，$\left(-\dfrac{1}{4},\ \dfrac{1}{4}\right)$.

提示：先求原级数奇数项组成的级数和偶数项组成的级数的收敛半径 R_1 和 R_2.

10. (1) $s(x)=\dfrac{6x}{1-x}+\dfrac{2}{(1-x)^2}+\dfrac{2x^2(3-2x)}{(1-x)^3}+2\ (|x|<1)$；

(2) $s(x)=2x\arctan x-\ln(1+x^2)\ (|x|\leqslant 1)$； (3) $s(x)=\dfrac{x-1}{(2-x)^2}\ (x\in(0,2))$；

(4) $s(x)=\dfrac{1}{\sqrt{1-x}}\ (|x|<1)$.

11. (1) $s=\dfrac{22}{27}$； (2) $\dfrac{1}{2}(\cos 1+\sin 1)$. 提示：利用 $\cos 1$ 和 $\sin 1$ 的展开式.

12. (1) $\displaystyle\int_0^x t\cos t\,\mathrm{d}t=\sum_{n=0}^{\infty}\frac{(-1)^n x^{2n+2}}{(2n+2)(2n)!}\ (|x|<+\infty)$；

(2) $\displaystyle x\arctan x-\ln\sqrt{1+x^2}=\sum_{n=0}^{\infty}(-1)^n\frac{1}{(2n+1)(2n+2)}x^{2n+2}\ (|x|\leqslant 1)$.

13. $\displaystyle f(x)=\frac{\mathrm{e}^{\pi}-1}{2\pi}+\frac{1}{\pi}\sum_{n=1}^{\infty}\left\{\frac{(-1)^n\mathrm{e}^{\pi}-1}{n^2+1}\cos nx+\frac{n[(-1)^{n+1}\mathrm{e}^{\pi}+1]}{n^2+1}\sin nx\right\}$

$(-\infty<x<+\infty$ 且 $x\neq n\pi,\ n=0,\pm1,\pm2,\cdots)$.

14. $\displaystyle f(x)=\frac{2}{\pi}\sum_{n=1}^{\infty}\frac{1-\cos nh}{n}\sin nx\ (x\in(0,h)\cup(h,\pi])$，

$\displaystyle f(x)=\frac{h}{\pi}+\frac{2}{\pi}\sum_{n=1}^{\infty}\frac{\sin nh}{n}\cos nx\ (x\in[0,h)\cup(h,\pi])$.

15. 提示：当 $\sum\limits_{n=1}^{\infty}u_n$ 与 $\sum\limits_{n=1}^{\infty}v_n$ 都为正项级数时，$\sum\limits_{n=1}^{\infty}v_n$ 收敛.

16. 收敛.

17. 提示：利用比较审敛法的极限形式.

21. 收敛半径为 $|b|$.

习 题 11.1

1. (1) 是； (2) 是； (3) 是； (4) 是.

2. (1) 一阶； (2) 二阶； (3) 三阶； (4) 一阶； (5) 一阶； (6) 三阶.

3. (1) $y-x^2=1$； (2) $y=\dfrac{1}{2}\mathrm{e}^x+\dfrac{1}{2}\mathrm{e}^{-x}$； (3) $y=-\cos x$.

4. (1) $y=-\cos x+2$； (2) $y=x^3+2x$.

5. (1) $y'=2x$，初始条件：$y|_{x=1}=4$； (2) $\dfrac{xy'-y}{y'}=x^2$，初始条件：$y|_{x=-1}=1$.

6. $\dfrac{\mathrm{d}P}{\mathrm{d}T}=k\dfrac{P}{T^2}$，其中 k 为比例系数.

习　题　11.2

1. (1) $x^2-y^2=C$； (2) $y=e^{Ce^x}$； (3) $e^y-e^x=C$； (4) $\sin y\cos x=\pm e^{C_1}=C\ (C\neq 0)$；
(5) $\tan x\tan y=C$； (6) $y=-\lg(C-10^x)$； (7) $(e^x+1)(e^y-1)=C$；
(8) $\sin x\sin y=C$； (9) $4(y+1)^3+3x^4=C\ (C=12C_1)$； (10) $y^4(4-x)=Cx$.

2. (1) $y=1$； (2) $y=\dfrac{1}{\ln|x^2-1|+1}$； (3) $y=e^{\tan\frac{x}{2}}$； (4) $\cos y=\dfrac{\sqrt{2}}{4}(e^x+1)$；
(5) $y=\dfrac{4}{x^2}$.

3. (1) $y+\sqrt{y^2-x^2}=Cx^2$； (2) $x(y-x)=Cy$，$y=0$ 也是方程的解；
(3) $y^2=x^2(\ln x^2+C)$； (4) $\sin\dfrac{y}{x}=Cx$； (5) $\ln\left(1+\dfrac{y}{x}\right)=Cx$；
(6) $y\left(\dfrac{x}{y}+2e^{\frac{x}{y}}\right)=C$，即 $x+2ye^{\frac{x}{y}}=C$.

4. (1) $y^2-x^2=y^3$； (2) $y^2=2x^2(\ln x+2)$； (3) $x+y=(x^2+y^2)$.

5. $xy=2$.

6. $y=-4x\ln x+x$.

习　题　11.3

1. (1) $y=Ce^x-\dfrac{1}{2}(\sin x+\cos x)$； (2) $x=Ce^{-3t}+\dfrac{1}{5}e^{2t}$； (3) $s=Ce^{-\sin t}+\sin t-1$；
(4) $y=x^n(e^x+C)$； (5) $y=x^2(1+Ce^{\frac{1}{x}})$； (6) $\rho=\dfrac{2}{3}+Ce^{-3\theta}$；
(7) $x=(e^{-\frac{1}{y}}+C)y^2e^{\frac{1}{y}}$； (8) $y=(-\arctan x+C)x$； (9) $y=(x-2)^3+C(x-2)$；
(10) $x=\dfrac{1}{2}y^2+Cy^3$.

2. (1) $y=x\sec x$； (2) $y=\dfrac{1}{x}(\pi-1-\cos x)$； (3) $y=\dfrac{1}{\sin x}(-5e^{\cos x}+1)$；
(4) $y=\dfrac{2}{3}(4-e^{-3x})$； (5) $y=\dfrac{1}{2}x^3(1-e^{\frac{1}{x^2}-1})$； (6) $y=x+\sqrt{1-x^2}$.

3. (1) $y=-x^2+Cx$； (2) $y=-x+Cx^{\frac{1}{2}}$.

4. (1) $\dfrac{1}{y}=Ce^x-\sin x$； (2) $\dfrac{1}{y}=Ce^{-\frac{3}{2}x^2}-\dfrac{1}{3}$； (3) $\dfrac{1}{y}=[\ln(x+1)+C](x+1)$；
(4) $y^2=\left(\dfrac{x^2}{2}+C\right)x$.

5. (1) $y-\arctan(x+y)=C$； (2) $\dfrac{1}{x+C}=x-y$； (3) $xy=e^{Cx}$；
(4) $\dfrac{1-\cos(x+y)}{\sin(x+y)}=\dfrac{\pi}{2x}$.

6. $y = 5x - 6x^2 + 1$.

7. $f(x) = \frac{2}{3}x + \frac{1}{3\sqrt{x}}$.

8. $v = \frac{k_1}{k_2}t - \frac{k_1 m}{k_2^2}(1 - e^{-\frac{k_2}{m}t})$.

习 题 11.4

1. (1) $3x^2y - y^3 = C$； (2) $xe^{-y} - y^2 = C$； (3) $x^5 + \frac{3}{2}x^2y^2 - xy^3 + \frac{1}{3}y^3 = C$；

(4) $a^2x - x^2y - xy^2 + \frac{1}{3}y^3 = C$； (5) $xe^y - y^2 = C$； (6) $\frac{1}{3}x^3 + xy - y^2 = C$；

(7) $x^3 - xy + 2y^2 = C$； (8) $\ln\frac{y}{x} + \frac{xy}{x-y} = C$； (9) $x^4 + 3x^2y^2 + y^3 = C$；

(10) $\sin\frac{y}{x} - \cos\frac{x}{y} + x - \frac{1}{y} = C$.

2. (1) $x - y = \ln(x+y) + C$； (2) $\frac{x}{y} + \frac{x^2}{2} = C$； (3) $\frac{x^2}{2} - \frac{1}{y} - 3xy = C$；

(4) $3x^4 + 6x^2y^2 + 4x^3 = C$； (5) $x^2e^y + \frac{x^2}{y} + \frac{x}{y^3} = C$； (6) $\ln x^4 - x^{-4}y^4 = C$.

3. (1) $x = Cy^2 e^{\frac{1}{x^2y^2}}$； (2) $\frac{1}{x^2y^2} + \frac{1}{3x^3y^3} + \ln|y| = C$.

习 题 11.5

1. (1) $y = \frac{1}{4}(e^{2x} + \sin 2x) + C_1x + C_2$； (2) $y = \frac{x^3}{3} + \frac{C_1}{2}x^2 + C_2$；

(3) $y = \frac{x}{C_1}e^{C_1x+1} - \frac{1}{C_1^2}e^{C_1x+1} + C_2$； (4) $-\frac{1}{y} = C_1x + C_2$；

(5) $y = C_1e^x - \frac{1}{2}x^2 - x + C_2$； (6) $y = C_1\ln x + C_2$；

(7) $x = \pm\left[\frac{2}{3}(\sqrt{y} + C_1)^{\frac{3}{2}} - 2C_1\sqrt{\sqrt{y} + C_1}\right] + C_2$； (8) $y = \arcsin e^{x+C_2} + C_1$.

2. (1) $y = \frac{e^{ax}}{a^3} - \frac{e^a x^2}{2a} + \frac{e^a(a-1)x}{a^2} - \frac{e^a(2a - a^2 - 2)}{2a^3}$； (2) $y = -\ln\cos x$；

(3) $y = \left(\frac{1}{2}x + 1\right)^4$； (4) $y = x^3 + 3x + 1$； (5) $y^2 = 2x + 4$.

3. $y = \frac{x^3}{6} + \frac{x}{2} + 1$.

4. $y = \frac{1}{2}(e^{(x-1)} + e^{-(x-1)})$.

习 题 11.6

1. (1) 线性相关；(2) 线性无关；(3) 线性无关；(4) 线性相关；(5) 线性无关；(6) 线性相关.

3. $y = C_1 e^{x^2} + C_2 2x e^{x^2}$.

4. $y = C_1 x + C_2 x^2 + 1$.

习 题 11.7

1. (1) $y = C_1 e^{-2x} + C_2 e^x$； (2) $y = C_1 + C_2 e^{4x}$； (3) $y = e^x\left(C_1 \cos\dfrac{x}{2} + C_2 \sin\dfrac{x}{2}\right)$；

(4) $y = C_1 \cos x + C_2 \sin x$； (5) $y = (C_1 + C_2 x)e^x$； (6) $y = e^{2x}(C_1 \cos x + C_2 \sin x)$.

2. (1) $y = 4e^x + 2e^{3x}$； (2) $y = 3e^{-2x}\sin 5x$； (3) $y = (2+x)e^{-\frac{1}{2}x}$； (4) $y = e^{2x}\sin 3x$.

3. $y = \cos 3x + \dfrac{1}{3}\sin 3x$.

4. $S(x) = e^{-x} + 2e^x$.

5. $x = \dfrac{1}{5}(4e^t + e^{-4t})$ (cm).

习 题 11.8

1. (1) $y = C_1 + C_2 e^{-x} + \dfrac{x^2}{2} - x$； (2) $y = (C_1 + C_2 x)e^{2x} + \dfrac{1}{4}\cos 2x$；

(3) $\begin{cases} (C_1 + C_2 x)e^{-2x} + \dfrac{e^{ax}}{(a+2)^2}, & a \neq -2, \\ \left(C_1 + C_2 x + \dfrac{1}{2}x^2\right)e^{-2x}, & a = -2; \end{cases}$

(4) $y = C_1 e^{-x} + C_2 e^{-2x} + e^{-x}\left(\dfrac{3}{2}x^2 - 3x\right)$；

(5) $y = e^x(C_1 \cos 2x + C_2 \sin 2x) - \dfrac{1}{4}x e^x \cos 2x$；

(6) $y = e^{3x}(C_1 + C_2 x) + e^{3x}\left(\dfrac{1}{6}x^3 + \dfrac{1}{2}x^2\right)$.

2. (1) $y = -4 + 4e^x - 3x$； (2) $y = e^{2x} - e^x(x^2 + x - 1)$；

(3) $y = \dfrac{1}{4}\cos 2x + \dfrac{1}{8}\sin 2x - \dfrac{x}{4}\cos 2x$； (4) $y = \dfrac{1}{2}e^x + \dfrac{1}{2}e^{9x} - \dfrac{1}{7}e^{2x}$；

(5) $y = e^{-x} - e^x + x e^x(x-1)$； (6) $y = \dfrac{11}{16} + \dfrac{5}{16}e^{4x} - \dfrac{5}{4}x$.

3. (1) $y = C_1 x^2 + \dfrac{C_2}{x}$； (2) $y = C_1 x + \dfrac{C_2}{x} + \dfrac{1}{3}x^2$；

(3) $y = x[C_1 \cos(\ln x) + C_2 \sin(\ln x) + \ln x]$；

(4) $y=C_1x+C_2x^2+\frac{1}{2}(\ln x)^2+\frac{1}{2}\ln x+\frac{1}{4}$.

4. $\frac{x^2y^2}{2}+2xy+(-2\sin x+\cos x)y=C$.

5. $y=\frac{2}{3}\mathrm{e}^{-\frac{x}{2}}\cos\frac{\sqrt{3}}{2}x+\frac{1}{3}\mathrm{e}^x$.

习　题　11.9

1. (1) $y=C\mathrm{e}^{\frac{x^2}{2}}-1+\sum\limits_{k=1}^{\infty}\frac{1}{(2k-1)!!}x^{2k-1}$；

(2) $y=C_1\mathrm{e}^{-\frac{x^2}{2}}+C_2\sum\limits_{k=1}^{\infty}\frac{(-1)^{k-1}}{(2k-1)!!}x^{2k-1}$；

(3) $y=C_1\mathrm{e}^x+C_2\sum\limits_{n=0}^{m}\frac{x^n}{n!}$（其中 C_1，C_2 为任意常数）；

(4) $y=C(1-x)+\frac{1}{3}x^3+\sum\limits_{n=4}^{\infty}\frac{2}{n(n-1)}x^n$（$C=a_0$ 为任意常数）.

2. (1) $y=\frac{1}{2}+\frac{1}{4}x+\frac{1}{8}x^2+\frac{1}{16}x^3+\frac{9}{32}x^4+\cdots$；

(2) $y=x+\sum\limits_{n=2}^{\infty}\frac{1}{n(n-1)}x^n$，特解还可以写成 $y=2x+(1-x)\ln(1-x)+x$.

3. $y=C_1\left(1-\frac{1}{2!}x^2+\frac{1}{4!}x^4+\cdots\right)+C_2\left(x-\frac{1}{3!}x^3+\frac{1}{5!}x^5+\cdots\right)=C_1\cos x+C_2\sin x$.

总 习 题 11

1. (1) 3；　(2) $\alpha+\beta=1$；　(3) $y'=f(x,y)$, $y|_{x=x_0}=0$；　(4) $y''+y'-2y=0$.

2. (1) A；　(2) D；　(3) B；　(4) A.

3. (1) $y=\frac{1}{x}(C\mathrm{e}^x+\mathrm{e}^{2x})$；　(2) $y=\frac{x}{x^2+C}$；　(3) $\sin x+\frac{x}{y}+\ln y=C$；

(4) $x+y=C(x-y)\mathrm{e}^{-(x+y)}$，提示：重新组合为

$$(\mathrm{d}x+\mathrm{d}y)+2\frac{x\,\mathrm{d}y-y\,\mathrm{d}x}{x^2-y^2}=\mathrm{d}(x+y)+\frac{2}{1-\left(\frac{y}{x}\right)^2}\mathrm{d}\left(\frac{y}{x}\right)=0;$$

(5) $\ln(x^2+y^2)=-2x+C$，提示：两边乘 $\sqrt{x^2+y^2}$；

(6) $\sin^2 y=\mathrm{e}^{2\sqrt{1+x^2}}\ln(x+\sqrt{1+x^2})+C\mathrm{e}^{2\sqrt{1+x^2}}$，提示：令 $\sin^2 y=u$；

(7) $y=(C_1+C_2x)\mathrm{e}^{-x}+\frac{1}{4}(x-1)\mathrm{e}^x$；

(8) $y=C_1\cos x+C_2\sin x+x\left(1+\frac{1}{2}\sin x\right)$.

4. (1) $y=\cos x$ 或 $y=2-\cos x$，提示：作代换 $y'^2\cos 2x=p$；　(2) $y^2=2x^2(\ln x+1)$；

(3) $y=\tan\left(x+\frac{\pi}{4}\right)$； (4) $y=k\arctan\frac{x+y}{k}$，提示：令 $x+y=u$.

5. $y=C_1x+C_2\mathrm{e}^x+x^2$.

6. $\alpha=-3$，$\beta=2$，$\gamma=-1$，$y=C_1\mathrm{e}^x+C_2\mathrm{e}^{2x}+x\mathrm{e}^x$.

7. $y=\mathrm{e}^x-\mathrm{e}^x+\mathrm{e}^{-x}-\frac{1}{2}$ 为所求.

8. $f(x)=-\frac{1}{2}\mathrm{e}^x+x\mathrm{e}^x+\frac{1}{2}\cos x-\frac{1}{2}\sin x$.

10. $\begin{cases}2xf''(x)=\sqrt{1+f'^2(x)},\\ f(100)=0,\ f'(100)=0,\end{cases}$ 狼的行走轨迹 $f(x)=\frac{1}{30}x^{\frac{3}{2}}-10x^{\frac{1}{2}}+\frac{200}{3}$. 因 $f(0)=\frac{200}{3}>60$，所以狼追不上兔子.